"十二五"江苏省重点教材(编号: 2013-1-038)配套参考书

经管高等数学基础问题解析

南京财经大学应用数学学院　编

编写人员: 黄顺林　孙　敏　谭玉顺　戴平波
孙成峰　申　远　金　辉　姜凤华
伍家凤　苗继旺　赵中华

主　　审: 张从军　王宏勇

东南大学出版社

图书在版编目(CIP)数据

经管高等数学基础问题解析/南京财经大学应用数学学院编. —南京：东南大学出版社，2022.5(2024.8重印)
ISBN 978-7-5766-0088-9

Ⅰ.①经… Ⅱ.①南… Ⅲ.①高等数学—高等学校—教学参考资料 Ⅳ.①O13

中国版本图书馆CIP数据核字(2022)第071741号

经 管 高 等 数 学 基 础 问 题 解 析
Jingguan Gaodeng Shuxue Jichu Wenti Jiexi

编　　者：南京财经大学应用数学学院
出版发行：东南大学出版社
地　　址：南京市四牌楼2号(210096)
电　　话：025-83793330
经　　销：全国各地新华书店
排　　版：南京星光测绘科技有限公司
印　　刷：南京京新印刷有限公司
开　　本：787mm×960mm　1/16
印　　张：29.75
字　　数：570千字
版　　次：2022年5月第1版
印　　次：2024年8月第3次印刷
书　　号：ISBN 978-7-5766-0088-9
定　　价：49.50元

本社图书若有印装质量问题，请直接与营销部联系。电话：025-83791830
责任编辑：刘庆楚　责任印制：周荣虎　封面设计：王　玥

前　言

经管高等数学基础课程主要包括微积分、线性代数、概率论与数理统计。这些课程为研究事物的发展变化提供了基本的数学工具和框架，在各种实际问题中应用广泛。由于其内容丰富、思想深刻、应用性强，它在许多学科领域特别是经管类学科中具有基础性的地位。

通过经管高等数学基础课程的学习，要使学生系统掌握这些基本的数学工具，培养学生的抽象思维能力、逻辑推理能力、空间想象能力以及综合运用所学知识进行分析、解决实际问题特别是经管问题的能力，为进一步学习专业课程和未来工作奠定基础。

为了加大训练力度，强化数学基础，突出经管应用，我院组织多年从事这些课程教学的一线教师于2007年编写了《经济数学基础问题集解》一书。该书主要包括以下内容：

1. 微积分习题解答、线性代数习题解答、概率统计习题解答。

这些习题解答分别与我院教师编写的经济数学基础教程《微积分》《线性代数》《概率论与数理统计》这些教材配套。除了选择题、填空题外（选择题、填空题在原教材中已有参考答案），该书对原教材中的其它全部习题给出了详细解答。意在给这些课程的初学者和复习者提供一个随时的参考和自学的工具。

2. 经济应用问题补充。

该书补充的这些经济应用问题，旨在阐释一些常见经济问题的数学分析方法。对经济运行中的一些常见问题，运用微积分知识、线性代数知识、概率论与数理统计知识、微分方程知识给出分析与解答，提供最优化的解决方案。这些内容也是对学生进行最基本的数学建模训练。

3. 微积分自测题及解答、线性代数自测题及解答、概率论与数理统计自测题及解答。

该书给出的这些自测题及解答，类似于对应课程期末考试的模拟题，借以帮助学生了解此类考试的题型和难度，作为复习和自测之用。

4. 附录部分是近年研究生入学试题及参考答案。该书对经管类各专业同学报考研究生还具有复习迎考之功能。

该书由我院从事经管高等数学基础课程一线教学的教师编写。全书由张从军、王宏勇两位教授主审。

《经济数学基础问题集解》自2007年出版以来,受到许多教师和广大学生的肯定,也收到了许多读者的宝贵意见。经东南大学出版社与编者协商,于2010年对该书进行了修定。此次修订,增加了经济数学基础学习指导的内容,包括微积分学习指导,线性代数学习指导,概率论与数理统计学习指导三章,并对原目录顺序作了调整,新增内容为第一篇,原目录的各篇内容顺延。2014年我们又对《经济数学基础问题集解》修订版进一步改进了有关内容的表述,更新了附录部分,并更名为《经济数学基础问题解析》再版。

为了适应强化基础,加大训练力度的需要,适应经管应用案例学习和数学建模竞赛的需要,适应新型教材学习的需要,结合出版社意见,我们增加了几位中青年骨干教师,对原书进行了全面查对、更新、删减、补充和修改,特别在第五篇经管应用案例部分,增加了第四章经管应用简单案例,并更名为《经管高等数学基础问题解析》重新出版。

作为经管数学基础教程的辅导用书,本书意在给读者提供一个辅助学习、引导自学的工具。对于原教程中的有关习题,学生在学习时应该首先独立思考,必要时再参考相关解答。读者使用本书,更要注意阅读、学习本书的学习指导、经管应用案例和自测题部分,借以提高学习成绩和质量。

本书在编写过程中,参考了大量的相关教材和资料,选用了其中的有关内容、例题和习题,在此谨向有关编者、作者一并表示谢意。编者还要感谢本书配套教材的我院各位作者,他们对本书的出版给予了积极的支持与帮助;感谢东南大学出版社刘庆楚编审,他从开始联系书稿到修改、校对,不辞劳苦,数次往返于东南大学与南京财经大学之间,对本书的出版付出了辛勤的努力。

诚恳期望有关专家、学者对本书不吝赐教,诚恳期望使用本书的教师和同学们,提出并反馈宝贵意见。

目　　录

第一篇　经管数学基础学习指导

第一章　微积分学习指导

经 济 函 数

【基本要求】

掌握函数的概念；了解函数的几何特性并掌握各几何特性的图形特征；了解反函数的概念并会求反函数；理解复合函数的概念并掌握将复合函数分解为简单函数的方法；理解基本初等函数的概念并熟练掌握基本初等函数的定义域、值域和基本性质；理解初等函数的概念；了解分段函数的概念；掌握常见的经济函数.

【主要知识点】

一、函数的概念

1. 函数的二要素：定义域、对应法则；

2. 函数的表示法：解析法(公式法)、表格法、图示法.

二、函数的基本特性

1. 奇偶性；2. 单调性；3. 有界性；4. 周期性.

三、复合函数与反函数

四、初等函数与分段函数

1. 基本初等函数：常值函数 $y=c$；幂函数 $y=x^{\mu}$；指数函数 $y=a^x$；对数函数 $y=\log_a x$；三角函数 $y=\sin x, y=\cos x, y=\tan x, y=\cot x, y=\sec x, y=\csc x$；反三角函数 $y=\arcsin x, y=\arccos x, y=\arctan x, y=\operatorname{arccot} x$.

2. 初等函数.

3. 分段函数.

五、常用经济函数

1. 需求函数与供给函数；

2. 总成本函数、总收入函数与总利润函数.

【重点】

1. 函数的概念;

2. 函数的基本性质;

3. 初等函数.

【难点】

复合函数.

经济变化趋势的数学描述

【基本要求】

了解数列极限与函数极限的概念;了解极限存在性定理;熟练掌握极限运算法则;熟练掌握两个重要极限;掌握求极限的基本方法;理解无穷小量与无穷大量的概念;了解无穷小量与无穷大量的关系;掌握无穷小量的性质与无穷小量的比较;理解函数连续性的概念;理解函数间断点的概念;了解函数间断点的分类;了解连续函数的性质;了解初等函数在其定义区间必连续的结论;了解闭区间上连续函数的性质;掌握用连续的定义讨论函数连续性的方法.

【主要知识点】

一、极限概念

1. 数列极限:$\lim\limits_{n\to\infty} u_n$;

2. 函数极限:$\lim\limits_{x\to x_0} f(x)$、$\lim\limits_{x\to x_0^-} f(x)$、$\lim\limits_{x\to x_0^+} f(x)$、$\lim\limits_{x\to\infty} f(x)$、$\lim\limits_{x\to-\infty} f(x)$、$\lim\limits_{x\to+\infty} f(x)$;

3. 双侧极限与单侧极限的关系:

$$\lim_{x\to x_0} f(x)=A \Leftrightarrow \lim_{x\to x_0^-} f(x)=\lim_{x\to x_0^+} f(x)=A;$$

$$\lim_{x\to\infty} f(x)=A \Leftrightarrow \lim_{x\to-\infty} f(x)=\lim_{x\to+\infty} f(x)=A.$$

二、极限的性质与四则运算

1. 极限的性质:唯一性、局部有界性、局部保号性、不等式性;

2. 极限的四则运算:$\lim f(x)=A$、$\lim g(x)=B \Rightarrow \lim[f(x)\pm g(x)]=A\pm B$,$\lim[f(x)g(x)]=AB$,$\lim\dfrac{f(x)}{g(x)}=\dfrac{A}{B}(B\neq 0)$.

三、极限存在性的判定

1. 夹逼定理:$g(x)\leqslant f(x)\leqslant h(x)$,$\lim g(x)=\lim h(x)=A \Rightarrow \lim f(x)=A$;

2. 单调有界定理:单调有界的数列必有极限.

四、两个重要极限

1. $\lim\limits_{x\to 0}\dfrac{\sin x}{x}=1$;2. $\lim\limits_{x\to\infty}\left(1+\dfrac{1}{x}\right)^x=\mathrm{e}$.

五、无穷小量与无穷大量

1. 无穷小量的概念.

2. 无穷小量的性质：① $\lim f(x)=A+\alpha \Leftrightarrow A+\alpha$，$\alpha$ 为无穷小量；② 有限个无穷小量的和、差、积仍为无穷小量；③ 无穷小量除以极限不为零的变量仍为无穷小量；④ 有界变量与无穷小量的积仍为无穷小量.

3. 无穷大量的概念.

4. 无穷大量与无穷小量的关系：无穷大量的倒数为无穷小量，非零无穷小量的倒数为无穷大量.

5. 无穷小量的比较.

6. 等价无穷小量代换在极限计算中的应用：$\alpha \sim \alpha'$，$\beta \sim \beta' \Rightarrow \lim \frac{\alpha}{\beta}=\lim \frac{\alpha'}{\beta'}$.

六、函数的连续性

1. 函数在一点连续的概念：$\lim\limits_{\Delta x \to 0} \Delta y=0$ 或 $\lim\limits_{x \to x_0} f(x)=f(x_0)$；

2. 左右连续的概念及与连续的关系：函数在一点连续当且仅当它在此点既左连续又右连续；

3. 函数在区间上的连续；

4. 间断点的分类：第一类间断点（包括可去间断点与跳跃间断点）、第二类间断点（包括无穷间断点与非无穷间断点）；

5. 连续函数的运算法则：有限个连续函数的和、差、积、商（分母的函数值非零）仍连续，单调连续函数的反函数仍连续，由连续函数复合而成的函数仍连续，初等函数在其定义区间内连续；

6. 闭区间上连续函数的性质：最值定理、有界性定理、介值定理、零值定理.

【重点】

1. 极限的概念与极限的计算；

2. 连续性概念与初等函数的连续性.

【难点】

1. 极限的概念；

2. 连续性的概念.

经济变量的变化率

【基本要求】

理解导数的概念及其几何意义；了解可导与连续的关系；熟练掌握基本初等

函数的导数公式；熟练掌握导数的四则运算法则、反函数的求导法则、复合函数的求导法则；了解高阶导数的概念，掌握求二阶、三阶导数及简单函数的 n 阶导数的方法；掌握隐函数求导法与对数求导法；了解微分的概念及其几何意义；掌握可导与可微的关系；掌握微分的基本公式与运算法则；掌握一阶微分形式的不变性；熟练掌握求微分的方法；了解空间直角坐标系的相关概念；了解常见的空间曲面及其方程；了解平面区域的相关概念；掌握二元函数的概念；了解二元函数的几何意义；了解 k 次齐次函数的概念；了解二元函数极限的概念；会求简单的二元函数极限；了解二元函数连续的概念；了解二元函数在闭区域上连续的相关性质；理解多元函数的偏导数与全微分的概念；了解偏导数的几何意义与经济意义；了解多元函数的可微、偏导数存在与连续的关系；熟练掌握求多元函数的偏导数与全微分的方法；掌握求多元复合函数的偏导数与全微分的方法；掌握求二元隐函数的偏导数与全微分的方法；理解多元函数的高阶偏导数的概念；掌握求多元函数的高阶偏导数的方法；掌握经济函数的边际与弹性的概念及其计算.

【主要知识点】

一、导数的概念

1. 在一点导数的概念：$f'(x_0)=\lim\limits_{\Delta x\to 0}\dfrac{f(x_0+\Delta x)-f(x_0)}{\Delta x}=\lim\limits_{x\to x_0}\dfrac{f(x)-f(x_0)}{x-x_0}$；

2. 导数的几何意义：导数 $f'(x_0)$ 表示曲线 $y=f(x)$ 在点$(x_0,f(x_0))$处切线的斜率，切线方程为 $y-f(x_0)=f'(x_0)(x-x_0)$；

3. 左、右导数的概念及其与导数的关系：$f'(x_0)=A\Leftrightarrow f'_-(x_0)=f'_+(x_0)=A$；

4. 可导与连续的关系：可导一定连续.

二、导数的运算法则

1. 四则运算：$(u\pm v)'=u'\pm v'$，$(uv)'=u'v+uv'$，$\left(\dfrac{u}{v}\right)'=\dfrac{u'v-uv'}{v^2}$ $(v\neq 0)$；

2. 反函数的导数：$\dfrac{\mathrm{d}y}{\mathrm{d}x}=\dfrac{1}{\dfrac{\mathrm{d}x}{\mathrm{d}y}}$；

3. 基本导数公式：略；

4. 复合函数求导(链式法则)：$\dfrac{\mathrm{d}y}{\mathrm{d}x}=\dfrac{\mathrm{d}y}{\mathrm{d}u}\cdot\dfrac{\mathrm{d}u}{\mathrm{d}x}$.

三、高阶导数与隐函数求导

1. 高阶导数：可通过逐次求导得到；

2. 隐函数求导：方程 $F(x,y)=0$ 两边直接对 x 求导，y 要看作 x 的函数，然

后解出 y'；

3. 对数求导法：先两边取对数，再两边求导，适用于幂指函数或多个函数乘除的求导.

四、微分

1. 概念；

2. 可导与可微的关系：可导 $\Leftrightarrow$ 可微，且 $\mathrm{d}y = A\mathrm{d}x \Leftrightarrow A = \dfrac{\mathrm{d}y}{\mathrm{d}x}$；

3. 微分基本公式：略；

4. 微分的四则运算法则：$\mathrm{d}(u \pm v) = \mathrm{d}u \pm \mathrm{d}v$，$\mathrm{d}(uv) = v\mathrm{d}u + u\mathrm{d}v$，$\mathrm{d}\left(\dfrac{u}{v}\right) = \dfrac{v\mathrm{d}u - u\mathrm{d}v}{v^2}\ (v \neq 0)$；

5. 微分的形式不变性：无论 u 是自变量还是中间变量，$\mathrm{d}y$ 都等于 y 对 u 的导数乘以 $\mathrm{d}u$；

6. 微分在近似计算中的应用：$f(x_0 + \Delta x) \approx f(x_0) + f'(x_0)\Delta x$.

五、多元函数基础知识

1. 空间解析几何基础知识：空间直角坐标系，曲面与方程；

2. 多元函数：二元函数的概念与几何意义，n 元函数，平面区域，k 次齐次函数.

六、二元函数的极限与连续

1. 二元函数极限的概念与计算；

2. 二元函数连续的概念；

3. 有界闭区域上连续函数的性质：最值定理、有界性定理、介值定理、零值定理.

七、偏导数

1. 偏导数概念：
$$\frac{\partial z}{\partial x} = \lim_{\Delta x \to 0} \frac{f(x + \Delta x, y) - f(x, y)}{\Delta x},$$
$$\frac{\partial z}{\partial y} = \lim_{\Delta y \to 0} \frac{f(x, y + \Delta y) - f(x, y)}{\Delta y};$$

2. 偏导数的几何意义；

3. 偏导数的计算：求 $f'_x(x, y)$ 时，把 y 看作常数，利用一元函数的求导方法求 $f(x, y)$ 对 x 的导数；

4. 高阶偏导数；

5. 多元复合函数求偏导数：画出锁链图，写出公式，然后计算；

6. 隐函数微分法：方法①　方程 $F(x, y, z) = 0$ 两边直接对 x 求导，z 要看

作 x 的函数,然后解出 z'_x,类似求 z'_y;

方法② 利用公式 $\frac{\partial z}{\partial x}=-\frac{F'_x(x,y,z)}{F'_z(x,y,z)}$、$\frac{\partial z}{\partial y}=-\frac{F'_y(x,y,z)}{F'_z(x,y,z)}$;

方法③ 两边求微分,得出 $\mathrm{d}z$,由全微分公式写出偏导数.

八、全微分

1. 全微分的概念;

2. 可微与偏导数、连续的关系: 偏导数连续 $\Rightarrow$ 可微 $\Rightarrow$ 偏导数存在,可微 $\Rightarrow$ 连续;

3. 全微分的计算: $\mathrm{d}z=\frac{\partial z}{\partial x}\mathrm{d}x+\frac{\partial z}{\partial y}\mathrm{d}y$;

4. 全微分的形式不变性: 不论 u、v 是中间变量还是自变量,都有 $\mathrm{d}z=\frac{\partial z}{\partial u}\mathrm{d}u+\frac{\partial z}{\partial v}\mathrm{d}v$.

九、边际与弹性

1. 边际分析: 经济函数的导数称为边际函数;

2. 弹性函数: 一元函数的弹性 $\frac{Ey}{Ex}=\frac{x}{y}\cdot\frac{\mathrm{d}y}{\mathrm{d}x}$,二元函数的偏弹性 $\frac{Ez}{Ex}=\frac{x}{z}\cdot\frac{\partial z}{\partial x}$,$\frac{Ez}{Ey}=\frac{y}{z}\cdot\frac{\partial z}{\partial y}$.

【重点】

1. 导数的定义与几何意义;
2. 可导函数的和、差、积、商的求导运算法则;
3. 复合函数求导法则,隐函数求导法;
4. 微分的定义;
5. 偏导数的概念与求法.

【难点】

1. 一元复合函数求导;
2. 全微分的概念与计算方法.

简单优化问题

【基本要求】

掌握罗尔定理与拉格朗日中值定理;了解柯西中值定理;了解这些中值定理间的关系;会运用这些中值定理证明某些简单的问题;熟练掌握罗比塔法则和各种未定式极限的计算方法;熟练掌握函数单调性的判别定理并会运用该定理判

别函数的单调性;掌握曲线凹凸性与拐点的概念;熟练掌握曲线凹凸性的判别定理及求曲线凹凸性与拐点的方法;掌握极值的概念;熟练掌握极值的判别定理及求极值的方法;了解函数极值与最值的关系和区别;掌握求经济函数的最值问题的方法;掌握曲线渐近线的概念;熟练掌握求曲线渐近线的方法;了解函数作图的基本步骤和方法,会作简单函数的图形;了解二元函数极值与条件极值的概念;掌握二元函数极值存在的必要条件和充分条件;掌握求二元函数极值的方法;掌握求二元函数条件极值的拉格朗日乘数法;了解二元函数最值的概念,会求简单的二元函数的最值问题;掌握求二元经济函数最值问题的方法.

【主要知识点】

一、中值定理

1. 罗尔定理: $f(x)$ 在 $[a,b]$ 连续,在 (a,b) 可导,$f(a)=f(b)\Rightarrow \exists\xi\in(a,b)$ 使 $f'(\xi)=0$;

2. 拉格朗日定理: $f(x)$ 在 $[a,b]$ 连续,在 (a,b) 可导 $\Rightarrow \exists\xi\in(a,b)$ 使 $f'(\xi)=\dfrac{f(b)-f(a)}{b-a}$;

3. 柯西定理: $f(x)$、$g(x)$ 在 $[a,b]$ 连续,在 (a,b) 可导,$g'(x)\neq 0\Rightarrow \exists\xi\in(a,b)$ 使 $\dfrac{f'(\xi)}{g'(\xi)}=\dfrac{f(b)-f(a)}{g(b)-g(a)}$.

二、罗比塔法则

1. $\dfrac{0}{0}$ 型: $\lim f(x)=\lim g(x)=0$, $\lim\dfrac{f'(x)}{g'(x)}$ 存在或为 $\infty\Rightarrow \lim\dfrac{f(x)}{g(x)}=\lim\dfrac{f'(x)}{g'(x)}$;

2. $\dfrac{\infty}{\infty}$ 型: $\lim f(x)=\lim g(x)=\infty$, $\lim\dfrac{f'(x)}{g'(x)}$ 存在或为 $\infty\Rightarrow \lim\dfrac{f(x)}{g(x)}=\lim\dfrac{f'(x)}{g'(x)}$;

3. $0\cdot\infty$、$\infty-\infty$、1^{∞}、0^{0}、∞^{0} 等其他未定式: 化为 $\dfrac{0}{0}$ 型或 $\dfrac{\infty}{\infty}$ 型.

三、单调性与凹凸性

1. 单调性的判断: $f'(x)>0(<0), x\in I\Rightarrow f(x)$ 在 I 单调增加(减少);

2. 凹凸性与拐点的概念;

3. 凹凸性的判断: $f''(x)>0(<0), x\in I\Rightarrow f(x)$ 在 I 内为凹(凸)的;

4. 拐点的求法: 凹弧与凸弧的分界点.

四、一元函数的极值

1. 极值的必要条件: x_0 为 $f(x)$ 的极值点,$f(x)$ 在 x_0 可导 $\Rightarrow f'(x_0)=0$.

2. 极值的第一充分条件：$x \in U^{-}(x_0)$ 时 $f'(x) > 0, x \in U^{+}(x_0)$ 时 $f'(x) < 0 \Rightarrow x_0$ 为 $f(x)$ 的极大值点；$x \in U^{-}(x_0)$ 时 $f'(x) < 0, x \in U^{+}(x_0)$ 时 $f'(x) > 0 \Rightarrow x_0$ 为 $f(x)$ 的极小值点；$x \in U^{0}(x_0)$ 时恒有 $f'(x) > 0$ 或 $f'(x) < 0 \Rightarrow x_0$ 不是 $f(x)$ 的极值点.

3. 极值的第二充分条件：$f'(x_0) = 0, f''(x_0) > 0 (< 0) \Rightarrow x_0$ 为 $f(x)$ 的极小(大)值点.

4. 闭区间上连续函数最值的求法：计算驻点、不可导点、区间端点对应的函数值，取其中的最大值与最小值.

五、函数图像的描绘

1. 渐近线的定义与计算；

2. 函数图像的描绘.

六、多元函数的极值

1. 极值的必要条件：(x_0, y_0) 为 $f(x,y)$ 的极值点，且 $f(x,y)$ 在 (x_0, y_0) 的偏导数存在 $\Rightarrow f'_x(x_0, y_0) = f'_x(x_0, y_0) = 0$.

2. 极值的充分条件：$f'_x(x_0, y_0) = f'_y(x_0, y_0) = 0, A = f''_{xx}(x_0, y_0), B = f''_{xy}(x_0, y_0), C = f''_{yy}(x_0, y_0) \Rightarrow AC - B^2 > 0, A < 0 (> 0)$ 时 (x_0, y_0) 为 $f(x,y)$ 的极大(小)值点；$AC - B^2 < 0$ 时 (x_0, y_0) 不是 $f(x,y)$ 的极值点.

3. 在条件 $\varphi(x,y) = 0$ 下 $z = f(x,y)$ 的条件极值点的求法：求拉格朗日函数 $L(x,y,\lambda) = f(x,y) + \lambda\varphi(x,y)$ 的驻点.

七、经济函数的优化问题

1. 一元经济函数的最值求法；

2. 多元经济函数的最值求法.

【重点】

1. 微分中值定理；

2. 罗比塔法则；

3. 函数的极值及求法；

4. 函数的最值及其应用；

5. 条件极值的求法；

6. 边际分析与弹性分析.

【难点】

1. 罗比塔法则；

2. 函数的最值及其在经济中的应用；

3. 边际分析与弹性分析.

“积零为整”的数学方法

【基本要求】

理解原函数与不定积分的概念;了解不定积分的几何意义;掌握不定积分的基本性质;熟练掌握基本积分公式;熟练掌握计算不定积分的两种换元积分法和分部积分法;掌握简单的有理函数积分的计算方法.理解定积分的概念;了解定积分的几何意义;掌握定积分的基本性质;了解变上限积分函数的概念;掌握变上限积分函数的求导公式;熟练掌握牛顿-莱布尼兹公式(微积分基本定理);熟练掌握定积分的换元积分法和分部积分法;掌握利用定积分求平面图形的面积公式和旋转体的体积公式;掌握运用定积分求解简单的经济问题的方法.了解广义积分的概念;掌握广义积分收敛与发散的概念;掌握广义积分的计算方法.了解二重积分的概念、几何意义;掌握二重积分的基本性质;掌握在直角坐标系与极坐标系下计算二重积分的方法.

【主要知识点】

一、不定积分部分

1. 原函数与不定积分的概念

2. 性质:

(1) $\left[\int f(x)\mathrm{d}x\right]' = f(x)$;

(2) $\int[f(x)\pm g(x)]\mathrm{d}x = \int f(x)\mathrm{d}x \pm \int g(x)\mathrm{d}x$;

(3) $\int kf(x)\mathrm{d}x = k\int f(x)\mathrm{d}x$.

3. 基本积分公式:

(1) $\int k\mathrm{d}x = kx + C$; (2) $\int x^{\alpha}\mathrm{d}x = \frac{1}{\alpha+1}x^{\alpha+1} + C(\alpha\neq -1)$; (3) $\int \frac{1}{x}\mathrm{d}x = \ln|x| + C$;

(4) $\int a^x\mathrm{d}x = \frac{1}{\ln a}a^x + C$; (5) $\int \mathrm{e}^x\mathrm{d}x = \mathrm{e}^x + C$; (6) $\int \sin x\mathrm{d}x = -\cos x + C$;

(7) $\int \cos x\mathrm{d}x = \sin x + C$; (8) $\int \sec^2 x\mathrm{d}x = \tan x + C$;(9) $\int \csc^2 x\mathrm{d}x = -\cot x + C$;

(10) $\int \sec x\tan x\mathrm{d}x = \sec x + C$; (11) $\int \csc x\cot\mathrm{d}x = -\csc x + C$;

(12) $\int \frac{\mathrm{d}x}{\sqrt{1-x^2}} = \arcsin x + C$;(13) $\int \frac{\mathrm{d}x}{1+x^2} = \arctan x + C$.

补充公式:(14) $\int \tan x\mathrm{d}x = -\ln|\cos x| + C$;(15) $\int \cot x\mathrm{d}x = \ln|\sin x| + C$;

(16) $\int \sec x \mathrm{d}x = \ln|\sec x + \tan x| + C$;

(17) $\int \csc x \mathrm{d}x = \ln|\csc x - \cot x| + C$;

(18) $\int \frac{1}{a^2+x^2}\mathrm{d}x = \frac{1}{a}\arctan\frac{x}{a} + C$; (19) $\int \frac{1}{x^2-a^2}\mathrm{d}x = \frac{1}{2a}\ln\left|\frac{x-a}{x+a}\right| + C$;

(20) $\int \frac{1}{\sqrt{a^2-x^2}}\mathrm{d}x = \arcsin\frac{x}{a} + C$; (21) $\int \frac{\mathrm{d}x}{\sqrt{x^2+a^2}} = \ln(x+\sqrt{x^2+a^2}) + C$;

(22) $\int \frac{\mathrm{d}x}{\sqrt{x^2-a^2}} = \ln|x+\sqrt{x^2-a^2}| + C$.

4. 不定积分的求法

(1) 直接积分法：利用基本积分表和不定积分的性质，可以直接计算一些较简单的不定积分，这种方法一般称之为直接积分法.

(2) 换元积分法：

(a) 不定积分的第一换元法：如果 $f(t)$、$\varphi(x)$ 和 $\varphi'(x)$ 都是连续函数，并且容易求得 $f(t)$ 的一个原函数 $F(t)$，则 $\int f[\varphi(x)]\varphi'(x)\mathrm{d}x = \int f[\varphi(x)]\mathrm{d}\varphi(x) = \int f(t)\mathrm{d}t = F(t) + C$，于是 $\int f[\varphi(x)]\varphi'(x)\mathrm{d}x = F[\varphi(x)] + C$.

(b) 不定积分的第二换元法：如果容易求得 $\int f[\varphi(t)]\varphi'(t)\mathrm{d}t = F(t) + C$，而 $x = \varphi(t)$ 的反函数 $t = \varphi^{-1}(x)$ 存在且可导，则 $\int f(x)\mathrm{d}x = \int f[\varphi(t)]\varphi'(t)\mathrm{d}t = F(t) + C$，再将 $t = \varphi^{-1}(x)$ 代入 $F(t)$，回到原积分变量，有 $\int f(x)\mathrm{d}x = F[\varphi^{-1}(x)] + C$.

(3) 不定积分的分部积分法：$\int u\mathrm{d}v = uv - \int v\mathrm{d}u$.

第一换元法与分部积分法的比较：共同点是第一步都是凑微分

$$\int f[\varphi(x)]\varphi'(x)\mathrm{d}x = \int f[\varphi(x)]\mathrm{d}\varphi(x) \xlongequal{\text{令 } \varphi(x)=u} \int f(u)\mathrm{d}u,$$

$$\int u(x)v'(x)\mathrm{d}x = \int u(x)\mathrm{d}v(x) = u(x)v(x) - \int v(x)\mathrm{d}u(x).$$

(4) 简单有理函数的积分：假分式总可以化成一个多项式与一个真分式之和的形式. 求真分式的不定积分时，如果分母可因式分解，则先因式分解，然后化成部分分式再积分.

二、定积分部分

1. 定积分的概念及几何意义

2. 定积分的性质

(1) $\int_a^b [f(x) \pm g(x)]\mathrm{d}x = \int_a^b f(x)\mathrm{d}x \pm \int_a^b g(x)\mathrm{d}x$;

(2) $\int_a^b kf(x)\mathrm{d}x = k\int_a^b f(x)\mathrm{d}x$;

(3) 定积分的区间可加性;

(4) 如果在区间$[a,b]$上恒有 $f(x) \leqslant g(x)$,则$\int_a^b f(x)\mathrm{d}x \leqslant \int_a^b g(x)\mathrm{d}x$;

(5) 定积分估值定理;

(6) 定积分中值定理.

3. 变上限积分函数的概念及求导公式

4. 定积分的求法

(1) 牛顿-莱布尼兹公式: 设 $f(x)$ 在区间$[a,b]$上连续,$F(x)$ 是 $f(x)$ 的一个原函数,则

$$\int_a^b f(x)\mathrm{d}x = F(b) - F(a).$$

(2) 定积分的换元法: 设函数 $f(x)$ 在区间$[a,b]$上连续,$x = \varphi(t)$ 在区间$[\alpha,\beta]$上有连续导数$\varphi'(x)$. 当t在区间$[\alpha,\beta]$上变化时,$x=\varphi(t)$的值从$\varphi(\alpha) = a$单调地变到$\varphi(\beta) = b$,则

$$\int_a^b f(x)\mathrm{d}x = \int_\alpha^\beta f[\varphi(t)]\varphi'(t)\mathrm{d}t.$$

(3) 定积分的分部积分法: 设函数 $u(x)$、$v(x)$ 在区间$[a, b]$上具有连续导数 $u'(x)$、$v'(x)$, 则

$$\int_a^b uv'\mathrm{d}x = [uv]_a^b - \int_a^b u'v\mathrm{d}x, \text{ 或} \int_a^b u\mathrm{d}v = [uv]_a^b - \int_a^b v\mathrm{d}u.$$

5. 定积分的应用

(1) 平面图形的面积:

(a) 曲线 $y = f(x)$,$y = g(x)$ 与直线 $x = a$,$x = b$ 所围成的平面图形面积

$$S = \int_a^b |f(x) - g(x)|\mathrm{d}x.$$

(b) 由连续曲线 $x = \varphi(y)$,$x = \psi(y)$ 与直线 $y = c$,$y = \mathrm{d}$ 所围成的平面图形的面积

$$S = \int_c^d |\varphi(y) - \psi(y)|\mathrm{d}y.$$

(2) 旋转体的体积：

(a) 若旋转体可以看作是由连续曲线 $y=f(x)$、直线 $x=a$、$x=b$ 及 x 轴所围成的曲边梯形绕 x 轴旋转一周而成的立体. 则旋转体的体积为 $V_x=\pi\int_a^b[f(x)]^2\mathrm{d}x$.

(b) 若旋转体可以看作是由连续曲线 $x=\varphi(y)$、直线 $y=c$、$y=d$ 及 y 轴所围成的曲边梯形绕 y 轴旋转一周而成的立体. 则旋转体的体积为 $V_y=\pi\int_c^d[\varphi(y)]^2\mathrm{d}y$.

(3) 简单经济问题的应用：当已知边际函数或变化率,求总量函数或总量函数在某个范围内的总量时,经常应用定积分进行计算.

三、广义积分部分

1. 无穷限广义积分

如果 $f(x)$ 在 $[a,+\infty)$ 上连续，则 $\int_a^{+\infty}f(x)\mathrm{d}x=\lim\limits_{b\to+\infty}\int_a^b f(x)\mathrm{d}x$；类似地，$\int_{-\infty}^b f(x)\mathrm{d}x=\lim\limits_{a\to-\infty}\int_a^b f(x)\mathrm{d}x$；$\int_{-\infty}^{+\infty}f(x)\mathrm{d}x=\int_{-\infty}^c f(x)\mathrm{d}x+\int_c^{+\infty}f(x)\mathrm{d}x$.

2. 无界函数的广义积分(瑕积分)

如果 $f(x)$ 在 $[a,b]$ 上连续，当 a 为瑕点时，$\int_a^b f(x)\mathrm{d}x=\lim\limits_{\varepsilon\to0^+}\int_{a+\varepsilon}^b f(x)\mathrm{d}x$；当 b 为瑕点时，$\int_a^b f(x)\mathrm{d}x=\lim\limits_{\varepsilon\to0^+}\int_a^{b-\varepsilon}f(x)\mathrm{d}x$；当 c $(a<c<b)$ 为瑕点时，$\int_a^b f(x)\mathrm{d}x=\int_a^c f(x)\mathrm{d}x+\int_c^b f(x)\mathrm{d}x$.

四、二重积分

1. 二重积分的概念及几何意义

2. 二重积分的计算

(1) 利用直角坐标计算二重积分：

(a) 如果区域 D 为 X— 型区域：$\varphi_1(x)\leqslant y\leqslant\varphi_2(x)$，$a\leqslant x\leqslant b$.则有

$$\iint\limits_D f(x,y)\mathrm{d}\sigma=\int_a^b\mathrm{d}x\int_{\varphi_1(x)}^{\varphi_2(x)}f(x,y)\mathrm{d}y.$$

(b) 如果区域 D 为 Y— 型区域：$\psi_1(y)\leqslant x\leqslant\psi_2(y)$，$c\leqslant y\leqslant d$,则有

$$\iint\limits_D f(x,y)\mathrm{d}\sigma=\int_c^d\mathrm{d}y\int_{\psi_1(y)}^{\psi_2(y)}f(x,y)\mathrm{d}x.$$

(2) 利用极坐标计算二重积分：

(a) 若极点在积分区域 D 内，D 可表示为 $0\leqslant r\leqslant r(\theta)$,$0\leqslant\theta\leqslant2\pi$，则

$$\iint_D f(x,y)\mathrm{d}\sigma = \int_0^{2\pi}\mathrm{d}\theta\int_0^{r(\theta)} f(r\cos\theta, r\sin\theta)r\mathrm{d}r.$$

(b) 若极点在积分区域 D 的边界上，D 可表示为 $0\leqslant r\leqslant r(\theta), \alpha\leqslant\theta\leqslant\beta$，则

$$\iint_D f(x,y)\mathrm{d}\sigma = \int_\alpha^{\beta}\mathrm{d}\theta\int_0^{r(\theta)} f(r\cos\theta, r\sin\theta)r\mathrm{d}r.$$

(c) 若极点在积分区域 D 外，D 可表示为 $r_1(\theta)\leqslant r\leqslant r_2(\theta), \alpha\leqslant\theta\leqslant\beta$，则

$$\iint_D f(x,y)\mathrm{d}\sigma = \int_\alpha^{\beta}\mathrm{d}\theta\int_{r_1(\theta)}^{r_2(\theta)} f(r\cos\theta, r\sin\theta)r\mathrm{d}r.$$

【重点】

1. 原函数与不定积分的概念;2. 不定积分的基本积分公式;3. 不定积分的换元积分法与分部积分法;4. 定积分的概念;5. 牛顿-莱布尼兹公式;6. 定积分的换元积分法与分部积分法;7. 二重积分的概念和二重积分的计算.

【难点】

1. 不定积分的换元积分法与分部积分法;2. 有理函数的积分;3. 定积分的应用;4. 二重积分的计算.

离散经济变量的无限求和

【基本要求】

理解常数项级数及其敛散性的概念;理解收敛级数的和的概念;掌握收敛级数的基本性质;掌握级数收敛的必要条件;掌握几何级数和 p-级数的敛散性判别条件;理解正项级数的概念;熟练掌握正项级数的比较判别法和达朗贝尔判别法;掌握正项级数的柯西判别法;理解交错级数的概念;掌握交错级数的莱布尼兹判别法;理解任意项级数的绝对收敛和条件收敛的概念;掌握绝对收敛和条件收敛的判别方法;理解幂级数的概念;了解幂级数的收敛半径、收敛区间和函数的概念;掌握求幂级数的收敛半径、收敛区间的方法;掌握求简单的幂级数的和函数的方法;掌握幂级数的基本性质;了解泰勒级数和麦克劳林级数的概念;知道泰勒公式及其余项;了解函数展开为泰勒级数的充分必要条件;掌握几个常用函数的泰勒展开式;了解函数展开为泰勒级数的直接展开法;掌握函数展开为泰勒级数的间接展开法.

【主要知识点】

一、常数项级数

1. 常数项级数收敛、发散以及收敛级数的和的概念

2. 收敛级数的基本性质：(1) 级数收敛的必要条件：如果 $\sum\limits_{n=1}^{\infty}u_n$ 收敛，则它的

一般项 u_n 趋于零，即$\lim\limits_{n\to 0} u_n=0$；(2) 如果$\sum\limits_{n=1}^{\infty}u_n=s$、$\sum\limits_{n=1}^{\infty}v_n=\sigma$，则$\sum\limits_{n=1}^{\infty}(u_n\pm v_n)=s\pm\sigma$；(3) 在级数中去掉、加上或改变有限项，不会改变级数的收敛性；(4) 如果级数$\sum\limits_{n=1}^{\infty}u_n$ 收敛，则对这级数的项任意加括号后所成的级数仍收敛，且其和不变.

3. 正项级数的敛散性判别法

(1) 正项级数的收敛原则：正项级数$\sum\limits_{n=1}^{\infty}u_n$ 收敛的充分必要条件是它的部分和数列$\{s_n\}$ 有界.

(2) 正项级数的比较判别法：设$\sum\limits_{n=1}^{\infty}u_n$ 和$\sum\limits_{n=1}^{\infty}v_n$ 都是正项级数，且 $u_n\leqslant v_n(n=1,2,\cdots)$.若级数$\sum\limits_{n=1}^{\infty}v_n$ 收敛，则级数$\sum\limits_{n=1}^{\infty}u_n$ 收敛；反之，若级数$\sum\limits_{n=1}^{\infty}u_n$ 发散，则级数$\sum\limits_{n=1}^{\infty}v_n$ 发散.

(3) 比较判别法极限形式：设$\sum\limits_{n=1}^{\infty}u_n$ 和$\sum\limits_{n=1}^{\infty}v_n$ 都是正项级数，且$\lim\limits_{n\to\infty}\frac{u_n}{v_n}=l$,若$0<l<+\infty$，则级数$\sum\limits_{n=1}^{\infty}u_n$ 和级数$\sum\limits_{n=1}^{\infty}v_n$ 同时收敛或同时发散；若 $l=0$，且级数$\sum\limits_{n=1}^{\infty}v_n$ 收敛，则级数$\sum\limits_{n=1}^{\infty}u_n$ 收敛；若 $l=+\infty$，且级数$\sum\limits_{n=1}^{\infty}v_n$ 发散，则级数$\sum\limits_{n=1}^{\infty}u_n$ 发散.

(4) 达朗贝尔判别法：若正项级数$\sum\limits_{n=1}^{\infty}u_n$ 的后项与前项之比值的极限等于r，即$\lim\limits_{n\to\infty}\frac{u_{n+1}}{u_n}=r$，则当$r<1$时级数收敛；当$r>1$(或$\lim\limits_{n\to\infty}\frac{u_{n+1}}{u_n}=\infty$)时级数发散；当$r=1$时级数可能收敛也可能发散.

(5) 柯西判别法：若正项级数$\sum\limits_{n=1}^{\infty}u_n$ 满足$\lim\limits_{n\to\infty}\sqrt[n]{u_n}=r$，则当$r<1$时级数收敛；当$r>1$(或$\lim\limits_{n\to\infty}\sqrt[n]{u_n}=+\infty$)时级数发散.当$r=1$时级数可能收敛也可能发散.

附：常见级数的敛散性

(1) 等比级数$\sum\limits_{n=0}^{\infty}aq^n(a\neq 0)$，如果$|q|<1$，则级数$\sum\limits_{n=0}^{\infty}aq^n$ 收敛，其和为$\frac{a}{1-q}$；如果$|q|\geqslant 1$，则级数$\sum\limits_{n=0}^{\infty}aq^n$ 发散.

(2) p-级数的敛散性：p-级数$\sum_{n=1}^{\infty}\frac{1}{n^p}$，当 $p>1$ 时收敛，当 $p\leqslant 1$ 时发散.

4. 任意项级数的敛散性判别法

(1) 交错级数的敛散性判别法：(莱布尼兹定理) 如果交错级数 $\sum_{n=1}^{\infty}(-1)^{n-1}u_n$ 满足：(ⅰ) $u_n\geqslant u_{n+1}$；(ⅱ) $\lim_{n\to\infty}u_n=0$，则级数收敛，且其和 $s\leqslant u_1$，其余项 r_n 的绝对值 $|r_n|\leqslant u_{n+1}$.

(2) 绝对收敛和条件收敛的判别方法：若级数$\sum_{n=1}^{\infty}|u_n|$收敛，则称级数 $\sum_{n=1}^{\infty}u_n$ 绝对收敛；若级数$\sum_{n=1}^{\infty}u_n$ 收敛，而级数$\sum_{n=1}^{\infty}|u_n|$发散，则称级数$\sum_{n=1}^{\infty}u_n$ 条件收敛.

二、幂级数

1. 幂级数的概念

2. 幂级数的收敛半径、收敛区间的计算方法：如果$\lim_{n\to\infty}\left|\frac{a_{n+1}}{a_n}\right|=l$，则幂级数 $\sum_{n=0}^{\infty}a_nx^n$ 的收敛半径R 为：当 $l\neq 0$ 时 $R=\frac{1}{l}$，当 $l=0$ 时 $R=+\infty$，当 $l=+\infty$ 时 $R=0$.

3. 幂级数的性质：(1) 幂级数$\sum_{n=0}^{\infty}a_nx^n$ 的和函数 $s(x)$ 在其收敛域 I 上连续. 如果幂级数在 $x=R$ (或 $x=-R$) 也收敛，则和函数 $s(x)$ 在$(-R, R]$(或$[-R, R)$) 连续.(2) 幂级数$\sum_{n=0}^{\infty}a_nx^n$ 的和函数 $s(x)$ 在其收敛区间$(-R, R)$ 内可导，并且有逐项求导公式

$$s'(x)=\left(\sum_{n=0}^{\infty}a_nx^n\right)'=\sum_{n=0}^{\infty}(a_nx^n)'=\sum_{n=0}^{\infty}na_nx^{n-1}(|x|<R),$$

逐项求导后所得到的幂级数和原级数有相同的收敛半径. (3) 幂级数$\sum_{n=0}^{\infty}a_nx^n$ 的和函数 $s(x)$ 在其收敛域 I 上可积，并且有逐项积分公式

$$\int_0^x s(x)\mathrm{d}x=\int_0^x\left(\sum_{n=0}^{\infty}a_nx^n\right)\mathrm{d}x=\sum_{n=0}^{\infty}\int_0^x a_nx^n\mathrm{d}x=\sum_{n=0}^{\infty}\frac{a_n}{n+1}x^{n+1},x\in I,$$

逐项积分后所得到的幂级数和原级数有相同的收敛半径.

4. 利用幂级数的性质求幂级数的和函数

5. 泰勒公式、麦克劳林公式、泰勒级数和麦克劳林级数的概念

6. 常见函数的泰勒展开式：

$$e^x = 1 + x + \frac{1}{2!}x^2 + \cdots + \frac{1}{n!}x^n + \cdots(-\infty < x < +\infty),$$

$$\sin x = x - \frac{x^3}{3!} + \frac{x^5}{5!} - \cdots + (-1)^{n-1}\frac{x^{2n-1}}{(2n-1)!} + \cdots(-\infty < x < +\infty),$$

$$\cos x = 1 - \frac{x^2}{2!} + \frac{x^4}{4!} - \cdots + (-1)^n\frac{x^{2n}}{(2n)!} + \cdots(-\infty < x < +\infty),$$

$$\ln(1+x) = x - \frac{x^2}{2} + \frac{x^3}{3} - \frac{x^4}{4} + \cdots + (-1)^n\frac{x^{n+1}}{n+1} + \cdots(-1 < x \leqslant 1),$$

$$(1+x)^\alpha = 1 + \alpha x + \frac{\alpha(\alpha-1)}{2!}x^2 + \cdots + \frac{\alpha(\alpha-1)\cdots(\alpha-n+1)}{n!}x^n + \cdots(-1 < x < 1)$$

$$\frac{1}{1-x} = 1 + x + x^2 + \cdots + x^n + \cdots(-1 < x < 1)$$

7. 用间接展开法将函数展开为泰勒级数

利用上述公式,通过运算(变量替换,四则运算,复合,求导,求积分等)可得到一些函数的泰勒级数.

【重点】

1. 常数项级数及幂级数敛散性的概念;2. 正项级数的敛散性判别;3. 任意项级数的敛散性判别.

【难点】

1. 求幂级数的和函数;2. 函数的间接展开.

方程类经济数学模型

【基本要求】

了解微分方程、微分方程的阶、微分方程的解、通解及特解的概念;掌握一阶可分离变量微分方程、一阶齐次微分方程和一阶线性微分方程的解法;掌握二阶常系数线性微分方程的解法;会解几类特殊的高阶微分方程;了解微分方程在经济中的简单应用;了解差分、差分方程的概念;了解差分方程的阶、方程的解、通解及特解的概念;了解线性差分方程的概念;会求一阶常系数线性差分方程的通解和特解.

【主要知识点】

一、微分方程部分

1. 微分方程、微分方程的阶、微分方程的解、通解及特解的概念

2. 微分方程求解

(1) 一阶微分方程:

(a) 一阶可分离变量方程：如果一阶微分方程 $F(x,y,y')=0$ 可化为 $g(y)\mathrm{d}y=f(x)\mathrm{d}x$ 或 $y'=f(x)g(y)$ 的形式，则 $F(x,y,y')=0$ 称为可分离变量的微分方程.

可直接求得其通解，两边积分，得 $\int g(y)\mathrm{d}y=\int f(x)\mathrm{d}x+C$.

(b) 齐次方程：如果一阶微分方程 $\frac{\mathrm{d}y}{\mathrm{d}x}=f(x,y)$ 中的函数 $f(x,y)$ 可写成 $\frac{y}{x}$ 的函数，即 $f(x,y)=\varphi(\frac{y}{x})$，则称其为齐次方程.

在齐次方程 $\frac{\mathrm{d}y}{\mathrm{d}x}=\varphi(\frac{y}{x})$ 中，令 $u=\frac{y}{x}$，即 $y=ux$，有 $u+x\frac{\mathrm{d}u}{\mathrm{d}x}=\varphi(u)$，分离变量，得 $\frac{\mathrm{d}u}{\varphi(u)-u}=\frac{\mathrm{d}x}{x}$.两端积分，得 $\int\frac{\mathrm{d}u}{\varphi(u)-u}=\int\frac{\mathrm{d}x}{x}$.求出积分后，再用 $\frac{y}{x}$ 代替 u，便得所给齐次方程的通解.

(c) 一阶线性微分方程：方程 $\frac{\mathrm{d}y}{\mathrm{d}x}+P(x)y=Q(x)$ 叫做一阶线性微分方程.若 $Q(x)\equiv 0$，则方程称为齐次线性方程. 齐次线性方程 $\frac{\mathrm{d}y}{\mathrm{d}x}+P(x)y=0$ 是可分离变量方程.若 $Q(x)\neq 0$ 方程称为非齐次线性方程.

非齐次线性方程的解法(常数变易法)：将齐次线性方程通解中的常数换成 x 的未知函数 $u(x)$，把 $y=u(x)\mathrm{e}^{-\int P(x)\mathrm{d}x}$ 设想成非齐次线性方程的通解.代入非齐次线性方程，化简得 $u'(x)=Q(x)\mathrm{e}^{\int P(x)\mathrm{d}x}$，$u(x)=\int Q(x)\mathrm{e}^{\int P(x)\mathrm{d}x}\mathrm{d}x+C$，于是非齐次线性方程的通解为 $y=\mathrm{e}^{-\int P(x)\mathrm{d}x}\left[\int Q(x)\mathrm{e}^{\int P(x)\mathrm{d}x}\mathrm{d}x+C\right]$.

伯努利方程：方程 $\frac{\mathrm{d}y}{\mathrm{d}x}+P(x)y=Q(x)y^n\ (n\neq 0,1)$ 叫做伯努利方程.

伯努利方程的解法：以 y^n 除方程的两边，得 $y^{-n}\frac{\mathrm{d}y}{\mathrm{d}x}+P(x)y^{1-n}=Q(x)$，令 $z=y^{1-n}$，则转化为一阶线性微分方程 $\frac{\mathrm{d}z}{\mathrm{d}x}+(1-n)P(x)z=(1-n)Q(x)$.

(2) 二阶常系数线性微分方程：

(a) 方程 $y''+py'+qy=0$ 称为二阶常系数齐次线性微分方程，其中 p、q 均为常数.求二阶常系数齐次线性微分方程 $y''+py'+qy=0$ 的通解的步骤为：

第一步　写出微分方程的特征方程 $r^2+pr+q=0$；

第二步　求出特征方程的两个根 r_1、r_2；

第三步 根据特征方程的两个根的不同情况，写出微分方程的通解.

(b) 二阶常系数非齐次线性微分方程：方程 $y''+py'+qy=f(x)$ 称为二阶常系数非齐次线性微分方程，其中 p、q 是常数.二阶常系数非齐次线性微分方程的通解是对应的齐次方程的通解 $y=Y(x)$ 与非齐次方程本身的一个特解 $y=y^*(x)$ 之和：$y=Y(x)+y^*(x)$.

当 $f(x)$ 为两种特殊形式时，方程的特解的求法：

① $f(x)=\mathrm{e}^{\lambda x}P_m(x)$ 型

当 $f(x)=\mathrm{e}^{\lambda x}P_m(x)$ 时，设特解形式为 $y^*=Q(x)\mathrm{e}^{\lambda x}$，将其代入方程，得等式 $Q''(x)+(2\lambda+p)Q'(x)+(\lambda^2+p\lambda+q)Q(x)=P_m(x)$.然后分三种情况，即若 λ 不是特征方程 $r^2+pr+q=0$ 的根；若 λ 是特征方程 $r^2+pr+q=0$ 的单根；若 λ 是特征方程 $r^2+pr+q=0$ 的二重根，有如下结论：二阶常系数非齐次线性微分方程 $y''+py'+qy=f(x)$ 有形如 $y^*=x^kQ_m(x)\mathrm{e}^{\lambda x}$ 的特解，其中 $Q_m(x)$ 是与 $P_m(x)$ 同次的多项式，而 k 按 λ 不是特征方程的根、是特征方程的单根或是特征方程的重根依次取为 0、1 或 2.

② $f(x)=\mathrm{e}^{\lambda x}[a_1\cos\omega x+a_2\sin\omega x]$ 型

若 $\lambda\pm\mathrm{i}\omega$ 不是特征方程的根，则特解为 $y^*=\mathrm{e}^{\lambda x}[A_1\cos\omega x+A_2\sin\omega x]$；

若 $\lambda\pm\mathrm{i}\omega$ 是特征方程的根，则特解为 $y^*=x\mathrm{e}^{\lambda x}[A_1\cos\omega x+A_2\sin\omega x]$.

(3) 可降阶的高阶微分方程

(a) $y^{(n)}=f(x)$ 型的微分方程解法：积分 n 次有，$y^{(n-1)}=\int f(x)\mathrm{d}x+C_1$，$y^{(n-2)}=\int\left[\int f(x)\mathrm{d}x+C_1\right]\mathrm{d}x+C_2,\cdots$.

(b) $y''=f(x,y')$ 型微分方程的解法：设 $y'=p$ 则方程化为 $p'=f(x,p)$.

设 $p'=f(x,p)$ 的通解为 $p=\varphi(x,C_1)$，则 $\dfrac{\mathrm{d}y}{\mathrm{d}x}=\varphi(x,C_1)$.原方程的通解 $y=\int\varphi(x,C_1)\mathrm{d}x+C_2$.

(c) $y''=f(y,y')$ 型微分方程的解法：设 $y'=p$，有 $y''=\dfrac{\mathrm{d}p}{\mathrm{d}x}=\dfrac{\mathrm{d}p}{\mathrm{d}y}\cdot\dfrac{\mathrm{d}y}{\mathrm{d}x}=p\dfrac{\mathrm{d}p}{\mathrm{d}y}$.

原方程化为 $p\dfrac{\mathrm{d}p}{\mathrm{d}y}=f(y,p)$.设方程 $p\dfrac{\mathrm{d}p}{\mathrm{d}y}=f(y,p)$ 的通解为 $y'=p=\varphi(y,C_1)$，则原方程的通解为 $\int\dfrac{\mathrm{d}y}{\varphi(y,C_1)}=x+C_2$.

二、差分方程部分

1. 差分方程的相关概念

2. 差分方程的求解

一阶常系数线性差分方程：形式为 $y_{t+1}+ay_t=f(t), t=0,1,2,\cdots,$

非齐次线性差分方程的通解是对应的齐次方程的通解 $y=Y_t$ 与非齐次方程本身的一个特解 $y=y_t^*$ 之和.

【重点】

1. 一阶微分方程的解法；2. 二阶常系数齐次线性微分方程的解法.

【难点】

1. 识别可降阶的三种高阶微分方程；2. 二阶常系数非齐次线性微分方程.

第二章　线性代数学习指导

行　列　式

【基本要求】

了解行列式的概念；掌握行列式的性质；能应用行列式的性质和行列式按行(列)展开定理计算行列式.

【主要知识点】

一、全排列、逆序数的概念

二、行列式的概念

1. 2阶、3阶行列式；

2. n 阶行列式.

三、行列式的性质

1. 行列互换，行列式的值不变；

2. 互换行列式的两行(列)，行列式的值反号；

3. 数 k 乘以行列式某一行(列)等于 k 乘该行列式；

4. 若行列式某一行(列)的元素可以表示成两项之和，则该行列式可写成两个行列式之和；

5. 将行列式一行(列)的 k 倍加到另一行(列)上，行列式值不变.

四、行列式的展开法则

n 阶行列式值等于其任一行(列)的各元素与其对应的代数余子式乘积之和.

五、几种特殊的行列式

1. 对角行列式；

2. 上(下)三角行列式;

3. 范德蒙行列式.

【重点】

行列式的计算.

【难点】

n阶行列式的定义.

矩　　阵

【基本要求】

理解矩阵的概念;了解上(下)三角形矩阵、对角矩阵、数量矩阵、单位矩阵的概念及其特点;掌握对称矩阵、反对称矩阵的概念及其性质;熟练掌握非奇异矩阵、逆矩阵、伴随矩阵的概念及性质;了解分块矩阵的概念;熟练掌握矩阵和分块矩阵的加法、数乘、乘法(包含方阵的幂)、转置、方阵的行列式、方阵的逆矩阵的运算及运算规律;熟练掌握抽象求逆、伴随矩阵求逆、初等变换求逆的方法;了解初等变换和初等矩阵的概念;熟练掌握化行阶梯形矩阵和行最简形矩阵的方法;了解等价标准型和矩阵等价的概念及其性质;掌握矩阵的秩的概念及其性质;熟练掌握三种标准矩阵方程的求法及其应用.

【主要知识点】

一、矩阵与分块矩阵的加法、数乘、乘法、转置运算和方阵的行列式、逆矩阵运算

二、矩阵、特殊方阵的性质

三、求逆的方法

四、化行阶梯形矩阵和行最简形矩阵的方法

五、矩阵方程的求法及其应用

【重点】

矩阵的乘法的运算及其规律、一般不满足交换律和消去律;逆矩阵的概念、性质和求解方法;矩阵方程的求法及其应用.

【难点】

分块矩阵的乘法;矩阵的秩.

线性方程组

【基本要求】

理解 n 维向量的概念;理解向量的线性运算的概念;熟练掌握向量的加法和数乘运算法则;理解向量的内积、长度、距离、夹角与正交的概念;熟练计算向量的内积与长度;掌握向量内积、长度与正交的运算性质;理解向量的线性组合与线性表示的概念;理解向量组线性相关、线性无关的概念;掌握向量组线性相关、线性无关的有关性质及判别法;理解向量组的极大无关组和向量组的秩的概念;掌握求向量组的极大无关组的方法;了解向量组等价的概念;掌握向量组的秩的概念;了解矩阵的秩与其行(列)向量组的秩之间的关系,会求向量组的秩;理解正交向量组的概念;熟练掌握施密特正交化方法;理解正交矩阵的概念;掌握正交矩阵的性质;了解线性方程组解的概念,会用克莱姆法则解线性方程组;掌握线性方程组有解和无解的判定方法;掌握用矩阵的行初等变换求线性方程组的解的方法;理解齐次线性方程组的基础解系;掌握齐次线性方程的基础解系、全部解的求法;掌握非齐次线性方程组的全部解的求法;会用其特解及相应的导出组的基础解系求非齐次线性方程组的全部解.

【主要知识点】

一、n 维向量的概念

二、向量的线性运算的概念

1. 加法;

2. 数乘.

三、向量的加法和数乘运算法则

四、向量的内积、长度、距离、夹角与正交的概念

五、向量的内积、长度、距离、夹角与正交的性质

六、向量的线性组合与线性表示的概念

七、向量组线性相关、线性无关的概念

八、向量组的相关性与线性表示的关系

九、向量组线性相关、线性无关的常用结论

1. 单个非零向量自身线性无关;

2. 含零向量或含两个成比例的向量的向量组线性相关;

3. 向量组中部分向量线性相关,则该向量组线性相关,若该向量组线性无关,则任一部分向量组线性无关;

4. $n+1$ 个 n 维向量线性相关.

十、极大无关组、等价向量组与向量组的秩的概念

十一、矩阵的秩与其行(列)向量组的秩之间的关系

十二、等价向量组的性质

十三、施密特正交化

十四、线性方程组有解的判定定理

十五、齐次线性方程组的基础解系的概念

十六、非齐次线性方程组的解的结构

【重点】

1. 判断向量组的线性相关性;
2. 求解向量组的极大无关组与秩;
3. 齐次线性方程组的基础解系;
4. 非齐次线性方程组的解法.

【难点】

1. 判断向量组的线性相关性;
2. 线性方程组的解的理论;
3. 含参数的非齐次线性方程组的解法.

矩阵的特征值与特征向量

【基本要求】

了解矩阵的特征值和特征向量的概念及有关性质;熟练掌握求矩阵的特征值和特征向量的方法;了解相似矩阵的概念;知道矩阵相似于对角形矩阵的条件;掌握将实对称矩阵化为对角阵的方法.

【主要知识点】

一、矩阵的特征值和特征向量的定义;矩阵的特征值和特征向量的求法及有关性质

二、相似矩阵的定义及其性质;矩阵可对角化条件

三、实对称矩阵特征值的性质;利用正交矩阵化实对称矩阵为对角阵

【重点】

1. 熟练掌握求矩阵的特征值和特征向量的方法;
2. 了解相似矩阵的概念;会利用正交矩阵化实对称矩阵为对角阵.

【难点】

利用实对称矩阵对角化求解某些参数.

二　次　型

【基本要求】

了解二次型的定义;掌握二次型的矩阵表示方法;会用配方法化二次型为标准形;掌握用正交变换化二次型为标准形的方法;了解正定二次型、正定矩阵的定义和有关性质;正定矩阵的判别与证明.

【主要知识点】

一、二次型及其标准形的概念

二、化二次型为标准形

三、惯性定理;化二次型为规范形

四、二次型的有定及不定性

【重点】

1. 用配方法和正交变换法化二次型为标准形;

2. 有关正定矩阵的判定与证明.

【难点】

有关正定矩阵的判定与证明.

线性空间与线性变换

【基本要求】

了解线性空间的定义及性质;了解线性空间的维数、基、坐标的概念; 知道向量在不同基下的坐标变换公式;了解线性空间中的线性变换的概念;了解线性变换的矩阵表示式.

【主要知识点】

一、线性空间的定义、性质

二、线性空间的维数、基

三、线性变换的概念

四、线性变换的矩阵表示式

五、线性变换的运算

【重点】

1. 线性空间的维数、基、坐标的概念;

2. 向量在不同基下的坐标变换公式.

【难点】

线性变换在不同基下的矩阵.

线 性 规 划

【基本要求】

理解线性规划模型标准形式的概念；掌握可行解、基本可行解、最优解的概念及其求法；掌握两个变量的线性规划问题的图解法；熟练掌握单纯形法；理解进基变量和离基变量的概念和确定的方法；掌握检验数和最优解的关系；了解二阶段法；熟练掌握表上作业法和图上作业法.

【主要知识点】

一、掌握图解法的可行域的确定、寻找最优解

二、熟练掌握单纯形法中初始单纯形表的构造法、单纯形表之间的变换过程和最优解的判断

三、熟练掌握表上作业法

四、熟练掌握图上作业法

【重点】

求解线性规划模型的单纯形法

【难点】

表上作业法和图上作业法

第三章　概率论与数理统计学习指导

随机事件与随机变量

【基本要求】

了解随机试验的特征，掌握随机事件之间的关系及运算；理解随机事件的频率及概率的定义和基本性质；掌握古典概型的定义及概率的加法公式；理解条件概率的定义，掌握乘法公式、全概率公式和贝叶斯公式；理解随机事件独立性的概念，贝努里概型及n重贝努里试验的概念；了解随机变量的概念；理解分布函数的定义及性质；理解离散型随机变量及其分布列的定义、性质；理解连续型随机变量及概率密度的定义、性质；掌握概率密度与分布函数之间关系及其运算；了解随机变量函数的概念. 掌握常见的离散型随机变量分布：两点分布、二项分布、泊松分布；掌握常见的连续型随机变量分布：均匀分布、指数分布和正态分布.

【主要知识点】

一、随机试验与事件、样本空间；频率和概率的定义及性质；古典概型

1. 随机试验、样本空间及样本点的概念，随机事件、必然事件、不可能事件，

事件的关系和运算法则；

2. 频率和概率的定义及性质；

3. 古典概型的定义，概率的加法公式.

二、条件概率、乘法公式、随机事件的独立性及 n 重贝努里试验、全概率公式、贝叶斯公式

1. 条件概率的定义，乘法公式；

2. 随机事件独立性的概念及 n 重贝努里试验；

3. 古典概率计算公式 $P(A)=\frac{m}{n}$ 及排列组合公式；

4. 全概率公式和贝叶斯公式.

三、随机变量的概念；离散型随机变量及其分布列的定义、性质及概率计算公式

四、连续型随机变量及其概率密度；随机变量的分布函数及概率计算公式

1. 分布密度已知时的概率计算公式；

2. 分布函数已知时的概率计算公式；

3. 正态分布问题的概率计算公式.

五、随机变量函数的分布

六、常见的离散型及连续型随机变量的分布：0—1 分布、二项分布、泊松分布、均匀分布、指数分布及正态分布

【重点】

一、随机事件之间的关系及运算；概率的定义及性质

二、乘法公式、全概率公式和贝叶斯公式；随机事件的独立性定义及性质

三、分布函数的定义及性质；分布列的定义及性质；概率密度的定义及性质

四、常见的随机变量分布：两点分布、二项分布、泊松分布、均匀分布、指数分布和正态分布，特别是二项分布和正态分布

【难点】

一、运用概率的性质、全概率公式和贝叶斯公式求概率

二、运用分布的性质及常见分布的模型求概率

三、求随机变量函数的分布

二维随机变量及其联合概率分布

【基本要求】

了解二维随机变量的概念及其实际意义，了解 n 维随机变量的概念及其分布；理解二维随机变量的分布函数的定义及性质；掌握二维随机变量的边缘分布

以及与联合分布的关系;掌握二维随机变量的条件概率及独立性;掌握二维随机变量函数的分布.

【主要知识点】

一、n 维随机变量及联合分布函数

二、二维离散型随机变量及其分布

1. 联合分布列;

2. 边缘分布列.

三、二维连续型随机变量及其分布

1. 联合概率密度;

2. 边缘概率密度.

四、二维随机变量的条件概率及独立性

五、二维随机变量函数的分布

1. 离散卷积公式,独立的两个二项分布及 Poisson 分布的可加性;

2. 连续卷积公式,独立的两个正态分布的可加性;

3. 极值分布.

【重点】

1. 二维随机变量的边缘分布以及与联合分布的关系;

2. 二维随机变量的独立性;

3. 二维随机变量分布.

【难点】

1. 求二维随机变量的边缘分布;

2. 求二维随机变量函数的分布.

随机变量的数字特征

【基本要求】

理解数学期望、方差的概念及背景,掌握它们的性质与计算,会求随机变量函数的数学期望和方差;掌握并熟记常见的离散型与连续型随机变量分布的数学期望与方差;理解并掌握二维随机变量的协方差与相关系数概念与计算,掌握独立性的概率;了解随机变量分布的矩、中位数与分位数的概念及意义.掌握契比雪夫不等式及用其作简单的概率估计;了解中心极限定理和大数定律.

【主要知识点】

一、随机变量数学期望的概念及性质;

二、随机变量函数的数学期望;

三、随机变量方差的概念及性质;

四、常见随机变量的期望与方差:两点分布、二项分布、泊松分布、均匀分布、指数分布、正态分布和伽马分布;

五、协方差与相关系数的概念及性质;

六、独立性的概念及其与不相关性的关系;

七、协方差矩阵与多维正态分布;

八、随机变量分布的矩、中位数及分位数的概率及计算;

九、大数定律与中心极限定理.

【重点】

数学期望和方差的概念、性质及计算;常用分布的期望和方差;契比雪夫不等式;随机向量的数字特征;随机变量的独立性.

【难点】

随机变量函数数学期望和方差的计算;契比雪夫不等式的应用;独立性与不相关性的关系;中心极限定理的应用.

统计估计方法

【基本要求】

理解总体、个体、样本和统计量的概念,掌握样本均值和样本方差的计算及基本性质;了解 χ^2 分布、t 分布、F 分布的定义及性质,会查表计算;理解正态总体的某些统计量的分布.理解点估计的概念,掌握矩估计法、极大似然估计法;了解估计量的评选标准;理解区间估计的概念,会求一个正态总体的期望和方差的置信区间,两个正态总体均值差和方差比的置信区间.

【主要知识点】

一、总体、个体、样本和统计量的概念;

二、χ^2 分布、t 分布、F 分布的定义及性质;

三、正态总体的样本均值与样本方差的分布;

四、点估计的概念及矩估计法、极大似然估计法;

五、估计量的评选标准:无偏性、有效性、一致性;

六、区间估计的概念;

七、正态总体均值与方差的区间估计.

【重点】

χ^2 分布、t 分布、F 分布的定义;正态总体的某些统计量的分布;极大似然估计法求估计量;求一个正态总体的期望和方差的置信区间;两个正态总体均值差和方差比的置信区间.

【难点】

运用三大分布的定义及性质分析一些统计量的分布;理解和运用极大似然估计法求估计量.

统计检验方法

【基本要求】

掌握假设检验的基本概念;理解假设检验的基本思想;掌握假设检验的一般步骤;掌握单正态总体和双正态总体均值与方差的参数检验(u 检验,t 检验,χ^2 检验和 F 检验);了解非正态总体参数检验(χ^2 拟合检验);了解置信区间与假设检验之间的关系以及假设检验中的两类错误.

【主要知识点】

一、假设检验的概念

原假设、备择假设、检验统计量、显著性水平、拒绝域、两类错误.

二、正态总体均值与方差的检验

1. 单正态总体均值的检验;
2. 单正态总体方差的检验;
3. 两个正态总体均值的检验;
4. 两个正态总体方差比的检验.

三、非参数假设检验*

1. χ^2 拟合优度检验法;
2. χ^2 分布的独立性检验法.

【重点】

1. 假设检验的基本思想,假设检验的基本步骤,假设检验可能产生的两类错误;
2. 单个和两个正态总体的均值与方差的假设检验;
3. 总体分布假设的 χ^2 检验法*.

【难点】

假设检验的基本思想、基本步骤及假设检验可能产生的两类错误.

回归分析与方差分析

【基本要求】

掌握一元线性回归的基本概念与回归模型的一般形式;掌握一元线性回归模型及显著性检验和预测问题,会利用回归方程进行点预测和区间预测;了解单因素方差分析的基本思想和方法.

【主要知识点】

一、一元线性回归模型

1. 一元线性回归系数的计算公式

$$\begin{cases}\hat{\beta}_1=\dfrac{l_{xy}}{l_{xx}}=\dfrac{\sum\limits_{i=1}^{n}(x_i-\bar{x})(y_i-\bar{y})}{\sum\limits_{i=1}^{n}(x_i-\bar{x})^2},\\ \hat{\beta}_0=\bar{y}-\hat{\beta}_1\bar{x}.\end{cases}$$

2. 回归方程的显著性检验

关于 $H_0:\beta_1=0$ 的显著性水平 α 的 F 检验,其统计量为

$$F=\frac{S_R}{S_E/(n-2)}\sim F(1,n-2),$$

其中 S_R、S_E 回归平方和与残差平方和.

3. 回归方程的点预测和预测区间

二、方差分析——单因素方差分析表

方差来源	平方和	自由度	均方和	F 值
因素 A	S_A	$r-1$	$MS_A=\dfrac{S_A}{r-1}$	$F=\dfrac{MS_A}{MS_E}$
误差 E	S_E	$n-r$	$MS_E=\dfrac{S_E}{n-r}$	
总和 T	S_T	$n-1$		

其中 S_T 为总离差平方和,S_A、S_E 分别为因素 A 的组间平方和(效应平方和)与组内平方和(误差平方和).

【重点】

一元线性回归模型中截距 β_0,回归系数 β_1 的计算公式.

【难点】

最小二乘估计性质.

第二篇　微积分习题解答

第一章　经济函数

三、解答题

1. 判断下列各对函数是否相同,并说明理由.

(1) $y=\sqrt{x^2}$ 与 $y=|x|$.

解　相同. $y=\sqrt{x^2}$ 与 $y=|x|$ 的定义域、值域相同,且 $\sqrt{x^2}=|x|$.

(2) $y=\lg x$ 与 $y=\frac{1}{2}\lg x^2$.

解　不同. $y=\lg x$ 的定义域为 $(0,+\infty)$,而 $y=\frac{1}{2}\lg x^2$ 的定义域为 $(-\infty,0)\cup(0,+\infty)$.

(3) $y=\frac{(x-1)^2}{x-1}$ 与 $y=x-1$.

解　不同. $y=\frac{(x-1)^2}{x-1}$ 的定义域为 $\{x\mid x\in\mathbf{R},\text{且 }x\neq 1\}$,而 $y=x-1$ 的定义域为 $\{x\mid x\in\mathbf{R}\}$.

(4) $y=\tan^2 x-\sec^2 x$ 与 $y=-1$.

解　不同. $y=\tan^2 x-\sec^2 x$ 的定义域为 $\left\{x\mid x\in\mathbf{R},\text{且 }x\neq k\pi+\frac{\pi}{2},k\text{ 为整数}\right\}$,而 $y=-1$ 的定义域为 $\{x\mid x\in\mathbf{R}\}$.

(5) $y=\sqrt{1+\frac{1}{x^2}}$ 与 $y=\frac{\sqrt{1+x^2}}{x}$.

解　不同. $y=\sqrt{1+\frac{1}{x^2}}$ 的定义域为 $\{x\mid x\in\mathbf{R},\text{且 }x\neq 0\}$,值域为 $\{y\mid y>1\}$,而 $y=\frac{\sqrt{1+x^2}}{x}$ 的定义域为 $\{x\mid x\in\mathbf{R},\text{且 }x\neq 0\}$,值域为 $\{y\mid y>1\text{ 或 }y<-1\}$.

(6) $y=\lg\dfrac{1+2^{-x}}{1-2^{-x}}$ 与 $y=-\lg\dfrac{2^x-1}{2^x+1}$.

解　相同. $y=\lg\dfrac{1+2^{-x}}{1-2^{-x}}$ 与 $y=-\lg\dfrac{2^x-1}{2^x+1}$ 的定义域、值域均相同,且对应法则 $\lg\dfrac{1+2^{-x}}{1-2^{-x}}=-\lg\dfrac{2^x-1}{2^x+1}$.

2. 讨论下列函数的单调性.

(1) $f(x)=2^x+x-5$.

解　$f(x)=2^x+x-5$ 的定义域为$(-\infty,+\infty)$. 设任意的 $x_1,x_2\in(-\infty,+\infty)$ 且 $x_1<x_2$,则 $f(x_2)-f(x_1)=(2^{x_2}+x_2-5)-(2^{x_1}+x_1-5)=(2^{x_2}-2^{x_1})+(x_2-x_1)>0$.

故 $f(x)=2^x+x-5$ 在定义域内单调增加.

(2) $f(x)=\mathrm{e}^{|x|}$.

解　$f(x)=\mathrm{e}^{|x|}$ 的定义域为$(-\infty,+\infty)$.

当 $x\in[0,+\infty)$ 时,$f(x)=\mathrm{e}^{|x|}=\mathrm{e}^x$ 单调增加;当 $x\in(-\infty,0)$ 时,$f(x)=\mathrm{e}^{|x|}=\mathrm{e}^{-x}$ 单调减少.

(3) $f(x)=-2x^2+4x+3$.

解　$f(x)=-2x^2+4x+3$ 的定义域为$(-\infty,+\infty)$,且 $f(x)=-2x^2+4x+3=-2(x-1)^2+5$. 故在$(-\infty,1)$ 上,$f(x)=-2x^2+4x+3$ 单调增加;而在$(1,+\infty)$ 上,$f(x)=-2x^2+4x+3$ 单调减少.

(4) $f(x)=\lg\dfrac{2^x+1}{2^x-1}$.

解　$f(x)=\lg\dfrac{2^x+1}{2^x-1}$ 的定义域为$(0,+\infty)$. 设任意的 $x_1,x_2\in(0,+\infty)$ 且 $x_1<x_2$, 则 $f(x_1)=\lg\dfrac{2^{x_1}+1}{2^{x_1}-1}=\lg\left(1+\dfrac{2}{2^{x_1}-1}\right)$,$f(x_2)=\lg\dfrac{2^{x_2}+1}{2^{x_2}-1}=\lg\left(1+\dfrac{2}{2^{x_2}-1}\right)$.

因为 $x_1<x_2$, 则 $1+\dfrac{2}{2^{x_1}-1}>1+\dfrac{2}{2^{x_2}-1}$, 所以 $\lg\left(1+\dfrac{2}{2^{x_1}-1}\right)>\lg\left(1+\dfrac{2}{2^{x_2}-1}\right)$,即 $f(x_1)>f(x_2)$.

故 $f(x)=\lg\dfrac{2^x+1}{2^x-1}$ 在定义域内单调减少.

3. 讨论下列函数的奇偶性.

(1) $f(x)=\sin x-x\cos x$.

解 函数 $f(x)=\sin x-x\cos x$ 的定义域为$(-\infty,+\infty)$.

因为

$$f(-x)=\sin(-x)-(-x)\cos(-x)=-\sin x+x\cos x$$
$$=-(\sin x-x\cos x)=-f(x)$$

所以 $f(x)=\sin x-x\cos x$ 为奇函数.

(2) $f(x)=\dfrac{e^{x}-e^{-x}}{\sqrt{1+x^2}}$.

解 函数 $f(x)=\dfrac{e^{x}-e^{-x}}{\sqrt{1+x^2}}$ 的定义域为$(-\infty,+\infty)$.

因为

$$f(-x)=\frac{e^{-x}-e^{-(-x)}}{\sqrt{1+(-x)^2}}=\frac{e^{-x}-e^{x}}{\sqrt{1+x^2}}=-\frac{e^{x}-e^{-x}}{\sqrt{1+x^2}}=-f(x)$$

所以 $f(x)=\dfrac{e^{x}-e^{-x}}{\sqrt{1+x^2}}$ 为奇函数.

(3) $f(x)=x^3-x+1$.

解 函数 $f(x)=x^3-x+1$ 的定义域为$(-\infty,+\infty)$.

因为

$$f(-x)=(-x)^3-(-x)+1=-x^3+x+1$$

则 $f(-x)\neq -f(x)$ 且 $f(-x)\neq f(x)$,所以 $f(x)$ 为非奇非偶函数.

(4) $f(x)=\sin|x|+|\tan x|$.

解 函数 $f(x)=\sin|x|+|\tan x|$ 的定义域为$\left\{x \mid x\in\mathbf{R},且\ x\neq k\pi+\dfrac{\pi}{2},k\ 为整数\right\}$.

因为

$$f(-x)=\sin|-x|+|\tan(-x)|=\sin|x|+|\tan x|=f(x)$$

所以 $f(x)=\sin|x|+|\tan x|$ 为偶函数.

4. 讨论下列函数在所给的区间上是否有界.

(1) $f(x)=e^{-x^2}$,$(-\infty,+\infty)$.

解 因为当 $x\in(-\infty,+\infty)$ 时,$-x^2\in(-\infty,0]$,则 $0<f(x)=e^{-x^2}\leqslant 1$. 所以,在$(-\infty,+\infty)$ 上 $f(x)=e^{-x^2}$ 有界.

(2) $f(x)=\lg x$,$(0,1)$,$(1,10)$,$(10,+\infty)$.

函数 $f(x)=\lg x$ 的定义域为$(0,+\infty)$,且 $f(1)=0$,$f(10)=1$.

① 当 $x\in(0,1)$ 时,x 趋于 0,则 $f(x)$ 趋于$-\infty$,故在$(0,1)$ 上,$f(x)=\lg x$ 无界;

② 当 $x\in(1,10)$ 时，$f(x)$ 单调增加，即 $f(1)<f(x)<f(10)$，故在 $(1,10)$ 上，$f(x)=\lg x$ 有界；

③ 当 $x\in(10,+\infty)$ 时，$f(x)$ 单调增加，即 $f(x)>f(10)=1$，x 趋于 $+\infty$ 时，$f(x)$ 也趋于 $+\infty$，故在 $(10,+\infty)$ 上，$f(x)=\lg x$ 无界.

(3) $f(x)=\dfrac{x+1}{x-1}$，$(-\infty,0)$，$(0,1)$，$(2,+\infty)$.

解　函数 $f(x)=\dfrac{x+1}{x-1}=1+\dfrac{2}{x-1}$ 的定义域为 $(-\infty,1)\cup(1,+\infty)$，且 $f(x)$ 在 $(-\infty,1)$ 和 $(1,+\infty)$ 上均单调减少.

① 当 $x\in(-\infty,0)$ 时，x 趋于 $-\infty$，函数 $f(x)=1+\dfrac{2}{x-1}$ 趋于 1，而 $f(0)=-1$，故 $1>f(x)>f(0)=-1$.

即 $f(x)=\dfrac{x+1}{x-1}$ 在 $(-\infty,0)$ 上有界.

② 当 $x\in(0,1)$ 时，x 趋于 1，函数 $f(x)=1+\dfrac{2}{x-1}$ 趋于 $-\infty$.

故 $f(x)=\dfrac{x+1}{x-1}$ 在 $(0,1)$ 上无界.

③ 当 $x\in(2,+\infty)$ 时，$f(2)=3$，当 x 趋于 $+\infty$，函数 $f(x)=\dfrac{x+1}{x-1}$ 趋于 1，故 $1<f(x)<3$.

即 $f(x)=\dfrac{x+1}{x-1}$ 在 $(2,+\infty)$ 上有界.

5. 下列函数是否是周期函数？如果是周期函数，求其周期.

(1) $f(x)=\sin^2 x$.

解　是周期函数. 因为 $f(x)=\sin^2 x=\dfrac{1-\cos 2x}{2}$，而 $\cos 2x$ 是周期为 π 的周期函数，所以 $f(x)=\sin^2 x$ 是周期为 π 的周期函数.

(2) $f(x)=x\sin x$.

解　不是周期函数.

(3) $f(x)=\sin\dfrac{1}{x}$.

解　不是周期函数.

(4) $f(x)=2\cos\left(\dfrac{\pi}{2}x-1\right)$.

解　是周期函数. 设 l 为一个正数，有

$$f(x+l)=2\cos\left[\frac{\pi}{2}(x+l)-1\right]$$
$$=2\left[\cos\left(\frac{\pi}{2}x-1\right)\cos\frac{\pi}{2}l-\sin\left(\frac{\pi}{2}x-1\right)\sin\frac{\pi}{2}l\right]$$

若 $f(x+l)=f(x)$，则上式中 $\cos\frac{\pi}{2}l=1$，且 $\sin\frac{\pi}{2}l=0$，故 $\frac{\pi}{2}l=2\pi$，即 $l=4$.

所以 $f(x)=2\cos\left(\frac{\pi}{2}x-1\right)$ 是周期为 4 的周期函数.

6. 设函数 $f(x)$ 的定义域为 $[0,1]$，求函数 $f(\sqrt{1-x^2})$ 的定义域.

解 因为函数 $f(x)$ 的定义域为 $[0,1]$，所以 $f(\sqrt{1-x^2})$ 的定义域应满足 $0\leqslant\sqrt{1-x^2}\leqslant 1$，即 $0\leqslant|x|\leqslant 1$.

故 $f(\sqrt{1-x^2})$ 的定义域为 $[-1,1]$.

7. 指出下列函数是由哪些简单函数复合而成的.

(1) $y=\dfrac{1}{\sqrt{1+x^2}}$.

解 $y=\dfrac{1}{\sqrt{u}}, u=1+x^2$.

(2) $y=\sin^2 x^2$.

解 $y=u^2, u=\sin v, v=x^2$.

(3) $y=e^{2e^{-\frac{1}{x}}}$.

解 $y=e^u, u=2e^v, v=-\dfrac{1}{x}$.

(4) $y=\log_2\tan\sqrt{2x-1}$.

解 $y=\log_2 u, u=\tan v, v=\sqrt{w}, w=2x-1$.

8. 设 $f(x)=x+\dfrac{1}{x}$，求 $f(x^2)$，$f[f(x)]$.

解 根据题意，可得

$$f(x^2)=x^2+\frac{1}{x^2}$$

$$f[f(x)]=f(x)+\frac{1}{f(x)}=x+\frac{1}{x}+\frac{1}{x+\frac{1}{x}}$$
$$=x+\frac{1}{x}+\frac{x}{x^2+1}$$

9. 设 $f(x)=2^x, g(x)=x^2$，求 $f[f(x)]$，$f[g(x)]$，$g[f(x)]$.

解
$$f[f(x)]=2^{f(x)}=2^{2^x}$$
$$f[g(x)]=2^{g(x)}=2^{x^2}$$
$$g[f(x)]=f^2(x)=(2^x)^2=4^x$$

10. 设 $f(x)=2^x+3$,求 $g(x)$,使得 $f[g(x)]=\sqrt{x}+4$.

解　由题意得 $f[g(x)]=2^{g(x)}+3=\sqrt{x}+4$,即 $2^{g(x)}=\sqrt{x}+1$,所以
$$g(x)=\log_2(\sqrt{x}+1)$$

11. 已知 $f\left(1+\dfrac{1}{x}\right)=(x-2)^2$,求 $f(x)$,$f(x^2-1)$.

解　设 $t=1+\dfrac{1}{x}$,则 $x=\dfrac{1}{t-1}$,故
$$f(t)=f\left(1+\frac{1}{x}\right)=\left(\frac{1}{t-1}-2\right)^2=\left(\frac{3-2t}{t-1}\right)^2$$
所以
$$f(x)=\left(\frac{3-2x}{x-1}\right)^2$$
$$f(x^2-1)=\left[\frac{3-2(x^2-1)}{(x^2-1)-1}\right]^2=\left(\frac{5-2x^2}{x^2-2}\right)^2$$

12. 已知 $f(\sin x)=\cos 2x$,求 $f(\cos x+1)$.

解　因为 $f(\sin x)=\cos 2x=1-2\sin^2 x$,所以 $f(t)=1-2t^2$,故
$$\begin{aligned}f(\cos x+1)&=1-2(\cos x+1)^2\\&=-2\cos^2 x-4\cos x-1\end{aligned}$$

13. 求下列函数的反函数并指明其定义域.

(1) $y=2^x-1$.

解　因为 $y=2^x-1$,所以 $2^x=y+1$,$x=\log_2(y+1)$,故 $y=2^x-1$ 的反函数为 $y=\log_2(x+1)$,其定义域为 $\{x\mid x>-1\}$.

(2) $y=\dfrac{\lg x}{\lg x-1}$,$x\in(10,+\infty)$.

解　当 $x\in(10,+\infty)$ 时,$y=\dfrac{\lg x}{\lg x-1}$ 的值域为 $(1,+\infty)$.

因为 $y=\dfrac{\lg x}{\lg x-1}$,所以 $\lg x=\dfrac{y}{y-1}$,$x=10^{\frac{y}{y-1}}$,故 $y=\dfrac{\lg x}{\lg x-1}$ 的反函数为 $y=10^{\frac{x}{x-1}}$,其定义域为原函数的值域,即反函数的定义域为 $(1,+\infty)$.

(3) $y=\sqrt{2x-x^2}$,$x\in[0,1]$.

解　当 $x\in[0,1]$ 时,$y=\sqrt{2x-x^2}$ 的值域为 $[0,1]$.

因为 $y=\sqrt{2x-x^2}$，所以 $x^2-2x+y^2=0$，则 $x=1\pm\sqrt{1-y^2}$，又因 $x\in[0,1]$，所以 $x=1+\sqrt{1-y^2}$ 舍去，即 $x=1-\sqrt{1-y^2}$.

故 $x\in[0,1]$ 时，$y=\sqrt{2x-x^2}$ 的反函数为 $y=1-\sqrt{1-x^2}$，其定义域为 $[0,1]$.

14. 求下列函数的定义域.

(1) $y=\sqrt{\dfrac{2-x}{x-1}}$.

解 若函数有意义，则$\dfrac{2-x}{x-1}\geqslant 0$ 且 $x\neq 1$.

解$\begin{cases}2-x\geqslant 0,\\ x-1>0\end{cases}$得 $1<x\leqslant 2$，故函数 $y=\sqrt{\dfrac{2-x}{x-1}}$ 的定义域为$(1,2]$.

(2) $y=\dfrac{1}{(x-4)\ln|x-2|}$.

解 若函数有意义，则 $x-4\neq 0$，$x-2\neq 0$，$|x-2|\neq 1$，故 $x\neq 4$，$x\neq 2$，$x\neq 3$，$x\neq 1$. 所以，原函数的定义域为$\{x\mid x\in\mathbf{R}$，且 $x\neq 1,x\neq 2,x\neq 3,x\neq 4\}$.

(3) $y=\dfrac{1}{\sqrt{x^2-2x-3}}+\arcsin\dfrac{1-x}{4}$.

解 若函数有意义，则 $x^2-2x-3>0$ 且 $-1\leqslant\dfrac{1-x}{4}\leqslant 1$. 由 $x^2-2x-3>0$ 可得 $x<-1$ 或 $x>3$，由 $-1\leqslant\dfrac{1-x}{4}\leqslant 1$ 可得 $-3\leqslant x\leqslant 5$，故原函数的定义域为$[-3,-1)\cup(3,5]$.

(4) $y=\mathrm{e}^{\cot\frac{1}{x}}$，$x\neq 0$.

解 若函数有意义，则$\dfrac{1}{x}\neq k\pi$，k 为整数. 由$\dfrac{1}{x}\neq k\pi$ 得 $x\neq\dfrac{1}{k\pi}$，故原函数的定义域为$\{x\mid x\in\mathbf{R}$，且 $x\neq\dfrac{1}{k\pi}$(k 为整数)，$x\neq 0\}$.

15. 设 $f(x)=\begin{cases}x-1, & x\leqslant 1,\\ 2x, & x>1,\end{cases}$求 $f(0)$，$f(2)$，$f(1-x)$.

解

$$f(0)=0-1=-1$$

$$f(2)=2\cdot 2=4$$

$$f(1-x)=\begin{cases}(1-x)-1, & 1-x\leqslant 1,\\ 2(1-x), & 1-x>1\end{cases}$$

$$=\begin{cases}-x, & x\geqslant 0,\\ 2(1-x), & x<0\end{cases}$$

16. 设 $f(x)=\begin{cases}x-1, & x<1,\\ 2-x, & x>1,\end{cases}$ 求 $f(-x)$ 并讨论 $g(x)=\frac{1}{2}[f(x)-f(-x)]$ 的奇偶性.

解

$$f(-x)=\begin{cases}(-x)-1, & -x<1,\\ 2-(-x), & -x>1\end{cases}=\begin{cases}-x-1, & x>-1,\\ 2+x, & x<-1\end{cases}$$

因为

$$g(-x)=\frac{1}{2}[f(-x)-f(x)]=-\frac{1}{2}[f(x)-f(-x)]=-g(x)$$

所以 $g(x)=\frac{1}{2}[f(x)-f(-x)]$ 为奇函数.

17. 设 $f(x)=\frac{1}{2}(x+|x|)$,$g(x)=\begin{cases}x, & x<0,\\ x^2, & x\geqslant 0,\end{cases}$ 求 $f[g(x)]$,$g[f(x)]$.

解 $f[g(x)]=\frac{1}{2}[g(x)+|g(x)|]=\begin{cases}\frac{1}{2}(x+|x|), & x<0,\\ \frac{1}{2}(x^2+|x^2|), & x\geqslant 0\end{cases}$

$$=\begin{cases}0, & x<0,\\ x^2, & x\geqslant 0\end{cases}$$

因为 $f(x)=\frac{1}{2}(x+|x|)$,所以 $f(x)\geqslant 0$,故

$$g[f(x)]=f^2(x)=\left[\frac{1}{2}(x+|x|)\right]^2=\frac{1}{2}(x^2+x|x|)=\begin{cases}x^2, & x\geqslant 0,\\ 0, & x<0\end{cases}$$

18. 求函数 $y=\begin{cases}2x-1, & 0\leqslant x\leqslant 1,\\ 2-(x-2)^2, & 1<x\leqslant 2\end{cases}$ 的反函数.

解 当 $0\leqslant x\leqslant 1$ 时,$y=2x-1$,则 $x=\frac{y+1}{2}$,$-1\leqslant y\leqslant 1$;

当 $1<x\leqslant 2$ 时,$y=2-(x-2)^2$,则 $x=2\pm\sqrt{2-y}$,$1<y\leqslant 2$,其中 $x=2+\sqrt{2-y}$ 舍去(因为 $1<x\leqslant 2$).

故函数 $y=\begin{cases}2x-1, & 0\leqslant x\leqslant 1,\\ 2-(x-2)^2, & 1<x\leqslant 2\end{cases}$ 的反函数为

$$y=\begin{cases}\frac{x+1}{2}, & -1\leqslant x\leqslant 1,\\ 2-\sqrt{2-x}, & 1<x\leqslant 2\end{cases}$$

四、应用题

1. 在下面的哪个图像中与下述 3 件事分别吻合得最好?你能为剩下的那个图像写出一件事吗?

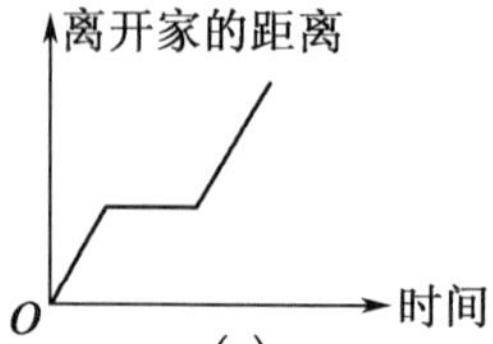

(a)

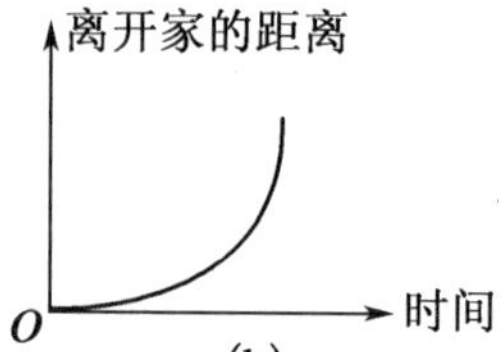

(b)

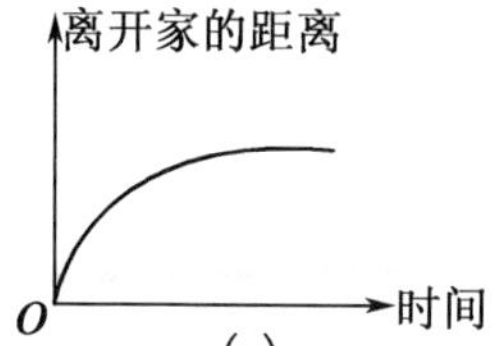

(c)

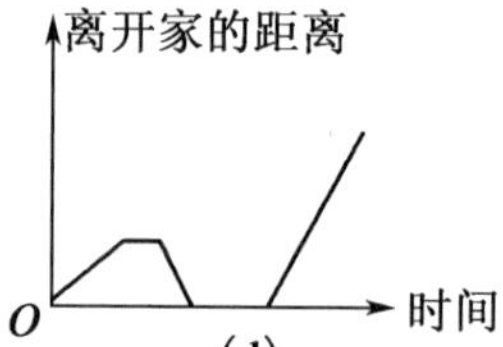

(d)

(1) 我离开家不久,发现把公文包放在家里,于是返回去取了公文包再上路.

解　返回家时离开家的距离为零,即在时间不为零的一个时间区间内图像与时间轴重合.对应的图像为(d).

(2) 我驾车一路以常速行驶,只是途中遇到一次交通堵塞,耽搁了一些时间.

解　常速时离开家的距离(路程) 与时间的关系是线性的,对应的路程图像为直线段.交通堵塞的时间内离家的距离保持不变,对应的一段图像与时间轴平行.对应的图像为(a).

(3) 我出发后心情轻松,边驾车边欣赏四周景色,后来为了赶路便开始加速.

解　任取两个相临时间段$[t_1,t_2]$,$[t_2,t_3]$.由于先慢后快,则$[t_1,t_2]$内的平均速度应小于$[t_2,t_3]$内的平均速度.从图像上看,过 t_1,t_2,t_3 分别作垂线与曲线交于 A,B,C,则直线AB的斜率即为$[t_1,t_2]$的平均速度,直线BC的斜率即为$[t_2,t_3]$的平均速度,而这项叙述反映到图像上即AB的斜率小于BC的斜率,只有图像(b)满足.

剩下的是图像(c).类似于上面的分析可知此图像表示先快后慢.例如家在郊区,刚离家时可以高速行驶,进市区后由于车辆增多,速度变慢.

2. (1) 试画出表示城市中某交通要道上 24 小时车流量的图像并给出解释.

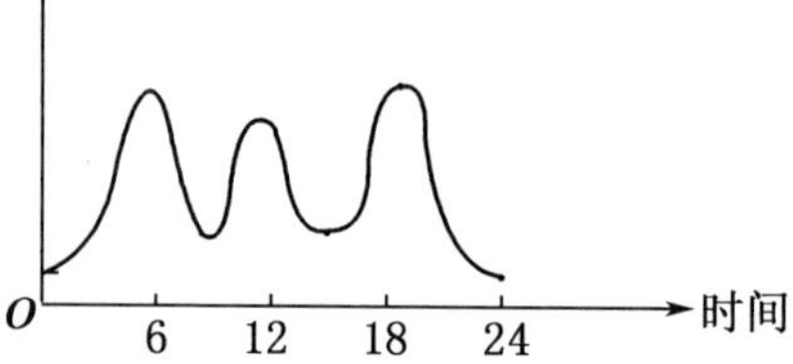

解　在 6:00 ～ 7:00、12:00 ～ 13:00、17:00 ～ 18:00 为交通高峰期.

(2) 某大型超市每天的营业时间为 9:00 ～ 23:00. 根据你的经验画出表示星期天超市客流量的图像. 如果时间改为星期一,图像会有什么变化?

解　图像如下:

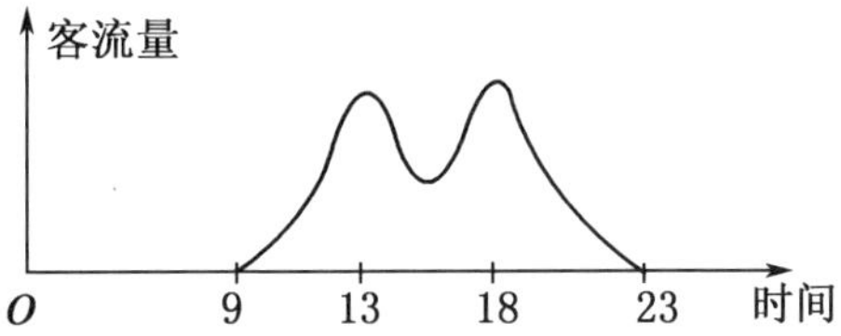

若在星期一,客流量高峰会略微减少,而低谷会下降许多.

3. 已知下列需求函数与供给函数,求均衡价格 $\overline{P}$.

(1) $Q_d = 120 - 4P, Q_s = -30 + 6P$.

解　由 $Q_d = Q_s$,即 $120 - 4P = -30 + 6P$ 得均衡价格 $\overline{P} = 15$.

(2) $P^2 + 2Q_d^2 = 114, Q_s = -3 + P$.

解　由 $Q_d = Q_s = -3 + P$,代入第一个式子得

$$P^2 + 2(-3 + P)^2 = 114$$

即

$$P^2 - 4P - 32 = 0$$

解之可得均衡价格 $\overline{P} = 8$(负根 $P = -4$ 舍去).

4. 某品牌电脑每台售价为 5 000 元时,每月可销售 50 台,当每台售价降为 4 900 元时,每月可多销售 50 台,试求该电脑的线性需求函数. 如果该品牌的电脑由公司独家销售,将公司的月销售收入表示成销售量的函数.

解　设电脑的线性需求函数为 $Q = a - bP$. 把 $P_1 = 5\,000, Q_1 = 500$ 和 $P_2 = 4\,900, Q_2 = 550$ 分别代入得

$$\begin{cases} a - 5\,000b = 500, \\ a - 4\,900b = 550 \end{cases}$$

解之得 $a = 3\,000, b = 0.5$. 因此电脑的需求函数为 $Q = 3\,000 - 0.5P$.

由 $Q = 3\,000 - 0.5P$ 得 $P = 6\,000 - 2Q$. 公司的月销售收入为

$$R(Q) = PQ = (6\,000 - 2Q)Q = 6\,000Q - 2Q^2$$

5. 某涂料厂生产一种涂料,每月的固定成本为 2 万元,可变成本与月产量 Q(单位: 千升) 的三次方根 $\sqrt[3]{Q}$ 成正比. 已知月产量为 8 千升时,总成本为 6 万元,

试将每月总成本 C(单位：万元) 表示成产量 Q 的函数. 如果涂料以每升 12 元的价格全部售出,求利润函数.

解　设可变成本为 $C_1(Q)=k\sqrt[3]{Q}$,则总成本为 $C(Q)=C_0+C_1(Q)=2+k\sqrt[3]{Q}$. 把 $Q=8$,$C=6$ 代入得 $6=2+k\sqrt[3]{8}$,从而 $k=2$. 因此总成本函数为

$$C(Q)=2+2\sqrt[3]{Q}$$

由于收入函数 $R(Q)=12Q$,则总利润函数为

$$L(Q)=R(Q)-C(Q)=12Q-2-2\sqrt[3]{Q}$$

6. 某厂生产某产品 1 万吨,销售量在 5 000 吨以内时,定价为 150 元 / 吨;当销售量超过 5 000 吨时,超过部分以定价的 8 折出售. 请将销售收入表示成销售量的函数.

解　由题意知,销售收入

$$R(Q)=\begin{cases}150Q, & 0\leqslant Q\leqslant 5\,000,\\ 150\times 5\,000+150\times 0.8\times(Q-5\,000), & 5\,000<Q\leqslant 10\,000\end{cases}$$
$$=\begin{cases}150Q, & 0\leqslant Q\leqslant 5\,000,\\ 120Q+150\,000, & 5\,000<Q\leqslant 10\,000\end{cases}$$

7. 某出租车公司提供的汽车每天租金为 40 美元,每千米的附加费用为 15 美分. 其竞争对手,另一家出租车公司提供的汽车每天租金为 50 美元,每千米附加费为 10 美分.

(1) 分别写出两公司出租一天汽车的费用作为旅程的函数表达式.

解　对第一家出租公司有 $C_1=40+0.15x$,对第二家出租车公司有 $C_2=50+0.1x$,其中 x 为旅程.

(2) 如你要租车,你会租用哪家公司的汽车?

解　由于 $C_1-C_2=40+0.15x-(50+0.1x)=0.05x-10$,可以看出,当 $x<200$ 时 $C_1<C_2$,选择第一家出租车公司;当 $x>200$ 时 $C_1>C_2$,选择第二家出租车公司.

8. 一套住房 1990 年的价格为 50 000 元,到 2000 年时价格上涨到 200 000 元,t 为 1990 年以来的年数.

(1) 如果房价呈线性增长,将价格 P 表示成 t 的函数,其中价格以万元为单位.

解　设价格函数为 $P=a+bt$,把 $t_0=0$,$P_0=5$ 和 $t_1=10$,$P_1=20$ 分别代入得

$$\begin{cases}a+0=5,\\a+10b=20\end{cases}$$

从而 $a=5,b=1.5$,价格函数为 $P=5+1.5t$.

(2) 如果房价呈指数上涨,以函数形式 $P=P_0a^t$ 给出表示房价变化的方程.在此种情况下房价何时会在2000年房价的基础上再翻番(利用计算器)?

解　把 $t_0=0,P_0=5$ 和 $t_1=10,P_1=20$ 代入 $P=P_0a^t$ 得

$$\begin{cases}5=P_0a^0=P_0,\\20=P_0a^{10}\end{cases}$$

从而 $P_0=5,a=4^{\frac{1}{10}}$,故函数形式为 $P=5\cdot4^{\frac{t}{10}}$.

设 t 年时房价会翻番,即 $5\cdot4^{\frac{t}{10}}=20\times2=40$,得 $4^{\frac{t}{10}}=8$,即 $2^{2\times\frac{t}{10}}=2^3$,因此 $t=15$.可知在2005年,房价会在2000年房价基础上翻番.

五、证明题

1. 设 $f(x)$ 的定义域为 $(-\infty,+\infty)$,证明:$f(x)$ 必可表示为 $g(x)+h(x)$,这里 $g(x)$ 与 $h(x)$ 分别为奇函数与偶函数.

证　设 $f(x)=g(x)+h(x)$,其中 $g(x)$ 为奇函数,$h(x)$ 为偶函数.由奇、偶函数的定义,可以得到等式

$$\begin{cases}f(x)=g(x)+h(x),\\f(-x)=-g(x)+h(x)\end{cases}$$

由此可得 $g(x)=\dfrac{f(x)-f(-x)}{2},h(x)=\dfrac{f(x)+f(-x)}{2}$.

因此取 $g(x)=\dfrac{f(x)-f(-x)}{2},h(x)=\dfrac{f(x)+f(-x)}{2}$,显然 $g(x)$ 为奇函数,$h(x)$ 为偶函数,$f(x)=g(x)+h(x)$.

2. 设函数 $f(x),g(x)$ 在区间 D 上有界,证明:$f(x)g(x),f(x)\pm g(x)$ 都是 D 上的有界函数.

证　由 $f(x)$ 在 D 上有界,由定义,$\exists M>0$,对 $\forall x\in D$,有 $|f(x)|\leqslant M$;由 $g(x)$ 在 D 上有界,$\exists N>0$,对 $\forall x\in D$,有 $|g(x)|\leqslant N$.

取 $M'=MN>0$,则对 $\forall x\in D$,$|f(x)g(x)|=|f(x)|\cdot|g(x)|\leqslant MN=M'$,由定义,$f(x)g(x)$ 在 D 上有界.

取 $N'=M+N>0$,则对 $\forall x\in D$,$|f(x)\pm g(x)|\leqslant|f(x)|+|g(x)|\leqslant M+N=N'$,由定义,$|f(x)\pm g(x)|$ 在 D 上有界.

3. 设 $[x]$ 表示不超过 x 的最大整数,证明:函数 $f(x)=x-[x]$ 为周期

函数.

证 首先证明$[x+1]=[x]+1$. 对 $\forall x\in\mathbf{R}$,设 $x=a+b$,其中 $a\in\mathbf{Z}$,$b\in[0,1)$,则 $x+1=a+b+1=a+1+b$,$a+1\in\mathbf{Z}$,$b\in[0,1)$. 因此$[x+1]=a+1=[x]+1$.

对 $\forall x\in\mathbf{R}$,$f(x+1)=x+1-[x+1]=x+1-([x]+1)=x-[x]=f(x)$. 由定义,$f(x)$ 是周期为 1 的周期函数.

4. 设 $f(x)$,$g(x)$ 都是定义于$(-\infty,+\infty)$ 内的单调函数,证明 $f[g(x)]$ 也是单调函数.

证 不妨假设 $f(x)$,$g(x)$ 都单调减少,下面证明 $f[g(x)]$ 单调增加.

对 $\forall x_1,x_2\in\mathbf{R}$,$x_1>x_2$,由 $g(x)$ 单调减少知 $g(x_1)<g(x_2)$,又由 $f(x)$ 单调减少,则 $f[g(x_1)]>f[g(x_2)]$. 由定义,$f[g(x)]$ 单调增加.

5. 已知 $f(x)$ 满足 $af(x)+bf\left(\dfrac{1}{x}\right)=\dfrac{c}{x}$,$a,b,c$ 为常数且 $|a|\neq|b|$,求 $f(x)$,并证明 $f(x)$ 为奇函数.

证 由 x 的任意性,可得下列等式:

$$\begin{cases} af(x)+bf\left(\dfrac{1}{x}\right)=\dfrac{c}{x}, & ① \\ af\left(\dfrac{1}{x}\right)+bf(x)=cx & ② \end{cases}$$

①$\times a-$②$\times b$ 得$(a^2-b^2)f(x)=\dfrac{ac}{x}-bcx$,从而

$$f(x)=\frac{c}{a^2-b^2}\left(\frac{a}{x}-bx\right)$$

对 $\forall x\neq 0$,$f(-x)=\dfrac{c}{a^2-b^2}\left(\dfrac{a}{-x}+bx\right)=-\dfrac{c}{a^2-b^2}\left(\dfrac{a}{x}-bx\right)=-f(x)$,由定义,$f(x)$ 为奇函数.

6. 设 $y=f(x)$ 的定义域为区间 I,如果 $f(x)$ 是单调增加函数,证明其反函数 $y=f^{-1}(x)$ 也是单调增加函数.

证 对 $\forall x_1,x_2\in I$,$x_1<x_2$,下面证明 $f^{-1}(x_1)<f^{-1}(x_2)$.

用反证法. 假设 $f^{-1}(x_1)\geqslant f^{-1}(x_2)$,由于 $f(x)$ 单调增加,因此 $f[f^{-1}(x_1)]\geqslant f[f^{-1}(x_2)]$,即 $x_1\geqslant x_2$,这与 $x_1<x_2$ 矛盾,从而必有 $f^{-1}(x_1)<f^{-1}(x_2)$. 由定义,$y=f^{-1}(x)$ 是单调增加函数.

第二章 经济变化趋势的数学描述

三、解答题

1. 观察下列数列在 $n\to\infty$ 时的变化趋势,如果数列收敛,极限是多少?

(1) $u_n=\dfrac{2}{n^2}$.

解 数列$\left\{\dfrac{2}{n^2}\right\}$在 $n\to\infty$ 时无限趋近于 0,即数列收敛,且极限是 0.

(2) $u_n=n+\dfrac{1}{n}$.

解 数列$\left\{n+\dfrac{1}{n}\right\}$在 $n\to\infty$ 时发散.

(3) $u_n=\dfrac{1}{n}\cos n\pi$.

解 数列$\left\{\dfrac{1}{n}\cos n\pi\right\}$在 $n\to\infty$ 时无限趋近于 0,即数列收敛,且极限是 0.

(4) $u_n=\dfrac{1}{2}[1+(-1)^n]$.

解 数列$\left\{\dfrac{1}{2}[1+(-1)^n]\right\}$在 $n\to\infty$ 时发散.

(5) $u_n=\mathrm{e}^{-\frac{1}{n}}$.

解 数列$\left\{\mathrm{e}^{-\frac{1}{n}}\right\}$ 在 $n\to\infty$ 时无限趋近于 1,即数列收敛,且极限是 1.

(6) $u_n=a^n$(a 为常数).

解 当 $|a|<1$ 时,数列$\{a^n\}$ 在 $n\to\infty$ 时收敛,且极限是 0;当 $a=1$ 时,数列$\{a^n\}$ 在 $n\to\infty$ 时收敛,且极限是 1;当 $a>1$ 或 $a\leqslant-1$ 时,数列$\{a^n\}$ 在 $n\to\infty$ 时发散.

2. 判断下列说法是否正确(其中 A 均为常数).

(1) 如果 n 越大,$|u_n-A|$ 越接近零,则有$\lim\limits_{n\to\infty}u_n=A$.

解 这种说法是错误的. 例如,$u_n=1+\dfrac{1}{n}$,$|u_n-0|=1+\dfrac{1}{n}$ 在 n 越大时越接近零,但有$\lim\limits_{n\to\infty}u_n=1$. 正确的说法是如果 n 越大,$|u_n-A|$ 无限趋于零,则有$\lim\limits_{n\to\infty}u_n=A$.

(2) 如果对任意给定的 $\varepsilon>0$,存在正整数 N,当 $n>N$ 时,数列$\{u_n\}$ 中有无穷多项满足 $|u_n-A|<\varepsilon$,则有$\lim\limits_{n\to\infty}u_n=A$.

解 这种说法是错误的. 例如, $u_n=(-1)^n$, 存在 $N=1$, 当 $n>N$ 时, 数列 $\{u_n\}$ 中所有的偶数项都满足 $|u_n-1|=0<\varepsilon$, 但 $\lim\limits_{n\to\infty}u_n$ 不存在. 正确说法是对任意给定的 $\varepsilon>0$, 存在正整数 N, 当 $n>N$ 时, 数列 $\{u_n\}$ 中所有项满足 $|u_n-A|<\varepsilon$, 则 $\lim\limits_{n\to\infty}u_n=A$.

(3) 已知 $\lim\limits_{n\to\infty}u_n=A$, 如果去掉数列中的 100 项, 余下的数列仍收敛于 A.

解 这种说法是正确的. 由子列的收敛性, 收敛数列的任一子列也收敛, 且极限相同, 数列 $\{u_n\}$ 去掉 100 项得到的新数列为 $\{u_n\}$ 的子列, 已知 $\lim\limits_{n\to\infty}u_n=A$, 可知余下的数列仍收敛于 A.

(4) 如果 $\lim\limits_{n\to\infty}u_n=0$, 则 $\lim\limits_{n\to\infty}|u_n|=0$, 反之也成立.

解 这种说法是正确的. 事实上, 若 $\lim\limits_{n\to\infty}u_n=0$, 由定义 $\forall\varepsilon>0$, $\exists N$, 当 $n>N$ 时, 有 $|u_n-0|<\varepsilon$, 即 $||u_n|-0|<\varepsilon$, 所以 $\lim\limits_{n\to\infty}|u_n|=0$. 类似地, 可以证明, 反之也成立.

(5) 如果 $\lim\limits_{n\to\infty}u_n^2=0$, 则 $\lim\limits_{n\to\infty}u_n=0$.

解 这种说法是正确的. 事实上, 如果 $\lim\limits_{n\to\infty}u_n^2=0$, 由数列极限定义, $\forall\varepsilon>0$, $\exists N$, 当 $n>N$ 时, 有 $|u_n^2-0|<\varepsilon$, 即 $|u_n|<\sqrt{\varepsilon}$, 所以 $\lim\limits_{n\to\infty}u_n=0$.

(6) 已知 $\lim\limits_{n\to\infty}u_n=A$, 则必有 $\lim\limits_{n\to\infty}|u_n|=|A|$.

解 这种说法是正确的. 事实上, 如果 $\lim\limits_{n\to\infty}u_n=A$, 由数列极限定义, $\forall\varepsilon>0$, $\exists N$, 当 $n>N$ 时, 有 $|u_n-A|<\varepsilon$, 又根据不等式性质知, $||u_n|-|A||<|u_n-A|<\varepsilon$, 所以 $\lim\limits_{n\to\infty}|u_n|=|A|$.

(7) 已知 $\lim\limits_{n\to\infty}|u_n|=|A|$ $(A\neq 0)$, 则必有 $\lim\limits_{n\to\infty}u_n=A$.

解 这种说法是错误的. 例如, $u_n=(-1)^n$, $\lim\limits_{n\to\infty}|u_n|=1$, 但 $\lim\limits_{n\to\infty}u_n$ 不存在.

(8) 如果 $u_n\to A$, 且 $v_n\to A(n\to\infty)$, 则数列 $u_1,v_1,u_2,v_2,\cdots,u_n,v_n,\cdots$ 也收敛于 A.

解 这种说法是正确的. 事实上, 若 $\lim\limits_{n\to\infty}u_n=A$, $\lim\limits_{n\to\infty}v_n=A$, 由极限定义, $\forall\varepsilon>0$, $\exists N_1$, 当 $n>N_1$ 时, 有 $|u_n-A|<\varepsilon$, $\exists N_2$, 当 $n>N_2$ 时, 有 $|v_n-A|<\varepsilon$, 取 $N=\max\{N_1,N_2\}$, 当 $n>N$ 时, 有 $|u_n-A|<\varepsilon$ 且 $|v_n-A|<\varepsilon$, 即新数列极限存在为 A.

(9) 如果 $u_n\to A(n\to\infty)$, 则其奇数项构成的数列也收敛于 A.

解 这种说法是正确的. 事实上, 若 $\lim\limits_{n\to\infty}u_n=A$, 由子列的收敛性, $\{u_n\}$ 的奇子列也收敛于 A.

(10) 发散数列一定是无穷大量.

解 这种说法是错误的.例如,$u_n=(-1)^n$,$\lim\limits_{n\to\infty}u_n$ 不存在,即 u_n 发散,但 u_n 不是无穷大量.

(11) 无界数列一定发散.

解 这种说法是正确的.这个命题是收敛数列有界性的逆否命题,所以成立.

(12) 单调数列一定是收敛的.

解 这种说法是错误的.例如,$u_n=n$,$\{u_n\}$ 是单调增加数列,但 $\lim\limits_{n\to\infty}u_n$ 不存在.

3. 讨论当 $x\to 0$ 时,函数 $f(x)=\dfrac{|x|}{x}$ 是否有极限.

解
$$\lim_{x\to 0^-}f(x)=\lim_{x\to 0^-}\frac{|x|}{x}=\lim_{x\to 0^-}\frac{-x}{x}=-1$$
$$\lim_{x\to 0^+}f(x)=\lim_{x\to 0^+}\frac{|x|}{x}=\lim_{x\to 0^-}\frac{x}{x}=1$$

因为 $\lim\limits_{x\to 0^-}f(x)\neq\lim\limits_{x\to 0^+}f(x)$,所以当 $x\to 0$ 时,函数 $f(x)=\dfrac{|x|}{x}$ 没有极限.

4. 设 $f(x)=\begin{cases}x+1, & x\leqslant 1,\\ 3-x, & x>1,\end{cases}$ 讨论极限 $\lim\limits_{x\to 1}f(x)$ 是否存在.

解 $\lim\limits_{x\to 1^-}f(x)=\lim\limits_{x\to 1^-}(x+1)=2$, $\lim\limits_{x\to 1^+}f(x)=\lim\limits_{x\to 1^+}(3-x)=2$

因为 $\lim\limits_{x\to 1^-}f(x)=\lim\limits_{x\to 1^+}f(x)=2$,所以 $\lim\limits_{x\to 1}f(x)=2$.

5. 求下列极限.

(1) $\lim\limits_{x\to 2}(x^2-2x-2)$.

解 $\lim\limits_{x\to 2}(x^2-2x-2)=\lim\limits_{x\to 2}x^2-2\lim\limits_{x\to 2}x-2=4-4-2=-2$

(2) $\lim\limits_{x\to 1}\dfrac{x^2-x+2}{2x^2+x+1}$.

解 $\lim\limits_{x\to 1}\dfrac{x^2-x+2}{2x^2+x+1}=\dfrac{1-1+2}{2+1+1}=\dfrac{1}{2}$

(3) $\lim\limits_{x\to -1}\dfrac{-x^2+2x+3}{x^2-x-2}$.

解 $\lim\limits_{x\to -1}\dfrac{-x^2+2x+3}{x^2-x-2}=\lim\limits_{x\to -1}\dfrac{-(x-3)(x+1)}{(x-2)(x+1)}=\lim\limits_{x\to -1}\dfrac{3-x}{x-2}=-\dfrac{4}{3}$

(4) $\lim\limits_{x\to 1}\dfrac{x^n-1}{x-1}\quad(n\in\mathbf{N})$.

解 $\lim\limits_{x\to 1}\dfrac{x^n-1}{x-1}=\lim\limits_{x\to 1}\dfrac{(x-1)(x^{n-1}+x^{n-2}+\cdots+1)}{x-1}$

$$=\lim_{x\to 1}(x^{n-1}+x^{n-2}+\cdots+1)=n$$

(5) $\lim\limits_{x\to 9}\dfrac{x-2\sqrt{x}-3}{x-9}$.

解 $\lim\limits_{x\to 9}\dfrac{x-2\sqrt{x}-3}{x-9}=\lim\limits_{x\to 9}\dfrac{(\sqrt{x}-3)(\sqrt{x}+1)}{(\sqrt{x}-3)(\sqrt{x}+3)}=\lim\limits_{x\to 9}\dfrac{\sqrt{x}+1}{\sqrt{x}+3}=\dfrac{2}{3}$

(6) $\lim\limits_{x\to 2}\dfrac{x^2-4}{\sqrt{x+2}-2}$.

解 $\lim\limits_{x\to 2}\dfrac{x^2-4}{\sqrt{x+2}-2}=\lim\limits_{x\to 2}\dfrac{(x-2)(x+2)(\sqrt{x+2}+2)}{(\sqrt{x+2}-2)(\sqrt{x+2}+2)}$

$$=\lim_{x\to 2}\frac{(x-2)(x+2)(\sqrt{x+2}+2)}{x-2}$$

$$=\lim_{x\to 2}(x+2)(\sqrt{x+2}+2)=16$$

(7) $\lim\limits_{x\to 3}\dfrac{\sqrt{x+1}-2}{\sqrt{x+6}-\sqrt{3x}}$.

解 $\lim\limits_{x\to 3}\dfrac{\sqrt{x+1}-2}{\sqrt{x+6}-\sqrt{3x}}$

$$=\lim_{x\to 3}\frac{(\sqrt{x+1}-2)(\sqrt{x+1}+2)(\sqrt{x+6}+\sqrt{3x})}{(\sqrt{x+6}-\sqrt{3x})(\sqrt{x+6}+\sqrt{3x})(\sqrt{x+1}+2)}$$

$$=\lim_{x\to 3}\frac{(x-3)(\sqrt{x+6}+\sqrt{3x})}{-2(x-3)(\sqrt{x+1}+2)}$$

$$=\lim_{x\to 3}\frac{\sqrt{x+6}+\sqrt{3x}}{-2(\sqrt{x+1}+2)}=-\frac{3}{4}$$

(8) $\lim\limits_{n\to\infty}\left[\dfrac{1}{1\cdot 2}+\dfrac{1}{2\cdot 3}+\cdots+\dfrac{1}{n(n+1)}\right]$.

解 $\lim\limits_{n\to\infty}\left[\dfrac{1}{1\cdot 2}+\dfrac{1}{2\cdot 3}+\cdots+\dfrac{1}{n(n+1)}\right]$

$$=\lim_{n\to\infty}\left(1-\frac{1}{2}+\frac{1}{2}-\frac{1}{3}+\cdots+\frac{1}{n}-\frac{1}{n+1}\right)$$

$$=\lim_{n\to\infty}\left(1-\frac{1}{n+1}\right)=1$$

(9) $\lim\limits_{n\to\infty}\dfrac{n+1}{\sqrt{n^2+n}}$.

解　$$\lim_{n\to\infty}\frac{n+1}{\sqrt{n^2+n}}=\lim_{n\to\infty}\frac{1+\dfrac{1}{n}}{\sqrt{1+\dfrac{1}{n}}}=1$$

(10) $\lim\limits_{x\to1}\left(\dfrac{1}{1-x}-\dfrac{3}{1-x^3}\right)$.

解　$$\lim_{x\to1}\left(\frac{1}{1-x}-\frac{3}{1-x^3}\right)=\lim_{x\to1}\frac{1+x+x^2-3}{1-x^3}$$
$$=\lim_{x\to1}\frac{(x+2)(x-1)}{(1-x)(1+x+x^2)}=-1$$

6. 已知 $f(x)=\begin{cases}\dfrac{x}{1-\sqrt{1-x}}, & x<0,\\ x+2, & x\geqslant0,\end{cases}$ 讨论$\lim\limits_{x\to0}f(x)$是否存在.

解　$$\lim_{x\to0^-}f(x)=\lim_{x\to0^-}\frac{x}{1-\sqrt{1-x}}=\lim_{x\to0^-}\frac{x(1+\sqrt{1-x})}{(1-\sqrt{1-x})(1+\sqrt{1-x})}$$
$$=\lim_{x\to0^-}\frac{x(1+\sqrt{1-x})}{x}=2$$
$$\lim_{x\to0^+}f(x)=\lim_{x\to0^+}(x+2)=2$$

因为$\lim\limits_{x\to0^-}f(x)=\lim\limits_{x\to0^+}f(x)=2$,所以$\lim\limits_{x\to0}f(x)=2$.

7. 求下列极限.

(1) $\lim\limits_{x\to0}\dfrac{\sin 3x}{x}$.

解　$$\lim_{x\to0}\frac{\sin 3x}{x}=\lim_{x\to0}\frac{3\sin 3x}{3x}=3$$

(2) $\lim\limits_{x\to0}\dfrac{\tan 2x-\sin x}{x}$.

解　$$\lim_{x\to0}\frac{\tan 2x-\sin x}{x}=\lim_{x\to0}\frac{\tan 2x}{x}-\lim_{x\to0}\frac{\sin x}{x}$$
$$=\lim_{x\to0}\frac{2\sin 2x}{2x\cos 2x}-1=2-1=1$$

(3) $\lim\limits_{x\to0}\dfrac{\tan 3x}{\sin 2x}$.

解　$$\lim_{x\to0}\frac{\tan 3x}{\sin 2x}=\lim_{x\to0}\frac{3\sin 3x}{3x\cos 3x}\,\frac{2x}{2\sin 2x}=\frac{3}{2}$$

(4) $\lim\limits_{n\to\infty} 2^n \sin\dfrac{\pi}{2^n}$.

解 $\lim\limits_{n\to\infty} 2^n \sin\dfrac{\pi}{2^n}=\lim\limits_{n\to\infty}\dfrac{\pi\sin\dfrac{\pi}{2^n}}{\dfrac{\pi}{2^n}}=\pi$

(5) $\lim\limits_{x\to0}\dfrac{1-\cos 2x}{\sin^2 x}$.

解 $\lim\limits_{x\to0}\dfrac{1-\cos 2x}{\sin^2 x}=\lim\limits_{x\to0}\dfrac{2\sin^2 x}{\sin^2 x}=2$

(6) $\lim\limits_{x\to0}\dfrac{(\sin x^3)\tan x}{1-\cos x^2}$.

解 $\lim\limits_{x\to0}\dfrac{(\sin x^3)\tan x}{1-\cos x^2}=\lim\limits_{x\to0}\dfrac{(\sin x^3)\cdot\sin x}{x^3\cdot x\cos x}\dfrac{4\left(\dfrac{x^2}{2}\right)^2}{2\sin^2\dfrac{x^2}{2}}=2$

(7) $\lim\limits_{x\to0}(1+2x)^{\frac{1}{x}}$.

解 $\lim\limits_{x\to0}(1+2x)^{\frac{1}{x}}=\lim\limits_{x\to0}(1+2x)^{\frac{1}{2x}\cdot2}=\mathrm{e}^2$

(8) $\lim\limits_{x\to\infty}\left(1-\dfrac{3}{x}\right)^{x+1}$.

解 $\lim\limits_{x\to\infty}\left(1-\dfrac{3}{x}\right)^{x+1}=\lim\limits_{x\to\infty}\left[\left(1-\dfrac{3}{x}\right)^{-\frac{x}{3}\cdot(-3)}\right]\left(1-\dfrac{3}{x}\right)=\mathrm{e}^{-3}$

(9) $\lim\limits_{x\to1}(2-x)^{\frac{2}{x-1}}$.

解 $\lim\limits_{x\to1}(2-x)^{\frac{2}{x-1}}=\lim\limits_{x\to1}(1+1-x)^{\frac{2}{x-1}}=\mathrm{e}^{-2}$

(10) $\lim\limits_{x\to0}(1-2\sin x)^{\csc x}$.

解 $\lim\limits_{x\to0}(1-2\sin x)^{\csc x}=\lim\limits_{x\to0}(1-2\sin x)^{-\frac{1}{2\sin x}\cdot(-2)}=\mathrm{e}^{-2}$

(11) $\lim\limits_{x\to\frac{\pi}{6}}\dfrac{1-2\sin x}{\sin\left(x-\dfrac{\pi}{6}\right)}$.

解 令 $x-\dfrac{\pi}{6}=t$,当 $x\to\dfrac{\pi}{6}$ 时 $t\to0$,故

$$\lim_{x\to\frac{\pi}{6}}\frac{1-2\sin x}{\sin\left(x-\frac{\pi}{6}\right)}=\lim_{t\to0}\frac{1-2\sin\left(t+\frac{\pi}{6}\right)}{\sin t}=\lim_{t\to0}\frac{1-\cos t-\sqrt{3}\sin t}{\sin t}$$

$$=\lim_{t\to0}\frac{1-\cos t}{\sin t}-\sqrt{3}=\lim_{t\to0}\frac{2\left(\sin^2\frac{t}{2}\right)t^2}{4\left(\frac{t}{2}\right)^2\sin t}-\sqrt{3}=-\sqrt{3}$$

(12) $\lim\limits_{x\to\infty}\dfrac{(x+2)^{x+2}(x+3)^{x+3}}{(x+5)^{2x+5}}$.

解 $\lim\limits_{x\to\infty}\dfrac{(x+2)^{x+2}(x+3)^{x+3}}{(x+5)^{2x+5}}=\lim\limits_{x\to\infty}\left(\dfrac{x+2}{x+5}\right)^{x+2}\left(\dfrac{x+3}{x+5}\right)^{x+3}$

$$=\lim_{x\to\infty}\left(1-\frac{3}{x+5}\right)^{x+2}\left(1-\frac{2}{x+5}\right)^{x+3}$$

$$=\lim_{x\to\infty}\frac{\left(1-\frac{3}{x+5}\right)^{-\frac{x+5}{3}(-3)}\left(1-\frac{2}{x+5}\right)^{-\frac{x+5}{2}(-2)}}{\left(1-\frac{3}{x+5}\right)^{3}\left(1-\frac{2}{x+5}\right)^{2}}$$

$$=e^{-3}\cdot e^{-2}=e^{-5}$$

8. 指出下列变量在 x 趋于多少时是无穷小量，在 x 趋于多少时是无穷大量.

(1) $\dfrac{2}{x-1}$.

解 因为 $\lim\limits_{x\to\infty}\dfrac{2}{x-1}=0$，所以当 $x\to\infty$ 时 $\dfrac{2}{x-1}$ 是无穷小量.

$\lim\limits_{x\to1}\dfrac{2}{x-1}=\infty$，所以当 $x\to1$ 时 $\dfrac{2}{x-1}$ 是无穷大量.

(2) $\ln x$.

解 因为 $\lim\limits_{x\to1}\ln x=0$，所以当 $x\to1$ 时 $\ln x$ 是无穷小量.

$\lim\limits_{x\to0^+}\ln x=-\infty$，$\lim\limits_{x\to+\infty}\ln x=+\infty$，所以当 $x\to0^+$ 时或 $+\infty$ 时 $\ln x$ 是无穷大量.

(3) $\dfrac{x^2-1}{(\sqrt{x}+1)^2}$.

解 因为 $\lim\limits_{x\to1}\dfrac{x^2-1}{(\sqrt{x}+1)^2}=0$，所以当 $x\to1$ 时 $\dfrac{x^2-1}{(\sqrt{x}+1)^2}$ 是无穷小量.

$\lim\limits_{x\to+\infty}\dfrac{x^2-1}{(\sqrt{x}+1)^2}=\lim\limits_{x\to+\infty}\dfrac{x^2-1}{x+2\sqrt{x}+1}=+\infty$,所以当 $x\to+\infty$ 时$\dfrac{x^2-1}{(\sqrt{x}+1)^2}$是无穷大量.

(4) $\mathrm{e}^{\frac{1}{x}}$.

解　因为$\lim\limits_{x\to0^-}\mathrm{e}^{\frac{1}{x}}=0$,所以当 $x\to0^-$ 时 $\mathrm{e}^{\frac{1}{x}}$ 是无穷小量.

$\lim\limits_{x\to0^+}\mathrm{e}^{\frac{1}{x}}=+\infty$,所以当 $x\to0^+$ 时 $\mathrm{e}^{\frac{1}{x}}$ 是无穷大量.

(5) $\dfrac{\tan x}{x}$.

解　因为$\lim\limits_{x\to0}\dfrac{\tan x}{x}=1$,$\lim\limits_{x\to k\pi}\tan x=0$,所以$x\to k\pi(k\neq0$且为整数)时$\dfrac{\tan x}{x}$是无穷小量.

$\lim\limits_{x\to k\pi+\frac{\pi}{2}}\dfrac{\tan x}{x}=\infty$,所以 $x\to k\pi+\dfrac{\pi}{2}$(k 为整数)时,$\dfrac{\tan x}{x}$ 是无穷大量.

(6) $\dfrac{x^2\sqrt{x+1}}{x^3+1}$.

解　因为$\lim\limits_{x\to0}\dfrac{x^2\sqrt{x+1}}{x^3+1}=0$,$\lim\limits_{x\to+\infty}\dfrac{x^2\sqrt{x+1}}{x^3+1}=\lim\limits_{x\to+\infty}\dfrac{\sqrt{\dfrac{1}{x}+\dfrac{1}{x^2}}}{1+\dfrac{1}{x^3}}=0$,所以当 $x\to0$ 或 $+\infty$ 时$\dfrac{x^2\sqrt{x+1}}{x^3+1}$是无穷小量.

又$\lim\limits_{x\to-1^+}\dfrac{x^2\sqrt{x+1}}{x^3+1}=\lim\limits_{x\to-1^+}\dfrac{x^2}{\sqrt{x+1}(x^2-x+1)}=\infty$,所以当 $x\to-1^+$ 时$\dfrac{x^2\sqrt{x+1}}{x^3+1}$是无穷大量.

9. 当 $x\to0$ 时,下列无穷小量中哪些是比 x 高阶的无穷小量?哪些是比 x 低阶的无穷小量?哪些是 x 的同阶无穷小量?哪些与 x 等价?

(1) $\dfrac{x}{2}$.

解　$\lim\limits_{x\to0}\dfrac{\frac{x}{2}}{x}=\dfrac{1}{2}$,所以$\dfrac{x}{2}$ 是 x 的同阶无穷小量.

(2) $\sqrt[3]{x}+x$.

解　$\lim\limits_{x\to0}\dfrac{\sqrt[3]{x}+x}{x}=\lim\limits_{x\to0}\dfrac{\sqrt[3]{x}}{x}+1=\lim\limits_{x\to0}\dfrac{1}{\sqrt[3]{x^2}}+1=\infty$,所以$\sqrt[3]{x}+x$是比 x 低

阶的无穷小量.

(3) $x^2\sin\frac{1}{x}$.

解　$\lim\limits_{x\to0}\frac{x^2\sin\frac{1}{x}}{x}=\lim\limits_{x\to0}x\sin\frac{1}{x}=0$,所以 $x^2\sin\frac{1}{x}$ 是比 x 高阶的无穷小量.

(4) $x-\sin x$.

解　$\lim\limits_{x\to0}\frac{x-\sin x}{x}=1-\lim\limits_{x\to0}\frac{\sin x}{x}=0$,所以 $x-\sin x$ 是比 x 高阶的无穷小量.

(5) $x\tan x$.

解　$\lim\limits_{x\to0}\frac{x\tan x}{x}=\lim\limits_{x\to0}\tan x=0$,所以 $x\tan x$ 是比 x 高阶的无穷小量.

(6) $x+2x^2$.

解　$\lim\limits_{x\to0}\frac{x+2x^2}{x}=1+\lim\limits_{x\to0}2x=1$,所以 $x+2x^2$ 与 x 等价.

(7) $\sqrt{1+x}-\sqrt{1-x}$.

解　$\lim\limits_{x\to0}\frac{\sqrt{1+x}-\sqrt{1-x}}{x}=\lim\limits_{x\to0}\frac{(\sqrt{1+x}-\sqrt{1-x})(\sqrt{1+x}+\sqrt{1-x})}{x(\sqrt{1+x}+\sqrt{1-x})}$

$=1$,所以 $\sqrt{1+x}-\sqrt{1-x}$ 与 x 等价.

(8) $\sqrt{1+\sin x}-\sqrt{1+\tan x}$.

解　$\lim\limits_{x\to0}\frac{\sqrt{1+\sin x}-\sqrt{1+\tan x}}{x}$

$$=\lim_{x\to0}\frac{(\sqrt{1+\sin x}-\sqrt{1+\tan x})(\sqrt{1+\sin x}+\sqrt{1+\tan x})}{x(\sqrt{1+\sin x}+\sqrt{1+\tan x})}$$

$$=\lim_{x\to0}\frac{\sin x-\tan x}{x(\sqrt{1+\sin x}+\sqrt{1+\tan x})}=\lim_{x\to0}\frac{\sin x}{2x}-\lim_{x\to0}\frac{\tan x}{2x}=0$$

所以 $\sqrt{1+\sin x}-\sqrt{1+\tan x}$ 是比 x 高阶的无穷小量.

10. 求下列极限.

(1) $\lim\limits_{x\to0}\sin x\cos\frac{1}{x}$.

解　当 $x\to0$ 时 $\sin x$ 是无穷小量,$\cos\frac{1}{x}$ 是有界函数,由无穷小量的性质,有界变量与无穷小量之积仍为无穷小量,有 $\lim\limits_{x\to0}\sin x\cos\frac{1}{x}=0$.

(2) $\lim\limits_{x\to\infty}\dfrac{x-\sin x}{x+\sin x}$.

解　$\lim\limits_{x\to\infty}\dfrac{x-\sin x}{x+\sin x}=\lim\limits_{x\to\infty}\dfrac{1-\dfrac{\sin x}{x}}{1+\dfrac{\sin x}{x}}$，而当 $x\to\infty$ 时 $\dfrac{1}{x}$ 是无穷小量，$\sin x$ 是有界函数，所以 $\lim\limits_{x\to\infty}\dfrac{\sin x}{x}=0$，即原式 $=1$.

(3) $\lim\limits_{x\to\infty}\dfrac{x\sin x}{x^2+1}$.

解　$\lim\limits_{x\to\infty}\dfrac{x}{x^2+1}=\lim\limits_{x\to\infty}\dfrac{\dfrac{1}{x}}{1+\dfrac{1}{x^2}}=0$，即当 $x\to\infty$ 时 $\dfrac{x}{x^2+1}$ 是无穷小量，而 $\sin x$ 是有界函数，由无穷小量性质有 $\lim\limits_{x\to\infty}\dfrac{x\sin x}{x^2+1}=0$.

(4) $\lim\limits_{x\to-3}\dfrac{2x+1}{x^2+2x-3}$.

解　$\lim\limits_{x\to-3}\dfrac{x^2+2x-3}{2x+1}=\dfrac{(-3)^2+2\times(-3)-3}{2\times(-3)+1}=0$，所以 $\lim\limits_{x\to-3}\dfrac{2x+1}{x^2+2x-3}=\infty$.

(5) $\lim\limits_{x\to\infty}\dfrac{3x^2-x+2}{2x^2+2x+1}$.

解　$\lim\limits_{x\to\infty}\dfrac{3x^2-x+2}{2x^2+2x+1}=\lim\limits_{x\to\infty}\dfrac{3-\dfrac{1}{x}+\dfrac{2}{x^2}}{2+\dfrac{2}{x}+\dfrac{1}{x^2}}=\dfrac{3}{2}$

(6) $\lim\limits_{x\to\infty}\dfrac{2x^2+x+3}{x^3+2x-1}$.

解　$\lim\limits_{x\to\infty}\dfrac{2x^2+x+3}{x^3+2x-1}=\lim\limits_{x\to\infty}\dfrac{\dfrac{2}{x}+\dfrac{1}{x^2}+\dfrac{3}{x^3}}{1+\dfrac{2}{x^2}-\dfrac{1}{x^3}}=0$

(7) $\lim\limits_{x\to+\infty}x(\sqrt{1+x^2}-x)$.

解　$\lim\limits_{x\to+\infty}x(\sqrt{1+x^2}-x)=\lim\limits_{x\to+\infty}\dfrac{x(\sqrt{1+x^2}-x)(\sqrt{1+x^2}+x)}{\sqrt{1+x^2}+x}$

$$=\lim_{x\to+\infty}\frac{x}{\sqrt{1+x^2}+x}=\lim_{x\to+\infty}\frac{1}{\sqrt{\dfrac{1}{x^2}+1}+1}=\frac{1}{2}$$

(8) $\lim\limits_{x\to+\infty}(\sqrt{x+\sqrt{x}}-\sqrt{x-\sqrt{x}})$.

解 $\lim\limits_{x\to+\infty}(\sqrt{x+\sqrt{x}}-\sqrt{x-\sqrt{x}})$

$$=\lim_{x\to+\infty}\frac{(\sqrt{x+\sqrt{x}}-\sqrt{x-\sqrt{x}})(\sqrt{x+\sqrt{x}}+\sqrt{x-\sqrt{x}})}{\sqrt{x+\sqrt{x}}+\sqrt{x-\sqrt{x}}}$$

$$=\lim_{x\to+\infty}\frac{2\sqrt{x}}{\sqrt{x+\sqrt{x}}+\sqrt{x-\sqrt{x}}}=\lim_{x\to+\infty}\frac{2}{\sqrt{1+\frac{1}{\sqrt{x}}}+\sqrt{1-\frac{1}{\sqrt{x}}}}=1$$

(9) $\lim\limits_{x\to\infty}\frac{(x-3)^{12}(2x+1)^8}{(3x-1)^{20}}$.

解 $$\lim_{x\to\infty}\frac{(x-3)^{12}(2x+1)^8}{(3x-1)^{20}}=\lim_{x\to\infty}\frac{\left(1-\frac{3}{x}\right)^{12}\left(2+\frac{1}{x}\right)^8}{\left(3-\frac{1}{x}\right)^{20}}=\frac{2^8}{3^{20}}$$

(10) $\lim\limits_{x\to+\infty}\frac{\sqrt{3x-2}}{2x+3}$.

解 $$\lim_{x\to+\infty}\frac{\sqrt{3x-2}}{2x+3}=\lim_{x\to+\infty}\frac{\sqrt{\frac{3}{x}-\frac{2}{x^2}}}{2+\frac{3}{x}}=0$$

(11) $\lim\limits_{x\to+\infty}\frac{2^x+3^x}{2^{x+1}-3^{x+1}}$.

解 $$\lim_{x\to+\infty}\frac{2^x+3^x}{2^{x+1}-3^{x+1}}=\lim_{x\to+\infty}\frac{\frac{1}{3}\left(\frac{2}{3}\right)^x+\frac{1}{3}}{\left(\frac{2}{3}\right)^{x+1}-1}=-\frac{1}{3}$$

(12) $\lim\limits_{x\to\infty}(x+\sqrt[3]{1-x^3})$.

解 $\lim\limits_{x\to\infty}(x+\sqrt[3]{1-x^3})$

$$=\lim_{x\to\infty}\frac{(x+\sqrt[3]{1-x^3})(x^2-x\sqrt[3]{1-x^3}+\sqrt[3]{(1-x^3)^2})}{x^2-x\sqrt[3]{1-x^3}+\sqrt[3]{(1-x^3)^2}}$$

$$=\lim_{x\to\infty}\frac{1}{x^2-x\sqrt[3]{1-x^3}+\sqrt[3]{(1-x^3)^2}}$$

$$= \lim_{x\to\infty} \frac{\frac{1}{x^2}}{1-\sqrt[3]{\frac{1}{x^3}-1}+\sqrt[3]{\left(\frac{1}{x}-1\right)^2}} = 0$$

11. 已知$\lim\limits_{x\to 2}\dfrac{x^2+ax-6}{x^2-3x+2}=b$,求 a,b.

解 由$\lim\limits_{x\to 2}(x^2-3x+2)=0$,而原极限存在,得$\lim\limits_{x\to 2}(x^2+ax-6)=2a-2=0$,即 $a=1$,故

$$b=\lim_{x\to 2}\frac{x^2+x-6}{x^2-3x+2}=\lim_{x\to 2}\frac{(x+3)(x-2)}{(x-2)(x-1)}=\lim_{x\to 2}\frac{x+3}{x-1}=5$$

所以 $a=1,b=5$.

12. 已知$\lim\limits_{x\to\infty}\left(\dfrac{x^2+1}{x+1}-ax-b\right)=0$,求 a,b.

解
$$\begin{aligned}\lim_{x\to\infty}\left(\frac{x^2+1}{x+1}-ax-b\right)&=\lim_{x\to\infty}\frac{x^2+1-ax^2-ax-bx-b}{x+1}\\&=\lim_{x\to\infty}\frac{(1-a)x^2-(a+b)x+1-b}{x+1}=0\end{aligned}$$

从而有$\begin{cases}1-a=0,\\a+b=0,\end{cases}$解得 $a=1,b=-1$.

13. 已知$\lim\limits_{x\to\infty}\left(\dfrac{x+c}{x-c}\right)^{\frac{x}{2}}=3$,求 c.

解
$$\begin{aligned}\lim_{x\to\infty}\left(\frac{x+c}{x-c}\right)^{\frac{x}{2}}&=\lim_{x\to\infty}\left(1+\frac{2c}{x-c}\right)^{\frac{x}{2}}\\&=\lim_{x\to\infty}\left(1+\frac{2c}{x-c}\right)^{\frac{x-c}{2c}\cdot c}\left(1+\frac{2c}{x-c}\right)^{\frac{c}{2}}=\mathrm{e}^c=3\end{aligned}$$

所以 $c=\ln 3$.

14. 指出下列函数的间断点并说明其类型.

(1) $f(x)=\cos\dfrac{1}{x-1}$.

解 $\lim\limits_{x\to 1}f(x)=\lim\limits_{x\to 1}\cos\dfrac{1}{x-1}$不存在,所以 $x=1$ 是第二类间断点.

(2) $f(x)=\dfrac{\sin x}{x(x-1)}$.

解 对 $x=0$,$\lim\limits_{x\to 0}f(x)=\lim\limits_{x\to 0}\dfrac{\sin x}{x(x-1)}=-1$,所以 $x=0$ 是第一类可去间断点;对 $x=1$,$\lim\limits_{x\to 1}f(x)=\lim\limits_{x\to 1}\dfrac{\sin x}{x(x-1)}=\infty$,所以 $x=1$ 是第二类无穷间断点.

(3) $f(x)=\dfrac{\tan x}{x}$.

解　$\lim\limits_{x\to 0}\dfrac{\tan x}{x}=1$,所以 $x=0$ 是第一类可去间断点；$\lim\limits_{x\to k\pi+\frac{\pi}{2}}\dfrac{\tan x}{x}=\infty$,所以 $x=k\pi+\dfrac{\pi}{2}$(k 为整数) 是第二类无穷间断点.

(4) $f(x)=\dfrac{e^{\frac{1}{x}}-1}{e^{\frac{1}{x}}+1}$.

解　$f(x)=\dfrac{e^{\frac{1}{x}}-1}{e^{\frac{1}{x}}+1}=1-\dfrac{2}{e^{\frac{1}{x}}+1}$, $\lim\limits_{x\to 0^-}f(x)=\lim\limits_{x\to 0^-}\left(1-\dfrac{2}{e^{\frac{1}{x}}+1}\right)=-1$, $\lim\limits_{x\to 0^+}f(x)=\lim\limits_{x\to 0^+}\left(1-\dfrac{2}{e^{\frac{1}{x}}+1}\right)=1$,所以 $x=0$ 是第一类跳跃间断点.

15. 讨论下列函数在 $x=0$ 处的连续性.

(1) $f(x)=\begin{cases}e^{-\frac{1}{x^2}}, & x\neq 0,\\ 0, & x=0.\end{cases}$

解　$\lim\limits_{x\to 0}f(x)=\lim\limits_{x\to 0}e^{-\frac{1}{x^2}}=0=f(0)$,所以 $f(x)$ 在 $x=0$ 处连续.

(2) $f(x)=\begin{cases}\dfrac{\ln(1+x^2)}{x}, & x>0,\\ e^x-1, & x\leqslant 0.\end{cases}$

解　$\lim\limits_{x\to 0^-}f(x)=\lim\limits_{x\to 0^-}(e^x-1)=0$, $\lim\limits_{x\to 0^+}f(x)=\lim\limits_{x\to 0^+}\dfrac{\ln(1+x^2)}{x}=\lim\limits_{x\to 0}x=0$,因为 $\lim\limits_{x\to 0^-}f(x)=\lim\limits_{x\to 0^+}f(x)=0=f(0)$,所以 $f(x)$ 在 $x=0$ 处连续.

(3) $f(x)=\begin{cases}\dfrac{1}{\pi}\arctan\dfrac{1}{x}, & x>0,\\ \dfrac{1}{2}, & x=0,\\ \dfrac{\cos x-1}{x^2}, & x<0.\end{cases}$

解
$$\lim_{x\to 0^+}f(x)=\lim_{x\to 0^+}\frac{1}{\pi}\arctan\frac{1}{x}=\frac{1}{\pi}\cdot\frac{\pi}{2}=\frac{1}{2}$$
$$\lim_{x\to 0^-}f(x)=\lim_{x\to 0^-}\frac{\cos x-1}{x^2}=\lim_{x\to 0^-}\frac{-\frac{1}{2}x^2}{x^2}=-\frac{1}{2}$$
因为 $\lim\limits_{x\to 0^-}f(x)\neq\lim\limits_{x\to 0^+}f(x)$,所以 $f(x)$ 在 $x=0$ 处不连续.

16. 当 a,b 取何值时,下列函数在其定义域内连续.

(1) $f(x)=\begin{cases}\dfrac{1}{x}\sin x, & x<0,\\ a-1, & x=0,\\ x\sin\dfrac{1}{x}+b, & x>0.\end{cases}$

解　$\lim\limits_{x\to0^-}f(x)=\lim\limits_{x\to0^-}\dfrac{1}{x}\sin x=1,\lim\limits_{x\to0^+}f(x)=\lim\limits_{x\to0^+}\left(x\sin\dfrac{1}{x}+b\right)=b$

因为函数在其定义域内连续,所以在 $x=0$ 处连续,即有 $\lim\limits_{x\to0^-}f(x)=\lim\limits_{x\to0^+}f(x)=f(0)$,得 $a=2,b=1$.

(2) $f(x)=\begin{cases}\dfrac{a\ln x}{x-1}, & x>1,\\ \sqrt{2x-x^2}, & 0\leqslant x\leqslant 1,\\ e^{\frac{1}{x}}+b, & x<0.\end{cases}$

解　因为 $f(x)$ 在定义域内连续,所以 $f(x)$ 在 $x=0$ 和 $x=1$ 处连续.

在 $x=0$ 处,$\lim\limits_{x\to0^-}f(x)=\lim\limits_{x\to0^-}\left(e^{\frac{1}{x}}+b\right)=b,\lim\limits_{x\to0^+}f(x)=\lim\limits_{x\to0^+}\sqrt{2x-x^2}=0$,要使 $f(x)$ 在 $x=0$ 处连续,则有 $\lim\limits_{x\to0^-}f(x)=\lim\limits_{x\to0^+}f(x)=f(0)$,即 $b=0$.

在 $x=1$ 处,$\lim\limits_{x\to1^-}f(x)=\lim\limits_{x\to1^-}\sqrt{2x-x^2}=1,\lim\limits_{x\to1^+}f(x)=\lim\limits_{x\to1^+}\dfrac{a\ln x}{x-1}=a$,要使 $f(x)$ 在 $x=1$ 处连续,则有 $\lim\limits_{x\to1^-}f(x)=\lim\limits_{x\to1^+}f(x)=f(1)$,即 $a=1$. 所以 $a=1,b=0$.

17. 利用函数的连续性求极限.

(1) $\lim\limits_{x\to0}e^{\sqrt{1-\frac{\sin x}{x}}}$.

解　$\lim\limits_{x\to0}e^{\sqrt{1-\frac{\sin x}{x}}}=e^{\lim\limits_{x\to0}\sqrt{1-\frac{\sin x}{x}}}=e^0=1$

(2) $\lim\limits_{x\to-\infty}\dfrac{\ln(1+3^x)}{\ln(1+2^x)}$.

解　当 $x\to-\infty$ 时,$3^x\to0,\ln(1+3^x)\sim3^x$,类似地,$\ln(1+2^x)\sim2^x$,所以

$$\lim_{x\to-\infty}\frac{\ln(1+3^x)}{\ln(1+2^x)}=\lim_{x\to-\infty}\frac{3^x}{2^x}=0$$

(3) $\lim\limits_{x\to+\infty}(\sin\sqrt{x+1}-\sin\sqrt{x})$.

解　$\lim\limits_{x\to+\infty}(\sin\sqrt{x+1}-\sin\sqrt{x})=\lim\limits_{x\to+\infty}2\cos\dfrac{\sqrt{x+1}+\sqrt{x}}{2}\sin\dfrac{\sqrt{x+1}-\sqrt{x}}{2}$

$$=\lim_{x\to+\infty}2\cos\frac{\sqrt{x+1}+\sqrt{x}}{2}\sin\frac{1}{2(\sqrt{x+1}+\sqrt{x})}$$

在 $x\to+\infty$ 时，$\sin\dfrac{1}{2(\sqrt{x+1}+\sqrt{x})}$ 是无穷小量，$\cos\dfrac{\sqrt{x+1}+\sqrt{x}}{2}$ 是有界函数，由无穷小量性质，原式 $=0$.

(4) $\lim\limits_{x\to 0}(\cos x)^{\frac{1}{x\sin x}}$.

解　$\lim\limits_{x\to 0}(\cos x)^{\frac{1}{x\sin x}}=\lim\limits_{x\to 0}(1+\cos x-1)^{\frac{1}{\cos x-1}\cdot\frac{\cos x-1}{x\sin x}}=\mathrm{e}^{\lim\limits_{x\to 0}\frac{\cos x-1}{x\sin x}}=\mathrm{e}^{-\frac{1}{2}}$

(5) $\lim\limits_{x\to 0}(x+\mathrm{e}^{x})^{\frac{1}{x}}$.

解　$\lim\limits_{x\to 0}(x+\mathrm{e}^{x})^{\frac{1}{x}}=\lim\limits_{x\to 0}(1+x+\mathrm{e}^{x}-1)^{\frac{1}{x+\mathrm{e}^{x}-1}\cdot\frac{x+\mathrm{e}^{x}-1}{x}}=\mathrm{e}^{\lim\limits_{x\to 0}\frac{x+\mathrm{e}^{x}-1}{x}}=\mathrm{e}^{2}$

(6) $\lim\limits_{x\to 0}\dfrac{\mathrm{e}^{\sin 3x}-1}{\ln(1+2x)}$.

解　当 $x\to 0$ 时，$\mathrm{e}^{\sin 3x}-1\sim\sin 3x\sim 3x$，$\ln(1+2x)\sim 2x$，所以

$$\lim_{x\to 0}\frac{\mathrm{e}^{\sin 3x}-1}{\ln(1+2x)}=\lim_{x\to 0}\frac{3x}{2x}=\frac{3}{2}$$

18. 讨论函数 $f(x)=\lim\limits_{n\to\infty}\dfrac{1+x}{1+x^{2n}}$ 的连续性.

解　$$f(x)=\lim_{n\to\infty}\frac{1+x}{1+x^{2n}}=\begin{cases}1+x, & |x|<1,\\ 1, & x=1,\\ 0, & x=-1,\\ 0, & |x|>1\end{cases}$$

$f(x)$ 在 $|x|>1$ 与 $|x|<1$ 时都连续，只需讨论 $x=\pm 1$ 的连续性. $\lim\limits_{x\to 1^-}f(x)=\lim\limits_{x\to 1^-}(1+x)=2$，$\lim\limits_{x\to 1^+}f(x)=0$，$\lim\limits_{x\to 1}f(x)$ 不存在；$\lim\limits_{x\to -1^-}f(x)=0$，$\lim\limits_{x\to -1^+}f(x)=\lim\limits_{x\to -1^+}(1+x)=0$，$\lim\limits_{x\to -1}f(x)=f(-1)=0$. 所以 $f(x)$ 在 $x=-1$ 连续，在 $x=1$ 处不连续.

综上，$f(x)$ 在 $(-\infty,1)\cup(1,+\infty)$ 上连续，$x=1$ 为 $f(x)$ 的跳跃间断点.

四、应用题

1. 一个银行帐户的利息水平为年利率 4% 的连续复利，它相当于年利率是多少的普通复利?帐户上的资金过多少年会增加 60%?(精确到年)

解　由题意，设普通复利年利率为 r，则 $r=\mathrm{e}^{0.04}-1=0.0408=4.08\%$，所以它相当于年利率为 4.08% 的普通复利.

账户资金增加 60% 即 $1.6=\mathrm{e}^{0.04t}$，则 $t=\dfrac{\ln 1.6}{0.04}\approx 12$(年)，所以约过 12 年账

户上的资金会增加 60%.

2. 一笔 10 万元的房屋贷款,还贷期限是 5 年,如果贷款利率为 6% 的年复利,采用每月偿还等额本息的还贷方法,每月需还银行多少钱?

解　设每月偿还银行 A 元. 由题意,月利率为 0.5%,有

$$\begin{aligned}100\,000 &= \frac{A}{1+0.5\%}+\frac{A}{(1+0.5\%)^2}+\cdots+\frac{A}{(1+0.5\%)^{60}}\\ &= \frac{A}{0.5\%}\left(1-\frac{1}{(1+0.5\%)^{60}}\right)\end{aligned}$$

解得 $A=\dfrac{500}{1-(1.005)^{-60}}\approx 1\,933.28$(元).

所以每月需还银行约 1 933.28 元.

五、证明题

1. 用定义证明极限.

(1) $\lim\limits_{n\to\infty}\dfrac{3n-2}{n}=3$.

证　$\forall\varepsilon>0$,要使$\left|\dfrac{3n-2}{n}-3\right|<\varepsilon$成立,只要使$n>\dfrac{2}{\varepsilon}$,所以取$N=\left[\dfrac{2}{\varepsilon}\right]$,于是,$\forall\varepsilon>0$,取$N=\left[\dfrac{2}{\varepsilon}\right]$,当$n>N$时,有$\left|\dfrac{3n-2}{n}-3\right|<\varepsilon$,即$\lim\limits_{n\to\infty}\dfrac{3n-2}{n}=3$.

(2) $\lim\limits_{n\to\infty}\sqrt{\dfrac{1}{n+1}}=0$.

证　$\forall\varepsilon>0$,要使$\left|\sqrt{\dfrac{1}{n+1}}-0\right|<\varepsilon$成立,只要使$n>\dfrac{1}{\varepsilon^2}-1$,取$N=\left[\dfrac{1}{\varepsilon^2}\right]$,于是,$\forall\varepsilon>0$,取$N=\left[\dfrac{1}{\varepsilon^2}\right]$,当$n>N$时,有$\left|\sqrt{\dfrac{1}{n+1}}-0\right|<\varepsilon$,即$\lim\limits_{n\to\infty}\sqrt{\dfrac{1}{n+1}}=0$.

(3) $\lim\limits_{n\to\infty}\dfrac{3^n-1}{3^n}=1$.

证　$\forall\varepsilon>0$, 要使$\left|\dfrac{3^n-1}{3^n}-1\right|<\varepsilon$ 成立, 只要使 $n>\log_3\dfrac{1}{\varepsilon}$, 取 $N=\left[\log_3\dfrac{1}{\varepsilon}\right]$(限定$0<\varepsilon<1$),于是,$\forall\,1>\varepsilon>0$,取$N=\left[\log_3\dfrac{1}{\varepsilon}\right]$,当$n>N$时,有$\left|\dfrac{3^n-1}{3^n}-1\right|<\varepsilon$,即$\lim\limits_{n\to\infty}\dfrac{3^n-1}{3^n}=1$.

(4) $\lim\limits_{n\to\infty}\dfrac{\sin n}{n}=0$.

证　$\forall\varepsilon>0$,要使$\left|\dfrac{\sin n}{n}-0\right|<\varepsilon$成立,只要使$\left|\dfrac{\sin n}{n}\right|\leqslant\dfrac{1}{n}<\varepsilon$,即$n>\dfrac{1}{\varepsilon}$

即可. 取 $N=\left[\frac{1}{\varepsilon}\right]$，于是，$\forall\varepsilon>0$，取 $N=\left[\frac{1}{\varepsilon}\right]$，当 $n>N$ 时，有 $\left|\frac{\sin n}{n}-0\right|<\varepsilon$，所以 $\lim\limits_{n\to\infty}\frac{\sin n}{n}=0$.

2. 用定义证明极限.

(1) $\lim\limits_{x\to 2}(x-2)^2=0$.

证　$\forall\varepsilon>0$，要使 $|(x-2)^2-0|<\varepsilon$ 成立，只要使 $|x-2|<\sqrt{\varepsilon}$，取 $\delta=\sqrt{\varepsilon}$，于是，$\forall\varepsilon>0$，取 $\delta=\sqrt{\varepsilon}$，当 $0<|x-2|<\delta$ 时，有 $|(x-2)^2-0|<\varepsilon$，即 $\lim\limits_{x\to 2}(x-2)^2=0$.

(2) $\lim\limits_{x\to\infty}\frac{x}{2x+1}=\frac{1}{2}$.

证　$\forall\varepsilon>0$，要使 $\left|\frac{x}{2x+1}-\frac{1}{2}\right|<\varepsilon$ 成立，只要使 $\left|\frac{1}{2(2x+1)}\right|<\frac{1}{2(2|x|-1)}<\varepsilon$，即 $|x|>\frac{1}{4\varepsilon}+\frac{1}{2}$，取 $M=\frac{1}{4\varepsilon}+\frac{1}{2}$，于是，$\forall\varepsilon>0$，取 $M=\frac{1}{4\varepsilon}+\frac{1}{2}$，当 $|x|>M$ 时，有 $\left|\frac{x}{2x+1}-\frac{1}{2}\right|<\varepsilon$，即 $\lim\limits_{x\to\infty}\frac{x}{2x+1}=\frac{1}{2}$.

3. 用定义证明：$\lim\limits_{x\to x_0}f(x)=A$ 的充分必要条件为 $\lim\limits_{x\to x_0^-}f(x)=\lim\limits_{x\to x_0^+}f(x)=A$.

证　充分条件　已知 $\lim\limits_{x\to x_0}f(x)=A$，由极限定义，$\forall\varepsilon>0$，$\exists\delta>0$，当 $0<|x-x_0|<\delta$ 时，有 $|f(x)-A|<\varepsilon$. 又 $0<|x-x_0|<\delta\Leftrightarrow x_0-\delta<x<x_0$ 与 $x_0<x<x_0+\delta$，于是，$\forall\varepsilon>0$，$\exists\delta>0$，当 $x_0-\delta<x<x_0$ 与 $x_0<x<x_0+\delta$ 时，有 $|f(x)-A|<\varepsilon$，即 $\lim\limits_{x\to x_0^-}f(x)=\lim\limits_{x\to x_0^+}f(x)=A$.

必要条件　已知 $\lim\limits_{x\to x_0^-}f(x)=A\Rightarrow\forall\varepsilon>0$，$\exists\delta_1>0$，当 $x_0-\delta_1<x<x_0$ 时，$|f(x)-A|<\varepsilon$；$\lim\limits_{x\to x_0^+}f(x)=A\Rightarrow$ 对上述给定的 $\varepsilon>0$，$\exists\delta_2>0$，当 $x_0<x<x_0+\delta_2$ 时，$|f(x)-A|<\varepsilon$. 取 $\delta=\min\{\delta_1,\delta_2\}$，当 $0<|x-x_0|<\delta$ 时有 $|f(x)-A|<\varepsilon$，即 $\lim\limits_{x\to x_0}f(x)=A$.

4. 设 $a>0$，$a_1=a$，$a_2=\frac{a}{2}a_1$，…，$a_n=\frac{a}{n}a_{n-1}$，…，证明 $\lim\limits_{n\to\infty}a_n$ 存在，并求出其值.

证　$a>0$ 为常数，则存在 $N>a$，有 $\frac{a_N}{a_{N-1}}=\frac{a}{N}<1$，当 $n>N$ 时，数列 $\{a_n\}$ 是单调减少的.

又 $a>0$,则 $a_n>0$,即$\{a_n\}$ 单调减少有下界,由单调有界原理,$\lim\limits_{n\to\infty}a_n$ 存在.设$\lim\limits_{n\to\infty}a_n=A$,将 $a_n=\dfrac{a}{n}a_{n-1}$ 两边取极限,有 $A=\lim\limits_{n\to\infty}a_n=\lim\limits_{n\to\infty}\dfrac{a}{n}a_{n-1}=\lim\limits_{n\to\infty}\dfrac{a}{n}\cdot\lim\limits_{n\to\infty}a_{n-1}=0\cdot A=0$. 所以$\lim\limits_{n\to\infty}a_n=0$.

5. 证明方程 $x\ln x=2$ 在$(1,\mathrm{e})$ 内恰有一个实根.

证 设 $f(x)=x\ln x-2$,$f(x)$ 在$[1,\mathrm{e}]$ 上连续,$f(1)=-2<0$,$f(\mathrm{e})=\mathrm{e}-2>0$,由零值定理,至少存在一点 $\xi\in(1,\mathrm{e})$,使在 $f(\xi)=0$,即方程至少有一个实根.

又 $f(x)$ 在$(1,\mathrm{e})$ 内单调增加,所以至多存在一点 ξ 使 $f(\xi)=0$,即方程至多有一个实根.

综上,$x\ln x=2$ 在$(1,\mathrm{e})$ 内恰有一个实根.

6. 若 $f(x)$ 在$[a,b]$ 上连续,$f(a)<a$,$f(b)>b$,证明在(a,b) 内至少存在一点 ξ,使 $f(\xi)=\xi$.

证 设 $F(x)=f(x)-x$,$f(x)$ 在$[a,b]$ 上连续,$F(a)=f(a)-a<0$,$F(b)=f(b)-b>0$,由零值定理,在(a,b) 内至少存在一点 ξ,使 $F(\xi)=0$,即 $f(\xi)=\xi$.

第三章 经济变量的变化率

三、解答题

1. 利用导数的定义求下列导数.

(1) $y=\dfrac{1}{x}$,求 y',$y'|_{x=1}$.

解 $$y'=\lim_{\Delta x\to 0}\frac{f(x+\Delta x)-f(x)}{\Delta x}=\lim_{\Delta x\to 0}\frac{\dfrac{1}{x+\Delta x}-\dfrac{1}{x}}{\Delta x}=\lim_{\Delta x\to 0}\frac{-\Delta x}{x\Delta x(x+\Delta x)}=-\frac{1}{x^2}$$

$$y'|_{x=1}=-1$$

(2) $y=2x^2-x+3$,求 y'.

解 $$\begin{aligned}y'&=\lim_{\Delta x\to 0}\frac{f(x+\Delta x)-f(x)}{\Delta x}\\&=\lim_{\Delta x\to 0}\frac{2(x+\Delta x)^2-(x+\Delta x)+3-(2x^2-x+3)}{\Delta x}\\&=\lim_{\Delta x\to 0}\frac{4x\Delta x+2(\Delta x)^2-\Delta x}{\Delta x}=\lim_{\Delta x\to 0}(4x-1+2\Delta x)=4x-1\end{aligned}$$

(3) $y=\ln x$,求 y'.

解　$y'=\lim\limits_{\Delta x\to 0}\dfrac{f(x+\Delta x)-f(x)}{\Delta x}=\lim\limits_{\Delta x\to 0}\dfrac{\ln(x+\Delta x)-\ln x}{\Delta x}$

$$=\lim_{\Delta x\to 0}\frac{\ln\left(1+\dfrac{\Delta x}{x}\right)}{\Delta x}=\lim_{\Delta x\to 0}\frac{\dfrac{\Delta x}{x}}{\Delta x}=\frac{1}{x}$$

2. 设函数 $f(x)$ 在 x_0 处可导,求:

(1) $\lim\limits_{\Delta x\to 0}\dfrac{f(x_0+3\Delta x)-f(x_0)}{\Delta x}$.

解　原式 $=\lim\limits_{\Delta x\to 0}3\,\dfrac{f(x_0+3\Delta x)-f(x_0)}{3\Delta x}=3f'(x_0)$

(2) $\lim\limits_{\Delta x\to 0}\dfrac{f(x_0+2\Delta x)-f(x_0-\Delta x)}{\Delta x}$.

解　原式 $=\lim\limits_{\Delta x\to 0}\dfrac{f(x_0+2\Delta x)-f(x_0)+f(x_0)-f(x_0-\Delta x)}{\Delta x}$

$$=\lim_{\Delta x\to 0}2\cdot\frac{f(x_0+2\Delta x)-f(x_0)}{2\Delta x}+\lim_{\Delta x\to 0}\frac{f(x_0-\Delta x)-f(x_0)}{-\Delta x}$$

$$=2f'(x_0)+f'(x_0)=3f'(x_0)$$

(3) $\lim\limits_{h\to 0}\dfrac{f(x_0-2h)-f(x_0)}{h}$.

解　原式 $=\lim\limits_{h\to 0}\dfrac{-2[f(x_0-2h)-f(x_0)]}{-2h}=-2f'(x_0)$

(4) $\lim\limits_{x\to x_0}\dfrac{f^2(x)-f^2(x_0)}{x-x_0}$.

解　由 $f(x)$ 在 x_0 处可导,知 $f(x)$ 在 x_0 处连续,故

$$原式=\lim_{x\to x_0}\frac{f(x)-f(x_0)}{x-x_0}[f(x)+f(x_0)]=2f'(x_0)f(x_0)$$

(5) $\lim\limits_{x\to x_0}\dfrac{f(2x-x_0)-f(x_0)}{x-x_0}$.

解　原式 $=\lim\limits_{x\to x_0}2\,\dfrac{f(2x-x_0)-f(x_0)}{2(x-x_0)}=2f'(x_0)$

3. 设函数 $f(x)$ 在 $x=0$ 处可导,且 $f(0)=0$,求:

(1) $\lim\limits_{x\to 0}\dfrac{f(x)-f(2x)}{x}$.

解　原式 $=\lim\limits_{x\to 0}\dfrac{f(x)}{x}-\lim\limits_{x\to 0}\dfrac{f(2x)}{x}$

$$=\lim_{x\to 0}\frac{f(x)-f(0)}{x}-\lim_{x\to 0}\frac{2[f(2x)-f(0)]}{2x}$$

$$= f'(0) - 2f'(0) = -f'(0)$$

(2) $\lim\limits_{x\to 0}\dfrac{f(tx)}{x}$.

解　原式 $= \lim\limits_{x\to 0} t\dfrac{f(tx)-f(0)}{tx} = tf'(0)$

4. 讨论下列函数在 $x=0$ 处的连续性与可导性,若可导,求出 $f'(0)$.

(1) $f(x) = |\sin x|$.

解　$\lim\limits_{x\to 0^-} f(x) = \lim\limits_{x\to 0^-} |\sin x| = \lim\limits_{x\to 0^-}(-\sin x) = 0$

$$\lim_{x\to 0^+} f(x) = \lim_{x\to 0^+} |\sin x| = \lim_{x\to 0^+}\sin x = 0$$

$\lim\limits_{x\to 0^-} f(x) = \lim\limits_{x\to 0^+} f(x) = 0 = f(0)$,所以 $f(x)$ 在 $x=0$ 处连续.

根据导数定义,有

$$f'_-(0) = \lim_{x\to 0^-}\frac{f(x)-f(0)}{x-0} = \lim_{x\to 0^-}\frac{-\sin x}{x} = -1$$

$$f'_+(0) = \lim_{x\to 0^+}\frac{f(x)-f(0)}{x-0} = \lim_{x\to 0^+}\frac{\sin x}{x} = 1$$

$f'_-(0) \neq f'_+(0)$,所以 $f(x)$ 在 $x=0$ 处不可导.

(2) $f(x) = \begin{cases} e^x - 1, & x \leqslant 0, \\ \dfrac{x^2}{\ln(1+x)}, & x > 0. \end{cases}$

解　$\lim\limits_{x\to 0^-} f(x) = \lim\limits_{x\to 0^-}(e^x - 1) = 0$, $\lim\limits_{x\to 0^+} f(x) = \lim\limits_{x\to 0^+}\dfrac{x^2}{\ln(1+x)} = \lim\limits_{x\to 0^+} x = 0$,
$\lim\limits_{x\to 0^-} f(x) = \lim\limits_{x\to 0^+} f(x) = 0 = f(0)$,所以 $f(x)$ 在 $x=0$ 处连续.

$$f'_-(0) = \lim_{x\to 0^-}\frac{f(x)-f(0)}{x-0} = \lim_{x\to 0^-}\frac{e^x-1}{x} = 1$$

$$f'_+(0) = \lim_{x\to 0^+}\frac{f(x)-f(0)}{x-0} = \lim_{x\to 0^+}\frac{\dfrac{x^2}{\ln(1+x)}}{x} = 1$$

$f'_-(0) = f'_+(0) = 1$,所以 $f(x)$ 在 $x=0$ 处可导,且 $f'(0) = 1$.

(3) $f(x) = \begin{cases} x^2\sin\dfrac{1}{x}, & x \neq 0, \\ 0 & x = 0. \end{cases}$

解　$\lim\limits_{x\to 0} f(x) = \lim\limits_{x\to 0} x^2\sin\dfrac{1}{x} = 0 = f(0)$,所以 $f(x)$ 在 $x=0$ 处连续.

又根据导数定义,有

$$f'(0)=\lim_{x\to 0}\frac{f(x)-f(0)}{x-0}=\lim_{x\to 0}\frac{x^2\sin\frac{1}{x}}{x}=\lim_{x\to 0}x\sin\frac{1}{x}=0$$

所以 $f(x)$ 在 $x=0$ 处可导，且 $f'(0)=0$.

5. 设函数 $f(x)=\begin{cases}e^{2x}, & x\leqslant 0,\\ ax+b, & x>0\end{cases}$ 在 $x=0$ 处可导，求 a,b.

解　由 $f(x)$ 在 $x=0$ 处可导，可知 $f(x)$ 在 $x=0$ 处连续，即 $\lim\limits_{x\to 0^-}f(x)=\lim\limits_{x\to 0^+}f(x)=f(0)$，又 $\lim\limits_{x\to 0^-}f(x)=\lim\limits_{x\to 0^-}e^{2x}=1$，$\lim\limits_{x\to 0^+}f(x)=\lim\limits_{x\to 0^+}(ax+b)=b$，所以 $b=1$.

$$f'_-(0)=\lim_{x\to 0^-}\frac{f(x)-f(0)}{x-0}=\lim_{x\to 0^-}\frac{e^{2x}-1}{x}=2$$

$$f'_+(0)=\lim_{x\to 0^+}\frac{f(x)-f(0)}{x-0}=\lim_{x\to 0^+}\frac{ax+1-1}{x}=a$$

$f(x)$ 在 $x=0$ 处可导，即 $f'_-(0)=f'_+(0)$，所以 $a=2$.

综上，当 $a=2,b=1$ 时，函数 $f(x)=\begin{cases}e^{2x}, & x\leqslant 0,\\ ax+b, & x>0\end{cases}$ 在 $x=0$ 处可导.

6. 设 $f(x)=\begin{cases}x^k\sin\frac{1}{x}, & x>0,\\ 0, & x\leqslant 0.\end{cases}$ 当正数 k 取何值时，$f(x)$ 在 $x=0$ 处连续但不可导？当 k 取何值时，$f(x)$ 在 $x=0$ 处可导？

解　若 $f(x)$ 在 $x=0$ 处连续，则需 $\lim\limits_{x\to 0^-}f(x)=\lim\limits_{x\to 0^+}f(x)=f(0)$. 已知 $\lim\limits_{x\to 0^-}f(x)=0$，要 $\lim\limits_{x\to 0^+}f(x)=\lim\limits_{x\to 0^+}x^k\sin\frac{1}{x}=0$，则有 $k>0$.

若 $f(x)$ 在 $x=0$ 处可导，则需 $f'_-(0)=f'_+(0)$. 又

$$f'_-(0)=\lim_{x\to 0^-}\frac{f(x)-f(0)}{x-0}=\lim_{x\to 0^-}\frac{0-0}{x}=0$$

$$f'_+(0)=\lim_{x\to 0^+}\frac{f(x)-f(0)}{x-0}=\lim_{x\to 0^+}\frac{x^k\sin\frac{1}{x}}{x}=\lim_{x\to 0^+}x^{k-1}\sin\frac{1}{x}$$

要 $f'_+(0)=f'_-(0)=0$，则需 $k>1$.

综上，$0<k\leqslant 1$ 时，$f(x)$ 在 $x=0$ 处连续但不可导；$k>1$ 时，$f(x)$ 在 $x=0$ 处可导.

7. 曲线 $y=\ln x$ 上哪一点的切线垂直于直线 $x+2y=2$？求此切线方程.

解　设曲线上点(x,y)的切线垂直于直线$x+2y=2$，由$y'=\frac{1}{x}=2$，得$x=\frac{1}{2}$，故$y=\ln\frac{1}{2}$，所以曲线上$\left(\frac{1}{2},\ln\frac{1}{2}\right)$的切线垂直于$x+2y=2$. 切线方程为$y+\ln 2=2\left(x-\frac{1}{2}\right)$，即$y=2x-1-\ln 2$.

8. 求下列函数的导数.

(1) $y=2\sqrt{x}-2^x+3\cos x$.

解　$y'=2(\sqrt{x})'-(2^x)'+3(\cos x)'=\frac{1}{\sqrt{x}}-2^x\ln 2-3\sin x$

(2) $y=(x^2-x)\left(\frac{1}{\sqrt{x}}+2x\right)$.

解　因为$y=x^{\frac{3}{2}}-x^{\frac{1}{2}}+2x^3-2x^2$，所以

$$y'=\frac{3}{2}\sqrt{x}-\frac{1}{2\sqrt{x}}+6x^2-4x$$

(3) $y=3x^2\tan x$.

解　$y'=3(x^2)'\tan x+3x^2(\tan x)'=6x\tan x+3x^2\sec^2 x$

(4) $y=xe^x\sin x$

解　$y'=(x)'e^x\sin x+x(e^x)'\sin x+xe^x(\sin x)'$

$=e^x\sin x+xe^x\sin x+xe^x\cos x=e^x(\sin x+x\sin x+x\cos x)$

(5) $y=\frac{\cos x}{1+\sin x}$.

解　$$y'=\frac{(\cos x)'(1+\sin x)-(1+\sin x)'\cos x}{(1+\sin x)^2}$$

$$=\frac{-\sin x(1+\sin x)-\cos^2 x}{(1+\sin x)^2}$$

$$=\frac{-1-\sin x}{(1+\sin x)^2}=\frac{-1}{1+\sin x}$$

(6) $y=\frac{1}{\csc x+\cot x}$.

解　$$y'=\frac{-(\csc x+\cot x)'}{(\csc x+\cot x)^2}=\frac{\csc x\cot x+\csc^2 x}{(\csc x+\cot x)^2}$$

$$=\frac{\csc x}{\csc x+\cot x}=\frac{1}{1+\cos x}$$

(7) $y=\frac{2\tan x-1}{\tan x+1}$.

解　因为 $y=\dfrac{2\tan x+2-3}{\tan x+1}=2-\dfrac{3}{\tan x+1}$,所以

$$y'=\frac{3(\tan x+1)'}{(\tan x+1)^2}=\frac{3\sec^2 x}{(\tan x+1)^2}$$

(8) $y=\dfrac{xe^x-1}{\sin x}$.

解　$$y'=\frac{(xe^x-1)'\sin x-(\sin x)'(xe^x-1)}{\sin^2 x}$$
$$=\frac{(e^x+xe^x)\sin x-\cos x(xe^x-1)}{\sin^2 x}$$
$$=\frac{e^x(\sin x+x\sin x-x\cos x)+\cos x}{\sin^2 x}$$

9. 求下列函数的导数.

(1) $y=\sqrt{x}\ln x$.

解　$y'=\dfrac{1}{2\sqrt{x}}\ln x+\sqrt{x}\ \dfrac{1}{x}=\dfrac{\ln x}{2\sqrt{x}}+\dfrac{1}{\sqrt{x}}=\dfrac{1}{\sqrt{x}}\left(\dfrac{\ln x}{2}+1\right)$

(2) $y=(1+x^2)\arctan x+\ln 2$.

解　$y'=2x\arctan x+(1+x^2)\dfrac{1}{1+x^2}=2x\arctan x+1$

(3) $y=\dfrac{1-\ln x}{1+\ln x}$.

解　因为 $y=\dfrac{2-1-\ln x}{1+\ln x}=\dfrac{2}{1+\ln x}-1$,所以

$$y'=\frac{-2(1+\ln x)'}{(1+\ln x)^2}=\frac{-2\,\frac{1}{x}}{(1+\ln x)^2}=-\frac{2}{x(1+\ln x)^2}$$

(4) $y=\dfrac{1}{\arcsin x}$.

解　$y'=\dfrac{-(\arcsin x)'}{(\arcsin x)^2}=-\dfrac{1}{\sqrt{1-x^2}(\arcsin x)^2}$

10. 求下列函数的导数.

(1) $y=(1-2x)^{10}$.

解　$y'=10(1-2x)^9(1-2x)'=-20(1-2x)^9$

(2) $y=\dfrac{1}{\sqrt{1-x^2}}$.

解　$y'=\dfrac{-\dfrac{1}{2\sqrt{1-x^2}}}{1-x^2}(1-x^2)'=\dfrac{x}{(1-x^2)^{\frac{3}{2}}}$

(3) $y=\ln\cos x$.

解 $y'=\dfrac{(\cos x)'}{\cos x}=-\dfrac{\sin x}{\cos x}=-\tan x$

(4) $y=\arctan\dfrac{x-1}{x+1}$.

解 $$y'=\frac{1}{1+\left(\frac{x-1}{x+1}\right)^2}\left(\frac{x-1}{x+1}\right)'$$
$$=\frac{(x+1)^2}{(x+1)^2+(x-1)^2}\,\frac{x+1-(x-1)}{(x+1)^2}$$
$$=\frac{1}{x^2+1}$$

(5) $y=\sqrt{4x-x^2}+4\arcsin\dfrac{\sqrt{x}}{2}$.

解 $$y'=\frac{(4x-x^2)'}{2\sqrt{4x-x^2}}+4\frac{\left(\frac{\sqrt{x}}{2}\right)'}{\sqrt{1-\left(\frac{\sqrt{x}}{2}\right)^2}}=\frac{2-x}{\sqrt{4x-x^2}}+\frac{8\,\frac{1}{4\sqrt{x}}}{\sqrt{4-x}}$$
$$=\frac{4-x}{\sqrt{4x-x^2}}=\sqrt{\frac{4}{x}-1}$$

(6) $y=x^2\sin\dfrac{1}{x}$.

解 $y'=2x\sin\dfrac{1}{x}+x^2\cos\dfrac{1}{x}\left(\dfrac{1}{x}\right)'=2x\sin\dfrac{1}{x}-\cos\dfrac{1}{x}$

(7) $y=\sin^2 x^2$.

解 $$y'=2\sin x^2(\sin x^2)'=2\sin x^2\cos x^2(x^2)'$$
$$=4x\sin x^2\cos x^2=2x\sin 2x^2$$

(8) $y=\dfrac{e^x-e^{-x}}{e^x+e^{-x}}$.

解 因为 $y=\dfrac{e^{2x}-1}{e^{2x}+1}=1-\dfrac{2}{e^{2x}+1}$,所以
$$y'=\frac{2(e^{2x}+1)'}{(e^{2x}+1)^2}=\frac{4e^{2x}}{(e^{2x}+1)^2}$$

(9) $y=\ln\arctan\dfrac{1}{1+x}$.

解 $$y'=\frac{1}{\arctan\frac{1}{1+x}}\left(\arctan\frac{1}{1+x}\right)'$$

$$=\frac{1}{\arctan\frac{1}{1+x}\left[1+\left(\frac{1}{1+x}\right)^2\right]}\left(\frac{1}{1+x}\right)'$$

$$=\frac{1}{\arctan\frac{1}{1+x}}\frac{(1+x)^2}{x^2+2x+2}\frac{-1}{(1+x)^2}$$

$$=-\frac{1}{(x^2+2x+2)\arctan\frac{1}{1+x}}$$

(10) $y=\mathrm{e}^{\tan\frac{1}{x}}\sin\frac{1}{x}$.

解 $$y'=\mathrm{e}^{\tan\frac{1}{x}}\left(\tan\frac{1}{x}\right)'\sin\frac{1}{x}+\mathrm{e}^{\tan\frac{1}{x}}\cos\frac{1}{x}\left(\frac{1}{x}\right)'$$

$$=\mathrm{e}^{\tan\frac{1}{x}}\left(\sec\frac{1}{x}\right)^2\left(\frac{1}{x}\right)'\sin\frac{1}{x}-\frac{1}{x^2}\mathrm{e}^{\tan\frac{1}{x}}\cos\frac{1}{x}$$

$$=-\frac{1}{x^2}\mathrm{e}^{\tan\frac{1}{x}}\left(\sec^2\frac{1}{x}\sin\frac{1}{x}+\cos\frac{1}{x}\right)$$

(11) $y=\arcsin\sqrt{1-x^2}$.

解 $$y'=\frac{1}{\sqrt{1-(\sqrt{1-x^2})^2}}(\sqrt{1-x^2})'=\frac{-2x}{|x|\cdot 2\sqrt{1-x^2}}$$

$$=-\frac{x}{|x|\sqrt{1-x^2}}$$

(12) $y=\sec^2\frac{x}{a}+\csc^2\frac{x}{a}$.

解 $$y'=2\sec\frac{x}{a}\left(\sec\frac{x}{a}\right)'+2\csc\frac{x}{a}\left(\csc\frac{x}{a}\right)'$$

$$=2\sec^2\frac{x}{a}\tan\frac{x}{a}\left(\frac{x}{a}\right)'-2\csc^2\frac{x}{a}\cot\frac{x}{a}\left(\frac{x}{a}\right)'$$

$$=\frac{2}{a}\left(\sec^2\frac{x}{a}\tan\frac{x}{a}-\csc^2\frac{x}{a}\cot\frac{x}{a}\right)=-\frac{16}{a}\csc^2\frac{2x}{a}\cot\frac{2x}{a}$$

(13) $y=\arctan(x+\sqrt{1+x^2})$.

解 $$y'=\frac{1}{1+(x+\sqrt{1+x^2})^2}(x+\sqrt{1+x^2})'$$

$$=\frac{1}{2(1+x^2+x\sqrt{1+x^2})}\left(1+\frac{2x}{2\sqrt{1+x^2}}\right)$$

$$=\frac{x+\sqrt{1+x^2}}{2(1+x^2+x\sqrt{1+x^2})\sqrt{1+x^2}}=\frac{1}{2(1+x^2)}$$

(14) $y=\arcsin\sqrt{\frac{a-x}{a+x}}$.

解 $y'=\frac{1}{\sqrt{1-\left(\sqrt{\frac{a-x}{a+x}}\right)^2}}\left(\sqrt{\frac{a-x}{a+x}}\right)'=\frac{1}{\sqrt{\frac{2x}{a+x}}}\frac{1}{2\sqrt{\frac{a-x}{a+x}}}\left(\frac{a-x}{a+x}\right)'$

$$=\frac{a+x}{2\sqrt{2x}\sqrt{a-x}}\frac{-a-x-a+x}{(a+x)^2}=-\frac{a}{\sqrt{2x}\sqrt{a-x}(a+x)}$$

(15) $y=\frac{x}{2}\sqrt{x^2+a^2}+\frac{a^2}{2}\ln(x+\sqrt{x^2+a^2})$.

解 $y'=\frac{1}{2}\sqrt{x^2+a^2}+\frac{x}{4\sqrt{x^2+a^2}}(x^2+a^2)'+\frac{a^2}{2}\frac{1}{x+\sqrt{x^2+a^2}}(x+\sqrt{x^2+a^2})'$

$$=\frac{1}{2}\sqrt{x^2+a^2}+\frac{x^2}{2\sqrt{x^2+a^2}}+\frac{a^2}{2(x+\sqrt{x^2+a^2})}\frac{\sqrt{x^2+a^2}+x}{\sqrt{x^2+a^2}}$$

$$=\frac{1}{2}\sqrt{x^2+a^2}+\frac{x^2}{2\sqrt{x^2+a^2}}+\frac{a^2}{2\sqrt{x^2+a^2}}=\sqrt{x^2+a^2}$$

11. 设函数 $f(x)$ 可导,求下列导数.

(1) $y=f(e^x)$,求 y'.

解 $y'=f'(e^x)(e^x)'=e^xf'(e^x)$

(2) $y=\ln|f(x^2)|$,求 y'.

解 $y'=\frac{1}{f(x^2)}(f(x^2))'=\frac{f'(x^2)}{f(x^2)}(x^2)'=\frac{2xf'(x^2)}{f(x^2)}$

(3) $y=f(\sin^2 x)+f(\cos^2 x)$,求 $y'|_{x=\frac{\pi}{4}}$.

解 $y'=f'(\sin^2 x)(\sin^2 x)'+f'(\cos^2 x)(\cos^2 x)'$

$$=f'(\sin^2 x)(2\sin x)(\sin x)'+f'(\cos^2 x)(2\cos x)(\cos x)'$$

$$=2\sin x\cos xf'(\sin^2 x)-2\sin x\cos xf'(\cos^2 x)$$

$$=\sin 2x[f'(\sin^2 x)-f'(\cos^2 x)]$$

$$y'|_{x=\frac{\pi}{4}}=\sin\frac{\pi}{2}\left[f'\left(\frac{1}{2}\right)-f'\left(\frac{1}{2}\right)\right]=0$$

12. 求下列函数的二阶导数.

(1) $y=\sqrt{1+x^2}$.

解 $y'=\frac{(1+x^2)'}{2\sqrt{1+x^2}}=\frac{x}{\sqrt{1+x^2}}$

$$y''=\frac{\sqrt{1+x^2}-x(\sqrt{1+x^2})'}{1+x^2}=\frac{1}{(1+x^2)^{\frac{3}{2}}}$$

(2) $y=xe^{x^2}$.

解 $y'=e^{x^2}+2x^2e^{x^2}=(1+2x^2)e^{x^2}$

$y''=4xe^{x^2}+(2x+4x^3)e^{x^2}=(6x+4x^3)e^{x^2}$

(3) $y=xf\left(\dfrac{1}{x}\right)$,其中 f 有二阶导数.

解 $y'=f\left(\dfrac{1}{x}\right)+xf'\left(\dfrac{1}{x}\right)\left(\dfrac{1}{x}\right)'=f\left(\dfrac{1}{x}\right)-\dfrac{1}{x}f'\left(\dfrac{1}{x}\right)$

$$y''=f'\left(\frac{1}{x}\right)\left(\frac{1}{x}\right)'+\frac{1}{x^2}f'\left(\frac{1}{x}\right)-\frac{1}{x}f''\left(\frac{1}{x}\right)\left(\frac{1}{x}\right)'$$

$$=-\frac{1}{x^2}f'\left(\frac{1}{x}\right)+\frac{1}{x^2}f'\left(\frac{1}{x}\right)+\frac{1}{x^3}f''\left(\frac{1}{x}\right)=\frac{1}{x^3}f''\left(\frac{1}{x}\right)$$

13. 求下列函数的 n 阶导数.

(1) $y=a^x$.

解 $y'=a^x\ln a, y''=a^x(\ln a)^2, y'''=a^x(\ln a)^3,\cdots, y^{(n)}=a^x(\ln a)^n$

(2) $y=xe^{-x}$.

解 $y'=e^{-x}-xe^{-x}=(1-x)e^{-x}, y''=-e^{-x}-(1-x)e^{-x}=(x-2)e^{-x}$, $y'''=e^{-x}-(x-2)e^{-x}=(3-x)e^{-x},\cdots, y^{(n)}=(-1)^n(x-n)e^{-x}$

(3) $y=\sin^2 x$.

解 $y'=2\sin x\cos x=\sin 2x$

$$y''=\cos 2x(2x)'=2\cos 2x=2\sin\left(2x+\frac{\pi}{2}\right)$$

$$y'''=2\cos\left(2x+\frac{\pi}{2}\right)\left(2x+\frac{\pi}{2}\right)'=4\sin\left(2x+2\cdot\frac{\pi}{2}\right)$$

$$\vdots$$

$$y^{(n)}=2^{n-1}\sin\left[2x+\frac{(n-1)\pi}{2}\right]$$

(4) $y=\dfrac{1}{1-x^2}$.

解 因为 $y=\dfrac{1}{(1-x)(1+x)}=\dfrac{1}{2}\left(\dfrac{1}{1-x}+\dfrac{1}{1+x}\right)$,所以

$$y'=\frac{1}{2}\left[\frac{1}{(1-x)^2}-\frac{1}{(1+x)^2}\right]$$

$$y''=\frac{1}{2}\left[\frac{2}{(1-x)^3}+\frac{2}{(1+x)^3}\right]$$

$$y'''=\frac{1}{2}\left[\frac{2\cdot 3}{(1-x)^4}-\frac{2\cdot 3}{(1+x)^4}\right]$$

$$\vdots$$

$$y^{(n)}=\frac{1}{2}\left[\frac{n!}{(1-x)^{n+1}}+\frac{(-1)^n n!}{(1+x)^{n+1}}\right]$$

14. 求由下列方程所确定的隐函数 $y=y(x)$ 的导数.

(1) $\ln y=xy+\cos x$,求 $y'(0)$.

解 将方程两端对 x 求导,得 $\frac{y'}{y}=y+xy'-\sin x$,整理得 $y'=\frac{y^2-y\sin x}{1-xy}$. 当 $x=0$ 时,$y(0)=\mathrm{e}$,$y'(0)=\mathrm{e}^2$.

(2) $\mathrm{e}^y\sin x=\mathrm{e}^{-x}\cos y$,求 y'.

解 将方程两端对 x 求导,得

$$y'\mathrm{e}^y\sin x+\mathrm{e}^y\cos x=-\mathrm{e}^{-x}\cos y-\mathrm{e}^{-x}\sin y\cdot y'$$

整理得 $y'=\frac{-\mathrm{e}^{-x}\cos y-\mathrm{e}^y\cos x}{\mathrm{e}^y\sin x+\mathrm{e}^{-x}\sin y}$.

(3) $\arctan\frac{y}{x}=\ln\sqrt{x^2+y^2}$,求 y'.

解 将方程两端对 x 求导,得

$$\frac{1}{1+\left(\frac{y}{x}\right)^2}\left(\frac{y}{x}\right)'=\left(\frac{1}{2}\ln(x^2+y^2)\right)'$$

即

$$\frac{x^2}{x^2+y^2}\,\frac{y'x-y}{x^2}=\frac{2x+2yy'}{2(x^2+y^2)}$$

整理得 $y'=\frac{x+y}{x-y}$.

(4) $xy-\sin(\pi y^2)=0$,求 $y''|_{(0,-1)}$.

解 将方程两端对 x 求导,得 $y+xy'-\cos(\pi y^2)2\pi y\cdot y'=0$,整理得

$$y'=\frac{y}{2\pi y\cos(\pi y^2)-x}$$

两端再次对 x 求导,得

$$y'+y'+xy''+\sin(\pi y^2)(2\pi y\cdot y')^2-2\pi(y')^2\cos(\pi y^2)-2\pi y\cdot y''\cos(\pi y^2)=0$$

整理得

$$y''=\frac{2y'+4\pi^2y^2(y')^2\sin(\pi y^2)-2\pi(y')^2\cos(\pi y^2)}{2\pi y\cos(\pi y^2)-x}$$

故 $y'|_{(0,1)}=-\frac{1}{2\pi}$, $y''|_{(0,-1)}=-\frac{1}{4\pi^2}$.

15. 求曲线 $xy+\mathrm{e}^{y^2}-x=0$ 在点$(1,0)$处的切线方程.

解　将方程两边对 x 求导,得

$$y+xy'+2y\cdot y'e^{y^2}-1=0$$

整理得 $y'=\dfrac{1-y}{x+2ye^{y^2}}$. 因为 $y'|_{(1,0)}=1$,所求切线方程为 $y=x-1$.

16. 求下列函数的导数 y'.

(1) $y=\dfrac{e^{-2x}\sqrt{x+2}}{x(x+1)^3}$.

解　两边取对数,得

$$\ln|y|=-2x+\frac{1}{2}\ln(x+2)-\ln|x|-3\ln|x+1|$$

两边对 x 求导,得 $\dfrac{y'}{y}=-2+\dfrac{1}{2(x+2)}-\dfrac{1}{x}-\dfrac{3}{x+1}$,所以

$$y'=\frac{e^{-2x}\sqrt{x+2}}{x(x+1)^3}\left[\frac{1}{2(x+2)}-\frac{1}{x}-\frac{3}{x+1}-2\right]$$

(2) $y=\sqrt[3]{\dfrac{x^2(x+2)}{(x-1)(2x+1)^4}}$.

解　两边取对数,得

$$\ln|y|=\frac{1}{3}(2\ln|x|+\ln|x+2|-\ln|x-1|-4\ln|2x+1|)$$

两边对 x 求导,得 $\dfrac{y'}{y}=\dfrac{1}{3}\left(\dfrac{2}{x}+\dfrac{1}{x+2}-\dfrac{1}{x-1}-\dfrac{8}{2x+1}\right)$,所以

$$y'=\sqrt[3]{\frac{x^2(x+2)}{(x-1)(2x+1)^4}}\left(\frac{2}{3x}+\frac{1}{3x+6}-\frac{1}{3x-3}-\frac{8}{6x+3}\right)$$

(3) $y=(\sin x)^{\cos x}$.

解　两边取对数,得

$$\ln y=\cos x\ln\sin x$$

两边对 x 求导,得 $\dfrac{y'}{y}=-\sin x\ln\sin x+\dfrac{\cos^2 x}{\sin x}$,所以

$$y'=(\sin x)^{\cos x}\left(\frac{\cos^2 x}{\sin x}-\sin x\ln\sin x\right)$$

(4) $y=\left(1+\dfrac{1}{x}\right)^x$.

解　$y'=\left[e^{x\ln\left(1+\frac{1}{x}\right)}\right]'=\left(1+\dfrac{1}{x}\right)^x\left[x\ln\left(1+\dfrac{1}{x}\right)\right]'$

$$=\left(1+\frac{1}{x}\right)^x\left[\ln\left(1+\frac{1}{x}\right)+x\frac{-\frac{1}{x^2}}{1+\frac{1}{x}}\right]'$$

$$=(1+\frac{1}{x})^x\left[\ln\left(1+\frac{1}{x}\right)-\frac{1}{x+1}\right]$$

(5) $y=x^{2^x}+x^{x^2}+2^{2^x}$.

解 $y'=(x^{2^x})'+(x^{x^2})'+(2^{2^x})'=(e^{2^x\ln x})'+(e^{x^2\ln x})'+2^{2^x}(2^x)'\ln 2$

$$=x^{2^x}(2^x\ln x)'+x^{x^2}(x^2\ln x)'+2^{2^x}\cdot 2^x(\ln 2)^2$$

$$=x^{2^x}(2^x\ln 2\cdot\ln x+\frac{2^x}{x})+x^{x^2}(2x\ln x+x)+2^{2^x}\cdot 2^x(\ln 2)^2$$

(6) $x^{\frac{1}{y}}=y^{\frac{1}{x}}$.

解 两边取对数,得$\frac{1}{y}\ln x=\frac{1}{x}\ln y$,即

$$x\ln x=y\ln y$$

两边对 x 求导,得 $\ln x+1=y'\ln y+y'$,所以

$$y'=\frac{1+\ln x}{1+\ln y}$$

17. 求下列函数的微分.

(1) $y=e^{1-\frac{1}{x}}$.

解 $y'=e^{1-\frac{1}{x}}\left(1-\frac{1}{x}\right)'=\frac{1}{x^2}e^{1-\frac{1}{x}}$

$$dy=\frac{1}{x^2}e^{1-\frac{1}{x}}dx$$

(2) $y=x^2\ln(1-x^2)$.

解 $y'=2x\ln(1-x^2)+\frac{x^2(1-x^2)'}{1-x^2}=2x\ln(1-x^2)-\frac{2x^3}{1-x^2}$

$$dy=\left[2x\ln(1-x^2)-\frac{2x^3}{1-x^2}\right]dx$$

(3) $y=\arctan\sqrt{x}$.

解 $y'=\frac{1}{1+x}(\sqrt{x})'=\frac{1}{2\sqrt{x}(1+x)}$

$$dy=\frac{1}{2\sqrt{x}(1+x)}dx$$

(4) $y=\frac{\sqrt{x}-1}{\sqrt{x}+1}$.

解 $y'=\frac{\frac{1}{2\sqrt{x}}(\sqrt{x}+1)-\frac{1}{2\sqrt{x}}(\sqrt{x}-1)}{(\sqrt{x}+1)^2}=\frac{1}{\sqrt{x}(\sqrt{x}+1)^2}$

$$dy=\frac{1}{\sqrt{x}(\sqrt{x}+1)^2}dx$$

(5) $y=e^{-3x}\cos 3x$.

解　$y'=-3e^{-3x}\cos 3x-3e^{-3x}\sin 3x=-3e^{-3x}(\sin 3x+\cos 3x)$

$$dy=-3e^{-3x}(\sin 3x+\cos 3x)dx$$

(6) $y=\sqrt{1+e^{-x}}$.

解　$y'=\frac{1}{2\sqrt{1+e^{-x}}}(1+e^{-x})'=-\frac{e^{-x}}{2\sqrt{1+e^{-x}}}$

$$dy=-\frac{e^{-x}}{2\sqrt{1+e^{-x}}}dx$$

18. 求由下列方程所确定的隐函数 $y=y(x)$ 的微分.

(1) $ye^x+\ln y-1=0$.

解　将方程两边求微分,得 $e^x dy+ye^x dx+\frac{1}{y}dy=0$,整理得

$$dy=\frac{-ye^x}{e^x+\frac{1}{y}}dx=-\frac{y^2e^x}{1+ye^x}dx$$

(2) $x^{\frac{3}{2}}+y^{\frac{3}{2}}=1$.

解　将方程两边求微分,得$\frac{3}{2}x^{\frac{1}{2}}dx+\frac{3}{2}y^{\frac{1}{2}}dy=0$,整理得

$$dy=-\sqrt{\frac{x}{y}}dx$$

19. 求下列各数的近似值.

(1) $\ln 1.01$.

解　设 $f(x)=\ln x, f'(x)=\frac{1}{x}, x_0=1, \Delta x=0.01, f(x_0)=\ln 1=0$, $f'(x_0)=f'(1)=1$,故

$$\ln 1.01\approx \ln 1+0.01=0.01$$

(2) $\arctan 1.02$.

解　设 $f(x)=\arctan x, f'(x)=\frac{1}{1+x^2}, x_0=1, \Delta x=0.02$,有

$$f(x_0)=\arctan 1=\frac{\pi}{4}, f'(x_0)=f'(1)=\frac{1}{2}$$

故

$$\arctan 1.02\approx\frac{\pi}{4}+\frac{1}{2}\times 0.02\approx 0.7954$$

(3) $\cos 60°30'$.

解 设 $f(x)=\cos x, f'(x)=-\sin x, x_0=60°=\frac{\pi}{3}, \Delta x=30'=\frac{\pi}{360}$,有

$$f(x_0)=\cos\frac{\pi}{3}=\frac{1}{2}, f'(x_0)=f'(\frac{\pi}{3})=-\frac{\sqrt{3}}{2}$$

故

$$\cos 60°30' \approx \frac{1}{2}-\frac{\sqrt{3}}{2}\times\frac{\pi}{360}\approx 0.4924$$

20. 求与两定点 $P_1(1,2,-2), P_2(2,3,1)$ 的距离相等的点的轨迹方程.

解 设点 (x,y,z) 与 P_1, P_2 的距离相等,则有

$$\sqrt{(x-1)^2+(y-2)^2+(z+2)^2}=\sqrt{(x-2)^2+(y-3)^2+(z-1)^2}$$

两边平方化简得 $2x+2y+6z=5$,所以与 P_1 和 P_2 的距离相等的点的轨迹方程为 $2x+2y+6z=5$.

21. 求球心在平面 $x+y=0$ 与 $x-y-4z=0$ 的交线上且过原点及点 $(1,-4,3)$ 的球面方程.

解 设球心坐标为 (x,y,z),由题意有

$$\begin{cases}x+y=0,\\x-y-4z=0,\\x^2+y^2+z^2=(x-1)^2+(y+4)^2+(z-3)^2\end{cases}$$

即 $\begin{cases}x+y=0,\\x-y-4z=0,\\x-4y+3z-13=0,\end{cases}$ 解此方程组得 $\begin{cases}x=2,\\y=-2,\\z=1,\end{cases}$ 故球心坐标为 $(2,-2,1)$,球的半径 $R=\sqrt{2^2+2^2+1}=3$. 故所求球面方程为

$$(x-2)^2+(y+2)^2+(z-1)^2=9$$

22. 试在空间直角坐标系中画出曲面 $y=x^2$.

解 图形如右所示.

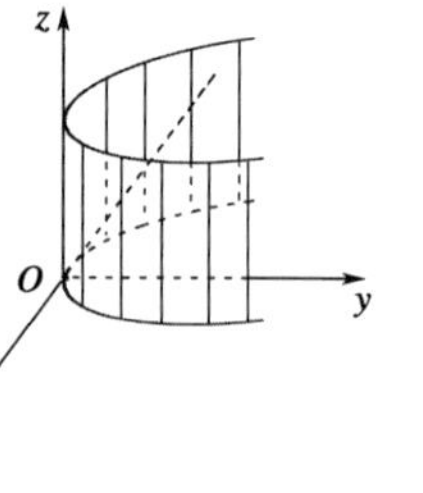

23. 求下列函数的定义域,并画出定义域的图形.

(1) $z=\frac{1}{\sqrt{1-x^2-y^2}}$.

解　$1-x^2-y^2>0$,函数的定义域 $D=\{(x,y)\mid x^2+y^2<1\}$,如图(a)所示.

(2) $z=\arcsin\dfrac{y}{x}$.

解　$\left|\dfrac{y}{x}\right|\leqslant 1$,且 $x\neq 0$,函数的定义域 $D=\{(x,y)\mid |y|\leqslant|x|\text{ 且 }x\neq 0\}$,如图(b)所示.

(3) $z=\ln(4-x^2-y^2)(x^2+y^2-1)$.

解　$(4-x^2-y^2)(x^2+y^2-1)>0$,函数的定义域

$$D=\{(x,y)\mid 1<x^2+y^2<4\}$$

如图(c)所示.

(4) $z=\sqrt{x-\sqrt{y}}+\dfrac{1}{\sqrt{1-x}}$.

解　$\begin{cases}y\geqslant 0,\\ x\geqslant\sqrt{y},\\ 1-x>0,\end{cases}$　解此不等式组得函数的定义域

$$D=\{(x,y)\mid x^2\geqslant y,\text{且 }y\geqslant 0,0\leqslant x<1\}$$

如图(d)所示.

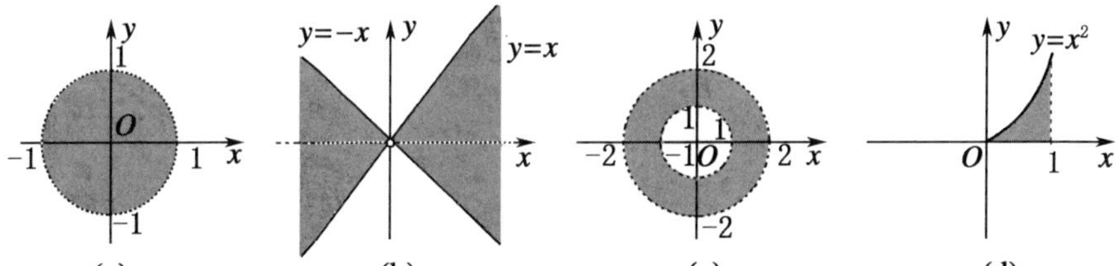

(a)　(b)　(c)　(d)

24. 设 $z=x+y+f(x-y)$,且当 $y=1$ 时,$z=x^2$,求函数 f 和 z 的表达式.

解　当 $y=1$ 时,$z=x+1+f(x-1)=x^2$,即 $f(x-1)=x^2-x-1$,故

$$f(x)=(x+1)^2-(x+1)-1=x^2+x-1$$

$$\begin{aligned}z&=x+y+f(x-y)=x+y+(x-y)^2+(x-y)-1\\&=2x+(x-y)^2-1\end{aligned}$$

25. 设 $f\left(x+y,\dfrac{y}{x}\right)=x^2-y^2$,求 $f(x,y)$,$f(xy,x-y)$.

解　设 $u=x+y,v=\dfrac{y}{x}$,解得 $x=\dfrac{u}{v+1},y=\dfrac{uv}{v+1}$,故

$$f(u,v)=\left(\frac{u}{1+v}\right)^2-\left(\frac{uv}{1+v}\right)^2=\frac{u^2(1-v^2)}{(1+v)^2}=\frac{u^2(1-v)}{1+v}$$

所以

$$f(x,y)=\frac{x^2(1-y)}{1+y},f(xy,x-y)=\frac{x^2y^2(1-x+y)}{1+x-y}$$

26. 求下列极限.

(1) $\lim\limits_{(x,y)\to(0,0)}\frac{xy}{\sqrt{1+xy}-1}$.

解 当$(x,y)\to(0,0)$时,$xy\to0$,$\sqrt{1+xy}-1\sim\frac{1}{2}xy$,故

$$原式=\lim_{(x,y)\to(0,0)}\frac{xy}{\frac{1}{2}xy}=2$$

(2) $\lim\limits_{(x,y)\to(0,2)}(1-xy)^{\frac{y}{x}}$.

解 原式 $=\lim\limits_{(x,y)\to(0,2)}(1-xy)^{\frac{-1}{xy}(-y^2)}=e^{\lim\limits_{y\to2}(-y^2)}=e^{-4}$

27. 讨论下列函数在$(0,0)$处的连续性.

(1) $f(x,y)=\begin{cases}\frac{x-y}{x+y}, & x+y\neq0,\\ 0, & x+y=0.\end{cases}$

解 当(x,y)沿直线$y=kx$趋于$(0,0)$时,有

$$\lim_{(x,y)\to(0,0)}f(x,y)=\lim_{(x,y)\to(0,0)}\frac{x-y}{x+y}=\lim_{\substack{x\to0\\ y\to kx}}\frac{x-y}{x+y}=\lim_{x\to0}\frac{x-kx}{x+kx}=\frac{1-k}{1+k}$$

由于$\frac{1-k}{1+k}$随k的取值不同而改变,因此$\lim\limits_{(x,y)\to(0,0)}f(x,y)$不存在,即$f(x,y)$在$(0,0)$处不连续.

(2) $f(x,y)=\begin{cases}\frac{x^2y}{x^2+y^2}, & (x,y)\neq(0,0),\\ 0, & (x,y)=(0,0).\end{cases}$

解 由于$0\leqslant\frac{x^2}{x^2+y^2}\leqslant1$,则在$(x,y)\to(0,0)$时,$\frac{x^2}{x^2+y^2}$为有界变量而$y$为无穷小量,由无穷小量的性质可知

$$\lim_{(x,y)\to(0,0)}f(x,y)=\lim_{(x,y)\to(0,0)}\frac{x^2y}{x^2+y^2}=0=f(0,0)$$

故$f(x,y)$在$(0,0)$处连续.

28. 求下列函数的偏导数.

(1) $z=e^{-x}\sin(x+2y)$.

解
$$\begin{aligned}z'_x&=-e^{-x}\sin(x+2y)+e^{-x}\cos(x+2y)\\&=e^{-x}[\cos(x+2y)-\sin(x+2y)]\end{aligned}$$

$$z_y{}' = 2e^{-x}\cos(x+2y)$$

(2) $z=\ln(x+\ln y)$.

解　$z_x' = \dfrac{1}{x+\ln y}$

$$z_y' = \frac{1}{x+\ln y}\cdot\frac{1}{y} = \frac{1}{y(x+\ln y)}$$

(3) $z=\dfrac{1}{\sqrt{x+y}}+\dfrac{1}{\sqrt{x-y}}$.

解　$z_x' = -\dfrac{1}{2}(x+y)^{-\frac{3}{2}} - \dfrac{1}{2}(x-y)^{-\frac{3}{2}}$

$$z_y' = -\frac{1}{2}(x+y)^{-\frac{3}{2}} + \frac{1}{2}(x-y)^{-\frac{3}{2}}$$

(4) $z=\arctan\dfrac{x+y}{1-xy}$.

解　$z_x' = \dfrac{1}{1+\left(\dfrac{x+y}{1-xy}\right)^2}\left(\dfrac{x+y}{1-xy}\right)_x'$

$$= \frac{(1-xy)^2}{(1-xy)^2+(x+y)^2}\,\frac{1-xy+y(x+y)}{(1-xy)^2}$$

$$= \frac{1+y^2}{1+x^2y^2+x^2+y^2} = \frac{1}{1+x^2}$$

$$z_y' = \frac{1}{1+\left(\dfrac{x+y}{1-xy}\right)^2}\left(\frac{x+y}{1-xy}\right)_y'$$

$$= \frac{(1-xy)^2}{(1-xy)^2+(x+y)^2}\,\frac{1-xy+x(x+y)}{(1-xy)^2}$$

$$= \frac{1+x^2}{1+x^2y^2+x^2+y^2} = \frac{1}{1+y^2}$$

(5) $z=e^{-\left(\frac{y}{x}+\frac{x}{y}\right)}$.

解　$z_x' = e^{-\left(\frac{y}{x}+\frac{x}{y}\right)}\left(\dfrac{y}{x^2}-\dfrac{1}{y}\right)$, $z_y' = e^{-\left(\frac{y}{x}+\frac{x}{y}\right)}\left(\dfrac{x}{y^2}-\dfrac{1}{x}\right)$

(6) $z=y^{x^2}$.

解　$z_x' = 2xy^{x^2}\ln y$, $z_y' = x^2y^{x^2-1}$

(7) $z=(1+xy)^y$

解　$z_x' = y^2(1+xy)^{y-1}$

$$z'_y=\left[e^{y\ln(1+xy)}\right]'_y=(1+xy)^y\left[\ln(1+xy)+\frac{xy}{1+xy}\right]$$

(8) $z=\ln\dfrac{\sqrt{x^2+y^2}-x}{\sqrt{x^2+y^2}+x}$.

解 因为 $z=\ln(\sqrt{x^2+y^2}-x)-\ln(\sqrt{x^2+y^2}+x)$,故

$$z'_x=\frac{\dfrac{2x}{2\sqrt{x^2+y^2}}-1}{\sqrt{x^2+y^2}-x}-\frac{\dfrac{2x}{2\sqrt{x^2+y^2}}+1}{\sqrt{x^2+y^2}+x}=\frac{-2}{\sqrt{x^2+y^2}}$$

$$z'_y=\frac{\dfrac{2y}{2\sqrt{x^2+y^2}}}{\sqrt{x^2+y^2}-x}-\frac{\dfrac{2y}{2\sqrt{x^2+y^2}}}{\sqrt{x^2+y^2}+x}=\frac{2x}{y\sqrt{x^2+y^2}}$$

(9) $u=z^{xy}$.

解 $u'_x=yz^{xy}\ln z,u'_y=xz^{xy}\ln z,u'_z=xyz^{xy-1}$

(10) $u=xyze^{x+y+z}$.

解 $u'_x=yze^{x+y+z}+xyze^{x+y+z}=yz(1+x)e^{x+y+z}$

$u'_y=xz(1+y)e^{x+y+z}$

$u'_z=xy(1+z)e^{x+y+z}$

29. 求下列函数的指定点处的偏导数.

(1) $z=\ln\left(x+\dfrac{y}{2x}\right)$,求$\left.\dfrac{\partial z}{\partial x}\right|_{(1,0)},\left.\dfrac{\partial z}{\partial y}\right|_{(1,1)}$.

解 $$\frac{\partial z}{\partial x}=\frac{1-\dfrac{y}{2x^2}}{x+\dfrac{y}{2x}}=\frac{2x^2-y}{2x^3+xy},\left.\frac{\partial z}{\partial x}\right|_{(1,0)}=1$$

$$\frac{\partial z}{\partial y}=\frac{\dfrac{1}{2x}}{x+\dfrac{y}{2x}}=\frac{1}{2x^2+y},\left.\frac{\partial z}{\partial y}\right|_{(1,1)}=\frac{1}{3}$$

(2) $z=\dfrac{xy(x^2-y^2)}{x^2+y^2}$,求$\left.\dfrac{\partial z}{\partial x}\right|_{(1,1)},\left.\dfrac{\partial z}{\partial y}\right|_{(1,1)}$.

解 $$\frac{\partial z}{\partial x}=\frac{(3x^2y-y^3)(x^2+y^2)-2x^2y(x^2-y^2)}{(x^2+y^2)^2},\left.\frac{\partial z}{\partial x}\right|_{(1,1)}=1$$

$$\frac{\partial z}{\partial y}=\frac{(x^3-3xy^2)(x^2+y^2)-2xy^2(x^2-y^2)}{(x^2+y^2)^2},\left.\frac{\partial z}{\partial y}\right|_{(1,1)}=-1$$

30. 求下列函数的二阶偏导数$\dfrac{\partial^2 z}{\partial x^2},\dfrac{\partial^2 z}{\partial x\partial y},\dfrac{\partial^2 z}{\partial y^2}$.

(1) $z=\sin(x^2+y^2)$.

解 $\frac{\partial z}{\partial x}=2x\cos(x^2+y^2),\frac{\partial z}{\partial y}=2y\cos(x^2+y^2)$

$$\frac{\partial^2 z}{\partial x^2}=2\cos(x^2+y^2)-4x^2\sin(x^2+y^2)$$

$$\frac{\partial^2 z}{\partial x\partial y}=-4xy\sin(x^2+y^2)$$

$$\frac{\partial^2 z}{\partial y^2}=2\cos(x^2+y^2)-4y^2\sin(x^2+y^2)$$

(2) $z=\sqrt{1+x^2y^2}$.

解 $\frac{\partial z}{\partial x}=\frac{2xy^2}{2\sqrt{1+x^2y^2}}=\frac{xy^2}{\sqrt{1+x^2y^2}},\frac{\partial z}{\partial y}=\frac{x^2y}{\sqrt{1+x^2y^2}}$

$$\frac{\partial^2 z}{\partial x^2}=\frac{y^2\sqrt{1+x^2y^2}-\frac{x^2y^4}{\sqrt{1+x^2y^2}}}{1+x^2y^2}$$

$$=\frac{y^2(1+x^2y^2)-x^2y^4}{(1+x^2y^2)^{\frac{3}{2}}}=\frac{y^2}{(1+x^2y^2)^{\frac{3}{2}}}$$

$$\frac{\partial^2 z}{\partial x\partial y}=\frac{2xy\sqrt{1+x^2y^2}-\frac{x^3y^3}{\sqrt{1+x^2y^2}}}{1+x^2y^2}$$

$$=\frac{2xy(1+x^2y^2)-x^3y^3}{(1+x^2y^2)^{\frac{3}{2}}}=\frac{2xy+x^3y^3}{(1+x^2y^2)^{\frac{3}{2}}}$$

$$\frac{\partial^2 z}{\partial y^2}=\frac{x^2\sqrt{1+x^2y^2}-\frac{x^4y^2}{\sqrt{1+x^2y^2}}}{1+x^2y^2}$$

$$=\frac{x^2(1+x^2y^2)-x^4y^2}{(1+x^2y^2)^{\frac{3}{2}}}=\frac{x^2}{(1+x^2y^2)^{\frac{3}{2}}}$$

(3) $z=e^{-\frac{y^2}{x}}$.

解 $\frac{\partial z}{\partial x}=\frac{y^2}{x^2}e^{-\frac{y^2}{x}},\frac{\partial z}{\partial y}=-\frac{2y}{x}e^{-\frac{y^2}{x}}$

$$\frac{\partial^2 z}{\partial x^2}=-\frac{2y^2}{x^3}e^{-\frac{y^2}{x}}+\frac{y^4}{x^4}e^{-\frac{y^2}{x}}=\frac{y^4-2xy^2}{x^4}e^{-\frac{y^2}{x}}$$

$$\frac{\partial^2 z}{\partial x\partial y}=\frac{2y}{x^2}e^{-\frac{y^2}{x}}-\frac{2y^3}{x^3}e^{-\frac{y^2}{x}}=\frac{2xy-2y^3}{x^3}e^{-\frac{y^2}{x}}$$

$$\frac{\partial^2 z}{\partial y^2}=-\frac{2}{x}\mathrm{e}^{-\frac{y^2}{x}}+\frac{4y^2}{x^2}\mathrm{e}^{-\frac{y^2}{x}}=\frac{4y^2-2x}{x^2}\mathrm{e}^{-\frac{y^2}{x}}$$

(4) $z=x^2\arctan\frac{y}{x}-y^2\arctan\frac{x}{y}$.

解 $$\frac{\partial z}{\partial x}=2x\arctan\frac{y}{x}+x^2\frac{-\frac{y}{x^2}}{1+\frac{y^2}{x^2}}-y^2\frac{\frac{1}{y}}{1+\frac{x^2}{y^2}}=2x\arctan\frac{y}{x}-\frac{x^2y+y^3}{x^2+y^2}$$

$$\frac{\partial z}{\partial y}=x^2\frac{\frac{1}{x}}{1+\frac{y^2}{x^2}}-2y\arctan\frac{x}{y}-y^2\frac{-\frac{x}{y^2}}{1+\frac{x^2}{y^2}}=\frac{x^3+xy^2}{x^2+y^2}-2y\arctan\frac{x}{y}$$

$$\frac{\partial^2 z}{\partial x^2}=2\arctan\frac{y}{x}+2x\frac{-\frac{y}{x^2}}{1+\frac{y^2}{x^2}}-\frac{2xy(x^2+y^2)-2x(x^2y+y^3)}{(x^2+y^2)^2}$$

$$=2\arctan\frac{y}{x}-\frac{2xy}{x^2+y^2}$$

$$\frac{\partial^2 z}{\partial x\partial y}=2x\frac{\frac{1}{x}}{1+\frac{y^2}{x^2}}-\frac{(x^2+3y^2)(x^2+y^2)-2y(x^2y+y^3)}{(x^2+y^2)^2}$$

$$=\frac{2x^2}{x^2+y^2}-1=\frac{x^2-y^2}{x^2+y^2}$$

$$\frac{\partial^2 z}{\partial y^2}=\frac{2xy(x^2+y^2)-2y(x^3+xy^2)}{(x^2+y^2)^2}-2\arctan\frac{x}{y}-2y\frac{-\frac{x}{y^2}}{1+\frac{x^2}{y^2}}$$

$$=\frac{2xy}{x^2+y^2}-2\arctan\frac{x}{y}$$

31. 求下列函数的偏导数(或导数).

(1) $z=u^2\ln v, u=\frac{y}{x}, v=x^2+y^2$,求$\frac{\partial z}{\partial x},\frac{\partial z}{\partial y}$.

解 $$\frac{\partial z}{\partial x}=\frac{\partial f}{\partial u}\frac{\partial u}{\partial x}+\frac{\partial f}{\partial v}\frac{\partial v}{\partial x}=2u\ln v\left(-\frac{y}{x^2}\right)+\frac{u^2}{v}\cdot 2x$$

$$=-\frac{2y^2}{x^3}\ln(x^2+y^2)+\frac{2y^2}{x(x^2+y^2)}$$

$$\frac{\partial z}{\partial y}=\frac{\partial f}{\partial u}\cdot\frac{\partial u}{\partial y}+\frac{\partial f}{\partial v}\cdot\frac{\partial v}{\partial y}=2u\ln v\cdot\frac{1}{x}+\frac{u^2}{v}\cdot 2y$$

$$= \frac{2y}{x^2}\ln(x^2+y^2) + \frac{2y^3}{x^2(x^2+y^2)}$$

(2) $z=(1+x^2y^2)^{2x-y}$,求$\frac{\partial z}{\partial x},\frac{\partial z}{\partial y}$.

解　设 $u=1+x^2y^2$,$v=2x-y$,则 $z=u^v$,运用链式法则,得

$$\frac{\partial z}{\partial x}=\frac{\partial f}{\partial u}\cdot\frac{\partial u}{\partial x}+\frac{\partial f}{\partial v}\cdot\frac{\partial v}{\partial x}=vu^{v-1}\cdot 2xy^2+u^v\ln u\cdot 2$$

$$=(1+x^2y^2)^{2x-y}\left[\frac{4x^2y^2-2xy^3}{1+x^2y^2}+2\ln(1+x^2y^2)\right]$$

$$\frac{\partial z}{\partial y}=\frac{\partial f}{\partial u}\cdot\frac{\partial u}{\partial y}+\frac{\partial f}{\partial v}\cdot\frac{\partial v}{\partial y}=vu^{v-1}\cdot 2x^2y+u^v\ln u\cdot(-1)$$

$$=(1+x^2y^2)^{2x-y}\left[\frac{4x^3y-2x^2y^2}{1+x^2y^2}-\ln(1+x^2y^2)\right]$$

(3) $z=x^y+y^x$,$x=1+2t$,$y=\sin t$,求$\frac{\mathrm{d}z}{\mathrm{d}t}$.

解　$$\frac{\mathrm{d}z}{\mathrm{d}t}=\frac{\partial f}{\partial x}\cdot\frac{\mathrm{d}x}{\mathrm{d}t}+\frac{\partial f}{\partial y}\cdot\frac{\mathrm{d}y}{\mathrm{d}t}$$

$$=(yx^{y-1}+y^x\ln y)\cdot 2+(x^y\ln x+xy^{x-1})\cos t$$

$$=(1+2t)^{\sin t}\left[\frac{2\sin t}{1+2t}+\cos t\ln(1+2t)\right]$$

$$+(\sin t)^{1+2t}\left[2\ln\sin t+\frac{\cos t\,(1+2t)}{\sin t}\right]$$

32. 求下列函数的偏导数.

(1) 设函数 f 可导,$z=xyf\left(\frac{y}{x}\right)$,求 $xz_x'+yz_y'$.

解　$$z_x'=yf\left(\frac{y}{x}\right)+xyf'\left(\frac{y}{x}\right)\left(-\frac{y}{x^2}\right)=yf\left(\frac{y}{x}\right)-\frac{y^2}{x}f'\left(\frac{y}{x}\right)$$

$$z_y'=xf\left(\frac{y}{x}\right)+xyf'\left(\frac{y}{x}\right)\left(\frac{1}{x}\right)=xf\left(\frac{y}{x}\right)+yf'\left(\frac{y}{x}\right)$$

$$xz_x'+yz_y'=xyf\left(\frac{y}{x}\right)-y^2f'\left(\frac{y}{x}\right)+xyf\left(\frac{y}{x}\right)+y^2f'\left(\frac{y}{x}\right)=2xyf\left(\frac{y}{x}\right)$$

(2) 设 $z=f(u,v)$,f 有连续的偏导数,且 $u=x^2-y^2$,$v=\mathrm{e}^{xy}$,求 z_x',z_y'.

解　$$z_x'=\frac{\partial f}{\partial u}\cdot\frac{\partial u}{\partial x}+\frac{\partial f}{\partial v}\cdot\frac{\partial v}{\partial x}=2xf_1'+y\mathrm{e}^{xy}f_2'$$

$$z_y'=\frac{\partial f}{\partial u}\cdot\frac{\partial u}{\partial y}+\frac{\partial f}{\partial v}\cdot\frac{\partial v}{\partial y}=-2yf_1'+x\mathrm{e}^{xy}f_2'$$

(3) 设 $z=f\left(xy,\frac{x}{y}\right)+g\left(\frac{y}{x}\right)$,其中 f,g 均可微,求 z_x',z_y'.

解 $z'_x = yf'_1 + \frac{1}{y}f'_2 + g'\left(\frac{y}{x}\right)\left(-\frac{y}{x^2}\right) = yf'_1 + \frac{1}{y}f'_2 - \frac{y}{x^2}g'\left(\frac{y}{x}\right)$

$$z'_y = xf'_1 - \frac{x}{y^2}f'_2 + \frac{1}{x}g'\left(\frac{y}{x}\right)$$

(4) 设 $z = f(x, xy, x^2 - y^2)$，f 有连续的偏导数，求 $yz'_x + xz'_y$.

解 设 $u = x, v = xy, w = x^2 - y^2$，则

$$z'_x = \frac{\partial f}{\partial u}\cdot\frac{\partial u}{\partial x} + \frac{\partial f}{\partial v}\cdot\frac{\partial v}{\partial x} + \frac{\partial f}{\partial w}\cdot\frac{\partial w}{\partial x} = f'_1 + yf'_2 + 2xf'_3$$

$$z'_y = \frac{\partial f}{\partial v}\cdot\frac{\partial v}{\partial y} + \frac{\partial f}{\partial w}\cdot\frac{\partial w}{\partial y} = xf'_2 - 2yf'_3$$

$$\begin{aligned} yz'_x + xz'_y &= y(f'_1 + yf'_2 + 2xf'_3) + x(xf'_2 - 2yf'_3) \\ &= yf'_1 + (x^2 + y^2)f'_2 \end{aligned}$$

33. 计算下列各题.

(1) 设函数 $f(u)$ 有二阶导数，$z = f(x^2 + y^2)$，求 $\frac{\partial^2 z}{\partial x^2}, \frac{\partial^2 z}{\partial x \partial y}$.

解 $\frac{\partial z}{\partial x} = 2xf'(x^2 + y^2)$

$$\frac{\partial^2 z}{\partial x^2} = 2f'(x^2 + y^2) + 4x^2 f''(x^2 + y^2)$$

$$\frac{\partial^2 z}{\partial x \partial y} = 4xyf''(x^2 + y^2)$$

(2) 设 $z = f[x + g(y)]$，其中 f, g 均二阶可导，求 $\frac{\partial^2 z}{\partial x \partial y}, \frac{\partial^2 z}{\partial y^2}$.

解 $\frac{\partial z}{\partial x} = f'[x + g(y)], \frac{\partial z}{\partial y} = f'[x + g(y)]g'(y)$

$$\frac{\partial^2 z}{\partial x \partial y} = f''[x + g(y)]g'(y)$$

$$\frac{\partial^2 z}{\partial y^2} = f''[x + g(y)][g'(y)]^2 + f'[x + g(y)]g''(y)$$

(3) 设函数 $f(u, v)$ 有二阶连续偏导数，$z = f\left(x, \frac{x}{y}\right)$，求 $\frac{\partial^2 z}{\partial x^2}, \frac{\partial^2 z}{\partial x \partial y}$.

解 $\frac{\partial z}{\partial x} = \frac{\partial f}{\partial u}\cdot\frac{\partial u}{\partial x} + \frac{\partial f}{\partial v}\cdot\frac{\partial v}{\partial x} = f'_1 + \frac{1}{y}f'_2$

$$\begin{aligned} \frac{\partial^2 z}{\partial x^2} &= \frac{\partial f'_1}{\partial u}\cdot\frac{\partial u}{\partial x} + \frac{\partial f'_1}{\partial v}\cdot\frac{\partial v}{\partial x} + \frac{1}{y}\left(\frac{\partial f'_2}{\partial u}\cdot\frac{\partial u}{\partial x} + \frac{\partial f'_2}{\partial v}\cdot\frac{\partial v}{\partial x}\right) \\ &= f''_{11} + \frac{1}{y}f''_{12} + \frac{1}{y}\left(f''_{21} + \frac{1}{y}f''_{22}\right) = f''_{11} + \frac{2}{y}f''_{12} + \frac{1}{y^2}f''_{22} \end{aligned}$$

$$\frac{\partial^2 z}{\partial x\partial y}=\frac{\partial f_1'}{\partial v}\cdot\frac{\partial v}{\partial y}-\frac{1}{y^2}f_2'+\frac{1}{y}\cdot\frac{\partial f_2'}{\partial v}\cdot\frac{\partial v}{\partial y}=-\frac{x}{y^2}f_{12}''-\frac{1}{y^2}f_2'-\frac{x}{y^3}f_{22}''$$

34. 求下列隐函数的导数.

(1) $y=1+y^x$,求$\frac{\mathrm{d}x}{\mathrm{d}y}$.

解　设$F(x,y)=1+y^x-y$,$F_x'=y^x\ln y$,$F_y'=xy^{x-1}-1$,所以

$$\frac{\mathrm{d}x}{\mathrm{d}y}=-\frac{F_y'}{F_x'}=\frac{1-xy^{x-1}}{y^x\ln y}$$

(2) $\mathrm{e}^{xy}+y^2=\cos x$,求$\frac{\mathrm{d}y}{\mathrm{d}x}$.

解　设$F(x,y)=\mathrm{e}^{xy}+y^2-\cos x$,$F_x'=y\mathrm{e}^{xy}+\sin x$,$F_y'=x\mathrm{e}^{xy}+2y$,所以

$$\frac{\mathrm{d}y}{\mathrm{d}x}=-\frac{F_x'}{F_y'}=-\frac{y\mathrm{e}^{xy}+\sin x}{x\mathrm{e}^{xy}+2y}$$

35. 求下列隐函数的偏导数.

(1) $yz=\arctan(xz)$,求$\frac{\partial z}{\partial x},\frac{\partial z}{\partial y}$.

解　令$F(x,y,z)=\arctan(xz)-yz$,则

$$F_x'=\frac{z}{1+x^2z^2},F_y'=-z,F_z'=\frac{x}{1+x^2z^2}-y$$

由隐函数求导公式,得

$$\frac{\partial z}{\partial x}=-\frac{F_x'}{F_z'}=-\frac{\frac{z}{1+x^2z^2}}{\frac{x}{1+x^2z^2}-y}=\frac{z}{y(1+x^2y^2)-x}$$

$$\frac{\partial z}{\partial y}=-\frac{F_y'}{F_z'}=-\frac{-z}{\frac{x}{1+x^2z^2}-y}=\frac{z(1+x^2z^2)}{x-y(1+x^2z^2)}$$

(2) $2\sin(x+2y-3z)=x+2y-3z$,求$\frac{\partial z}{\partial x},\frac{\partial z}{\partial y}$.

解　令$F(x,y,z)=2\sin(x+2y-3z)-x-2y+3z$,则

$$F_x'=2\cos(x+2y-3z)-1,F_y'=4\cos(x+2y-3z)-2$$

$$F_z'=-6\cos(x+2y-3z)+3$$

由隐函数求导公式,得

$$\frac{\partial z}{\partial x}=-\frac{F_x'}{F_z'}=-\frac{2\cos(x+2y-3z)-1}{-6\cos(x+2y-3z)+3}=\frac{1}{3}$$

$$\frac{\partial z}{\partial y}=-\frac{F_y'}{F_z'}=-\frac{4\cos(x+2y-3z)-2}{-6\cos(x+2y-3z)+3}=\frac{2}{3}$$

(3) $z^2=x+y+f(yz)$，f 可导，求$\dfrac{\partial z}{\partial x},\dfrac{\partial z}{\partial y}$.

解 令 $F(x,y,z)=x+y+f(yz)-z^2$，则

$$F_x'=1,F_y'=1+zf'(yz),F_z'=yf'(yz)-2z$$

由隐函数求导公式，得

$$\frac{\partial z}{\partial x}=-\frac{F_x'}{F_z'}=\frac{1}{2z-yf'(yz)}$$

$$\frac{\partial z}{\partial y}=-\frac{F_y'}{F_z'}=\frac{1+zf'(yz)}{2z-yf'(yz)}$$

(4) $z^3-2xz+y=0$，求$\dfrac{\partial^2 z}{\partial x\partial y}$.

解 令 $F(x,y,z)=z^3-2xz+y$，则

$$F_x'=-2z,F_y'=1,F_z'=3z^2-2x$$

由隐函数求导公式，得

$$\frac{\partial z}{\partial x}=-\frac{F_x'}{F_z'}=\frac{2z}{3z^2-2x},\frac{\partial z}{\partial y}=-\frac{F_y'}{F_z'}=\frac{1}{2x-3z^2}$$

$$\frac{\partial^2 z}{\partial x\partial y}=\frac{2\dfrac{\partial z}{\partial y}(3z^2-2x)-6z\dfrac{\partial z}{\partial y}\cdot 2z}{(3z^2-2x)^2}=\frac{-\dfrac{\partial z}{\partial y}(4x+6z^2)}{(3z^2-2x)^2}=\frac{4x+6z^2}{(3z^2-2x)^3}$$

36. 求下列函数的全微分 dz.

(1) $z=\sqrt{\dfrac{x}{y}}$.

解 $z_x'=\dfrac{1}{2\sqrt{xy}}$，$z_y'=-\dfrac{1}{2}x^{\frac{1}{2}}y^{-\frac{3}{2}}$，所以

$$\mathrm{d}z=z_x'\mathrm{d}x+z_y'\mathrm{d}y=\frac{\sqrt{x}}{2\sqrt{y}}\left(\frac{1}{x}\mathrm{d}x-\frac{1}{y}\mathrm{d}y\right)$$

(2) $z=\arctan\dfrac{x+y}{x-y}$.

解
$$z_x'=\frac{1}{1+\left(\dfrac{x+y}{x-y}\right)^2}\left(\frac{x+y}{x-y}\right)_x'$$

$$=\frac{(x-y)^2}{(x-y)^2+(x+y)^2}\,\frac{x-y-x-y}{(x-y)^2}=\frac{-y}{x^2+y^2}$$

$$z_y'=\frac{1}{1+\left(\dfrac{x+y}{x-y}\right)^2}\left(\frac{x+y}{x-y}\right)_y'$$

$$= \frac{(x-y)^2}{(x-y)^2+(x+y)^2} \frac{x-y+x+y}{(x-y)^2} = \frac{x}{x^2+y^2}$$

所以

$$dz = z_x' dx + z_y' dy = \frac{-ydx + xdy}{x^2+y^2}$$

(3) $z=(x^2-y^2)\sin(x^2+y^2)$.

解　$z_x' = 2x\sin(x^2+y^2) + 2x(x^2-y^2)\cos(x^2+y^2)$

$z_y' = -2y\sin(x^2+y^2) + 2y(x^2-y^2)\cos(x^2+y^2)$

所以

$$\begin{aligned} dz &= z_x' dx + z_y' dy \\ &= [2x\sin(x^2+y^2) + 2x(x^2-y^2)\cos(x^2+y^2)]dx \\ &\quad + [-2y\sin(x^2+y^2) + 2y(x^2-y^2)\cos(x^2+y^2)]dy \end{aligned}$$

(4) $z=\sqrt{\frac{x+2y}{x-2y}}$.

解　$$z_x' = \frac{1}{2\sqrt{\frac{x+2y}{x-2y}}} \left(\frac{x+2y}{x-2y}\right)_x' = \frac{\sqrt{x-2y}}{2\sqrt{x+2y}} \frac{x-2y-x-2y}{(x-2y)^2}$$

$$= \frac{-2y}{\sqrt{(x+2y)(x-2y)^3}}$$

$$z_y' = \frac{1}{2\sqrt{\frac{x+2y}{x-2y}}} \left(\frac{x+2y}{x-2y'}\right)_y' = \frac{\sqrt{x-2y}}{2\sqrt{x+2y}} \frac{2(x-2y)+2(x+2y)}{(x-2y)^2}$$

$$= \frac{2x}{\sqrt{(x+2y)(x-2y)^3}}$$

所以

$$dz = z_x' dx + z_y' dy = \sqrt{\frac{x-2y}{x+2y}} \frac{-2ydx + 2xdy}{(x-2y)^2}$$

(5) $z=(x^2+y^2)e^{-\arctan\frac{y}{x}}$.

解　$$z_x' = 2xe^{-\arctan\frac{y}{x}} + (x^2+y^2)e^{-\arctan\frac{y}{x}} \frac{\frac{y}{x^2}}{1+\frac{y^2}{x^2}} = (2x+y)e^{-\arctan\frac{y}{x}}$$

$$z_y' = 2ye^{-\arctan\frac{y}{x}} + (x^2+y^2)e^{-\arctan\frac{y}{x}} \frac{-\frac{1}{x}}{1+\frac{y^2}{x^2}} = (2y-x)e^{-\arctan\frac{y}{x}}$$

所以

$$dz = e^{-\arctan\frac{y}{x}}[(2x+y)dx+(2y-x)dy]$$

(6) $2xz-2xyz+\ln xyz=0$.

解 令 $F(x,y,z)=2xz-2xyz+\ln xyz$,则

$$F'_x=2z-2yz+\frac{1}{x},F'_y=-2xz+\frac{1}{y},F'_z=2x-2xy+\frac{1}{z}$$

由隐函数求导公式,得

$$\frac{\partial z}{\partial x}=-\frac{F'_x}{F'_z}=-\frac{2z-2yz+\frac{1}{x}}{2x-2xy+\frac{1}{z}}=-\frac{z}{x}$$

$$\frac{\partial z}{\partial y}=-\frac{F'_y}{F'_z}=-\frac{-2xz+\frac{1}{y}}{2x-2xy+\frac{1}{z}}=\frac{z(2xyz-1)}{y(2xz-2xyz+1)}$$

所以

$$dz=\frac{\partial z}{\partial x}dx+\frac{\partial z}{\partial y}dy=-\frac{z}{x}dx+\frac{z(2xyz-1)}{y(2xz-2xyz+1)}dy$$

(7) $z=f[x-y,\varphi(xy)]$,其中 f,g 可微.

解 $z'_x=f'_1+y\varphi'(xy)f'_2,z'_y=-f'_1+x\varphi'(xy)f'_2$,所以

$$dz=[f'_1+y\varphi'(xy)f'_2]dx+[-f'_1+x\varphi'(xy)f'_2]dy$$

37. 设 $z=f(x,y)$ 由方程 $F(x+2y-z,xyz)=0$ 确定,其中 F 可微,求 $\frac{\partial z}{\partial x}$,$\frac{\partial z}{\partial y}$.

解 $F'_x=F'_1+yzF'_2,F'_y=2F'_1+xzF'_2,F'_z=-F'_1+xyF'_2$

由隐函数求导公式,得

$$\frac{\partial z}{\partial x}=-\frac{F'_x}{F'_z}=\frac{F'_1+yzF'_2}{F'_1-xyF'_2},\frac{\partial z}{\partial y}=-\frac{F'_y}{F'_z}=\frac{2F'_1+xzF'_2}{F'_1-xyF'_2}$$

38. 设 $u=f(x,y,z)$ 可微,而 $y=y(x),z=z(x)$ 分别由方程 $e^{xy}-y=0$ 和 $e^z-xz=0$ 确定,求 $\frac{du}{dx}$.

解 由链式法则,$\frac{du}{dx}=\frac{\partial f}{\partial x}+\frac{\partial f}{\partial y}\frac{dy}{dx}+\frac{\partial f}{\partial z}\frac{dz}{dx}$.

又 $y=y(x)$ 由方程 $e^{xy}-y=0$ 确定,将方程两边对 x 求导,得

$$(y+xy')e^{xy}-y'=0$$

整理得 $y'=\frac{ye^{xy}}{1-xe^{xy}}$.

$z=z(x)$ 由方程 $\mathrm{e}^z-xz=0$ 确定,将方程两边对 x 求导,得

$$\mathrm{e}^z\cdot z'-z-xz'=0$$

整理得 $z'=\dfrac{z}{\mathrm{e}^z-x}$.

所以 $\dfrac{\mathrm{d}u}{\mathrm{d}x}=f_1'+\dfrac{y\mathrm{e}^{xy}}{1-x\mathrm{e}^{xy}}f_2'+\dfrac{z}{\mathrm{e}^z-x}f_3'$.

39. 设 $u=f(x,y,z)$ 可微,其中 $z=z(x,y)$ 由方程 $\mathrm{e}^z=xyz$ 确定,求 $\mathrm{d}u$.

解　令 $F(x,y,z)=\mathrm{e}^z-xyz$, $F_x'=-yz$, $F_y'=-xz$, $F_z'=\mathrm{e}^z-xy$,则

$$\frac{\partial z}{\partial x}=-\frac{F_x'}{F_z'}=\frac{yz}{\mathrm{e}^z-xy},\frac{\partial z}{\partial y}=-\frac{F_y'}{F_z'}=\frac{xz}{\mathrm{e}^z-xy}$$

$$\begin{aligned}\mathrm{d}u&=\frac{\partial u}{\partial x}\mathrm{d}x+\frac{\partial u}{\partial y}\mathrm{d}y=\left[\frac{\partial f}{\partial x}+\frac{\partial f}{\partial z}\frac{\partial z}{\partial x}\right]\mathrm{d}x+\left[\frac{\partial f}{\partial y}+\frac{\partial f}{\partial z}\frac{\partial z}{\partial y}\right]\mathrm{d}y\\&=\left(f_1'+\frac{yz}{\mathrm{e}^z-xy}f_3'\right)\mathrm{d}x+\left(f_2'+\frac{xz}{\mathrm{e}^z-xy}f_3'\right)\mathrm{d}y\end{aligned}$$

40. 计算下列各数的近似值.

(1) $1.02^{4.05}$.

解　设 $f(x,y)=x^y$, $x_0=1$, $y_0=4$, $\Delta x=0.02$, $\Delta y=0.05$,有

$f(1,4)=1^4=1$, $f_x'=yx^{y-1}$, $f_y'=x^y\ln x$, $f_x'(1,4)=4$, $f_y'(1,4)=0$

故

$$1.02^{4.05}\approx 1+4\times 0.02+0\times 0.05=1.08$$

(2) $\sqrt{(1.02)^3+(1.97)^3}$.

解　设 $f(x,y)=\sqrt{x^3+y^3}$, $x_0=1$, $y_0=2$, $\Delta x=0.02$, $\Delta y=-0.03$,有

$$f(1,2)=3,f_x'=\frac{3x^2}{2\sqrt{x^3+y^3}},f_y'=\frac{3y^2}{2\sqrt{x^3+y^3}}$$

$$f_x'(1,2)=\frac{1}{2},f_y'(1,2)=2$$

故

$$\sqrt{(1.02)^3+(1.97)^3}\approx 3+\frac{1}{2}\times 0.02+2\times(-0.03)=2.95$$

四、应用题

1. A 元钱存入银行,t 年后余额为 $B=f(t)$ 元,导数 $\dfrac{\mathrm{d}B}{\mathrm{d}t}$ 的单位是什么?若 $f'(5)=150$,解释其含义.

解　导数 $\dfrac{\mathrm{d}B}{\mathrm{d}t}$ 的单位是元/年.

$f'(5)=150$ 的含义是在第 5 年时,再存一年余额增加约 150 元.

2. 某公司的销售收入 R(单位：千元) 是广告费用支出 x(单位：千元) 的函数. 设 $R = f(x)$.

(1) 公司希望 $f'(x)$ 的符号是正还是负？

(2) $f'(100) = 2$ 的实际意义是什么?若 $f'(100) = 0.5$ 呢?

(3) 假设公司计划花费 100 000 元作为广告费用,如果 $f'(100) = 2$,那么公司该花略多于还是略少于 100 000 元的广告费?$f'(100) = 0.5$ 呢?

解　(1) 希望 $f'(x)$ 的符号是正.

(2) $f'(100) = 2$ 的实际意义为：在投入 100 000 元后,若再投入 1 000 元,收入将增加约 2 000 元;$f'(100) = 0.5$ 的实际意义为：在投入 100 000 元后,若再投入 1 000 元,收入将增加约 500 元.

(3) 如果 $f'(100) = 2$,应花费略多于 100 000 元的广告费用;若 $f'(100) = 0.5$,应花费略少于 100 000 的广告费用.

3. 设某商品的需求函数为 $Q = f(P)$,其中 Q(单位：箱) 为需求量,P(单位：元) 为每箱商品的价格. 如果 $f'(20) = -200$,负号的意义是什么?又如果 $f'(30) = -800$,你认为在价格为每箱 20 元和每箱 30 元时,何时提价较合理?

解　负号的意义是提价会使需求下降,降价会使需求增加. 在价格为每箱 20 元时,提价较合理.

4. 设某产品的需求函数为 $Q = 100 - 5P$,其中 P 为价格,Q 为需求量,求边际收入函数及 $Q = 20,50$ 和 70 时的边际收入,并解释其经济意义.

解　由需求函数 $Q = 100 - 5P$,得 $P = 20 - \frac{1}{5}Q$,所以收入函数

$$R(Q) = PQ = \left(20 - \frac{1}{5}Q\right)Q = 20Q - \frac{1}{5}Q^2$$

则边际收入函数 $R'(Q) = 20 - \frac{2}{5}Q$.

当 $Q = 20$ 时 $R'(20) = 12$,表示在 $Q = 20$ 时,多销售一个单位的产品,收入增加 12 个单位;当 $Q = 50$ 时 $R'(50) = 0$,表示当 $Q = 50$ 时,多销售一个单位的产品,对收入几乎没有影响;当 $Q = 70$ 时 $R'(70) = -8$,表示当 $Q = 70$ 时,多销售一个单位的产品,收入会减少约 8 个单位.

5. 设某种商品的单价为 P 时,售出的商品数量 Q 可以表示成 $Q = \frac{a}{P+b} - c$,其中 a,b,c 均为正数,且 $a > bc$.

(1) 求边际需求 $\frac{\mathrm{d}Q}{\mathrm{d}P}$;

(2) 当 P 在何范围变化时,提价可使销售额增加或减少?

解　(1) 边际需求$\frac{\mathrm{d}Q}{\mathrm{d}P}=-\frac{a}{(P+b)^2}$.

(2) 收入函数 $R(P)=PQ=\frac{aP}{P+b}-cP$,边际收入$\frac{\mathrm{d}R}{\mathrm{d}P}=\frac{ab}{(P+b)^2}-c$.

若要提价使销售额增加,则 $R'(P)>0$,即$\frac{ab}{(P+b)^2}>c$,解得 $P<\sqrt{\frac{ab}{c}}-b$;

若要提价使销售额减少,则 $R'(P)<0$,即$\frac{ab}{(P+b)^2}<c$,解得 $P>\sqrt{\frac{ab}{c}}-b$.

6. 某城市的工业生产函数为 $Q=1.5K^{0.25}L^{0.75}$,其中 Q 为总产出,K 为资本存量,L 为劳动力.

(1) 计算资本和劳动的边际产出;

(2) 计算边际替代率 $MRTS_{LK}$. 在 $K=100$,$L=150$ 时,一个单位的劳动可代替多少单位的资本?

解　(1) 资本的边际产出 $\frac{\partial Q}{\partial K}=\frac{3}{8}K^{-0.75}L^{0.75}$, 劳动的边际产出 $\frac{\partial Q}{\partial L}=\frac{9}{8}K^{0.25}L^{-0.25}$.

(2) 边际替代率 $MRTS_{LK}=\frac{\frac{\partial Q}{\partial L}}{\frac{\partial Q}{\partial K}}=\frac{3K}{L}$.

$MRTS_{LK}\Big|_{\substack{K=100\\L=150}}=2$,即一个单位的劳动可替代 2 个单位的资本.

7. 某商品的需求函数为 $Q=400-100P$,求 $P=1,2,3$ 时的需求价格弹性,并解释其经济意义.

解　需求价格弹性 $\varepsilon_P=\frac{EQ}{EP}=\frac{P}{Q}\frac{\mathrm{d}Q}{\mathrm{d}P}=\frac{P}{400-100P}(-100)=\frac{P}{P-4}$.

$P=1$ 时,$\varepsilon_P=-\frac{1}{3}$,此时提价 1%,需求量约减少 0.33%;

$P=2$ 时,$\varepsilon_P=-1$,此时提价 1%,需求量约减少 1%;

$P=3$ 时,$\varepsilon_P=-3$,此时提价 1%,需求量约减少 3%.

8. 设某商品的需求函数为 $Q=200-5P(0<P<40)$.

(1) 当 $P=8$ 时,价格如果上涨 2%,收益将如何变化?

(2) 价格在何范围内变化时,降价反而使收益增加?

解　(1) 需求价格弹性 $\varepsilon_P=\frac{P}{Q}\frac{\mathrm{d}Q}{\mathrm{d}P}=\frac{P}{200-5P}(-5)=\frac{P}{P-40}$,收入价格

弹性$\frac{ER}{EP}=1+\varepsilon_P=\frac{2P-40}{P-40}$,有

$$\left.\frac{ER}{EP}\right|_{P=8}=\frac{3}{4}=0.75$$

当 $P=8$ 时,价格上涨 2%,即$\frac{\Delta P}{P}=2\%$,则

$$\frac{\Delta R}{R}\approx\left.\frac{ER}{EP}\right|_{P=8}\frac{\Delta P}{P}=0.75\times2\%=1.5\%$$

所以当 $P=8$ 时,价格上涨 2%,收益将增加 1.5%.

(2) 当$\frac{ER}{EP}=\frac{2P-40}{P-40}<0$时,降价会使收益增加.又$0<P<40$,所以$20<P<40$时,降价反而使收益增加.

9. 设某产品的需求函数为 $Q=Q(P)$,如果当价格为 P_0,对应的产量为 Q_0 时,边际收益$\left.\frac{dR}{dQ}\right|_{Q=Q_0}=a>0$,收益对价格的边际效应$\left.\frac{dR}{dP}\right|_{P=P_0}=c<0$,需求价格弹性 $\varepsilon_P=-b<-1$,求 P_0 和 Q_0.

解　$\varepsilon_P=\frac{P}{Q}\frac{dQ}{dP}=-b<-1$

$$\frac{dR}{dQ}=\frac{d(PQ)}{dQ}=P+Q\frac{dP}{dQ}=P+\frac{P}{\frac{P}{Q}\frac{dQ}{dP}}=P+\frac{P}{\varepsilon_P}=P\left(1-\frac{1}{b}\right)$$

因为$\left.\frac{dR}{dQ}\right|_{Q=Q_0}=a=P_0\left(1-\frac{1}{b}\right)$,所以$P_0=\frac{ab}{b-1}$.

又

$$\frac{dR}{dP}=\frac{d(PQ)}{dP}=Q+P\frac{dQ}{dP}=Q+Q\frac{P}{Q}\frac{dQ}{dP}=Q(1+\varepsilon_P)=Q(1-b)$$

因为$\left.\frac{dR}{dP}\right|_{P=P_0}=c=Q_0(1-b)$,所以$Q_0=\frac{c}{1-b}$.

10. 设某商品的需求函数为$Q=15P^{-\frac{3}{4}}P_1^{-\frac{1}{4}}M^{\frac{1}{2}}$,其中 Q 为该商品的需求量,P 为其价格,P_1 为另一相关商品的价格,M 为消费者的收入,求需求的直接价格弹性$\frac{EQ}{EP}$、交叉价格弹性$\frac{EQ}{EP_1}$及需求的收入弹性$\frac{EQ}{EM}$,并说明两商品之间的关系.

解　将需求函数取对数得

$$\ln Q=\ln 15-\frac{3}{4}\ln P-\frac{1}{4}\ln P_1+\frac{1}{2}\ln M$$

于是有需求的直接价格偏弹性

$$\varepsilon_P=\frac{EQ}{EP}=\frac{\partial\ln Q}{\partial\ln P}=-\frac{3}{4}$$

交叉价格偏弹性

$$\varepsilon_{P_1}=\frac{EQ}{EP_1}=\frac{\partial\ln Q}{\partial\ln P_1}=-\frac{1}{4}$$

因为 $\varepsilon_{P_1}<0$,所以两商品是相辅的.

需求的收入偏弹性 $\varepsilon_M=\dfrac{EQ}{EM}=\dfrac{\partial\ln Q}{\partial\ln M}=\dfrac{1}{2}$.

11. 设某产品的生产函数为 $Q=1.2K^{0.5}L^{0.5}$.

(1) 计算资本弹性与劳动力弹性;

(2) 计算生产力弹性;

(3) 若用劳动力 L 替代资本 K,求替代弹性.

解　(1) 资本弹性

$$\frac{EQ}{EK}=\frac{K}{Q}\frac{\mathrm{d}Q}{\mathrm{d}K}=\frac{K}{1.2K^{0.5}L^{0.5}}(1.2\times0.5K^{-0.5}L^{0.5})=0.5$$

劳动力弹性

$$\frac{EQ}{EL}=\frac{L}{Q}\frac{\mathrm{d}Q}{\mathrm{d}L}=\frac{L}{1.2K^{0.5}L^{0.5}}(1.2\times0.5K^{0.5}L^{-0.5})=0.5$$

(2) 生产力弹性

$$\mu=\frac{EQ}{EK}+\frac{EQ}{EL}=1$$

(3) 边际替代率

$$MRTS_{LK}=\frac{Q_L{}'}{Q_K{}'}=\frac{1.2\times0.5K^{0.5}L^{-0.5}}{1.2\times0.5K^{-0.5}L^{0.5}}=\frac{K}{L}$$

替代弹性

$$\sigma=\frac{\mathrm{d}\left(\frac{K}{L}\right)/\frac{K}{L}}{\mathrm{d}MRTS_{LK}/MRTS_{LK}}=\frac{\mathrm{d}\left(\frac{K}{L}\right)/\frac{K}{L}}{\mathrm{d}\left(\frac{K}{L}\right)/\frac{K}{L}}=1$$

五、证明题

1. 设 $f(x)$ 为偶函数且 $f'(0)$ 存在,证明: $f'(0)=0$.

证　$f(x)$ 为偶函数,则有 $f(-x)=f(x)$. 有

$$f_-'(0)=\lim_{x\to0^-}\frac{f(x)-f(0)}{x-0}=\lim_{x\to0^-}\frac{f(x)-f(0)}{x}$$

令 $x=-t$,则

$$f_-'(0)=\lim_{-t\to0^-}\frac{f(-t)-f(0)}{-t}=-\lim_{t\to0^+}\frac{f(t)-f(0)}{t}=-f_+'(0)$$

因为 $f'(0)$ 存在,则 $f_-'(0)=f_+'(0)$,所以 $f'(0)=0$.

2. 设 $f(x)$ 为可导的奇(偶)函数,证明其导数 $f'(x)$ 为偶(奇)函数.

证　设 $f(x)$ 为奇函数,有 $f(-x)=-f(x)$,两边对 x 求导,得

$$-f'(-x)=-f'(x),\text{即 } f'(-x)=f'(x)$$

故 $f'(x)$ 是偶函数.

类似地,可以证明偶函数的导数为奇函数.

3. 设 $f(x),g(x)$ 在 $(-\infty,+\infty)$ 内有定义,在 $x=0$ 处 $f(x),g(x)$ 均可导,且满足 $f(x+y)=f(x)g(y)+f(y)g(x)$,证明: $f(x)$ 在 $(-\infty,+\infty)$ 内处处可导.

证　$f(x),g(x)$ 在 $x=0$ 处可导,则

$$f'(0)=\lim_{\Delta x\to 0}\frac{f(\Delta x)-f(0)}{\Delta x}$$

$$g'(0)=\lim_{\Delta x\to 0}\frac{g(\Delta x)-g(0)}{\Delta x}$$

$$\begin{aligned}f'(x)&=\lim_{\Delta x\to 0}\frac{f(x+\Delta x)-f(x)}{\Delta x}\\&=\lim_{\Delta x\to 0}\frac{f(x)g(\Delta x)+f(\Delta x)g(x)-f(x)g(0)-f(0)g(x)}{\Delta x}\\&=\lim_{\Delta x\to 0}\frac{f(x)[g(\Delta x)-g(0)]}{\Delta x}+\lim_{\Delta x\to 0}\frac{g(x)[f(\Delta x)-f(0)]}{\Delta x}\\&=f(x)g'(0)+g(x)f'(0)\end{aligned}$$

所以 $f(x)$ 在 $(-\infty,+\infty)$ 内处处可导.

4. 证明下列各题.

(1) 设 $f(u)$ 可微,$z=\dfrac{x}{f(x^2-y^2)}$,证明: $y\dfrac{\partial z}{\partial x}+x\dfrac{\partial z}{\partial y}=\dfrac{yz}{x}$.

证　$\dfrac{\partial z}{\partial x}=\dfrac{f(x^2-y^2)-2x^2f'(x^2-y^2)}{f^2(x^2-y^2)}$,$\dfrac{\partial z}{\partial y}=\dfrac{2xyf'(x^2-y^2)}{f^2(x^2-y^2)}$

左边 $=y\dfrac{\partial z}{\partial x}+x\dfrac{\partial z}{\partial y}=\dfrac{yf(x^2-y^2)-2x^2yf'(x^2-y^2)+2x^2yf'(x^2-y^2)}{f^2(x^2-y^2)}$

$$=\frac{y}{f(x^2-y^2)}=\frac{yz}{x}=\text{右边}$$

所以结论成立.

(2) 设 $f(u,v)$ 有连续的偏导数,$u=f\left(\dfrac{x}{z},\dfrac{y}{z}\right)$,证明: $x\dfrac{\partial u}{\partial x}+y\dfrac{\partial u}{\partial y}+z\dfrac{\partial u}{\partial z}=0$.

证　$\dfrac{\partial u}{\partial x}=\dfrac{1}{z}f_1'$,$\dfrac{\partial u}{\partial y}=\dfrac{1}{z}f_2'$,$\dfrac{\partial u}{\partial z}=-\dfrac{x}{z^2}f_1'-\dfrac{y}{z^2}f_2'$

所以

$$x\frac{\partial u}{\partial x}+y\frac{\partial u}{\partial y}+z\frac{\partial u}{\partial z}=\frac{x}{z}f_1'+\frac{y}{z}f_2'-\frac{x}{z}f_1'-\frac{y}{z}f_2'=0$$

(3) 设 $f(u,v)$ 有二阶连续偏导数,且满足 $\frac{\partial^2 f}{\partial u^2}+\frac{\partial^2 f}{\partial v^2}=1$, 又 $g(x,y)=f\left[xy,\frac{1}{2}(x^2-y^2)\right]$,证明: $\frac{\partial^2 g}{\partial x^2}+\frac{\partial^2 g}{\partial y^2}=x^2+y^2$.

证　$\frac{\partial g}{\partial x}=yf_1'+xf_2', \frac{\partial g}{\partial y}=xf_1'-yf_2'$

$$\begin{aligned}\frac{\partial^2 g}{\partial x^2}&=y^2f_{11}''+xyf_{12}''+f_2'+xyf_{21}''+x^2f_{22}''\\&=y^2f_{11}''+2xyf_{12}''+f_2'+x^2f_{22}''\\\frac{\partial^2 g}{\partial y^2}&=x^2f_{11}''-xyf_{12}''-f_2'-xyf_{21}''+y^2f_{22}''\\&=x^2f_{11}''+y^2f_{22}''-2xyf_{12}'-f_2'\end{aligned}$$

所以

$$\frac{\partial^2 g}{\partial x^2}+\frac{\partial^2 g}{\partial y^2}=(x^2+y^2)(f_{11}''+f_{22}'')$$

已知 $\frac{\partial^2 f}{\partial u^2}+\frac{\partial^2 f}{\partial v^2}=1$,即 $f_{11}''+f_{22}''=1$,故

$$\frac{\partial^2 g}{\partial x^2}+\frac{\partial^2 g}{\partial y^2}=x^2+y^2$$

5. 设生产函数 $Q=f(K,L)$ 为 n 次齐次函数,证明 Euler 公式: $Kf_K'(K,L)+Lf_L'(K,L)=nQ$.

证　因为 $Q=f(K,L)$ 为 n 次齐次函数,则有

$$Q=f(tK,tL)=t^nf(K,L)$$

两边对 t 求导,即 $K\frac{\partial Q}{\partial(tK)}+L\frac{\partial Q}{\partial(tL)}=nt^{n-1}f(K,L)$. 令 $t=1$,有

$$K\frac{\partial Q}{\partial K}+L\frac{\partial Q}{\partial L}=nf(K,L)=nQ$$

第四章　简单优化问题

三、解答题

1. 计算下列极限.

(1) $\lim\limits_{x\to a}\frac{x^m-a^m}{x^n-a^n}(a>0,n\neq 0)$.

解　$\lim\limits_{x\to a}\frac{x^m-a^m}{x^n-a^n}=\lim\limits_{x\to a}\frac{mx^{m-1}}{nx^{n-1}}=\frac{m}{n}a^{m-n}$

(2) $\lim\limits_{x\to 0}\dfrac{\sin 5x}{\tan 7x}$.

解 $\lim\limits_{x\to 0}\dfrac{\sin 5x}{\tan 7x}=\lim\limits_{x\to 0}\dfrac{5\cos 5x}{7\sec^2 7x}=\dfrac{5}{7}$

(3) $\lim\limits_{x\to 0}\dfrac{\ln(1+x^2)}{\sec x-\cos x}$.

解 $$\lim\limits_{x\to 0}\dfrac{\ln(1+x^2)}{\sec x-\cos x}=\lim\limits_{x\to 0}\dfrac{\dfrac{2x}{1+x^2}}{\sec x\tan x+\sin x}$$

$$=\lim\limits_{x\to 0}\dfrac{\dfrac{2-2x^2}{(1+x^2)^2}}{\sec x\tan^2 x+\sec^3 x+\cos x}=1$$

(注：此题先对分子用无穷小量代换会更简捷)

(4) $\lim\limits_{x\to 1}(1-x)\tan\dfrac{\pi x}{2}$.

解 $\lim\limits_{x\to 1}(1-x)\tan\dfrac{\pi x}{2}=\lim\limits_{x\to 1}\dfrac{1-x}{\cot\dfrac{\pi x}{2}}=\lim\limits_{x\to 1}\dfrac{-1}{-\dfrac{\pi}{2}\csc^2\dfrac{\pi x}{2}}=\dfrac{2}{\pi}$

(5) $\lim\limits_{x\to 0}\left(\dfrac{1}{\sin^2 x}-\dfrac{1}{x^2}\right)$.

解 $$\lim\limits_{x\to 0}\left(\dfrac{1}{\sin^2 x}-\dfrac{1}{x^2}\right)=\lim\limits_{x\to 0}\left(\dfrac{x^2-\sin^2 x}{x^2\sin^2 x}\right)=\lim\limits_{x\to 0}\dfrac{x^2-\sin^2 x}{x^4}$$

$$=\lim\limits_{x\to 0}\dfrac{2x-2\sin x\cos x}{4x^3}$$

$$=\lim\limits_{x\to 0}\dfrac{2-2(\cos^2 x-\sin^2 x)}{12x^2}$$

$$=\lim\limits_{x\to 0}\dfrac{4\cos x\sin x+4\sin x\cos x}{24x}=\dfrac{1}{3}$$

(6) $\lim\limits_{x\to 0^+}x^{\sin x}$.

解 $$\lim\limits_{x\to 0^+}x^{\sin x}=\lim\limits_{x\to 0^+}e^{\sin x\ln x}=e^{\lim\limits_{x\to 0^+}\frac{\ln x}{\csc x}}$$

$$=e^{\lim\limits_{x\to 0^+}\frac{\frac{1}{x}}{-\csc x\cot x}}=e^{\lim\limits_{x\to 0^+}\frac{-\sin^2 x}{x\cos x}}=1$$

(7) $\lim\limits_{x\to\infty}(1+x^2)^{\frac{1}{x}}$.

解 $\lim\limits_{x\to\infty}(1+x^2)^{\frac{1}{x}}=\lim\limits_{x\to\infty}e^{\frac{1}{x}\ln(1+x^2)}=e^{\lim\limits_{x\to\infty}\frac{\ln(1+x^2)}{x}}=e^{\lim\limits_{x\to\infty}\frac{\frac{2x}{1+x^2}}{1}}=e^0=1$

(8) $\lim\limits_{x\to+\infty}\left(\dfrac{\pi}{2}-\arctan x\right)^{\frac{1}{\ln x}}$.

解　$\lim\limits_{x\to+\infty}\left(\frac{\pi}{2}-\arctan x\right)^{\frac{1}{\ln x}}=e^{\lim\limits_{x\to+\infty}\frac{\ln\left(\frac{\pi}{2}-\arctan x\right)}{\ln x}}=e^{\lim\limits_{x\to+\infty}\frac{\frac{1}{\frac{\pi}{2}-\arctan x}\cdot\left(-\frac{1}{1+x^2}\right)}{\frac{1}{x}}}$

$$=e^{\lim\limits_{x\to+\infty}\frac{-\frac{x}{1+x^2}}{\frac{\pi}{2}-\arctan x}}=e^{\lim\limits_{x\to+\infty}\frac{-\frac{1-x^2}{(1+x^2)^2}}{-\frac{1}{1+x^2}}}=e^{\lim\limits_{x\to+\infty}\frac{1-x^2}{1+x^2}}$$

$$=e^{-1}$$

(9) $\lim\limits_{x\to\infty}\left(\frac{x+a}{x-a}\right)^x(a\neq0)$.

解　$\lim\limits_{x\to\infty}\left(\frac{x+a}{x-a}\right)^x=e^{\lim\limits_{x\to\infty}x\ln\frac{x+a}{x-a}}=e^{\lim\limits_{x\to\infty}\frac{\ln(x+a)-\ln(x-a)}{\frac{1}{x}}}$

$$=e^{\lim\limits_{x\to\infty}\frac{\frac{1}{x+a}-\frac{1}{x-a}}{-\frac{1}{x^2}}}=e^{\lim\limits_{x\to\infty}\frac{2ax^2}{(x+a)(x-a)}}=e^{2a}$$

(10) $\lim\limits_{x\to0}\left(\frac{1+3^x+9^x}{3}\right)^{\frac{1}{x}}$.

解　$\lim\limits_{x\to0}\left(\frac{1+3^x+9^x}{3}\right)^{\frac{1}{x}}=\lim\limits_{x\to0}e^{\frac{1}{x}\ln\frac{1+3^x+9^x}{3}}=e^{\lim\limits_{x\to0}\frac{\ln(1+3^x+9^x)-\ln3}{x}}$

$$=e^{\lim\limits_{x\to0}\frac{3^x\ln3+9^x\ln9}{1+3^x+9^x}}=e^{\ln3}=3$$

2. 确定下列函数的单调区间与极值.

(1) $y=2x^3-6x^2-18x-7$.

解　$y'=6x^2-12x-18$，由 $y'=0$ 得驻点 $x_1=-1,x_2=3$，在 $(-\infty,-1)$，$(-1,3)$，$(3,+\infty)$ 上讨论 y' 的符号：

x	$(-\infty,-1)$	-1	$(-1,3)$	3	$(3,+\infty)$
y'	$+$	0	$-$	0	$+$
y	↗	3	↘	-61	↗

则此函数的单调递增区间为 $(-\infty,-1]$ 和 $[3,+\infty)$，单调递减区间为 $[-1,3]$，极大值为 $y(-1)=3$，极小值为 $y(3)=-61$.

(2) $y=\frac{(x-3)^2}{x-1}$.

解　函数的定义域为 $\{x\mid x\neq1\}$，当 $x\neq1$ 时 $y'=\frac{(x-3)(x+1)}{(x-1)^2}$. 由 $y'=0$ 得驻点 $x_1=-1,x_2=3$，当 $x_3=1$ 时 y' 不存在. 在 $(-\infty,-1)$，$(-1,1)$，$(1,3)$，$(3,+\infty)$ 上讨论 y' 符号：

x	$(-\infty,-1)$	-1	$(-1,1)$	1	$(1,3)$	3	$(3,+\infty)$
y'	$+$	0	$-$	不存在	$-$	0	$+$
y	↗	-8	↘	不存在	↘	0	↗

则此函数的单调递增区间为$(-\infty,-1]$和$[3,+\infty)$，单调递减区间为$[-1,1)$和$(1,3]$，极大值为 $y(-1)=-8$，极小值为 $y(3)=0$.

(3) $y=x^2\mathrm{e}^{-x}(x>0)$.

解 函数的定义域$(0,+\infty)$，$y'=x(2-x)\mathrm{e}^{-x}$，由 $y'=0$ 得驻点 $x=0$，$x=2$. 在$(0,2)$，$(2,+\infty)$ 上讨论 y' 的符号：

x	$(0,2)$	2	$(2,+\infty)$
y'	$+$	0	$-$
y	↗	$4\mathrm{e}^{-2}$	↘

则此函数的单调递增区间为$(0,2]$，单调区递减区间为$[2,+\infty)$，极大值为 $y(2)=4\mathrm{e}^{-2}$.

(4) $y=\sqrt[3]{(2x-3)(3-x)^2}$.

解 函数的定义域为 $\mathbf{R}$，两边取对数得

$$\ln|y|=\frac{1}{3}[\ln|2x-3|+2\ln|3-x|]$$

两边求导得

$$\frac{1}{y}y'=\frac{1}{3}\left(\frac{2}{2x-3}-\frac{2}{3-x}\right)=\frac{2}{3}\cdot\frac{6-3x}{(2x-3)(3-x)}=\frac{2(2-x)}{(2x-3)(3-x)}$$

则

$$y'=\frac{2(2-x)}{\sqrt[3]{(2x-3)^2(3-x)}}$$

由 $y'=0$ 得驻点 $x_1=2$，当 $x_2=\dfrac{3}{2}$，$x_3=3$ 时 y' 不存在. 在$\left(-\infty,\dfrac{3}{2}\right)$，$\left(\dfrac{3}{2},2\right)$，$(2,3)$，$(3,+\infty)$ 上讨论 y' 符号：

x	$\left(-\infty,\frac{3}{2}\right)$	$\frac{3}{2}$	$\left(\frac{3}{2},2\right)$	2	$(2,3)$	3	$(3,+\infty)$
y'	$+$	不存在	$+$	0	$-$	不存在	$+$
y	↗	0	↗	1	↘	0	↗

则此函数的单调递增区间为$(-\infty,2]$与$[3,+\infty)$，单调递减区间为$[2,3]$，极大

值为 $y(2)=1$,极小值为 $y(3)=0$.

3. 确定下列曲线的凹凸区间及其拐点.

(1) $y=xe^{-x}$.

解　$y'=(1-x)e^{-x}$,$y''=(x-2)e^{-x}$. 由 $y''=0$ 得 $x=2$,且 $x<2$ 时 $y''<0$,$x>2$ 时 $y''>0$. 故函数的凹区间为$[2,+\infty)$,凸区间为$(-\infty,2]$,拐点为$(2,2e^{-2})$.

(2) $y=e^{\arctan x}$.

解　$y'=\dfrac{1}{1+x^2}e^{\arctan x}$,$y''=\dfrac{1-2x}{(1+x^2)^2}e^{\arctan x}$. 由 $y''=0$ 得 $x=\dfrac{1}{2}$,且 $x<\dfrac{1}{2}$ 时 $y''>0$,$x>\dfrac{1}{2}$ 时 $y''<0$. 故函数的凹区间为$\left(-\infty,\dfrac{1}{2}\right]$,凸区间为$\left[\dfrac{1}{2},+\infty\right)$,拐点为$\left(\dfrac{1}{2},e^{\arctan\frac{1}{2}}\right)$.

(3) $y=\dfrac{6}{x^2-2x+4}$.

解　$y'=-\dfrac{6(2x-2)}{(x^2-2x+4)^2}$,$y''=\dfrac{36x(x-2)}{(x^2-2x+4)^3}$. 由 $y''=0$ 得 $x_1=0$,$x_2=2$. 在$(-\infty,0)$,$(0,2)$,$(2,+\infty)$ 上讨论 y'' 符号:

x	$(-\infty,0)$	0	$(0,2)$	2	$(2,+\infty)$
y''	$+$	0	$-$	0	$+$
y	$\cup$	$\frac{3}{2}$	$\cap$	$\frac{3}{2}$	$\cup$

则函数的凹区间为$(-\infty,0]$与$[2,+\infty)$,凸区间为$[0,2]$,拐点为$\left(0,\dfrac{3}{2}\right)$和$\left(2,\dfrac{3}{2}\right)$.

(4) $y=x(x-2)^{\frac{5}{3}}$.

解　$y'=\dfrac{2}{3}(4x-3)(x-2)^{\frac{2}{3}}$,$y''=\dfrac{20}{9}(2x-3)(x-2)^{-\frac{1}{3}}$. 由 $y''=0$ 得 $x=\dfrac{3}{2}$,当 $x=2$ 时 y'' 不存在. 在$\left(-\infty,\dfrac{3}{2}\right)$,$\left(\dfrac{3}{2},2\right)$,$(2,+\infty)$ 上讨论 y'' 符号:

x	$\left(-\infty,\frac{3}{2}\right)$	$\frac{3}{2}$	$\left(\frac{3}{2},2\right)$	2	$(2,+\infty)$
y''	$+$	0	$-$	不存在	$+$
y	$\cup$	$-\frac{3\sqrt[3]{2}}{8}$	$\cap$	0	$\cup$

则函数的凹区间为 $\left(-\infty,\dfrac{3}{2}\right]$ 与 $[2,+\infty)$，凸区间为 $\left[\dfrac{3}{2},2\right]$，拐点为 $\left(\dfrac{3}{2},-\dfrac{3\sqrt[3]{2}}{8}\right)$ 与 $(2,0)$.

4. 求下列函数的极值.

(1) $y=x^3-3x^2-45x+1$.

解 $y'=3x^2-6x-45,y''=6x-6$. 由 $y'=0$ 得驻点 $x_1=5,x_2=-3$. 而 $y''(5)=24>0,y''(-3)=-24<0$,则函数的极大值为 $y(-3)=82$,极小值为 $y(5)=-174$.

(2) $y=x-\ln(1+x)$.

解 $y'=1-\dfrac{1}{1+x},y''=\dfrac{1}{(1+x)^2}$. 由 $y'=0$ 得驻点 $x=0$,又 $y''(0)=1>0$,则函数的极小值为 $y(0)=0$,无极大值.

(3) $y=\arctan x-\dfrac{1}{2}\ln(1+x^2)$.

解 $y'=\dfrac{1-x}{1+x^2},y''=\dfrac{x^2-2x-1}{(1+x^2)^2}$. 由 $y'=0$ 得驻点 $x=1$,又 $y''(1)=-\dfrac{1}{2}<0$,则函数的极大值为 $y(1)=\dfrac{\pi}{4}-\dfrac{1}{2}\ln 2$,无极小值.

(4) $y=2-(x-1)^{\frac{2}{3}}$.

解 $y'=-\dfrac{2}{3}(x-1)^{-\frac{1}{3}}$. 当 $x=1$ 时 y' 不存在,且 $x<1$ 时 $y'>0,x>1$ 时 $y'<0$,则函数的极大值为 $y(1)=2$,无极小值.

5. 求下列一元函数在所给区间上的最大值与最小值.

(1) $y=x^7-7x^6+7x^5+17,x\in[-1,2]$.

解 $y'=7x^6-42x^5+35x^4$. 由 $y'=0$ 得驻点 $x_1=0,x_2=1,x_3=5$,在区 $[-1,2]$ 考虑: $y(0)=17,y(1)=18,y(-1)=2,y(2)=-79$,因此最大值为 $y(1)=18$,最小值为 $y(2)=-79$.

(2) $y=x^{\frac{1}{x}},x\in(0,+\infty)$.

解 $y'=x^{\frac{1}{x}-2}(1-\ln x)$. 由 $y'=0$ 得驻点 $x=\mathrm{e}$. 又 $y(\mathrm{e})=\mathrm{e}^{\frac{1}{\mathrm{e}}}$,且

$$\lim_{x\to0^+}x^{\frac{1}{x}}=\lim_{x\to0^+}\mathrm{e}^{\frac{1}{x}\ln x}=\mathrm{e}^{\lim\limits_{x\to0^+}\frac{\ln x}{x}}=-\infty$$

$$\lim_{x\to+\infty}x^{\frac{1}{x}}=\lim_{x\to+\infty}\mathrm{e}^{\frac{1}{x}\ln x}=\mathrm{e}^{\lim\limits_{x\to+\infty}\frac{1}{x}}=1<\mathrm{e}^{\frac{1}{\mathrm{e}}}$$

故最大值为 $y(\mathrm{e})=\mathrm{e}^{\frac{1}{\mathrm{e}}}$,无最小值.

(3) $y = x^2\ln x, x \in \left[\frac{1}{4}, 1\right]$.

解　$y' = x(2\ln x + 1)$. 由 $y' = 0$ 得驻点 $x_1 = 0, x_2 = e^{-\frac{1}{2}}$. 在$\left[\frac{1}{4}, 1\right]$中讨论：$y\left(e^{-\frac{1}{2}}\right) = -\frac{1}{2e}, y\left(\frac{1}{4}\right) = -\frac{1}{16}\ln 4, y(1) = 0$. 可以看出其最大值为 $y(1) = 0$，最小值为 $y(e^{-\frac{1}{2}}) = -\frac{1}{2e}$.

6. 求下列多元函数的极值.

(1) $Z = x^2 + 5y^2 - 6x + 10y + 6$.

解　由 $Z'_x = 2x - 6 = 0, Z'_y = 10y + 10 = 0$，得驻点 $x = 3, y = -1$. 又 $Z''_{xx} = 2, Z''_{xy} = 0, Z''_{yy} = 10$，在点$(3, -1)$处 $A = 2, B = 0, C = 10$，则 $B^2 - AC = -20 < 0$，而 $A > 0$，则极小值 $Z(3, -1) = -8$.

(2) $Z = x^4 + y^4 - x^2 - 2xy - y^2$.

解　由 $Z'_x = 4x^3 - 2x - 2y = 0, Z'_y = 4y^3 - 2x - 2y = 0$ 得驻点$(0,0)$，$(1,1)$，$(-1,-1)$. 又 $Z''_{xx} = 12x^2 - 2, Z''_{xy} = -2, Z''_{yy} = 12y^2 - 2$，对 A, B, C 讨论如下：

(x,y)	A	B	C	$B^2 - AC$
$(0,0)$	-2	-2	-2	0
$(1,1)$	10	-2	10	-96
$(-1,-1)$	10	-2	10	-96

因此 $y(1,1) = -2, y(-1,-1) = -2$ 都是极小值.（对$(0,0)$，$B^2 - AC = 0$，用定义：对$(0,0)$的任意小邻域$\{(x,y) \mid x^2 + y^2 < \delta\} = U_\delta(0,0)$，取 $a = \min\left\{\frac{\delta}{2}, 1\right\}$，则 $A(a,0), B(a,-a) \in U_\delta(0,0)$，而 $Z(a,0) = a^4 - a^2 < Z(0,0)$，$Z(a,-a) = 2a^4 > Z(0,0)$，因此 $Z(0,0)$ 不是极值）

(3) $Z = xy\ln(x^2 + y^2)$.

解　由 $Z'_x = y\ln(x^2 + y^2) + \frac{2x^2y}{x^2 + y^2} = 0, Z'_y = x\ln(x^2 + y^2) + \frac{2xy^2}{x^2 + y^2} = 0$ 得驻点$(1,0)$，$(0,1)$，$\left(\frac{1}{\sqrt{2e}}, \frac{1}{\sqrt{2e}}\right)$，$\left(-\frac{1}{\sqrt{2e}}, \frac{1}{\sqrt{2e}}\right)$，$\left(\frac{1}{\sqrt{2e}}, -\frac{1}{\sqrt{2e}}\right)$，$\left(-\frac{1}{\sqrt{2e}}, -\frac{1}{\sqrt{2e}}\right)$. 又 $Z''_{xx} = \frac{2x^3y + 6xy^3}{(x^2 + y^2)^2}, Z''_{xy} = \ln(x^2 + y^2) + \frac{2x^4 + 2y^4}{(x^2 + y^2)^2}$，

$Z''_{yy}=\dfrac{2xy^3+6x^3y}{(x^2+y^2)^2}$，在驻点处讨论 A,B,C 的值：

(x,y)	A	B	C	B^2-AC
$(1,0)$	0	2	0	4
$(0,1)$	0	2	0	4
$\left(\frac{1}{\sqrt{2e}},\frac{1}{\sqrt{2e}}\right)$	1	0	1	-1
$\left(-\frac{1}{\sqrt{2e}},\frac{1}{\sqrt{2e}}\right)$	-1	0	-1	-1
$\left(\frac{1}{\sqrt{2e}},-\frac{1}{\sqrt{2e}}\right)$	-1	0	-1	-1
$\left(-\frac{1}{\sqrt{2e}},-\frac{1}{\sqrt{2e}}\right)$	1	0	1	-1

由此可知，函数有极大值 $y\left(-\frac{1}{\sqrt{2e}},\frac{1}{\sqrt{2e}}\right)=\frac{1}{2e}$，$y\left(\frac{1}{\sqrt{2e}},-\frac{1}{\sqrt{2e}}\right)=\frac{1}{2e}$ 和极小值 $y\left(\frac{1}{\sqrt{2e}},\frac{1}{\sqrt{2e}}\right)=-\frac{1}{2e}$，$y\left(-\frac{1}{\sqrt{2e}},-\frac{1}{\sqrt{2e}}\right)=-\frac{1}{2e}$.

(4) $Z=xy+\dfrac{50}{x}+\dfrac{20}{y}$，$x>0$，$y>0$.

解　由 $Z'_x=y-\dfrac{50}{x^2}=0$，$Z'_y=x-\dfrac{20}{y^2}=0$ 得驻点 $(5,2)$. 又 $Z''_{xx}=\dfrac{100}{x^3}$，$Z''_{xy}=1$，$Z''_{yy}=\dfrac{40}{y^3}$ 在 $(5,2)$ 处有 $A=\dfrac{4}{5}$，$B=1$，$C=5$. 因为 $B^2-AC=-3<0$，所以函数有极小值 $Z(5,2)=30$.

四、应用题

1. 某商品进价为 a(元/件)，根据以往的经验，当售价为 b(元/件)时，销售量为 c 件(a,b,c 均为正常数，且 $b\geqslant\frac{4}{3}a$)，市场调查表明：销售价每下降 10%，销售量可增加 40%. 现决定一次性降价，试问：当销售价定为多少时，可获得最大利润?并求出最大利润.

解　定价为 P 时销售价下降了 $\dfrac{b-P}{b}\times100\%$. 由题意销售量可增加 $4\cdot\dfrac{b-P}{b}\times100\%$，即对应的销售量为 $Q(P)=c+c\cdot4\cdot\dfrac{b-P}{b}\times100\%=5c-$

$\frac{4c}{b}P$. 这时的利润为 $L(P)=PQ(P)-aQ(P)=(P-a)(5c-\frac{4c}{b}P)$，由 $L'(P)=\frac{5bc+4ac}{b}-\frac{8c}{b}P=0$ 得驻点 $P=\frac{5b+4a}{8}$. 而 $L''(P)=-\frac{8c}{b}<0$，故 $P=\frac{5b+4a}{8}$ 为唯一极大值点，因此也是最大值点，最大利润 $L\left(\frac{5b+4a}{8}\right)=\frac{c}{16b}(5b-4a)^2$.

2. 一商家销售某种商品的价格满足关系 $P=7-0.2x$(单位：万元/吨)，x 为销售量(单位：吨)，商品的成本函数是 $C=3x+1$(万元).

(1) 若销售一吨商品，政府要征税 t(万元)，求该商家获最大利润时的销售量；

(2) 当 t 为何值时，政府税收总额最大？

解　(1) 商家的利润函数为

$$L(x)=x(7-0.2x)-(3x+1)-tx=-0.2x^2+(4-t)x-1$$

由 $L'(x)=-0.4x+4-t=0$ 得驻点 $x=\frac{5}{2}(4-t)$. 又 $L''(x)=-0.4<0$，则 $x=\frac{5}{2}(4-t)$ 为唯一的极大值点，因此也是最大值点.

(2) 当政府税收为 t 万元/吨时，商家会销售 $\frac{5}{2}(4-t)$ 以获得最大利润，这时政府税收总额为

$$y=tx=t\cdot\frac{5}{2}(4-t)=10t-\frac{5}{2}t^2$$

由 $y'=10-5t=0$ 得驻点 $t=2$，又 $y''=-5<0$，则 $t=2$ 为唯一极大值点，因此也是最大值点.

3. 设生产某种产品必须投入两种要素，x_1 和 x_2 分别为两要素的投入量，Q 为产出量，若生产函数为 $Q=2x_1^{\alpha}x_2^{\beta}$，其中 α,β 为正常数，且 $\alpha+\beta=1$，假设两种要素的价格分别为 P_1 和 P_2，试问：当产出量为 12 时，两要素各投入多少可以使得投入总费用最小？

解　总费用函数 $C(x_1,x_2)=P_1x_1+P_2x_2$，条件为 $2x_1^{\alpha}x_2^{\beta}=12$，构造 Lagrange 函数

$$L=P_1x_1+P_2x_2+\lambda(2x_1^{\alpha}x_2^{\beta}-12)$$

由

$$\begin{cases}L'_{x_1}=P_1+2\lambda\alpha x_1^{\alpha-1}x_2^{\beta}=0,\\L'_{x_2}=P_2+2\lambda\beta x_1^{\alpha}x_2^{\beta-1}=0,\\L'_{\lambda}=2x_1^{\alpha}x_2^{\beta}-12=0\end{cases}$$

得唯一可能的极值点：$x_1 = 6\left(\frac{P_2\alpha}{P_1\beta}\right)^{\beta}, x_2 = 6\left(\frac{P_1\beta}{P_2\alpha}\right)^{\alpha}$. 由于题中问题存在最小值，因此两要素分别投入 $x_1 = 6\left(\frac{P_2\alpha}{P_1\beta}\right)^{\beta}, x_2 = 6\left(\frac{P_1\beta}{P_2\alpha}\right)^{\alpha}$ 时投入总费用最小.

4. 某企业可通过电视及报纸两种方式做销售某种商品的广告. 根据统计资料，销售收入 R(万元) 与电视广告费用 x_1(万元) 及报纸广告费用 x_2(万元) 之间有如下的经验公式：

$$R = 15 + 14x_1 + 32x_2 - 8x_1x_2 - 2x_1^2 - 10x_2^2$$

(1) 在广告费用不限的情况下，求最优广告策略；

(2) 若提供的广告费用为 1.5 万元，求相应的最优广告策略.

解 此种商品的利润函数为

$$L = R - x_1 - x_2 = 15 + 13x_1 + 31x_2 - 8x_1x_2 - 2x_1^2 - 10x_2^2$$

(1) 由 $L'_{x_1} = 13 - 8x_2 - 4x_1 = 0, L'_{x_2} = 31 - 8x_1 - 20x_2 = 0$ 得驻点 $x_1 = 0.75, x_2 = 1.25$，由于题目中问题存在最大值，因此电视广告费用为 0.75 万元、报纸广告费用为 1.25 万元时可获最大利润.

(2) 题中给出条件 $x_1 + x_2 = 1.5$，构造 Lagrange 函数：

$$f(x_1, x_2, \lambda) = 15 + 13x_1 + 31x_2 - 8x_1x_2 - 2x_1^2 - 10x_2^2 + \lambda(x_1 + x_2 - 15)$$

由

$$\begin{cases} f'_{x_1} = 13 - 8x_2 - 4x_1 + \lambda = 0, \\ f'_{x_2} = 31 - 8x_1 - 20x_2 + \lambda = 0, \\ f'_{\lambda} = x_1 + x_2 - 1.5 = 0 \end{cases}$$

得可能极值点 $x_1 = 0, x_2 = 1.5$. 由于题目中问题有最大值，因此这时 1.5 万元全用于报纸广告利润最大.

5. 假设某企业在两个相互分割的市场上出售同一种商品，两个市场的需求函数分别为

$$P_1 = 18 - 2Q_1, P_2 = 12 - Q_2$$

其中 P_1, P_2 分别是该产品在两个市场的价格(单位：万元 / 吨)，Q_1, Q_2 分别是该产品在两个市场的销售量(单位：吨)，且该企业生产这种产品的总成本函数为 $C = 2(Q_1 + Q_2) + 5$.

(1) 如果该企业实行价格差别策略，试确定两个市场上该产品的销售量及价格，使该企业获得的利润最大.

(2) 如果该企业实行价格无差别策略，试确定两个市场上该产品的销售量及

统一的价格,使该企业的总利润最大化;并比较两种价格策略下的总利润大小.

解　此产品在两个市场的总利润为

$$L = P_1Q_1 + P_2Q_2 - C = (18-2Q_1)Q_1 + (12-Q_2)Q_2 - [2(Q_1+Q_2)+5]$$
$$= -2Q_1^2 - Q_2^2 + 16Q_1 + 10Q_2 - 5$$

(1) 由 $L'_{Q_1} = -4Q_1 + 16 = 0$, $L'_{Q_2} = -2Q_2 + 10 = 0$ 得唯一驻点 $Q_1 = 4, Q_2 = 5$. 这时 $P_1 = 10, P_2 = 7$. 由问题的实际意示知利润存在最大值,因此两个市场上产品的销售量分别为 4,5,价格分别为 10,7 时利润最大.

(2) 价格无差别即 $P_1 = P_2$,于是得条件 $18-2Q_1 = 12-Q_2$,即 $2Q_1 - Q_2 - 6 = 0$. 构造 Lagrange 函数:

$$f = -2Q_1^2 - Q_2^2 + 16Q_1 + 10Q_2 - 5 + \lambda(2Q_1 - Q_2 - 6)$$

由

$$\begin{cases} f'_{Q_1} = -4Q_1 + 16 + 2\lambda = 0, \\ f'_{Q_2} = -2Q_2 + 10 - \lambda = 0, \\ f'_{\lambda} = 2Q_1 - Q_2 - 6 = 0 \end{cases}$$

得可能极值点 $Q_1 = 5, Q_2 = 4$,这时 $P_1 = P_2 = 8$,而利润存在最大值,因此当两个市场销售量分别为 5,4,统一价格为 8 时利润最大.

价格差别策略时最大利润 $L(4,5) = 52$,价格无差别策略时最大利润 $L(5,4) = 49$,价格差别策略利润大.

6. 作出下列函数的图形.

(1) $y = \dfrac{x}{1+x^2}$.

解　① 函数的定义域为 $(-\infty, +\infty)$,且该函数为奇函数,其图形关于原点对称,因此可先研究 $x > 0$ 时的函数图形.

② $y' = \dfrac{1-x^2}{(1+x^2)^2}$, $y'' = \dfrac{2x(x^2-3)}{(1+x^2)^3}$. 令 $y' = 0$ 得驻点 $x = 1 (x \geqslant 0)$,令 $y'' = 0$ 得 $x = 0, x = \sqrt{3} (x \geqslant 0)$.

③ 在区间 $(0,1)$, $(1,\sqrt{3})$, $(\sqrt{3}, +\infty)$ 内讨论 y', y'' 符号:

x	0	$(0,1)$	1	$(1,\sqrt{3})$	$\sqrt{3}$	$(\sqrt{3},+\infty)$
y'	1	+	0	−	$-\frac{1}{8}$	−
y''	0	−	$-\frac{1}{2}$	−	0	+
y	0	↗∩	$\frac{1}{2}$	↘∩	$\frac{\sqrt{3}}{4}$	↘∪

④ 由 $\lim\limits_{x\to\infty}\dfrac{x}{1+x^2}=0$,则 $y=0$ 为曲线的水平渐近线.

⑤ 画出图形(如下所示).

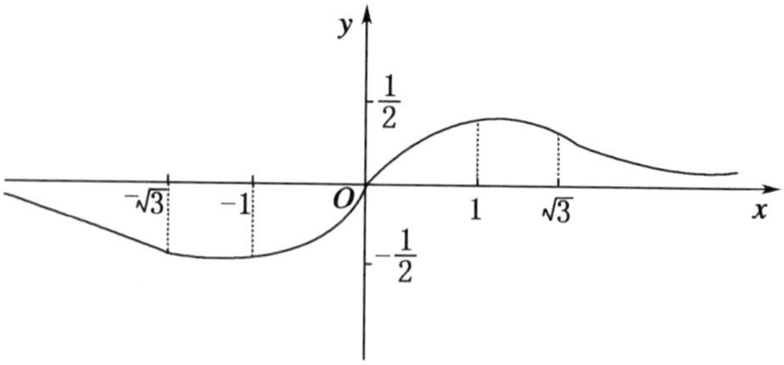

(2) $y=\dfrac{1-x}{(x+1)^2}$.

解　① 函数的定义域为 $\{x\mid x\neq -1\}$.

② $y'=\dfrac{x-3}{(x+1)^3}$,$y''=\dfrac{10-2x}{(x+1)^4}$. 由 $y'=0$ 得驻点 $x_1=3$,令 $y''=0$ 得 $x_2=5$,当 $x_3=-1$ 时 y',y'' 不存在.

③ 在区间 $(-\infty,-1)$,$(-1,3)$,$(3,5)$,$(5,+\infty)$ 上讨论 y',y'' 的符号:

x	$(-\infty,-1)$	-1	$(-1,3)$	3	$(3,5)$	5	$(5,+\infty)$
y'	+	不存在	−	0	+	$\frac{1}{108}$	+
y''	+		+	$\frac{1}{64}$	+	0	−
y	↗∪		↘∪	$-\frac{1}{8}$	↗∪	$-\frac{1}{9}$	↗∩

④ 由 $\lim\limits_{x\to-1}\dfrac{1-x}{(x+1)^2}=\infty$ 知 $x=-1$ 为曲线的垂直渐近线,由 $\lim\limits_{x\to\infty}\dfrac{1-x}{(x+1)^2}=0$ 知 $y=0$ 为曲线的水平渐近线.

⑤ 画出图形(如下所示).

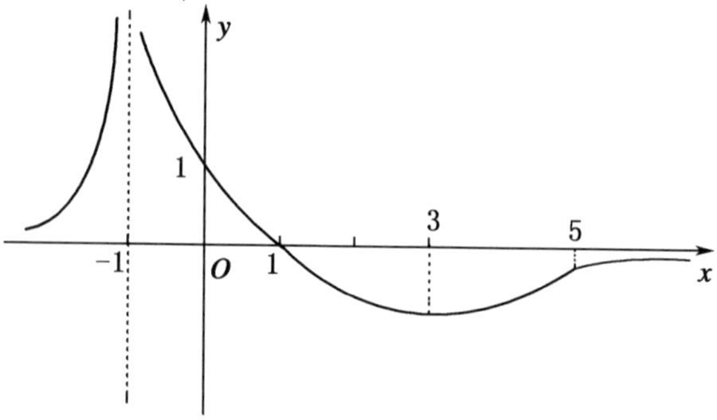

(3) $y=xe^{-x}$.

解　① 定义域为 **R**.

② $y'=(1-x)e^{-x}$, $y''=(x-2)e^{-x}$. 由 $y'=0$ 得驻点 $x_1=1$, 由 $y''=0$ 得 $x_2=2$.

③ 在区间 $(-\infty,1)$, $(1,2)$, $(2,+\infty)$ 上讨论 y', y'' 的符号:

x	$(-\infty,1)$	1	$(1,2)$	2	$(2,+\infty)$
y'	+	0	−	$-e^{-2}$	−
y''	−	$-e^{-1}$	−	0	+
y	↗∩	e^{-1}	↘∩	$2e^{-2}$	↘∪

④ 由 $\lim\limits_{x\to+\infty} xe^{-x}=\lim\limits_{x\to+\infty}\frac{x}{e^{x}}=\lim\limits_{x\to+\infty}\frac{1}{e^{x}}=0$, 故 $y=0$ 为曲线的水平渐近线.

⑤ 画出图形(如下所示).

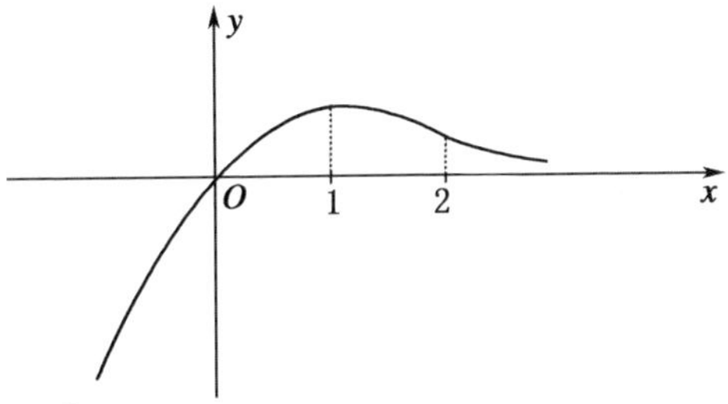

(4) $y=(x-1)x^{\frac{2}{3}}$.

解　① 定义域为 **R**.

② $y'=\frac{1}{3}x^{-\frac{1}{3}}(5x-2)$, $y''=\frac{2}{9}x^{-\frac{4}{3}}(5x+1)$. 由 $y'=0$ 得驻点 $x_1=\frac{2}{5}$, 令 $y''=0$ 得 $x_2=-\frac{1}{5}$, 当 $x=0$ 时 y', y'' 不存在.

③ 在区间 $\left(-\infty,-\frac{1}{5}\right)$, $\left(-\frac{1}{5},0\right)$, $\left(0,\frac{2}{5}\right)$, $\left(\frac{2}{5},+\infty\right)$ 上讨论 y', y'' 的符号:

x	$\left(-\infty,-\frac{1}{5}\right)$	$-\frac{1}{5}$	$\left(-\frac{1}{5},0\right)$	0	$\left(0,\frac{2}{5}\right)$	$\frac{2}{5}$	$\left(\frac{2}{5},+\infty\right)$
y'	+	$\sqrt[3]{5}$	+	不存在	−	0	+
y''	−	0	+		+	$\frac{5\sqrt[3]{5}}{3\sqrt[3]{2}}$	+
y	↗∩	$-\frac{6\sqrt[3]{5}}{25}$	↗∪	0	↘∪	$-\frac{3\sqrt[3]{20}}{25}$	↗∪

④ 无渐近线.

⑤ 画出图形(如下所示).

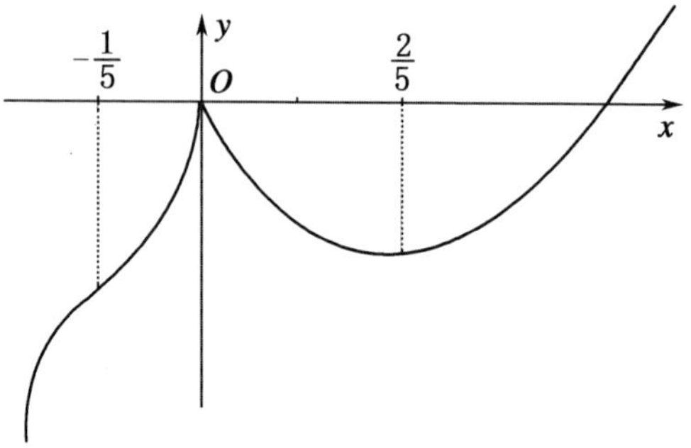

五、证明题

1. 证明下列不等式.

(1) $\sin x > x - \frac{x^3}{6}, x > 0$.

证　记 $f(x) = \sin x - \left(x - \frac{1}{6}x^3\right)$,则 $f'(x) = \cos x - 1 + \frac{1}{2}x^2$,$f''(x) = -\sin x + x$,$f'''(x) = -\cos x + 1$. 显然 $x > 0$ 时 $f'''(x) \geqslant 0$,且只在可列个点等号成立. 因此 $f''(x)$ 在 $[0, +\infty)$ 上(严格)单调增加,即 $x > 0$ 时 $f''(x) > f''(0) = 0$,这又说明 $f'(x)$ 在 $[0, +\infty)$ 上单调增加,从而 $x > 0$ 时 $f'(x) > f'(0) = 0$,得到 $f(x)$ 在 $[0, +\infty)$ 上单调增加,所以当 $x > 0$ 时 $f(x) > f(0) = 0$,即 $\sin x > x - \frac{1}{6}x^3$.

(2) $\sin x + \tan x > 2x, 0 < x < \frac{\pi}{2}$.

证　记 $f(x) = \sin x + \tan x - 2x$,则

$$\begin{aligned} f'(x) &= \cos x + \sec^2 x - 2 = \cos x + \tan^2 x - 1 \\ &> \tan^2 x + \cos^2 x - 1 \\ &= \tan^2 x - \sin^2 x = \tan^2 x(1 - \cos^2 x) > 0, \quad 0 < x < \frac{\pi}{2} \end{aligned}$$

因此 $f(x)$ 在 $\left[0, \frac{\pi}{2}\right)$ 上单调增加,则 $0 < x < \frac{\pi}{2}$ 时 $f(x) > f(0) = 0$,即 $\sin x + \tan x > 2x$.

(3) $(1-x)e^{2x} < 1 + x, 0 < x < 1$.

证　记 $f(x) = (1-x)e^{2x} - (1+x)$,则

$$f'(x) = (1-2x)e^{2x} - 1, f''(x) = -4xe^{2x}$$

当 $0<x<1$ 时 $f''(x)<0$，则 $f'(x)$ 在 $[0,1]$ 单调减少，从而 $f'(x)<f'(0)=0$，因此 $f(x)$ 在 $[0,1]$ 上单调减少，则 $0<x<1$ 时 $f(x)<f(0)=0$，即 $(1-x)e^{2x}<1+x$.

(4) $1+x\ln(x+\sqrt{1+x^2})\geqslant\sqrt{1+x^2}$，$-\infty<x<+\infty$.

证　记 $f(x)=1+x\ln(x+\sqrt{1+x^2})-\sqrt{1+x^2}$，则 $f'(x)=\ln(x+\sqrt{1+x^2})$，$f''(x)=\dfrac{1}{\sqrt{1+x^2}}$，则对 $\forall x\in\mathbf{R}$，$f''(x)>0$，因此 $f'(x)$ 在 $(-\infty,+\infty)$ 上单调增加，故 $x>0$ 时 $f'(x)>f'(0)=0$，$x<0$ 时 $f'(x)<f'(0)=0$. 即 $f(x)$ 在 $(-\infty,0]$. 上单调减少，在 $[0,+\infty)$ 上单调增加，从而当 $x<0$ 时 $f(x)>f(0)=0$，当 $x>0$ 时 $f(x)>f(0)=0$. 总之对 $\forall x\in\mathbf{R}$，$f(x)\geqslant 0$，即 $1+x\ln(x+\sqrt{1+x^2})\geqslant\sqrt{1+x^2}$.

2. 设函数 $f(x)$ 的导数在点 $x=a$ 处连续，且 $\lim\limits_{x\to a}\dfrac{f'(x)}{x-a}=-1$，证明 $x=a$ 是 $f(x)$ 的极大值点.

证　$\lim\limits_{x\to a}\dfrac{f'(x)}{x-a}=-1<0$，根据极限的局部保号性，存在 $x=a$ 的空心邻域 $\{x\mid 0<|x-a|<\delta\}$，在此邻域内有 $\dfrac{f'(x)}{x-a}<0$. 又 $a-\delta<x<a$ 时 $x-a<0$，则 $f'(x)>0$，即 $f(x)$ 在 $(a-\delta,a)$ 上单调增加；而 $a<x<a+\delta$ 时 $x-a>0$，则 $f'(x)<0$，即 $f(x)$ 在 $(a,a+\delta)$ 上单调减少. 因此 $x=a$ 为 $f(x)$ 的极大值点.

3. 设 $f(x)$ 在闭区间 $[a,b]$ 上连续，在开区间 (a,b) 内可导，证明：在 (a,b) 内至少存在一点 ξ，使得

$$\frac{bf(b)-af(a)}{b-a}=f(\xi)+\xi f'(\xi)$$

证　记 $F(x)=xf(x)$，则 $F(x)$ 在 $[a,b]$ 上连续，在 (a,b) 内可导，由 Lagrange 中值定理，存在 $\xi\in(a,b)$ 使得

$$\frac{F(b)-F(a)}{b-a}=F'(\xi)$$

即

$$\frac{bf(b)-af(a)}{b-a}=f(\xi)+\xi f'(\xi)$$

4. 设 $f(x)$ 在 $[a,b]$ 上连续，在 (a,b) 内可导，且 $f'(x)\neq 0$，证明：存在 $\xi,\eta\in(a,b)$，使得

$$\frac{f'(\xi)}{f'(\eta)}=\frac{e^b-e^a}{b-a}e^{-\eta}$$

证　由 $f(x)$ 在 $[a,b]$ 上连续，在 (a,b) 可导，由 Lagrange 中值定理，存在 $\xi\in(a,b)$ 使

$$f'(\xi)=\frac{f(b)-f(a)}{b-a} \qquad ①$$

又 $f(x)$，e^x 在 $[a,b]$ 连续，在 (a,b) 可导，由 Cauchy 中值定理知，存在 $\eta\in(a,b)$，使

$$\frac{f'(\eta)}{e^{\eta}}=\frac{f(b)-f(a)}{e^b-e^a} \qquad ②$$

又 $f'(\eta)\neq 0$，①÷②得

$$\frac{f'(\xi)}{f'(\eta)}=\frac{e^b-e^a}{b-a}e^{-\eta}$$

第五章　"积零为整"的数学方法

三、解答题

1. 用换元法计算下列不定积分.

(1) $\int 3^{2x}\cdot e^x dx$.

解　$\int 3^{2x}\cdot e^x dx=\int (3^2\cdot e)^x dx=\frac{(3^2e)^x}{\ln(3^2e)}+C=\frac{(9e)^x}{1+2\ln 3}+C$

(2) $\int\frac{dx}{1+e^x}$.

解　$\int\frac{dx}{1+e^x}=\int\frac{1+e^x-e^x}{1+e^x}dx=\int\left(1-\frac{e^x}{1+e^x}\right)dx=x-\ln(1+e^x)+C$

(3) $\int\frac{\sin\sqrt{t}}{\sqrt{t}}dt$.

解　$\int\frac{\sin\sqrt{t}}{\sqrt{t}}dt=2\int\sin\sqrt{t}\,d\sqrt{t}=-2\cos\sqrt{t}+C$

(4) $\int\frac{x+x^3}{1+x^4}dx$.

解
$$\int\frac{x+x^3}{1+x^4}dx=\frac{1}{2}\int\frac{1+x^2}{1+x^4}dx^2=\frac{1}{2}\left[\int\frac{1}{1+(x^2)^2}dx^2+\int\frac{x^2}{1+x^4}dx^2\right]$$
$$=\frac{1}{2}\left[\arctan x^2+\frac{1}{2}\ln(1+x^4)\right]+C$$

(5) $\int\frac{x}{\sqrt{x^2-4}}dx$.

解 $\int \frac{x}{\sqrt{x^2-4}}dx = \frac{1}{2}\int \frac{1}{\sqrt{x^2-4}}d(x^2-4) = \sqrt{x^2-4}+C$

(6) $\int \frac{1+\ln x}{(x\ln x)^2}dx$.

解 $\int \frac{1+\ln x}{(x\ln x)^2}dx = \int \frac{1}{(x\ln x)^2}d(x\ln x) = -\frac{1}{x\ln x}+C$

(7) $\int \frac{dx}{\sin x\cos x}$.

解 $\int \frac{dx}{\sin x\cos x} = \int \frac{2}{\sin 2x}dx = \int \csc(2x)d(2x)$

$$= \ln|\csc(2x)-\cot(2x)|+C = \ln|\tan x|+C$$

(8) $\int \tan^4 x dx$.

解 $\int \tan^4 x dx = \int (\sec^2 x-1)^2 dx = \int (\sec^4 x - 2\sec^2 x+1)dx$

$$= \int (1+\tan^2 x)d\tan x - 2\int \sec^2 x dx + \int dx$$

$$= \frac{1}{3}\tan^3 x - \tan x + x + C$$

(9) $\int \frac{1}{\cos^4 x}dx$.

解 $\int \frac{1}{\cos^4 x}dx = \int \sec^4 x dx = \int (1+\tan^2 x)d\tan x = \frac{1}{3}\tan^3 x + \tan x + C$

(10) $\int \sin 3x\cos 5x dx$.

解 $\int \sin 3x\cos 5x dx = \frac{1}{2}\int (\sin 8x - \sin 2x)dx = \frac{1}{4}\cos 2x - \frac{1}{16}\cos 8x + C$

(11) $\int \frac{x^2}{\sqrt{2-x}}dx$.

解 令$\sqrt{2-x}=t$,则$x=2-t^2$,$dx=-2tdt$,所以

$$\int \frac{x^2}{\sqrt{2-x}}dx = -2\int (4-4t^2+t^4)dt = -\frac{2}{15}t(60-20t^2+3t^4)+C$$

$$= -\frac{2}{15}(32+8x+3x^2)\sqrt{2-x}+C$$

(12) $\int \frac{1}{x\sqrt{x^2-1}}dx$.

解 令$x=\sec t$,则$dx=\sec t\cdot\tan t dt$,所以

$$\int \frac{1}{x\sqrt{x^2-1}}dx = \int dt = t + C = \arccos\frac{1}{|x|} + C$$

(13) $\int \frac{1-x}{\sqrt{9-4x^2}}dx.$

解 $\int \frac{1-x}{\sqrt{9-4x^2}}dx = \int \frac{1}{\sqrt{9-4x^2}}dx - \int \frac{x}{\sqrt{9-4x^2}}dx$

$$= \frac{1}{2}\int \frac{1}{\sqrt{3^2-(2x)^2}}d(2x) + \frac{1}{8}\int \frac{1}{\sqrt{9-4x^2}}d(9-4x^2)$$

$$= \frac{1}{2}\arcsin\frac{2}{3}x + \frac{1}{4}\sqrt{9-4x^2} + C$$

(14) $\int \frac{3x+1}{\sqrt{4+x^2}}dx.$

解 $\int \frac{3x+1}{\sqrt{4+x^2}}dx = 3\int \frac{x}{\sqrt{4+x^2}}dx + \int \frac{1}{\sqrt{4+x^2}}dx$

$$= 3\sqrt{4+x^2} + \ln|x+\sqrt{4+x^2}| + C$$

(15) $\int \frac{1}{x^2\sqrt{a^2+x^2}}dx.$

解 令 $x = a\tan t\left(-\frac{\pi}{2} < t < \frac{\pi}{2}\right)$,则 $dx = a\sec^2 t dt$,所以

$$\int \frac{1}{x^2\sqrt{a^2+x^2}}dx = \frac{1}{a^2}\int \frac{\cos t}{\sin^2 t}dt = -\frac{1}{a^2\sin t} + C = -\frac{\sqrt{x^2+a^2}}{a^2 x} + C$$

(16) $\int \frac{1}{\sqrt{x}(1+\sqrt[3]{x})}dx.$

解 令 $x = t^6$,则 $dx = 6t^5 dt$,所以

$$\int \frac{1}{\sqrt{x}(1+\sqrt[3]{x})}dx = 6\int \left(1 - \frac{1}{1+t^2}\right)dt = 6(t - \arctan t) + C$$

$$= 6(\sqrt[6]{x} - \arctan\sqrt[6]{x}) + C$$

(17) $\int \frac{6^x}{9^x-4^x}dx.$

解 $\int \frac{6^x}{9^x-4^x}dx = \int \frac{3^x \cdot 2^x}{(3^x)^2-(2^x)^2}dx = \int \frac{\left(\frac{3}{2}\right)^x}{\left[\left(\frac{3}{2}\right)^x\right]^2-1}dx$

$$= \frac{1}{\ln 3 - \ln 2}\int \frac{1}{\left[\left(\frac{3}{2}\right)^x\right]^2-1}d\left(\frac{3}{2}\right)^x$$

$$= \frac{1}{2(\ln 3 - \ln 2)} \ln \left| \frac{\left(\frac{3}{2}\right)^x - 1}{\left(\frac{3}{2}\right)^x + 1} \right| + C$$

$$= \frac{1}{2(\ln 3 - \ln 2)} \ln \left| \frac{3^x - 2^x}{3^x + 2^x} \right| + C$$

(18) $\int x \sqrt{\frac{x}{2-x}} \mathrm{d}x$.

解　令 $x = 2\sin^2 t \left(0 < t < \frac{\pi}{2}\right)$，则 $\mathrm{d}x = 4\sin t\cos t\mathrm{d}t$，所以

$$\int x \sqrt{\frac{x}{2-x}} \mathrm{d}x = 8\int \sin^4 t\mathrm{d}t = \int (3 - 4\cos 2t + \cos 4t)\mathrm{d}t$$

$$= 3t - 2\sin 2t + \frac{1}{4}\sin 4t + C$$

$$= \frac{3}{2}\arccos(1-x) - \frac{3+x}{2}\sqrt{2x-x^2} + C$$

2. 用分部积分法计算下列不定积分.

(1) $\int x\sin x\mathrm{d}x$.

解　$\int x\sin x\mathrm{d}x = -\int x\mathrm{d}\cos x = -x\cos x + \sin x + C$

(2) $\int x^2 \ln(1+x^2)\mathrm{d}x$.

解　$$\int x^2\ln(1+x^2)\mathrm{d}x = \frac{1}{3}\int \ln(1+x^2)\mathrm{d}x^3$$

$$= \frac{1}{3}\left[x^3\ln(1+x^2) - 2\int \frac{x^4}{1+x^2}\mathrm{d}x\right]$$

$$= \frac{1}{3}\left[x^3\ln(1+x^2) - 2\int \left(x^2 - 1 + \frac{1}{1+x^2}\right)\mathrm{d}x\right]$$

$$= \frac{1}{3}x^3\ln(1+x^2) - \frac{2}{9}x^3 + \frac{2}{3}x - \frac{2}{3}\arctan x + C$$

(3) $\int \frac{\arcsin x}{x^2}\mathrm{d}x$.

解　$\int \frac{\arcsin x}{x^2}\mathrm{d}x = \int \arcsin x\mathrm{d}\left(-\frac{1}{x}\right) = -\frac{\arcsin x}{x} + \int \frac{1}{x\sqrt{1-x^2}}\mathrm{d}x$

其中 $\int \frac{1}{x\sqrt{1-x^2}}\mathrm{d}x$ 可用换元法求解，令 $x = \sin t$，则 $\mathrm{d}x = \cos t\mathrm{d}t$，所以

$$\int \frac{1}{x\sqrt{1-x^2}}\mathrm{d}x = \int \csc t\mathrm{d}t = \ln|\csc t - \cot t| + C = \ln\left|\frac{1}{x} - \frac{\sqrt{1-x^2}}{x}\right| + C$$

故

$$\int \frac{\arcsin x}{x^2}\mathrm{d}x = -\frac{\arcsin x}{x} + \ln\left|\frac{1}{x} - \frac{\sqrt{1-x^2}}{x}\right| + C$$

(4) $\int x^2 \sin 2x \mathrm{d}x$.

解 $\int x^2 \sin 2x \mathrm{d}x = -\frac{1}{2}\int x^2 \mathrm{d}\cos 2x = -\frac{1}{2}x^2 \cos 2x + \int x\cos 2x \mathrm{d}x$

$$= -\frac{1}{2}x^2\cos 2x + \frac{1}{2}\int x\mathrm{d}\sin 2x$$

$$= -\frac{1}{2}x^2\cos 2x + \frac{1}{2}x\sin 2x - \frac{1}{2}\int \sin 2x\mathrm{d}x$$

$$= \frac{1-2x^2}{4}\cos 2x + \frac{1}{2}x\sin 2x + C$$

(5) $\int x^3 \mathrm{e}^{-x^2}\mathrm{d}x$.

解 $\int x^3\mathrm{e}^{-x^2}\mathrm{d}x = \frac{1}{2}\int x^2\mathrm{e}^{-x^2}\mathrm{d}x^2 = -\frac{1}{2}\int x^2\mathrm{d}\mathrm{e}^{-x^2}$

$$= -\frac{1}{2}x^2\mathrm{e}^{-x^2} + \frac{1}{2}\int \mathrm{e}^{-x^2}\mathrm{d}x^2$$

$$= -\frac{1}{2}x^2\mathrm{e}^{-x^2} - \frac{1}{2}\mathrm{e}^{-x^2} + C$$

(6) $\int \arcsin x\mathrm{d}x$.

解 $\int \arcsin x\mathrm{d}x = x\arcsin x - \int x\mathrm{d}\arcsin x = x\arcsin x - \int \frac{x}{\sqrt{1-x^2}}\mathrm{d}x$

$$= x\arcsin x + \sqrt{1-x^2} + C$$

(7) $\int \sin(\ln x)\mathrm{d}x$.

解 $\int \sin(\ln x)\mathrm{d}x = x\sin(\ln x) - \int \cos(\ln x)\mathrm{d}x$

$$= x\sin(\ln x) - x\cos(\ln x) + \int x\mathrm{d}\cos(\ln x)$$

$$= x[\sin(\ln x) - \cos(\ln x)] - \int \sin(\ln x)\mathrm{d}x$$

故

$$\int \sin(\ln x)\mathrm{d}x = \frac{x}{2}[\sin(\ln x) - \cos(\ln x)] + C$$

(8) $\int x(\arctan x)^2\mathrm{d}x$.

解 $\int x(\arctan x)^2\mathrm{d}x = \frac{1}{2}\int(\arctan x)^2\mathrm{d}x^2$

$$= \frac{1}{2}x^2(\arctan x)^2 - \int\frac{x^2}{1+x^2}\arctan x\mathrm{d}x$$

$$= \frac{1}{2}x^2(\arctan x)^2 - \int\arctan x\mathrm{d}x + \int\frac{\arctan x}{1+x^2}\mathrm{d}x$$

$$= \frac{1}{2}x^2(\arctan x)^2 - \int\arctan x\mathrm{d}x + \frac{1}{2}(\arctan x)^2$$

其中

$$\int\arctan x\mathrm{d}x = x\arctan x - \int\frac{x}{1+x^2}\mathrm{d}x = x\arctan x - \frac{1}{2}\ln|1+x^2| + C$$

故

$$\int x(\arctan x)^2\mathrm{d}x = \frac{1}{2}(x^2+1)(\arctan x)^2 - x\arctan x + \frac{1}{2}\ln|1+x^2| + C$$

(9) $\int \mathrm{e}^{ax}\cos bx\mathrm{d}x$.

解 $\int\mathrm{e}^{ax}\cos bx\mathrm{d}x = \frac{1}{a}\int\cos bx\mathrm{d}\mathrm{e}^{ax}$

$$= \frac{1}{a}\mathrm{e}^{ax}\cos bx + \frac{b}{a}\int\mathrm{e}^{ax}\sin bx\mathrm{d}x$$

$$= \frac{1}{a}\mathrm{e}^{ax}\cos bx + \frac{b}{a^2}\mathrm{e}^{ax}\sin bx - \frac{b^2}{a^2}\int\mathrm{e}^{ax}\cos bx\mathrm{d}x$$

故

$$\int\mathrm{e}^{ax}\cos bx\mathrm{d}x = \frac{1}{a^2+b^2}(a\cos bx + b\sin bx)\mathrm{e}^{ax} + C$$

(10) $\int\mathrm{e}^{2x}\sin^2 x\mathrm{d}x$.

解 $\int\mathrm{e}^{2x}\sin^2 x\mathrm{d}x = \int\frac{1}{2}\sin^2 x\mathrm{d}\mathrm{e}^{2x}$

$$= \frac{1}{2}\mathrm{e}^{2x}\sin^2 x - \frac{1}{2}\int\mathrm{e}^{2x}\sin 2x\mathrm{d}x$$

$$= \frac{1}{2}\mathrm{e}^{2x}\sin^2 x - \frac{1}{8}(\sin 2x - \cos 2x)\mathrm{e}^{2x} + C$$

(11) $\int\arctan\sqrt{x}\mathrm{d}x$.

解 $\int\arctan\sqrt{x}\mathrm{d}x = x\arctan\sqrt{x} - \frac{1}{2}\int\frac{\sqrt{x}}{1+x}\mathrm{d}x = x\arctan\sqrt{x} - \int\frac{x}{1+x}\mathrm{d}\sqrt{x}$

$$= x\arctan\sqrt{x} - \left[\int\mathrm{d}\sqrt{x} - \int\frac{1}{1+(\sqrt{x})^2}\mathrm{d}\sqrt{x}\right]$$

$$= x\arctan\sqrt{x} - \sqrt{x} + \arctan\sqrt{x} + C$$
$$= (x+1)\arctan\sqrt{x} - \sqrt{x} + C$$

(12) $\int \frac{x}{\cos^2 x}dx$.

解 $\int \frac{x}{\cos^2 x}dx = \int x d\tan x = x\tan x - \int \tan x dx = x\tan x + \ln|\cos x| + C$

(13) $\int \sec^3 x dx$.

解
$$\int \sec^3 x dx = \int \sec x d\tan x = \sec x\tan x - \int \tan x d\sec x$$
$$= \sec x\tan x - \int \tan^2 x\sec x dx$$
$$= \sec x\tan x - \int (\sec^2 x - 1)\sec x dx$$
$$= \sec x\tan x - \int \sec^3 x dx + \int \sec x dx$$
$$= \sec x\tan x - \int \sec^3 x dx + \ln|\sec x + \tan x| + C$$

故

$$\int \sec^3 x dx = \frac{1}{2}\sec x\tan x + \frac{1}{2}\ln|\sec x + \tan x| + C$$

(14) $\int \frac{x^2 e^x}{(x+2)^2}dx$.

解
$$\int \frac{x^2 e^x}{(x+2)^2}dx = -\int x^2 e^x d(x+2)^{-1}$$
$$= -\frac{x^2 e^x}{x+2} + \int \frac{2xe^x + x^2 e^x}{x+2}dx$$
$$= -\frac{x^2 e^x}{x+2} + \int xe^x dx$$
$$= -\frac{x^2 e^x}{x+2} + xe^x - e^x + C$$

3. 计算下列有理函数的积分.

(1) $\int \frac{x dx}{(x-1)^2(x^2+2x+2)}$.

解 设$\frac{x}{(x-1)^2(x^2+2x+2)} = \frac{A}{x-1} + \frac{B}{(x-1)^2} + \frac{Cx+D}{x^2+2x+2}$,其中$A$,$B$,$C$,$D$均为待定常数.将上式右端通分并去分母,得

$$x = (A+C)x^3 + (A+B+D-2C)x^2 + (2B+C-2D)x + (-2A+2B+D)$$

比较上式两边同次幂的系数,得

$$\begin{cases}A+C=0,\\A+B+D-2C=0,\\2B+C-2D=1,\\-2A+2B+D=0\end{cases}$$

解方程组,得 $A=\frac{1}{25},B=\frac{1}{5},C=-\frac{1}{25},D=-\frac{8}{25}$. 于是,有

$$\begin{aligned}\int\frac{x\mathrm{d}x}{(x-1)^2(x^2+2x+2)}&=\frac{1}{25}\int\frac{1}{x-1}\mathrm{d}x+\frac{1}{5}\int\frac{1}{(x-1)^2}\mathrm{d}x-\frac{1}{25}\int\frac{x+8}{x^2+2x+2}\mathrm{d}x\\&=\frac{1}{25}\ln|x-1|-\frac{1}{5}(x-1)^{-1}-\frac{1}{50}\int\frac{2x+2+14}{x^2+2x+2}\mathrm{d}x\\&=\frac{1}{50}\ln(x-1)^2-\frac{1}{5}(x-1)^{-1}\\&\quad-\frac{1}{50}\ln(x^2+2x+2)-\frac{14}{50}\int\frac{1}{(x+1)^2+1}\mathrm{d}x\\&=\frac{1}{50}\ln\frac{(x-1)^2}{x^2+2x+2}-\frac{1}{5}(x-1)^{-1}-\frac{7}{25}\arctan(x+1)+C\end{aligned}$$

(2) $\int\frac{x^5-1}{x^2+1}\mathrm{d}x$.

解 因为

$$\begin{aligned}\frac{x^5-1}{x^2+1}&=x(x^2+1)-2x+\frac{x-1}{x^2+1}\\&=x^3-x+\frac{x}{x^2+1}-\frac{1}{x^2+1}\end{aligned}$$

所以

$$\begin{aligned}\int\frac{x^5-1}{x^2+1}\mathrm{d}x&=\int\left(x^3-x+\frac{x}{x^2+1}-\frac{1}{x^2+1}\right)\mathrm{d}x\\&=\frac{1}{4}x^4-\frac{1}{2}x^2+\frac{1}{2}\ln(x^2+1)-\arctan x+C\end{aligned}$$

(3) $\int\frac{1}{x^3+1}\mathrm{d}x$.

解 设 $\frac{1}{x^3+1}=\frac{A}{x+1}+\frac{Bx+C}{x^2-x+1}$,其中 A,B,C 均为待定常数. 将上式右端通分并去分母,得

$$1=(A+B)x^2+(-A+B+C)x+(A+C)$$

比较上式两边同次幂的系数,得

$$\begin{cases}A+B=0,\\-A+B+C=0,\\A+C=1\end{cases}$$

解方程组,得 $A=\frac{1}{3},B=-\frac{1}{3},C=\frac{2}{3}$,故

$$\frac{1}{x^3+1}=\frac{\frac{1}{3}}{x+1}+\frac{-\frac{1}{3}x+\frac{2}{3}}{x^2-x+1}=\frac{1}{3}\left[\frac{1}{x+1}+\frac{-x+2}{x^2-x+1}\right]$$

于是,有

$$\begin{aligned}\int\frac{1}{x^3+1}\mathrm{d}x&=\frac{1}{3}\int\left(\frac{1}{x+1}+\frac{-x+2}{x^2-x+1}\right)\mathrm{d}x\\&=\frac{1}{3}\ln|x+1|-\frac{1}{6}\int\frac{2x-4}{x^2-x+1}\mathrm{d}x\\&=\frac{1}{6}\ln(x+1)^2-\frac{1}{6}\ln(x^2-x+1)+\frac{\sqrt{3}}{3}\arctan\frac{2x-1}{\sqrt{3}}+C\\&=\frac{1}{6}\ln\frac{(x+1)^2}{x^2-x+1}+\frac{\sqrt{3}}{3}\arctan\frac{2x-1}{\sqrt{3}}+C\end{aligned}$$

(4) $\int\frac{1}{x(1+x^{10})^2}\mathrm{d}x$.

解　设

$$\frac{1}{x(1+x^{10})^2}=\frac{A}{x}+\frac{Bx^9+C}{1+x^{10}}+\frac{Dx^9+E}{(1+x^{10})^2}$$

其中 A,B,C,D,E 均为待定常数.将上式右端通分并去分母,得

$$1=(A+B)x^{20}+Cx^{11}+(2A+B+D)x^{10}+(C+E)x+A$$

比较上式两边同次幂的系数,得

$$\begin{cases}A+B=0,\\C=0,\\2A+B+D=0,\\C+E=0,\\A=1\end{cases}$$

解方程组,得 $A=1,B=-1,C=0,D=-1,E=0$,于是,有

$$\int\frac{1}{x(1+x^{10})^2}\mathrm{d}x=\int\left[\frac{1}{x}-\frac{x^9}{1+x^{10}}-\frac{x^9}{(1+x^{10})^2}\right]\mathrm{d}x$$

$$=\ln|x|-\frac{1}{10}\ln(1+x^{10})+\frac{1}{10}(1+x^{10})^{-1}+C$$

$$=\frac{1}{10}\ln\frac{x^{10}}{1+x^{10}}+\frac{1}{10}(1+x^{10})^{-1}+C$$

4. 计算下列定积分.

(1) $\int_0^{\frac{\pi}{2}}\sin x\cos^3 x\mathrm{d}x$.

解　$\int_0^{\frac{\pi}{2}}\sin x\cos^3 x\mathrm{d}x=-\frac{1}{4}\cos^4 x\Big|_0^{\frac{\pi}{2}}=\frac{1}{4}$

(2) $\int_1^{\mathrm{e}^2}\frac{1}{x\sqrt{1+\ln x}}\mathrm{d}x$.

解　$\int_1^{\mathrm{e}^2}\frac{1}{x\sqrt{1+\ln x}}\mathrm{d}x=\int_1^{\mathrm{e}^2}\frac{1}{\sqrt{1+\ln x}}\mathrm{d}\ln x=2\sqrt{1+\ln x}\Big|_1^{\mathrm{e}^2}=2(\sqrt{3}-1)$

(3) $\int_0^a x^2\sqrt{a^2-x^2}\mathrm{d}x$.

解　令 $x=a\sin t$，则 $\mathrm{d}x=a\cos t\mathrm{d}t$，且当 $x=0$ 时，$t=0$；当 $x=a$ 时，$t=\frac{\pi}{2}$. 于是

$$\int_0^a x^2\sqrt{a^2-x^2}\mathrm{d}x=a^4\int_0^{\frac{\pi}{2}}\sin^2 t\cos^2 t\mathrm{d}t=\frac{a^4}{8}\int_0^{\frac{\pi}{2}}(1-\cos 4t)\mathrm{d}t$$

$$=\frac{a^4}{8}\left(t-\frac{1}{4}\sin 4t\right)\Big|_0^{\frac{\pi}{2}}=\frac{\pi}{16}a^4.$$

(4) $\int_1^{\sqrt{3}}\frac{\mathrm{d}x}{x^2\sqrt{1+x^2}}$.

解　令 $x=\tan t$，则 $\mathrm{d}x=\sec^2 t\mathrm{d}t$，且当 $x=1$ 时，$t=\frac{\pi}{4}$；当 $x=\sqrt{3}$ 时，$t=\frac{\pi}{3}$. 于是

$$\int_1^{\sqrt{3}}\frac{\mathrm{d}x}{x^2\sqrt{1+x^2}}=\int_{\frac{\pi}{4}}^{\frac{\pi}{3}}\frac{\sec^2 t}{\tan^2 t\sec t}\mathrm{d}t=\int_{\frac{\pi}{4}}^{\frac{\pi}{3}}\frac{\cos t}{\sin^2 t}\mathrm{d}t$$

$$=-\sin^{-1} t\Big|_{\frac{\pi}{4}}^{\frac{\pi}{3}}=\sqrt{2}-\frac{2}{3}\sqrt{3}$$

(5) $\int_{-1}^{1}\frac{2x^5+1}{\sqrt{4+x^2}}\mathrm{d}x$.

解　$\int_{-1}^{1}\frac{2x^5+1}{\sqrt{4+x^2}}\mathrm{d}x=\int_{-1}^{1}\frac{2x^5}{\sqrt{4+x^2}}\mathrm{d}x+\int_{-1}^{1}\frac{1}{\sqrt{4+x^2}}\mathrm{d}x$

因为$\dfrac{2x^5}{\sqrt{4+x^2}}$为奇函数，所以$\int_{-1}^{1}\dfrac{2x^5}{\sqrt{4+x^2}}\mathrm{d}x=0$；又因为$\dfrac{1}{\sqrt{4+x^2}}$为偶函数，所以$\int_{-1}^{1}\dfrac{1}{\sqrt{4+x^2}}\mathrm{d}x=2\int_{0}^{1}\dfrac{1}{\sqrt{4+x^2}}\mathrm{d}x$. 故

$$\int_{-1}^{1}\frac{2x^5+1}{\sqrt{4+x^2}}\mathrm{d}x=2\int_{0}^{1}\frac{1}{\sqrt{4+x^2}}\mathrm{d}x=2\ln\left|x+\sqrt{x^2+4}\right|\Big|_0^1=2\ln\frac{1+\sqrt{5}}{2}$$

(6) $\int_{0}^{\pi}\sqrt{\sin^3 x-\sin^5 x}\,\mathrm{d}x$.

解
$$\begin{aligned}\int_{0}^{\pi}\sqrt{\sin^3 x-\sin^5 x}\,\mathrm{d}x&=\int_{0}^{\pi}\sin^{\frac{3}{2}}x\left|\cos x\right|\mathrm{d}x\\&=\int_{0}^{\frac{\pi}{2}}\sin^{\frac{3}{2}}x\cos x\mathrm{d}x+\int_{\frac{\pi}{2}}^{\pi}\sin^{\frac{3}{2}}x(-\cos x)\mathrm{d}x\\&=\frac{2}{5}\sin^{\frac{5}{2}}x\Big|_0^{\frac{\pi}{2}}-\frac{2}{5}\sin^{\frac{5}{2}}x\Big|_{\frac{\pi}{2}}^{\pi}=\frac{4}{5}\end{aligned}$$

(7) $\int_{0}^{1}\arccos x\mathrm{d}x$.

解 令$t=\arccos x$，则$x=\cos t$，$\mathrm{d}x=-\sin t\mathrm{d}t$. 当$x=0$时，$t=\dfrac{\pi}{2}$；当$x=1$时，$t=0$，于是

$$\int_{0}^{1}\arccos x\mathrm{d}x=\int_{\frac{\pi}{2}}^{0}t(-\sin t)\mathrm{d}t=\int_{0}^{\frac{\pi}{2}}t\sin t\mathrm{d}t=-(t\cos t-\sin t)\Big|_0^{\frac{\pi}{2}}=1$$

(8) $\int_{0}^{2\pi}x\cos^2 x\mathrm{d}x$.

解
$$\begin{aligned}\int_{0}^{2\pi}x\cos^2 x\mathrm{d}x&=\int_{0}^{2\pi}x\,\frac{\cos 2x+1}{2}\mathrm{d}x=\frac{1}{2}\int_{0}^{2\pi}(x\cos 2x+x)\mathrm{d}x\\&=\frac{1}{2}\left[\frac{1}{2}\left(x\sin 2x+\frac{1}{2}\cos 2x\right)+\frac{1}{2}x^2\right]\Bigg|_0^{2\pi}\\&=\pi^2\end{aligned}$$

(9) $\int_{0}^{\pi}x\sin^3 x\mathrm{d}x$.

解
$$\begin{aligned}\int_{0}^{\pi}x\sin^3 x\mathrm{d}x&=-\int_{0}^{\pi}x(1-\cos^2 x)\mathrm{d}\cos x\\&=-\int_{0}^{\pi}x\mathrm{d}\cos x+\int_{0}^{\pi}x\cos^2 x\mathrm{d}\cos x\\&=-(x\cos x-\sin x)\Big|_0^{\pi}+\frac{1}{3}x\cos^3 x\Big|_0^{\pi}-\frac{1}{3}\int_{0}^{\pi}\cos^3 x\mathrm{d}x\\&=\frac{2}{3}\pi-\frac{1}{3}\int_{0}^{\pi}(1-\sin^2 x)\mathrm{d}\sin x\end{aligned}$$

$$= \frac{2}{3}\pi - \frac{1}{3}\left(\sin x - \frac{1}{3}\sin^3 x\right)\Big|_0^{\pi} = \frac{2}{3}\pi$$

(10) $\int_0^{\pi} e^x \cos^2 x dx$.

解　$\int_0^{\pi} e^x \cos^2 x dx = \int_0^{\pi} \cos^2 x de^x = e^x \cos^2 x\Big|_0^{\pi} + \int_0^{\pi} e^x \sin 2x dx$

$$= e^{\pi} - 1 + \int_0^{\pi} e^x \sin 2x dx$$

因为

$$\int_0^{\pi} e^x \sin 2x dx = e^x \sin 2x\Big|_0^{\pi} - 2\int_0^{\pi} e^x \cos 2x dx = -2\int_0^{\pi} \cos 2x de^x$$

$$= -2(e^x \cos 2x)\Big|_0^{\pi} - 4\int_0^{\pi} e^x \sin 2x dx$$

$$= -2(e^{\pi} - 1) - 4\int_0^{\pi} e^x \sin 2x dx$$

所以$\int_0^{\pi} e^x \sin 2x dx = \frac{2}{5}(1 - e^{\pi})$，故

$$\int_0^{\pi} e^x \cos^2 x dx = \frac{3}{5}(e^{\pi} - 1)$$

5. 求下列函数极限.

(1) $\lim\limits_{x\to 0} \frac{\int_0^x (1-\cos t)dt}{x^2 \sin x}$.

解　当 $x \to 0$ 时，$\sin x \sim x$，故

$$\lim_{x\to 0} \frac{\int_0^x (1-\cos t)dt}{x^2 \sin x} = \lim_{x\to 0} \frac{\int_0^x (1-\cos t)dt}{x^3} = \lim_{x\to 0} \frac{1-\cos x}{3x^2} = \frac{1}{6}$$

(2) $\lim\limits_{x\to 0} \frac{\int_{\sin x}^{\tan x} t^3 dt}{x^6}$.

解　$\lim\limits_{x\to 0} \frac{\int_{\sin x}^{\tan x} t^3 dt}{x^6} = \lim\limits_{x\to 0} \frac{-\int_0^{\sin x} t^3 dt + \int_0^{\tan x} t^3 dt}{x^6}$

$$= \lim_{x\to 0} \frac{-\sin^3 x\cos x + \tan^3 x\sec^2 x}{6x^5}$$

$$= \lim_{x\to 0} \frac{\sin^3 x}{x^3} \cdot \frac{1}{\cos^5 x} \cdot \frac{1-\cos^6 x}{6x^2}$$

$$= \lim_{x\to 0} \frac{1-\cos^6 x}{6x^2} = \frac{1}{2}$$

(3) $\lim\limits_{x\to 0}\dfrac{\int_0^x[\int_0^{u^2}\arctan(1+t)\mathrm{d}t]\mathrm{d}u}{x(1-\cos x)}$.

解 当 $x\to 0$ 时，$1-\cos x\sim\dfrac{x^2}{2}$，故

$$\lim_{x\to 0}\frac{\int_0^x\left[\int_0^{u^2}\arctan(1+t)\mathrm{d}t\right]\mathrm{d}u}{x(1-\cos x)}=\lim_{x\to 0}\frac{\int_0^x\left[\int_0^{u^2}\arctan(1+t)\mathrm{d}t\right]\mathrm{d}u}{x\cdot\dfrac{x^2}{2}}$$

$$=\lim_{x\to 0}\frac{\int_0^{x^2}\arctan(1+t)\mathrm{d}t}{\dfrac{3}{2}x^2}$$

$$=\lim_{x\to 0}\frac{\arctan(1+x^2)\cdot 2x}{3x}=\frac{\pi}{6}$$

(4) $\lim\limits_{x\to 0}\dfrac{\int_0^{\sin x}\sqrt{\tan x}\,\mathrm{d}x}{\int_0^{\tan x}\sqrt{\sin x}\,\mathrm{d}x}$.

解 当 $x\to 0$ 时，$\sin x\sim\tan x\sim x$，故

$$\lim_{x\to 0}\frac{\int_0^{\sin x}\sqrt{\tan x}\,\mathrm{d}x}{\int_0^{\tan x}\sqrt{\sin x}\,\mathrm{d}x}=\lim_{x\to 0}\frac{\sqrt{\tan\sin x}\cdot\cos x}{\sqrt{\sin\tan x}\cdot\sec^2 x}=1$$

6. 判断下列广义积分是否收敛，若收敛，求出其积分值.

(1) $\int_0^{+\infty}t\mathrm{e}^{-at}\mathrm{d}t\,(a>0)$.

解 $$\int_0^{+\infty}t\mathrm{e}^{-at}\mathrm{d}t=\lim_{b\to+\infty}\int_0^b t\mathrm{e}^{-at}\mathrm{d}t=\lim_{b\to+\infty}-\frac{1}{a}\left[t\mathrm{e}^{-at}-\left(-\frac{1}{a}\right)\mathrm{e}^{-at}\right]\Bigg|_0^b$$

$$=\lim_{b\to+\infty}\left(\frac{1}{a^2}-\frac{ab+1}{a^2}\mathrm{e}^{-ab}\right)=\frac{1}{a^2}-\lim_{b\to+\infty}\frac{ab+1}{a^2\mathrm{e}^{ab}}=\frac{1}{a^2}$$

(2) $\int_{-\infty}^{+\infty}\dfrac{1}{x^2+2x+2}\mathrm{d}x$.

解 $$\int_{-\infty}^{+\infty}\frac{1}{x^2+2x+2}\mathrm{d}x=\int_{-\infty}^{0}\frac{1}{(x+1)^2+1}\mathrm{d}x+\int_0^{+\infty}\frac{1}{(x+1)^2+1}\mathrm{d}x$$

$$=\arctan(x+1)\Big|_{-\infty}^{0}+\arctan(x+1)\Big|_0^{+\infty}$$

$$=\frac{\pi}{4}-\left(-\frac{\pi}{2}\right)+\frac{\pi}{2}-\frac{\pi}{4}=\pi$$

(3) $\int_0^{+\infty} e^{-ax}\sin bx\,dx\,(a>0,b>0)$.

解 $\int_0^{+\infty} e^{-ax}\sin bx\,dx = -\frac{1}{a}\left[e^{-ax}\sin bx\Big|_0^{+\infty} - \int_0^{+\infty} be^{-ax}\cos bx\,dx\right]$

$$= \frac{b}{a}\int_0^{+\infty} e^{-ax}\cos bx\,dx$$

$$= \frac{b}{a^2} - \frac{b^2}{a^2}\int_0^{+\infty} e^{-ax}\sin bx\,dx$$

故

$$\int_0^{+\infty} e^{-ax}\sin bx\,dx = \frac{b}{a^2+b^2}$$

(4) $\int_e^{+\infty} \frac{(\ln x)^a}{x}dx\,(a\geqslant -1)$.

解 若 $a>-1$，则

$$\int_e^{+\infty} \frac{(\ln x)^a}{x}dx = \frac{1}{a+1}(\ln x)^{a+1}\Big|_e^{+\infty} = +\infty$$

若 $a=-1$，则

$$\int_e^{+\infty} \frac{(\ln x)^a}{x}dx = \int_e^{+\infty} \frac{1}{x\ln x}dx = \ln(\ln x)\Big|_e^{+\infty} = +\infty$$

故广义积分 $\int_e^{+\infty} \frac{(\ln x)^a}{x}dx$ 发散.

(5) $\int_0^1 \ln x\,dx$.

解 $\int_0^1 \ln x\,dx = \lim_{a\to 0^+}\int_a^1 \ln x\,dx = \lim_{a\to 0^+}(x\ln x - x)\Big|_a^1$

$$= \lim_{a\to 0^+}(-1 - a\ln a + a) = -1$$

其中

$$\lim_{a\to 0^+} a\ln a = \lim_{a\to 0^+}\frac{\ln a}{\frac{1}{a}} = \lim_{a\to 0^+}\frac{\frac{1}{a}}{-\frac{1}{a^2}} = 0$$

(6) $\int_0^2 \frac{1}{x^2-4x+3}dx$.

解 $\int_0^2 \frac{1}{x^2-4x+3}dx = \int_0^2 \frac{1}{(x-2)^2-1}dx$

$$=\int_0^1 \frac{1}{(x-2)^2-1}dx+\int_1^2 \frac{1}{(x-2)^2-1}dx$$

其中

$$\int_0^1 \frac{1}{(x-2)^2-1}dx=\lim_{b\to1^+}\int_0^b \frac{1}{(x-2)^2-1}dx$$

$$=\lim_{b\to1^+}\ln\left|\frac{(x-2)-1}{(x-2)+1}\right|\Bigg|_0^b$$

$$=\lim_{b\to1^+}\left(\ln\left|\frac{b-3}{b-1}\right|-\ln3\right)=+\infty$$

故广义积分$\int_0^2 \frac{1}{x^2-4x+3}dx$ 发散.

7. 计算下列二重积分.

(1) $\iint\limits_D (x^2+y^2)d\sigma$,其中 D 是矩形区域：$|x|\leqslant1$, $|y|\leqslant1$.

解　如图,D 可表示为

$$D=\{(x,y)\mid -1\leqslant x\leqslant1,-1\leqslant y\leqslant1\}$$

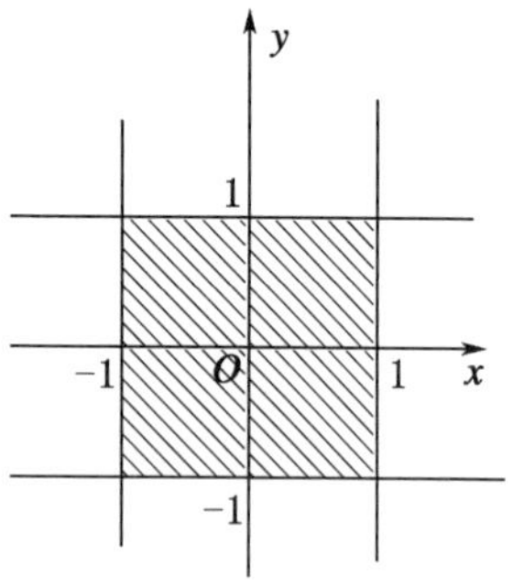

故

$$\iint\limits_D (x^2+y^2)d\sigma=\int_{-1}^1 dx\int_{-1}^1 (x^2+y^2)dy$$

$$=\int_{-1}^1\left[\left(x^2y+\frac{1}{3}y^3\right)\Big|_{-1}^1\right]dx$$

$$=\int_{-1}^1\left(2x^2+\frac{2}{3}\right)dx=\frac{8}{3}$$

(2) $\iint\limits_D e^y d\sigma$,其中 D 是由直线 $y=x$, $y=\frac{1}{2}(3-x)$ 及 $y=0$ 所围的闭区域.

解　如图,D 可表示为

$$D=\{(x,y)\mid 0\leqslant y\leqslant1,y\leqslant x\leqslant3-2y\}$$

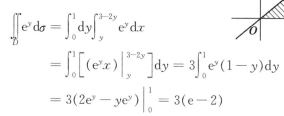

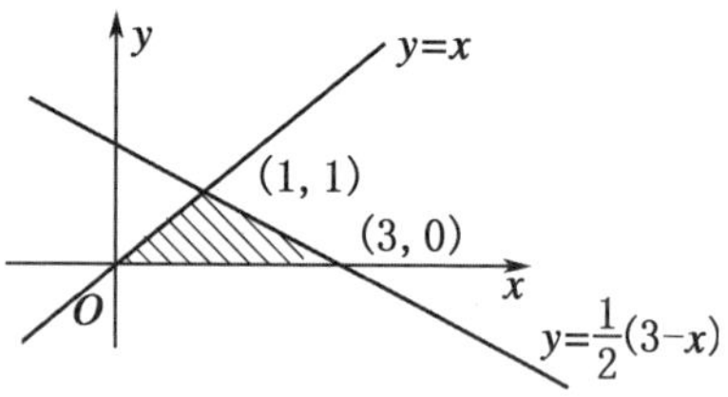

故

$$\iint\limits_D e^y d\sigma=\int_0^1 dy\int_y^{3-2y} e^y dx$$

$$=\int_0^1\left[(e^yx)\Big|_y^{3-2y}\right]dy=3\int_0^1 e^y(1-y)dy$$

$$=3(2e^y-ye^y)\Big|_0^1=3(e-2)$$

(3) $\iint\limits_D y\,\mathrm{d}\sigma$,其中 D 是由直线 $x=-2,y=0,y=2$ 以及曲线 $x=-\sqrt{2y-y^2}$ 所围成的平面区域.

解 如图,D 可表示为

$$D=\{(x,y)\mid 0\leqslant y\leqslant 2,-2\leqslant x\leqslant -\sqrt{2y-y^2}\}$$

故

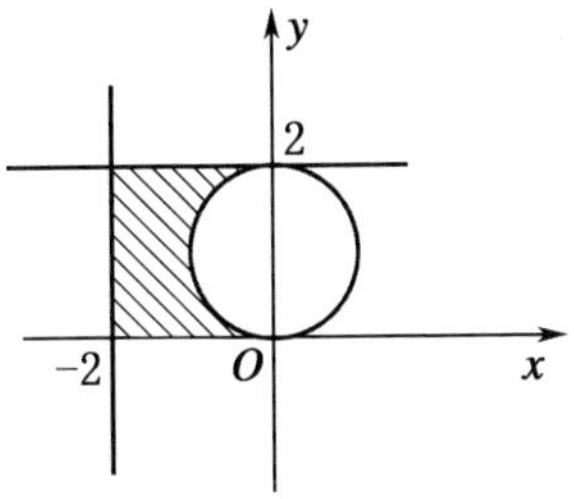

$$\begin{aligned}\iint\limits_D y\,\mathrm{d}\sigma&=\int_0^2\mathrm{d}y\int_{-2}^{-\sqrt{2y-y^2}}y\,\mathrm{d}x\\&=\int_0^2 y(2-\sqrt{2y-y^2})\,\mathrm{d}y\\&=\int_0^2 2y\,\mathrm{d}y-\int_0^2 y\sqrt{2y-y^2}\,\mathrm{d}y\\&=4-\int_0^2[(y-1)+1]\sqrt{1-(y-1)^2}\,\mathrm{d}y\\&=4-\int_0^2(y-1)\sqrt{1-(y-1)^2}\,\mathrm{d}y-\int_0^2\sqrt{1-(y-1)^2}\,\mathrm{d}y\\&=4-\left(-\frac{1}{2}\right)\cdot\frac{2}{3}[1-(y-1)^2]^{\frac{3}{2}}\Big|_0^2-\frac{1}{2}\arcsin(y-1)\Big|_0^2\\&\quad-\frac{y-1}{2}\sqrt{1-(y-1)^2}\Big|_0^2\\&=4-\frac{\pi}{2}\end{aligned}$$

(4) $\iint\limits_D y[1+x\mathrm{e}^{\frac{1}{2}(x^2+y^2)}]\,\mathrm{d}\sigma$,其中 D 是由直线 $y=x,y=-1$ 及 $x=-1$ 所围成的平面区域.

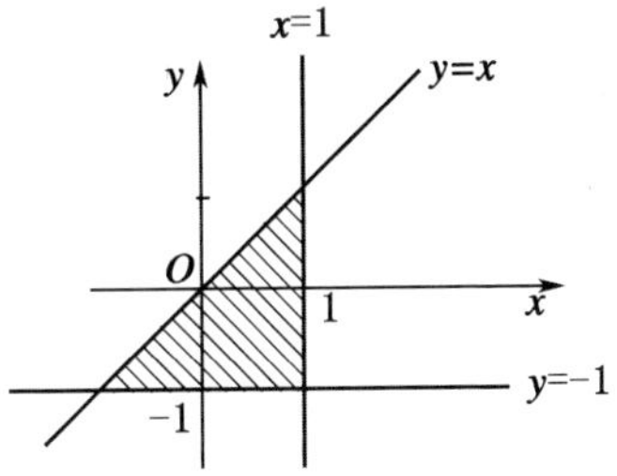

解 如图,D 可表示为

$$D=\{(x,y)\mid -1\leqslant x\leqslant 1,-1\leqslant y\leqslant x\}$$

故

$$\begin{aligned}\iint\limits_D y[1+x\mathrm{e}^{\frac{1}{2}(x^2+y^2)}]\,\mathrm{d}\sigma&=\int_{-1}^1\mathrm{d}x\int_{-1}^x y[1+x\mathrm{e}^{\frac{1}{2}x^2}\mathrm{e}^{\frac{1}{2}y^2}]\,\mathrm{d}y\\&=\int_{-1}^1\left[\left(\frac{1}{2}y^2+x\mathrm{e}^{\frac{1}{2}x^2}\mathrm{e}^{\frac{1}{2}y^2}\right)\Big|_{-1}^x\right]\mathrm{d}x\\&=\int_{-1}^1\left(\frac{1}{2}x^2-\frac{1}{2}+x\mathrm{e}^{x^2}-x\mathrm{e}^{\frac{1}{2}x^2}\mathrm{e}^{\frac{1}{2}}\right)\mathrm{d}x\\&=\left(\frac{1}{2}\cdot\frac{1}{3}x^3-\frac{1}{2}x+\frac{1}{2}\mathrm{e}^{x^2}-\mathrm{e}^{\frac{1}{2}}\mathrm{e}^{\frac{1}{2}x^2}\right)\Big|_{-1}^1\end{aligned}$$

$$= -\frac{2}{3}$$

(5) $\iint\limits_D (x+y)\mathrm{d}\sigma$,其中 $D=\{(x,y)\mid x^2+y^2\leqslant x+y+1\}$.

解　如图,积分区域为圆域,D 可表示为

$$D=\left\{(x,y)\middle|\left(x-\frac{1}{2}\right)^2+\left(y-\frac{1}{2}\right)^2\leqslant\frac{3}{2}\right\}$$

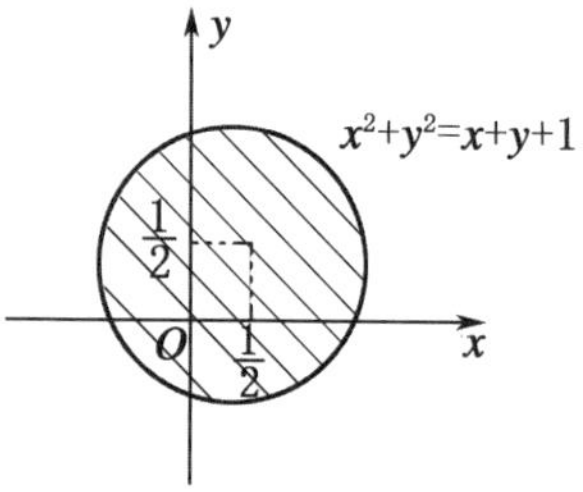

作极坐标变换,有

$$x-\frac{1}{2}=r\cos\theta, y-\frac{1}{2}=r\sin\theta$$

则在极坐标下,积分区域 D 可表示为

$$D'=\left\{(r,\theta)\middle|0\leqslant r\leqslant\sqrt{\frac{3}{2}},0\leqslant\theta\leqslant 2\pi\right\}$$

故

$$\begin{aligned}\iint\limits_D (x+y)\mathrm{d}\sigma &= \int_0^{2\pi}\mathrm{d}\theta\int_0^{\sqrt{\frac{3}{2}}}[r(\cos\theta+\sin\theta)+1]r\mathrm{d}r\\ &= \int_0^{2\pi}\left[\frac{1}{3}r^3(\cos\theta+\sin\theta)+\frac{1}{2}r^2\right]\Bigg|_0^{\sqrt{\frac{3}{2}}}\mathrm{d}\theta\\ &= \int_0^{2\pi}\left[\frac{\sqrt{6}}{4}(\cos\theta+\sin\theta)+\frac{3}{4}\right]\mathrm{d}\theta\\ &= \left[\frac{\sqrt{6}}{4}(\sin\theta-\cos\theta)+\frac{3}{4}\theta\right]\Bigg|_0^{2\pi}\\ &= \frac{3}{2}\pi\end{aligned}$$

(6) $\iint\limits_D \sqrt{R^2-x^2-y^2}\,\mathrm{d}\sigma$,其中 $D=\{(x,y)\mid x^2+y^2\leqslant Ry\}$.

解　如图,D 为圆形区域. 作极坐标变换,有

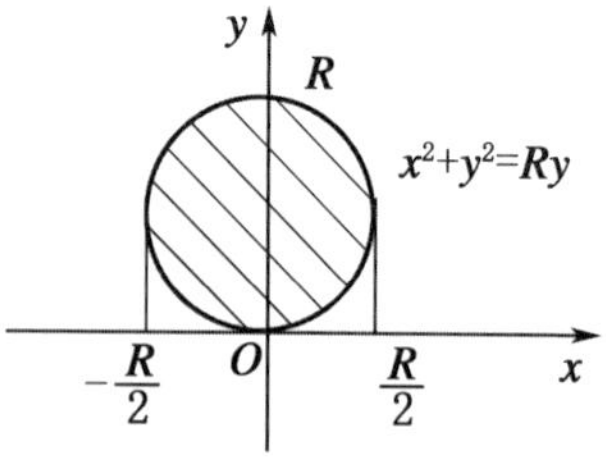

$$x=r\cos\theta, y=r\sin\theta$$

则在极坐标系下,积分区域 D 可表示为

$$D'=\{(r,\theta)\mid 0\leqslant r\leqslant R\sin\theta,0\leqslant\theta\leqslant\pi\}$$

故

$$\iint\limits_D \sqrt{R^2-x^2-y^2}\,\mathrm{d}\sigma=\int_0^{\pi}\mathrm{d}\theta\int_0^{R\sin\theta}\sqrt{R^2-r^2}\,r\mathrm{d}r$$

$$=\int_0^{\pi}\left[-\frac{1}{3}(R^2-r^2)^{\frac{3}{2}}\right]\Bigg|_0^{R\sin\theta}\mathrm{d}\theta$$

$$=\frac{1}{3}R^3\int_0^{\pi}\left[1-(\cos^2\theta)^{\frac{3}{2}}\right]\mathrm{d}\theta$$

$$=\frac{1}{3}R^3\int_0^{\pi}\left(1-|\cos\theta|^3\right)\mathrm{d}\theta$$

$$=\frac{1}{3}R^3\left(\pi-\int_0^{\pi}|\cos\theta|^3\mathrm{d}\theta\right)$$

$$=\frac{1}{3}R^3\left[\pi-\left(\int_0^{\frac{\pi}{2}}\cos^3\theta\mathrm{d}\theta-\int_{\frac{\pi}{2}}^{\pi}\cos^3\theta\mathrm{d}\theta\right)\right]$$

$$=\frac{1}{3}R^3\left(\pi-\frac{4}{3}\right)$$

注：本题也可根据被积函数和积分区域的对称性进行计算，即

$$\iint_D\sqrt{R^2-x^2-y^2}\,\mathrm{d}\sigma=2\int_0^{\frac{\pi}{2}}\mathrm{d}\theta\int_0^{R\sin\theta}\sqrt{R^2-r^2}\,r\mathrm{d}r$$

(7) $\iint_D(2x+y)^2\mathrm{d}x\mathrm{d}y$,其中 $D=\{(x,y)\mid x^2+y^2\leqslant 1\}$.

解　如图,D 为圆形区域. 作极坐标变换,有

$$x=r\cos\theta,y=r\sin\theta$$

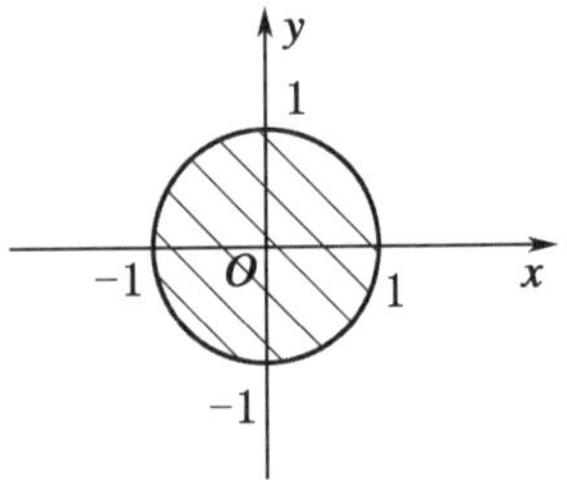

在极坐标系下,积分区域 D 可表示为

$$D'=\{(r,\theta)\mid 0\leqslant r\leqslant 1,0\leqslant\theta\leqslant 2\pi\}$$

故

$$\iint_D(2x+y)^2\mathrm{d}x\mathrm{d}y=\int_0^{2\pi}\mathrm{d}\theta\int_0^1(2\cos\theta+\sin\theta)^2r^3\mathrm{d}r$$

$$=\int_0^{2\pi}\left[(2\cos\theta+\sin\theta)^2\,\frac{1}{4}r^4\Big|_0^1\right]\mathrm{d}\theta$$

$$=\frac{1}{4}\int_0^{2\pi}\left[2(\cos 2\theta+1)+2\sin 2\theta+\frac{1-\cos 2\theta}{2}\right]\mathrm{d}\theta$$

$$=\frac{1}{4}\left[\sin 2\theta+2\theta-\cos 2\theta+\frac{1}{2}\left(\theta-\frac{1}{2}\sin 2\theta\right)\right]\Bigg|_0^{2\pi}$$

$$=\frac{5}{4}\pi$$

(8) $\iint_D\ln(1+x^2+y^2)\mathrm{d}x\mathrm{d}y$,其中 $D=\{(x,y)\mid x^2+y^2\leqslant 1,x\geqslant 0,y\geqslant 0\}$.

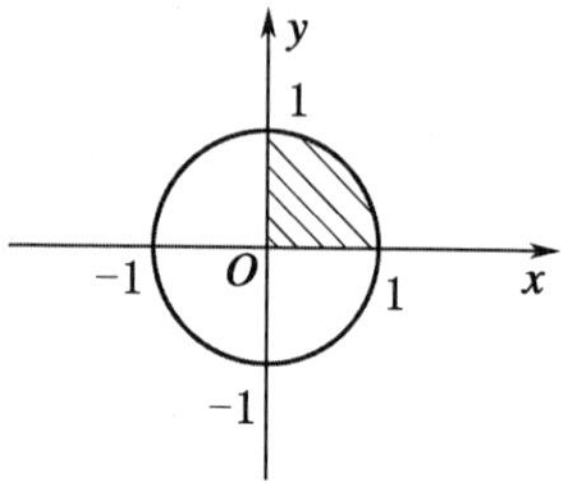

解 如图,积分区域为四分之一圆域.作极坐标变换,有

$$x=r\cos\theta, y=r\sin\theta$$

在极坐标系下,D 可表示为

$$D'=\left\{(r,\theta)\mid 0\leqslant r\leqslant 1,0\leqslant\theta\leqslant\frac{\pi}{2}\right\}$$

故

$$\begin{aligned}\iint_D \ln(1+x^2+y^2)\mathrm{d}x\mathrm{d}y&=\int_0^{\frac{\pi}{2}}\mathrm{d}\theta\int_0^1\ln(1+r^2)r\mathrm{d}r\\&=\int_0^{\frac{\pi}{2}}\frac{1}{2}[(1+r^2)\ln(1+r^2)-(1+r^2)]\Big|_0^1\mathrm{d}\theta\\&=\frac{1}{2}\int_0^{\frac{\pi}{2}}(2\ln 2-1)\mathrm{d}\theta\\&=\frac{\pi}{4}(2\ln 2-1)\mathrm{d}\theta\end{aligned}$$

8. 交换下列二次积分的次序.

(1) $\int_{-1}^2\mathrm{d}y\int_{y^2}^{y+2}f(x,y)\mathrm{d}x$.

解 如图,积分区域 $D=\{(x,y)\mid -1\leqslant y\leqslant 2,y^2\leqslant x\leqslant y+2\}$.由 y 型转化为 x 型应分成两个区域 D_1 和 D_2:

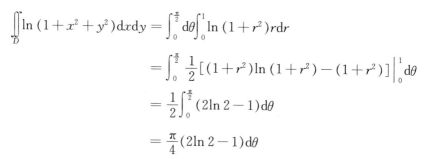

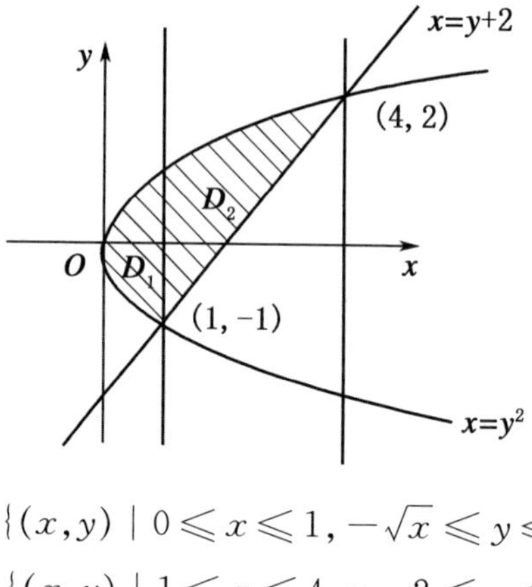

$$D_1=\{(x,y)\mid 0\leqslant x\leqslant 1,-\sqrt{x}\leqslant y\leqslant\sqrt{x}\}$$

$$D_2=\{(x,y)\mid 1\leqslant x\leqslant 4,x-2\leqslant y\leqslant\sqrt{x}\}$$

则

$$\int_{-1}^2\mathrm{d}y\int_{y^2}^{y+2}f(x,y)\mathrm{d}x=\int_0^1\mathrm{d}x\int_{-\sqrt{x}}^{\sqrt{x}}f(x,y)\mathrm{d}y+\int_1^4\mathrm{d}x\int_{x-2}^{\sqrt{x}}f(x,y)\mathrm{d}y$$

(2) $\int_0^1 dx\int_0^{x^2} f(x,y)dy+\int_1^{\sqrt{2}} dx\int_0^{\sqrt{2-x^2}} f(x,y)dy$.

解　如图,积分区域 $D=\{(x,y)\mid 0\leqslant x\leqslant 1,0\leqslant y\leqslant x^2\}\cup\{(x,y)\mid 1\leqslant x\leqslant\sqrt{2},0\leqslant y\leqslant\sqrt{2-x^2}\}$. 由 x 型转化为 y 型,有

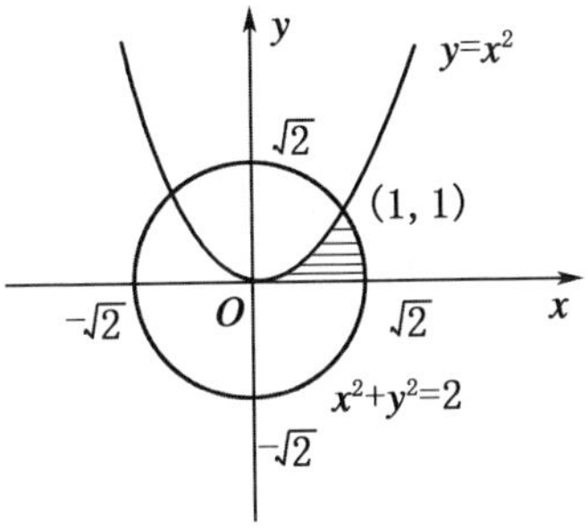

$$D=\{(x,y)\mid\sqrt{y}\leqslant x\leqslant\sqrt{2-y^2},0\leqslant y\leqslant 1\}$$

则

$$\int_0^1 dx\int_0^{x^2} f(x,y)dy+\int_1^{\sqrt{2}} dx\int_0^{\sqrt{2-x^2}} f(x,y)dy=\int_0^1 dy\int_{\sqrt{y}}^{\sqrt{2-y^2}} f(x,y)dx$$

(3) $\int_0^{\frac{1}{4}} dy\int_y^{\sqrt{y}} f(x,y)dx+\int_{\frac{1}{4}}^{\frac{1}{2}} dy\int_y^{\frac{1}{2}} f(x,y)dx$.

解　如图,积分区域

$$D=\left\{(x,y)\mid 0\leqslant y\leqslant\frac{1}{4},y\leqslant x\leqslant\sqrt{y}\right\}\cup\left\{(x,y)\mid\frac{1}{4}\leqslant y\leqslant\frac{1}{2},y\leqslant x\leqslant\frac{1}{2}\right\}$$

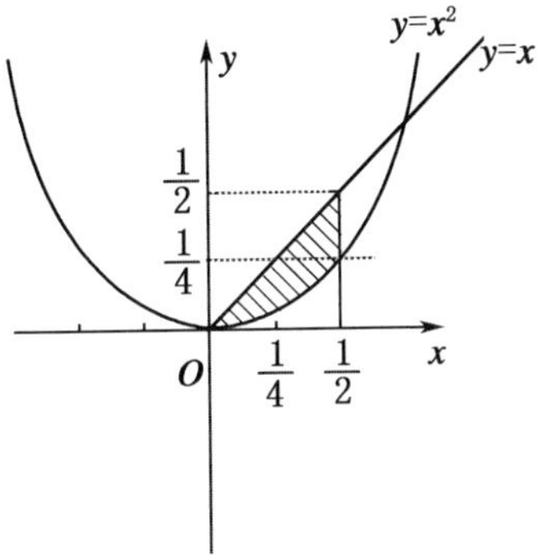

由 y 型转化为 x 型,有

$$D=\left\{(x,y)\mid 0\leqslant x\leqslant\frac{1}{2},x^2\leqslant y\leqslant x\right\}$$

则

$$\int_0^{\frac{1}{4}}\mathrm{d}y\int_y^{\sqrt{y}}f(x,y)\mathrm{d}x+\int_{\frac{1}{4}}^{\frac{1}{2}}\mathrm{d}y\int_y^{\frac{1}{2}}f(x,y)\mathrm{d}x=\int_0^{\frac{1}{2}}\mathrm{d}x\int_{x^2}^{x}f(x,y)\mathrm{d}y$$

(4) $\int_0^{\pi}\mathrm{d}x\int_{-\sin\frac{x}{2}}^{\sin x}f(x,y)\mathrm{d}y$.

解 如图,积分区域 $D=\left\{(x,y)\mid 0\leqslant x\leqslant\pi,-\sin\frac{x}{2}\leqslant y\leqslant\sin x\right\}$. 由 x 型转化为 y 型,分为 D_1 与 D_2 两个小的积分区域:

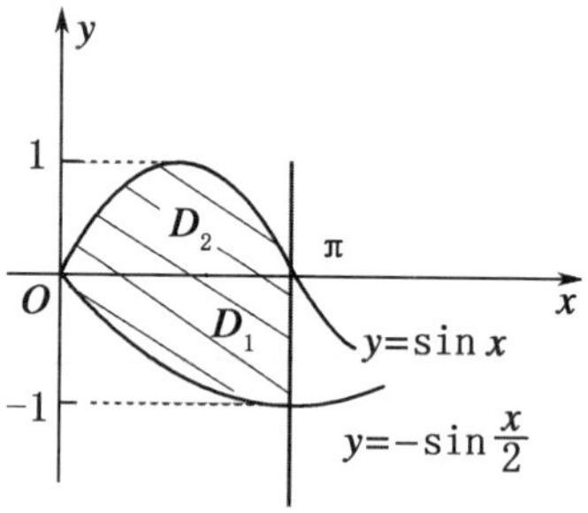

$$D_1=\{(x,y)\mid -1\leqslant y\leqslant 0,-2\arcsin y\leqslant x\leqslant\pi\}$$
$$D_2=\{(x,y)\mid 0\leqslant y\leqslant 1,\arcsin y\leqslant x\leqslant\pi-\arcsin y\}$$

则

$$\int_0^{\pi}\mathrm{d}x\int_{-\sin\frac{x}{2}}^{\sin x}f(x,y)\mathrm{d}y=\int_{-1}^{0}\mathrm{d}y\int_{-2\arcsin y}^{\pi}f(x,y)\mathrm{d}x+\int_0^1\mathrm{d}y\int_{\arcsin y}^{\pi-\arcsin y}f(x,y)\mathrm{d}x$$

9. 计算下列各曲线所围成的平面图形的面积.

(1) $y=3-x^2$ 与 $y=2x$.

解 如图,曲线 $y=3-x^2$ 与 $y=2x$ 的交点分别为$(-3,-6)$和$(1,2)$,则两线所围成的平面图形的面积为

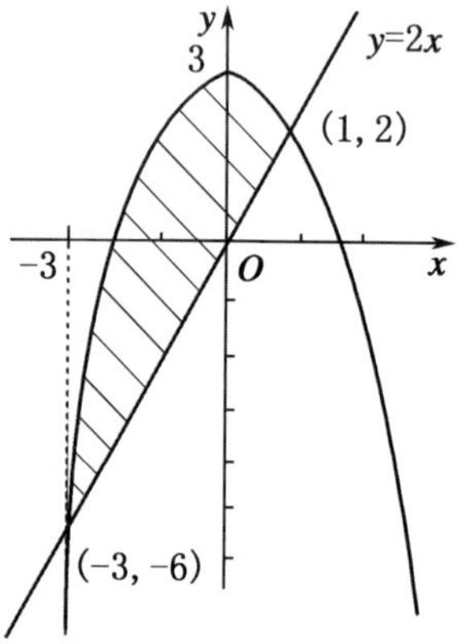

$$S=\int_{-3}^{1}[(3-x^2)-2x]\mathrm{d}x=\frac{32}{3}$$

(2) $y=\mathrm{e}^x, y=\mathrm{e}^{-x}$ 与 $x=1$.

解　如图,曲线 $y=\mathrm{e}^x, y=\mathrm{e}^{-x}$ 与 $x=1$ 的交点分别为$(0,1),(1,\mathrm{e})$ 和$(1,\mathrm{e}^{-1})$,则三线所围成的平面图形的面积为

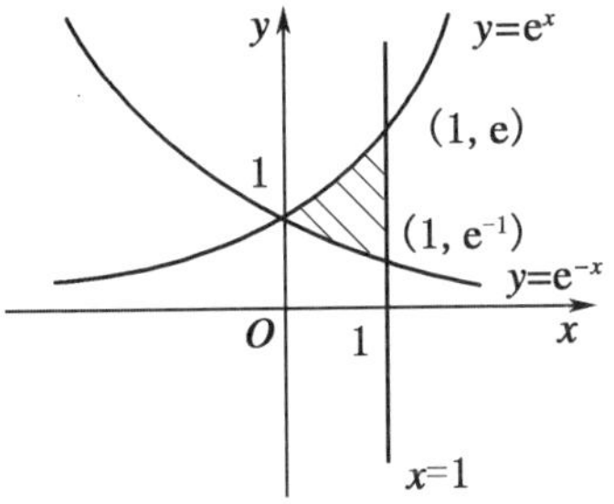

$$S=\int_0^1(\mathrm{e}^x-\mathrm{e}^{-x})\mathrm{d}x=(\mathrm{e}^x+\mathrm{e}^{-x})\Big|_0^1=\mathrm{e}+\mathrm{e}^{-1}-2$$

(3) $y=\ln x, y=1+\mathrm{e}-x$ 与 $y=0$.

解　如图,曲线 $y=\ln x, y=1+\mathrm{e}-x$ 与 $y=0$ 的交点分别为$(1,0),(\mathrm{e},1)$和 $(1+\mathrm{e},0)$,则三线所围平面图形的面积为

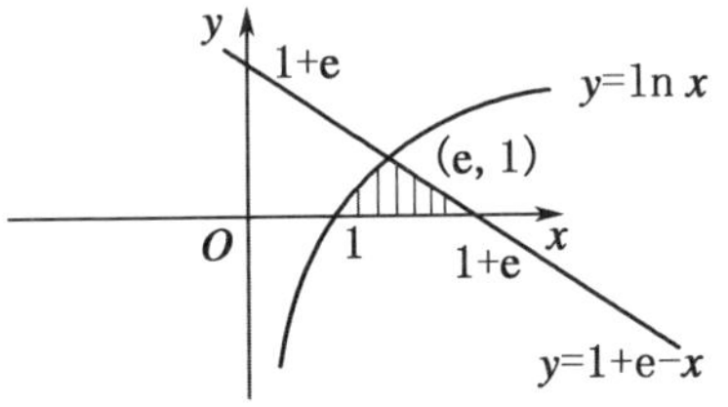

$$S=\int_0^1[(1+\mathrm{e}-y)-\mathrm{e}^y]\mathrm{d}y=\left[(1+\mathrm{e})y-\frac{1}{2}y^2-\mathrm{e}^y\right]\Big|_0^1=\frac{3}{2}$$

10. 求由已知曲线围成的图形绕指定轴旋转所产生的旋转体的体积.

(1) $y=2x-x^2, y=0$: (a) 绕 x 轴;(b) 绕 y 轴.

解　由 $y=2x-x^2, y=0$ 围成的图形如图所示.

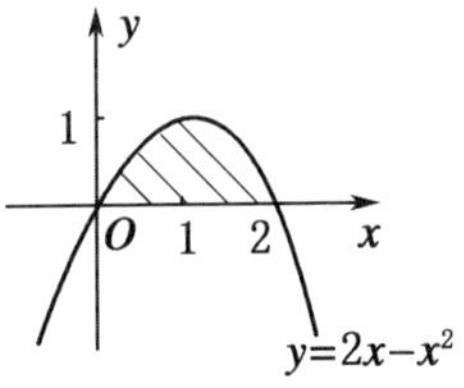

(a) 绕 x 轴,有

$$V=\pi\int_0^2(2x-x^2)^2\mathrm{d}x=\pi\left(\frac{4}{3}x^3-x^4+\frac{1}{5}x^5\right)\Big|_0^2$$

$$=\frac{16}{15}\pi$$

(b) 绕 y 轴,有

$$V=\pi\int_0^1[(1+\sqrt{1-y})^2-(1-\sqrt{1-y})^2]\mathrm{d}y$$

$$=\pi\int_0^1 4\sqrt{1-y}\,\mathrm{d}y=-\frac{8}{3}\pi(1-y)^{\frac{3}{2}}\Big|_0^1=\frac{8}{3}\pi$$

(2) $y=x^{-\frac{1}{4}},y=0,x=\frac{1}{4},x=1$：绕 x 轴.

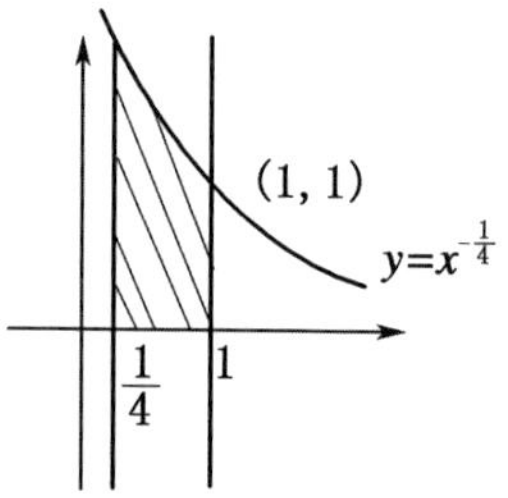

解　由 $y=x^{-\frac{1}{4}},y=0,x=\frac{1}{4},x=1$ 围成的图形如图所示，则绕 x 轴，有

$$V=\pi\int_{\frac{1}{4}}^1(x^{-\frac{1}{4}})^2\mathrm{d}x=\pi\int_{\frac{1}{4}}^1 x^{-\frac{1}{2}}\mathrm{d}x$$

$$=2\pi\sqrt{x}\Big|_{\frac{1}{4}}^1=\pi$$

(3) $y=\sin x(0\leqslant x\leqslant\pi),y=0$：(a) 绕 x 轴；(b) 绕 y 轴.

解　由 $y=\sin x(0\leqslant x\leqslant\pi),y=0$ 围成的图形如图所示.

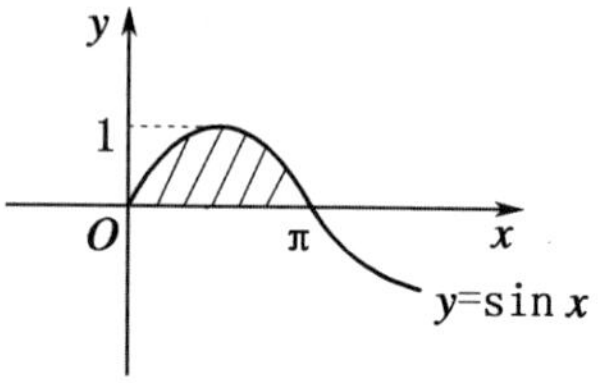

(a) 绕 x 轴，有

$$V=\pi\int_0^{\pi}\sin^2 x\mathrm{d}x=\pi\int_0^{\pi}\frac{1-\cos 2x}{2}\mathrm{d}x$$

$$=\frac{\pi}{2}\left(x-\frac{1}{2}\sin 2x\right)\Big|_0^{\pi}=\frac{\pi^2}{2}$$

(b) 绕 y 轴，有

$$V=\pi\int_0^1[(\pi-\arcsin y)^2-\arcsin^2 y]\mathrm{d}y=\pi\int_0^1[\pi^2-2\pi\arcsin y]\mathrm{d}y$$

$$=\pi[\pi^2 y-2\pi(y\arcsin y+\sqrt{1-y^2})]\Big|_0^1=2\pi^2$$

11. 曲线 $y=x^{-\frac{1}{2}}$ 的切线与 x 轴和 y 轴围成一个图形，记切点的横坐标为 a. 试求切线方程和这个图形的面积. 当切点沿曲线趋于无穷远时，该面积的变化趋势如何.

解　切点坐标为 $(a,a^{-\frac{1}{2}})$，切线的斜率为 $k=(x^{-\frac{1}{2}})'\big|_{x=a}=-\frac{1}{2}a^{-\frac{3}{2}}$，故切线方程为

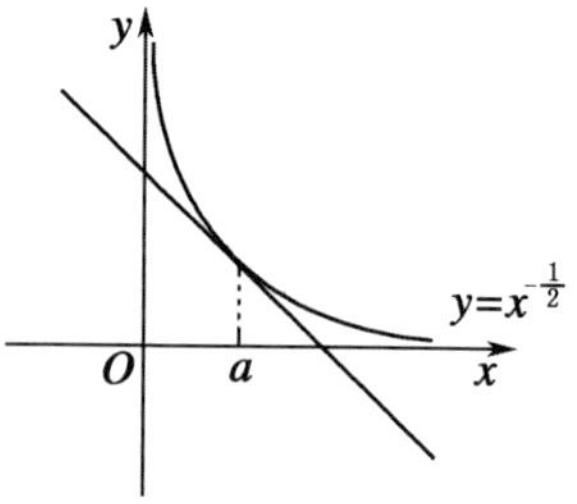

$$y-a^{-\frac{1}{2}}=-\frac{1}{2}a^{-\frac{3}{2}}(x-a)$$

切线与 x 轴，y 轴的交点分别为 $(3a,0)$，$\left(0,\frac{3}{2}a^{-\frac{1}{2}}\right)$，

它们所围图形的面积

$$S=\frac{1}{2}\cdot 3a\cdot\frac{3}{2}a^{-\frac{1}{2}}=\frac{9}{4}a^{\frac{1}{2}}$$

当 $a\to+\infty$ 时，$S(a)\to+\infty$；当 $a\to 0$ 时，$S(a)\to 0$.

12. 求曲线 $y=x^2-2x, y=0, x=1, x=3$ 所围成的平面图形的面积 S，并求该平面图形绕 y 轴旋转一周所围得的旋转体的体积.

解　如图，曲线 $y=x^2-2x, y=0, x=1$ 与 $x=3$ 的交点分别为 $(1,0)$，$(2,0)$，$(3,3)$，$(3,0)$ 和 $(1,-1)$.

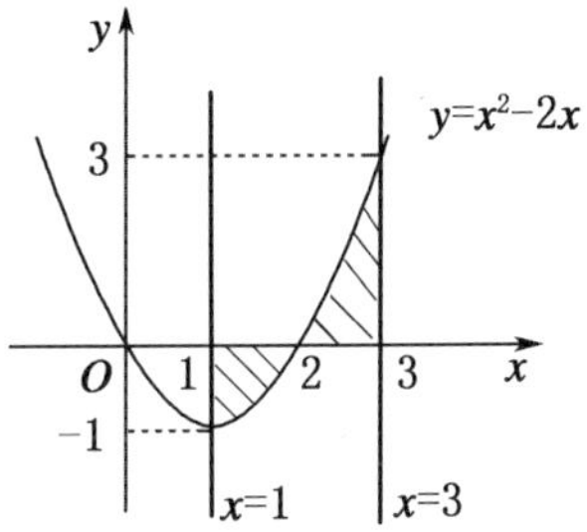

它们所围的平面图形的面积

$$S=\int_1^2-(x^2-2x)\mathrm{d}x+\int_2^3(x^2-2x)\mathrm{d}x$$

$$=\left(x^2-\frac{1}{3}x^3\right)\Big|_1^2+\left(\frac{1}{3}x^3-x^2\right)\Big|_2^3=2$$

所围图形绕 y 轴旋转所成旋转体的体积为

$$V=\pi\int_{-1}^0[(1+\sqrt{y+1})^2-1^2]\mathrm{d}y+\pi\int_0^3[3^2-(1+\sqrt{y+1})^2]\mathrm{d}y$$

$$=\pi\int_{-1}^0(1+y+2\sqrt{y+1})\mathrm{d}y+\pi\int_0^3(7-y-2\sqrt{y+1})\mathrm{d}y$$

$$=9\pi$$

13. 已知抛物线 $y=px^2+qx$（其中 $p<0, q>0$）在第一象限内与直线 $x+y=5$ 相切，且此抛物线与 x 轴所围的平面图形的面积为 S.

(1) 问 p,q 为何值时，S 达到最大值？

(2) 求最大值.

解　(1) 如图，$y=px^2+qx$ 与 x 轴的交点分别为 $(0,0)$ 和 $\left(-\frac{q}{p},0\right)$，则抛物线与 x 轴所围平面图形的面积为

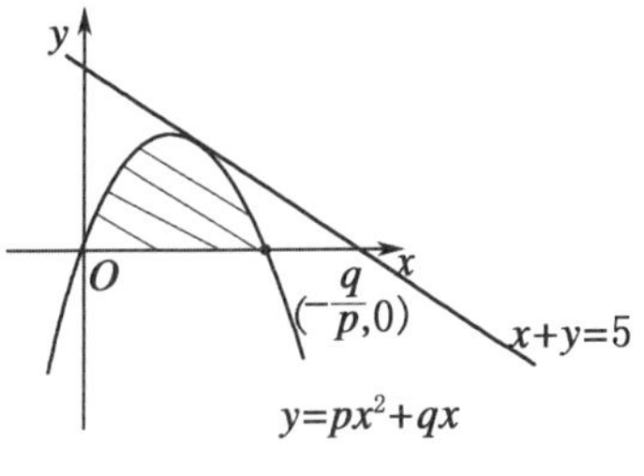

$$S=\int_0^{-\frac{q}{p}}(px^2+qx)\mathrm{d}x=\frac{q^3}{6p^2}$$

（注意：$p<0, q>0$）

(2) 又因 $y=px^2+qx$ 与 $x+y=5$ 相切，即有唯一的交点. 所以 $px^2+(q+$

$1)x-5=0$ 的判别式 $\Delta=0$,即 $\Delta=(q+1)^2+20p=0$,则 $p=-\dfrac{(q+1)^2}{20}$. 故面积 $S=\dfrac{200}{3}\dfrac{q^3}{(q+1)^4}$,当 $S_q'=0$ 时,$q=3$,则 $p=-\dfrac{4}{5}$,$S_{最大}=\dfrac{225}{32}$.

四、应用题

1. 设某种商品每天生产 x 单位时的边际成本函数为 $C'(x)=0.4x+2$(元/单位),若固定成本为 20 元,求总成本函数 $C(x)$. 如果这种商品的销售价为 18 元,且产品可以全部售出,求总利润函数,并问每天生产多少单位时才可得到最大利润?

解 总成本函数

$$C(x)=C(0)+\int_0^x C'(x)\mathrm{d}x=20+0.2x^2+2x$$

总利润函数

$$\begin{aligned}L(x)&=R(x)-C(x)=18x-(0.2x^2+2x+20)\\&=-0.2x^2+16x-20\end{aligned}$$

因为当 $L'(x)=-0.4x+16=0$ 时 $x=40$,而 $L''(40)=-0.4<0$,所以,当 $x=40$,即每天生产 40 个单位的产品可得到最大利润.

2. 由于折旧等因素,某机器转售价格 $P(t)$ 是时间 t(单位: 周) 的减函数: $P(t)=\dfrac{3A}{4}\mathrm{e}^{-\frac{t}{96}}$(单位: 元),其中 A 是机器的最初价格. 在任何时间 t,机器开动就能产生 $R(t)=\dfrac{A}{4}\mathrm{e}^{-\frac{t}{48}}$ 的利润. 问: 机器使用多长时间后转售出去能使总利润最大?

解 设机器在使用 T 时间后转售出去能使总利润最大,此时

$$L=\int_0^T\frac{A}{4}\mathrm{e}^{-\frac{t}{48}}\mathrm{d}t+\frac{3A}{4}\mathrm{e}^{-\frac{T}{96}}-A$$

$$L'=\frac{A}{4}\mathrm{e}^{-\frac{T}{48}}+\left(-\frac{1}{96}\right)\frac{3}{4}A\mathrm{e}^{-\frac{T}{96}}$$

当 $L'=0$ 时,$\mathrm{e}^{-\frac{T}{96}}=\dfrac{1}{32}$,即 $T=480\ln 2$. 而 $L''(480\ln 2)<0$,故当 $T=480\ln 2$ 时,将机器转让,利润最大.

3. 设某产品从时刻 0 到时刻 t 的销售量为 $x(t)=kt$,$t\in[0,T]$,$k>0$. 欲在 T 时刻将数量为 A 的该商品销售完,试求:

(1) t 时刻的商品剩余量,并确定 k 的值;

(2) 在时间段 $[0,T]$ 上的平均剩余量.

解　(1) 因为欲在 T 时刻将数量为 A 的商品销售完，所以 $A=kT$，$k=\dfrac{A}{T}$，故 t 时刻商品的剩余量为 $A-\dfrac{A}{T}t$.

(2) 在时间段 $[0,T]$ 上的平均剩余量为 $\dfrac{\int_0^T\left(A-\dfrac{A}{T}t\right)\mathrm{d}t}{T}=\dfrac{A}{2}$.

4. 某企业投资 100 万元生产某产品，如果该企业在投资的前 10 年每年以 30 万元的速度均匀地收回资金，且按年利率 5% 的连续复利计算，试求多少年后该企业可以收回投资？并求该项投资收入的现值.

解　设 T 年后该企业可以收回投资，则

$$\int_0^T 30\mathrm{e}^{0.05(T-t)}\mathrm{d}t=100$$

即

$$30\mathrm{e}^{0.05T}\int_0^T \mathrm{e}^{-0.05t}\mathrm{d}t=100$$

$$\frac{\mathrm{e}^{0.05T}(\mathrm{e}^{-0.05T}-1)}{-0.05}=\frac{100}{30}$$

解得 $\mathrm{e}^{0.05T}=\dfrac{7}{6}$，即 $T=20\ln\dfrac{7}{6}\approx 3.08$(年).

该项投资收入的现值

$$\int_0^{10}30\mathrm{e}^{-0.05t}\mathrm{d}t=30\,\frac{\mathrm{e}^{-0.5}-1}{-0.05}\approx 236.082(\text{万元})$$

5. 小张夫妇准备购买一套商品房，现价为 60 万元. 如果采用分期付款，则要求每年付款 5 万元，且 20 年付清，而银行的贷款利率为 4%，按连续复利计息，请问他们是一次付款合算还是分期付款合算？

解　设采用分期付款，则 20 年后其付款总值的现值为

$$\int_0^{20}5\mathrm{e}^{-0.04t}\mathrm{d}t=-\frac{5}{0.04}\mathrm{e}^{-0.04t}\Big|_0^{20}=-\frac{5}{0.04}(\mathrm{e}^{-0.8}-1)\approx 68.8(\text{万元})$$

(注：$\mathrm{e}^{0.8}\approx 2.226$)

若分期付款，20 年后付款总值的现值为 68.8 万元，而一次付款只用 60 万元，故一次付款合算.

6. 刘先生准备 5 年后购买一辆价值 10 万元的小汽车，如果银行存款的年利率 1.5%，以连续复利计息，试问刘先生每年应等额地存入多少钱才能实现他的这个购车计划？

解　设每年等额存入 A 万元，使得 5 年后存款总额的终值达 10 万元，则

$$\int_0^5 A\mathrm{e}^{0.015(5-t)}\mathrm{d}t = 10$$

即

$$A\mathrm{e}^{0.075}\int_0^5 \mathrm{e}^{-0.015t}\mathrm{d}t = 10$$

$$\frac{A\mathrm{e}^{0.075}(\mathrm{e}^{-0.075}-1)}{-0.015} = 10$$

解得 $A \approx 1.9267$(万元)($\mathrm{e}^{0.075} \approx 1.0779$),故每年等额存入 1.926 7 万元,5 年后可存够 10 万元.

第六章　离散经济变量的无限求和

四、计算题

1. 判断下列级数的敛散性.

(1) $\sum\limits_{n=1}^{\infty} \dfrac{1}{\left(1+\dfrac{1}{n+1}\right)^n}$.

解　由于 $\lim\limits_{n\to\infty} \dfrac{1}{\left(1+\dfrac{1}{n+1}\right)^n} = \dfrac{1}{\mathrm{e}} \neq 0$,故 $\sum\limits_{n=1}^{\infty} \dfrac{1}{\left(1+\dfrac{1}{n+1}\right)^n}$ 发散.

(2) $\sum\limits_{n=1}^{\infty} \dfrac{n\cdot 2^n}{3^n-2^n}$.

解　因为

$$\lim_{n\to\infty}\frac{u_{n+1}}{u_n} = \lim_{n\to\infty}\frac{\dfrac{(n+1)2^{n+1}}{3^{n+1}-2^{n+1}}}{\dfrac{n\cdot 2^n}{3^n-2^n}} = \lim_{n\to\infty}\frac{2(n+1)(3^n-2^n)}{n(3^{n+1}-2^{n+1})}$$

$$= \lim_{n\to\infty}\frac{2(n+1)}{n}\cdot\frac{1-\left(\dfrac{2}{3}\right)^n}{3-2\cdot\left(\dfrac{2}{3}\right)^n} = \frac{2}{3} < 1$$

由比值判别法知,$\sum\limits_{n=1}^{\infty} \dfrac{n\cdot 2^n}{3^n-2^n}$ 收敛.

(3) $\sum\limits_{n=1}^{\infty} \dfrac{\sin\dfrac{\pi}{3^n}}{n}$.

解　因为$\lim\limits_{n\to\infty}\dfrac{\dfrac{\sin\frac{\pi}{3^n}}{n}}{\dfrac{1}{3^n}}=0$而$\sum\limits_{n=1}^{\infty}\dfrac{1}{3^n}$收敛，由比较判别法知$\sum\limits_{n=1}^{\infty}\dfrac{\sin\frac{\pi}{3^n}}{n}$收敛.

(4) $\sum\limits_{n=1}^{\infty}\dfrac{(-1)^n}{n+\sin n}$.

解　记$u_n=\dfrac{1}{n+\sin n}$，下证u_n单调减少，为此设$f(x)=\dfrac{1}{x+\sin x}$，则$f'(x)=-\dfrac{1+\cos x}{(x+\sin x)^2}\leqslant 0$，因此$f(x)$单调减少，则$f(n)\geqslant f(n+1)$，即$u_n\geqslant u_{n+1}$，从而$u_n$单调减少. 又$\lim\limits_{n\to\infty}u_n=\lim\limits_{n\to\infty}\dfrac{1}{n+\sin n}=\lim\limits_{n\to\infty}\dfrac{\dfrac{1}{n}}{1+\dfrac{1}{n}\sin n}=0$. 由 Leibniz 判别法知交错级数$\sum\limits_{n=1}^{\infty}(-1)^n u_n=\sum\limits_{n=1}^{\infty}\dfrac{(-1)^n}{n+\sin n}$收敛.

(5) $\sum\limits_{n=1}^{\infty}\dfrac{(-1)^{n-1}}{n-\ln n}$.

解　记$u_n=\dfrac{1}{n-\ln n}$为证u_n单调减少，设$f(x)=\dfrac{1}{x-\ln x}$，则$f'(x)=\dfrac{1-x}{x(x-\ln x)^2}\leqslant 0\quad(x\geqslant 1)$因此$f(x)$单调减少，则$f(n)\geqslant f(n+1)$，即$u_n\geqslant u_{n+1}$. 又$\lim\limits_{n\to\infty}u_n=\lim\limits_{n\to\infty}\dfrac{1}{n-\ln n}=\lim\limits_{n\to\infty}\dfrac{\dfrac{1}{n}}{1-\dfrac{\ln n}{n}}=\dfrac{\lim\limits_{n\to\infty}\dfrac{1}{n}}{1-\lim\limits_{n\to\infty}\dfrac{\ln n}{n}}=0$，由 Leibniz 判别法知交错级数$\sum\limits_{n=1}^{\infty}(-1)^{n-1}u_n=\sum\limits_{n=1}^{\infty}\dfrac{(-1)^{n-1}}{n-\ln n}$收敛.

(6) $\sum\limits_{n=1}^{\infty}n\tan\dfrac{\pi}{2^n}$.

解　因为$\lim\limits_{n\to\infty}\dfrac{u_{n+1}}{u_n}=\lim\limits_{n\to\infty}\dfrac{(n+1)\tan\frac{\pi}{2^{n+1}}}{n\tan\frac{\pi}{2^n}}=\lim\limits_{n\to\infty}\dfrac{(n+1)\frac{\pi}{2^{n+1}}}{n\cdot\frac{\pi}{2^n}}=\lim\limits_{n\to\infty}\dfrac{n+1}{2n}=\dfrac{1}{2}<1$，由比值判别法知$\sum\limits_{n=1}^{\infty}n\tan\dfrac{\pi}{2^n}$收敛.

2. 判别下列级数是绝对收敛、条件收敛还是发散.

(1) $\sum_{n=1}^{\infty}(-1)^n\ln\left(1+\frac{1}{n^2}\right)$.

解 $\left|(-1)^n\ln\left(1+\frac{1}{n^2}\right)\right|=\ln\left(1+\frac{1}{n^2}\right)$，又$\lim_{n\to\infty}\frac{\ln\left(1+\frac{1}{n^2}\right)}{\frac{1}{n^2}}=1$，而$\sum_{n=1}^{\infty}\frac{1}{n^2}$收敛，故$\sum_{n=1}^{\infty}(-1)^n\ln\left(1+\frac{1}{n^2}\right)$绝对收敛.

(2) $\sum_{n=1}^{\infty}(-1)^n\frac{\ln n}{n}$.

解 这是交错级数. $\left|(-1)^n\frac{\ln n}{n}\right|=\frac{\ln n}{n}>\frac{1}{n}(n>2)$，而$\sum_{n=1}^{\infty}\frac{1}{n}$发散，由比较判别法知$\sum_{n=1}^{\infty}\frac{\ln n}{n}$发散.

为证$u_n=\frac{\ln n}{n}$单调减少，设$f(x)=\frac{\ln x}{x}$，则$f'(x)=\frac{1-\ln x}{x^2}<0(x>\mathrm{e})$. 即$f(x)$在$[\mathrm{e},+\infty)$上单调减少，从而$n>2$时$u_n>u_{n+1}$. 又$\lim_{n\to\infty}u_n=\lim_{n\to\infty}\frac{\ln n}{n}=0$，由 Leibniz 判别法知$\sum_{n=1}^{\infty}(-1)^n\frac{\ln n}{n}$收敛.

总之，$\sum_{n=1}^{\infty}(-1)^n\frac{\ln n}{n}$条件收敛.

(3) $\sum_{n=1}^{\infty}(-1)^n(\sqrt{n+2}-\sqrt{n+1})$.

解 $\sum_{n=1}^{\infty}(-1)^n(\sqrt{n+2}-\sqrt{n+1})=\sum_{n=1}^{\infty}(-1)^n\frac{1}{\sqrt{n+2}+\sqrt{n+1}}$为交错级数，由$\lim_{n\to\infty}\frac{\frac{1}{\sqrt{n+2}+\sqrt{n+1}}}{\frac{1}{\sqrt{n}}}=\frac{1}{2}$，而$\sum_{n=1}^{\infty}\frac{1}{\sqrt{n}}$发散，因此$\sum_{n=1}^{\infty}\frac{1}{\sqrt{n+2}+\sqrt{n+1}}$发散.

显然$\frac{1}{\sqrt{n+2}+\sqrt{n+1}}$单调减少，又$\lim_{n\to\infty}\frac{1}{\sqrt{n+2}+\sqrt{n+1}}=0$，由 Leibniz 判别法知$\sum_{n=1}^{\infty}(-1)^n(\sqrt{n+2}-\sqrt{n+1})$收敛.

总之，$\sum_{n=1}^{\infty}(-1)^n(\sqrt{n+2}-\sqrt{n+1})$条件收敛.

(4) $\sum_{n=1}^{\infty}(-1)^{n-1}\left(1-\cos\frac{1}{\sqrt{n}}\right)$.

解　$\left|(-1)^{n-1}\left(1-\cos\frac{1}{\sqrt{n}}\right)\right| = 1-\cos\frac{1}{\sqrt{n}}$，由 $\lim\limits_{n\to\infty}\dfrac{1-\cos\frac{1}{\sqrt{n}}}{\frac{1}{n}} = \frac{1}{2}$，而 $\sum_{n=1}^{\infty}\frac{1}{n}$ 发散，因此 $\sum_{n=1}^{\infty}\left(1-\cos\frac{1}{\sqrt{n}}\right)$ 发散.

$\sum_{n=1}^{\infty}(-1)^{n-1}\left(1-\cos\frac{1}{\sqrt{n}}\right)$ 为交错级数. 为证 $u_n = 1-\cos\frac{1}{\sqrt{n}}$ 单调减少，记 $f(x)=1-\cos x, f'(x)=\sin x>0, x\in\left(0,\frac{\pi}{2}\right)$. 对 $\forall n\in\mathbf{N}^*$，则 $\frac{1}{n},\frac{1}{n+1}\in\left(0,\frac{\pi}{2}\right)$ 且 $\frac{1}{n}>\frac{1}{n+1}$，故 $u_n=f\left(\frac{1}{n}\right)>f\left(\frac{1}{n+1}\right)=u_{n+1}$. 又 $\lim\limits_{n\to\infty}u_n=\lim\limits_{n\to\infty}\left(1-\cos\frac{1}{\sqrt{n}}\right)=0$，由 Leibniz 判别法知 $\sum_{n=1}^{\infty}(-1)^{n-1}\left(1-\cos\frac{1}{\sqrt{n}}\right)$ 收敛.

总之，$\sum_{n=1}^{\infty}(-1)^{n-1}\left(1-\cos\frac{1}{\sqrt{n}}\right)$ 条件收敛.

3. 求解下列各题.

(1) 将 $f(x)=\dfrac{x}{1+x-2x^2}$ 展开成为 x 的幂级数，并确定其收敛区间.

解　$$f(x)=\frac{x}{1+x-2x^2}=\frac{1}{3}\left(\frac{1}{1-x}-\frac{1}{1+2x}\right)$$
$$=\frac{1}{3}\left[\sum_{n=0}^{\infty}x^n-\sum_{n=0}^{\infty}(-2x)^n\right]=\sum_{n=0}^{\infty}\frac{1}{3}[1-(-2)^n]x^n$$

由于 $\sum_{n=0}^{\infty}x^n$ 的收敛区间为 $(-1,1)$，$\sum_{n=0}^{\infty}(-2x)^n$ 的收敛区间为 $\left(-\frac{1}{2},\frac{1}{2}\right)$，故 $\sum_{n=0}^{\infty}\frac{1}{3}[1-(-2)^n]x^n$ 的收敛区间为 $(-1,1)\cap\left(-\frac{1}{2},\frac{1}{2}\right)=\left(-\frac{1}{2},\frac{1}{2}\right)$.

(2) 在 $(-\infty,+\infty)$ 内将 $f(x)=(1+x)\mathrm{e}^{-x}$ 展开为 x 的幂级数.

解　由
$$f'(x)=[(1+x)\mathrm{e}^{-x}]'=-x\mathrm{e}^{-x}$$
$$=-x\cdot\sum_{n=0}^{\infty}\frac{1}{n!}(-x)^n=\sum_{n=0}^{\infty}\frac{(-1)^{n+1}}{n!}x^{n+1},\quad x\in\mathbf{R}$$

则

$$f(x)=f(0)+\int_0^x f'(t)\mathrm{d}t=1+\sum_{n=0}^{\infty}\int_0^x \frac{(-1)^{n+1}}{n!}t^{n+1}\mathrm{d}t$$

$$=1+\sum_{n=0}^{\infty}\frac{(-1)^{n+1}}{n!}\cdot\frac{x^{n+2}}{n+2},\quad x\in\mathbf{R}$$

(3) 求$\sum\limits_{n=1}^{\infty}\dfrac{x^n}{n+1}$的收敛区间及和函数.

解　由$\lim\limits_{n\to\infty}\dfrac{a_{n+1}}{a_n}=\lim\limits_{n\to\infty}\dfrac{\frac{1}{n+2}}{\frac{1}{n+1}}=1$,故收敛半径$R=1$. 当$x=-1$时,$\sum\limits_{n=1}^{\infty}\dfrac{(-1)^n}{n+1}$收敛;当$x=1$时,$\sum\limits_{n=1}^{\infty}\dfrac{1}{n+1}$发散. 故$\sum\limits_{n=1}^{\infty}\dfrac{x^n}{n+1}$的收敛区间为$[-1,1)$.

当$x\neq 0$时,$\sum\limits_{n=1}^{\infty}\dfrac{x^n}{n+1}=\dfrac{1}{x}\sum\limits_{n=1}^{\infty}\dfrac{x^{n+1}}{n+1}=\dfrac{1}{x}S(x)$,其中$S(x)=\sum\limits_{n=1}^{\infty}\dfrac{x^{n+1}}{n+1}$,$S'(x)=\sum\limits_{n=1}^{\infty}x^n=\dfrac{x}{1-x}$,则

$$S(x)=S(0)+\int_0^x S'(t)\mathrm{d}t=0+\int_0^x\frac{t}{1-t}\mathrm{d}t=-x-\ln(1-x)$$

从而$\sum\limits_{n=1}^{\infty}\dfrac{x^n}{n+1}=-1-\dfrac{\ln(1-x)}{x}$;当$x=0$时,$\sum\limits_{n=1}^{\infty}\dfrac{x^n}{n+1}=0$. 总之,有

$$\sum_{n=1}^{\infty}\frac{x^n}{n+1}=\begin{cases}-1-\dfrac{\ln(1-x)}{x}, & x\in[-1,0)\cup(0,1),\\ 0, & x=0\end{cases}$$

(4) 在$(-1,1)$内求幂级数$\sum\limits_{n=1}^{\infty}(-1)^n nx^{n+1}$的和函数,并求数项级数$\sum\limits_{n=1}^{\infty}\dfrac{n}{2^n}$的和.

解　$\sum\limits_{n=1}^{\infty}(-1)^n nx^{n+1}=-x^2\sum\limits_{n=1}^{\infty}n\cdot(-x)^{n-1}=-x^2S(x)$

其中$S(x)=\sum\limits_{n=1}^{\infty}n(-x)^{n-1}$. 因为

$$\int_0^x S(t)\mathrm{d}t=\sum_{n=1}^{\infty}\int_0^x n(-t)^{n-1}\mathrm{d}t=\sum_{n=1}^{\infty}[-(-x)^n]=\frac{x}{1-(-x)}=\frac{x}{1+x}$$

$$S(x)=\left(\int_0^x S(t)\mathrm{d}t\right)'=\frac{1}{(x+1)^2}$$

故

$$\sum_{n=1}^{\infty}(-1)^n nx^{n+1}=-x^2S(x)=-\left(\frac{x}{x+1}\right)^2,\quad x\in(-1,1)$$

取 $x=-\frac{1}{2}$,则

$$\sum_{n=1}^{\infty}(-1)^n n\left(-\frac{1}{2}\right)^{n+1}=-\left(\frac{-\frac{1}{2}}{-\frac{1}{2}+1}\right)^2$$

即 $-\frac{1}{2}\sum_{n=1}^{\infty}\frac{n}{2^n}=-1$,则 $\sum_{n=1}^{\infty}\frac{n}{2^n}=2$.

五、证明题

1. 设 $a_n>0$ 且 $\lim_{n\to\infty}na_n=A\neq 0$,证明 $\sum_{n=1}^{\infty}a_n$ 发散.

证　由已知 $\lim_{n\to\infty}\frac{a_n}{\frac{1}{n}}=A\neq 0$ 而 $\sum_{n=1}^{\infty}\frac{1}{n}$ 发散,由比较判别法知正项级数 $\sum_{n=1}^{\infty}a_n$ 发散.

2. 证明:若 $\sum_{n=1}^{\infty}a_n^2$ 收敛,则 $\sum_{n=1}^{\infty}\frac{a_n}{n}$ 绝对收敛.

证　由基本不等式知 $\left|\frac{a_n}{n}\right|\leqslant\frac{1}{2}\left(\frac{1}{n^2}+a_n^2\right)$,又 $\sum_{n=1}^{\infty}\frac{1}{n^2}$ 与 $\sum_{n=1}^{\infty}a_n^2$ 皆收敛,由比较判别法知 $\sum_{n=1}^{\infty}\left|\frac{a_n}{n}\right|$ 收敛,从而 $\sum_{n=1}^{\infty}\frac{a_n}{n}$ 绝对收敛.

3. 设 $\frac{a_{n+1}}{a_n}\leqslant\frac{b_{n+1}}{b_n}(a_n>0,b_n>0,n=1,2,\cdots)$,试证:

(1) 如果 $\sum_{n=1}^{\infty}b_n$ 收敛,则 $\sum_{n=1}^{\infty}a_n$ 收敛;

(2) 如果 $\sum_{n=1}^{\infty}a_n$ 发散,则 $\sum_{n=1}^{\infty}b_n$ 发散.

证　由已知 $\frac{a_n}{b_n}\leqslant\frac{a_{n-1}}{b_{n-1}}\leqslant\frac{a_{n-2}}{b_{n-2}}\leqslant\cdots\leqslant\frac{a_1}{b_1}$,可得

(1) $a_n\leqslant\frac{a_1}{b_1}b_n$,而 $\sum_{n=1}^{\infty}b_n$ 收敛,由比较判别法知 $\sum_{n=1}^{\infty}a_n$ 收敛;

(2) $b_n\geqslant\frac{b_1}{a_1}a_n$,而 $\sum_{n=1}^{\infty}a_n$ 发散,由比较判别法知 $\sum_{n=1}^{\infty}b_n$ 发散.

第七章　方程类经济数学模型

三、解答题

1. $\dfrac{dy}{dx}-\dfrac{x-1}{y}=0$.

解　原式可化为 $ydy=(x-1)dx$，两边积分得 $\dfrac{1}{2}y^2=\dfrac{1}{2}x^2-x+C_1$，整理得 $y^2=(x-1)^2+C$，即为原方程通解.

2. $\dfrac{dy}{dx}+\dfrac{e^{y^2+x}}{y}=0$.

解　原式可化为 $-ye^{-y^2}dy=e^x dx$，两边积分得 $\dfrac{1}{2}e^{-y^2}=e^x+C$，整理得 $e^{-y^2}-2e^x+C=0$，即为原方程通解.

3. $x\dfrac{dy}{dx}=y(\ln y-\ln x)$.

解　原式可化为 $\dfrac{dy}{dx}=\dfrac{y}{x}\ln\dfrac{y}{x}$.

令 $u=\dfrac{y}{x}$，$y=ux$，$\dfrac{dy}{dx}=u+x\dfrac{du}{dx}$. 代入上式，得 $x\dfrac{du}{dx}=u\ln u-u$，即 $\dfrac{du}{u(\ln u-1)}=\dfrac{dx}{x}$，得 $\ln(\ln u-1)=\ln x+C_1$，故 $\ln u-1=Cx$，故 $\ln\dfrac{y}{x}=Cx+1$ 即为原方程通解.

4. $(x^2+1)y'=4x^3-2xy$.

解　原方程可化为 $y'+\dfrac{2x}{x^2+1}y=\dfrac{4x^3}{x^2+1}$，其中 $P(x)=\dfrac{2x}{x^2+1}$，$Q(x)=\dfrac{4x^3}{x^2+1}$.

故原方程的通解为

$$\begin{aligned} y &= e^{-\int\frac{2x}{x^2+1}dx}\left[\int\frac{4x^3}{x^2+1}e^{\int\frac{2x}{x^2+1}dx}dx+C\right] \\ &= e^{\ln(x^2+1)^{-1}}\left[\int\frac{4x^3}{x^2+1}(x^2+1)dx+C\right] \\ &= (x^2+1)^{-1}(x^4+C) \end{aligned}$$

5. $y''-3y'+2y=xe^x$.

解　特征方程 $r^2-3r+2=0$,特征根为 $r_1=1,r_2=2$. $f(x)=xe^x$,$\lambda=1$ 是特征方程的特征根,所以设特解为

$$y^*=x(Ax+B)e^x$$
$$y^{*\prime}=(2Ax+B)e^x+(Ax^2+Bx)e^x$$
$$y^{*\prime\prime}=2Ae^x+2(2Ax+B)e^x+(Ax^2+Bx)e^x$$

代入方程,得 $-2Ax+2A-B=x$,比较系数有 $-2A=1$,$2A-B=0$,解得 $A=-\dfrac{1}{2}$,$B=-1$.

因此,原方程的特解为 $y^*=-\left(\dfrac{1}{2}x^2+x\right)e^x$,原方程的通解为

$$y=C_1e^x+C_2e^{2x}-\left(\frac{1}{2}x^2+x\right)e^x$$

6. $y_{t+1}-2y_t=3t^2$.

解　齐次方程 $y_{t+1}-2y_t=0$ 的通解为 $Y_t=C2^t$,C 为任意常数.

设原方程的特解为 $y_t^*=At^2+Bt+C$,代入原方程,得

$$-At^2+(2A-B)t+(A+B-C)=3t^2$$

从而 $-A=3$,$2A-B=0$,$A+B-C=0$,解得 $A=-3$,$B=-6$,$C=-9$,所以

$$y_t^*=-(3t^2+6t+9)$$

故所求的原方程通解为

$$y_t=C2^t-(3t^2+6t+9)$$

7. $y_x-4y_{x-1}=3\cdot 2^{2x}$,$y_1=8$.

解　齐次方程 $y_x-4y_{x-1}=0$ 的通解为 $Y_x=C_14^x$,C_1 为任意常数.

由于 $a=-4=-b$,因此设原方程的特解为 $y_x^*=(Ax+B)4^x$. 将 y_x^* 代入原方程,得

$$(Ax+B)4^x-4[A(x-1)+B]4^{x-1}=3\cdot 4^x$$

解得 $A=3$,B 为任意常数. 故所求原方程的通解为

$$\begin{aligned}y_x&=C_14^x+(3x+B)4^x\\&=(3x+C)4^x,\quad C=C_1+B\text{ 为任意常数}\end{aligned}$$

又因 $y_1=8$,所以 $C=-1$,故满足 $y_1=8$ 的特解为 $y_x=(3x-1)4^x$.

8. $y_{x+1}+3y_x=(-3)^x+1$.

解　齐次方程 $y_{x+1}+3y_x=0$ 的通解为 $Y_x=C_1(-3)^x$,C_1 为任意常数.

求原方程的通解,根据叠加原理,先求

$$y_{x+1}+3y_x=(-3)^x \tag{①}$$

的特解.

令 $y_x^{(1)}=(Ax+B)(-3)^x$,代入方程①解得 $A=-\dfrac{1}{3}$,B 为任意常数.即

$$y_x^{(1)}=\left(B-\frac{1}{3}x\right)(-3)^x$$

再求

$$y_{x+1}+3y_x=1 \qquad ②$$

的特解.

令 $y_x^{(2)}=A$,代入方程②,解得 $A=\dfrac{1}{4}$.

故原方程的通解为 $y_x=C_1(-3)^x+\left(B-\dfrac{1}{3}x\right)(-3)^x+\dfrac{1}{4}$,即

$$y_x=\left(C-\frac{1}{3}x\right)(-3)^x+\frac{1}{4},\quad C=C_1+B \text{ 为任意常数}$$

四、应用题

1. 一曲线通过点$\left(1,\dfrac{3}{4}\right)$,曲线上任何点 P 处的切线在 y 轴上的截距等于原点至 P 的距离,求该曲线的方程.

解　设曲线方程为 $y=f(x)$,过点 $P(x,y)$ 的切线斜率为 $y'=f'(x)$,则切线方程为 $Y-y=y'(X-x)$,即 $Y=y'X+(y-xy')$.

因切线在 y 轴上的截距等于原点到 P 的距离,所以 $y-xy'=\sqrt{x^2+y^2}$,即

$$y'=\frac{y}{x}-\sqrt{1+\left(\frac{y}{x}\right)^2}$$

令 $\dfrac{y}{x}=u$,求解微分方程,得

$$\frac{y}{x}+\sqrt{1+\left(\frac{y}{x}\right)^2}=\frac{C}{x}$$

又因曲线过点$\left(1,\dfrac{3}{4}\right)$,所以可解得 $C=2$.

故所求曲线方程为 $\dfrac{y}{x}+\sqrt{1+\left(\dfrac{y}{x}\right)^2}=\dfrac{2}{x}$.

2. 已知某商品需求弹性为 $-\dfrac{5P+2P^2}{Q}$,且当 $P=10$ 时 $Q=500$,求需求函数 $Q(P)$.

解 由已知，需求弹性 $\varepsilon_P=\frac{P}{Q}\frac{\mathrm{d}Q}{\mathrm{d}P}=-\frac{5P+2P^2}{Q}$，故 $\frac{\mathrm{d}Q}{\mathrm{d}P}=-5-2P$，所以

$$Q=-5P-P^2+C$$

因为当 $P=10$ 时 $Q=500$，所以 $C=650$，故所求需求函数

$$Q(P)=-5P-P^2+650$$

五、证明题

设 $y=y_1(x)$，$y=y_2(x)$ 分别是方程 $y''+p(x)y'+q(x)y=Q_1(x_1)$ 与 $y''+p(x)y'+q(x)y=Q_2(x)$ 的解，证明 $y=y_1(x)+y_2(x)$ 是方程 $y''+p(x)y'+q(x)y=Q_1(x)+Q_2(x)$ 的解.

证 因为 $y=y_1(x)$，$y=y_2(x)$ 分别为

$$y''+p(x)y'+q(x)y=Q_1(x)$$
$$y''+p(x)y'+q(x)y=Q_2(x)$$

的解，所以

$$y_1''+p(x)y_1'+q(x)y_1=Q_1(x)$$
$$y_2''+p(x)y_2'+q(x)y_2=Q_2(x)$$

而

$$\begin{aligned}&(y_1+y_2)''+p(x)(y_1+y_2)'+q(x)(y_1+y_2)\\&=[y_1''+p(x)y_1'+q(x)]+[y_2''+p(x)y_2'+q(x)y_2]\\&=Q_1(x)+Q_2(x)\end{aligned}$$

即 $y=y_1(x)+y_2(x)$ 为方程 $y''+p(x)y'+q(x)y=Q_1(x)+Q_2(x)$ 的解.

六、综合题

如图，设 $y=f(x)$ 是第一象限内连接点 $A(0,1)$，$B(1,0)$ 的一段连续曲线，$M(x,y)$ 为该曲线上任意一点，点 C 为 M 在 x 轴上的投影，O 为坐标原点. 若梯形 $OCMA$ 的面积与曲边三角形 CMB 的面积之和为 $\frac{x^3}{6}+\frac{1}{3}$，求 $f(x)$ 的表达式.

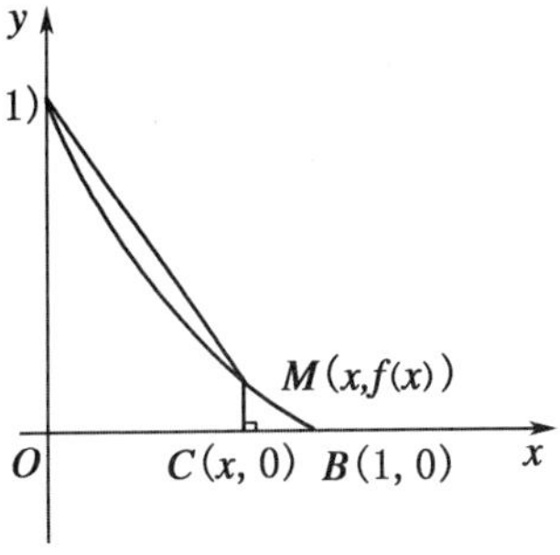

解 梯形 $OCMA$ 的面积为 $\frac{1}{2}x[f(x)+1]$，曲边三角形 CBM 面积为 $\int_x^1 f(t)\mathrm{d}t$，则

$$\frac{1}{2}x[f(x)+1]+\int_x^1 f(t)\mathrm{d}t=\frac{x^3}{6}+\frac{1}{3}$$

即

$$3x[f(x)+1]-6\int_1^x f(t)\mathrm{d}t = x^3+2$$

求导,整理得

$$f'(x)-\frac{1}{x}f(x) = x-\frac{1}{x}$$

解方程,得

$$f(x) = x^2+1+Cx$$

又因 $B(1,0)$ 为曲线上的点,所以 $C=-2$. 故所求

$$f(x) = x^2-2x+1,\quad 0\leqslant x\leqslant 1$$

第三篇　线性代数习题解答

第一章　行　列　式

三、计算题

1. 用行列式的定义计算下列行列式.

(1) $\begin{vmatrix} a_{11} & \cdots & a_{1,n-1} & a_{1n} \\ a_{21} & \cdots & a_{2,n-1} & 0 \\ \vdots & & \vdots & \vdots \\ a_{n1} & \cdots & 0 & 0 \end{vmatrix}$.

解　原式 $=(-1)^{\tau(n(n-1)\cdots 21)}a_{1n}a_{2,n-1}\cdots a_{n1}=(-1)^{\frac{n(n-1)}{2}}a_{1n}a_{2,n-1}\cdots a_{n1}$

(2) $\begin{vmatrix} 0 & 0 & \cdots & 0 & 1 \\ 0 & 0 & \cdots & 2 & 0 \\ \vdots & \vdots & & \vdots & \vdots \\ n & 0 & \cdots & 0 & 0 \end{vmatrix}$.

解　原式 $=(-1)^{\tau(n(n-1)\cdots 21)}a_{1n}a_{2,n-1}\cdots a_{n1}=(-1)^{\frac{n(n-1)}{2}}n!$

(3) $\begin{vmatrix} 0 & 1 & 0 & \cdots & 0 \\ 0 & 0 & 2 & \cdots & 0 \\ \vdots & \vdots & \vdots & & \vdots \\ 0 & 0 & 0 & \cdots & n-1 \\ n & 0 & 0 & \cdots & 0 \end{vmatrix}$.

解　原式 $=(-1)^{\tau(23\cdots n1)}a_{12}a_{23}\cdots a_{n-1,n}a_{n1}=(-1)^{n-1}n!$

2. 计算下列二阶或三阶行列式.

(1) $\begin{vmatrix} \sin\theta & -\cos\theta \\ \cos\theta & \sin\theta \end{vmatrix}$.

解　原式 $=\sin^2\theta-(-\cos^2\theta)=1$

(2) $\begin{vmatrix} 0 & a & 0 \\ b & 0 & c \\ 0 & d & 0 \end{vmatrix}$.

解　原式 $= 0\cdot 0\cdot 0 + a\cdot c\cdot 0 + 0\cdot b\cdot d - 0\cdot 0\cdot 0 - a\cdot b\cdot 0 - c\cdot d\cdot 0$

$= 0$

(3) $\begin{vmatrix} 1 & -1 & 2 \\ 0 & 3 & -1 \\ 1 & -2 & 4 \end{vmatrix}$.

解　原式 $= 1\cdot 3\cdot 4 + (-1)\cdot(-1)\cdot 1 + 2\cdot 0\cdot(-2) - 2\cdot 3\cdot 1 - 1\cdot(-1)\cdot(-2) - (-1)\cdot 0\cdot 4$

$= 5$

(4) $\begin{vmatrix} 1 & a & a^2 \\ 1 & b & b^2 \\ 1 & c & c^2 \end{vmatrix}$.

解　原式 $= 1\cdot b\cdot c^2 + a\cdot b^2\cdot 1 + a^2\cdot 1\cdot c - a^2\cdot b\cdot 1 - 1\cdot b^2\cdot c - a\cdot 1\cdot c^2$

$= b(c^2 - a^2) + b^2(a-c) + ac(a-c)$

$= (c-a)(bc + ba - b^2 - ac)$

$= (c-a)[c(b-a) + b(a-b)]$

$= (a-b)(b-c)(c-a)$

3. 设三阶行列式 $D = |a_{ij}| = a$，计算下列行列式.

(1) $\begin{vmatrix} a_{21} & a_{22} & a_{23} \\ -a_{11} & -a_{12} & -a_{13} \\ a_{31} & a_{32} & a_{33} \end{vmatrix}$.

解　原式 $= -\begin{vmatrix} a_{21} & a_{22} & a_{23} \\ a_{11} & a_{12} & a_{13} \\ a_{31} & a_{32} & a_{33} \end{vmatrix} = \begin{vmatrix} a_{11} & a_{12} & a_{13} \\ a_{21} & a_{22} & a_{23} \\ a_{31} & a_{32} & a_{33} \end{vmatrix} = D = a$

(2) $\begin{vmatrix} 3a_{11} + 2a_{12} + a_{13} & 3a_{12} + 2a_{13} & a_{13} \\ 3a_{21} + 2a_{22} + a_{23} & 3a_{22} + 2a_{23} & a_{23} \\ 3a_{31} + 2a_{32} + a_{33} & 3a_{32} + 2a_{33} & a_{33} \end{vmatrix}$.

解　原式 $= \begin{vmatrix} 3a_{11} + 2a_{12} + a_{13} & 3a_{12} & a_{13} \\ 3a_{21} + 2a_{22} + a_{23} & 3a_{22} & a_{23} \\ 3a_{31} + 2a_{32} + a_{33} & 3a_{32} & a_{33} \end{vmatrix} + \begin{vmatrix} 3a_{11} + 2a_{12} + a_{13} & 2a_{13} & a_{13} \\ 3a_{21} + 2a_{22} + a_{23} & 2a_{23} & a_{23} \\ 3a_{31} + 2a_{32} + a_{33} & 2a_{33} & a_{33} \end{vmatrix}$

$$= \begin{vmatrix} 3a_{11} & 3a_{12} & a_{13} \\ 3a_{21} & 3a_{22} & a_{23} \\ 3a_{31} & 3a_{32} & a_{33} \end{vmatrix} + \begin{vmatrix} 2a_{12} & 3a_{12} & a_{13} \\ 2a_{22} & 3a_{22} & a_{23} \\ 2a_{32} & 3a_{32} & a_{33} \end{vmatrix} + \begin{vmatrix} a_{13} & 3a_{12} & a_{13} \\ a_{23} & 3a_{22} & a_{23} \\ a_{33} & 3a_{32} & a_{33} \end{vmatrix}$$

$$= 9D = 9a$$

(3) $\begin{vmatrix} -a_{31} & a_{21} & 2a_{11} \\ -a_{32} & a_{22} & 2a_{12} \\ -a_{33} & a_{23} & 2a_{13} \end{vmatrix}$.

解　原式 $= -\begin{vmatrix} a_{31} & a_{21} & 2a_{11} \\ a_{32} & a_{22} & 2a_{12} \\ a_{33} & a_{23} & 2a_{13} \end{vmatrix} = 2\begin{vmatrix} a_{11} & a_{21} & a_{31} \\ a_{12} & a_{22} & a_{32} \\ a_{13} & a_{23} & a_{33} \end{vmatrix} = 2D = 2a$

4. 用行列式的性质计算下列行列式.

(1) $\begin{vmatrix} 2 & 201 & -1 \\ 3 & 292 & 8 \\ -1 & -95 & -5 \end{vmatrix}$.

解　原式 $= \dfrac{1}{100}\begin{vmatrix} 200 & 201 & -1 \\ 300 & 292 & 8 \\ -100 & -95 & -5 \end{vmatrix} = \dfrac{1}{100}\begin{vmatrix} 201 & 201 & -1 \\ 292 & 292 & 8 \\ -95 & -95 & -5 \end{vmatrix} = 0$

(2) $\begin{vmatrix} 34\ 215 & 35\ 215 \\ 28\ 092 & 29\ 092 \end{vmatrix}$.

解　原式 $= \begin{vmatrix} 34\ 215 & 1\ 000 \\ 28\ 092 & 1\ 000 \end{vmatrix} = (34\ 215 - 28\ 092) \cdot 1\ 000 = 6.123 \times 10^6$

(3) $\begin{vmatrix} 1 & 1 & 1 & 1 \\ -1 & 1 & 1 & 1 \\ -1 & -1 & 1 & 1 \\ -1 & -1 & -1 & 1 \end{vmatrix}$.

解　原式 $= \begin{vmatrix} 1 & 1 & 1 & 1 \\ 0 & 2 & 2 & 2 \\ 0 & 0 & 2 & 2 \\ 0 & 0 & 0 & 2 \end{vmatrix} = 8$

5. 求行列式 $\begin{vmatrix} 1 & -2 & 3 & 4 \\ 0 & 1 & 2 & 7 \\ -2 & 6 & -3 & 1 \\ -1 & 0 & 4 & 5 \end{vmatrix}$ 中元素 3,5,7 的余子式和代数余子式的值.

解 3 的余子式为

$$M_{13} = \begin{vmatrix} 0 & 1 & 7 \\ -2 & 6 & 1 \\ -1 & 0 & 5 \end{vmatrix} = \begin{vmatrix} -1 & 0 & 5 \\ 0 & 1 & 7 \\ -2 & 6 & 1 \end{vmatrix} = \begin{vmatrix} -1 & 0 & 5 \\ 0 & 1 & 7 \\ 0 & 6 & -9 \end{vmatrix}$$

$$= \begin{vmatrix} -1 & 0 & 5 \\ 0 & 1 & 7 \\ 0 & 0 & -51 \end{vmatrix} = 51$$

3 的代数余子式为

$$A_{13} = (-1)^{1+3} M_{13} = 51$$

5 的余子式为

$$M_{44} = \begin{vmatrix} 1 & -2 & 3 \\ 0 & 1 & 2 \\ -2 & 6 & -3 \end{vmatrix} = \begin{vmatrix} 1 & -2 & 3 \\ 0 & 1 & 2 \\ 0 & 2 & 3 \end{vmatrix} = \begin{vmatrix} 1 & -2 & 3 \\ 0 & 1 & 2 \\ 0 & 0 & -1 \end{vmatrix} = -1$$

5 的代数余子式为

$$A_{44} = (-1)^{4+4} M_{44} = -1$$

7 的余子式为

$$M_{24} = \begin{vmatrix} 1 & -2 & 3 \\ -2 & 6 & -3 \\ -1 & 0 & 4 \end{vmatrix} = \begin{vmatrix} 1 & -2 & 3 \\ 0 & 2 & 3 \\ 0 & -2 & 7 \end{vmatrix} = \begin{vmatrix} 1 & -2 & 3 \\ 0 & 2 & 3 \\ 0 & 0 & 10 \end{vmatrix} = 20$$

7 的代数余子式为

$$A_{24} = (-1)^{2+4} M_{24} = 20$$

6. 设 $f(x) = \begin{vmatrix} x & 1 & 2 & 3 \\ 3 & x & 1 & 2 \\ 2 & 3 & x & 1 \\ 1 & 2 & 3 & x \end{vmatrix}$,求 $f(0), f(4)$.

解　$f(0)=\begin{vmatrix}0&1&2&3\\3&0&1&2\\2&3&0&1\\1&2&3&0\end{vmatrix}=\begin{vmatrix}6&1&2&3\\6&0&1&2\\6&3&0&1\\6&2&3&0\end{vmatrix}=6\begin{vmatrix}1&1&2&3\\0&-1&-1&-1\\0&2&-2&-2\\0&1&1&-3\end{vmatrix}$

$$=6\begin{vmatrix}1&1&2&3\\0&-1&-1&-1\\0&0&-4&-4\\0&0&0&-4\end{vmatrix}=-6\times16=-96$$

$$f(4)=\begin{vmatrix}4&1&2&3\\3&4&1&2\\2&3&4&1\\1&2&3&4\end{vmatrix}=\begin{vmatrix}10&1&2&3\\10&4&1&2\\10&3&4&1\\10&2&3&4\end{vmatrix}=10\begin{vmatrix}1&1&2&3\\0&3&-1&-1\\0&2&2&-2\\0&1&1&1\end{vmatrix}$$

$$=10\begin{vmatrix}1&1&2&3\\0&1&1&1\\0&3&-1&-1\\0&2&2&-2\end{vmatrix}=10\begin{vmatrix}1&1&2&3\\0&1&1&1\\0&0&-4&-4\\0&0&0&-4\end{vmatrix}=160$$

7. 设 x_1,x_2,x_3 是方程 $x^3+px+q=0$ 的 3 个根，计算 $\begin{vmatrix}x_1&x_2&x_3\\x_2&x_3&x_1\\x_3&x_1&x_2\end{vmatrix}$ 的值.

解　因 x_1,x_2,x_3 是方程 $x^3+px+q=0$ 的 3 个根，由代数基本定理，得 $x_1+x_2+x_3=0$. 则

$$\begin{vmatrix}x_1&x_2&x_3\\x_2&x_3&x_1\\x_3&x_1&x_2\end{vmatrix}=\begin{vmatrix}x_1+x_2+x_3&x_2&x_3\\x_1+x_2+x_3&x_3&x_1\\x_1+x_2+x_3&x_1&x_2\end{vmatrix}=(x_1+x_2+x_3)\begin{vmatrix}1&x_2&x_3\\1&x_3&x_1\\1&x_1&x_2\end{vmatrix}=0$$

8. 求 $\begin{vmatrix}3&0&4&0\\2&2&2&2\\0&-7&0&0\\5&3&-2&2\end{vmatrix}$ 中第 4 行元素的余子式的和.

解　令 $H=\begin{vmatrix}3&0&4&0\\2&2&2&2\\0&-7&0&0\\-1&1&-1&1\end{vmatrix}$，则 H 的第 4 行元素的余子式与原行列式

相应行元素的余子式相同,且

$$H=(-1)\cdot(-1)^{4+1}M_{41}+1\cdot(-1)^{4+2}M_{42}+(-1)\cdot(-1)^{4+3}M_{43}+1\cdot(-1)^{4+4}M_{44}$$
$$=M_{41}+M_{42}+M_{43}+M_{44}$$

故

$$\sum_{j=1}^{4}M_{4j}=H=7\begin{vmatrix}3&4&0\\2&2&2\\-1&-1&1\end{vmatrix}=7\begin{vmatrix}3&4&0\\4&4&2\\0&0&1\end{vmatrix}=7\begin{vmatrix}3&4\\4&4\end{vmatrix}=-28$$

9. 解下列方程.

(1) $\begin{vmatrix}1&1&1\\1&2&x\\1&x&6\end{vmatrix}=1.$

解　由

$$\begin{vmatrix}1&1&1\\1&2&x\\1&x&6\end{vmatrix}=\begin{vmatrix}1&1&1\\0&1&x-1\\0&x-1&5\end{vmatrix}=\begin{vmatrix}1&x-1\\x-1&5\end{vmatrix}=-x^2+2x+4$$

得 $-x^2+2x+4=1$,即 $x^2-2x-3=0$.解得 $x=3$ 或 $x=-1$.

(2) $\begin{vmatrix}1&1&1&1\\1&2&-2&x\\1&4&4&x^2\\1&8&-8&x^3\end{vmatrix}=0.$

解　令 $f(x)=\begin{vmatrix}1&1&1&1\\1&2&-2&x\\1&4&4&x^2\\1&8&-8&x^3\end{vmatrix}$,易知当 $x=1,-2,2$ 时,行列式均有两列相同,故 $f(x)=0$,即 $x=1,-2,2$ 是 $f(x)=0$ 的3个根.又知 $f(x)$ 中 x^3 的系数

$$\begin{vmatrix}1&1&1\\1&2&-2\\1&4&4\end{vmatrix}=\begin{vmatrix}1&1&1\\0&1&-3\\0&3&3\end{vmatrix}=\begin{vmatrix}1&1&1\\0&1&-3\\0&0&12\end{vmatrix}=12\neq0$$

故 $f(x)$ 为3次多项式,由代数基本定理,原方程有且只有 $x=1,-2,2$ 这3个根.

(3) $\begin{vmatrix} 1 & 1 & 2 & 3 \\ 1 & 2-x^2 & 2 & 3 \\ 2 & 3 & 1 & 5 \\ 2 & 3 & 1 & 9-x^2 \end{vmatrix} = 0.$

解　令 $f(x) = \begin{vmatrix} 1 & 1 & 2 & 3 \\ 1 & 2-x^2 & 2 & 3 \\ 2 & 3 & 1 & 5 \\ 2 & 3 & 1 & 9-x^2 \end{vmatrix}$,易知当 $x=\pm 1$ 或 $x=\pm 2$ 时,行列式均有两行相同,故 $f(x)=0$,即 $x=\pm 1,\pm 2$ 是 $f(x)=0$ 的 4 个根. 又知 $f(x)$ 中含 x^4 的项为 $1\cdot(2-x^2)\cdot 1\cdot(9-x^2)-2\cdot(2-x^2)\cdot 2\cdot(9-x^2)$,显然,$x^4$ 的系数不为零,由代数基本定理,$f(x)=0$ 最多只有 4 个不同的根. 故 $x=\pm 1,\pm 2$ 是原方程的根.

(4) $\begin{vmatrix} 1 & 2 & 3 & \cdots & n \\ 1 & x & 3 & \cdots & n \\ 1 & 2 & x & \cdots & n \\ \vdots & \vdots & \vdots & & \vdots \\ 1 & 2 & 3 & \cdots & x \end{vmatrix} = 0.$

解　同理(同(2)、(3)题)可得,原方程的根为 $x=2,3,\cdots,n$(行列式中对应两列成比例).

(5) $\begin{vmatrix} 1 & 1 & \cdots & 1 & 1 \\ 1 & 2 & \cdots & n-1 & x \\ 1 & 2^2 & \cdots & (n-1)^2 & x^2 \\ \vdots & \vdots & & \vdots & \vdots \\ 1 & 2^{n-1} & \cdots & (n-1)^{n-1} & x^{n-1} \end{vmatrix} = 0.$

解　同理(同(2)、(3)题)可得,原方程的根为 $x=2,3,\cdots,n-1$(行列式中对应两列相同).

10. 计算下列行列式的值.

(1) $\begin{vmatrix} a & b & 0 & 0 & 0 \\ 0 & a & b & 0 & 0 \\ 0 & 0 & a & b & 0 \\ 0 & 0 & 0 & a & b \\ b & 0 & 0 & 0 & a \end{vmatrix}.$

解 原式按第一列展开,得

$$\text{原式}=a\begin{vmatrix}a&b&0&0\\0&a&b&0\\0&0&a&b\\0&0&0&a\end{vmatrix}+b\cdot(-1)^{5+1}\begin{vmatrix}b&0&0&0\\a&b&0&0\\0&a&b&0\\0&0&a&b\end{vmatrix}=a^5+b^5$$

(2) $\begin{vmatrix}0&1&1&\cdots&1\\1&0&1&\cdots&1\\1&1&0&\cdots&1\\\vdots&\vdots&\vdots&&\vdots\\1&1&1&\cdots&0\end{vmatrix}$.

解 原式$=\begin{vmatrix}n-1&1&1&\cdots&1\\n-1&0&1&\cdots&1\\n-1&1&0&\cdots&1\\\vdots&\vdots&\vdots&&\vdots\\n-1&1&1&\cdots&0\end{vmatrix}$

$$=(n-1)\begin{vmatrix}1&1&1&\cdots&1\\0&-1&0&\cdots&0\\0&0&-1&\cdots&0\\\vdots&\vdots&\vdots&&\vdots\\0&0&0&\cdots&-1\end{vmatrix}=(-1)^{n-1}(n-1)$$

(3) $\begin{vmatrix}1&1&1&\cdots&1\\1&a_1&0&\cdots&0\\1&0&a_2&\cdots&0\\\vdots&\vdots&\vdots&&\vdots\\1&0&0&\cdots&a_n\end{vmatrix}$.

解 原式 $=\begin{vmatrix}1-\sum\limits_{j=1}^{n}\dfrac{1}{a_j}&1&1&\cdots&1\\0&a_1&0&\cdots&0\\0&0&a_2&\cdots&0\\\vdots&\vdots&\vdots&&\vdots\\0&0&0&\cdots&a_n\end{vmatrix}=\left(1-\sum\limits_{j=1}^{n}\dfrac{1}{a_j}\right)\prod\limits_{i=1}^{n}a_i$

(4) $\begin{vmatrix} a_1 & 1 & \cdots & 1 \\ 1 & a_2 & \cdots & 1 \\ \vdots & \vdots & & \vdots \\ 1 & 1 & \cdots & a_n \end{vmatrix}$.

解　原式$=\begin{vmatrix} a_1 & 1 & 1 & \cdots & 1 \\ 1-a_1 & a_2-1 & 0 & \cdots & 0 \\ 1-a_1 & 0 & a_3-1 & \cdots & 0 \\ \vdots & \vdots & \vdots & & \vdots \\ 1-a_1 & 0 & 0 & \cdots & a_n-1 \end{vmatrix}$

$$=(1-a_1)\begin{vmatrix} \frac{a_1}{1-a_1} & 1 & 1 & \cdots & 1 \\ 1 & a_2-1 & 0 & \cdots & 0 \\ 1 & 0 & a_3-1 & \cdots & 0 \\ \vdots & \vdots & \vdots & & \vdots \\ 1 & 0 & 0 & \cdots & a_n-1 \end{vmatrix}$$

$$=-(1-a_1)\begin{vmatrix} 1+\frac{1}{a_1-1} & 1 & 1 & \cdots & 1 \\ -1 & a_2-1 & 0 & \cdots & 0 \\ -1 & 0 & a_3-1 & \cdots & 0 \\ \vdots & \vdots & \vdots & & \vdots \\ -1 & 0 & 0 & \cdots & a_n-1 \end{vmatrix}$$

$$=(a_1-1)\begin{vmatrix} 1+\sum_{j=1}^{n}\frac{1}{a_j-1} & 1 & 1 & \cdots & 1 \\ 0 & a_2-1 & 0 & \cdots & 0 \\ \vdots & \vdots & \vdots & & \vdots \\ 0 & 0 & 0 & \cdots & a_n-1 \end{vmatrix}$$

$$=\left(1+\sum_{j=1}^{n}\frac{1}{a_j-1}\right)\prod_{i=1}^{n}(a_i-1)$$

(5) $\begin{vmatrix} 1 & a_1 & a_2 & \cdots & a_n \\ 1 & a_1+b_1 & a_2 & \cdots & a_n \\ 1 & a_1 & a_2+b_2 & \cdots & a_n \\ \vdots & \vdots & \vdots & & \vdots \\ 1 & a_1 & a_2 & \cdots & a_n+b_n \end{vmatrix}$ $(b_i \neq 0)$.

解 原式 $= \begin{vmatrix} 1 & a_1 & a_2 & \cdots & a_n \\ 0 & b_1 & 0 & \cdots & 0 \\ 0 & 0 & b_2 & \cdots & 0 \\ \vdots & \vdots & \vdots & & \vdots \\ 0 & 0 & 0 & \cdots & b_n \end{vmatrix} = b_1 b_2 \cdots b_n$

(6) $\begin{vmatrix} x & 0 & 0 & \cdots & a_0 \\ -1 & x & 0 & \cdots & a_1 \\ 0 & -1 & x & \cdots & a_2 \\ \vdots & \vdots & \vdots & & \vdots \\ 0 & 0 & 0 & \cdots & x+a_{n-1} \end{vmatrix}$ (用两种方法求解).

解法一 按第一行展开,有

$$原式 = D_n = D_{n-1}x + a_0 \cdot (-1)^{n+1} \begin{vmatrix} -1 & x & 0 & \cdots & 0 \\ 0 & -1 & x & \cdots & 0 \\ 0 & 0 & -1 & \cdots & 0 \\ \vdots & \vdots & \vdots & & \vdots \\ 0 & 0 & 0 & \cdots & -1 \end{vmatrix}$$

$$\begin{aligned} &= D_{n-1}x + (-1)^{n+1} \cdot (-1)^{n-1} a_0 \\ &= D_{n-1}x + a_0 \\ &= (D_{n-2}x + a_1)x + a_0 \\ &= D_{n-2}x^2 + a_1 x + a_0 \\ &= \cdots \\ &= D_1 x^{n-1} + a_{n-2}x^{x-2} + \cdots + a_1 x + a_0 \end{aligned}$$

由 $D_1 = x + a_{n-1}$,得

$$原式 = x^n + a_{n-1}x^{n-1} + a_{n\ 2}x^{n-2} + \cdots + a_1 x + a_0$$

解法二 按第 n 列展开,有

$$
\begin{aligned}
\text{原式} =& a_0(-1)^{n+1}\begin{vmatrix} -1 & x & 0 & \cdots & 0 \\ 0 & -1 & x & \cdots & 0 \\ \vdots & \vdots & \vdots & & \vdots \\ 0 & 0 & 0 & \cdots & -1 \end{vmatrix} \\
&+ a_1(-1)^{n+2}\begin{vmatrix} x & 0 & 0 & \cdots & 0 \\ 0 & -1 & x & \cdots & 0 \\ \vdots & \vdots & \vdots & & \vdots \\ 0 & 0 & 0 & \cdots & -1 \end{vmatrix} \\
&+ a_2(-1)^{n+3}\begin{vmatrix} x & 0 & 0 & \cdots & 0 \\ -1 & x & 0 & \cdots & 0 \\ 0 & 0 & -1 & \cdots & 0 \\ \vdots & \vdots & \vdots & & \vdots \\ 0 & 0 & 0 & \cdots & -1 \end{vmatrix} \\
&+ \cdots + (x+a_{n-1})(-1)^{n+n}\begin{vmatrix} x & 0 & 0 & \cdots & 0 \\ -1 & x & 0 & \cdots & 0 \\ 0 & -1 & x & \cdots & 0 \\ \vdots & \vdots & \vdots & & 0 \\ 0 & 0 & 0 & \cdots & x \end{vmatrix} \\
=& a_0 + a_1x + a_2x^2 + \cdots + a_{n-2}x^{n-2} + a_{n-1}x^{n-1} + x^n
\end{aligned}
$$

四、应用题

1. 某工厂生产甲、乙、丙 3 种钢制品，已知甲种产品的钢材利用率为 60%，乙种产品的钢材利用率为 70%，丙种产品的钢材利用率为 80%，年进货钢材总吨位为 100 吨，年产品总吨位为 67 吨，此外甲、乙两种产品必须配套生产，乙产品成品总重量是甲产品成品总重量的 70%. 已知生产甲、乙、丙 3 种产品每吨可获利润分别是 1 万元、1.5 万元、2 万元. 问该工厂本年度可获利润多少万元？

解　设甲、乙、丙 3 种产品使用钢材量分别为 x 吨，y 吨，z 吨，则

$$
\begin{cases} x+y+z=100, \\ 0.6x+0.7y+0.8z=67, \\ 0.7\cdot 0.6\cdot x=0.7y \end{cases}
$$

解得 $x=50, y=30, z=20$.

故工厂年度利润

$$
l=0.6x\cdot 1+0.7y\cdot 1.5+0.8z\cdot 2=93.5(\text{万元})
$$

2. 一城市局部交通流如图所示(单位：辆/时)：

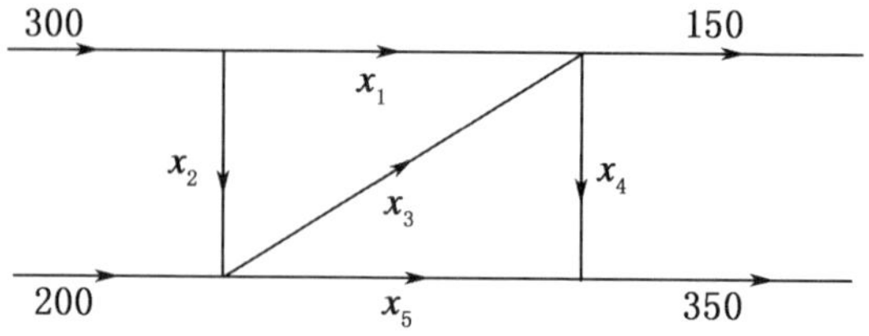

(1) 建立 x_1,x_2,x_3,x_4,x_5 所满足的线性方程组；

(2) 要同时控制 $x_2\leqslant 200$ 及 $x_3\leqslant 50$ 可行吗?

解　由于每个路口的流入量与流出量相等，则

$$\begin{cases}x_1+x_2=300,\\ x_1+x_3-x_4=150,\\ -x_2+x_3+x_5=200,\\ x_4+x_5=350\end{cases}$$

即 $\begin{cases}x_1+x_3+x_5=500,\\ x_2-x_3-x_5=-200,\\ x_4+x_5=350.\end{cases}$

显然 $x_2\leqslant 200,x_3\leqslant 50$ 可以同时做到.

3. A,B,C 3家公司相互拥有的股份及单独营业的净收入如表所示，设 A,B,C 的联合收入为 x,y,z.

	A	B	C	营业净收入(万元)
A	0.9	0.6	0.6	8
B	0	0.3	0.3	6
C	0.1	0.1	0.1	5

(1) 建立 x,y,z 所满足的线性方程组；

(2) 求3家公司的实际收入.

解　A 公司的营业净收入由本公司的联合收入减去 B,C 公司在 A 公司的股份收入构成. 故

$$x-0.6y-0.6z=8$$

同理可得

$$y-0.3z=6$$

$$-0.1x-0.1y+z=5$$

解得

$$0.9x=15.760,\ 0.3y=2.482,\ 0.1z=0.758$$

即满足的线性方程组为

$$\begin{cases}x-0.6y-0.6z=8,\\ y-0.3z=6,\\ -0.1x-0.1y+z=5\end{cases}$$

3 家公司的实际收入分别为 15.760 万元、2.482 万元、0.758 万元.

五、证明题

1. 已知 247,323,551 能被 19 整除，不求行列式的值，证明：行列式 $\begin{vmatrix}2&4&7\\3&2&3\\5&5&1\end{vmatrix}$ 也能被 19 整除.

证　设

$$1\,000\cdot\begin{vmatrix}2&4&7\\3&2&3\\5&5&1\end{vmatrix}=\begin{vmatrix}200&40&7\\300&20&3\\500&50&1\end{vmatrix}=\begin{vmatrix}247&40&7\\323&20&3\\551&50&1\end{vmatrix}=D$$

由于 247,323,551 能被 19 整除，故 D 的第一列有公因数 19，因而 $1\,000\begin{vmatrix}2&4&7\\3&2&3\\5&5&1\end{vmatrix}$ 能被19整除，但1 000不能被19整除. 故 $\begin{vmatrix}2&4&7\\3&2&3\\5&5&1\end{vmatrix}$ 能被19整除.

2. 已知四阶行列式 $D=\begin{vmatrix}4&1&3&-2\\3&3&3&-3\\-1&2&0&7\\1&2&9&-2\end{vmatrix}$，证明：$A_{41}+A_{42}+A_{43}=A_{44}$.

证　因为

$$A_{41}+A_{42}+A_{43}-A_{44}=\begin{vmatrix}4&1&3&-2\\3&3&3&-3\\-1&2&0&7\\1&1&1&-1\end{vmatrix}=0$$

故 $A_{41}+A_{42}+A_{43}=A_{44}$.

3. 证明：$\begin{vmatrix}a&b&c\\a&a+b&a+b+c\\a&2a+b&3a+2b+c\end{vmatrix}=a^3$.

证
$$\begin{vmatrix} a & b & c \\ a & a+b & a+b+c \\ a & 2a+b & 3a+2b+c \end{vmatrix} = \begin{vmatrix} a & b & c \\ 0 & a & a+b \\ 0 & 2a & 3a+2b \end{vmatrix} = \begin{vmatrix} a & b & c \\ 0 & a & a+b \\ 0 & 0 & a \end{vmatrix}$$
$$= a^3$$

4. 设 $f(x) = \begin{vmatrix} x & 1 & 2 & 4 \\ 1 & 2-x & 2 & 4 \\ 2 & 2 & 1 & 2-x \\ 1 & x & x+3 & 6+x \end{vmatrix}$，证明：存在 $\zeta \in (0,1)$，有 $f'(\zeta) = 0$.

证 $f(x)$ 是多项式函数，则函数 $f(x)$ 在$[0,1]$上连续，$(0,1)$ 内可导. 又

$$f(0) = \begin{vmatrix} 0 & 1 & 2 & 4 \\ 1 & 2 & 2 & 4 \\ 2 & 2 & 1 & 2 \\ 1 & 0 & 3 & 6 \end{vmatrix} = 0, f(1) = \begin{vmatrix} 1 & 1 & 2 & 4 \\ 1 & 1 & 2 & 4 \\ 2 & 2 & 1 & 1 \\ 1 & 1 & 4 & 7 \end{vmatrix} = 0$$

即 $f(0) = f(1)$，故由罗尔定理，存在 $\zeta \in (0,1)$，使 $f'(\zeta) = 0$.

5. 证明：$D_n = \begin{vmatrix} a+b & ab & 0 & \cdots & 0 \\ 1 & a+b & ab & \cdots & 0 \\ 0 & 1 & a+b & \cdots & 0 \\ \vdots & \vdots & \vdots & & \vdots \\ 0 & 0 & \cdots & 1 & a+b \end{vmatrix} = \dfrac{a^{n+1} - b^{n+1}}{a-b} \quad (a \neq b)$.

证
$$D_1 = a+b = \frac{a^2 - b^2}{a-b}$$

$$D_2 = \begin{vmatrix} a+b & ab \\ 1 & a+b \end{vmatrix} = (a+b)^2 - ab = a^2 + ab + b^2 = \frac{a^3 - b^3}{a-b}$$

设命题对 $n-2$ 阶，$n-1$ 阶行列式成立，则 D_n 按第一列展开，有

$$D_n = (a+b)D_{n-1} + (-1)^{2+1} \begin{vmatrix} ab & 0 & \cdots & 0 \\ 1 & a+b & \cdots & 0 \\ 0 & 1 & \cdots & 0 \\ \vdots & \vdots & & \vdots \\ 0 & 0 & \cdots & a+b \end{vmatrix}$$

$$= (a+b)D_{n-1} - abD_{n-2}$$
$$= (a+b)\frac{a^n - b^n}{a-b} - ab \cdot \frac{a^{n-1} - b^{n-1}}{a-b}$$

$$=\frac{a^{n+1}-b^{n+1}-ab^n+ba^n-a^nb+ab^n}{a-b}$$

$$=\frac{a^{n+1}-b^{n+1}}{a-b}$$

即命题对 n 阶行列式也成立.

第二章　矩　阵

三、计算题

1. 设 $\boldsymbol{A}=\begin{bmatrix}1&-1&2\\2&-1&5\end{bmatrix}$,$\boldsymbol{B}=\begin{bmatrix}2&0&-1\\3&1&-2\end{bmatrix}$,求 $\boldsymbol{A}+\boldsymbol{B}$,$\boldsymbol{A}-\boldsymbol{B}$,$3\boldsymbol{A}-2\boldsymbol{B}$.

解　$$\boldsymbol{A}+\boldsymbol{B}=\begin{bmatrix}1&-1&2\\2&-1&5\end{bmatrix}+\begin{bmatrix}2&0&-1\\3&1&-2\end{bmatrix}=\begin{bmatrix}3&-1&1\\5&0&3\end{bmatrix}$$

$$\boldsymbol{A}-\boldsymbol{B}=\begin{bmatrix}1&-1&2\\2&-1&5\end{bmatrix}-\begin{bmatrix}2&0&-1\\3&1&-2\end{bmatrix}=\begin{bmatrix}-1&-1&3\\-1&-2&7\end{bmatrix}$$

$$3\boldsymbol{A}-2\boldsymbol{B}=3\begin{bmatrix}1&-1&2\\2&-1&5\end{bmatrix}-2\begin{bmatrix}2&0&-1\\3&1&-2\end{bmatrix}$$

$$=\begin{bmatrix}3&-3&6\\6&-3&15\end{bmatrix}-\begin{bmatrix}4&0&-2\\6&2&-4\end{bmatrix}=\begin{bmatrix}-1&-3&8\\0&-5&19\end{bmatrix}$$

2. 设 $\boldsymbol{X}-2\boldsymbol{A}=\boldsymbol{B}-\boldsymbol{X}$,其中 $\boldsymbol{A}=\begin{bmatrix}2&-1\\-1&2\end{bmatrix}$,$\boldsymbol{B}=\begin{bmatrix}0&-2\\-2&0\end{bmatrix}$,求 $\boldsymbol{X}$.

解　由 $\boldsymbol{X}-2\boldsymbol{A}=\boldsymbol{B}-\boldsymbol{X}$ 得 $2\boldsymbol{X}=\boldsymbol{B}+2\boldsymbol{A}$,故

$$\boldsymbol{X}=\frac{1}{2}(\boldsymbol{B}+2\boldsymbol{A})=\frac{1}{2}\boldsymbol{B}+\boldsymbol{A}=\frac{1}{2}\begin{bmatrix}0&-2\\-2&0\end{bmatrix}+\begin{bmatrix}2&-1\\-1&2\end{bmatrix}$$

$$=\begin{bmatrix}0&-1\\-1&0\end{bmatrix}+\begin{bmatrix}2&-1\\-1&2\end{bmatrix}=\begin{bmatrix}2&-2\\-2&2\end{bmatrix}$$

3. 计算下列矩阵的乘积.

(1) $\begin{bmatrix}1&2&3\end{bmatrix}\begin{bmatrix}1\\2\\3\end{bmatrix}$.

解　原式 $=[1\times1+2\times2+3\times3]=14$

(2) $\begin{bmatrix}1\\2\\3\end{bmatrix}\begin{bmatrix}1 & 2 & 3\end{bmatrix}$.

解 原式 $=\begin{bmatrix}1 & 2 & 3\\2 & 4 & 6\\3 & 6 & 9\end{bmatrix}$

(3) $\begin{bmatrix}4 & 3 & 1\\1 & -2 & 3\\5 & 7 & 0\end{bmatrix}\begin{bmatrix}7\\2\\1\end{bmatrix}$.

解 原式 $=\begin{bmatrix}4\times7+3\times2+1\times1\\1\times7+(-2)\times2+3\times1\\5\times7+7\times2+0\times1\end{bmatrix}=\begin{bmatrix}35\\6\\49\end{bmatrix}$

(4) $\begin{bmatrix}7 & 2 & 1\end{bmatrix}\begin{bmatrix}4 & 1 & 5\\3 & -2 & 7\\1 & 3 & 0\end{bmatrix}$.

解 原式 $=\begin{bmatrix}35 & 6 & 49\end{bmatrix}$

(5) $\begin{bmatrix}x_1 & x_2 & x_3\end{bmatrix}\begin{bmatrix}1 & 2 & -1\\2 & 3 & -2\\-1 & -2 & 4\end{bmatrix}\begin{bmatrix}x_1\\x_2\\x_3\end{bmatrix}$.

解 原式 $=\begin{bmatrix}x_1 & x_2 & x_3\end{bmatrix}\begin{bmatrix}x_1+2x_2-x_3\\2x_1+3x_2-2x_3\\-x_1-2x_2+4x_3\end{bmatrix}$

$=x_1(x_1+2x_2-x_3)+x_2(2x_1+3x_2-2x_3)+x_3(-x_1-2x_2+4x_3)$

$=x_1^2+4x_1x_2-2x_1x_3+3x_2^2-4x_2x_3+4x_3^2$

(6) $\begin{bmatrix}1 & 2\\3 & 4\end{bmatrix}\begin{bmatrix}1 & -2\\-2 & 1\end{bmatrix}$.

解 原式 $=\begin{bmatrix}-3 & 0\\-5 & -2\end{bmatrix}$

(7) $\begin{bmatrix}1 & -2\\-2 & 1\end{bmatrix}\begin{bmatrix}1 & 2\\3 & 4\end{bmatrix}$.

解　原式 $=\begin{bmatrix}-5 & -6\\ 1 & 0\end{bmatrix}$

(8) $\begin{bmatrix}1 & -2\\ -2 & 4\end{bmatrix}\begin{bmatrix}2 & 4\\ 1 & 2\end{bmatrix}$.

解　原式 $=\begin{bmatrix}0 & 0\\ 0 & 0\end{bmatrix}$

(9) $\begin{bmatrix}2 & 4\\ 1 & 2\end{bmatrix}\begin{bmatrix}1 & -2\\ -2 & 4\end{bmatrix}$.

解　原式 $=\begin{bmatrix}-6 & 12\\ -3 & 6\end{bmatrix}$

(10) $\begin{bmatrix}1 & -1 & -2\\ 3 & -2 & 5\end{bmatrix}\begin{bmatrix}3 & 0 & 0\\ 0 & 3 & 0\\ 0 & 0 & 3\end{bmatrix}$.

解　原式 $=\begin{bmatrix}3 & -3 & -6\\ 9 & -6 & 15\end{bmatrix}$

(11) $\begin{bmatrix}3 & 0 & 0\\ 0 & 3 & 0\\ 0 & 0 & 3\end{bmatrix}\begin{bmatrix}1 & 3\\ -1 & -2\\ -2 & 5\end{bmatrix}$.

解　原式 $=\begin{bmatrix}3 & 9\\ -3 & -6\\ -6 & 15\end{bmatrix}$

4. 设矩阵 $\boldsymbol{C}=\begin{bmatrix}1 & 2 & 3\\ 4 & 5 & 6\end{bmatrix}\begin{bmatrix}x & 0 & 0\\ 0 & y & 0\\ 0 & 0 & z\end{bmatrix}$,且 $c_{11}=c_{21},c_{22}=2,c_{13}=1$,求 $\boldsymbol{C}$.

解　因为 $\boldsymbol{C}=\begin{bmatrix}x & 2y & 3z\\ 4x & 5y & 6z\end{bmatrix}$,且 $\begin{cases}c_{11}=c_{21},\\ c_{22}=2,\\ c_{13}=1,\end{cases}$ 故 $\begin{cases}x=4x,\\ 5y=2,\\ 3z=1,\end{cases}$ 解得 $\begin{cases}x=0,\\ y=\dfrac{2}{5},\\ z=\dfrac{1}{3},\end{cases}$ 所以

$$\boldsymbol{C}=\begin{bmatrix}0 & \dfrac{4}{5} & 1\\ 0 & 2 & 2\end{bmatrix}$$

5. 求所有与 $\boldsymbol{A}$ 可交换的矩阵.

(1) $\boldsymbol{A}=\begin{bmatrix}1 & 1\\0 & 1\end{bmatrix}$.

解　设与 $\boldsymbol{A}$ 可交换的矩阵为 $\begin{bmatrix}a_{11} & a_{12}\\a_{21} & a_{22}\end{bmatrix}$,于是

$$\begin{bmatrix}1 & 1\\0 & 1\end{bmatrix}\begin{bmatrix}a_{11} & a_{12}\\a_{21} & a_{22}\end{bmatrix}=\begin{bmatrix}a_{11} & a_{12}\\a_{21} & a_{22}\end{bmatrix}\begin{bmatrix}1 & 1\\0 & 1\end{bmatrix}$$

即

$$\begin{bmatrix}a_{11}+a_{21} & a_{12}+a_{22}\\a_{21} & a_{22}\end{bmatrix}=\begin{bmatrix}a_{11} & a_{11}+a_{12}\\a_{21} & a_{21}+a_{22}\end{bmatrix}$$

故 $\begin{cases}a_{11}+a_{21}=a_{11},\\a_{12}+a_{22}=a_{11}+a_{12},\\a_{21}=a_{21},\\a_{22}=a_{21}+a_{22},\end{cases}$ 解得 $\begin{cases}a_{21}=0,\\a_{11}=a_{22}.\end{cases}$

不妨设 $a_{11}=a_{22}=a,a_{12}=b$,则与 $\boldsymbol{A}$ 可交换的矩阵为 $\begin{bmatrix}a & b\\0 & a\end{bmatrix}$($a,b$ 为任意常数).

(2) $\boldsymbol{A}=\begin{bmatrix}1 & 1 & 0\\0 & 1 & 1\\0 & 0 & 1\end{bmatrix}$.

解　设与 $\boldsymbol{A}=\begin{bmatrix}1 & 1 & 0\\0 & 1 & 1\\0 & 0 & 1\end{bmatrix}$ 可交换的矩阵为 $\boldsymbol{B}=\begin{bmatrix}b_{11} & b_{12} & b_{13}\\b_{21} & b_{22} & b_{23}\\b_{31} & b_{32} & b_{33}\end{bmatrix}$,则

$$\begin{bmatrix}1 & 1 & 0\\0 & 1 & 1\\0 & 0 & 1\end{bmatrix}\begin{bmatrix}b_{11} & b_{12} & b_{13}\\b_{21} & b_{22} & b_{23}\\b_{31} & b_{32} & b_{33}\end{bmatrix}=\begin{bmatrix}b_{11} & b_{12} & b_{13}\\b_{21} & b_{22} & b_{23}\\b_{31} & b_{32} & b_{33}\end{bmatrix}\begin{bmatrix}1 & 1 & 0\\0 & 1 & 1\\0 & 0 & 1\end{bmatrix}$$

即

$$\begin{bmatrix}b_{11}+b_{21} & b_{12}+b_{22} & b_{13}+b_{23}\\b_{21}+b_{31} & b_{22}+b_{32} & b_{23}+b_{33}\\b_{31} & b_{32} & b_{33}\end{bmatrix}=\begin{bmatrix}b_{11} & b_{11}+b_{12} & b_{12}+b_{13}\\b_{21} & b_{21}+b_{22} & b_{22}+b_{23}\\b_{31} & b_{31}+b_{32} & b_{32}+b_{33}\end{bmatrix}$$

利用矩阵相等的定义可得 $b_{21}=0,b_{11}=b_{22}=b_{33},b_{31}=0,b_{32}=0,b_{12}=b_{23}$,

不妨设 $b_{11}=a, b_{12}=b, b_{13}=c$，则与 $\boldsymbol{A}$ 可交换的矩阵为 $\begin{bmatrix} a & b & c \\ 0 & a & b \\ 0 & 0 & a \end{bmatrix}$（$a,b,c$ 为任意常数）.

6. 计算下列方阵的幂（n 为正整数）.

(1) $\begin{bmatrix} \cos\theta & \sin\theta \\ -\sin\theta & \cos\theta \end{bmatrix}^2$.

解　原式 $=\begin{bmatrix} \cos\theta & \sin\theta \\ -\sin\theta & \cos\theta \end{bmatrix}\begin{bmatrix} \cos\theta & \sin\theta \\ -\sin\theta & \cos\theta \end{bmatrix}=\begin{bmatrix} \cos 2\theta & \sin 2\theta \\ -\sin 2\theta & \cos 2\theta \end{bmatrix}$

(2) $\begin{bmatrix} 1 & 1 & 1 & 1 \\ 0 & 1 & 1 & 1 \\ 0 & 0 & 1 & 1 \\ 0 & 0 & 0 & 1 \end{bmatrix}^3$.

解　原式 $=\begin{bmatrix} 1 & 1 & 1 & 1 \\ 0 & 1 & 1 & 1 \\ 0 & 0 & 1 & 1 \\ 0 & 0 & 0 & 1 \end{bmatrix}\begin{bmatrix} 1 & 1 & 1 & 1 \\ 0 & 1 & 1 & 1 \\ 0 & 0 & 1 & 1 \\ 0 & 0 & 0 & 1 \end{bmatrix}\begin{bmatrix} 1 & 1 & 1 & 1 \\ 0 & 1 & 1 & 1 \\ 0 & 0 & 1 & 1 \\ 0 & 0 & 0 & 1 \end{bmatrix}$

$$=\begin{bmatrix} 1 & 2 & 3 & 4 \\ 0 & 1 & 2 & 3 \\ 0 & 0 & 1 & 2 \\ 0 & 0 & 0 & 1 \end{bmatrix}\begin{bmatrix} 1 & 1 & 1 & 1 \\ 0 & 1 & 1 & 1 \\ 0 & 0 & 1 & 1 \\ 0 & 0 & 0 & 1 \end{bmatrix}=\begin{bmatrix} 1 & 3 & 6 & 10 \\ 0 & 1 & 3 & 6 \\ 0 & 0 & 1 & 3 \\ 0 & 0 & 0 & 1 \end{bmatrix}$$

(3) $\begin{bmatrix} 1 & 2 \\ 0 & 1 \end{bmatrix}^n$.

解法一　设 $\boldsymbol{A}=\begin{bmatrix} 1 & 2 \\ 0 & 1 \end{bmatrix}$，则

$$\boldsymbol{A}^2=\begin{bmatrix} 1 & 2 \\ 0 & 1 \end{bmatrix}\begin{bmatrix} 1 & 2 \\ 0 & 1 \end{bmatrix}=\begin{bmatrix} 1 & 4 \\ 0 & 1 \end{bmatrix}, \boldsymbol{A}^3=\begin{bmatrix} 1 & 4 \\ 0 & 1 \end{bmatrix}\begin{bmatrix} 1 & 2 \\ 0 & 1 \end{bmatrix}=\begin{bmatrix} 1 & 6 \\ 0 & 1 \end{bmatrix}$$

设 $\boldsymbol{A}^{k-1}=\begin{bmatrix} 1 & 2(k-1) \\ 0 & 1 \end{bmatrix}$，则

$$\boldsymbol{A}^k=\begin{bmatrix} 1 & 2(k-1) \\ 0 & 1 \end{bmatrix}\begin{bmatrix} 1 & 2 \\ 0 & 1 \end{bmatrix}=\begin{bmatrix} 1 & 2k \\ 0 & 1 \end{bmatrix}$$

故 $\boldsymbol{A}^n=\begin{bmatrix} 1 & 2n \\ 0 & 1 \end{bmatrix}$.

解法二 设$\boldsymbol{A}=\begin{bmatrix}1&2\\0&1\end{bmatrix}$,$\boldsymbol{B}=\begin{bmatrix}0&2\\0&0\end{bmatrix}$,则$\boldsymbol{A}=\boldsymbol{I}+\boldsymbol{B}$,$\boldsymbol{A}^n=(\boldsymbol{I}+\boldsymbol{B})^n=C_n^0\boldsymbol{I}^n+C_n^1\boldsymbol{I}^{n-1}\boldsymbol{B}+C_n^2\boldsymbol{I}^{n-2}\boldsymbol{B}^2+\cdots+C_n^n\boldsymbol{B}^n$,$\boldsymbol{B}^2=\begin{bmatrix}0&2\\0&0\end{bmatrix}\begin{bmatrix}0&2\\0&0\end{bmatrix}=\begin{bmatrix}0&0\\0&0\end{bmatrix}$,$\boldsymbol{B}^3=\cdots=\boldsymbol{B}^n=\boldsymbol{O}(n\geqslant 3)$,故

$$\begin{bmatrix}1&2\\0&1\end{bmatrix}^n=\boldsymbol{I}+n\boldsymbol{B}=\begin{bmatrix}1&0\\0&1\end{bmatrix}+n\begin{bmatrix}0&2\\0&0\end{bmatrix}=\begin{bmatrix}1&2n\\0&1\end{bmatrix}$$

(4) $\begin{bmatrix}a&0&0\\0&b&0\\0&0&c\end{bmatrix}^n$.

解 $\begin{bmatrix}a&0&0\\0&b&0\\0&0&c\end{bmatrix}^n=\begin{bmatrix}a^n&0&0\\0&b^n&0\\0&0&c^n\end{bmatrix}$

(5) $\begin{bmatrix}1&-1&-1&-1\\-1&1&-1&-1\\-1&-1&1&-1\\-1&-1&-1&1\end{bmatrix}^n$.

解 设$\boldsymbol{A}=\begin{bmatrix}1&-1&-1&-1\\-1&1&-1&-1\\-1&-1&1&-1\\-1&-1&-1&1\end{bmatrix}$,则

$$\boldsymbol{A}^2=\begin{bmatrix}1&-1&-1&-1\\-1&1&-1&-1\\-1&-1&1&-1\\-1&-1&-1&1\end{bmatrix}\begin{bmatrix}1&-1&-1&-1\\-1&1&-1&-1\\-1&-1&1&-1\\-1&-1&-1&1\end{bmatrix}=\begin{bmatrix}4&0&0&0\\0&4&0&0\\0&0&4&0\\0&0&0&4\end{bmatrix}$$

$$\boldsymbol{A}^3=\boldsymbol{A}^2\cdot\boldsymbol{A}=4\boldsymbol{I}\cdot\boldsymbol{A}=4\boldsymbol{A}$$
$$\boldsymbol{A}^4=(\boldsymbol{A}^2)^2=(4\boldsymbol{I})^2=4^2\boldsymbol{I}$$
$$\vdots$$
$$\boldsymbol{A}^{2k+1}=4^k\boldsymbol{A}$$
$$\boldsymbol{A}^{2k+2}=4^{k+1}\boldsymbol{I}$$

归纳得

$$A^n=\begin{cases}4^k\begin{bmatrix}1&-1&-1&-1\\-1&1&-1&-1\\-1&-1&1&-1\\-1&-1&-1&1\end{bmatrix}, & n=2k+1,\\ 4^{k+1}\begin{bmatrix}1&0&0&0\\0&1&0&0\\0&0&1&0\\0&0&0&1\end{bmatrix}, & n=2k+2\end{cases}\quad (k=0,1,2,\cdots)$$

7. 设 $f(x)=x^2-5x+3, g(x)=x^2-x-1, \boldsymbol{A}=\begin{bmatrix}2&-1\\-3&3\end{bmatrix}, \boldsymbol{B}=\begin{bmatrix}3&1&1\\3&1&2\\1&-1&0\end{bmatrix}$,求 $f(\boldsymbol{A}), g(\boldsymbol{B})$.

解　$f(\boldsymbol{A})=\boldsymbol{A}^2-5\boldsymbol{A}+3\boldsymbol{I}$

$$=\begin{bmatrix}2&-1\\-3&3\end{bmatrix}\begin{bmatrix}2&-1\\-3&3\end{bmatrix}-5\begin{bmatrix}2&-1\\-3&3\end{bmatrix}+3\begin{bmatrix}1&0\\0&1\end{bmatrix}$$

$$=\begin{bmatrix}7&-5\\-15&12\end{bmatrix}+\begin{bmatrix}-10&5\\15&-15\end{bmatrix}+\begin{bmatrix}3&0\\0&3\end{bmatrix}=\begin{bmatrix}0&0\\0&0\end{bmatrix}$$

$g(\boldsymbol{B})=\boldsymbol{B}^2-\boldsymbol{B}-\boldsymbol{I}$

$$=\begin{bmatrix}3&1&1\\3&1&2\\1&-1&0\end{bmatrix}\begin{bmatrix}3&1&1\\3&1&2\\1&-1&0\end{bmatrix}-\begin{bmatrix}3&1&1\\3&1&2\\1&-1&0\end{bmatrix}-\begin{bmatrix}1&0&0\\0&1&0\\0&0&1\end{bmatrix}$$

$$=\begin{bmatrix}13&3&5\\14&2&5\\0&0&-1\end{bmatrix}-\begin{bmatrix}4&1&1\\3&2&2\\1&-1&1\end{bmatrix}=\begin{bmatrix}9&2&4\\11&0&3\\-1&1&-2\end{bmatrix}$$

8. 判断下列矩阵是否可逆,若可逆,用伴随矩阵法求出其逆矩阵.

(1) $\begin{bmatrix}1&2\\-3&4\end{bmatrix}$.

解法一　设 $\boldsymbol{A}=\begin{bmatrix}1&2\\-3&4\end{bmatrix}$,则 $|\boldsymbol{A}|=\begin{vmatrix}1&2\\-3&4\end{vmatrix}=10$,故

$$\boldsymbol{A}^{-1}=\frac{1}{|\boldsymbol{A}|}\begin{bmatrix}\boldsymbol{A}_{11}&\boldsymbol{A}_{21}\\\boldsymbol{A}_{12}&\boldsymbol{A}_{22}\end{bmatrix}=\frac{1}{10}\begin{bmatrix}4&-2\\3&1\end{bmatrix}=\begin{bmatrix}\frac{2}{5}&-\frac{1}{5}\\\frac{3}{10}&\frac{1}{10}\end{bmatrix}$$

解法二 由

$$(\boldsymbol{A}\mid\boldsymbol{I})=\left[\begin{array}{cc:cc}1&2&1&0\\-3&4&0&1\end{array}\right]\to\left[\begin{array}{cc:cc}1&2&1&0\\0&10&3&1\end{array}\right]\to\left[\begin{array}{cc:cc}1&0&\frac{2}{5}&-\frac{1}{5}\\0&1&\frac{3}{10}&\frac{1}{10}\end{array}\right]=(\boldsymbol{I}\mid\boldsymbol{A}^{-1})$$

故 $\boldsymbol{A}^{-1}=\begin{bmatrix}\frac{2}{5}&-\frac{1}{5}\\\frac{3}{10}&\frac{1}{10}\end{bmatrix}$.

(2) $\begin{bmatrix}2&7\\1&4\end{bmatrix}$.

解法一 设 $\boldsymbol{A}=\begin{bmatrix}2&7\\1&4\end{bmatrix}$,则

$$\boldsymbol{A}^{-1}=\frac{1}{|\boldsymbol{A}|}\boldsymbol{A}^{*}=\frac{1}{|\boldsymbol{A}|}\begin{bmatrix}\boldsymbol{A}_{11}&\boldsymbol{A}_{21}\\\boldsymbol{A}_{12}&\boldsymbol{A}_{22}\end{bmatrix}=\frac{1}{1}\begin{bmatrix}4&-7\\-1&2\end{bmatrix}=\begin{bmatrix}4&-7\\-1&2\end{bmatrix}$$

解法二 由

$$(\boldsymbol{A}\mid\boldsymbol{I})=\left[\begin{array}{cc:cc}2&7&1&0\\1&4&0&1\end{array}\right]\to\left[\begin{array}{cc:cc}1&4&0&1\\0&-1&1&-2\end{array}\right]\to\left[\begin{array}{cc:cc}1&0&4&-7\\0&1&-1&2\end{array}\right]=(\boldsymbol{I}\mid\boldsymbol{A}^{-1})$$

故 $\boldsymbol{A}^{-1}=\begin{bmatrix}4&-7\\-1&2\end{bmatrix}$.

(3) $\begin{bmatrix}1&-1&3\\2&-1&4\\-1&2&-4\end{bmatrix}$.

解法一 设 $\boldsymbol{A}=\begin{bmatrix}1&-1&3\\2&-1&4\\-1&2&-4\end{bmatrix}$,则

$$\boldsymbol{A}^{-1}=\frac{1}{|\boldsymbol{A}|}\boldsymbol{A}^{*}=\frac{1}{|\boldsymbol{A}|}\begin{bmatrix}\boldsymbol{A}_{11}&\boldsymbol{A}_{21}&\boldsymbol{A}_{31}\\\boldsymbol{A}_{12}&\boldsymbol{A}_{22}&\boldsymbol{A}_{32}\\\boldsymbol{A}_{13}&\boldsymbol{A}_{23}&\boldsymbol{A}_{33}\end{bmatrix}=\frac{1}{1}\begin{bmatrix}-4&2&-1\\4&-1&2\\3&-1&1\end{bmatrix}$$

$$=\begin{bmatrix}-4&2&-1\\4&-1&2\\3&-1&1\end{bmatrix}$$

解法二　由

$$(\boldsymbol{A}\mid\boldsymbol{I})=\left[\begin{array}{ccc:ccc}1&-1&3&1&0&0\\2&-1&4&0&1&0\\-1&2&-4&0&0&1\end{array}\right]\to\left[\begin{array}{ccc:ccc}1&-1&3&1&0&0\\0&1&-2&-2&1&0\\0&1&-1&1&0&1\end{array}\right]$$

$$\to\left[\begin{array}{ccc:ccc}1&0&1&-1&1&0\\0&1&-2&-2&1&0\\0&0&1&3&-1&1\end{array}\right]\to\left[\begin{array}{ccc:ccc}1&0&0&-4&2&-1\\0&1&0&4&-1&2\\0&0&1&3&-1&1\end{array}\right]$$

$$=(\boldsymbol{I}\mid\boldsymbol{A}^{-1})$$

故 $\boldsymbol{A}^{-1}=\begin{bmatrix}-4&2&-1\\4&-1&2\\3&-1&1\end{bmatrix}$.

(4) $\begin{bmatrix}1&1&-1\\1&2&-3\\0&1&1\end{bmatrix}$.

解法一　设 $\boldsymbol{A}=\begin{bmatrix}1&1&-1\\1&2&-3\\0&1&1\end{bmatrix}$,则

$$\boldsymbol{A}^{-1}=\frac{1}{|\boldsymbol{A}|}\boldsymbol{A}^{*}=\frac{1}{|\boldsymbol{A}|}\begin{bmatrix}\boldsymbol{A}_{11}&\boldsymbol{A}_{21}&\boldsymbol{A}_{31}\\\boldsymbol{A}_{12}&\boldsymbol{A}_{22}&\boldsymbol{A}_{32}\\\boldsymbol{A}_{13}&\boldsymbol{A}_{23}&\boldsymbol{A}_{33}\end{bmatrix}=\frac{1}{3}\begin{bmatrix}5&-2&-1\\-1&1&2\\1&-1&1\end{bmatrix}$$

$$=\begin{bmatrix}\frac{5}{3}&-\frac{2}{3}&-\frac{1}{3}\\-\frac{1}{3}&\frac{1}{3}&\frac{2}{3}\\\frac{1}{3}&-\frac{1}{3}&\frac{1}{3}\end{bmatrix}$$

解法二　由

$$(\boldsymbol{A}\mid\boldsymbol{I})=\left[\begin{array}{ccc:ccc}1&1&-1&1&0&0\\1&2&-3&0&1&0\\0&1&1&0&0&1\end{array}\right]\to\left[\begin{array}{ccc:ccc}1&1&-1&1&0&0\\0&1&-2&-1&1&0\\0&1&1&0&0&1\end{array}\right]$$

$$\rightarrow\left[\begin{array}{ccc:ccc}1&0&1&2&-1&0\\0&1&-2&-1&1&0\\0&0&3&1&-1&1\end{array}\right]\rightarrow\left[\begin{array}{ccc:ccc}1&0&0&\frac{5}{3}&-\frac{2}{3}&-\frac{1}{3}\\0&1&0&-\frac{1}{3}&\frac{1}{3}&\frac{2}{3}\\0&0&1&\frac{1}{3}&-\frac{1}{3}&\frac{1}{3}\end{array}\right]$$

$$=(\boldsymbol{I}\mid\boldsymbol{A}^{-1})$$

故 $\boldsymbol{A}^{-1}=\begin{bmatrix}\frac{5}{3}&-\frac{2}{3}&-\frac{1}{3}\\-\frac{1}{3}&\frac{1}{3}&\frac{2}{3}\\\frac{1}{3}&-\frac{1}{3}&\frac{1}{3}\end{bmatrix}$.

(5) $\begin{bmatrix}1&2&3\\0&1&-2\\0&0&1\end{bmatrix}$.

解法一　设 $\boldsymbol{A}=\begin{bmatrix}1&2&3\\0&1&-2\\0&0&1\end{bmatrix}$,则

$$\boldsymbol{A}^{-1}=\frac{1}{|\boldsymbol{A}|}\boldsymbol{A}^{*}=\frac{1}{|\boldsymbol{A}|}\begin{bmatrix}\boldsymbol{A}_{11}&\boldsymbol{A}_{21}&\boldsymbol{A}_{31}\\\boldsymbol{A}_{12}&\boldsymbol{A}_{22}&\boldsymbol{A}_{32}\\\boldsymbol{A}_{13}&\boldsymbol{A}_{23}&\boldsymbol{A}_{33}\end{bmatrix}=\frac{1}{1}\begin{bmatrix}1&-2&-7\\0&1&2\\0&0&1\end{bmatrix}=\begin{bmatrix}1&-2&-7\\0&1&2\\0&0&1\end{bmatrix}$$

解法二　由

$$(\boldsymbol{A}\mid\boldsymbol{I})=\left[\begin{array}{ccc:ccc}1&2&3&1&0&0\\0&1&-2&0&1&0\\0&0&1&0&0&1\end{array}\right]\rightarrow\left[\begin{array}{ccc:ccc}1&2&0&1&0&-3\\0&1&0&0&1&2\\0&0&1&0&0&1\end{array}\right]$$

$$\rightarrow\left[\begin{array}{ccc:ccc}1&0&0&1&-2&-7\\0&1&0&0&1&2\\0&0&1&0&0&1\end{array}\right]=(\boldsymbol{I}\mid\boldsymbol{A}^{-1})$$

故 $\boldsymbol{A}^{-1}=\begin{bmatrix}1&-2&-7\\0&1&2\\0&0&1\end{bmatrix}$.

9. 已知 $\boldsymbol{A}^2-3\boldsymbol{A}-2\boldsymbol{I}=\boldsymbol{O}$,求 $\boldsymbol{A}^{-1}$.

解　$\boldsymbol{A}(\boldsymbol{A}-3\boldsymbol{I})=2\boldsymbol{I}$,$\boldsymbol{A}\cdot\frac{1}{2}(\boldsymbol{A}-3\boldsymbol{I})=\boldsymbol{I}$,因此 $\boldsymbol{A}^{-1}=\frac{1}{2}(\boldsymbol{A}-3\boldsymbol{I})$.

10. 已知 n 阶方阵 $\boldsymbol{A},\boldsymbol{B}$ 满足 $\boldsymbol{A}+\boldsymbol{B}=\boldsymbol{AB}$，求 $(\boldsymbol{A}-\boldsymbol{I})^{-1}$.

解　由已知得 $\boldsymbol{AB}-\boldsymbol{A}-\boldsymbol{B}=\boldsymbol{O}$，故

$$(\boldsymbol{A}-\boldsymbol{I})(\boldsymbol{B}-\boldsymbol{I})=\boldsymbol{AB}-\boldsymbol{A}-\boldsymbol{B}+\boldsymbol{I}=\boldsymbol{O}+\boldsymbol{I}=\boldsymbol{I}$$

因此 $(\boldsymbol{A}-\boldsymbol{I})^{-1}=\boldsymbol{B}-\boldsymbol{I}$.

11. 已知 $\boldsymbol{A}^{-1}=\begin{bmatrix}1&1&1\\1&2&1\\1&1&3\end{bmatrix}$，求 $(\boldsymbol{A}^*)^{-1}$.

解　$$(\boldsymbol{A}^*)^{-1}=\frac{1}{|\boldsymbol{A}|}\boldsymbol{A}=\frac{1}{|\boldsymbol{A}|}(\boldsymbol{A}^{-1})^{-1}=\frac{1}{|\boldsymbol{A}|}\cdot\frac{1}{|\boldsymbol{A}^{-1}|}\cdot(\boldsymbol{A}^{-1})^*$$

$$=\begin{bmatrix}1&1&1\\1&2&1\\1&1&3\end{bmatrix}^*=\begin{bmatrix}5&-2&-1\\-2&2&0\\-1&0&1\end{bmatrix}$$

12. 设 n 阶矩阵 $\boldsymbol{A}$ 满足 $\boldsymbol{A}^3=3\boldsymbol{A}(\boldsymbol{A}-\boldsymbol{I})$，求 $(\boldsymbol{A}-\boldsymbol{I})^{-1}$.

解　$\boldsymbol{A}^3-3\boldsymbol{A}^2+3\boldsymbol{A}=\boldsymbol{O}$，即 $(\boldsymbol{A}-\boldsymbol{I})(\boldsymbol{A}^2-2\boldsymbol{A}+\boldsymbol{I})=-\boldsymbol{I}$，故

$$(\boldsymbol{A}-\boldsymbol{I})(-\boldsymbol{A}^2+2\boldsymbol{A}-\boldsymbol{I})=\boldsymbol{I}$$

所以

$$(\boldsymbol{A}-\boldsymbol{I})^{-1}=-\boldsymbol{A}^2+2\boldsymbol{A}-\boldsymbol{I}$$

13. 设 n 阶矩阵 $\boldsymbol{A}$ 满足 $\boldsymbol{A}^2+2\boldsymbol{A}-3\boldsymbol{I}=\boldsymbol{O}$，求 $(\boldsymbol{A}-4\boldsymbol{I})^{-1}$.

解　因为 $(\boldsymbol{A}-4\boldsymbol{I})(\boldsymbol{A}+6\boldsymbol{I})=-21\boldsymbol{I}$，即 $(\boldsymbol{A}-4\boldsymbol{I})\left(-\frac{1}{21}\right)(\boldsymbol{A}+6\boldsymbol{I})=\boldsymbol{I}$，所以

$$(\boldsymbol{A}-4\boldsymbol{I})^{-1}=-\frac{1}{21}(\boldsymbol{A}+6\boldsymbol{I})$$

14. 设 $\boldsymbol{A}=\begin{bmatrix}a&0&0&0\\-2&a&0&0\\0&0&b&2\\0&0&0&b\end{bmatrix}$，$\boldsymbol{B}=\begin{bmatrix}a&0&0&0\\2&a&0&0\\0&0&b&-2\\0&0&0&b\end{bmatrix}$，用分块方法计算 $\boldsymbol{ABA}$.

解　设

$$\boldsymbol{A}=\begin{bmatrix}\boldsymbol{A}_1&\boldsymbol{O}\\\boldsymbol{O}&\boldsymbol{A}_2\end{bmatrix},\boldsymbol{A}_1=\begin{bmatrix}a&0\\-2&a\end{bmatrix},\boldsymbol{A}_2=\begin{bmatrix}b&2\\0&b\end{bmatrix}$$

$$\boldsymbol{B}=\begin{bmatrix}\boldsymbol{B}_1&\boldsymbol{O}\\\boldsymbol{O}&\boldsymbol{B}_2\end{bmatrix},\boldsymbol{B}_1=\begin{bmatrix}a&0\\2&a\end{bmatrix},\boldsymbol{B}_2=\begin{bmatrix}b&-2\\0&b\end{bmatrix}$$

$$\boldsymbol{ABA}=\begin{bmatrix}\boldsymbol{A}_1&\boldsymbol{O}\\\boldsymbol{O}&\boldsymbol{A}_2\end{bmatrix}\begin{bmatrix}\boldsymbol{B}_1&\boldsymbol{O}\\\boldsymbol{O}&\boldsymbol{B}_2\end{bmatrix}\begin{bmatrix}\boldsymbol{A}_1&\boldsymbol{O}\\\boldsymbol{O}&\boldsymbol{A}_2\end{bmatrix}=\begin{bmatrix}\boldsymbol{A}_1\boldsymbol{B}_1\boldsymbol{A}_1&\boldsymbol{O}\\\boldsymbol{O}&\boldsymbol{A}_2\boldsymbol{B}_2\boldsymbol{A}_2\end{bmatrix}$$

其中

$$\boldsymbol{A}_1\boldsymbol{B}_1\boldsymbol{A}_1=\begin{bmatrix}a&0\\-2&a\end{bmatrix}\begin{bmatrix}a&0\\2&a\end{bmatrix}\begin{bmatrix}a&0\\-2&a\end{bmatrix}=\begin{bmatrix}a^2&0\\0&a^2\end{bmatrix}\begin{bmatrix}a&0\\-2&a\end{bmatrix}=\begin{bmatrix}a^3&0\\-2a^2&a^3\end{bmatrix}$$

$$\boldsymbol{A}_2\boldsymbol{B}_2\boldsymbol{A}_2=\begin{bmatrix}b&2\\0&b\end{bmatrix}\begin{bmatrix}b&-2\\0&b\end{bmatrix}\begin{bmatrix}b&2\\0&b\end{bmatrix}=\begin{bmatrix}b^2&0\\0&b^2\end{bmatrix}\begin{bmatrix}b&2\\0&b\end{bmatrix}=\begin{bmatrix}b^3&2b^2\\0&b^3\end{bmatrix}$$

故 $\boldsymbol{ABA}=\begin{bmatrix}a^3&0&0&0\\-2a^2&a^3&0&0\\0&0&b^3&2b^2\\0&0&0&b^3\end{bmatrix}$.

15. 设$\boldsymbol{A}$为三阶矩阵，$|\boldsymbol{A}|=2$，$\boldsymbol{A}$按列分块为$\boldsymbol{A}=(\boldsymbol{A}_1,\boldsymbol{A}_2,\boldsymbol{A}_3)$，求下列行列式：(1) $|\boldsymbol{A}_1,2\boldsymbol{A}_3,\boldsymbol{A}_2|$；(2) $|\boldsymbol{A}_3-2\boldsymbol{A}_1,3\boldsymbol{A}_2,\boldsymbol{A}_1|$.

解　(1) $|\boldsymbol{A}_1,2\boldsymbol{A}_3,\boldsymbol{A}_2|=2|\boldsymbol{A}_1,\boldsymbol{A}_3,\boldsymbol{A}_2|=-2|\boldsymbol{A}_1,\boldsymbol{A}_2,\boldsymbol{A}_3|=-2|\boldsymbol{A}|$

$=-2\times 2=-4$

(2) $|\boldsymbol{A}_3-2\boldsymbol{A}_1,3\boldsymbol{A}_2,\boldsymbol{A}_1|=|\boldsymbol{A}_3,3\boldsymbol{A}_2,\boldsymbol{A}_1|=3|\boldsymbol{A}_3,\boldsymbol{A}_2,\boldsymbol{A}_1|$

$=-3|\boldsymbol{A}_1,\boldsymbol{A}_2,\boldsymbol{A}_3|=-3|\boldsymbol{A}|=-3\times 2=-6$

16. 设$\boldsymbol{A}=(a_{ij})_{m\times n}$，$\boldsymbol{X}=[x_1\ \cdots\ x_n]^{\mathrm{T}}$，用$\boldsymbol{A}_1,\cdots,\boldsymbol{A}_n$ 表示$\boldsymbol{A}$ 的n 个列，$\boldsymbol{\alpha}_1^{\mathrm{T}},\cdots,\boldsymbol{\alpha}_m^{\mathrm{T}}$ 表示$\boldsymbol{A}$ 的m 个行. 根据分块乘法的要求判断下列各式是否正确.

(1) $\boldsymbol{AX}=[\boldsymbol{A}_1\ \cdots\ \boldsymbol{A}_n]\boldsymbol{X}=[\boldsymbol{A}_1\boldsymbol{X}\ \cdots\ \boldsymbol{A}_n\boldsymbol{X}]$.

解　$\boldsymbol{A}_{m\times n}\boldsymbol{X}_{n\times 1}$，$\boldsymbol{A}_i$ 是$m\times 1$ 矩阵，$\boldsymbol{X}$是$n\times 1$ 矩阵，故$\boldsymbol{A}_i\boldsymbol{X}$ 无意义，上式不正确.

(2) $\boldsymbol{AX}=[\boldsymbol{A}_1\ \cdots\ \boldsymbol{A}_n]\begin{bmatrix}x_1\\\vdots\\x_n\end{bmatrix}=x_1\boldsymbol{A}_1+\cdots+x_n\boldsymbol{A}_n$.

解　$\boldsymbol{A}$ 的列的分法与$\boldsymbol{X}$ 的行的分法一致，上式正确.

(3) $\boldsymbol{AX}^{\mathrm{T}}=\begin{bmatrix}\boldsymbol{\alpha}_1^{\mathrm{T}}\\\vdots\\\boldsymbol{\alpha}_m^{\mathrm{T}}\end{bmatrix}[x_1\ \cdots\ x_n]=x_1\boldsymbol{\alpha}_1^{\mathrm{T}}+\cdots+x_n\boldsymbol{\alpha}_m^{\mathrm{T}}$.

解　$\boldsymbol{A}$ 是$m\times n$ 矩阵，$\boldsymbol{X}^{\mathrm{T}}$ 是$1\times n$ 矩阵，$\boldsymbol{AX}^{\mathrm{T}}$ 无意义，上式不正确.

(4) $\boldsymbol{AX}=\begin{bmatrix}\boldsymbol{\alpha}_1^{\mathrm{T}}\\\vdots\\\boldsymbol{\alpha}_m^{\mathrm{T}}\end{bmatrix}\boldsymbol{X}=\begin{bmatrix}\boldsymbol{\alpha}_1^{\mathrm{T}}\boldsymbol{X}\\\vdots\\\boldsymbol{\alpha}_m^{\mathrm{T}}\boldsymbol{X}\end{bmatrix}$.

解　$\boldsymbol{\alpha}_i^{\mathrm{T}}$ 是$1\times n$ 矩阵，$\boldsymbol{X}$ 是$n\times 1$ 矩阵，$\boldsymbol{\alpha}_i^{\mathrm{T}}\boldsymbol{X}$ 是1×1 矩阵$(i=1,2,\cdots,m)$，上式正确.

(5) $\boldsymbol{A}^{\mathrm{T}}=[\boldsymbol{A}_1\quad\cdots\quad\boldsymbol{A}_n]^{\mathrm{T}}=\begin{bmatrix}\boldsymbol{A}_1\\ \vdots\\ \boldsymbol{A}_n\end{bmatrix}$.

解　一般$[\boldsymbol{A}_1\quad\cdots\quad\boldsymbol{A}_n]^{\mathrm{T}}=\begin{bmatrix}\boldsymbol{A}_1^{\mathrm{T}}\\ \vdots\\ \boldsymbol{A}_n^{\mathrm{T}}\end{bmatrix}\neq\begin{bmatrix}\boldsymbol{A}_1\\ \vdots\\ \boldsymbol{A}_n\end{bmatrix}$,上式不正确.

17. 化下列矩阵为行阶梯形矩阵.

(1) $\begin{bmatrix}1&1&-1&2\\0&2&-4&6\\1&3&-4&2\\2&4&-5&4\end{bmatrix}$.

解 $\begin{bmatrix}1&1&-1&2\\0&2&-4&6\\1&3&-4&2\\2&4&-5&4\end{bmatrix}\to\begin{bmatrix}1&1&-1&2\\0&2&-4&6\\0&2&-3&0\\0&2&-3&0\end{bmatrix}\to\begin{bmatrix}1&1&-1&2\\0&2&-4&6\\0&0&1&-6\\0&0&0&0\end{bmatrix}$

(2) $\begin{bmatrix}3&-1&9&-1&2\\4&2&-1&-4&3\\1&3&-10&-3&1\\5&5&2&-3&1\end{bmatrix}$.

解 $\begin{bmatrix}3&-1&9&-1&2\\4&2&-1&-4&3\\1&3&-10&-3&1\\5&5&2&-3&1\end{bmatrix}\to\begin{bmatrix}1&3&-10&-3&1\\0&-10&39&8&-1\\0&-10&39&8&-1\\0&-10&52&12&-4\end{bmatrix}$

$\to\begin{bmatrix}1&3&-10&-3&1\\0&-10&39&8&-1\\0&0&0&0&0\\0&0&13&4&-3\end{bmatrix}\to\begin{bmatrix}1&-3&-10&-3&1\\0&-10&39&8&-1\\0&0&13&4&-3\\0&0&0&0&0\end{bmatrix}$

18. 化下列矩阵为行最简形,并写出其等价标准形矩阵.

(1) $\begin{bmatrix}-2&-3&4&4\\1&2&-1&-3\\2&2&-6&-2\end{bmatrix}$.

解 $\begin{bmatrix} -2 & -3 & 4 & 4 \\ 1 & 2 & -1 & -3 \\ 2 & 2 & -6 & -2 \end{bmatrix} \to \begin{bmatrix} 1 & 2 & -1 & -3 \\ 0 & 1 & 2 & -2 \\ 0 & -2 & -4 & 4 \end{bmatrix} \to \begin{bmatrix} 1 & 0 & -5 & 1 \\ 0 & 1 & 2 & -2 \\ 0 & 0 & 0 & 0 \end{bmatrix}$为行最简形,其等价标准形矩阵为$\begin{bmatrix} 1 & 0 & 0 & 0 \\ 0 & 1 & 0 & 0 \\ 0 & 0 & 0 & 0 \end{bmatrix}$.

(2) $\begin{bmatrix} 1 & 3 & 1 & 2 & 4 \\ 1 & 4 & 0 & -8 & -9 \\ 2 & 6 & 5 & -13 & -3 \\ 1 & 2 & 5 & -4 & 7 \\ 3 & 10 & 2 & -4 & -1 \end{bmatrix}$.

解 $\begin{bmatrix} 1 & 3 & 1 & 2 & 4 \\ 1 & 4 & 0 & -8 & -9 \\ 2 & 6 & 5 & -13 & -3 \\ 1 & 2 & 5 & -4 & 7 \\ 3 & 10 & 2 & -4 & -1 \end{bmatrix} \to \begin{bmatrix} 1 & 3 & 1 & 2 & 4 \\ 0 & 1 & -1 & -10 & -13 \\ 0 & 0 & 3 & -17 & -11 \\ 0 & -1 & 4 & -6 & 3 \\ 0 & 1 & -1 & -10 & -13 \end{bmatrix}$

$\to \begin{bmatrix} 1 & 0 & 4 & 32 & 43 \\ 0 & 1 & -1 & -10 & -13 \\ 0 & 0 & 3 & -17 & -11 \\ 0 & 0 & 3 & -16 & -10 \\ 0 & 0 & 0 & 0 & 0 \end{bmatrix} \to \begin{bmatrix} 1 & 0 & 4 & 32 & 43 \\ 0 & 1 & -1 & -10 & -13 \\ 0 & 0 & 3 & -17 & -11 \\ 0 & 0 & 0 & 1 & 1 \\ 0 & 0 & 0 & 0 & 0 \end{bmatrix}$

$\to \begin{bmatrix} 1 & 0 & 4 & 32 & 43 \\ 0 & 1 & -1 & -10 & -13 \\ 0 & 0 & 3 & 0 & 6 \\ 0 & 0 & 0 & 1 & 1 \\ 0 & 0 & 0 & 0 & 0 \end{bmatrix} \to \begin{bmatrix} 1 & 0 & 4 & 0 & 11 \\ 0 & 1 & -1 & 0 & -3 \\ 0 & 0 & 1 & 0 & 2 \\ 0 & 0 & 0 & 1 & 1 \\ 0 & 0 & 0 & 0 & 0 \end{bmatrix}$

$\to \begin{bmatrix} 1 & 0 & 0 & 0 & 3 \\ 0 & 1 & 0 & 0 & -1 \\ 0 & 0 & 1 & 0 & 2 \\ 0 & 0 & 0 & 1 & 1 \\ 0 & 0 & 0 & 0 & 0 \end{bmatrix}$为行最简形,其等价标准形矩阵为$\begin{bmatrix} 1 & 0 & 0 & 0 & 0 \\ 0 & 1 & 0 & 0 & 0 \\ 0 & 0 & 1 & 0 & 0 \\ 0 & 0 & 0 & 1 & 0 \\ 0 & 0 & 0 & 0 & 0 \end{bmatrix}$.

(3) $\begin{bmatrix}1 & -1 & -3 & 1\\2 & -2 & -5 & 3\\4 & -4 & 3 & 19\\1 & -1 & -2 & 2\end{bmatrix}$.

解 $\begin{bmatrix}1 & -1 & -3 & 1\\2 & -2 & -5 & 3\\4 & -4 & 3 & 19\\1 & -1 & -2 & 2\end{bmatrix}\to\begin{bmatrix}1 & -1 & -3 & 1\\0 & 0 & 1 & 1\\0 & 0 & 15 & 15\\0 & 0 & 1 & 1\end{bmatrix}\to\begin{bmatrix}1 & -1 & 0 & 4\\0 & 0 & 1 & 1\\0 & 0 & 0 & 0\\0 & 0 & 0 & 0\end{bmatrix}$为行最简形,其等价标准形矩阵为$\begin{bmatrix}1 & 0 & 0 & 0\\0 & 1 & 0 & 0\\0 & 0 & 0 & 0\\0 & 0 & 0 & 0\end{bmatrix}$.

19. 解下列方程组.

(1) $\begin{cases}x_1-4x_2+x_3+3x_4=-2,\\3x_1-8x_2+x_3+5x_4=0,\\x_1-3x_2-x_3+2x_4=-2,\\2x_1-7x_2-x_3+2x_4=4,\\2x_1+x_2-4x_3+x_4=-4.\end{cases}$

解 由

$$\bar{\boldsymbol{A}}=\begin{bmatrix}1 & -4 & 1 & 3 & -2\\3 & -8 & 1 & 5 & 0\\1 & -3 & -1 & 2 & -2\\2 & -7 & -1 & 2 & 4\\2 & 1 & -4 & 1 & -4\end{bmatrix}\to\begin{bmatrix}1 & -4 & 1 & 3 & -2\\0 & 4 & -2 & -4 & 6\\0 & 1 & -2 & -1 & 0\\0 & 1 & -3 & -4 & 8\\0 & 9 & -6 & -5 & 0\end{bmatrix}$$

$$\to\begin{bmatrix}1 & 0 & -1 & -1 & 4\\0 & 1 & -2 & -1 & 0\\0 & 0 & 6 & 0 & 6\\0 & 0 & -1 & -3 & 8\\0 & 0 & 12 & 4 & 0\end{bmatrix}\to\begin{bmatrix}1 & 0 & -1 & -1 & 4\\0 & 1 & -2 & -1 & 0\\0 & 0 & 1 & 0 & 1\\0 & 0 & 0 & -3 & 9\\0 & 0 & 0 & 4 & -12\end{bmatrix}$$

$$\to\begin{bmatrix}1 & 0 & -1 & 0 & 1\\0 & 1 & -2 & 0 & -3\\0 & 0 & 1 & 0 & 1\\0 & 0 & 0 & 1 & -3\\0 & 0 & 0 & 0 & 0\end{bmatrix}\to\begin{bmatrix}1 & 0 & 0 & 0 & 2\\0 & 1 & 0 & 0 & -1\\0 & 0 & 1 & 0 & 1\\0 & 0 & 0 & 1 & -3\\0 & 0 & 0 & 0 & 0\end{bmatrix}$$

解得 $x_1=2,x_2=-1,x_3=1,x_4=-3$.

(2) $\begin{cases}2x_1-3x_2+x_3+5x_4=6,\\-3x_1+x_2+2x_3-4x_4=5,\\-x_1-2x_2+3x_3+x_4=-2.\end{cases}$

解　由 $\bar{\boldsymbol{A}}=\begin{bmatrix}2&-3&1&5&6\\-3&1&2&-4&5\\-1&-2&3&1&-2\end{bmatrix}\to\begin{bmatrix}-1&-2&3&1&-2\\0&7&-7&-7&11\\0&-7&7&7&2\end{bmatrix}\to$

$\begin{bmatrix}-1&-2&3&1&-2\\0&7&-7&-7&11\\0&0&0&0&13\end{bmatrix}$,得出矛盾方程 $0=13$,故原方程组无解.

(3) $\begin{cases}x_1+2x_2+2x_3+x_4=0,\\2x_1+x_2-2x_3-2x_4=0,\\x_1-x_2-14x_3-5x_4=0,\\5x_1+4x_2-2x_3-2x_4=0.\end{cases}$

解　由

$$\boldsymbol{A}=\begin{bmatrix}1&2&2&1\\2&1&-2&-2\\1&-1&-14&-5\\5&4&-2&-2\end{bmatrix}\to\begin{bmatrix}1&2&2&1\\0&-3&-6&-4\\0&-3&-16&-6\\0&-6&-12&-7\end{bmatrix}$$

$$\to\begin{bmatrix}1&2&2&1\\0&-3&-6&-4\\0&0&-10&-2\\0&0&0&1\end{bmatrix}\to\begin{bmatrix}1&2&2&0\\0&-3&-6&0\\0&0&-10&0\\0&0&0&1\end{bmatrix}$$

$$\to\begin{bmatrix}1&2&0&0\\0&-3&0&0\\0&0&1&0\\0&0&0&1\end{bmatrix}\to\begin{bmatrix}1&0&0&0\\0&1&0&0\\0&0&1&0\\0&0&0&1\end{bmatrix}$$

解得 $x_1=x_2=x_3=x_4=0$.

(4) $\begin{cases}x_1+2x_2+x_3-2x_4+3x_5=0,\\2x_1+x_2+2x_4+x_5=0,\\-2x_1-3x_2-x_3+2x_4+2x_5=0,\\4x_1+5x_2+2x_3-2x_4+7x_5=0.\end{cases}$

解　由

$$A=\begin{bmatrix}1&2&1&-2&3\\2&1&0&2&1\\-2&-3&-1&2&2\\4&5&2&-2&7\end{bmatrix}\to\begin{bmatrix}1&2&1&-2&3\\0&-3&-2&6&-5\\0&1&1&-2&8\\0&-3&-2&6&-5\end{bmatrix}$$

$$\to\begin{bmatrix}1&0&-1&2&-13\\0&1&1&-2&8\\0&0&1&0&19\\0&0&0&0&0\end{bmatrix}\to\begin{bmatrix}1&0&0&2&6\\0&1&0&-2&-11\\0&0&1&0&19\\0&0&0&0&0\end{bmatrix}$$

解得$\begin{cases}x_1=-2x_4-6x_5,\\x_2=2x_4+11x_5,\\x_3=-19x_5.\end{cases}$ 令 $x_4=C_1,x_5=C_2$（C_1,C_2 为任意常数），得

$$\begin{cases}x_1=-2C_1-6C_2,\\x_2=2C_1+11C_2\\x_3=-19C_2,\\x_4=C_1,\\x_5=C_2\end{cases}$$

20. A 为 n 阶可逆矩阵，将 A 的第 i 行与第 j 行交换得矩阵 B，求 AB^{-1}.

解　由已知得 $I(i,j)A=B$，等式两边同时左乘 $I^{-1}(i,j)$，右乘 B^{-1} 得

$$I^{-1}(i,j)I(i,j)AB^{-1}=I^{-1}(i,j)BB^{-1}$$

即

$$AB^{-1}=I^{-1}(i,j)=I(i,j)$$

21. 将下列可逆矩阵分解为若干个同阶初等矩阵的乘积.

(1) $\begin{bmatrix}0&1&2\\1&-2&3\\-1&2&1\end{bmatrix}$.

解　$A=\begin{bmatrix}0&1&2\\1&-2&3\\-1&2&1\end{bmatrix}\xrightarrow{r_1\leftrightarrow r_2}\begin{bmatrix}1&-2&3\\0&1&2\\-1&2&1\end{bmatrix}\xrightarrow{r_3+r_1\cdot 1}\begin{bmatrix}1&-2&3\\0&1&2\\0&0&4\end{bmatrix}$

$$\xrightarrow{\frac{1}{4}r_3}\begin{bmatrix}1&-2&3\\0&1&2\\0&0&1\end{bmatrix}\xrightarrow[r_1+r_3\times(-3)]{r_2+r_3\times(-2)}\begin{bmatrix}1&-2&0\\0&1&0\\0&0&1\end{bmatrix}\xrightarrow{r_1+r_2\times 2}\begin{bmatrix}1&0&0\\0&1&0\\0&0&1\end{bmatrix}$$

$$=\boldsymbol{E}$$

而 $\boldsymbol{P}_6\boldsymbol{P}_5\boldsymbol{P}_4\boldsymbol{P}_3\boldsymbol{P}_2\boldsymbol{P}_1\boldsymbol{A}=\boldsymbol{E}$,其中

$$\boldsymbol{P}_1=\begin{bmatrix}0&1&0\\1&0&0\\0&0&1\end{bmatrix},\boldsymbol{P}_2=\begin{bmatrix}1&0&0\\0&1&0\\1&0&1\end{bmatrix},\boldsymbol{P}_3=\begin{bmatrix}1&0&0\\0&1&0\\0&0&\frac{1}{4}\end{bmatrix}$$

$$\boldsymbol{P}_4=\begin{bmatrix}1&0&0\\0&1&-2\\0&0&1\end{bmatrix},\boldsymbol{P}_5=\begin{bmatrix}1&0&-3\\0&1&0\\0&0&1\end{bmatrix},\boldsymbol{P}_6=\begin{bmatrix}1&2&0\\0&1&0\\0&0&1\end{bmatrix}$$

故

$$\begin{aligned}\boldsymbol{A}&=\boldsymbol{P}_1^{-1}\boldsymbol{P}_2^{-1}\cdots\boldsymbol{P}_5^{-1}\boldsymbol{P}_6^{-1}\\&=\begin{bmatrix}0&1&0\\1&0&0\\0&0&1\end{bmatrix}\begin{bmatrix}1&0&0\\0&1&0\\-1&0&1\end{bmatrix}\begin{bmatrix}1&0&0\\0&1&0\\0&0&4\end{bmatrix}\begin{bmatrix}1&0&0\\0&1&2\\0&0&1\end{bmatrix}\begin{bmatrix}1&0&3\\0&1&0\\0&0&1\end{bmatrix}\begin{bmatrix}1&-2&0\\0&1&0\\0&0&1\end{bmatrix}\end{aligned}$$

(2) $\begin{bmatrix}1&1&1&1\\0&1&1&1\\0&0&1&1\\0&0&0&1\end{bmatrix}$.

解 $\boldsymbol{A}=\begin{bmatrix}1&1&1&1\\0&1&1&1\\0&0&1&1\\0&0&0&1\end{bmatrix}\xrightarrow{r_1+r_2\times(-1)}\begin{bmatrix}1&0&0&0\\0&1&1&1\\0&0&1&1\\0&0&0&1\end{bmatrix}$

$$\xrightarrow{r_2+r_3\times(-1)}\begin{bmatrix}1&0&0&0\\0&1&0&0\\0&0&1&1\\0&0&0&1\end{bmatrix}\xrightarrow{r_3+r_4\times(-1)}\begin{bmatrix}1&0&0&0\\0&1&0&0\\0&0&1&0\\0&0&0&1\end{bmatrix}=\boldsymbol{E}$$

而 $\boldsymbol{P}_3\boldsymbol{P}_2\boldsymbol{P}_1\boldsymbol{A}=\boldsymbol{E}$,其中

$$\boldsymbol{P}_1=\begin{bmatrix}1&-1&0&0\\0&1&0&0\\0&0&1&0\\0&0&0&1\end{bmatrix},\boldsymbol{P}_2=\begin{bmatrix}1&0&0&0\\0&1&-1&0\\0&0&1&0\\0&0&0&1\end{bmatrix},\boldsymbol{P}_3=\begin{bmatrix}1&0&0&0\\0&1&0&0\\0&0&1&-1\\0&0&0&1\end{bmatrix}$$

故

$$A=P_1^{-1}P_2^{-1}P_3^{-1}=\begin{bmatrix}1&1&0&0\\0&1&0&0\\0&0&1&0\\0&0&0&1\end{bmatrix}\begin{bmatrix}1&0&0&0\\0&1&1&0\\0&0&1&0\\0&0&0&1\end{bmatrix}\begin{bmatrix}1&0&0&0\\0&1&0&0\\0&0&1&1\\0&0&0&1\end{bmatrix}$$

22. 用初等变换法判断下列矩阵是否可逆. 如果可逆,则求出其逆矩阵.

(1) $\begin{bmatrix}1&-2&3\\-1&2&1\\3&-6&13\end{bmatrix}$.

解 $(A\mid I)=\left[\begin{array}{ccc:ccc}1&-2&3&1&0&0\\-1&2&1&0&1&0\\3&-6&13&0&0&1\end{array}\right]\to\left[\begin{array}{ccc:ccc}1&-2&3&1&0&0\\0&0&4&1&1&0\\0&0&4&-3&0&1\end{array}\right]$

$$\to\left[\begin{array}{ccc:ccc}1&-2&3&1&0&0\\0&0&4&1&1&0\\0&0&0&-4&-1&1\end{array}\right]$$

故 A 不可逆.

(2) $\begin{bmatrix}1&0&1\\2&1&0\\-3&2&-5\end{bmatrix}$.

解 $(A\mid I)=\left[\begin{array}{ccc:ccc}1&0&1&1&0&0\\2&1&0&0&1&0\\-3&2&-5&0&0&1\end{array}\right]\to\left[\begin{array}{ccc:ccc}1&0&1&1&0&0\\0&1&-2&-2&1&0\\0&2&-2&3&0&1\end{array}\right]$

$$\to\left[\begin{array}{ccc:ccc}1&0&1&1&0&0\\0&1&-2&-2&1&0\\0&0&2&7&-2&1\end{array}\right]$$

$$\to\left[\begin{array}{ccc:ccc}1&0&0&-\frac{5}{2}&1&-\frac{1}{2}\\0&1&0&5&-1&1\\0&0&1&\frac{7}{2}&-1&\frac{1}{2}\end{array}\right]$$

$$=(I\mid A^{-1})$$

故 $A^{-1}=\begin{bmatrix}-\frac{5}{2}&1&-\frac{1}{2}\\5&-1&1\\\frac{7}{2}&-1&\frac{1}{2}\end{bmatrix}$.

(3) $\begin{bmatrix} 1 & 2 & 3 & \cdots & n \\ 0 & 1 & 2 & \cdots & n-1 \\ 0 & 0 & 1 & \cdots & n-2 \\ \vdots & \vdots & \vdots & & \vdots \\ 0 & 0 & 0 & \cdots & 1 \end{bmatrix}$.

解 $(\boldsymbol{A} \mid \boldsymbol{I}) = \left[\begin{array}{ccccc|ccccc} 1 & 2 & 3 & \cdots & n & 1 & 0 & 0 & \cdots & 0 \\ 0 & 1 & 2 & \cdots & n-1 & 0 & 1 & 0 & \cdots & 0 \\ 0 & 0 & 1 & \cdots & n-2 & 0 & 0 & 1 & \cdots & 0 \\ \vdots & \vdots & \vdots & & \vdots & \vdots & \vdots & \vdots & & \vdots \\ 0 & 0 & 0 & \cdots & 1 & 0 & 0 & 0 & \cdots & 1 \end{array}\right]$

$$\to \left[\begin{array}{ccccc|ccccc} 1 & 0 & 0 & \cdots & 0 & 1 & -2 & 1 & \cdots & 0 \\ 0 & 1 & 2 & \cdots & n-1 & 0 & 1 & 0 & \cdots & 0 \\ 0 & 0 & 1 & \cdots & n-2 & 0 & 0 & 1 & \cdots & 0 \\ \vdots & \vdots & \vdots & & \vdots & \vdots & \vdots & \vdots & & \vdots \\ 0 & 0 & 0 & \cdots & 1 & 0 & 0 & 0 & \cdots & 1 \end{array}\right]$$

$$\to \left[\begin{array}{cccccc|cccccc} 1 & 0 & 0 & 0 & \cdots & 0 & 1 & -2 & 1 & 0 & \cdots & 0 \\ 0 & 1 & 0 & 0 & \cdots & 0 & 0 & 1 & -2 & 1 & \cdots & 0 \\ 0 & 0 & 1 & 2 & \cdots & n-2 & 0 & 0 & 1 & 0 & \cdots & 0 \\ 0 & 0 & 0 & 1 & \cdots & n-3 & 0 & 0 & 0 & 1 & \cdots & 0 \\ \vdots & \vdots & \vdots & \vdots & & \vdots & \vdots & \vdots & \vdots & \vdots & & \vdots \\ 0 & 0 & 0 & 0 & \cdots & 1 & 0 & 0 & 0 & 0 & \cdots & 1 \end{array}\right]$$

$$\to \cdots \to \left[\begin{array}{cccccc|cccccc} 1 & 0 & 0 & 0 & \cdots & 0 & 1 & -2 & 1 & 0 & \cdots & 0 \\ 0 & 1 & 0 & 0 & \cdots & 0 & 0 & 1 & -2 & 1 & \cdots & 0 \\ 0 & 0 & 1 & 0 & \cdots & 0 & 0 & 0 & 1 & -2 & \cdots & 0 \\ 0 & 0 & 0 & 1 & \cdots & 0 & 0 & 0 & 0 & 1 & \cdots & 0 \\ \vdots & \vdots & \vdots & \vdots & & \vdots & \vdots & \vdots & \vdots & \vdots & & \vdots \\ 0 & 0 & 0 & 0 & \cdots & 1 & 0 & 0 & 0 & 0 & \cdots & 1 \end{array}\right]$$

$= (\boldsymbol{I} \mid \boldsymbol{A}^{-1})$

故 $\boldsymbol{A}^{-1} = \begin{bmatrix} 1 & -2 & 1 & 0 & \cdots & 0 \\ 0 & 1 & -2 & 1 & \cdots & 0 \\ 0 & 0 & 1 & -2 & \cdots & 0 \\ 0 & 0 & 0 & 1 & \cdots & 0 \\ \vdots & \vdots & \vdots & \vdots & & \vdots \\ 0 & 0 & 0 & 0 & \cdots & 1 \end{bmatrix}$.

23. 利用矩阵分块求下列矩阵的逆矩阵.

(1) $\begin{bmatrix}1&2&0&0&0\\0&1&0&0&0\\0&0&0&1&2\\0&0&1&-2&-2\\0&0&-1&2&1\end{bmatrix}$.

解　设 $A=\begin{bmatrix}A_1&O\\O&A_2\end{bmatrix}^{-1}\xlongequal[\text{可逆}]{A_1,A_2}\begin{bmatrix}A_1^{-1}&O\\O&A_2^{-1}\end{bmatrix}$,其中

$$A_1=\begin{bmatrix}1&2\\0&1\end{bmatrix},A_1^{-1}=\frac{1}{1\times1-2\times0}\begin{bmatrix}1&-2\\0&1\end{bmatrix}=\begin{bmatrix}1&-2\\0&1\end{bmatrix}$$

$$A_2=\begin{bmatrix}0&1&2\\1&-2&-2\\-1&2&1\end{bmatrix},A_2^{-1}=\frac{1}{|A_2|}A_2^*=\frac{1}{1}\begin{bmatrix}2&3&2\\1&2&2\\0&-1&-1\end{bmatrix}=\begin{bmatrix}2&3&2\\1&2&2\\0&-1&-1\end{bmatrix}$$

故

$$A^{-1}=\begin{bmatrix}1&-2&0&0&0\\0&1&0&0&0\\0&0&2&3&2\\0&0&1&2&2\\0&0&0&-1&-1\end{bmatrix}$$

(2) $\begin{bmatrix}0&0&0&1&2\\0&0&0&2&3\\1&1&0&0&0\\0&1&1&0&0\\0&0&1&0&0\end{bmatrix}$.

解　设 $A=\begin{bmatrix}O&A_1\\A_2&O\end{bmatrix}$,若 A_1,A_2 均可逆,则 $A^{-1}=\begin{bmatrix}O&A_2^{-1}\\A_1^{-1}&O\end{bmatrix}$,其中

$$A_1=\begin{bmatrix}1&2\\2&3\end{bmatrix},A_1^{-1}=\frac{1}{1\times3-2\times2}\begin{bmatrix}3&-2\\-2&1\end{bmatrix}=\begin{bmatrix}-3&2\\2&-1\end{bmatrix}$$

$$A_2=\begin{bmatrix}1&1&0\\0&1&1\\0&0&1\end{bmatrix},A_2^{-1}=\frac{1}{|A_2|}A_2^*=\frac{1}{1}\begin{bmatrix}1&-1&1\\0&1&-1\\0&0&1\end{bmatrix}$$

故

$$A^{-1}=\begin{bmatrix}0&0&1&-1&1\\0&0&0&1&-1\\0&0&0&0&1\\-3&2&0&0&0\\2&-1&0&0&0\end{bmatrix}$$

24. 解下列矩阵方程.

(1) $\begin{bmatrix}2&1\\3&2\end{bmatrix}X=X\begin{bmatrix}1&2\\0&1\end{bmatrix}$.

解 设 $X=\begin{bmatrix}x_{11}&x_{12}\\x_{21}&x_{22}\end{bmatrix}$,则 $\begin{bmatrix}2&1\\3&2\end{bmatrix}\begin{bmatrix}x_{11}&x_{12}\\x_{21}&x_{22}\end{bmatrix}=\begin{bmatrix}x_{11}&x_{12}\\x_{21}&x_{22}\end{bmatrix}\begin{bmatrix}1&2\\0&1\end{bmatrix}$,即

$$\begin{bmatrix}2x_{11}+x_{21}&2x_{12}+x_{22}\\3x_{11}+2x_{21}&3x_{12}+2x_{22}\end{bmatrix}=\begin{bmatrix}x_{11}&2x_{11}+x_{12}\\x_{21}&2x_{21}+x_{22}\end{bmatrix}$$

得 $\begin{cases}2x_{11}+x_{21}=x_{11},\\3x_{11}+2x_{21}=x_{21},\\2x_{12}+x_{22}=2x_{11}+x_{12},\\3x_{12}+2x_{22}=2x_{21}+x_{22},\end{cases}$ 即 $\begin{cases}x_{11}+x_{21}=0,\\3x_{11}+x_{21}=0,\\-2x_{11}+x_{12}+x_{22}=0,\\-2x_{21}+3x_{12}+x_{22}=0,\end{cases}$ 解得 $\begin{cases}x_{11}=0,\\x_{21}=0,\\x_{12}=0,\\x_{22}=0,\end{cases}$ 故

$$X=\begin{bmatrix}0&0\\0&0\end{bmatrix}$$

(2) 设 $A=\begin{bmatrix}1&0&0\\1&1&0\\1&1&1\end{bmatrix}$,$B=\begin{bmatrix}0&1&1\\1&0&1\\1&1&0\end{bmatrix}$,且 $AXA+BXB=AXB+BXA+I$.

解 由已知得 $AX(A-B)+(-BX)(-B+A)=I$,即

$$(AX-BX)(A-B)=I$$

$$(A-B)X(A-B)=I$$

$$A-B=\begin{bmatrix}1&0&0\\1&1&0\\1&1&1\end{bmatrix}-\begin{bmatrix}0&1&1\\1&0&1\\1&1&0\end{bmatrix}=\begin{bmatrix}1&-1&-1\\0&1&-1\\0&0&1\end{bmatrix}$$

因为 $|A-B|=1\neq0$,$A-B$ 可逆,且

$$(A-B)^{-1}=\frac{1}{|A-B|}(A-B)^*=\frac{1}{1}\begin{bmatrix}1&1&2\\0&1&1\\0&0&1\end{bmatrix}=\begin{bmatrix}1&1&2\\0&1&1\\0&0&1\end{bmatrix}$$

故

$$X=(A-B)^{-1}I(A-B)^{-1}=[(A-B)^{-1}]^2$$
$$=\begin{bmatrix}1&1&2\\0&1&1\\0&0&1\end{bmatrix}\begin{bmatrix}1&1&2\\0&1&1\\0&0&1\end{bmatrix}=\begin{bmatrix}1&2&5\\0&1&2\\0&0&1\end{bmatrix}$$

(3) 设 $A=\begin{bmatrix}0&1&0\\-1&1&1\\-1&0&-1\end{bmatrix}$，$B=\begin{bmatrix}1&-1\\2&0\\5&-3\end{bmatrix}$，且 $X=AX+B$.

解法一　由已知得 $X-AX=B$，即 $(I-A)X=B$，而

$$I-A=\begin{bmatrix}1&0&0\\0&1&0\\0&0&1\end{bmatrix}-\begin{bmatrix}0&1&0\\-1&1&1\\-1&0&-1\end{bmatrix}=\begin{bmatrix}1&-1&0\\1&0&-1\\1&0&2\end{bmatrix}$$

$$(I-A)^{-1}=\frac{1}{|I-A|}(I-A)^*=\frac{1}{3}\begin{bmatrix}0&2&1\\-3&2&1\\0&-1&1\end{bmatrix}=\begin{bmatrix}0&\frac{2}{3}&\frac{1}{3}\\-1&\frac{2}{3}&\frac{1}{3}\\0&-\frac{1}{3}&\frac{1}{3}\end{bmatrix}$$

故

$$X=(I-A)^{-1}B=\begin{bmatrix}0&\frac{2}{3}&\frac{1}{3}\\-1&\frac{2}{3}&\frac{1}{3}\\0&-\frac{1}{3}&\frac{1}{3}\end{bmatrix}\begin{bmatrix}1&-1\\2&0\\5&-3\end{bmatrix}=\begin{bmatrix}3&-1\\2&0\\1&-1\end{bmatrix}$$

解法二　$(I-A)X=B$，$I-A=\begin{bmatrix}1&-1&0\\1&0&-1\\1&0&2\end{bmatrix}$

$$(I-A\mid B)=\left[\begin{array}{ccc:cc}1&-1&0&1&-1\\1&0&-1&2&0\\1&0&2&5&-3\end{array}\right]\rightarrow\left[\begin{array}{ccc:cc}1&-1&0&1&-1\\0&1&-1&1&1\\0&1&2&4&-2\end{array}\right]$$
$$\rightarrow\left[\begin{array}{ccc:cc}1&0&-1&2&0\\0&1&-1&1&1\\0&0&3&3&-3\end{array}\right]\rightarrow\left[\begin{array}{ccc:cc}1&0&0&3&-1\\0&1&0&2&0\\0&0&1&1&-1\end{array}\right]$$
$$=(I\mid(I-A)^{-1}B)=(I\mid X)$$

故 $\boldsymbol{X}=\begin{bmatrix}3 & -1\\ 2 & 0\\ 1 & -1\end{bmatrix}$.

25. 用矩阵的秩的定义直接求下列矩阵的秩.

(1) $\begin{bmatrix}1 & 2 & 1\\ 0 & 0 & 1\end{bmatrix}$.

解 设原矩阵为 $\boldsymbol{A}$, $\begin{vmatrix}1 & 1\\ 0 & 1\end{vmatrix}\neq 0, r(\boldsymbol{A})\geqslant 2$, $\boldsymbol{A}$ 无三阶子式,故 $r(\boldsymbol{A})=2$.

(2) $\begin{bmatrix}1 & 1 & 2\\ 0 & 2 & 4\\ -1 & -1 & -2\end{bmatrix}$.

解 设原矩阵为 $\boldsymbol{A}$, $\begin{vmatrix}1 & 1\\ 0 & 2\end{vmatrix}\neq 0, r(\boldsymbol{A})\geqslant 2$, $\begin{vmatrix}1 & 1 & 2\\ 0 & 2 & 4\\ -1 & -1 & -2\end{vmatrix}=0$,故 $r(\boldsymbol{A})=2$.

(3) $\begin{bmatrix}1 & 1 & 2 & 4\\ -1 & -2 & 3 & 5\\ 0 & 3 & 4 & 1\end{bmatrix}$.

解 设原矩阵为 $\boldsymbol{A}$, $\begin{vmatrix}1 & 1\\ -1 & -2\end{vmatrix}\neq 0, r(\boldsymbol{A})\geqslant 2$, $\begin{vmatrix}1 & 1 & 2\\ -1 & -2 & 3\\ 0 & 3 & 4\end{vmatrix}=-19\neq 0$, $r(\boldsymbol{A})\geqslant 3, r(\boldsymbol{A})\leqslant \min\{3,4\}=3$,故 $r(\boldsymbol{A})=3$.

(4) $\begin{bmatrix}3 & 2 & 1 & 1\\ 4 & 4 & -2 & 3\\ 1 & 2 & -3 & 2\end{bmatrix}$.

解 设原矩阵为 $\boldsymbol{A}$, $\begin{vmatrix}3 & 2\\ 4 & 4\end{vmatrix}=4\neq 0, r(\boldsymbol{A})\geqslant 2$, $\begin{vmatrix}3 & 2 & 1\\ 4 & 4 & -2\\ 1 & 2 & -3\end{vmatrix}=0$, $\begin{vmatrix}3 & 2 & 1\\ 4 & 4 & 3\\ 1 & 2 & 2\end{vmatrix}=0$, $\begin{vmatrix}3 & 1 & 1\\ 4 & -2 & 3\\ 1 & -3 & 2\end{vmatrix}=0$, $\begin{vmatrix}2 & 1 & 1\\ 4 & -2 & 3\\ 2 & -3 & 2\end{vmatrix}=0$,即所有三阶子式全为零,故 $r(\boldsymbol{A})=2$.

26. 已知 $\boldsymbol{A}=\begin{bmatrix}1 & 2 & 2 & 0\\ -1 & -2 & 4 & t\\ 0 & t & 3 & 0\end{bmatrix}$，且 $r(\boldsymbol{A})=2$，求 t.

解　$\boldsymbol{A}\to\begin{bmatrix}1 & 2 & 2 & 0\\ 0 & 0 & 6 & t\\ 0 & t & 3 & 0\end{bmatrix}\to\begin{bmatrix}1 & 2 & 2 & 0\\ 0 & t & 3 & 0\\ 0 & 0 & 6 & t\end{bmatrix}$，$t\neq 0$ 时 $r(\boldsymbol{A})=3$，不合题意；

$t=0$ 时，$\boldsymbol{A}\to\begin{bmatrix}1 & 2 & 2 & 0\\ 0 & 0 & 3 & 0\\ 0 & 0 & 6 & 0\end{bmatrix}\to\begin{bmatrix}1 & 2 & 2 & 0\\ 0 & 0 & 3 & 0\\ 0 & 0 & 0 & 0\end{bmatrix}$，即 $r(\boldsymbol{A})=2$. 因此 $t=0$.

27. 用初等变换法求下列矩阵的秩.

(1) $\begin{bmatrix}1 & 3 & -1 & -2\\ 1 & -4 & 3 & 5\\ 2 & -1 & 2 & 3\\ 3 & 2 & 1 & 1\end{bmatrix}$.

解　设原矩阵为 $\boldsymbol{A}$，则

$$\boldsymbol{A}\to\begin{bmatrix}1 & 3 & -1 & -2\\ 0 & -7 & 4 & 7\\ 0 & -7 & 4 & 7\\ 0 & -7 & 4 & 7\end{bmatrix}\to\begin{bmatrix}1 & 3 & -1 & -2\\ 0 & -7 & 4 & 7\\ 0 & 0 & 0 & 0\\ 0 & 0 & 0 & 0\end{bmatrix}$$

故 $r(\boldsymbol{A})=2$.

(2) $\begin{bmatrix}1 & 2 & -1 & 0 & 3\\ 3 & 1 & -1 & 1 & 2\\ 4 & 3 & -2 & 4 & 5\\ 5 & 5 & -3 & 1 & 8\end{bmatrix}$.

解　设原矩阵为 $\boldsymbol{A}$，则

$$\boldsymbol{A}\to\begin{bmatrix}1 & 2 & -1 & 0 & 3\\ 0 & -5 & 2 & 1 & -7\\ 0 & -5 & 2 & 4 & -7\\ 0 & -5 & 2 & 1 & -7\end{bmatrix}\to\begin{bmatrix}1 & 2 & -1 & 0 & 3\\ 0 & -5 & 2 & 1 & -7\\ 0 & 0 & 0 & 3 & 0\\ 0 & 0 & 0 & 0 & 0\end{bmatrix}$$

故 $r(\boldsymbol{A})=3$.

28. 设 $\boldsymbol{X},\boldsymbol{Y}$ 均为 $n\times 1$ 矩阵，且 $\boldsymbol{X}^T\boldsymbol{Y}=2$，证明 $\boldsymbol{A}=\boldsymbol{I}+\boldsymbol{X}\boldsymbol{Y}^T$ 可逆，且求出 $\boldsymbol{A}^{-1}$.

解法一　$\boldsymbol{A}^2=(\boldsymbol{I}+\boldsymbol{X}\boldsymbol{Y}^T)(\boldsymbol{I}+\boldsymbol{X}\boldsymbol{Y}^T)=\boldsymbol{I}+2\boldsymbol{X}\boldsymbol{Y}^T+\boldsymbol{X}(\boldsymbol{Y}^T\boldsymbol{X})\boldsymbol{Y}^T$

$$= \boldsymbol{I} + 2\boldsymbol{XY}^T + (\boldsymbol{Y}^T\boldsymbol{X})(\boldsymbol{XY}^T)$$

由于 $\boldsymbol{Y}^T\boldsymbol{X} = \boldsymbol{X}^T\boldsymbol{Y} = 2$,故

$$\boldsymbol{A}^2 = \boldsymbol{I} + 2\boldsymbol{XY}^T + 2\boldsymbol{XY}^T = \boldsymbol{I} + 4\boldsymbol{XY}^T = -3\boldsymbol{I} + 4(\boldsymbol{I} + \boldsymbol{XY}^T) = -3\boldsymbol{I} + 4\boldsymbol{A}$$

即 $\boldsymbol{A}^2 - 4\boldsymbol{A} = -3\boldsymbol{I}$,$\boldsymbol{A}\left(-\frac{1}{3}\right)(\boldsymbol{A} - 4\boldsymbol{I}) = \boldsymbol{I}$,故 $\boldsymbol{A}$ 可逆,且 $\boldsymbol{A}^{-1} = -\frac{1}{3}(\boldsymbol{A} - 4\boldsymbol{I})$.

解法二　不妨设 $\boldsymbol{A}$ 可逆,且 $\boldsymbol{A}^{-1} = \boldsymbol{I} + m\boldsymbol{XY}^T$,则 $\boldsymbol{AA}^{-1} = \boldsymbol{I}$,即

$$(\boldsymbol{I} + \boldsymbol{XY}^T)(\boldsymbol{I} + m\boldsymbol{XY}^T) = \boldsymbol{I}$$

$$\boldsymbol{I} + (1+m)\boldsymbol{XY}^T + m\boldsymbol{X}(\boldsymbol{Y}^T\boldsymbol{X})\boldsymbol{Y}^T = \boldsymbol{I}$$

$$\boldsymbol{I} + (1+m)\boldsymbol{XY}^T + (2m)\boldsymbol{XY}^T = \boldsymbol{I}$$

得 $(1+3m)\boldsymbol{XY}^T = \boldsymbol{O}$,即 $1 + 3m = 0$,$m = -\frac{1}{3}$,故

$$\boldsymbol{A}^{-1} = \boldsymbol{I} - \frac{1}{3}\boldsymbol{XY}^T$$

四、应用题

1. 已知某企业所属的 3 个车间 A_1, A_2, A_3 去年第 1 季度和第 2 季度生产的 4 种产品 B_1, B_2, B_3, B_4 的产量(单位:百件)如下表所示:

车间	第 1 季度				第 2 季度			
	B_1	B_2	B_3	B_4	B_1	B_2	B_3	B_4
A_1	48	37	13	6	53	35	11	7
A_2	62	40	16	7	80	40	18	9
A_3	55	35	12	5	70	38	16	7

(1) 作矩阵 $\boldsymbol{A}_{3\times4}$ 和 $\boldsymbol{B}_{3\times4}$ 分别表示 3 个车间第 1 季度和第 2 季度的各产品的产量;

(2) 计算 $\boldsymbol{A} + \boldsymbol{B}$ 与 $\boldsymbol{B} - \boldsymbol{A}$,并说明其经济意义;

(3) 计算 $\frac{1}{2}(\boldsymbol{A} + \boldsymbol{B})$,并说明其经济意义.

解　(1) $\boldsymbol{A}_{3\times4} = \begin{bmatrix} 48 & 37 & 13 & 6 \\ 62 & 40 & 16 & 7 \\ 55 & 35 & 12 & 5 \end{bmatrix}$,$\boldsymbol{B}_{3\times4} = \begin{bmatrix} 53 & 35 & 11 & 7 \\ 80 & 40 & 18 & 9 \\ 70 & 38 & 16 & 7 \end{bmatrix}$.

(2) $\boldsymbol{A} + \boldsymbol{B} = \begin{bmatrix} 101 & 72 & 24 & 13 \\ 142 & 80 & 34 & 16 \\ 125 & 73 & 28 & 12 \end{bmatrix}$,表示两个季度总产量;

$\boldsymbol{B} - \boldsymbol{A} = \begin{bmatrix} 5 & -2 & -2 & 1 \\ 18 & 0 & 2 & 2 \\ 15 & 3 & 4 & 2 \end{bmatrix}$,表示第 2 季度较第 1 季度增产量.

(3) $\frac{1}{2}(\boldsymbol{A}+\boldsymbol{B})=\frac{1}{2}\begin{bmatrix}101 & 72 & 24 & 13\\142 & 80 & 34 & 16\\125 & 73 & 28 & 12\end{bmatrix}=\begin{bmatrix}50.5 & 36 & 12 & 6.5\\71 & 40 & 17 & 8\\62.5 & 36.5 & 14 & 6\end{bmatrix}$,表示两个季度的平均季产量.

2. 设 3 个产地和 4 个销地之间的距离(单位：千米) 为矩阵 $\boldsymbol{A}$:

$\boldsymbol{A}=\begin{bmatrix}115 & 160 & 72 & 85\\70 & 108 & 39 & 47\\68 & 70 & 73 & 91\end{bmatrix}$,已知货物每吨千米的运费为 1.5 元,求各产地与各销地间每吨货物的运费矩阵.

解　运费矩阵为

$$1.5\boldsymbol{A}=\begin{bmatrix}172.5 & 240 & 108 & 127.5\\105 & 162 & 58.5 & 70.5\\102 & 105 & 109.5 & 136.5\end{bmatrix}$$

3. 某企业生产 5 种产品,前 3 个季度的生产数量及产品单价(单位：万元) 如下表所示. 作矩阵 $\boldsymbol{A}=(a_{ij})_{3\times5}$,使 a_{ij} 表示第 i 季度生产第 j 种产品的数量;$\boldsymbol{B}=(b_j)_{5\times1}$ 使 b_j 表示第 j 种产品的单价;计算该厂各季度的总产值.

季度	A	B	C	D	E
1	500	300	250	100	50
2	300	600	250	200	100
3	500	600	0	250	50
单价	0.95	1.2	2.35	3	5.2

解　$\boldsymbol{A}=\begin{bmatrix}500 & 300 & 250 & 100 & 50\\300 & 600 & 250 & 200 & 100\\500 & 600 & 0 & 250 & 50\end{bmatrix}_{3\times5}$,$\boldsymbol{B}=\begin{bmatrix}0.95\\1.2\\2.35\\3\\5.2\end{bmatrix}_{5\times1}$,$\boldsymbol{AB}=\begin{bmatrix}1\,982.5\\2\,712.5\\2\,205\end{bmatrix}_{3\times1}$

即该厂各季度的总产值分别为 1 982.5 万元,2 712.5 万元,2 205 万元.

4. 某港口在某月份出口到 3 个地区的两种货物 A_1,A_2 的数量以及它们一单位的价格、重量和体积如下表所示. 利用矩阵乘法计算：

(1) 经该港口出口到 3 个地区的货物价值、重量、体积分别为多少?

(2) 经该港口出口的货物总价值、总重量、总体积为多少?

货物＼出口量＼地区	北美	欧洲	非洲	单位价格(万元)	单位重量(吨)	单位体积(立方米)
A_1	2 000	1 000	800	0.2	0.011	0.12
A_2	1 200	1 300	500	0.35	0.05	0.5

解 (1) 由 $\boldsymbol{A}=\begin{bmatrix}0.2 & 0.35\\0.011 & 0.05\\0.12 & 0.5\end{bmatrix}_{3\times 2}$（列依次为 A_1, A_2），$\boldsymbol{B}=\begin{bmatrix}2\,000 & 1\,000 & 800\\1\,200 & 1\,300 & 500\end{bmatrix}_{2\times 3}$（行依次为 A_1, A_2），则

$$\boldsymbol{C}=\boldsymbol{AB}=\begin{bmatrix}0.2 & 0.35\\0.011 & 0.05\\0.12 & 0.5\end{bmatrix}\begin{bmatrix}2\,000 & 1\,000 & 800\\1\,200 & 1\,300 & 500\end{bmatrix}$$

$$=\begin{bmatrix}820 & 655 & 335\\82 & 76 & 33.8\\840 & 770 & 346\end{bmatrix}_{3\times 3}\begin{matrix}\text{价值(万元)}\\\text{重量(吨)}\\\text{体积(立方米)}\end{matrix}$$

（列依次为 北美 欧洲 非洲）

(2) 由

$$\boldsymbol{C}_{3\times 3}\begin{bmatrix}1\\1\\1\end{bmatrix}=\begin{bmatrix}820 & 655 & 335\\82 & 76 & 33.8\\840 & 770 & 346\end{bmatrix}\begin{bmatrix}1\\1\\1\end{bmatrix}=\begin{bmatrix}1\,810\\191.8\\1\,956\end{bmatrix}$$

即经该港口出口的货物总价值为 1 810 万元,总重量为 191.8 吨,总体积为 1 956 立方米.

5. 某股份公司生产 4 种产品,各产品在生产过程中的生产成本以及在各个季节的产量分别由下面两个表给出. 在年度股东大会上,公司准备用一个单一的表向股东们介绍所有产品在各个季节的各项生产成本、各个季节的总成本,以及全年各项的总成本,此表应如何设计?

		产品			
		A	B	C	D
消耗	原材料	0.5	0.8	0.7	0.65
	劳动力	0.8	1.05	0.9	0.85
	经营管理	0.3	0.6	0.7	0.5

		季节			
		春	夏	秋	冬
产品	A	9 000	10 500	11 000	8 500
	B	6 500	6 000	5 500	7 000
	C	10 500	9 500	9 500	10 000
	D	8 500	9 500	9 000	8 500

解　由

$$\boldsymbol{A}=\begin{bmatrix}0.5&0.8&0.7&0.65\\0.8&1.05&0.9&0.85\\0.3&0.6&0.7&0.5\end{bmatrix}_{3\times4}$$

$$\boldsymbol{B}=\begin{bmatrix}9\,000&10\,500&11\,000&8\,500\\6\,500&6\,000&5\,500&7\,000\\10\,500&9\,500&9\,500&10\,000\\8\,500&9\,500&9\,000&8\,500\end{bmatrix}_{4\times4}$$

得

$$\boldsymbol{C}=\boldsymbol{AB}=\begin{bmatrix}22\,575&22\,875&22\,400&22\,375\\30\,700&31\,325&30\,775&30\,375\\18\,200&18\,150&17\,750&18\,000\end{bmatrix}_{3\times4}\begin{matrix}\text{原材料}\\\text{劳动力}\\\text{经营管理}\end{matrix}$$
$$\quad\text{春}\qquad\text{夏}\qquad\text{秋}\qquad\text{冬}$$

$$\boldsymbol{D}=[1\quad1\quad1]\boldsymbol{C}=[71\,475\quad72\,350\quad70\,925\quad70\,750]$$
$$\qquad\qquad\text{春}\qquad\text{夏}\qquad\text{秋}\qquad\text{冬}$$

$$\boldsymbol{E}=\boldsymbol{C}\begin{bmatrix}1\\1\\1\\1\end{bmatrix}=\begin{bmatrix}90\,225\\123\,175\\72\,100\end{bmatrix}\begin{matrix}\text{原材料}\\\text{劳动力}\\\text{经营管理}\end{matrix}\ \text{全年消耗成本}$$

$$\boldsymbol{F}=[1\quad1\quad1]\boldsymbol{E}=285\,500$$

将 $\boldsymbol{C},\boldsymbol{D},\boldsymbol{E},\boldsymbol{F}$ 中的数据设计成一单表如下：

	春	夏	秋	冬	全年
原材料	22 575	22 875	22 400	22 375	90 225
劳动力	30 700	31 325	30 775	30 375	123 175
经营管理	18 200	18 150	17 750	18 000	72 100
总成本	71 475	72 350	70 925	70 750	285 500

6. 某地已婚妇女的离婚率为10%，而单身妇女中每年有20%结婚，目前，该地已婚妇女人口为8000人，单身妇女人口为2000人，如果妇女人口保持不变，求3年后已婚妇女和单身妇女各有多少？

解 设 $x_0=8\,000, y_0=2\,000, x_i, y_i$ 为 i 年后已婚妇女和单身妇女人数，于是

$$\begin{bmatrix}x_1\\y_1\end{bmatrix}=\begin{bmatrix}0.9&0.2\\0.1&0.8\end{bmatrix}\begin{bmatrix}x_0\\y_0\end{bmatrix}=\begin{bmatrix}7\,600\\2\,400\end{bmatrix}$$

$$\begin{bmatrix}x_2\\y_2\end{bmatrix}=\begin{bmatrix}0.9&0.2\\0.1&0.8\end{bmatrix}\begin{bmatrix}x_1\\y_1\end{bmatrix}=\begin{bmatrix}7\,320\\2\,680\end{bmatrix}$$

$$\begin{bmatrix}x_3\\y_3\end{bmatrix}=\begin{bmatrix}0.9&0.2\\0.1&0.8\end{bmatrix}\begin{bmatrix}x_2\\y_2\end{bmatrix}=\begin{bmatrix}7\,124\\2\,876\end{bmatrix}$$

即3年后已婚妇女人口为7 124人，单身妇女人口为2 876人.

7. 某工厂有3个车间，各车间互相提供产品(或服务)，今年各车间出厂产量及对其他车间的消耗如下表所示. 表中第1列消耗系数0.30，0.10，0.30表示第1车间生产1万元的产品需分别消耗第1，第2，第3车间0.3万元，0.1万元，0.3万元的产品；第2列，第3列类同. 求今年各车间的总产量.

消耗系数 \ 车间	车间				
	1	2	3	出厂产量	总产量
1	0.30	0.20	0.30	30	x_1
2	0.10	0.40	0.10	20	x_2
3	0.30	0.20	0.30	10	x_3

解 由题意可建立如下方程组：

$$\begin{cases}(1-0.30)x_1-0.20x_2-0.30x_3=30,\\-0.10x_1+(1-0.40)x_2-0.10x_3=20,\\-0.30x_1-0.20x_2+(1-0.30)x_3=10\end{cases}$$

解得 $\begin{cases}x_1=90,\\x_2=60,\\x_3=70,\end{cases}$ 即今年第1，第2，第3车间的总产量分别为90万元，60万元，70万元.

8. 设在一个经济系统中有3个部门，在一个生产周期中，各部门之间的消耗系数及最终产品如下表所示，求各部门的总产品及部门间的流量，并求各部门的新创价值.

消耗系数 消耗部门 / 生产部门	1	2	3	最终产品
1	0.25	0.1	0.1	245
2	0.2	0.2	0.1	90
3	0.1	0.1	0.2	175

解　设3个生产部门的总产品分别为x_1,x_2,x_3,由已知可建立如下方程组:

$$\begin{cases}(1-0.25)x_1-0.1x_2-0.1x_3=245,\\ -0.2x_1+(1-0.2)x_2-0.1x_3=90,\\ -0.1x_1-0.1x_2+(1-0.2)x_3=175,\end{cases}$$

解得$\begin{cases}x_1=400,\\ x_2=250,\\ x_3=300,\end{cases}$即总产品$\boldsymbol{X}=\begin{bmatrix}x_1\\x_2\\x_3\end{bmatrix}=\begin{bmatrix}400\\250\\300\end{bmatrix}$,而$\boldsymbol{A}=\begin{bmatrix}0.25&0.1&0.1\\0.2&0.2&0.1\\0.1&0.1&0.2\end{bmatrix}$,故3个部门间的流量

$$(a_{ij}x_j)=\begin{bmatrix}100&25&30\\80&50&30\\40&25&60\end{bmatrix}$$

3个部门新创价值

$$(\boldsymbol{I}-\boldsymbol{D})\boldsymbol{X}=\begin{bmatrix}x_1-0.25x_1-0.2x_1-0.1x_1\\x_2-0.1x_2-0.2x_2-0.1x_2\\x_3-0.1x_3-0.1x_3-0.2x_3\end{bmatrix}=\begin{bmatrix}0.45x_1\\0.6x_2\\0.6x_3\end{bmatrix}=\begin{bmatrix}180\\150\\180\end{bmatrix}$$

其中$\boldsymbol{D}=\begin{bmatrix}\sum\limits_{i=1}^{3}a_{i1}&0&0\\0&\sum\limits_{i=1}^{3}a_{i2}&0\\0&0&\sum\limits_{i=1}^{3}a_{i3}\end{bmatrix}$.

五、证明题

1. 证明:$\boldsymbol{A}$为可逆对称阵,则$\boldsymbol{A}^{-1}$也是对称阵.

证　因为$\boldsymbol{A}$为可逆对称阵,于是$\boldsymbol{A}^{\mathrm{T}}=\boldsymbol{A}$,$(\boldsymbol{A}^{-1})^{\mathrm{T}}=(\boldsymbol{A}^{\mathrm{T}})^{-1}=\boldsymbol{A}^{-1}$,因此$\boldsymbol{A}^{-1}$也是对称阵.

2. $\boldsymbol{A},\boldsymbol{B},\boldsymbol{C}$为同阶方阵,其中$\boldsymbol{C}$可逆,且$\boldsymbol{C}^{-1}\boldsymbol{A}\boldsymbol{C}=\boldsymbol{B}$.

证明：对任何正整数 m，$\boldsymbol{C}^{-1}\boldsymbol{A}^m\boldsymbol{C}=\boldsymbol{B}^m$.

证 $m\in\mathbf{N}^*$，有

$$\boldsymbol{B}^m=(\boldsymbol{C}^{-1}\boldsymbol{A}\boldsymbol{C})^m=\underbrace{\boldsymbol{C}^{-1}\boldsymbol{A}\boldsymbol{C}\boldsymbol{C}^{-1}\boldsymbol{A}\boldsymbol{C}\cdots\boldsymbol{C}^{-1}\boldsymbol{A}\boldsymbol{C}}_{m\text{个}\boldsymbol{C}^{-1}\boldsymbol{A}\boldsymbol{C}}=\underbrace{\boldsymbol{C}^{-1}\boldsymbol{A}\boldsymbol{I}\boldsymbol{A}\boldsymbol{I}\cdots\boldsymbol{I}\boldsymbol{A}\boldsymbol{C}}_{\text{含}m\text{个}\boldsymbol{A}}=\boldsymbol{C}^{-1}\boldsymbol{A}^m\boldsymbol{C}$$

命题得证.

3. 对任何的 $m\times n$ 矩阵 $\boldsymbol{A}$，证明：$\boldsymbol{A}\boldsymbol{A}^T$ 与 $\boldsymbol{A}^T\boldsymbol{A}$ 均为对称阵.

证 $(\boldsymbol{A}\boldsymbol{A}^T)^T=(\boldsymbol{A}^T)^T\boldsymbol{A}^T=\boldsymbol{A}\boldsymbol{A}^T$，故 $\boldsymbol{A}\boldsymbol{A}^T$ 为对称阵；

$(\boldsymbol{A}^T\boldsymbol{A})^T=\boldsymbol{A}^T(\boldsymbol{A}^T)^T=\boldsymbol{A}^T\boldsymbol{A}$，故 $\boldsymbol{A}^T\boldsymbol{A}$ 也为对称阵.

4. $\boldsymbol{A},\boldsymbol{B}$ 为同阶可交换矩阵，且 $\boldsymbol{A}$ 可逆，证明 $\boldsymbol{A}^{-1},\boldsymbol{B}$ 亦也可交换.

证 由已知得 $\boldsymbol{A}\boldsymbol{B}=\boldsymbol{B}\boldsymbol{A}$，又由于 $\boldsymbol{A}$ 可逆，上式两边同时左乘 $\boldsymbol{A}^{-1}$，右乘 $\boldsymbol{A}^{-1}$，于是 $\boldsymbol{A}^{-1}\boldsymbol{A}\boldsymbol{B}\boldsymbol{A}^{-1}=\boldsymbol{A}^{-1}\boldsymbol{B}\boldsymbol{A}\boldsymbol{A}^{-1}$，即 $\boldsymbol{B}\boldsymbol{A}^{-1}=\boldsymbol{A}^{-1}\boldsymbol{B}$，故 $\boldsymbol{A}^{-1},\boldsymbol{B}$ 也可交换.

5. 已知矩阵 $\boldsymbol{A}^2=\boldsymbol{I},\boldsymbol{B}^2=\boldsymbol{I}$，且 $|\boldsymbol{A}|+|\boldsymbol{B}|=0$，证明：$\boldsymbol{A}+\boldsymbol{B}$ 为奇异阵.

证 由

$$\boldsymbol{A}(\boldsymbol{A}+\boldsymbol{B})\boldsymbol{B}=\boldsymbol{A}^2\boldsymbol{B}+\boldsymbol{A}\boldsymbol{B}^2=\boldsymbol{I}\boldsymbol{B}+\boldsymbol{A}\boldsymbol{I}=\boldsymbol{B}+\boldsymbol{A}=\boldsymbol{A}+\boldsymbol{B}$$

得

$$|\boldsymbol{A}|\cdot|\boldsymbol{A}+\boldsymbol{B}|\cdot|\boldsymbol{B}|=|\boldsymbol{A}+\boldsymbol{B}|$$

由于 $|\boldsymbol{A}|+|\boldsymbol{B}|=0$，故 $|\boldsymbol{A}|=-|\boldsymbol{B}|$，又由于 $\boldsymbol{B}^2=\boldsymbol{I}$，$|\boldsymbol{B}|^2=|\boldsymbol{B}^2|=|\boldsymbol{I}|=1$，故

$$|\boldsymbol{A}+\boldsymbol{B}|=-|\boldsymbol{B}||\boldsymbol{A}+\boldsymbol{B}||\boldsymbol{B}|=-|\boldsymbol{B}|^2\cdot|\boldsymbol{A}+\boldsymbol{B}|=-|\boldsymbol{A}+\boldsymbol{B}|$$

即 $|\boldsymbol{A}+\boldsymbol{B}|=0$，$\boldsymbol{A}+\boldsymbol{B}$ 为奇异阵.

6. n 阶实方阵 $\boldsymbol{A}\neq\boldsymbol{O}$，且 $\boldsymbol{A}^*=\boldsymbol{A}^T$，证明：$|\boldsymbol{A}|\neq 0$.

证 因为 $\boldsymbol{A}\neq\boldsymbol{O}$，于是不妨设存在某个 $a_{rs}\neq 0(r,s\in\{1,2,\cdots,n\})$，又由于 $\boldsymbol{A}^*=\boldsymbol{A}^T$，故 $\boldsymbol{A}_{ij}=a_{ij}(i,j=1,2,\cdots,n)$，$\forall a_{ij}\in\mathbf{R}$.

$|\boldsymbol{A}|$ 按第 r 行展开得

$$\begin{aligned}|\boldsymbol{A}|&=a_{r1}\boldsymbol{A}_{r1}+\cdots+a_{rs}\boldsymbol{A}_{rs}+\cdots+a_{rn}\boldsymbol{A}_{rn}\\&=a_{r1}^2+\cdots+a_{rs}^2+\cdots+a_{rn}^2>0\quad(\forall a_{rj}^2\geqslant 0,a_{rs}^2>0)\end{aligned}$$

故 $|\boldsymbol{A}|\neq 0$.

7. 若 $\boldsymbol{A}^k=\boldsymbol{I}$，证明：$(\boldsymbol{A}^*)^k=\boldsymbol{I}$.

证 $\boldsymbol{A},\boldsymbol{B}$ 可逆，则 $(\boldsymbol{A}\boldsymbol{B})^*=\boldsymbol{B}^*\boldsymbol{A}^*$，故

$$(\boldsymbol{A}^2)^*=(\boldsymbol{A}\boldsymbol{A})^*=\boldsymbol{A}^*\boldsymbol{A}^*=(\boldsymbol{A}^*)^2$$

$$(\boldsymbol{A}^3)^*=(\boldsymbol{A}^2\cdot\boldsymbol{A})^*=\boldsymbol{A}^*(\boldsymbol{A}^2)^*=\boldsymbol{A}^*(\boldsymbol{A}^*)^2=(\boldsymbol{A}^*)^3$$

依此类推得 $(\boldsymbol{A}^k)^*=(\boldsymbol{A}^*)^k$，因为 $\boldsymbol{A}^k=\boldsymbol{I}$，于是 $(\boldsymbol{A}^k)^*=\boldsymbol{I}^*$，由于 $\boldsymbol{I}^*=\boldsymbol{I}$，因此 $(\boldsymbol{A}^*)^k=\boldsymbol{I}$.

8. 若 $\boldsymbol{A}\boldsymbol{A}^T=\boldsymbol{I}$,证明:$(\boldsymbol{A}^*)^T\boldsymbol{A}^*=\boldsymbol{I}$.

证　$\boldsymbol{A},\boldsymbol{B}$ 可逆时 $(\boldsymbol{A}\boldsymbol{B})^*=\boldsymbol{B}^*\boldsymbol{A}^*$,故 $(\boldsymbol{A}^*)^T=(\boldsymbol{A}^T)^*$. 已知 $\boldsymbol{A}\boldsymbol{A}^T=\boldsymbol{I}$,则 $(\boldsymbol{A}\boldsymbol{A}^T)^*=\boldsymbol{I}^*$,$(\boldsymbol{A}^T)^*\boldsymbol{A}^*=\boldsymbol{I}$,$(\boldsymbol{A}^*)^T\boldsymbol{A}^*=\boldsymbol{I}$.

9. 设 $\boldsymbol{A}=(a_{ij})$ 为 n 阶矩阵,称 $\operatorname{tr}(\boldsymbol{A})=\sum\limits_{i=1}^{n}a_{ii}$ 为矩阵 $\boldsymbol{A}$ 的迹,证明:

(1) $\operatorname{tr}(\boldsymbol{A}+\boldsymbol{B})=\operatorname{tr}\boldsymbol{A}+\operatorname{tr}\boldsymbol{B}$.

证　$\operatorname{tr}(\boldsymbol{A}+\boldsymbol{B})=\sum\limits_{i=1}^{n}(a_{ii}+b_{ii})=\sum\limits_{i=1}^{n}a_{ii}+\sum\limits_{i=1}^{n}b_{ii}=\operatorname{tr}(\boldsymbol{A})+\operatorname{tr}(\boldsymbol{B})$

(2) $\operatorname{tr}(k\boldsymbol{A})=k\operatorname{tr}(\boldsymbol{A})$($k$ 为任意常数).

证　$\operatorname{tr}(k\boldsymbol{A})=\sum\limits_{i=1}^{n}(ka_{ii})=k\sum\limits_{i=1}^{n}a_{ii}=k\operatorname{tr}(\boldsymbol{A})$

(3) $\operatorname{tr}(\boldsymbol{A}^T)=\operatorname{tr}\boldsymbol{A}$.

证　$\operatorname{tr}(\boldsymbol{A}^T)=\sum\limits_{i=1}^{n}a_{ii}=\operatorname{tr}\boldsymbol{A}$

(4) $\operatorname{tr}(\boldsymbol{A}\boldsymbol{B})=\operatorname{tr}(\boldsymbol{B}\boldsymbol{A})$.

证　$\boldsymbol{B}=(b_{ij})_{n\times n}$,则

$$
\begin{aligned}
\operatorname{tr}(\boldsymbol{A}\boldsymbol{B})&=\sum_{k=1}^{n}a_{1k}b_{k1}+\sum_{k=1}^{n}a_{2k}b_{k2}+\cdots+\sum_{k=1}^{n}a_{nk}b_{kn}\\
&=\sum_{s=1}^{n}a_{s1}b_{1s}+\sum_{s=1}^{n}a_{s2}b_{2s}+\cdots+\sum_{s=1}^{n}a_{sn}b_{ns}=\operatorname{tr}(\boldsymbol{B}\boldsymbol{A})
\end{aligned}
$$

10. 设 $\boldsymbol{A}\in\mathbf{R}^{n\times n}$,证明:$r(\boldsymbol{A}^*)=\begin{cases}n, & r(\boldsymbol{A})=n,\\ 0, & r(\boldsymbol{A})<n-1.\end{cases}$

证　若 $r(\boldsymbol{A})=n$,则 $|\boldsymbol{A}|\neq0$,由于 $|\boldsymbol{A}^*|=|\boldsymbol{A}|^{n-1}\neq0$,故 $r(\boldsymbol{A}^*)=n$;若 $r(\boldsymbol{A})<n-1$,则 $\boldsymbol{A}$ 的所有 $n-1$ 阶子式全为零,即

$$\boldsymbol{M}_{ij}=0\quad(i,j=1,2,\cdots,n)$$

故

$$\boldsymbol{A}_{ij}=(-1)^{i+j}\boldsymbol{M}_{ij}=0\quad(i,j=1,2,\cdots,n)$$

即 $\boldsymbol{A}^*=\begin{bmatrix}\boldsymbol{A}_{11} & \cdots & \boldsymbol{A}_{n1}\\ \vdots & & \vdots\\ \boldsymbol{A}_{1n} & \cdots & \boldsymbol{A}_{nn}\end{bmatrix}=\boldsymbol{O}_{n\times n}$,故 $r(\boldsymbol{A}^*)=0$.

11. 设 $\boldsymbol{A}$ 可逆,且 $\boldsymbol{A}$ 的各行元素之和为常数 a,试证:$\boldsymbol{A}^{-1}$ 的各行元素之和为 a^{-1}.

证　设 $\boldsymbol{A}=\begin{bmatrix} a_{11} & a_{12} & \cdots & a_{1n} \\ a_{21} & a_{22} & \cdots & a_{2n} \\ \vdots & \vdots & & \vdots \\ a_{n1} & a_{n2} & \cdots & a_{nn} \end{bmatrix}$,则

$$|\boldsymbol{A}| \xlongequal{c_1+(c_2+\cdots+c_n)} \begin{vmatrix} a & a_{12} & \cdots & a_{1n} \\ a & a_{22} & \cdots & a_{2n} \\ \vdots & \vdots & & \vdots \\ a & a_{n2} & \cdots & a_{nn} \end{vmatrix} = a\boldsymbol{A}_{11}+a\boldsymbol{A}_{21}+\cdots+a\boldsymbol{A}_{n1}$$

即

$$\frac{1}{|\boldsymbol{A}|}(\boldsymbol{A}_{11}+\boldsymbol{A}_{21}+\cdots+\boldsymbol{A}_{n1})=a^{-1}$$

因为

$$\boldsymbol{A}^{-1}=\frac{1}{|\boldsymbol{A}|}\begin{bmatrix} \boldsymbol{A}_{11} & A_{21} & \cdots & \boldsymbol{A}_{n1} \\ \boldsymbol{A}_{12} & \boldsymbol{A}_{22} & \cdots & \boldsymbol{A}_{n2} \\ \vdots & \vdots & & \vdots \\ \boldsymbol{A}_{1n} & \boldsymbol{A}_{2n} & \cdots & \boldsymbol{A}_{nn} \end{bmatrix}$$

故 $\boldsymbol{A}^{-1}$ 的第一行元素之和为 $\frac{1}{|\boldsymbol{A}|}(\boldsymbol{A}_{11}+\boldsymbol{A}_{21}+\cdots+\boldsymbol{A}_{n1})=a^{-1}$. 同理可证 $\boldsymbol{A}^{-1}$ 的第 i 行元素之和也为 $a^{-1}(i=2,3,\cdots,n)$,命题得证.

第三章　线性方程组

三、计算题

1. 用 Cramer 法则求解下列线性方程组.

(1) $\begin{cases} 2x_1+x_2-x_3-x_4=2, \\ 3x_1-2x_2+2x_3+x_4=0, \\ x_1+3x_2-4x_3+2x_4=17, \\ 4x_1-x_2+x_3-2x_4=-5. \end{cases}$

解　因为

$$D=\begin{vmatrix}2&1&-1&-1\\3&-2&2&1\\1&3&-4&2\\4&-1&1&-2\end{vmatrix}=\begin{vmatrix}2&1&0&-1\\3&-2&0&1\\1&3&-1&2\\4&-1&0&-2\end{vmatrix}$$

$$=-\begin{vmatrix}2&1&-1\\3&-2&1\\4&-1&-2\end{vmatrix}=-\begin{vmatrix}0&1&0\\7&-2&-1\\6&-1&-3\end{vmatrix}=\begin{vmatrix}7&-1\\6&-3\end{vmatrix}=-15$$

$$D_1=\begin{vmatrix}2&1&-1&-1\\0&-2&2&1\\17&3&-4&2\\-5&-1&1&-2\end{vmatrix}=\begin{vmatrix}2&1&0&-1\\0&-2&0&1\\17&3&-1&2\\-5&-1&0&-2\end{vmatrix}$$

$$=-\begin{vmatrix}2&1&-1\\0&-2&1\\-5&-1&-2\end{vmatrix}=-\begin{vmatrix}2&-1&-1\\0&0&1\\-5&-5&-2\end{vmatrix}$$

$$=\begin{vmatrix}2&-1\\-5&-5\end{vmatrix}=-15$$

且 $D_2=-30, D_3=15, D_4=-45$,故

$$x_1=\frac{D_1}{D}=1, x_2=\frac{D_2}{D}=2, x_3=\frac{D_3}{D}=-1, x_4=\frac{D_4}{D}=3$$

(2) $\begin{cases}2x_1+3x_2+11x_3+5x_4=2,\\x_1+x_2+5x_3+2x_4=1,\\2x_1+x_2+3x_3+2x_4=-3,\\x_1+x_2+3x_3+4x_4=-3.\end{cases}$

解　因为

$$D=\begin{vmatrix}2&3&11&5\\1&1&5&2\\2&1&3&2\\1&1&3&4\end{vmatrix}=\begin{vmatrix}2&3&11&5\\1&1&5&2\\1&0&0&-2\\1&1&3&4\end{vmatrix}=\begin{vmatrix}2&3&11&9\\1&1&5&4\\1&0&0&0\\1&1&3&6\end{vmatrix}$$

$$=\begin{vmatrix}3&11&9\\1&5&4\\1&3&6\end{vmatrix}=\begin{vmatrix}3&11&9\\0&2&-2\\1&3&6\end{vmatrix}=\begin{vmatrix}3&11&20\\0&2&0\\1&3&9\end{vmatrix}$$

$$= 2\begin{vmatrix} 3 & 20 \\ 1 & 9 \end{vmatrix} = 14$$

$$D_1 = \begin{vmatrix} 2 & 3 & 11 & 5 \\ 1 & 1 & 5 & 2 \\ -3 & 1 & 3 & 2 \\ -3 & 1 & 3 & 4 \end{vmatrix} = \begin{vmatrix} 2 & 3 & 11 & 5 \\ 1 & 1 & 5 & 2 \\ 0 & 0 & 0 & -2 \\ -3 & 1 & 3 & 4 \end{vmatrix} = 2\begin{vmatrix} 2 & 3 & 11 \\ 1 & 1 & 5 \\ -3 & 1 & 3 \end{vmatrix}$$

$$= 2\begin{vmatrix} 2 & 1 & 1 \\ 1 & 0 & 0 \\ -3 & 4 & 18 \end{vmatrix} = -2\begin{vmatrix} 1 & 1 \\ 4 & 18 \end{vmatrix} = -28$$

且 $D_2 = 0, D_3 = 14, D_4 = -14$,故

$$x_1 = \frac{D_1}{D} = -2, x_2 = \frac{D_2}{D} = 0, x_3 = \frac{D_3}{D} = 1, x_4 = \frac{D_4}{D} = -1$$

(3) $\begin{cases} x - 2y + 10z + 6t = -4, \\ x + 3y - 6z + 2t = 3, \\ 5x - 3y + 4z - 2t = 12, \\ 2x - y + 2z = 4. \end{cases}$

解 因为

$$D = \begin{vmatrix} 1 & -2 & 10 & 6 \\ 1 & 3 & -6 & 2 \\ 5 & -3 & 4 & -2 \\ 2 & -1 & 2 & 0 \end{vmatrix} = 4\begin{vmatrix} 1 & -2 & 5 & 3 \\ 1 & 3 & -3 & 1 \\ 5 & -3 & 2 & -1 \\ 2 & -1 & 1 & 0 \end{vmatrix}$$

$$= 4\begin{vmatrix} 1 & -2 & 5 & 3 \\ 1 & 3 & -3 & 1 \\ 6 & 0 & -1 & 0 \\ 2 & -1 & 1 & 0 \end{vmatrix} = 4\begin{vmatrix} 1 & -2 & 3 & 3 \\ 1 & 3 & 0 & 1 \\ 6 & 0 & -1 & 0 \\ 2 & -1 & 0 & 0 \end{vmatrix}$$

$$= 4\begin{vmatrix} -2 & -11 & 3 & 0 \\ 1 & 3 & 0 & 1 \\ 6 & 0 & -1 & 0 \\ 2 & -1 & 0 & 0 \end{vmatrix} = 4\begin{vmatrix} -2 & -11 & 3 \\ 6 & 0 & -1 \\ 2 & -1 & 0 \end{vmatrix}$$

$$= 8\begin{vmatrix} -12 & -11 & 3 \\ 3 & 0 & -1 \\ 0 & -1 & 0 \end{vmatrix} = 8\begin{vmatrix} -12 & 3 \\ 3 & -1 \end{vmatrix} = 24$$

$$D_1=\begin{vmatrix}-4&-2&10&6\\3&3&-6&2\\12&-3&4&-2\\4&-1&2&0\end{vmatrix}=4\begin{vmatrix}-4&-2&5&3\\3&3&-3&1\\12&-3&2&-1\\4&-1&1&0\end{vmatrix}$$

$$=4\begin{vmatrix}-4&-2&5&3\\3&3&-3&1\\15&0&-1&0\\4&-1&1&0\end{vmatrix}=4\begin{vmatrix}-12&-2&3&3\\15&3&0&1\\15&0&-1&0\\0&-1&0&0\end{vmatrix}$$

$$=-4\begin{vmatrix}-12&3&3\\15&0&1\\15&-1&0\end{vmatrix}=-12\begin{vmatrix}-4&3&3\\5&0&1\\5&-1&0\end{vmatrix}$$

$$=-12\begin{vmatrix}-19&3&3\\0&0&1\\5&-1&0\end{vmatrix}=12\begin{vmatrix}-19&3\\5&-1\end{vmatrix}=48$$

且 $D_2=-72, D_3=-36, D_4=12$，故

$$x=\frac{D_1}{D}=2, y=\frac{D_2}{D}=-3, z=\frac{D_3}{D}=-\frac{3}{2}, t=\frac{D_4}{D}=\frac{1}{2}$$

(4) $\begin{cases}bx-ay+2ab=0,\\-2cy+3bz-bc=0,\\cx+az=0\end{cases}$ $(abc\neq 0)$.

解　原方程为$\begin{cases}bx-ay=-2ab,\\-2cy+3bz=bc,\\cx+az=0,\end{cases}$则

$$D=\begin{vmatrix}b&-a&0\\0&-2c&3b\\c&0&a\end{vmatrix}=b\cdot\begin{vmatrix}-2c&3b\\0&a\end{vmatrix}+a\begin{vmatrix}0&3b\\c&a\end{vmatrix}=-5abc\neq 0$$

$$D_1=\begin{vmatrix}-2ab&-a&0\\bc&-2c&3b\\0&0&a\end{vmatrix}=a\begin{vmatrix}-2ab&-a\\bc&-2c\end{vmatrix}=5a^2bc$$

且 $D_2=-5ab^2c, D_3=-5abc^2$，故

$$x_1=\frac{D_1}{D}=-a, x_2=\frac{D_2}{D}=b, x_3=\frac{D_3}{D}=c$$

(5) $\begin{cases} x+y-z=a, \\ -x+y+z=b, \\ x-y+z=c. \end{cases}$

解 因为

$$D=\begin{vmatrix} 1 & 1 & -1 \\ -1 & 1 & 1 \\ 1 & -1 & 1 \end{vmatrix}=\begin{vmatrix} 1 & 1 & -1 \\ -1 & 1 & 1 \\ 2 & 0 & 0 \end{vmatrix}=2\begin{vmatrix} 1 & -1 \\ 1 & 1 \end{vmatrix}=4$$

$$D_1=\begin{vmatrix} a & 1 & -1 \\ b & 1 & 1 \\ c & -1 & 1 \end{vmatrix}=2(a+c)$$

且 $D_2=2(a+b)$，$D_3=2(b+c)$，故

$$x=\frac{D_1}{D}=\frac{1}{2}(a+c),y=\frac{D_2}{D}=\frac{1}{2}(a+b),z=\frac{D_3}{D}=\frac{1}{2}(b+c)$$

(6) $\begin{cases} x_1+2x_2-x_3=0, \\ 3x_1-2x_2+2x_3=0, \\ 4x_1+7x_2-9x_3=0. \end{cases}$

解 因为 $D=\begin{vmatrix} 1 & 2 & -1 \\ 3 & -2 & 2 \\ 4 & 7 & -9 \end{vmatrix}=\begin{vmatrix} 1 & 0 & 0 \\ 3 & -8 & 5 \\ 4 & -1 & -5 \end{vmatrix}=\begin{vmatrix} -8 & 5 \\ -1 & -5 \end{vmatrix}=45\neq 0$，

故由克莱姆法则推论得 $x_1=0,x_2=0,x_3=0$.

(7) $\begin{cases} x_1-cx_2-bx_3=0, \\ cx_1+x_2-ax_3=0, \\ bx_1+ax_2+x_3=0. \end{cases}$

解 因为

$$D=\begin{vmatrix} 1 & -c & -b \\ c & 1 & -a \\ b & a & 1 \end{vmatrix}=\begin{vmatrix} 1 & -c & -b \\ 0 & 1+c^2 & bc-a \\ 0 & a+bc & 1+b^2 \end{vmatrix}$$

$$=(1+c^2)(1+b^2)-(bc-a)(a+bc)$$

$$=1+a^2+b^2+c^2\geqslant 1\neq 0$$

且 $D_1=D_2=D_3=0$，故 $x_1=x_2=x_3=0$.

(8) $\begin{cases} x+2y+3z+4u=0, \\ 2x+3y+4z+u=0, \\ 3x+4y+z+2u=0, \\ 4x+y+2z+3u=0. \end{cases}$

解　因为

$$D=\begin{vmatrix}1&2&3&4\\2&3&4&1\\3&4&1&2\\4&1&2&3\end{vmatrix}=\begin{vmatrix}10&2&3&4\\10&3&4&1\\10&4&1&2\\10&1&2&3\end{vmatrix}=10\begin{vmatrix}1&2&3&4\\0&1&1&-3\\0&2&-2&-2\\0&-1&-1&-1\end{vmatrix}$$

$$=10\begin{vmatrix}1&2&3&4\\0&1&1&-3\\0&0&-4&4\\0&0&0&-4\end{vmatrix}=160\neq 0$$

且 $D_1=D_2=D_3=D_4=0$,故 $x=y=z=u=0$.

2. λ 满足什么条件时,线性方程组 $\begin{cases}2x_1+\lambda x_2-x_3=1,\\ \lambda x_1-x_2+x_3=2,\\ 4x_1+5x_2-5x_3=3\end{cases}$ 有唯一解?

解　令 $|\boldsymbol{A}|=\begin{vmatrix}2&\lambda&-1\\ \lambda&-1&1\\4&5&-5\end{vmatrix}=(1-\lambda)(5\lambda+4)$,则当 $\lambda\neq 1$ 且 $\lambda\neq-\dfrac{4}{5}$ 时,原方程由克莱姆法则有唯一解.

3. 当 λ,μ 取何值时,齐次线性方程组 $\begin{cases}\lambda x_1+x_2+x_3=0,\\ x_1+\mu x_2+x_3=0,\\ x_1+2\mu x_2+x_3=0\end{cases}$ 仅有零解?

解　令 $|\boldsymbol{A}|=\begin{vmatrix}\lambda&1&1\\1&\mu&1\\1&2\mu&1\end{vmatrix}=\begin{vmatrix}0&0&1\\1-\lambda&\mu-1&1\\1-\lambda&2\mu-1&1\end{vmatrix}=(1-\lambda)\cdot\mu$,则由克莱姆法则,当 $\lambda\neq 1$ 且 $\mu\neq 0$ 时,原线性方程组有唯一零解.

4. 用消元法求解下列线性方程组.

(1) $\begin{cases}2x_1-x_2+3x_3=4,\\ 3x_1-3x_2+3x_3=3,\\ 3x_1-x_2-x_3=1,\\ x_1-x_2+2x_3=2.\end{cases}$

解　令

$$\bar{\boldsymbol{A}}=\left[\begin{array}{ccc:c}2&-1&3&4\\3&-3&3&3\\3&-1&-1&1\\1&-1&2&2\end{array}\right]\to\left[\begin{array}{ccc:c}1&-1&2&2\\3&-3&3&3\\3&-1&-1&1\\2&-1&3&4\end{array}\right]$$

$$\to\left[\begin{array}{ccc:c}1&-1&2&2\\0&0&-3&-3\\0&2&-7&-5\\0&1&-1&0\end{array}\right]\to\left[\begin{array}{ccc:c}1&-1&2&2\\0&1&-1&0\\0&0&-5&-5\\0&0&1&1\end{array}\right]\to\left[\begin{array}{ccc:c}1&0&0&1\\0&1&0&1\\0&0&1&1\\0&0&0&0\end{array}\right]$$

故原方程组的解为 $x_1=1,x_2=1,x_3=1$.

(2) $\begin{cases}x_1-8x_2-9x_3+5x_4=0,\\x_1-x_2-3x_3+x_4=1,\\3x_1+4x_2-3x_3-x_4=4.\end{cases}$

解 令

$$\bar{\boldsymbol{A}}=\left[\begin{array}{cccc:c}1&-8&-9&5&0\\1&-1&-3&1&1\\3&4&-3&-1&4\end{array}\right]\to\left[\begin{array}{cccc:c}1&-8&-9&5&0\\0&7&6&-4&1\\0&28&24&-16&4\end{array}\right]$$

$$\to\left[\begin{array}{cccc:c}1&5&-9&-8&0\\0&1&-\frac{3}{2}&-\frac{7}{4}&-\frac{1}{4}\\0&0&0&0&0\end{array}\right]\to\left[\begin{array}{cccc:c}1&0&-\frac{3}{2}&\frac{3}{4}&\frac{5}{4}\\0&1&-\frac{3}{2}&-\frac{7}{4}&-\frac{1}{4}\\0&0&0&0&0\end{array}\right]$$

故原方程组的解为 $x_1=\frac{5}{4}-\frac{3}{4}C_1+\frac{3}{2}C_2,x_2=C_1,x_3=C_2,x_4=-\frac{1}{4}+\frac{7}{4}C_1+\frac{3}{2}C_2$（$C_1,C_2$ 为任意常数).

(3) $\begin{cases}x_1+2x_2-3x_3+4x_4=0,\\2x_1-3x_2+x_3=1,\\x_1+9x_2-10x_3+12x_4=-1.\end{cases}$

解 因为

$$\bar{\boldsymbol{A}}=\left[\begin{array}{cccc:c}1&2&-3&4&0\\2&-3&1&0&1\\1&9&-10&12&-1\end{array}\right]\to\left[\begin{array}{cccc:c}1&2&-3&4&0\\0&-7&7&-8&1\\0&7&-7&8&-1\end{array}\right]$$

$$\rightarrow\left[\begin{array}{cccc:c}1 & 0 & -1 & \frac{12}{7} & \frac{2}{7}\\ 0 & 1 & -1 & \frac{8}{7} & -\frac{1}{7}\\ 0 & 0 & 0 & 0 & 0\end{array}\right]$$

故原线性方程组的解为 $x_1=\frac{2}{7}+C_1-\frac{12}{7}C_2, x_2=-\frac{1}{7}+C_1-\frac{8}{7}C_2, x_3=C_1, x_4=C_2$（$C_1,C_2$ 为任意常数）.

(4) $\begin{cases}x_1-x_2+2x_3-3x_4+x_5=2,\\ 2x_1-2x_2+7x_3-10x_4+5x_5=5,\\ 3x_1-3x_2+3x_3-5x_4=5.\end{cases}$

解　因为

$$\bar{\boldsymbol{A}}=\left[\begin{array}{ccccc:c}1 & -1 & 2 & -3 & 1 & 2\\ 2 & -2 & 7 & -10 & 5 & 5\\ 3 & -3 & 3 & -5 & 0 & 5\end{array}\right]\rightarrow\left[\begin{array}{ccccc:c}1 & -1 & 2 & -3 & 1 & 2\\ 0 & 0 & 3 & -4 & 3 & 1\\ 0 & 0 & -3 & 4 & -3 & -1\end{array}\right]$$

$$\rightarrow\left[\begin{array}{ccccc:c}1 & -1 & 0 & -\frac{1}{3} & -1 & \frac{4}{3}\\ 0 & 0 & 1 & -\frac{4}{3} & 1 & \frac{1}{3}\\ 0 & 0 & 0 & 0 & 0 & 0\end{array}\right]$$

故原方程组的解为 $x_1=\frac{4}{3}+C_1+\frac{1}{3}C_2+C_3, x_2=C_1, x_3=\frac{1}{3}+\frac{4}{3}C_2-C_3, x_4=C_2, x_5=C_3$（$C_1,C_2,C_3$ 为任意常数）.

(5) $\begin{cases}4x_1-3x_2+2x_3-x_4=8,\\ 3x_1-2x_2+x_3-3x_4=7,\\ 2x_1-x_2-5x_4=6,\\ 5x_1-3x_2+x_3-8x_4=1.\end{cases}$

解　因为

$$\bar{\boldsymbol{A}}=\left[\begin{array}{cccc:c}4 & -3 & 2 & -1 & 8\\ 3 & -2 & 1 & -3 & 7\\ 2 & -1 & 0 & -5 & 6\\ 5 & -3 & 1 & -8 & 1\end{array}\right]\rightarrow\left[\begin{array}{cccc:c}-1 & -3 & 2 & 4 & 8\\ -3 & -2 & 1 & 3 & 7\\ -5 & -1 & 0 & 2 & 6\\ -8 & -3 & 1 & 5 & 1\end{array}\right]$$

$$\rightarrow\left[\begin{array}{cccc:c}1 & 3 & -2 & -4 & -8\\0 & 7 & -5 & -9 & -17\\0 & 14 & -10 & -18 & -34\\0 & 21 & -15 & -27 & -63\end{array}\right]\rightarrow\left[\begin{array}{cccc:c}1 & 3 & -2 & -4 & -8\\0 & 7 & -5 & -9 & -17\\0 & 0 & 0 & 0 & 0\\0 & 0 & 0 & 0 & -12\end{array}\right]$$

故原方程组无解.

(6) $\begin{cases}2x_1-x_2+5x_3=0,\\3x_1+2x_2-7x_3=0,\\4x_1-3x_2+6x_3=0,\\x_1+4x_2-7x_3=0.\end{cases}$

解 因为

$$\boldsymbol{A}=\begin{bmatrix}2 & -1 & 5\\3 & 2 & -7\\4 & -3 & 6\\1 & 4 & -7\end{bmatrix}\rightarrow\begin{bmatrix}1 & 4 & -7\\3 & 2 & -7\\4 & -3 & 6\\2 & -1 & 5\end{bmatrix}\rightarrow\begin{bmatrix}1 & 4 & -7\\0 & -10 & 14\\0 & -19 & 34\\0 & -9 & 19\end{bmatrix}$$

$$\rightarrow\begin{bmatrix}1 & 4 & -7\\0 & -10 & 14\\0 & -9 & 19\\0 & 0 & 1\end{bmatrix}\rightarrow\begin{bmatrix}1 & 0 & 0\\0 & 1 & 0\\0 & 0 & 1\\0 & 0 & 0\end{bmatrix}$$

故原方程组的解为 $x_1=0, x_2=0, x_3=0$.

(7) $\begin{cases}3x_1-5x_2+x_3-2x_4=0,\\2x_1+3x_2-5x_3+x_4=0,\\-x_1+7x_2-4x_3+3x_4=0,\\4x_1+15x_2-7x_3+9x_4=0.\end{cases}$

解 因为

$$\boldsymbol{A}=\begin{bmatrix}3 & -5 & 1 & -2\\2 & 3 & -5 & 1\\-1 & 7 & -4 & 3\\4 & 15 & -7 & 9\end{bmatrix}\rightarrow\begin{bmatrix}-1 & 7 & -4 & 3\\2 & 3 & -5 & 1\\3 & -5 & 1 & -2\\4 & 15 & -7 & 9\end{bmatrix}$$

$$\rightarrow\begin{bmatrix}-1 & 7 & -4 & 3\\0 & 17 & -13 & 7\\0 & 16 & -11 & 7\\0 & 43 & -23 & 21\end{bmatrix}\rightarrow\begin{bmatrix}-1 & 7 & -4 & 3\\0 & -1 & 2 & 0\\0 & 16 & -11 & 7\\0 & 10 & 1 & 7\end{bmatrix}$$

$$\rightarrow\begin{bmatrix}1&-7&4&-3\\0&-1&2&0\\0&0&21&7\\0&0&21&7\end{bmatrix}\rightarrow\begin{bmatrix}1&0&0&\frac{1}{3}\\0&1&0&\frac{2}{3}\\0&0&1&\frac{1}{3}\\0&0&0&0\end{bmatrix}$$

故原方程组的解为 $x_1=-\frac{1}{3}C,x_2=-\frac{2}{3}C,x_3=-\frac{1}{3}C,x_4=C$（$C$ 为任意常数）.

(8) $\begin{cases}x_1+x_2-3x_4-x_5=0,\\2x_1+2x_3-4x_4-x_5=0,\\4x_1-2x_2+6x_3+3x_4-4x_5=0,\\6x_1+2x_2+4x_3+7x_4-11x_5=0.\end{cases}$

解　因为

$$\boldsymbol{A}=\begin{bmatrix}1&1&0&-3&-1\\2&0&2&-4&-1\\4&-2&6&3&-4\\6&2&4&7&-11\end{bmatrix}\rightarrow\begin{bmatrix}1&1&0&-3&-1\\0&-2&2&2&1\\0&-6&6&15&0\\0&-4&4&25&-5\end{bmatrix}$$

$$\rightarrow\begin{bmatrix}1&1&0&-3&-1\\0&-2&2&2&1\\0&0&0&9&-3\\0&0&0&21&-7\end{bmatrix}\rightarrow\begin{bmatrix}1&1&0&-3&-1\\0&1&-1&-1&-\frac{1}{2}\\0&0&0&1&-\frac{1}{3}\\0&0&0&0&0\end{bmatrix}$$

$$\rightarrow\begin{bmatrix}1&0&1&0&-\frac{7}{6}\\0&1&-1&0&-\frac{5}{6}\\0&0&0&1&-\frac{1}{3}\\0&0&0&0&0\end{bmatrix}$$

故原方程组的解为 $x_1=-C_1+\frac{7}{6}C_2,x_2=C_1+\frac{5}{6}C_2,x_3=C_1,x_4=\frac{1}{3}C_2,x_5=C_2$（$C_1,C_2$ 为任意常数）.

5. 已知线性方程组 $\begin{cases} kx_1+x_2+x_3=1, \\ x_1+kx_2+x_3=k, \\ x_1+x_2+kx_3=k^2. \end{cases}$ 问：当 k 为何值时无解？有唯一解？有无穷多解？并在有解时求解.

解　因为

$$\bar{\boldsymbol{A}}=\left[\begin{array}{ccc:c} k & 1 & 1 & 1 \\ 1 & k & 1 & k \\ 1 & 1 & k & k^2 \end{array}\right]\to\left[\begin{array}{ccc:c} 1 & 1 & k & k^2 \\ 1 & k & 1 & k \\ k & 1 & 1 & 1 \end{array}\right]\to\left[\begin{array}{ccc:c} 1 & 1 & k & k^2 \\ 0 & k-1 & 1-k & k-k^2 \\ 0 & 1-k & 1-k^2 & 1-k^3 \end{array}\right]$$

$$\to\left[\begin{array}{ccc:c} 1 & 1 & k & k^2 \\ 0 & k-1 & 1-k & k-k^2 \\ 0 & 0 & (1-k)(k+2) & (1-k)(k+1)^2 \end{array}\right]$$

故当 $k=1$ 时，$\bar{\boldsymbol{A}}=\left[\begin{array}{ccc:c} 1 & 1 & 1 & 1 \\ 1 & 1 & 1 & 1 \\ 1 & 1 & 1 & 1 \end{array}\right]\to\left[\begin{array}{ccc:c} 1 & 1 & 1 & 1 \\ 0 & 0 & 0 & 0 \\ 0 & 0 & 0 & 0 \end{array}\right]$，此时原方程组有解，为无穷多解，即 $x_1=1-C_1-C_2, x_2=C_1, x_3=C_2$（$C_1, C_2$ 为任意常数）；

当 $k=-2$ 时，$\bar{\boldsymbol{A}}=\left[\begin{array}{ccc:c} -2 & 1 & 1 & 1 \\ 1 & -2 & 1 & -2 \\ 1 & 1 & -2 & 2^2 \end{array}\right]\to\left[\begin{array}{ccc:c} 1 & 1 & -2 & 4 \\ 0 & 1 & -1 & 2 \\ 0 & 0 & 0 & 1 \end{array}\right]$，此时原方程组无解；

当 $k\neq 1$ 且 $k\neq -2$ 时

$$\bar{\boldsymbol{A}}\to\left[\begin{array}{ccc:c} 1 & 1 & k & k^2 \\ 0 & -1 & 1 & k \\ 0 & 0 & k+2 & (k+1)^2 \end{array}\right]\to\left[\begin{array}{ccc:c} 1 & 0 & 0 & -\dfrac{k+1}{k+2} \\ 0 & 1 & 0 & \dfrac{1}{k+2} \\ 0 & 0 & k+2 & (k+1)^2 \end{array}\right]$$

此时原方程组有唯一解，即 $x_1=-\dfrac{k+1}{k+2}, x_2=\dfrac{1}{k+2}, x_3=\dfrac{(k+1)^2}{k+2}$.

6. 已知向量 $\boldsymbol{\alpha}=(1,-2,3)^T, \boldsymbol{\beta}=(4,3,-2)^T, \boldsymbol{\gamma}=(5,3,-1)^T$，求：

(1) $2\boldsymbol{\alpha}-\boldsymbol{\beta}+3\boldsymbol{\gamma}$；

(2) $\dfrac{1}{2}(\boldsymbol{\alpha}+\boldsymbol{\beta})+\dfrac{1}{3}(\boldsymbol{\alpha}+\boldsymbol{\gamma})+\dfrac{1}{4}(\boldsymbol{\beta}+\boldsymbol{\gamma})$.

解　(1) 原式 $=2(1,-2,3)^T-(4,3,-2)^T+3(5,3,-1)^T$

$=(2,-4,6)^T-(4,3,-2)^T+(15,9,-3)^T$

$=(2-4+15,-4-3+9,6-(-2)+(-3))^T$

$= (13,2,5)^T$;

(2) 原式$= \frac{5}{6}\boldsymbol{\alpha}+\frac{3}{4}\boldsymbol{\beta}+\frac{7}{12}\boldsymbol{\gamma}=\left(\frac{81}{12},\frac{28}{12},\frac{5}{12}\right)^T$.

7. 已知向量$\boldsymbol{\alpha}_1=(1,-2,2,-1)^T$,$\boldsymbol{\alpha}_2=(2,3,-2,-3)^T$,$\boldsymbol{\alpha}_3=(1,-2,3,-4)^T$,且向量$\boldsymbol{\beta}$满足$2(\boldsymbol{\beta}+\boldsymbol{\alpha}_1)+3(\boldsymbol{\beta}-2\boldsymbol{\alpha}_2)=4\boldsymbol{\alpha}_3+\boldsymbol{\beta}$,求$\boldsymbol{\beta}$.

解　由$2(\boldsymbol{\beta}+\boldsymbol{\alpha}_1)+3(\boldsymbol{\beta}-2\boldsymbol{\alpha}_2)=4\boldsymbol{\alpha}_3+\boldsymbol{\beta}$,得

$$\begin{aligned}\boldsymbol{\beta}&=-\frac{1}{2}\boldsymbol{\alpha}_1+\frac{3}{2}\boldsymbol{\alpha}_2+\boldsymbol{\alpha}_3\\&=\left(-\frac{1}{2},1,-1,\frac{1}{2}\right)^T+\left(3,\frac{9}{2},-3,-\frac{9}{2}\right)^T+(1,-2,3,-4)^T\\&=\left(\frac{7}{2},\frac{7}{2},-1,-8\right)^T\end{aligned}$$

8. 已知向量$\boldsymbol{\alpha}=(1,2,2,3)^T$,$\boldsymbol{\beta}=(2,-1,3,2)^T$,求:

(1) $(\boldsymbol{\alpha},\boldsymbol{\beta})$;

(2) $\|\boldsymbol{\alpha}\|$, $\|\boldsymbol{\beta}\|$;

(3) $\boldsymbol{\alpha}$与$\boldsymbol{\beta}$之间的夹角θ;

(4) $\boldsymbol{\alpha}$与$\boldsymbol{\beta}$之间的距离d.

解　(1) $(\boldsymbol{\alpha},\boldsymbol{\beta})=1\cdot2+2\cdot(-1)+2\cdot3+3\cdot2=12$;

(2) $\|\boldsymbol{\alpha}\|=\sqrt{1^2+2^2+2^2+3^2}=3\sqrt{2}$,

$\|\boldsymbol{\beta}\|=\sqrt{2^2+(-1)^2+3^2+2^2}=3\sqrt{2}$;

(3) $\cos\theta=\frac{(\alpha,\beta)}{\|\alpha\|\ \|\beta\|}=\frac{12}{3\sqrt{2}\cdot3\sqrt{2}}=\frac{2}{3}$,故$\theta=\arccos\frac{2}{3}$;

(4) $d=\|\boldsymbol{\alpha}-\boldsymbol{\beta}\|=\sqrt{(1-2)^2+(2+1)^2+(2-3)^2+(3-2)^2}$

$=\sqrt{12}=2\sqrt{3}$.

9. 设$\boldsymbol{\alpha}=(2,3,4)^T$,$\boldsymbol{\beta}=(3,-1,5)^T$,$\boldsymbol{\gamma}=(-1,2,0)^T$,求:

(1) $(\boldsymbol{\alpha},\boldsymbol{\beta})\boldsymbol{\gamma}+\boldsymbol{\beta}$;

(2) $(\boldsymbol{\alpha},\boldsymbol{\gamma})\cdot(\boldsymbol{\beta},\boldsymbol{\gamma})$;

(3) $\left(\frac{\boldsymbol{\alpha}}{\|\boldsymbol{\alpha}\|},\frac{\boldsymbol{\beta}}{\|\boldsymbol{\beta}\|}\right)$;

(4) $\boldsymbol{\alpha}-\left(\frac{\boldsymbol{\alpha}-\boldsymbol{\beta}}{\|\boldsymbol{\alpha}-\boldsymbol{\beta}\|},\boldsymbol{\gamma}\right)\cdot\boldsymbol{\beta}$.

解　(1) $(\boldsymbol{\alpha},\boldsymbol{\beta})\boldsymbol{\gamma}+\boldsymbol{\beta}=[2\cdot3+3\cdot(-1)+4\cdot5]\cdot(-1,2,0)^T+(3,-1,5)^T$

$=23(-1,2,0)^T+(3,-1,5)^T=(-20,45,5)^T$;

(2) $(\boldsymbol{\alpha},\boldsymbol{\gamma})\cdot(\boldsymbol{\beta},\boldsymbol{\gamma})=[2\cdot(-1)+3\cdot2+4\cdot0]\cdot[3\cdot(-1)+(-1)\cdot2$

$+5\cdot0]$

$$=-20;$$

(3) $\left(\dfrac{\boldsymbol{\alpha}}{\|\boldsymbol{\alpha}\|},\dfrac{\boldsymbol{\beta}}{\|\boldsymbol{\beta}\|}\right)=\dfrac{1}{\|\boldsymbol{\alpha}\|\ \|\boldsymbol{\beta}\|}(\boldsymbol{\alpha},\boldsymbol{\beta})=\dfrac{23}{\sqrt{29}\cdot\sqrt{35}}=\dfrac{23}{\sqrt{1\,015}}$;

(4) 由 $\boldsymbol{\alpha}-\boldsymbol{\beta}=(-1,4,-1)^T$，$\|\boldsymbol{\alpha}-\boldsymbol{\beta}\|=3\sqrt{2}$，得

$$\left(\frac{\boldsymbol{\alpha}-\boldsymbol{\beta}}{\|\boldsymbol{\alpha}-\boldsymbol{\beta}\|},\boldsymbol{\gamma}\right)=\frac{1}{3\sqrt{2}}(\boldsymbol{\alpha}-\boldsymbol{\beta},\boldsymbol{\gamma})=\frac{3\sqrt{2}}{2}$$

故

$$\begin{aligned}\boldsymbol{\alpha}-\left(\frac{\boldsymbol{\alpha}-\boldsymbol{\beta}}{\|\boldsymbol{\alpha}-\boldsymbol{\beta}\|},\boldsymbol{\gamma}\right)\cdot\boldsymbol{\beta}&=(2,3,4)^T-\frac{3\sqrt{2}}{2}\cdot(3,-1,5)^T\\&=\left(\frac{4-9\sqrt{2}}{2},\frac{6+3\sqrt{2}}{2},\frac{8-15\sqrt{2}}{2}\right)^T\end{aligned}$$

10. 已知向量 $\boldsymbol{\alpha}=(1,0,1,0)^T$，$\boldsymbol{\beta}=(1,-1,-2,2)^T$，求非零向量 $\boldsymbol{\gamma}$，使 $\boldsymbol{\gamma}$ 与 $\boldsymbol{\alpha}$，$\boldsymbol{\beta}$ 均正交.

解　设 $\boldsymbol{\gamma}=(x_1,x_2,x_3,x_4)^T$，由 $\boldsymbol{\gamma}$ 与 $\boldsymbol{\alpha}$，$\boldsymbol{\beta}$ 正交，得 $(\boldsymbol{\alpha},\boldsymbol{\gamma})=0$，$(\boldsymbol{\beta},\boldsymbol{\gamma})=0$，即 $\begin{cases}x_1+x_3=0,\\x_1-x_2-2x_3+2x_4=0,\end{cases}$ 解得 $\begin{cases}x_1=-C_1,\\x_2=-3C_1+2C_2,\\x_3=C_1,\\x_4=C_2,\end{cases}$ 即

$$\boldsymbol{\gamma}=(-C_1,-3C_1+2C_2,C_1,C_2)\quad(C_1,C_2\text{ 不全为零})$$

11. 把向量 $\boldsymbol{\beta}$ 表示为其他向量的线性组合：

(1) $\boldsymbol{\beta}=(3,5,-6)^T$，$\boldsymbol{\alpha}_1=(1,0,1)^T$，$\boldsymbol{\alpha}_2=(1,1,1)^T$，$\boldsymbol{\alpha}_3=(0,-1,-1)^T$.

解　令 $\boldsymbol{A}=[\boldsymbol{\alpha}_1\quad\boldsymbol{\alpha}_2\quad\boldsymbol{\alpha}_3\quad\boldsymbol{\beta}]=\begin{bmatrix}1&1&0&3\\0&1&-1&5\\1&1&-1&-6\end{bmatrix}$，对 $\boldsymbol{A}$ 作初等行变换，有

$$\boldsymbol{A}\to\begin{bmatrix}1&1&0&3\\0&1&-1&5\\0&0&-1&-9\end{bmatrix}\to\begin{bmatrix}1&0&0&-11\\0&1&0&14\\0&0&1&9\end{bmatrix}$$

得 $\boldsymbol{\beta}=-11\boldsymbol{\alpha}_1+14\boldsymbol{\alpha}_2+9\boldsymbol{\alpha}_3$.

(2) $\boldsymbol{\beta}=(6,5,11)^T$，$\boldsymbol{\alpha}_1=(2,-3,-1)^T$，$\boldsymbol{\alpha}_2=(-3,1,-2)^T$，$\boldsymbol{\alpha}_3=(1,2,3)^T$，$\boldsymbol{\alpha}_4=(5,-4,1)^T$.

解　令

$$\begin{aligned}\boldsymbol{A}&=[\boldsymbol{\alpha}_1\quad\boldsymbol{\alpha}_2\quad\boldsymbol{\alpha}_3\quad\boldsymbol{\alpha}_4\quad\boldsymbol{\beta}]\\&=\begin{bmatrix}2&-3&1&5&6\\-3&1&2&-4&5\\-1&-2&3&1&11\end{bmatrix}\to\begin{bmatrix}1&2&-3&-1&-11\\-3&1&2&-4&5\\2&-3&1&5&6\end{bmatrix}\end{aligned}$$

$$\rightarrow\begin{bmatrix}1 & 2 & -3 & -1 & -11\\0 & 7 & -7 & -7 & -28\\0 & -7 & 7 & 7 & 28\end{bmatrix}\rightarrow\begin{bmatrix}1 & 2 & -3 & -1 & -11\\0 & 1 & -1 & -1 & -4\\0 & 0 & 0 & 0 & 0\end{bmatrix}$$

$$\rightarrow\begin{bmatrix}1 & 0 & -1 & 1 & -3\\0 & 1 & -1 & -1 & -4\\0 & 0 & 0 & 0 & 0\end{bmatrix}$$

得 $\boldsymbol{\beta}=-3\boldsymbol{\alpha}_1-4\boldsymbol{\alpha}_2+0\boldsymbol{\alpha}_3+0\boldsymbol{\alpha}_4$(表达式不唯一).

(3) $\boldsymbol{\beta}=(-8,4,-3,-15)^T$,$\boldsymbol{\alpha}_1=(1,2,-3,1)^T$,$\boldsymbol{\alpha}_2=(3,5,-7,4)^T$,$\boldsymbol{\alpha}_3=(-7,4,-2,-12)^T$.

解 令

$$\boldsymbol{A}=[\boldsymbol{\alpha}_1\quad\boldsymbol{\alpha}_2\quad\boldsymbol{\alpha}_3\quad\boldsymbol{\beta}]$$

$$=\begin{bmatrix}1 & 3 & -7 & -8\\2 & 5 & 4 & 4\\-3 & -7 & -2 & -3\\1 & 4 & -12 & -15\end{bmatrix}\rightarrow\begin{bmatrix}1 & 3 & -7 & -8\\0 & -1 & 18 & 20\\0 & 2 & -23 & -27\\0 & 1 & -5 & -7\end{bmatrix}$$

$$\rightarrow\begin{bmatrix}1 & 3 & -7 & -8\\0 & -1 & 18 & 20\\0 & 0 & 13 & 13\\0 & 0 & 13 & 13\end{bmatrix}\rightarrow\begin{bmatrix}1 & 3 & 0 & -1\\0 & -1 & 0 & 2\\0 & 0 & 1 & 1\\0 & 0 & 0 & 0\end{bmatrix}$$

$$\rightarrow\begin{bmatrix}1 & 0 & 0 & 5\\0 & 1 & 0 & -2\\0 & 0 & 1 & 1\\0 & 0 & 0 & 0\end{bmatrix}$$

得 $\boldsymbol{\beta}=5\boldsymbol{\alpha}_1-2\boldsymbol{\alpha}_2+\boldsymbol{\alpha}_3$.

(4) $\boldsymbol{\beta}=(5,3,1,12)^T$,$\boldsymbol{\alpha}_1=(2,1,1,5)^T$,$\boldsymbol{\alpha}_2=(7,3,5,18)^T$,$\boldsymbol{\alpha}_3=(3,5,-9,4)^T$,$\boldsymbol{\alpha}_4=(1,-2,8,5)^T$.

解 令

$$\boldsymbol{A}=\begin{bmatrix}2 & 7 & 3 & 1 & 5\\1 & 3 & 5 & -2 & 3\\1 & 5 & -9 & 8 & 1\\5 & 18 & 4 & 5 & 12\end{bmatrix}\rightarrow\begin{bmatrix}1 & 3 & 5 & -2 & 3\\2 & 7 & 3 & 1 & 5\\1 & 5 & -9 & 8 & 1\\5 & 18 & 4 & 5 & 12\end{bmatrix}$$

$$\to\begin{bmatrix}1&3&5&-2&3\\0&1&-7&5&-1\\0&2&-14&-10&-2\\0&3&-21&15&-3\end{bmatrix}\to\begin{bmatrix}1&3&5&-2&3\\0&1&-7&5&-1\\0&0&0&0&0\\0&0&0&0&0\end{bmatrix}$$

$$\to\begin{bmatrix}1&0&26&-17&6\\0&1&-7&5&-1\\0&0&0&0&0\\0&0&0&0&0\end{bmatrix}$$

则 $\boldsymbol{\beta}=6\boldsymbol{\alpha}_1-\boldsymbol{\alpha}_2+0\boldsymbol{\alpha}_3+0\boldsymbol{\alpha}_4$(表达式不唯一).

12. 已知 $\boldsymbol{\alpha}_1=(1,-1,1)^T,\boldsymbol{\alpha}_2=(1,1,-1)^T,\boldsymbol{\alpha}_3=(k,-k,0)^T,\boldsymbol{\beta}=(1,k^2,2)$. 问:

(1) 当 k 为何值时,$\boldsymbol{\beta}$ 可由 $\boldsymbol{\alpha}_1,\boldsymbol{\alpha}_2,\boldsymbol{\alpha}_3$ 线性表示?并写出该表达式.

(2) 当 k 为何值时,$\boldsymbol{\beta}$ 不能表示成 $\boldsymbol{\alpha}_1,\boldsymbol{\alpha}_2,\boldsymbol{\alpha}_3$ 的线性组合?

解 令

$$\boldsymbol{A}=\begin{bmatrix}1&1&k&1\\-1&1&-k&k^2\\1&-1&0&2\end{bmatrix}\to\begin{bmatrix}1&1&k&1\\0&2&0&k^2+1\\0&-2&-k&1\end{bmatrix}$$

$$\to\begin{bmatrix}1&1&k&1\\0&2&0&k^2+1\\0&0&-k&k^2+2\end{bmatrix}\to\begin{bmatrix}1&0&0&\dfrac{k^2+5}{2}\\0&1&0&\dfrac{k^2+1}{2}\\0&0&-k&k^2+2\end{bmatrix}$$

由 $k^2+2>0$,得

(1) 当 $-k\neq 0$,即 $k\neq 0$ 时,$\boldsymbol{\beta}$ 可由 $\boldsymbol{\alpha}_1,\boldsymbol{\alpha}_2,\boldsymbol{\alpha}_3$ 线性表示,即 $\boldsymbol{\beta}=\dfrac{k^2+5}{2}\boldsymbol{\alpha}_1+\dfrac{k^2+1}{2}\boldsymbol{\alpha}_2-\dfrac{k^2+2}{k}\boldsymbol{\alpha}_3$;

(2) 当 $k=0$ 时,$\boldsymbol{\beta}$ 不能表示成 $\boldsymbol{\alpha}_1,\boldsymbol{\alpha}_2,\boldsymbol{\alpha}_3$ 的线性组合.

13. 判定下列向量组是线性相关还是线性无关.

(1) $\boldsymbol{\alpha}_1=(2,-3,1)^T,\boldsymbol{\alpha}_2=(3,-1,5)^T,\boldsymbol{\alpha}_3=(1,-4,3)^T$.

解 由 $|\boldsymbol{A}|=\begin{vmatrix}2&3&1\\-3&-1&-4\\1&5&3\end{vmatrix}=\begin{vmatrix}0&-7&-5\\0&14&5\\1&5&3\end{vmatrix}=-35+70\neq 0$,故向量组 $\boldsymbol{\alpha}_1,\boldsymbol{\alpha}_2,\boldsymbol{\alpha}_3$ 线性无关.

(2) $\boldsymbol{\alpha}_1=(1,3,-2,4)^T,\boldsymbol{\alpha}_2=(2,-1,2,3)^T,\boldsymbol{\alpha}_3=(0,2,4,-3)^T,\boldsymbol{\alpha}_4=(1,10,-8,9)^T$.

解　由 $|\boldsymbol{A}|=\begin{vmatrix}1&2&0&1\\3&-1&2&10\\-2&2&4&-8\\4&3&-3&9\end{vmatrix}=\begin{vmatrix}1&0&0&0\\3&-7&2&7\\-2&6&4&-6\\4&-5&-3&5\end{vmatrix}=0$,故向量组 $\boldsymbol{\alpha}_1,\boldsymbol{\alpha}_2,\boldsymbol{\alpha}_3,\boldsymbol{\alpha}_4$ 线性相关.

(3) $\boldsymbol{\alpha}_1=(1,-1,-1,1)^T,\boldsymbol{\alpha}_2=(1,1,-1,-1)^T,\boldsymbol{\alpha}_3=(1,3,-1,-3)^T$.

解　令

$$\boldsymbol{A}=[\boldsymbol{\alpha}_1\quad\boldsymbol{\alpha}_2\quad\boldsymbol{\alpha}_3]=\begin{bmatrix}1&1&1\\-1&1&3\\-1&-1&-1\\1&-1&-3\end{bmatrix}\to\begin{bmatrix}1&1&1\\0&2&4\\0&0&0\\0&-2&-4\end{bmatrix}\to\begin{bmatrix}1&1&1\\0&2&4\\0&0&0\\0&0&0\end{bmatrix}$$

则 $r(\boldsymbol{A})=2$,故向量组 $\boldsymbol{\alpha}_1,\boldsymbol{\alpha}_2,\boldsymbol{\alpha}_3$ 线性相关.

(4) $\boldsymbol{\alpha}_1=(1,1,0,2)^T,\boldsymbol{\alpha}_2=(2,-1,3,2)^T,\boldsymbol{\alpha}_3=(2,0,2,-1)^T,\boldsymbol{\alpha}_4=(3,2,-1,4)^T$.

解　令

$$\boldsymbol{A}=[\boldsymbol{\alpha}_1\quad\boldsymbol{\alpha}_2\quad\boldsymbol{\alpha}_3\quad\boldsymbol{\alpha}_4]=\begin{bmatrix}1&2&2&3\\1&-1&0&2\\0&3&2&-1\\2&2&-1&4\end{bmatrix}\to\begin{bmatrix}1&2&2&3\\0&-3&-2&-1\\0&3&2&-1\\0&-2&-5&-2\end{bmatrix}$$

$$\to\begin{bmatrix}1&2&2&3\\0&3&2&1\\0&0&0&2\\0&1&-3&-1\end{bmatrix}\to\begin{bmatrix}1&2&2&3\\0&1&-3&-1\\0&0&11&4\\0&0&0&2\end{bmatrix}$$

则 $r(\boldsymbol{A})=4$,故向量组 $\boldsymbol{\alpha}_1,\boldsymbol{\alpha}_2,\boldsymbol{\alpha}_3,\boldsymbol{\alpha}_4$ 线性无关.

14. 设 $\boldsymbol{\alpha}=(2,k,1)^T,\boldsymbol{\beta}=(1,2,0)^T,\boldsymbol{\gamma}=(k,3,-1)^T$. 问: 当 k 取何值时,$\boldsymbol{\alpha},\boldsymbol{\beta},\boldsymbol{\gamma}$ 线性相关?

解　令

$$|\boldsymbol{A}|=\begin{vmatrix}2&1&k\\k&2&3\\1&0&-1\end{vmatrix}=\begin{vmatrix}2&1&k+2\\k&2&k+3\\1&0&0\end{vmatrix}=(k+3)-2(k+2)=-k-1=0$$

则当 $k=-1$ 时,$\boldsymbol{\alpha},\boldsymbol{\beta},\boldsymbol{\gamma}$ 线性相关.

15. 设向量组(Ⅰ)$\boldsymbol{\beta}_1,\boldsymbol{\beta}_2,\boldsymbol{\beta}_3$ 可由向量组(Ⅱ)$\boldsymbol{\alpha}_1,\boldsymbol{\alpha}_2,\boldsymbol{\alpha}_3$ 线性表示为

$$\begin{cases}\boldsymbol{\beta}_1=\boldsymbol{\alpha}_1+\boldsymbol{\alpha}_2+\boldsymbol{\alpha}_3,\\ \boldsymbol{\beta}_2=\boldsymbol{\alpha}_1+2\boldsymbol{\alpha}_2+3\boldsymbol{\alpha}_3,\\ \boldsymbol{\beta}_3=\boldsymbol{\alpha}_1-\boldsymbol{\alpha}_2+\boldsymbol{\alpha}_3\end{cases}$$

试将向量组(Ⅱ)用向量组(Ⅰ)线性表示.

解　由

$$\begin{bmatrix}1&1&1&\boldsymbol{\beta}_1\\1&2&3&\boldsymbol{\beta}_2\\1&-1&1&\boldsymbol{\beta}_3\end{bmatrix}\to\begin{bmatrix}1&1&1&\boldsymbol{\beta}_1\\0&1&2&\boldsymbol{\beta}_2-\boldsymbol{\beta}_1\\0&-2&0&\boldsymbol{\beta}_3-\boldsymbol{\beta}_1\end{bmatrix}\to\begin{bmatrix}1&1&1&\boldsymbol{\beta}_1\\0&1&2&\boldsymbol{\beta}_2-\boldsymbol{\beta}_1\\0&0&4&2\boldsymbol{\beta}_2+\boldsymbol{\beta}_3-3\boldsymbol{\beta}_1\end{bmatrix}$$

$$\to\begin{bmatrix}1&0&0&\frac{5}{4}\boldsymbol{\beta}_1-\frac{1}{2}\boldsymbol{\beta}_2+\frac{1}{4}\boldsymbol{\beta}_3\\0&1&0&\frac{1}{2}\boldsymbol{\beta}_1-\frac{1}{2}\boldsymbol{\beta}_3\\0&0&1&\frac{1}{2}\boldsymbol{\beta}_2+\frac{1}{4}\boldsymbol{\beta}_3-\frac{3}{4}\boldsymbol{\beta}_1\end{bmatrix}$$

得$\begin{cases}\boldsymbol{\alpha}_1=\frac{5}{4}\boldsymbol{\beta}_1-\frac{1}{2}\boldsymbol{\beta}_2+\frac{1}{4}\boldsymbol{\beta}_3,\\ \boldsymbol{\alpha}_2=\frac{1}{2}\boldsymbol{\beta}_1-\frac{1}{2}\boldsymbol{\beta}_3,\\ \boldsymbol{\alpha}_3=-\frac{3}{4}\boldsymbol{\beta}_1+\frac{1}{2}\boldsymbol{\beta}_2+\frac{1}{4}\boldsymbol{\beta}_3.\end{cases}$

16. 求下列向量组的秩和一个极大无关组,并将其余向量用极大无关组线性表示.

(1) $\boldsymbol{\alpha}_1=(1,4,5,-2)^T,\boldsymbol{\alpha}_2=(2,-2,3,1)^T,\boldsymbol{\alpha}_3=(1,-16,-9,8)^T$.

解　令

$$\boldsymbol{A}=[\boldsymbol{\alpha}_1\ \ \boldsymbol{\alpha}_2\ \ \boldsymbol{\alpha}_3]=\begin{bmatrix}1&2&1\\4&-2&-16\\5&3&-9\\-2&1&8\end{bmatrix}\to\begin{bmatrix}1&2&1\\0&-5&-10\\0&-7&-14\\0&5&10\end{bmatrix}$$

$$\to\begin{bmatrix}1&2&1\\0&1&2\\0&0&0\\0&0&0\end{bmatrix}\to\begin{bmatrix}1&0&-3\\0&1&2\\0&0&0\\0&0&0\end{bmatrix}$$

得 $r(\boldsymbol{A})=2$,即 $r(\boldsymbol{\alpha}_1,\boldsymbol{\alpha}_2,\boldsymbol{\alpha}_3)=2$,$\boldsymbol{\alpha}_1,\boldsymbol{\alpha}_2$ 为其一个极大无关组,且 $\boldsymbol{\alpha}_3=-3\boldsymbol{\alpha}_1+2\boldsymbol{\alpha}_2$.

(2) $\boldsymbol{\alpha}_1=(5,2,-3,1)^T,\boldsymbol{\alpha}_2=(4,1,-2,3)^T,\boldsymbol{\alpha}_3=(1,1,-1,-2)^T,\boldsymbol{\alpha}_4=$

$(3,4,-1,2)^T$.

解　令

$$A=[\boldsymbol{\alpha}_1\ \ \boldsymbol{\alpha}_2\ \ \boldsymbol{\alpha}_3\ \ \boldsymbol{\alpha}_4]=\begin{bmatrix}5&4&1&3\\2&1&1&4\\-3&-2&-1&-1\\1&3&-2&2\end{bmatrix}\to\begin{bmatrix}1&3&-2&2\\0&-5&5&0\\0&7&-7&5\\0&-11&11&-7\end{bmatrix}$$

$$\to\begin{bmatrix}1&3&-2&2\\0&1&-1&0\\0&0&0&1\\0&0&0&0\end{bmatrix}\to\begin{bmatrix}1&0&1&0\\0&1&-1&0\\0&0&0&1\\0&0&0&0\end{bmatrix}$$

得 $r(A)=3$,则 $r(\boldsymbol{\alpha}_1,\boldsymbol{\alpha}_2,\boldsymbol{\alpha}_3,\boldsymbol{\alpha}_4)=3$,$\boldsymbol{\alpha}_1,\boldsymbol{\alpha}_2,\boldsymbol{\alpha}_4$ 为其一个极大无关组,且 $\boldsymbol{\alpha}_3=\boldsymbol{\alpha}_1-\boldsymbol{\alpha}_2+0\cdot\boldsymbol{\alpha}_4$.

(3) $\boldsymbol{\alpha}_1=(1,2,3,0)^T,\boldsymbol{\alpha}_2=(0,1,2,3)^T,\boldsymbol{\alpha}_3=(3,0,1,2)^T,\boldsymbol{\alpha}_4=(2,3,0,1)^T$.

解　令

$$A=[\boldsymbol{\alpha}_1\ \ \boldsymbol{\alpha}_2\ \ \boldsymbol{\alpha}_3\ \ \boldsymbol{\alpha}_4]=\begin{bmatrix}1&0&3&2\\2&1&0&3\\3&2&1&0\\0&3&2&1\end{bmatrix}\to\begin{bmatrix}1&0&3&2\\0&1&-6&-1\\0&2&-8&-6\\0&3&2&1\end{bmatrix}$$

$$\to\begin{bmatrix}1&0&3&2\\0&1&-6&-1\\0&0&1&-1\\0&0&0&1\end{bmatrix}$$

得 $r(A)=4$,则 $r(\boldsymbol{\alpha}_1,\boldsymbol{\alpha}_2,\boldsymbol{\alpha}_3,\boldsymbol{\alpha}_4)=4$,即向量组为极大无关组.

(4) $\boldsymbol{\alpha}_1=(1,4,-5,2)^T,\boldsymbol{\alpha}_2=(2,-1,1,0)^T,\boldsymbol{\alpha}_3=(5,2,-3,2)^T,\boldsymbol{\alpha}_4=(0,9,-11,4)^T$.

解　令

$$A=[\boldsymbol{\alpha}_1\ \ \boldsymbol{\alpha}_2\ \ \boldsymbol{\alpha}_3\ \ \boldsymbol{\alpha}_4]=\begin{bmatrix}1&2&5&0\\4&-1&2&9\\-5&1&-3&-11\\2&0&2&4\end{bmatrix}\to\begin{bmatrix}1&2&5&0\\0&-9&-18&9\\0&11&22&-11\\0&-4&-8&4\end{bmatrix}$$

$$\to\begin{bmatrix}1&2&5&0\\0&1&2&-1\\0&0&0&0\\0&0&0&0\end{bmatrix}\to\begin{bmatrix}1&0&1&2\\0&1&2&-1\\0&0&0&0\\0&0&0&0\end{bmatrix}$$

得 $r(\boldsymbol{A})=2$，则 $r(\boldsymbol{\alpha}_1,\boldsymbol{\alpha}_2,\boldsymbol{\alpha}_3,\boldsymbol{\alpha}_4)=2$，$\boldsymbol{\alpha}_1,\boldsymbol{\alpha}_2$ 为其一个极大无关组，且 $\boldsymbol{\alpha}_3=\boldsymbol{\alpha}_1+2\boldsymbol{\alpha}_2$，$\boldsymbol{\alpha}_4=2\boldsymbol{\alpha}_1-\boldsymbol{\alpha}_2$.

(5) $\boldsymbol{\alpha}_1=(3,2,-2,4)^T$，$\boldsymbol{\alpha}_2=(11,4,-10,18)^T$，$\boldsymbol{\alpha}_3=(-5,0,6,-10)^T$，$\boldsymbol{\alpha}_4=(-1,1,2,-3)^T$.

解　令

$$\boldsymbol{A}=[\boldsymbol{\alpha}_1\quad\boldsymbol{\alpha}_2\quad\boldsymbol{\alpha}_3\quad\boldsymbol{\alpha}_4]=\begin{bmatrix}3&11&-5&-1\\2&4&0&1\\-2&-10&6&2\\4&18&-10&-3\end{bmatrix}\to\begin{bmatrix}3&11&-5&-1\\2&4&0&1\\1&1&1&1\\4&18&-10&-3\end{bmatrix}$$

$$\to\begin{bmatrix}1&1&1&1\\0&2&-2&-1\\0&8&-8&-4\\0&14&-14&-7\end{bmatrix}\to\begin{bmatrix}1&0&2&\frac{3}{2}\\0&1&-1&-\frac{1}{2}\\0&0&0&0\\0&0&0&0\end{bmatrix}$$

得 $r(\boldsymbol{A})=2$，则 $r(\boldsymbol{\alpha}_1,\boldsymbol{\alpha}_2,\boldsymbol{\alpha}_3,\boldsymbol{\alpha}_4)=2$，$\boldsymbol{\alpha}_1,\boldsymbol{\alpha}_2$ 为其一个极大无关组，且 $\boldsymbol{\alpha}_3=2\boldsymbol{\alpha}_1-\boldsymbol{\alpha}_2$，$\boldsymbol{\alpha}_4=\frac{3}{2}\boldsymbol{\alpha}_1-\frac{1}{2}\boldsymbol{\alpha}_2$.

17. 将下列线性无关向量组化为正交向量组.

(1) $\boldsymbol{\alpha}_1=(3,0,0)^T$，$\boldsymbol{\alpha}_2=(1,1,-1)^T$，$\boldsymbol{\alpha}_3=(-1,3,2)^T$.

解　由施密特正交化，有

$$\boldsymbol{\beta}_1=\boldsymbol{\alpha}_1=(3,0,0)^T$$

$$\boldsymbol{\beta}_2=\boldsymbol{\alpha}_2-\frac{(\boldsymbol{\alpha}_2,\boldsymbol{\beta}_1)}{(\boldsymbol{\beta}_1,\boldsymbol{\beta}_1)}\boldsymbol{\beta}_1=(1,1,-1)^T-\frac{3}{9}(3,0,0)^T=(0,1,-1)^T$$

$$\boldsymbol{\beta}_3=\boldsymbol{\alpha}_3-\frac{(\boldsymbol{\alpha}_3,\boldsymbol{\beta}_1)}{(\boldsymbol{\beta}_1,\boldsymbol{\beta}_1)}\boldsymbol{\beta}_1-\frac{(\boldsymbol{\alpha}_3,\boldsymbol{\beta}_2)}{(\boldsymbol{\beta}_2,\boldsymbol{\beta}_2)}\boldsymbol{\beta}_2$$

$$=(-1,3,2)^T-\frac{-3}{9}(3,0,0)^T-\frac{1}{2}(0,1,-1)^T=\left(0,\frac{5}{2},\frac{5}{2}\right)^T$$

(2) $\boldsymbol{\alpha}_1=(1,0,-1,1)^T$，$\boldsymbol{\alpha}_2=(1,-1,0,1)^T$，$\boldsymbol{\alpha}_3=(-1,1,1,0)^T$.

解　同上题方法，有

$$\boldsymbol{\beta}_1=\boldsymbol{\alpha}_1=(1,0,-1,1)^T$$

$$\boldsymbol{\beta}_2=\left(\frac{1}{3},-1,\frac{2}{3},\frac{1}{3}\right)^T$$

$$\boldsymbol{\beta}_3=\left(-\frac{1}{5},\frac{3}{5},\frac{3}{5},\frac{4}{5}\right)^T$$

(3) $\boldsymbol{\alpha}_1=(2,1,0,1)^{\mathrm{T}},\boldsymbol{\alpha}_2=(-2,0,1,-1)^{\mathrm{T}},\boldsymbol{\alpha}_3=(1,-2,2,0)^{\mathrm{T}}$.

解　由(1)题方法,有

$$\boldsymbol{\beta}_1=\boldsymbol{\alpha}_1=(2,1,0,1)^{\mathrm{T}}$$

$$\boldsymbol{\beta}_2=\left(-\frac{1}{3},\frac{5}{6},1,-\frac{1}{6}\right)^{\mathrm{T}}$$

$$\boldsymbol{\beta}_3=(1,-2,2,0)^{\mathrm{T}}$$

(4) $\boldsymbol{\alpha}_1=(1,1,0,0)^{\mathrm{T}},\boldsymbol{\alpha}_2=(1,0,1,0)^{\mathrm{T}},\boldsymbol{\alpha}_3=(1,0,0,1)^{\mathrm{T}},\boldsymbol{\alpha}_4=(1,0,0,-1)^{\mathrm{T}}$.

解　由(1)题方法,有

$$\boldsymbol{\beta}_1=\boldsymbol{\alpha}_1=(1,1,0,0)^{\mathrm{T}}$$

$$\boldsymbol{\beta}_2=\left(\frac{1}{2},-\frac{1}{2},1,0\right)^{\mathrm{T}}$$

$$\boldsymbol{\beta}_3=\left(\frac{1}{3},-\frac{1}{3},-\frac{1}{3},1\right)^{\mathrm{T}}$$

$$\boldsymbol{\beta}_4=\boldsymbol{\alpha}_4-\frac{(\boldsymbol{\alpha}_4,\boldsymbol{\beta}_1)}{(\boldsymbol{\beta}_1,\boldsymbol{\beta}_1)}\boldsymbol{\beta}_1-\frac{(\boldsymbol{\alpha}_4,\boldsymbol{\beta}_2)}{(\boldsymbol{\beta}_2,\boldsymbol{\beta}_2)}\boldsymbol{\beta}_2-\frac{(\boldsymbol{\alpha}_4,\boldsymbol{\beta}_3)}{(\boldsymbol{\beta}_3,\boldsymbol{\beta}_3)}\boldsymbol{\beta}_3=\left(\frac{1}{2},-\frac{1}{2},-\frac{1}{2},-\frac{1}{2}\right)^{\mathrm{T}}$$

18. 求下列齐次线性方程组的一个基础解系,并用此基础解系表示方程组的全部解.

(1) $\begin{cases}2x_1-5x_2+x_3-3x_4=0,\\-3x_1+4x_2-2x_3+x_4=0,\\x_1+2x_2-x_3+3x_4=0,\\-2x_1+15x_2-6x_3+13x_4=0.\end{cases}$

解　令

$$\boldsymbol{A}=\begin{bmatrix}2&-5&1&-3\\-3&4&-2&1\\1&2&-1&3\\-2&15&-6&13\end{bmatrix}\to\begin{bmatrix}1&2&-1&3\\-3&4&-2&1\\2&-5&1&-3\\-2&15&-6&13\end{bmatrix}$$

$$\to\begin{bmatrix}1&2&-1&3\\0&10&-5&10\\0&-9&3&-9\\0&19&-8&19\end{bmatrix}\to\begin{bmatrix}1&2&-1&3\\0&2&-1&2\\0&0&0&0\\0&1&0&1\end{bmatrix}$$

$$\to\begin{bmatrix}1&0&0&1\\0&0&1&0\\0&1&0&1\\0&0&0&0\end{bmatrix}\to\begin{bmatrix}1&0&0&1\\0&1&0&1\\0&0&1&0\\0&0&0&0\end{bmatrix}$$

则 $r(\boldsymbol{A})=3$. 方程组的全部解为 $\boldsymbol{\eta}=C(-1,-1,0,1)^{\mathrm{T}}$, C 为任意常数.

(2) $\begin{cases} x_1+2x_2+4x_3-3x_4=0, \\ 3x_1+5x_2+6x_3-4x_4=0, \\ 4x_1+5x_2-2x_3+3x_4=0, \\ 3x_1+8x_2+24x_3-19x_4=0. \end{cases}$

解　令

$$\boldsymbol{A}=\begin{bmatrix} 1 & 2 & 4 & -3 \\ 3 & 5 & 6 & -4 \\ 4 & 5 & -2 & 3 \\ 3 & 8 & 24 & -19 \end{bmatrix} \to \begin{bmatrix} 1 & 2 & 4 & -3 \\ 0 & 1 & 6 & -5 \\ 0 & -3 & -18 & 15 \\ 0 & 2 & 12 & -10 \end{bmatrix}$$

$$\to \begin{bmatrix} 1 & 2 & 4 & -3 \\ 0 & 1 & 6 & -5 \\ 0 & 0 & 0 & 0 \\ 0 & 0 & 0 & 0 \end{bmatrix} \to \begin{bmatrix} 1 & 0 & -8 & 7 \\ 0 & 1 & 6 & -5 \\ 0 & 0 & 0 & 0 \\ 0 & 0 & 0 & 0 \end{bmatrix}$$

则 $r(\boldsymbol{A})=2$. 方程组的基础解系有两个向量 $\boldsymbol{\eta}_1=(8,-6,1,0)^{\mathrm{T}}$, $\boldsymbol{\eta}_2=(-7,5,0,1)^{\mathrm{T}}$,其全部解为 $\boldsymbol{\eta}=C_1\boldsymbol{\eta}_1+C_2\boldsymbol{\eta}_2$, C_1, C_2 为任意常数.

(3) $\begin{cases} x_1+2x_2+3x_3+3x_4+7x_5=0, \\ 3x_1+2x_2+x_3+x_4-3x_5=0, \\ x_2+2x_3+2x_4+6x_5=0, \\ 5x_1+4x_2+3x_3+3x_4-x_5=0. \end{cases}$

解　令

$$\boldsymbol{A}=\begin{bmatrix} 1 & 2 & 3 & 3 & 7 \\ 3 & 2 & 1 & 1 & -3 \\ 0 & 1 & 2 & 2 & 6 \\ 5 & 4 & 3 & 3 & -1 \end{bmatrix} \to \begin{bmatrix} 1 & 2 & 3 & 3 & 7 \\ 0 & -4 & -8 & -8 & -24 \\ 0 & 1 & 2 & 2 & 6 \\ 0 & -6 & -12 & -12 & -36 \end{bmatrix}$$

$$\to \begin{bmatrix} 1 & 2 & 3 & 3 & 7 \\ 0 & 1 & 2 & 2 & 6 \\ 0 & 0 & 0 & 0 & 0 \\ 0 & 0 & 0 & 0 & 0 \end{bmatrix} \to \begin{bmatrix} 1 & 0 & -1 & -1 & -5 \\ 0 & 1 & 2 & 2 & 6 \\ 0 & 0 & 0 & 0 & 0 \\ 0 & 0 & 0 & 0 & 0 \end{bmatrix}$$

则 $r(\boldsymbol{A})=2$,得一个基础解系为 $\boldsymbol{\eta}_1=(1,-2,1,0,0)^{\mathrm{T}}$, $\boldsymbol{\eta}_2=(1,-2,0,1,0)^{\mathrm{T}}$, $\boldsymbol{\eta}_3=(5,-6,0,0,1)^{\mathrm{T}}$,方程组的全部解为 $\boldsymbol{\eta}=C_1\boldsymbol{\eta}_1+C_2\boldsymbol{\eta}_2+C_3\boldsymbol{\eta}_3$, C_1, C_2, C_3 为任意常数.

(4) $\begin{cases} x_1+x_3+x_5=0, \\ x_2+x_4+x_6=0. \end{cases}$

解　$\boldsymbol{A}=\begin{bmatrix} 1 & 0 & 1 & 0 & 1 & 0 \\ 0 & 1 & 0 & 1 & 0 & 1 \end{bmatrix}$,则 $r(\boldsymbol{A})=2$,得其一个基础解系为 $\boldsymbol{\eta}_1=(-1,0,1,0,0,0)^{\mathrm{T}}$,$\boldsymbol{\eta}_2=(0,-1,0,1,0,0)^{\mathrm{T}}$,$\boldsymbol{\eta}_3=(-1,0,0,0,1,0)^{\mathrm{T}}$,$\boldsymbol{\eta}_4=(0,-1,0,0,0,1)^{\mathrm{T}}$,其全部解为 $\boldsymbol{\eta}=C_1\boldsymbol{\eta}_1+C_2\boldsymbol{\eta}_2+C_3\boldsymbol{\eta}_3+C_4\boldsymbol{\eta}_4$,$C_1,C_2,C_3,C_4$ 为任意常数.

19. 判断下列方程组是否有解,若有解,试求其解(若有无穷多解,用基础解系表示其全部解).

(1) $\begin{cases} x_1-x_2+5x_3=1, \\ x_1+x_2-2x_3=2, \\ 3x_1-x_2+8x_3=4. \end{cases}$

解　令

$$\bar{\boldsymbol{A}}=\left[\begin{array}{ccc:c} 1 & -1 & 5 & 1 \\ 1 & 1 & -2 & 2 \\ 3 & -1 & 8 & 4 \end{array}\right]\to\left[\begin{array}{ccc:c} 1 & -1 & 5 & 1 \\ 0 & 2 & -7 & 1 \\ 0 & 2 & -7 & 1 \end{array}\right]$$

$$\to\left[\begin{array}{ccc:c} 1 & -1 & 5 & 1 \\ 0 & 1 & -\frac{7}{2} & \frac{1}{2} \\ 0 & 0 & 0 & 0 \end{array}\right]\to\left[\begin{array}{ccc:c} 1 & 0 & \frac{3}{2} & \frac{3}{2} \\ 0 & 1 & -\frac{7}{2} & \frac{1}{2} \\ 0 & 0 & 0 & 0 \end{array}\right]$$

则 $r(\boldsymbol{A})=r(\bar{\boldsymbol{A}})=2<3$,导出组的一个基础解系为 $\boldsymbol{\eta}=\left[-\frac{3}{2},\frac{7}{2},1\right]^{\mathrm{T}}$,方程组的特解为 $\boldsymbol{\gamma}_0=\left[\frac{3}{2},\frac{1}{2},0\right]^{\mathrm{T}}$,其全部解为 $\boldsymbol{\gamma}=\boldsymbol{\gamma}_0+C\boldsymbol{\eta}$,$C$ 为任意常数.

(2) $\begin{cases} x_1-x_2-x_3+x_4=0, \\ x_1-x_2+x_3-3x_4=1, \\ x_1-x_2-2x_3+3x_4=-\frac{1}{2}. \end{cases}$

解　令

$$\bar{\boldsymbol{A}}=\left[\begin{array}{cccc:c} 1 & -1 & -1 & 1 & 0 \\ 1 & -1 & 1 & -3 & 1 \\ 1 & -1 & -2 & 3 & -\frac{1}{2} \end{array}\right]\to\left[\begin{array}{cccc:c} 1 & -1 & -1 & 1 & 0 \\ 0 & 0 & 2 & -4 & 1 \\ 0 & 0 & -1 & 2 & -\frac{1}{2} \end{array}\right]$$

$$\rightarrow\left[\begin{array}{cccc:c}1 & -1 & -1 & 1 & 0\\0 & 0 & 1 & -2 & \frac{1}{2}\\0 & 0 & 0 & 0 & 0\end{array}\right]\rightarrow\left[\begin{array}{cccc:c}1 & -1 & 0 & -1 & \frac{1}{2}\\0 & 0 & 1 & -2 & \frac{1}{2}\\0 & 0 & 0 & 0 & 0\end{array}\right]$$

$$\rightarrow\left[\begin{array}{cccc:c}1 & 0 & -1 & -1 & \frac{1}{2}\\0 & 1 & 0 & -2 & \frac{1}{2}\\0 & 0 & 0 & 0 & 0\end{array}\right]$$

则 $r(\mathbf{A})=r(\overline{\mathbf{A}})=2<4$,导出组的基础解系为 $\boldsymbol{\eta}_1=(1,1,0,0)^{\mathrm{T}}$,$\boldsymbol{\eta}_2=(1,0,2,1)^{\mathrm{T}}$,方程组的特解为 $\boldsymbol{\gamma}_0=\left[\frac{1}{2},0,\frac{1}{2},0\right]^{\mathrm{T}}$,其全部解为 $\boldsymbol{\gamma}=\boldsymbol{\gamma}_0+C_1\boldsymbol{\eta}_1+C_2\boldsymbol{\eta}_2$,$C_1$,$C_2$ 为任意常数.

(3) $\begin{cases}x_1+x_2-x_3+x_4=1,\\x_1-x_2+2x_3-x_4=3,\\3x_1+x_2+x_4=5.\end{cases}$

解　令

$$\overline{\mathbf{A}}=\left[\begin{array}{cccc:c}1 & 1 & -1 & 1 & 1\\1 & -1 & 2 & -1 & 3\\3 & 1 & 0 & 1 & 5\end{array}\right]\rightarrow\left[\begin{array}{cccc:c}1 & 1 & -1 & 1 & 1\\0 & -2 & 3 & -2 & 2\\0 & -2 & 3 & -2 & 2\end{array}\right]$$

$$\rightarrow\left[\begin{array}{cccc:c}1 & 1 & -1 & 1 & 1\\0 & 1 & -\frac{3}{2} & 1 & -1\\0 & 0 & 0 & 0 & 0\end{array}\right]\rightarrow\left[\begin{array}{cccc:c}1 & 0 & \frac{1}{2} & 0 & 2\\0 & 1 & -\frac{3}{2} & 1 & -1\\0 & 0 & 0 & 0 & 0\end{array}\right]$$

则 $r(\mathbf{A})=r(\overline{\mathbf{A}})=2<4$,导出组的基础解系为 $\boldsymbol{\eta}_1=\left[-\frac{1}{2},\frac{3}{2},1,0\right]^{\mathrm{T}}$,$\boldsymbol{\eta}_2=(0,-1,0,1)^{\mathrm{T}}$,方程组的特解为 $\boldsymbol{\gamma}_0=(2,-1,0,0)^{\mathrm{T}}$,其全部解为 $\boldsymbol{\gamma}=\boldsymbol{\gamma}_0+C_1\boldsymbol{\eta}_1+C_2\boldsymbol{\eta}_2$,$C_1$,$C_2$ 为任意常数.

(4) $\begin{cases}6x_1-2x_2+2x_3+5x_4+7x_5=-3,\\9x_1-3x_2+4x_3+8x_4+9x_5=-4,\\6x_1-2x_2+6x_3+7x_4+x_5=-1,\\3x_1-x_2+4x_3+4x_4-x_5=0.\end{cases}$

解　令

$$\bar{\boldsymbol{A}}=\left[\begin{array}{ccccc:c}6&-2&2&5&7&-3\\9&-3&4&8&9&-4\\6&-2&6&7&1&-1\\3&-1&4&4&-1&0\end{array}\right]\to\left[\begin{array}{ccccc:c}3&-1&4&4&-1&0\\9&-3&4&8&9&-4\\6&-2&6&7&1&-1\\6&-2&2&5&7&-3\end{array}\right]$$

$$\to\left[\begin{array}{ccccc:c}3&-1&4&4&-1&0\\0&0&-8&-4&12&-4\\0&0&-2&-1&3&-1\\0&0&-6&-3&9&-3\end{array}\right]\to\left[\begin{array}{ccccc:c}3&-1&4&4&-1&0\\0&0&2&1&-3&1\\0&0&0&0&0&0\\0&0&0&0&0&0\end{array}\right]$$

$$\to\left[\begin{array}{ccccc:c}3&-1&0&2&5&-2\\0&0&1&\frac{1}{2}&-\frac{3}{2}&\frac{1}{2}\\0&0&0&0&0&0\\0&0&0&0&0&0\end{array}\right]\to\left[\begin{array}{ccccc:c}1&0&-\frac{1}{3}&\frac{2}{3}&\frac{5}{3}&-\frac{2}{3}\\0&1&0&\frac{1}{2}&-\frac{3}{2}&\frac{1}{2}\\0&0&0&0&0&0\\0&0&0&0&0&0\end{array}\right]$$

则 $r(\boldsymbol{A})=r(\bar{\boldsymbol{A}})=2<5$,导出组的一个基础解系为 $\boldsymbol{\eta}_1=\left(\frac{1}{3},1,0,0,0,0\right)^{\mathrm{T}}$,$\boldsymbol{\eta}_2=\left(-\frac{2}{3},0,-\frac{1}{2},1,0\right)^{\mathrm{T}}$,$\boldsymbol{\eta}_3=\left(-\frac{5}{3},0,\frac{3}{2},0,1\right)^{\mathrm{T}}$, 方程组的特解为 $\boldsymbol{\gamma}_0=\left(-\frac{2}{3},0,\frac{1}{2},0,0\right)^{\mathrm{T}}$,其全部解为 $\boldsymbol{\gamma}=\boldsymbol{\gamma}_0+C_1\boldsymbol{\eta}_1+C_2\boldsymbol{\eta}_2+C_3\boldsymbol{\eta}_3$,$C_1,C_2,C_3$ 为任意常数.

20. 已知线性方程组 $\begin{cases}x_1+x_2-2x_3+3x_4=0,\\2x_1+x_2-6x_3+4x_4=-1,\\3x_1+2x_2+ax_3+7x_4=-1,\\x_1-x_2-6x_3-x_4=b,\end{cases}$ 问: 当 a,b 取何值时,方程组无解?有解?在有解时求其解(在有无穷解时,用基础解系表示其全部解).

解　令

$$\bar{\boldsymbol{A}}=\left[\begin{array}{cccc:c}1&1&-2&3&0\\2&1&-6&4&-1\\3&2&a&7&-1\\1&-1&-6&-1&b\end{array}\right]\to\left[\begin{array}{cccc:c}1&1&-2&3&0\\0&-1&-2&-2&-1\\0&-1&a+6&-2&-1\\0&-2&-4&-4&b\end{array}\right]$$

$$\rightarrow\left[\begin{array}{cccc:c}1&1&-2&3&0\\0&1&2&2&1\\0&0&a+8&0&0\\0&0&0&0&b+2\end{array}\right]$$

则当 $b\neq -2$ 时，$r(\boldsymbol{A})\neq r(\bar{\boldsymbol{A}})$，方程组无解；当 $b=-2$ 时，方程组有解.

(1) 若 $a=-8$，则

$$\bar{\boldsymbol{A}}\rightarrow\left[\begin{array}{cccc:c}1&1&-2&3&0\\0&1&2&2&1\\0&0&0&0&0\\0&0&0&0&0\end{array}\right]\rightarrow\left[\begin{array}{cccc:c}1&0&-4&1&-1\\0&1&2&2&1\\0&0&0&0&0\\0&0&0&0&0\end{array}\right]$$

此时方程组的全部解为 $\boldsymbol{\gamma}=(-1,1,0,0)^{\mathrm{T}}+C_1(4,-2,1,0)^{\mathrm{T}}+C_2(-1,-2,0,1)^{\mathrm{T}}$，$C_1,C_2$ 为任意常数.

(2) 若 $a\neq -8$，则

$$\bar{\boldsymbol{A}}\rightarrow\left[\begin{array}{cccc:c}1&0&-4&1&-1\\0&1&2&2&1\\0&0&1&0&0\\0&0&0&0&0\end{array}\right]\rightarrow\left[\begin{array}{cccc:c}1&0&0&1&-1\\0&1&0&2&1\\0&0&1&0&0\\0&0&0&0&0\end{array}\right]$$

此时方程组的全部解为 $\boldsymbol{\gamma}=(-1,1,0,0)^{\mathrm{T}}+C(-1,-2,0,1)^{\mathrm{T}}$，$C$ 为任意常数.

21. 已知四元非齐次线性方程组的系数矩阵的秩为 3，$\boldsymbol{\alpha}_1,\boldsymbol{\alpha}_2,\boldsymbol{\alpha}_3$ 是其解，且 $\boldsymbol{\alpha}_1+\boldsymbol{\alpha}_2=(1,1,0,2)^{\mathrm{T}}$，$\boldsymbol{\alpha}_2+\boldsymbol{\alpha}_3=(1,0,1,3)^{\mathrm{T}}$，求方程组的全部解.

解　四元非齐次线性方程的系数矩阵的秩为 3，则其导出组的基础解系所含向量个数为 $n-r(\boldsymbol{A})=4-3=1$，由题意，$\frac{1}{2}(\boldsymbol{\alpha}_1+\boldsymbol{\alpha}_2)$ 为其特解，$(\boldsymbol{\alpha}_1+\boldsymbol{\alpha}_2)-(\boldsymbol{\alpha}_2+\boldsymbol{\alpha}_3)$ 是导出组的解，则方程组的全部解为 $\boldsymbol{\gamma}=\left(\frac{1}{2},\frac{1}{2},0,1\right)^{\mathrm{T}}+C(0,1,-1,-1)^{\mathrm{T}}$，$C$ 为任意常数.

22. 已知 $\boldsymbol{Ax}=\boldsymbol{0}$ 的基础解系中解的个数为 2，又 $\boldsymbol{A}=\begin{bmatrix}1&2&1&2\\0&1&t&t\\1&t&0&1\end{bmatrix}$，求 $\boldsymbol{Ax}=\boldsymbol{0}$ 的全部解.

解　由题意，$r(\boldsymbol{A})=2$. 又 $\boldsymbol{A}=\begin{bmatrix}1&2&1&2\\0&1&t&t\\1&t&0&1\end{bmatrix}\rightarrow\begin{bmatrix}1&2&1&2\\0&1&t&t\\0&t-2&-1&-1\end{bmatrix}$，故

$\frac{1}{t-2}=\frac{t}{-1}=\frac{t}{-1}$，得 $t=1$（显然 $t\neq 2$）. 则有

$$\boldsymbol{A}\rightarrow\begin{bmatrix}1&2&1&2\\0&1&1&1\\0&0&0&0\end{bmatrix}\rightarrow\begin{bmatrix}1&0&-1&0\\0&1&1&1\\0&0&0&0\end{bmatrix}$$

故 $\boldsymbol{Ax}=\boldsymbol{0}$ 的全部解为 $\boldsymbol{\gamma}=C_1(1,-1,1,0)^{\mathrm{T}}+C_2(0,-1,0,1)^{\mathrm{T}}$，$C_1$，$C_2$ 为任意常数.

23. 求一个齐次线性方程组，使它的基础解系为 $\boldsymbol{\eta}_1=(0,1,2,3)^{\mathrm{T}}$，$\boldsymbol{\eta}_2=(3,2,1,0)^{\mathrm{T}}$.

解 显然此齐次线性方程组有 4 个未知数，设为 x_1,x_2,x_3,x_4，由题意，$a_1x_1+a_2x_2+a_3x_3+a_4x_4=0$，则

$$\begin{cases}0\cdot a_1+a_2\cdot 1+a_3\cdot 2+a_4\cdot 3=0,\\a_1\cdot 3+a_2\cdot 2+a_3\cdot 1+a_4\cdot 0=0\end{cases}$$

即$\begin{cases}a_2+2a_3+3a_4=0,\\3a_1+2a_2+a_3=0.\end{cases}$

系数 a_1,a_2,a_3,a_4 的取值不唯一，其所在方程组的解为

$$C_1(1,-2,1,0)^{\mathrm{T}}+C_2(2,-3,0,1)^{\mathrm{T}}$$

故可取 $C_1=1,C_2=0$ 或 $C_1=0,C_2=1$，得其中一个线性方程组为

$$\begin{cases}x_1-2x_2+x_3=0,\\2x_1-3x_2+x_4=0\end{cases}\quad(\text{不唯一})$$

24. 设有四元线性方程组（Ⅰ）$\begin{cases}x_1+x_2=0,\\x_2-x_4=0.\end{cases}$ 又已知齐次线性方程组（Ⅱ）的通解为 $C_1(0,1,1,0)^{\mathrm{T}}+C_2(-1,2,2,1)^{\mathrm{T}}$.

(1) 求方程组（Ⅰ）的基础解系.

(2) 方程组（Ⅰ）与（Ⅱ）是否有非零公共解？若有，求出所有的非零公共解；若没有，则说明理由.

解 (1)（Ⅰ）的系数矩阵 $\boldsymbol{A}=\begin{bmatrix}1&1&0&0\\0&1&0&-1\end{bmatrix}\rightarrow\begin{bmatrix}1&0&0&1\\0&1&0&-1\end{bmatrix}$，故（Ⅰ）的基础解系为 $\boldsymbol{\eta}_1=(0,0,1,0)^{\mathrm{T}}$，$\boldsymbol{\eta}_2=(-1,1,0,1)^{\mathrm{T}}$.

(2)（Ⅰ）的通解为 $C_3\boldsymbol{\eta}_1+C_4\boldsymbol{\eta}_2$，设

$$C_1(0,1,1,0)^{\mathrm{T}}+C_2(-1,2,2,1)^{\mathrm{T}}=C_3\boldsymbol{\eta}_1+C_4\boldsymbol{\eta}_2$$

可得 $C_1=-C,C_2=C,C_3=C,C_4=C$，则

$$-C(0,1,1,0)^{\mathrm{T}}+C(-1,2,2,1)^{\mathrm{T}}=C\boldsymbol{\eta}_1+C\boldsymbol{\eta}_2$$
$$=C(-1,1,1,1)^{\mathrm{T}},\quad C\text{为任意常数}$$

即有非零公共解 $C(-1,1,1,1)^{\mathrm{T}}$，C 为非零常数.

四、证明题

1. 设 $\boldsymbol{\alpha},\boldsymbol{\beta}$ 为 n 维向量. 证明:

(1) $|\,\|\boldsymbol{\alpha}\|-\|\boldsymbol{\beta}\|\,|\leqslant\|\boldsymbol{\alpha}+\boldsymbol{\beta}\|$;

(2) $\|\boldsymbol{\alpha}+\boldsymbol{\beta}\|^2+\|\boldsymbol{\alpha}-\boldsymbol{\beta}\|^2=2\|\boldsymbol{\alpha}\|^2+2\|\boldsymbol{\beta}\|^2$.

证 (1) 由三角不等式得

$$\|\boldsymbol{\alpha}\|=\|\boldsymbol{\alpha}+\boldsymbol{\beta}-\boldsymbol{\beta}\|=\|\boldsymbol{\alpha}+\boldsymbol{\beta}+(-\boldsymbol{\beta})\|$$
$$\leqslant\|\boldsymbol{\alpha}+\boldsymbol{\beta}\|+\|-\boldsymbol{\beta}\|=\|\boldsymbol{\alpha}+\boldsymbol{\beta}\|+\|\boldsymbol{\beta}\|$$

得

$$\|\boldsymbol{\alpha}\|-\|\boldsymbol{\beta}\|\leqslant\|\boldsymbol{\alpha}+\boldsymbol{\beta}\| \qquad ①$$

同理可得

$$\|\boldsymbol{\beta}\|\leqslant\|\boldsymbol{\alpha}\|+\|\boldsymbol{\alpha}+\boldsymbol{\beta}\|$$
$$-\|\boldsymbol{\alpha}+\boldsymbol{\beta}\|\leqslant\|\boldsymbol{\alpha}\|-\|\boldsymbol{\beta}\| \qquad ②$$

由 ① 和 ② 可得

$$|\,\|\boldsymbol{\alpha}\|-\|\boldsymbol{\beta}\|\,|\leqslant\|\boldsymbol{\alpha}+\boldsymbol{\beta}\|$$

(2) 由 $\|\boldsymbol{\alpha}\|=\sqrt{(\boldsymbol{\alpha},\boldsymbol{\alpha})}=\sqrt{\boldsymbol{\alpha}^T\boldsymbol{\alpha}}$，得

$$\begin{aligned}\|\boldsymbol{\alpha}+\boldsymbol{\beta}\|^2+\|\boldsymbol{\alpha}-\boldsymbol{\beta}\|^2&=(\boldsymbol{\alpha}+\boldsymbol{\beta})^T(\boldsymbol{\alpha}+\boldsymbol{\beta})+(\boldsymbol{\alpha}-\boldsymbol{\beta})^T(\boldsymbol{\alpha}-\boldsymbol{\beta})\\&=\boldsymbol{\alpha}^T\boldsymbol{\alpha}+\boldsymbol{\alpha}^T\boldsymbol{\beta}+\boldsymbol{\beta}^T\boldsymbol{\alpha}+\boldsymbol{\beta}^T\boldsymbol{\beta}+\boldsymbol{\alpha}^T\boldsymbol{\alpha}-\boldsymbol{\alpha}^T\boldsymbol{\beta}-\boldsymbol{\alpha}\boldsymbol{\beta}^T+\boldsymbol{\beta}^T\boldsymbol{\beta}\\&=2\boldsymbol{\alpha}^T\boldsymbol{\alpha}+2\boldsymbol{\beta}^T\boldsymbol{\beta}\\&=2\|\boldsymbol{\alpha}\|^2+2\|\boldsymbol{\beta}\|^2\end{aligned}$$

2. 若 n 维向量 $\boldsymbol{\alpha}$ 与任意 n 维向量均正交，证明: $\boldsymbol{\alpha}=\mathbf{0}$.

证 设 $\boldsymbol{\alpha}=(a_1,a_2,\cdots,a_n)^T$，$\boldsymbol{\varepsilon}_i$ 为单位向量 $(0,\cdots,1,0,\cdots,0)^T$，$i=1,2,\cdots,n$，$\boldsymbol{\alpha}$ 与 $\boldsymbol{\varepsilon}_i$ 正交，则 $\boldsymbol{\alpha}^T\boldsymbol{\varepsilon}_i=0$，又 $\boldsymbol{\alpha}^T\boldsymbol{\varepsilon}_i=a_i$，即 $a_i=0,i=1,2,\cdots,n$，故 $\boldsymbol{\alpha}=\mathbf{0}$.

3. 若 $\boldsymbol{\beta}$ 可由向量组 $\boldsymbol{\alpha}_1,\boldsymbol{\alpha}_2,\cdots,\boldsymbol{\alpha}_r$ 线性表示，但 $\boldsymbol{\beta}$ 不能由 $\boldsymbol{\alpha}_1,\boldsymbol{\alpha}_2,\cdots,\boldsymbol{\alpha}_{r-1}$ 线性表示，证明: $\boldsymbol{\alpha}_r$ 可由 $\boldsymbol{\alpha}_1,\boldsymbol{\alpha}_2,\cdots,\boldsymbol{\alpha}_{r-1},\boldsymbol{\beta}$ 线性表示.

证 $\boldsymbol{\beta}$ 可由向量组 $\boldsymbol{\alpha}_1,\boldsymbol{\alpha}_2,\cdots,\boldsymbol{\alpha}_r$ 线性表示，设存在一组数 $l_1,l_2,\cdots,l_r$，有

$$\boldsymbol{\beta}=l_1\boldsymbol{\alpha}_1+l_2\boldsymbol{\alpha}_2+\cdots+l_r\boldsymbol{\alpha}_r$$

其中 $l_r\neq0$. 否则，若 $l_r=0$，则

$$\boldsymbol{\beta}=l_1\boldsymbol{\alpha}_1+l_2\boldsymbol{\alpha}_2+\cdots+l_{r-1}\boldsymbol{\alpha}_{r-1}$$

即 $\boldsymbol{\beta}$ 能用 $\boldsymbol{\alpha}_1,\boldsymbol{\alpha}_2,\cdots,\boldsymbol{\alpha}_{r-1}$ 的线性表示，这与题目条件矛盾. 故 $l_r\neq0$，得

$$\boldsymbol{\alpha}_r=\frac{1}{l_r}\boldsymbol{\beta}-\frac{l_1}{l_r}\boldsymbol{\alpha}_1-\cdots-\frac{l_{r-1}}{l_r}\boldsymbol{\alpha}_{r-1}$$

即 $\boldsymbol{\alpha}_r$ 可由 $\boldsymbol{\alpha}_1,\boldsymbol{\alpha}_2,\cdots,\boldsymbol{\alpha}_{r-1},\boldsymbol{\beta}$ 线性表示.

4. 如果向量组 $\boldsymbol{\alpha}_1,\boldsymbol{\alpha}_2,\cdots,\boldsymbol{\alpha}_s$ 线性无关,试证:向量组 $\boldsymbol{\alpha}_1,\boldsymbol{\alpha}_1+\boldsymbol{\alpha}_2,\cdots,\boldsymbol{\alpha}_1+\boldsymbol{\alpha}_2+\cdots+\boldsymbol{\alpha}_s$ 线性无关.

证　设

$$\boldsymbol{\beta}_1=\boldsymbol{\alpha}_1,\boldsymbol{\beta}_2=\boldsymbol{\alpha}_1+\boldsymbol{\alpha}_2,\cdots,\boldsymbol{\beta}_s=\boldsymbol{\alpha}_1+\boldsymbol{\alpha}_2+\cdots+\boldsymbol{\alpha}_s \qquad ①$$

令 $\boldsymbol{B}=\begin{bmatrix}\boldsymbol{\beta}_1\\ \boldsymbol{\beta}_2\\ \vdots\\ \boldsymbol{\beta}_s\end{bmatrix},\boldsymbol{A}=\begin{bmatrix}\boldsymbol{\alpha}_1\\ \boldsymbol{\alpha}_2\\ \vdots\\ \boldsymbol{\alpha}_s\end{bmatrix},\boldsymbol{C}=\begin{bmatrix}1&0&\cdots&0\\ 1&1&\cdots&0\\ \vdots&\vdots&&\vdots\\ 1&1&\cdots&1\end{bmatrix}$,则 ① 可写为矩阵形式 $\boldsymbol{B}=\boldsymbol{CA}$. 因为 $|\boldsymbol{C}|=1\neq 0$,$\boldsymbol{C}$ 为可逆矩阵,故 $r(\boldsymbol{B})=r(\boldsymbol{CA})=r(\boldsymbol{A})$,而向量组 $\boldsymbol{\alpha}_1,\boldsymbol{\alpha}_2,\cdots,\boldsymbol{\alpha}_s$ 线性无关,得 $r(\boldsymbol{A})=s$,故 $r(\boldsymbol{B})=s$,即 $r(\boldsymbol{\beta}_1,\boldsymbol{\beta}_2,\cdots,\boldsymbol{\beta}_s)=s$. $\boldsymbol{\beta}_1,\boldsymbol{\beta}_2,\cdots,\boldsymbol{\beta}_s$ 线性无关,也就是 $\boldsymbol{\alpha}_1,\boldsymbol{\alpha}_1+\boldsymbol{\alpha}_2,\cdots,\boldsymbol{\alpha}_1+\boldsymbol{\alpha}_2+\cdots+\boldsymbol{\alpha}_s$ 线性无关.

5. 设 $\boldsymbol{A}$ 是 n 阶方阵,$\boldsymbol{\alpha}$ 是 n 维列向量,若对某一自然数 m,有 $\boldsymbol{A}^{m-1}\boldsymbol{\alpha}\neq\boldsymbol{0}$,$\boldsymbol{A}^m\boldsymbol{\alpha}=\boldsymbol{0}$,证明向量组 $\boldsymbol{\alpha},\boldsymbol{A\alpha},\cdots,\boldsymbol{A}^{m-1}\boldsymbol{\alpha}$ 线性无关.

证　设存在一组数 $k_1,k_2,\cdots,k_m$,使

$$k_1\boldsymbol{\alpha}+k_2\boldsymbol{A\alpha}+k_3\boldsymbol{A}^2\boldsymbol{\alpha}+\cdots+k_m\boldsymbol{A}^{m-1}\boldsymbol{\alpha}=\boldsymbol{0} \qquad ①$$

两边同时左乘 $\boldsymbol{A}^{m-1}$,得

$$k_1\boldsymbol{A}^{m-1}\boldsymbol{\alpha}+k_2\boldsymbol{A}^m\boldsymbol{\alpha}+\cdots+k_m\boldsymbol{A}^{2m-2}\boldsymbol{\alpha}=\boldsymbol{0}$$

由于 $\boldsymbol{A}^m\boldsymbol{\alpha}=\boldsymbol{0}$,故 $\boldsymbol{A}^{l+m}\boldsymbol{\alpha}=\boldsymbol{0}$($l$ 为正整数),则上式为

$$k_1\boldsymbol{A}^{m-1}\boldsymbol{\alpha}=\boldsymbol{0}$$

又 $\boldsymbol{A}^{m-1}\boldsymbol{\alpha}\neq\boldsymbol{0}$,得 $k_1=0$,① 式可写成

$$k_2\boldsymbol{A\alpha}+k_3\boldsymbol{A}^2\boldsymbol{\alpha}+\cdots+k_m\boldsymbol{A}^{m-1}\boldsymbol{\alpha}=\boldsymbol{0}$$

两边同时左乘 $\boldsymbol{A}^{m-2}$,以此类推得 $k_2=0$,同理可得 $k_3=\cdots=k_m=0$,得向量组 $\boldsymbol{\alpha}$,$\boldsymbol{A\alpha},\cdots,\boldsymbol{A}^{m-1}\boldsymbol{\alpha}$ 线性无关.

6. 设 n 维基本单位向量组 $\boldsymbol{\varepsilon}_1,\boldsymbol{\varepsilon}_2,\cdots,\boldsymbol{\varepsilon}_n$ 可由 n 维向量组 $\boldsymbol{\alpha}_1,\boldsymbol{\alpha}_2,\cdots,\boldsymbol{\alpha}_n$ 线性表示,证明:$\boldsymbol{\alpha}_1,\boldsymbol{\alpha}_2,\cdots,\boldsymbol{\alpha}_n$ 线性无关.

证　由于 n 维基本单位向量 $\boldsymbol{\varepsilon}_1,\boldsymbol{\varepsilon}_2,\cdots,\boldsymbol{\varepsilon}_n$ 可由 n 维向量组 $\boldsymbol{\alpha}_1,\boldsymbol{\alpha}_2,\cdots,\boldsymbol{\alpha}_n$ 线性表示,故

$$n=r(\boldsymbol{\varepsilon}_1,\boldsymbol{\varepsilon}_2,\cdots,\boldsymbol{\varepsilon}_n)\leqslant r(\boldsymbol{\alpha}_1,\boldsymbol{\alpha}_2,\cdots,\boldsymbol{\alpha}_n)\leqslant n$$

于是 $r(\boldsymbol{\alpha}_1,\boldsymbol{\alpha}_2,\cdots,\boldsymbol{\alpha}_n)=n$,即向量组 $\boldsymbol{\alpha}_1,\boldsymbol{\alpha}_2,\cdots,\boldsymbol{\alpha}_n$ 线性无关.

(补充定理:设向量组(Ⅰ)可由向量组(Ⅱ)线性表示,则 r(Ⅰ)$\leqslant r$(Ⅱ))

7. 设 $\boldsymbol{\alpha}_1,\boldsymbol{\alpha}_2,\cdots,\boldsymbol{\alpha}_m$ 线性无关,$\boldsymbol{\beta}_1$ 可由 $\boldsymbol{\alpha}_1,\boldsymbol{\alpha}_2,\cdots,\boldsymbol{\alpha}_m$ 线性表示,$\boldsymbol{\beta}_2$ 不可由 $\boldsymbol{\alpha}_1$,$\boldsymbol{\alpha}_2,\cdots,\boldsymbol{\alpha}_m$ 线性表示,证明:$\boldsymbol{\alpha}_1,\boldsymbol{\alpha}_2,\cdots,\boldsymbol{\alpha}_m,\lambda\boldsymbol{\beta}_1+\boldsymbol{\beta}_2$ 线性无关(其中 λ 为常数).

证 设存在一组数 $k_1,k_2,\cdots,k_m,k$,使

$$k_1\boldsymbol{\alpha}_1+k_2\boldsymbol{\alpha}_2+\cdots+k_m\boldsymbol{\alpha}_m+k(\lambda\boldsymbol{\beta}_1+\boldsymbol{\beta}_2)=\mathbf{0} \quad ①$$

由于 $\boldsymbol{\beta}_1$ 可由 $\boldsymbol{\alpha}_1,\boldsymbol{\alpha}_2,\cdots,\boldsymbol{\alpha}_m$ 线性表示,设存在一组数 $l_1,l_2,\cdots,l_m$,使

$$\boldsymbol{\beta}_1=l_1\boldsymbol{\alpha}_1+l_2\boldsymbol{\alpha}_2+\cdots+l_m\boldsymbol{\alpha}_m \quad ②$$

把 ② 代入 ①,得

$$(k_1+k\lambda l_1)\boldsymbol{\alpha}_1+(k_2+k\lambda l_2)\boldsymbol{\alpha}_2+\cdots+(k_m+k\lambda l_m)\boldsymbol{\alpha}_m+k\boldsymbol{\beta}_2=\mathbf{0}$$

由于 $\boldsymbol{\beta}_2$ 不能由 $\boldsymbol{\alpha}_1,\boldsymbol{\alpha}_2,\cdots,\boldsymbol{\alpha}_m$ 线性表示,得 $k=0$. 则 ① 式为 $k_1\boldsymbol{\alpha}_1+k_2\boldsymbol{\alpha}_2+\cdots+k_m\boldsymbol{\alpha}_m=\mathbf{0}$,由于 $\boldsymbol{\alpha}_1,\boldsymbol{\alpha}_2,\cdots,\boldsymbol{\alpha}_m$ 线性无关,得 $k_1=k_2=\cdots=k_m=0$. 故只存一组零使 ① 式成立,即 $\boldsymbol{\alpha}_1,\boldsymbol{\alpha}_2,\cdots,\boldsymbol{\alpha}_m,\lambda\boldsymbol{\beta}_1+\boldsymbol{\beta}_2$ 线性无关.

8. 设 $\boldsymbol{A}$ 为 $n\times m$ 阶矩阵,$\boldsymbol{B}$ 为 $m\times n$ 矩阵,$n<m$,若 $\boldsymbol{AB}=\boldsymbol{I}$,证明 $\boldsymbol{B}$ 的列向量组线性无关.

证 由 $\boldsymbol{AB}=\boldsymbol{I}$,得 $r(\boldsymbol{AB})=r(\boldsymbol{I})=n$,且 $r(\boldsymbol{AB})\leqslant\min\{r(\boldsymbol{A}),r(\boldsymbol{B})\}$,故 $r(\boldsymbol{B})\geqslant n$,又 $\boldsymbol{B}$ 为 $m\times n$ 矩阵,$n<m$,$r(\boldsymbol{B})\leqslant\min\{n,m\}=n$,得 $r(\boldsymbol{B})=n$.

9. 设 $\boldsymbol{\alpha}_1,\boldsymbol{\alpha}_2,\cdots,\boldsymbol{\alpha}_{n-1}$ 为 $n-1$ 个线性无关的 n 维列向量,$\boldsymbol{\eta}_1,\boldsymbol{\eta}_2$ 与 $\boldsymbol{\alpha}_1,\boldsymbol{\alpha}_2,\cdots,\boldsymbol{\alpha}_{n-1}$ 均正交,证明:$\boldsymbol{\eta}_1,\boldsymbol{\eta}_2$ 线性无关.

证 由于 $n+1$ 个 n 维向量线性相关,故存在一组不全为零的数 $k,l,k_1,k_2,\cdots,k_m$ 使

$$k\boldsymbol{\eta}_1+l\boldsymbol{\eta}_2+k_1\boldsymbol{\alpha}_1+k_2\boldsymbol{\alpha}_2+\cdots+k_m\boldsymbol{\alpha}_m=\mathbf{0} \quad ①$$

其中,k,l 不会同时为零,否则上式变成存在一组不全为零的数 $k_1,k_2,\cdots,k_m$ 使

$$k_1\boldsymbol{\alpha}_1+k_2\boldsymbol{\alpha}_2+\cdots+k_m\boldsymbol{\alpha}_m=\mathbf{0}$$

这与 $\boldsymbol{\alpha}_1,\boldsymbol{\alpha}_2,\cdots,\boldsymbol{\alpha}_m$ 线性无关矛盾.

① 式两边对 $k\boldsymbol{\eta}_1+l\boldsymbol{\eta}_2$ 作内积,则

$$(k\boldsymbol{\eta}_1+l\boldsymbol{\eta}_2+k_1\boldsymbol{\alpha}_1+k_2\boldsymbol{\alpha}_2+\cdots+k_m\boldsymbol{\alpha}_m,k\boldsymbol{\eta}_1+l\boldsymbol{\eta}_2)=0$$

由内积运算的性质,及 $\boldsymbol{\eta}_1,\boldsymbol{\eta}_2$ 分别与 $\boldsymbol{\alpha}_1,\boldsymbol{\alpha}_2,\cdots,\boldsymbol{\alpha}_m$ 正交,得

$$(k\boldsymbol{\eta}_1+l\boldsymbol{\eta}_2,k\boldsymbol{\eta}_1+l\boldsymbol{\eta}_2)=0$$

即 $\|k\boldsymbol{\eta}_1+l\boldsymbol{\eta}_2\|^2=0$,故 $k\boldsymbol{\eta}_1+l\boldsymbol{\eta}_2=\mathbf{0}$,其中 k,l 不全为零. 即 $\boldsymbol{\eta}_1,\boldsymbol{\eta}_2$ 线性相关.

10. 设 $\begin{cases}\boldsymbol{\beta}_1=\boldsymbol{\alpha}_2+\boldsymbol{\alpha}_3+\cdots+\boldsymbol{\alpha}_s,\\ \boldsymbol{\beta}_2=\boldsymbol{\alpha}_1+\boldsymbol{\alpha}_3+\cdots+\boldsymbol{\alpha}_s,\\ \vdots\\ \boldsymbol{\beta}_s=\boldsymbol{\alpha}_1+\boldsymbol{\alpha}_2+\cdots+\boldsymbol{\alpha}_{s-1}\end{cases}$ $(s>1)$.

证明:$r(\boldsymbol{\alpha}_1,\boldsymbol{\alpha}_2,\cdots,\boldsymbol{\alpha}_s)=r(\boldsymbol{\beta}_1,\boldsymbol{\beta}_2,\cdots,\boldsymbol{\beta}_s)$.

证 设 $\boldsymbol{B}=(\boldsymbol{\beta}_1,\boldsymbol{\beta}_2,\cdots,\boldsymbol{\beta}_s)$,$\boldsymbol{A}=(\boldsymbol{\alpha}_1,\boldsymbol{\alpha}_2,\cdots,\boldsymbol{\alpha}_s)$,$\boldsymbol{C}=\begin{bmatrix}0&1&\cdots&1\\1&0&\cdots&1\\\vdots&\vdots&&\vdots\\1&1&\cdots&0\end{bmatrix}$,

原方程可写成矩阵方程 $\boldsymbol{B}=\boldsymbol{AC}$，其中

$$|\boldsymbol{C}|=\begin{vmatrix}0&1&\cdots&1\\1&0&\cdots&1\\\vdots&\vdots&&\vdots\\1&1&\cdots&0\end{vmatrix}=(-1)^{s-2}(s-1)\neq 0\quad(s>1)$$

故 $\boldsymbol{C}$ 为可逆矩阵，得 $r(\boldsymbol{B})=r(\boldsymbol{AC})=r(\boldsymbol{A})$，即 $r(\boldsymbol{\alpha}_1,\boldsymbol{\alpha}_2,\cdots,\boldsymbol{\alpha}_s)=r(\boldsymbol{\beta}_1,\boldsymbol{\beta}_2,\cdots,\boldsymbol{\beta}_s)$.

11. 设 $\boldsymbol{A},\boldsymbol{B}$ 均是 $m\times n$ 矩阵，证明 $r(\boldsymbol{A}+\boldsymbol{B})\leqslant r(\boldsymbol{A})+r(\boldsymbol{B})$.

证　设 $\boldsymbol{A},\boldsymbol{B}$ 均是 $m\times n$ 矩阵，$r(\boldsymbol{A})=p$，$r(\boldsymbol{B})=q$，将 $\boldsymbol{A},\boldsymbol{B}$ 按列分块为 $\boldsymbol{A}=(a_1,a_2,\cdots,a_n)$，$\boldsymbol{B}=(b_1,b_2,\cdots,b_n)$，于是，

$\boldsymbol{A}+\boldsymbol{B}=(a_1+b_1,a_2+b_2,\cdots,a_n+b_n)$.

不妨设 $\boldsymbol{A}$ 和 $\boldsymbol{B}$ 的列向量组的极大无关组，分别为 $a_1,a_2,\cdots,a_p$ 和 $b_1,b_2,\cdots,b_q$. 于是 $\boldsymbol{A}+\boldsymbol{B}$ 的列向量组可由 $a_1,a_2,\cdots,a_p,b_1,b_2,\cdots,b_q$ 线性表示. 因此，

$r(\boldsymbol{A}+\boldsymbol{B})=\boldsymbol{A}+\boldsymbol{B}$ 的列秩 $\leqslant$ 秩$(a_1,a_2,\cdots,a_p,b_1,b_2,\cdots,b_q)\leqslant p+q$.

原题得证.

12. 设向量组（Ⅰ）$\boldsymbol{\alpha}_1,\boldsymbol{\alpha}_2,\cdots\boldsymbol{\alpha}_s$ 能由向量组（Ⅱ）$\boldsymbol{\beta}_1,\boldsymbol{\beta}_2,\cdots,\boldsymbol{\beta}_t$ 线性表示为 $(\boldsymbol{\alpha}_1,\boldsymbol{\alpha}_2,\cdots,\boldsymbol{\alpha}_s)=(\boldsymbol{\beta}_1,\boldsymbol{\beta}_2,\cdots,\boldsymbol{\beta}_t)\boldsymbol{A}$，其中 $\boldsymbol{A}$ 为 $t\times s$ 矩阵，且 $\boldsymbol{\beta}_1,\boldsymbol{\beta}_2,\cdots,\boldsymbol{\beta}_t$ 线性无关，证明 $\boldsymbol{\alpha}_1,\boldsymbol{\alpha}_2,\cdots,\boldsymbol{\alpha}_s$ 线性无关的充分必要条件是 $r(\boldsymbol{A})=s$.

证　必要条件　$\boldsymbol{\alpha}_1,\boldsymbol{\alpha}_2,\cdots,\boldsymbol{\alpha}_s$ 线性无关，则 $r(\boldsymbol{\alpha}_1,\boldsymbol{\alpha}_2,\cdots,\boldsymbol{\alpha}_s)=s$. 则 $r(\boldsymbol{\alpha}_1,\boldsymbol{\alpha}_2,\cdots,\boldsymbol{\alpha}_s)=r((\boldsymbol{\beta}_1,\boldsymbol{\beta}_2,\cdots,\boldsymbol{\beta}_t)\boldsymbol{A})\leqslant\min\{r(\boldsymbol{\beta}_1,\boldsymbol{\beta}_2,\cdots,\boldsymbol{\beta}_t),r(\boldsymbol{A})\}$，得 $r(\boldsymbol{A})\geqslant s$. 而 $\boldsymbol{A}$ 为 $t\times s$ 矩阵，$r(\boldsymbol{A})\leqslant\min\{t,s\}$，即 $r(\boldsymbol{A})\leqslant s$. 故 $r(\boldsymbol{A})=s$.

充分条件　设存在一组数 $k_1,k_2,\cdots,k_s$，使 $k_1\boldsymbol{\alpha}_1+k_2\boldsymbol{\alpha}_2+\cdots+k_s\boldsymbol{\alpha}_s=\boldsymbol{0}$，即 $(\boldsymbol{\alpha}_1,\boldsymbol{\alpha}_2,\cdots,\boldsymbol{\alpha}_s)\begin{bmatrix}k_1\\k_2\\\vdots\\k_s\end{bmatrix}=\boldsymbol{0}$，得 $(\boldsymbol{\beta}_1,\boldsymbol{\beta}_2,\cdots,\boldsymbol{\beta}_t)\boldsymbol{A}\begin{bmatrix}k_1\\k_2\\\vdots\\k_s\end{bmatrix}=\boldsymbol{0}$. 由于 $\boldsymbol{\beta}_1,\boldsymbol{\beta}_2,\cdots,\boldsymbol{\beta}_t$ 线性无关，故 $r(\boldsymbol{\beta}_1,\boldsymbol{\beta}_2,\cdots,\boldsymbol{\beta}_t)=t$，得 $(\boldsymbol{\beta}_1,\boldsymbol{\beta}_2,\cdots,\boldsymbol{\beta}_t)\begin{bmatrix}x_1\\x_2\\\vdots\\x_t\end{bmatrix}=\boldsymbol{0}$ 只有唯一零解，即 $\boldsymbol{A}\begin{bmatrix}k_1\\k_2\\\vdots\\k_s\end{bmatrix}=\boldsymbol{0}$. 而 $r(\boldsymbol{A})=s$，故 $k_1=k_2=\cdots=k_s=0$（方程组有唯一零解），即 $\boldsymbol{\alpha}_1,\boldsymbol{\alpha}_2,\cdots,\boldsymbol{\alpha}_s$ 线性无关.

13. 已知 n 阶实矩阵 $\boldsymbol{Q}$ 为正交矩阵，证明：$\boldsymbol{Q}^T,\boldsymbol{Q}^{-1},\boldsymbol{Q}^*$ 均为正交矩阵.

证　$\boldsymbol{Q}$ 为正交矩阵，则 $\boldsymbol{Q}^T\boldsymbol{Q}=\boldsymbol{I}$，且 $\boldsymbol{Q}^{-1}=\boldsymbol{Q}^T$，得

$$(\boldsymbol{Q}^T)^T\boldsymbol{Q}^T=\boldsymbol{Q}\cdot\boldsymbol{Q}^{-1}=\boldsymbol{I}$$

故 $\boldsymbol{Q}^T$ 为正交矩阵.

$$(\boldsymbol{Q}^{-1})^T\boldsymbol{Q}^{-1}=(\boldsymbol{Q}^T)^T\boldsymbol{Q}^T=\boldsymbol{I}$$

故 $\boldsymbol{Q}^{-1}$ 为正交矩阵.

$\boldsymbol{Q}$ 为正交矩阵,则 $|\boldsymbol{Q}|=\pm 1$,而 $\boldsymbol{Q}^*=|\boldsymbol{Q}|\cdot\boldsymbol{Q}^{-1}$,故

$$(\boldsymbol{Q}^*)^T\boldsymbol{Q}^*=(|\boldsymbol{Q}|\boldsymbol{Q}^{-1})^T(|\boldsymbol{Q}|\boldsymbol{Q}^{-1})=|\boldsymbol{Q}|^2(\boldsymbol{Q}^{-1})^T\boldsymbol{Q}^{-1}=\boldsymbol{I}$$

故 $\boldsymbol{Q}^*$ 也为正交矩阵.

14. 已知 n 阶实矩阵 $\boldsymbol{A}$ 为正交矩阵,$\boldsymbol{\alpha}_1,\boldsymbol{\alpha}_2,\cdots,\boldsymbol{\alpha}_n$ 为 n 维正交单位向量组,证明:$\boldsymbol{A\alpha}_1,\boldsymbol{A\alpha}_2,\cdots,\boldsymbol{A\alpha}_n$ 也是 n 维正交单位向量组.

证 由 $\boldsymbol{\alpha}_1,\boldsymbol{\alpha}_2,\cdots,\boldsymbol{\alpha}_n$ 为 n 维正交单位向量组,得

$$\begin{cases}\boldsymbol{\alpha}_i^T\boldsymbol{\alpha}_i=1, & i=1,2,\cdots,n,\\ \boldsymbol{\alpha}_i^T\boldsymbol{\alpha}_j=0, & i,j=1,2,\cdots,n \text{ 且 } i\neq j\end{cases}$$

由 $\boldsymbol{A}$ 为正交矩阵,得 $\boldsymbol{A}^T\boldsymbol{A}=\boldsymbol{I}$,则

$$(\boldsymbol{A\alpha}_i)^T\boldsymbol{A\alpha}_i=\boldsymbol{\alpha}_i^T\boldsymbol{A}^T\boldsymbol{A\alpha}_i=\boldsymbol{\alpha}_i^T\boldsymbol{I\alpha}_i=\boldsymbol{\alpha}_i^T\boldsymbol{\alpha}_i=1$$

$$(\boldsymbol{A\alpha}_i)^T\boldsymbol{A\alpha}_j=\boldsymbol{\alpha}_i^T\boldsymbol{A}^T\boldsymbol{A\alpha}_j=\boldsymbol{\alpha}_i^T\boldsymbol{\alpha}_j=0,\quad i\neq j$$

故 $\boldsymbol{A\alpha}_1,\boldsymbol{A\alpha}_2,\cdots,\boldsymbol{A\alpha}_n$ 也是正交单位向量组.

15. 设 $\boldsymbol{\alpha}_1,\boldsymbol{\alpha}_2,\cdots,\boldsymbol{\alpha}_s$ 是 $\boldsymbol{Ax}=\boldsymbol{0}$ 的一个基础解系,$\boldsymbol{\beta}$ 不是 $\boldsymbol{Ax}=\boldsymbol{0}$ 的解,证明:$\boldsymbol{\beta}$,$\boldsymbol{\beta}+\boldsymbol{\alpha}_1,\boldsymbol{\beta}+\boldsymbol{\alpha}_2,\cdots,\boldsymbol{\beta}+\boldsymbol{\alpha}_s$ 线性无关.

证 $\boldsymbol{\alpha}_1,\boldsymbol{\alpha}_2,\cdots,\boldsymbol{\alpha}_s$ 是 $\boldsymbol{Ax}=\boldsymbol{0}$ 的基础解系,$\boldsymbol{\alpha}_1,\boldsymbol{\alpha}_2,\cdots,\boldsymbol{\alpha}_s$ 线性无关,则 $\boldsymbol{\beta},\boldsymbol{\alpha}_1,\boldsymbol{\alpha}_2,\cdots,\boldsymbol{\alpha}_s$ 线性无关. 否则 $\boldsymbol{\beta}$ 是 $\boldsymbol{\alpha}_1,\boldsymbol{\alpha}_2,\cdots,\boldsymbol{\alpha}_s$ 的线性组合,有

$$\boldsymbol{\beta}=k_1\boldsymbol{\alpha}_1+k_2\boldsymbol{\alpha}_2+\cdots+k_s\boldsymbol{\alpha}_s$$

则 $\boldsymbol{A\beta}=\boldsymbol{0}$,$\boldsymbol{\beta}$ 是 $\boldsymbol{Ax}=\boldsymbol{0}$ 的解. 与题设矛盾,故 $\boldsymbol{\beta},\boldsymbol{\alpha}_1,\boldsymbol{\alpha}_2,\cdots,\boldsymbol{\alpha}_s$ 线性无关,$r(\boldsymbol{\beta},\boldsymbol{\alpha}_1,\cdots,\boldsymbol{\alpha}_s)=s+1$.

显然,向量组 $\boldsymbol{\beta},\boldsymbol{\alpha}_1,\boldsymbol{\alpha}_2,\cdots,\boldsymbol{\alpha}_s$ 与向量组 $\boldsymbol{\beta},\boldsymbol{\beta}+\boldsymbol{\alpha}_1,\cdots,\boldsymbol{\beta}+\boldsymbol{\alpha}_s$ 等价. 故 $r(\boldsymbol{\beta},\boldsymbol{\beta}+\boldsymbol{\alpha}_1,\boldsymbol{\beta}+\boldsymbol{\alpha}_2,\cdots,\boldsymbol{\beta}+\boldsymbol{\alpha}_s)=s+1$,即 $\boldsymbol{\beta},\boldsymbol{\beta}+\boldsymbol{\alpha}_1,\cdots,\boldsymbol{\beta}+\boldsymbol{\alpha}_s$ 线性无关.

16. 设 $\boldsymbol{A},\boldsymbol{B}$ 均是 n 阶矩阵,且 $\boldsymbol{AB}=\boldsymbol{0}$,证明:$r(\boldsymbol{A})+r(\boldsymbol{B})\leqslant n$.

证 设 $\boldsymbol{B}=(\boldsymbol{\beta}_1,\boldsymbol{\beta}_2,\cdots,\boldsymbol{\beta}_n)$,则有 $\boldsymbol{AB}=\boldsymbol{A}(\boldsymbol{\beta}_1,\boldsymbol{\beta}_2,\cdots,\boldsymbol{\beta}_n)=(0,0,\cdots,0)$,得

$$\boldsymbol{A\beta}_i=\boldsymbol{0},\quad i=1,2,\cdots,n$$

即 $\boldsymbol{\beta}_1,\boldsymbol{\beta}_2,\cdots,\boldsymbol{\beta}_n$ 是 $\boldsymbol{Ax}=\boldsymbol{0}$ 的解向量,而 $\boldsymbol{Ax}=\boldsymbol{0}$ 的基础解系所含向量个数为 $n-r(\boldsymbol{A})$,故 $r(\boldsymbol{\beta}_1,\boldsymbol{\beta}_2,\cdots,\boldsymbol{\beta}_n)\leqslant n-r(\boldsymbol{A})$,即 $r(\boldsymbol{B})+r(\boldsymbol{A})\leqslant n$.

17. 设 $\boldsymbol{A}$ 为 n 阶矩阵,若 $\boldsymbol{Ax}=\boldsymbol{0}$ 只有零解,证明:方程组 $\boldsymbol{A}^k\boldsymbol{x}=\boldsymbol{0}$ 也只有零解,其中 k 为正整数.

证 $\boldsymbol{Ax}=\boldsymbol{0}$ 只有零解的充要条件 $r(\boldsymbol{A})=n$,得 $|\boldsymbol{A}|\neq 0$. 若 k 为正整数,则 $|\boldsymbol{A}|^k\neq 0$,即 $r(\boldsymbol{A}^k)=n$,故方程组 $\boldsymbol{A}^k\boldsymbol{x}=\boldsymbol{0}$ 也只有零解.

18. 设 $\boldsymbol{A}$ 是 $m\times n$ 矩阵,$\boldsymbol{R}$ 为 $m\times n$ 矩阵,$\boldsymbol{B}$ 为 $m\times m$ 矩阵,求证:若 $\boldsymbol{B}$ 可逆且 $\boldsymbol{BA}$ 的行向量都是 $\boldsymbol{Rx}=\boldsymbol{0}$ 的解,则 $\boldsymbol{A}$ 的每个行向量也都是该方程组的解.

证　$\boldsymbol{BA}$ 的行向量都是 $\boldsymbol{Rx}=\boldsymbol{0}$ 的解,则$(\boldsymbol{BA})^T$ 的列向量都是 $\boldsymbol{Rx}=\boldsymbol{0}$ 的解.得 $\boldsymbol{R}(\boldsymbol{BA})^T=\boldsymbol{0}$,得 $\boldsymbol{RA}^T\boldsymbol{B}^T=\boldsymbol{0}$.

若 $\boldsymbol{B}$ 可逆,$\boldsymbol{B}^T$ 也可逆,上式右乘$(\boldsymbol{B}^T)^{-1}$,得 $\boldsymbol{RA}^T=\boldsymbol{0}$. 即 $\boldsymbol{A}^T$ 的列向量都是 $\boldsymbol{Rx}=\boldsymbol{0}$ 的解,也就是 $\boldsymbol{A}$ 的行向量都是 $\boldsymbol{Rx}=\boldsymbol{0}$ 的解.

19. 设非齐次线性方程组 $\boldsymbol{Ax}=\boldsymbol{b}$ 的系数矩阵的秩为 r,$\boldsymbol{\eta}_1,\boldsymbol{\eta}_2,\cdots,\boldsymbol{\eta}_{n-r}$ 是其导出组的一个基础解系,$\boldsymbol{\eta}$ 是 $\boldsymbol{Ax}=\boldsymbol{b}$ 的一个解,证明:

(1) $\boldsymbol{\eta},\boldsymbol{\eta}_1,\boldsymbol{\eta}_2,\cdots,\boldsymbol{\eta}_{n-r}$ 线性无关;

(2) $\boldsymbol{Ax}=\boldsymbol{b}$ 有 $n-r+1$ 个线性无关的解.

证　(1) 若 $\boldsymbol{\eta},\boldsymbol{\eta}_1,\boldsymbol{\eta}_2,\cdots,\boldsymbol{\eta}_{n-r}$ 线性相关,由 $\boldsymbol{\eta}_1,\boldsymbol{\eta}_2,\cdots,\boldsymbol{\eta}_{n-r}$ 线性无关,则 $\boldsymbol{\eta}$ 能用 $\boldsymbol{\eta}_1,\boldsymbol{\eta}_2,\cdots,\boldsymbol{\eta}_{n-r}$ 唯一线性表示. 设存在组数 $k_1,k_2,\cdots,k_{n-r}$,有

$$\boldsymbol{\eta}=k_1\boldsymbol{\eta}_1+k_2\boldsymbol{\eta}_2+\cdots+k_{n-r}\boldsymbol{\eta}_{n-r}$$

则

$$\boldsymbol{A\eta}=\boldsymbol{A}(k_1\boldsymbol{\eta}_1+k_2\boldsymbol{\eta}_2+\cdots+k_{n-r}\boldsymbol{\eta}_{n-r})=\boldsymbol{0}$$

即 $\boldsymbol{\eta}$ 是 $\boldsymbol{Ax}=\boldsymbol{0}$ 的一个解,这与条件矛盾. 故 $\boldsymbol{\eta},\boldsymbol{\eta}_1,\boldsymbol{\eta}_2,\cdots,\boldsymbol{\eta}_{n-r}$ 线性无关.

(2) 由 $\boldsymbol{A}(\boldsymbol{\eta}+\boldsymbol{\eta}_i)=\boldsymbol{b},i=1,2,\cdots,n$,得 $\boldsymbol{\eta},\boldsymbol{\eta}+\boldsymbol{\eta}_1,\boldsymbol{\eta}+\boldsymbol{\eta}_2,\cdots,\boldsymbol{\eta}+\boldsymbol{\eta}_{n-r}$ 是 $\boldsymbol{Ax}=\boldsymbol{b}$ 的 $n-r+1$ 个的解向量. 设存在一组数 $l_0,l_1,l_2,\cdots,l_{n-r}$,使

$$l_0\boldsymbol{\eta}+l_1(\boldsymbol{\eta}+\boldsymbol{\eta}_1)+l_2(\boldsymbol{\eta}+\boldsymbol{\eta}_2)+\cdots+l_{n-r}(\boldsymbol{\eta}+\boldsymbol{\eta}_{n-r})=\boldsymbol{0}$$

即

$$(l_0+l_1+\cdots+l_{n-r})\boldsymbol{\eta}+l_1\boldsymbol{\eta}_1+l_2\boldsymbol{\eta}_2+\cdots+l_{n-r}\boldsymbol{\eta}_{n-r}=\boldsymbol{0}$$

由(1) 可得 $\boldsymbol{\eta},\boldsymbol{\eta}_1,\cdots,\boldsymbol{\eta}_{n-r}$ 线性无关,则 $l_0+l_1+\cdots+l_{n-r}=l_1=l_2=\cdots=l_{n-r}=0$,即 $l_0=l_1=\cdots=l_{n-r}=0$. 得 $\boldsymbol{\eta},\boldsymbol{\eta}+\boldsymbol{\eta}_1,\boldsymbol{\eta}+\boldsymbol{\eta}_2,\cdots,\boldsymbol{\eta}+\boldsymbol{\eta}_{n-r}$ 是 $\boldsymbol{Ax}=\boldsymbol{b}$ 的 $n-r+1$ 个线性无关的解向量.

20. 设非齐次线性方程组 $\boldsymbol{Ax}=\boldsymbol{b}$ 的系数矩阵的秩为 r,$\boldsymbol{\eta}_1,\boldsymbol{\eta}_2,\cdots,\boldsymbol{\eta}_{n-r+1}$ 是 $\boldsymbol{Ax}=\boldsymbol{b}$ 的 $n-r+1$ 个线性无关的解. 证明: 它的任一个解可表示为 $\boldsymbol{\eta}=k_1\boldsymbol{\eta}_1+k_2\boldsymbol{\eta}_2+\cdots+k_{n-r+1}\boldsymbol{\eta}_{n-r+1}\left(\sum\limits_{i=1}^{n-r+1}k_i=1\right)$.

证　若 $\boldsymbol{\eta}=k_1\boldsymbol{\eta}_1+k_2\boldsymbol{\eta}_2+\cdots+k_{n-r+1}\boldsymbol{\eta}_{n-r+1}\left(\sum\limits_{i=1}^{n-r+1}k_i=1\right)$,则

$$\boldsymbol{A\eta}=k_1\boldsymbol{A\eta}_1+k_2\boldsymbol{A\eta}_2+\cdots+k_{n-r+1}\boldsymbol{A\eta}_{n-r+1}$$

由题意,$\boldsymbol{A\eta}_i=\boldsymbol{b},i=1,2,\cdots,n-r+1$,上式为 $\boldsymbol{A\eta}=\boldsymbol{b}\cdot\sum\limits_{i=1}^{n-r+1}k_i=\boldsymbol{b}$,故 $\boldsymbol{\eta}$ 是 $\boldsymbol{Ax}=\boldsymbol{b}$ 的解.

设 $\boldsymbol{\gamma}$ 是 $\boldsymbol{Ax}=\boldsymbol{b}$ 的任意一个解,由 $\boldsymbol{\eta}_1,\boldsymbol{\eta}_2,\cdots,\boldsymbol{\eta}_{n-r+1}$ 是 $\boldsymbol{Ax}=\boldsymbol{b}$ 的 $n-r+1$ 个线性无关的解,易得 $\boldsymbol{\eta}_2-\boldsymbol{\eta}_1,\boldsymbol{\eta}_3-\boldsymbol{\eta}_2,\cdots,\boldsymbol{\eta}_{n-r+1}-\boldsymbol{\eta}_{n-r}$ 是 $\boldsymbol{Ax}=\boldsymbol{0}$ 的线性无关的解向量,又 $r(\boldsymbol{A})=r$,它们也是 $\boldsymbol{Ax}=\boldsymbol{0}$ 的一个基础解系. 故

$$\begin{aligned}\boldsymbol{\gamma} &= l_0\boldsymbol{\eta}_1 + l_1(\boldsymbol{\eta}_2 - \boldsymbol{\eta}_1) + l_2(\boldsymbol{\eta}_3 - \boldsymbol{\eta}_2) + \cdots + l_{n-r}(\boldsymbol{\eta}_{n-r+1} - \boldsymbol{\eta}_{n-r}) \\ &= (l_0 - l_1)\boldsymbol{\eta}_1 + (l_1 - l_2)\boldsymbol{\eta}_2 + \cdots + (l_{n-r-1} - l_{n-r})\boldsymbol{\eta}_{n-r} + l_{n-r}\boldsymbol{\eta}_{n-r+1}\end{aligned}$$

即 $\boldsymbol{\gamma}$ 能用 $\boldsymbol{\eta}_1,\boldsymbol{\eta}_2,\cdots,\boldsymbol{\eta}_{n-r+1}$ 线性表示. 原题得证.

21. 试证：线性方程组 $\begin{cases} a_{11}x_1 + a_{12}x_2 + \cdots + a_{1n}x_n = b_1, \\ a_{21}x_1 + a_{22}x_2 + \cdots + a_{2n}x_n = b_2, \\ \vdots \\ a_{m1}x_1 + a_{m2}x_2 + \cdots + a_{mn}x_n = b_m \end{cases}$ 有解的充分必要条件是齐次方程组

$$(\mathrm{I})\begin{cases} a_{11}y_1 + a_{21}y_2 + \cdots + a_{m1}y_m = 0, \\ a_{12}y_1 + a_{22}y_2 + \cdots + a_{m2}y_m = 0, \\ \qquad\vdots \\ a_{1n}y_1 + a_{2n}y_2 + \cdots + a_{mn}y_m = 0 \end{cases} \text{与}(\mathrm{II})\begin{cases} a_{11}y_1 + a_{21}y_2 + \cdots + a_{m1}y_m = 0, \\ a_{12}y_1 + a_{22}y_2 + \cdots + a_{m2}y_m = 0, \\ \qquad\vdots \\ a_{1n}y_1 + a_{2n}y_2 + \cdots + a_{mn}y_m = 0, \\ b_1y_1 + b_2y_2 + \cdots + b_my_m = 0 \end{cases}$$

是同解方程组.

证　设线性方程组的系数矩阵为 $\boldsymbol{A} = (a_{ij})_{m\times n}$，记向量

$$\boldsymbol{x} = (x_1,x_2,\cdots,x_n)^T,\boldsymbol{y} = (y_1,y_2,\cdots,y_m)^T,\boldsymbol{b} = (b_1,b_2,\cdots,b_m)^T$$

必要条件　若 $\boldsymbol{Ax} = \boldsymbol{b}$ 有解 $\boldsymbol{x}_0$，而 $\boldsymbol{y}$ 为方程组(Ⅰ) $\boldsymbol{A}^T\boldsymbol{y} = \boldsymbol{0}$ 的任一解，则 $\boldsymbol{b}^T\boldsymbol{y} = (\boldsymbol{Ax}_0)^T\boldsymbol{y} = \boldsymbol{x}_0^T\boldsymbol{A}^T\boldsymbol{y} = \boldsymbol{x}_0^T(\boldsymbol{A}^T\boldsymbol{y}) = \boldsymbol{x}_0^T\boldsymbol{0} = \boldsymbol{0}$，即(Ⅰ)的任一解 $\boldsymbol{y}$ 都满足方程组(Ⅱ)，使 $\begin{bmatrix}\boldsymbol{A}^T \\ \boldsymbol{b}^T\end{bmatrix}\boldsymbol{y} = \boldsymbol{0}$.

充分条件　设(Ⅰ)与(Ⅱ)同解，即 $\boldsymbol{A}^T\boldsymbol{y} = \boldsymbol{0}$ 与 $\begin{bmatrix}\boldsymbol{A}^T \\ \boldsymbol{b}^T\end{bmatrix}\boldsymbol{y} = \boldsymbol{0}$ 同解，则

$$r(\boldsymbol{A}^T) = r\begin{pmatrix}\boldsymbol{A}^T \\ \boldsymbol{b}^T\end{pmatrix} = r\left(\begin{bmatrix}\boldsymbol{A}^T \\ \boldsymbol{b}^T\end{bmatrix}^T\right) = r(\boldsymbol{A},\boldsymbol{b})$$

即

$$r(\boldsymbol{A}) = r(\boldsymbol{A},\boldsymbol{b})$$

由非齐次线性方程组判定定理，方程组 $\boldsymbol{Ax} = \boldsymbol{b}$ 有解.

第四章　矩阵的特征值与特征向量

三、计算题

1. 判断下列矩阵 $\boldsymbol{A}$ 可否对角化，若能对角化，则求出 $\boldsymbol{P}$，使 $\boldsymbol{P}^{-1}\boldsymbol{AP}$ 为对角阵.

(1) $\begin{bmatrix}3 & 1 & 1 \\ 2 & 4 & 2 \\ 1 & 1 & 3\end{bmatrix}$；(2) $\begin{bmatrix}1 & 2 & 2 \\ 1 & 2 & -1 \\ -1 & 1 & 4\end{bmatrix}$；(3) $\begin{bmatrix}1 & 1 & 0 \\ 0 & 1 & 0 \\ 0 & 0 & 1\end{bmatrix}$；(4) $\begin{bmatrix}1 & 1 & 0 \\ 0 & 1 & 1 \\ 0 & 0 & 1\end{bmatrix}$.

解　(1) 由

$$|\lambda \boldsymbol{I}-\boldsymbol{A}|=\begin{vmatrix}\lambda-3 & -1 & -1\\ -2 & \lambda-4 & -2\\ -1 & -1 & \lambda-3\end{vmatrix}=(\lambda-2)^2(\lambda-6)$$

故 $\boldsymbol{A}$ 的特征值为 $\lambda_1=\lambda_2=2,\lambda_3=6$.

当 $\lambda=2$ 时,由 $(2\boldsymbol{I}-\boldsymbol{A})\boldsymbol{x}=\boldsymbol{0}$ 解得基础解系 $\boldsymbol{\alpha}_1=\begin{bmatrix}-1\\1\\0\end{bmatrix},\boldsymbol{\alpha}_2=\begin{bmatrix}-1\\0\\1\end{bmatrix}$;当 $\lambda=6$ 时,由 $(6\boldsymbol{I}-\boldsymbol{A})\boldsymbol{x}=\boldsymbol{0}$ 解得基础解系 $\boldsymbol{\alpha}_3=\begin{bmatrix}1\\2\\1\end{bmatrix}$. 从而 $\boldsymbol{A}$ 有 3 个线性无关的特征向量,故 $\boldsymbol{A}$ 可以对角化.

令 $\boldsymbol{P}=(\boldsymbol{\alpha}_1,\boldsymbol{\alpha}_2,\boldsymbol{\alpha}_3)=\begin{bmatrix}-1 & -1 & 1\\ 1 & 0 & 2\\ 0 & 1 & 1\end{bmatrix}$,则 $\boldsymbol{P}^{-1}\boldsymbol{A}\boldsymbol{P}=\begin{bmatrix}2 & & \\ & 2 & \\ & & 6\end{bmatrix}$.

(2) 由

$$|\lambda \boldsymbol{I}-\boldsymbol{A}|=\begin{vmatrix}\lambda-1 & -2 & -2\\ -1 & \lambda-2 & 1\\ 1 & -1 & \lambda-4\end{vmatrix}=(\lambda-1)(\lambda-3)^2$$

故 $\boldsymbol{A}$ 的特征值为 $\lambda_1=\lambda_2=3,\lambda_3=1$.

当 $\lambda=3$ 时,由 $(3\boldsymbol{I}-\boldsymbol{A})\boldsymbol{x}=\boldsymbol{0}$ 解得基础解系 $\boldsymbol{\alpha}_1=\begin{bmatrix}1\\1\\0\end{bmatrix},\boldsymbol{\alpha}_2=\begin{bmatrix}1\\0\\1\end{bmatrix}$;当 $\lambda=1$ 时,由 $(\boldsymbol{I}-\boldsymbol{A})\boldsymbol{x}=\boldsymbol{0}$ 解得基础解系 $\boldsymbol{\alpha}_3=\begin{bmatrix}2\\-1\\1\end{bmatrix}$. 从而 $\boldsymbol{A}$ 有 3 个线性无关的特征向量,故 $\boldsymbol{A}$ 可以对角化.

令 $\boldsymbol{P}=\begin{bmatrix}1 & 1 & 2\\ 1 & 0 & -1\\ 0 & 1 & 1\end{bmatrix}$,则 $\boldsymbol{P}^{-1}\boldsymbol{A}\boldsymbol{P}=\begin{bmatrix}3 & & \\ & 3 & \\ & & 1\end{bmatrix}$.

(3) 由

$$|\lambda \boldsymbol{I}-\boldsymbol{A}|=\begin{vmatrix}\lambda-1 & -1 & 0\\ 0 & \lambda-1 & 0\\ 0 & 0 & \lambda-1\end{vmatrix}=(\lambda-1)^3$$

故 $\boldsymbol{A}$ 的特征值为 $\lambda_1=\lambda_2=\lambda_3=1$.

由于 $1\cdot\boldsymbol{I}-\boldsymbol{A}=\begin{bmatrix}0 & -1 & 0\\ 0 & 0 & 0\\ 0 & 0 & 0\end{bmatrix}$,易知 $r(1\cdot\boldsymbol{I}-\boldsymbol{A})=1$,因此与 $\lambda=1$ 对应的线性无关的特征向量只有二个,所以 $\boldsymbol{A}$ 不能对角化.

(4) 由

$$|\lambda \boldsymbol{I}-\boldsymbol{A}|=\begin{vmatrix}\lambda-1 & -1 & 0\\ 0 & \lambda-1 & -1\\ 0 & 0 & \lambda-1\end{vmatrix}=(\lambda-1)^3$$

故 $\boldsymbol{A}$ 的特征值为 $\lambda_1=\lambda_2=\lambda_3=1$.

由于 $1\cdot\boldsymbol{I}-\boldsymbol{A}=\begin{bmatrix}0 & -1 & 0\\ 0 & 0 & -1\\ 0 & 0 & 0\end{bmatrix}$,易知 $r(1\cdot\boldsymbol{I}-\boldsymbol{A})=2$,因此与 $\lambda=1$ 对应的线性无关的特征向量只有一个,所以 $\boldsymbol{A}$ 不能对角化.

2. 若 $\boldsymbol{A}=\begin{bmatrix}1 & -1 & 1\\ 2 & 4 & -2\\ -3 & -3 & a\end{bmatrix}$ 与 $\boldsymbol{B}=\begin{bmatrix}2 & 0 & 0\\ 0 & b & 0\\ 0 & 0 & 2\end{bmatrix}$ 相似,确定 a,b,并求 $\boldsymbol{P}$,使 $\boldsymbol{P}^{-1}\boldsymbol{A}\boldsymbol{P}=\boldsymbol{B}$,并求出 $\boldsymbol{A}^n$(n 为整数).

解　由 $\boldsymbol{A}\sim\boldsymbol{B}$,故 $\operatorname{tr}(\boldsymbol{A})=\operatorname{tr}(\boldsymbol{B})$,且 $|\boldsymbol{A}|=|\boldsymbol{B}|$,即

$$\begin{cases}1+4+a=2+b+2,\\ 6a-6=4b\end{cases}$$

可得 $a=5,b=6$.

因而 $\boldsymbol{A}$ 的特征值为 $\lambda_1=\lambda_2=2,\lambda_3=6$.

当 $\lambda=2$ 时,由 $(2\boldsymbol{I}-\boldsymbol{A})\boldsymbol{x}=\boldsymbol{0}$ 解得基础解系 $\boldsymbol{\alpha}_1=\begin{bmatrix}-1\\ 1\\ 0\end{bmatrix}$,$\boldsymbol{\alpha}_2=\begin{bmatrix}1\\ 0\\ 1\end{bmatrix}$;当 $\lambda=6$ 时,由 $(6\boldsymbol{I}-\boldsymbol{A})\boldsymbol{x}=\boldsymbol{0}$ 解得基础解系 $\boldsymbol{\alpha}_3=\begin{bmatrix}1\\ -2\\ 3\end{bmatrix}$.

令 $\boldsymbol{P}=(\boldsymbol{\alpha}_1,\boldsymbol{\alpha}_3,\boldsymbol{\alpha}_2)=\begin{bmatrix}-1&1&1\\1&-2&0\\0&3&1\end{bmatrix}$,则有 $\boldsymbol{P}^{-1}\boldsymbol{A}\boldsymbol{P}=\boldsymbol{B}=\begin{bmatrix}2&&\\&6&\\&&2\end{bmatrix}$,因而 $\boldsymbol{A}=\boldsymbol{P}\boldsymbol{B}\boldsymbol{P}^{-1}$.所以

$$\boldsymbol{A}^n=\boldsymbol{P}\boldsymbol{B}^n\boldsymbol{P}^{-1}=\begin{bmatrix}-1&1&1\\1&-2&0\\0&3&1\end{bmatrix}\begin{bmatrix}2^n&&\\&6^n&\\&&2^n\end{bmatrix}\begin{bmatrix}-1&1&1\\1&-2&0\\0&3&1\end{bmatrix}^{-1}$$

$$=2^{n-2}\begin{bmatrix}5-3^n&1-3^n&-1+3^n\\-2+2\cdot3^n&2+2\cdot3^n&2-2\cdot3^n\\3-3^{n+1}&3-3^{n+1}&1+3^{n+1}\end{bmatrix}$$

3. 对下列实对称阵 $\boldsymbol{A}$,分别求出相应的正交矩阵 $\boldsymbol{Q}$,使 $\boldsymbol{Q}^{-1}\boldsymbol{A}\boldsymbol{Q}=\boldsymbol{\Lambda}$ 为对角阵.

(1) $\boldsymbol{A}=\begin{bmatrix}1&2\\2&1\end{bmatrix}$;(2) $\boldsymbol{A}=\begin{bmatrix}2&1&1\\1&2&1\\1&1&2\end{bmatrix}$;(3) $\boldsymbol{A}=\begin{bmatrix}1&-2&2\\-2&-2&4\\2&4&-2\end{bmatrix}$.

解　(1) 由

$$|\lambda\boldsymbol{I}-\boldsymbol{A}|=\begin{vmatrix}\lambda-1&-2\\-2&\lambda-1\end{vmatrix}=(\lambda-3)(\lambda+1)$$

故 $\boldsymbol{A}$ 的特征值为 $\lambda_1=-1,\lambda_2=3$.

当 $\lambda=-1$ 时,由 $(-\boldsymbol{I}-\boldsymbol{A})\boldsymbol{x}=\boldsymbol{0}$,解得基础解系 $\boldsymbol{\alpha}_1=\begin{bmatrix}-1\\1\end{bmatrix}$;当 $\lambda=3$ 时,由 $(3\boldsymbol{I}-\boldsymbol{A})\boldsymbol{x}=\boldsymbol{0}$,解得基础解系 $\boldsymbol{\alpha}_2=\begin{bmatrix}1\\1\end{bmatrix}$.

把向量组 $\boldsymbol{\alpha}_1,\boldsymbol{\alpha}_2$ 单位化,得

$$\boldsymbol{\beta}_1=\frac{\boldsymbol{\alpha}_1}{\|\boldsymbol{\alpha}_1\|}=\frac{\sqrt{2}}{2}\begin{bmatrix}-1\\1\end{bmatrix},\boldsymbol{\beta}_2=\frac{\boldsymbol{\alpha}_2}{\|\boldsymbol{\alpha}_2\|}=\frac{\sqrt{2}}{2}\begin{bmatrix}1\\1\end{bmatrix}$$

令 $\boldsymbol{Q}=(\boldsymbol{\beta}_1,\boldsymbol{\beta}_2)=\begin{bmatrix}-\frac{\sqrt{2}}{2}&\frac{\sqrt{2}}{2}\\\frac{\sqrt{2}}{2}&\frac{\sqrt{2}}{2}\end{bmatrix}$,则有 $\boldsymbol{Q}^{-1}\boldsymbol{A}\boldsymbol{Q}=\boldsymbol{Q}^T\boldsymbol{A}\boldsymbol{Q}=\begin{bmatrix}-1&\\&3\end{bmatrix}$.

(2) 由

$$|\lambda\boldsymbol{I}-\boldsymbol{A}|=\begin{vmatrix}\lambda-2&-1&-1\\-1&\lambda-2&-1\\-1&-1&\lambda-2\end{vmatrix}=(\lambda-1)^2(\lambda-4)$$

故 $\boldsymbol{A}$ 的特征值为 $\lambda_1=\lambda_2=1,\lambda_3=4$.

将 $\lambda=1$ 代入 $(\lambda\boldsymbol{I}-\boldsymbol{A})\boldsymbol{x}=\boldsymbol{0}$,解得基础解系 $\boldsymbol{\alpha}_1=\begin{bmatrix}1\\-1\\0\end{bmatrix},\boldsymbol{\alpha}_2=\begin{bmatrix}1\\0\\-1\end{bmatrix}$;将 $\lambda=4$ 代入 $(\lambda\boldsymbol{I}-\boldsymbol{A})\boldsymbol{x}=\boldsymbol{0}$,解得基础解系 $\boldsymbol{\alpha}_3=\begin{bmatrix}1\\1\\1\end{bmatrix}$.

把向量组 $\boldsymbol{\alpha}_1,\boldsymbol{\alpha}_2$ 正交化,得

$$\boldsymbol{\beta}_1=\boldsymbol{\alpha}_1=\begin{bmatrix}1\\-1\\0\end{bmatrix},\boldsymbol{\beta}_2=\boldsymbol{\alpha}_2-\frac{(\boldsymbol{\alpha}_2,\boldsymbol{\beta}_1)}{(\boldsymbol{\beta}_1,\boldsymbol{\beta}_1)}\boldsymbol{\beta}_1=\begin{bmatrix}1\\0\\-1\end{bmatrix}-\frac{1}{2}\begin{bmatrix}1\\-1\\0\end{bmatrix}=\begin{bmatrix}\frac{1}{2}\\\frac{1}{2}\\-1\end{bmatrix}$$

将 $\boldsymbol{\beta}_1,\boldsymbol{\beta}_2$ 单位化,得 $\boldsymbol{\gamma}_1=\dfrac{\boldsymbol{\beta}_1}{\|\boldsymbol{\beta}_1\|}=\begin{bmatrix}\frac{1}{\sqrt{2}}\\-\frac{1}{\sqrt{2}}\\0\end{bmatrix},\boldsymbol{\gamma}_2=\dfrac{\boldsymbol{\beta}_2}{\|\boldsymbol{\beta}_2\|}=\begin{bmatrix}\frac{1}{\sqrt{6}}\\\frac{1}{\sqrt{6}}\\-\frac{2}{\sqrt{6}}\end{bmatrix}$;将 $\boldsymbol{\alpha}_3=\begin{bmatrix}1\\1\\1\end{bmatrix}$ 单位化,得 $\boldsymbol{\gamma}_3=\dfrac{\boldsymbol{\alpha}_3}{\|\boldsymbol{\alpha}_3\|}=\begin{bmatrix}\frac{1}{\sqrt{3}}\\\frac{1}{\sqrt{3}}\\\frac{1}{\sqrt{3}}\end{bmatrix}$.

令 $\boldsymbol{Q}=(\boldsymbol{\gamma}_1,\boldsymbol{\gamma}_2,\boldsymbol{\gamma}_3)=\begin{bmatrix}\frac{1}{\sqrt{2}}&\frac{1}{\sqrt{6}}&\frac{1}{\sqrt{3}}\\-\frac{1}{\sqrt{2}}&\frac{1}{\sqrt{6}}&\frac{1}{\sqrt{3}}\\0&-\frac{2}{\sqrt{6}}&\frac{1}{\sqrt{3}}\end{bmatrix}$,则有

$$\boldsymbol{Q}^{-1}\boldsymbol{A}\boldsymbol{Q}=\boldsymbol{Q}^{T}\boldsymbol{A}\boldsymbol{Q}=\begin{bmatrix}1&&\\&1&\\&&4\end{bmatrix}$$

(3) 由

$$|\lambda \boldsymbol{I}-\boldsymbol{A}|=\begin{vmatrix}\lambda-1 & 2 & -2\\ 2 & \lambda+2 & -4\\ -2 & -4 & \lambda+2\end{vmatrix}=(\lambda-2)^2(\lambda+7)$$

故 $\boldsymbol{A}$ 的特征值为 $\lambda_1=\lambda_2=2,\lambda_3=-7$.

将 $\lambda=2$ 代入 $(\lambda\boldsymbol{I}-\boldsymbol{A})\boldsymbol{x}=\boldsymbol{0}$，解得基础解系 $\boldsymbol{\alpha}_1=\begin{bmatrix}-2\\1\\0\end{bmatrix}$，$\boldsymbol{\alpha}_2=\begin{bmatrix}2\\0\\1\end{bmatrix}$；将 $\lambda=-7$ 代入 $(\lambda\boldsymbol{I}-\boldsymbol{A})\boldsymbol{x}=\boldsymbol{0}$，解得基础解系 $\boldsymbol{\alpha}_3=\begin{bmatrix}1\\2\\-2\end{bmatrix}$.

把向量组 $\boldsymbol{\alpha}_1,\boldsymbol{\alpha}_2$ 正交化，得 $\boldsymbol{\beta}_1=\boldsymbol{\alpha}_1=\begin{bmatrix}-2\\1\\0\end{bmatrix}$，$\boldsymbol{\beta}_2=\boldsymbol{\alpha}_2-\dfrac{(\boldsymbol{\alpha}_2,\boldsymbol{\beta}_1)}{(\boldsymbol{\beta}_1,\boldsymbol{\beta}_1)}\boldsymbol{\beta}_1=\begin{bmatrix}\frac{2}{5}\\\frac{4}{5}\\1\end{bmatrix}$.

把 $\boldsymbol{\beta}_1,\boldsymbol{\beta}_2,\boldsymbol{\alpha}_3$ 单位化，得

$$\boldsymbol{\gamma}_1=\frac{\boldsymbol{\beta}_1}{\|\boldsymbol{\beta}_1\|}=\begin{bmatrix}-\frac{2}{\sqrt{5}}\\\frac{1}{\sqrt{5}}\\0\end{bmatrix},\boldsymbol{\gamma}_2=\frac{\boldsymbol{\beta}_2}{\|\boldsymbol{\beta}_2\|}=\begin{bmatrix}\frac{2}{3\sqrt{5}}\\\frac{4}{3\sqrt{5}}\\\frac{5}{3\sqrt{5}}\end{bmatrix},\boldsymbol{\gamma}_3=\frac{\boldsymbol{\alpha}_3}{\|\boldsymbol{\alpha}_3\|}=\begin{bmatrix}\frac{1}{3}\\\frac{2}{3}\\-\frac{2}{3}\end{bmatrix}$$

令 $\boldsymbol{Q}=(\boldsymbol{\gamma}_1,\boldsymbol{\gamma}_2,\boldsymbol{\gamma}_3)=\begin{bmatrix}-\frac{2}{\sqrt{5}} & \frac{2}{3\sqrt{5}} & \frac{1}{3}\\\frac{1}{\sqrt{5}} & \frac{4}{3\sqrt{5}} & \frac{2}{3}\\0 & \frac{5}{3\sqrt{5}} & -\frac{2}{3}\end{bmatrix}$，则有

$$\boldsymbol{Q}^{-1}\boldsymbol{AQ}=\boldsymbol{Q}^T\boldsymbol{AQ}=\begin{bmatrix}2 & & \\ & 2 & \\ & & -7\end{bmatrix}$$

4. 若三阶矩阵 $\boldsymbol{A}$ 有二重特征值 $\lambda=1$ 及单特征值 $\lambda=2$，且对应 $\lambda=1$ 有特征向量 $\boldsymbol{\alpha}_1=(1,-1,0)^T$ 及 $\boldsymbol{\alpha}_2=(0,1,1)^T$，对应 $\lambda=2$ 有特征向量 $\boldsymbol{\alpha}_3=(1,-1,2)^T$，求 $\boldsymbol{A}$.

解 因 $\boldsymbol{\alpha}_1,\boldsymbol{\alpha}_2,\boldsymbol{\alpha}_3$ 线性无关，故 $\boldsymbol{A}$ 有 3 个线性无关的特征向量.

于是令 $\boldsymbol{P}=(\boldsymbol{\alpha}_1,\boldsymbol{\alpha}_2,\boldsymbol{\alpha}_3)=\begin{bmatrix}1&0&1\\-1&1&-1\\0&1&2\end{bmatrix}$，则有 $\boldsymbol{P}^{-1}\boldsymbol{AP}=\begin{bmatrix}1&&\\&1&\\&&2\end{bmatrix}$. 所以

$$\boldsymbol{A}=\boldsymbol{P}\begin{bmatrix}1&&\\&1&\\&&2\end{bmatrix}\boldsymbol{P}^{-1}=\begin{bmatrix}1&0&1\\-1&1&-1\\0&1&2\end{bmatrix}\begin{bmatrix}1&&\\&1&\\&&2\end{bmatrix}\begin{bmatrix}1&0&1\\-1&1&-1\\0&1&2\end{bmatrix}^{-1}$$

$$=\frac{1}{2}\begin{bmatrix}1&0&2\\-1&1&-2\\0&1&4\end{bmatrix}\begin{bmatrix}3&1&-1\\2&2&0\\-1&-1&1\end{bmatrix}=\frac{1}{2}\begin{bmatrix}1&-1&1\\1&3&-1\\-2&-2&4\end{bmatrix}$$

5. 若三阶实对称阵 $\boldsymbol{A}$ 有特征值 -1 及二重特征值 1，并且 -1 确定 $\boldsymbol{A}$ 的一个特征向量 $\boldsymbol{\alpha}_1=(1,a,-1)^T$，1 确定 $\boldsymbol{A}$ 的一个特征向量 $\boldsymbol{\alpha}_2=(0,1,1)^T$，求 $a,\boldsymbol{A}$.

解 由实对称阵 $\boldsymbol{A}$ 的不同特征值对应的特征向量必正交，故 $(\boldsymbol{\alpha}_1,\boldsymbol{\alpha}_2)=0$，即 $0+a-1=0,a=1$.

由三阶实对称阵 $\boldsymbol{A}$ 一定有 3 个正交的特征向量，且 1 是 A 的二重特征值，设 $\boldsymbol{A}$ 的属于特征值 1 的另一个特征向量为 $\boldsymbol{\alpha}_3=(x_1,x_2,x_3)^T$，故

$$(\boldsymbol{\alpha}_1,\boldsymbol{\alpha}_3)=0,(\boldsymbol{\alpha}_2,\boldsymbol{\alpha}_3)=0$$

得 $\begin{cases}x_1+x_2-x_3=0,\\x_2+x_3=0,\end{cases}$ 即 $\begin{cases}x_1=2x_3,\\x_2=-x_3,\end{cases}$ 可得 $\boldsymbol{\alpha}_3=\begin{bmatrix}2\\-1\\1\end{bmatrix}$. 故存在可逆阵 $\boldsymbol{P}=\begin{bmatrix}1&0&2\\1&1&-1\\-1&1&1\end{bmatrix}$，使

$$\boldsymbol{P}^{-1}\boldsymbol{AP}=\boldsymbol{\Lambda}=\begin{bmatrix}-1&&\\&1&\\&&1\end{bmatrix}$$

则

$$\boldsymbol{A}=\boldsymbol{P\Lambda P}^{-1}=\begin{bmatrix}1&0&2\\1&1&-1\\-1&1&1\end{bmatrix}\begin{bmatrix}-1&&\\&1&\\&&1\end{bmatrix}\begin{bmatrix}1&0&2\\1&1&-1\\-1&1&1\end{bmatrix}^{-1}$$

$$=\begin{bmatrix}-1&0&2\\-1&1&-1\\1&1&1\end{bmatrix}\cdot\frac{1}{6}\begin{bmatrix}2&2&-2\\0&3&3\\2&-1&1\end{bmatrix}=\frac{1}{3}\begin{bmatrix}1&-2&2\\-2&1&2\\2&2&1\end{bmatrix}$$

四、证明题

1. 证明：(1) 若 $\boldsymbol{\alpha}$ 为同阶方阵 $\boldsymbol{A}$ 与 $\boldsymbol{B}$ 的特征向量，k，l 为任意数，则 $\boldsymbol{\alpha}$ 亦是 $l\boldsymbol{A}+k\boldsymbol{B}$ 的特征向量.

(2) 设 $\boldsymbol{\alpha}$ 为 $\boldsymbol{A}$ 的属于特征值 λ 的特征向量，则 $\boldsymbol{\alpha}$ 也是 $\boldsymbol{A}^n$（$n\geqslant 1$ 的整数）的特征向量.

(3) 若 n 阶方阵 $\boldsymbol{A}$ 没有特征值 1，则 $(\boldsymbol{I}-\boldsymbol{A})$ 可逆，其中 $\boldsymbol{I}$ 为 n 阶单位矩阵.

(4) 若 $\boldsymbol{A}$ 为幂零矩阵，即存在自然数 n，使得 $\boldsymbol{A}^n=\boldsymbol{0}$，则 $\boldsymbol{A}$ 的特征值为 0；若 $\boldsymbol{A}$ 为幂等矩阵，即 $\boldsymbol{A}^2=\boldsymbol{A}$，则 $\boldsymbol{A}$ 的特征值为 0 或 1；若 $\boldsymbol{A}^2=\boldsymbol{I}$，则 $\boldsymbol{A}$ 的特征值为 1 或 -1.

(5) 设 λ 为正交阵 $\boldsymbol{A}$ 的实特征值，则 $|\lambda|=1$.

证　(1) 设 $\boldsymbol{\alpha}$ 为 $\boldsymbol{A}$ 和 $\boldsymbol{B}$ 的分属于特征值 λ 与 μ 的一个特征向量，有 $\boldsymbol{A\alpha}=\lambda\boldsymbol{\alpha}$，$\boldsymbol{B\alpha}=\mu\boldsymbol{\alpha}$，则

$$(l\boldsymbol{A}+k\boldsymbol{B})\boldsymbol{\alpha}=l\boldsymbol{A\alpha}+k\boldsymbol{B\alpha}=l\lambda\boldsymbol{\alpha}+k\mu\boldsymbol{\alpha}=(l\lambda+k\mu)\boldsymbol{\alpha}$$

即 $\boldsymbol{\alpha}$ 是 $l\boldsymbol{A}+k\boldsymbol{B}$ 的属于特征值 $l\lambda+k\mu$ 的特征向量.

(2) 由 $\boldsymbol{\alpha}$ 为 $\boldsymbol{A}$ 的属于特征值 λ 的特征向量，有

$$\boldsymbol{A}^n\boldsymbol{\alpha}=\boldsymbol{A}^{n-1}(\boldsymbol{A\alpha})=\boldsymbol{A}^{n-1}(\lambda\boldsymbol{\alpha})=\lambda(\boldsymbol{A}^{n-1}\boldsymbol{\alpha})=\cdots=\lambda^n\boldsymbol{\alpha}$$

故 $\boldsymbol{\alpha}$ 是 $\boldsymbol{A}^n$ 的属于特征值 λ^n 的特征向量.

(3) 由 $\boldsymbol{A}$ 没有特征值 1，则 $\boldsymbol{I}-\boldsymbol{A}$ 没有特征值 0，故 $|\boldsymbol{I}-\boldsymbol{A}|\neq 0$，即 $(\boldsymbol{I}-\boldsymbol{A})$ 可逆.

(4) 设 λ_0 为 $\boldsymbol{A}$ 的特征值，$\boldsymbol{\alpha}$ 为 $\boldsymbol{A}$ 的属于 λ_0 的一个特征向量.

因 $\boldsymbol{A}$ 为幂零矩阵，即 $\boldsymbol{A}^n=\boldsymbol{0}$，故 $\boldsymbol{A}^n\boldsymbol{\alpha}=\lambda_0^n\boldsymbol{\alpha}=\boldsymbol{0}$. 由 $\boldsymbol{\alpha}\neq\boldsymbol{0}$，得 $\lambda_0=0$，即 $\boldsymbol{A}$ 的特征值为 0.

因 $\boldsymbol{A}$ 为幂等矩阵，即 $\boldsymbol{A}^2=\boldsymbol{A}$，故 $\boldsymbol{A}^2\boldsymbol{\alpha}=\boldsymbol{A\alpha}=\lambda_0^2\boldsymbol{\alpha}=\lambda_0\boldsymbol{\alpha}$. 由 $\boldsymbol{\alpha}\neq\boldsymbol{0}$，得 $\lambda_0^2=\lambda_0$，故 $\lambda_0=0$ 或 $\lambda_0=1$.

因 $\boldsymbol{A}^2=\boldsymbol{I}$，故 $\boldsymbol{A}^2\boldsymbol{\alpha}=\boldsymbol{I\alpha}=\lambda_0^2\boldsymbol{\alpha}=\boldsymbol{\alpha}$. 得 $\lambda_0^2=1$，故 $\lambda_0=1$ 或 -1.

(5) 设正交阵 $\boldsymbol{A}$ 的特征值为 λ，其对应的特征向量为 $\boldsymbol{\alpha}$，有 $\boldsymbol{A\alpha}=\lambda\boldsymbol{\alpha}$. 由 $\boldsymbol{A}$ 为正交阵，$\boldsymbol{A}^T\boldsymbol{A}=\boldsymbol{I}$，得

$$\boldsymbol{\alpha}^T\boldsymbol{\alpha}=\boldsymbol{\alpha}^T\boldsymbol{A}^T\boldsymbol{A\alpha}=(\boldsymbol{A\alpha})^T(\boldsymbol{A\alpha})=(\lambda\boldsymbol{\alpha})^T(\lambda\boldsymbol{\alpha})=\lambda^2\boldsymbol{\alpha}^T\boldsymbol{\alpha}$$

故 $(\lambda^2-1)\boldsymbol{\alpha}^T\boldsymbol{\alpha}=0$. 由 $\boldsymbol{\alpha}^T\boldsymbol{\alpha}>0$，得 $\lambda^2-1=0$，即 $|\lambda|=1$.

2. 若 $\boldsymbol{A}\sim\boldsymbol{B}$，证明：

(1) $|\boldsymbol{A}|=|\boldsymbol{B}|$；(2) $r(\boldsymbol{A})=r(\boldsymbol{B})$；(3) $\boldsymbol{A}^{-1}\sim\boldsymbol{B}^{-1}$；

(4) $\boldsymbol{A}^T\sim\boldsymbol{B}^T$；(5) $f(\boldsymbol{A})\sim f(\boldsymbol{B})$，$f(x)$ 为一多项式.

证　(1) 由 $\boldsymbol{A}\sim\boldsymbol{B}$，则存在可逆阵 $\boldsymbol{P}$，使 $\boldsymbol{P}^{-1}\boldsymbol{AP}=\boldsymbol{B}$. 有 $|\boldsymbol{P}^{-1}\boldsymbol{AP}|=|\boldsymbol{B}|$，即 $|\boldsymbol{P}^{-1}|\cdot|\boldsymbol{A}|\cdot|\boldsymbol{P}|=|\boldsymbol{B}|$. 由 $|\boldsymbol{P}^{-1}|=|\boldsymbol{P}|^{-1}$，故 $|\boldsymbol{A}|=|\boldsymbol{B}|$.

(2) 由 $\boldsymbol{A}\sim\boldsymbol{B}$，则存在可逆阵 $\boldsymbol{P}$，使 $\boldsymbol{P}^{-1}\boldsymbol{AP}=\boldsymbol{B}$，得 $\boldsymbol{A}$ 与 $\boldsymbol{B}$ 等价，故 $r(\boldsymbol{A})=r(\boldsymbol{B})$.

(3) 当 $\boldsymbol{A},\boldsymbol{B}$ 可逆时,由 $\boldsymbol{P}^{-1}\boldsymbol{AP}=\boldsymbol{B}$,得$(\boldsymbol{P}^{-1}\boldsymbol{AP})^{-1}=\boldsymbol{B}^{-1}$,有 $\boldsymbol{P}^{-1}\boldsymbol{A}^{-1}\boldsymbol{P}=\boldsymbol{B}^{-1}$,故 $\boldsymbol{A}^{-1}\sim\boldsymbol{B}^{-1}$.

(4) 由 $\boldsymbol{P}^{-1}\boldsymbol{AP}=\boldsymbol{B}$,得$(\boldsymbol{P}^{-1}\boldsymbol{AP})^{T}=\boldsymbol{B}^{T}$,即 $\boldsymbol{P}^{T}\boldsymbol{A}^{T}(\boldsymbol{P}^{T})^{-1}=\boldsymbol{B}^{T}$,故 $\boldsymbol{A}^{T}\sim\boldsymbol{B}^{T}$.

(5) 设 $f(x)=C_0x^m+C_1x^{m-1}+\cdots+C_{m-1}x+C_m$,由 $\boldsymbol{P}^{-1}\boldsymbol{AP}=\boldsymbol{B}$,得

$$\begin{aligned}f(\boldsymbol{B})&=C_0(\boldsymbol{P}^{-1}\boldsymbol{AP})^m+C_1(\boldsymbol{P}^{-1}\boldsymbol{AP})^{m-1}+\cdots+C_{m-1}(\boldsymbol{P}^{-1}\boldsymbol{AP})+C_m\boldsymbol{I}\\&=C_0\boldsymbol{P}^{-1}\boldsymbol{A}^m\boldsymbol{P}+C_1\boldsymbol{P}^{-1}\boldsymbol{A}^{m-1}\boldsymbol{P}+\cdots+C_{m-1}\boldsymbol{P}^{-1}\boldsymbol{AP}+C_m\boldsymbol{P}^{-1}\boldsymbol{IP}\\&=\boldsymbol{P}^{-1}(C_0\boldsymbol{A}^m+C_1\boldsymbol{A}^{m-1}+\cdots+C_{m-1}\boldsymbol{A}+C_m\boldsymbol{I})\boldsymbol{P}\\&=\boldsymbol{P}^{-1}f(\boldsymbol{A})\boldsymbol{P}\end{aligned}$$

故 $f(\boldsymbol{A})\sim f(\boldsymbol{B})$.

3. 设 $\boldsymbol{A},\boldsymbol{B}$ 为同阶矩阵,且 $\boldsymbol{A}$ 可逆,则 $\boldsymbol{AB}\sim\boldsymbol{BA}$.

证 由 $\boldsymbol{A}$ 可逆,故

$$\boldsymbol{BA}=(\boldsymbol{A}^{-1}\boldsymbol{A})\cdot(\boldsymbol{BA})=\boldsymbol{A}^{-1}(\boldsymbol{AB})\boldsymbol{A}$$

即 $\boldsymbol{AB}\sim\boldsymbol{BA}$.

4. (1) 证明:若方阵 $\boldsymbol{A},\boldsymbol{B}$ 均可对角化,则$\begin{bmatrix}\boldsymbol{A}&\boldsymbol{O}\\\boldsymbol{O}&\boldsymbol{B}\end{bmatrix}$可对角化;

(2) 求可逆阵 $\boldsymbol{P}$,使 $\boldsymbol{P}^{-1}\begin{bmatrix}1&2&0&0\\5&4&0&0\\0&0&1&-2\\0&0&-2&1\end{bmatrix}\boldsymbol{P}$ 为对角阵.

(1) **证** 由 $\boldsymbol{A},\boldsymbol{B}$ 均可对角化,则存在可逆阵 $\boldsymbol{X},\boldsymbol{Y}$,使 $\boldsymbol{X}^{-1}\boldsymbol{AX}=\boldsymbol{\Lambda}_1$,$\boldsymbol{Y}^{-1}\boldsymbol{BY}=\boldsymbol{\Lambda}_2$. 又由

$$\begin{bmatrix}\boldsymbol{X}&\boldsymbol{O}\\\boldsymbol{O}&\boldsymbol{Y}\end{bmatrix}^{-1}=\begin{bmatrix}\boldsymbol{X}^{-1}&\boldsymbol{O}\\\boldsymbol{O}&\boldsymbol{Y}^{-1}\end{bmatrix}$$

故

$$\begin{bmatrix}\boldsymbol{X}&\boldsymbol{O}\\\boldsymbol{O}&\boldsymbol{Y}\end{bmatrix}^{-1}\begin{bmatrix}\boldsymbol{A}&\boldsymbol{O}\\\boldsymbol{O}&\boldsymbol{B}\end{bmatrix}\begin{bmatrix}\boldsymbol{X}&\boldsymbol{O}\\\boldsymbol{O}&\boldsymbol{Y}\end{bmatrix}=\begin{bmatrix}\boldsymbol{X}^{-1}&\boldsymbol{O}\\\boldsymbol{O}&\boldsymbol{Y}^{-1}\end{bmatrix}\begin{bmatrix}\boldsymbol{A}&\boldsymbol{O}\\\boldsymbol{O}&\boldsymbol{B}\end{bmatrix}\begin{bmatrix}\boldsymbol{X}&\boldsymbol{O}\\\boldsymbol{O}&\boldsymbol{Y}\end{bmatrix}=\begin{bmatrix}\boldsymbol{\Lambda}_1&\boldsymbol{O}\\\boldsymbol{O}&\boldsymbol{\Lambda}_2\end{bmatrix}$$

即$\begin{bmatrix}\boldsymbol{A}&\boldsymbol{O}\\\boldsymbol{O}&\boldsymbol{B}\end{bmatrix}$可对角化.

(2) **解** 令 $\boldsymbol{A}=\begin{bmatrix}1&2\\5&4\end{bmatrix}$,$\boldsymbol{B}=\begin{bmatrix}1&-2\\-2&1\end{bmatrix}$,则存在可逆阵 $\boldsymbol{X}=\begin{bmatrix}-1&\frac{2}{5}\\1&1\end{bmatrix}$,使 $\boldsymbol{X}^{-1}\boldsymbol{AX}=\begin{bmatrix}-1&\\&6\end{bmatrix}$;可逆阵 $\boldsymbol{Y}=\begin{bmatrix}-1&1\\1&1\end{bmatrix}$,使 $\boldsymbol{Y}^{-1}\boldsymbol{BY}=\begin{bmatrix}3&\\&-1\end{bmatrix}$.

由(1)可知,存在可逆阵 $\boldsymbol{P}=\begin{bmatrix}-1 & \frac{2}{5} & 0 & 0\\ 1 & 1 & 0 & 0\\ 0 & 0 & -1 & 1\\ 0 & 0 & 1 & 1\end{bmatrix}$,使

$$\boldsymbol{P}^{-1}\begin{bmatrix}1 & 2 & 0 & 0\\ 5 & 4 & 0 & 0\\ 0 & 0 & 1 & -2\\ 0 & 0 & -2 & 1\end{bmatrix}\boldsymbol{P}=\begin{bmatrix}-1 & & & \\ & 6 & & \\ & & 3 & \\ & & & -1\end{bmatrix}$$

5. 若 $\boldsymbol{A}$ 为 n 阶实对称阵,证明:

(1) 若 $\boldsymbol{A}^2=\boldsymbol{A}$,则有正交矩阵 $\boldsymbol{Q}$,使 $\boldsymbol{Q}^{-1}\boldsymbol{A}\boldsymbol{Q}=\mathrm{diag}\{1,\cdots,1,0,\cdots,0\}$;

(2) 若 $\boldsymbol{A}^2=\boldsymbol{I}$,则有正交矩阵 $\boldsymbol{Q}$,使 $\boldsymbol{Q}^{-1}\boldsymbol{A}\boldsymbol{Q}=\mathrm{diag}\{1,\cdots,1,-1,\cdots,-1\}$;

(3) $\boldsymbol{A}$ 的特征值的绝对值均为 1,当且仅当 $\boldsymbol{A}$ 为正交矩阵.

证　(1) 由 $\boldsymbol{A}$ 为实对称阵,故存在正交矩阵 $\boldsymbol{Q}_1$,使

$$\boldsymbol{Q}_1^{-1}\boldsymbol{A}\boldsymbol{Q}_1=\begin{bmatrix}\lambda_1 & & \\ & \ddots & \\ & & \lambda_n\end{bmatrix}$$

由前面(1(4))可知,$\boldsymbol{A}$ 的特征值为 0 或 1. 则把对角线上 λ_i 中 $+1$ 都集中到前面(交换相同的行与列,即乘上适当的正交矩阵),即存在正交矩阵 $\boldsymbol{Q}_2$,使

$$\boldsymbol{Q}_2^{-1}\boldsymbol{Q}_1^{-1}\boldsymbol{A}\boldsymbol{Q}_1\boldsymbol{Q}_2=\boldsymbol{Q}_2^{-1}\begin{bmatrix}\lambda_1 & & \\ & \ddots & \\ & & \lambda_n\end{bmatrix}\boldsymbol{Q}_2=\begin{bmatrix}1 & & & & & \\ & \ddots & & & & \\ & & 1 & & & \\ & & & 0 & & \\ & & & & \ddots & \\ & & & & & 0\end{bmatrix}$$

即存在正交矩阵 $\boldsymbol{Q}=\boldsymbol{Q}_1\boldsymbol{Q}_2$,使 $\boldsymbol{Q}^{-1}\boldsymbol{A}\boldsymbol{Q}=\mathrm{diag}\{1,\cdots,1,0,\cdots,0\}$.

(2) 因 $\boldsymbol{A}$ 为实对称阵,且特征值为 1 或 -1(见 1(4)),同理可证,存在正交阵 $\boldsymbol{Q}$,使 $\boldsymbol{Q}^{-1}\boldsymbol{A}\boldsymbol{Q}=\mathrm{diag}\{1,\cdots,1,-1,\cdots,-1\}$.

(3) 已证明正交矩阵的特征值为 1 或 -1(见 1(5)),下面只需证明 $\boldsymbol{A}$ 的特征值为 1 或 -1,则 $\boldsymbol{A}$ 为正交矩阵. 因 $\boldsymbol{A}$ 为实对称阵,故存在正交阵 $\boldsymbol{Q}$,使

$$\boldsymbol{Q}^{-1}\boldsymbol{A}\boldsymbol{Q}=\begin{bmatrix}\lambda_1 & & \\ & \ddots & \\ & & \lambda_n\end{bmatrix},\quad 其中\ \lambda_i=1\ 或\ -1,\ i=1,\cdots,n$$

则 $(\boldsymbol{Q}^{-1}\boldsymbol{A}\boldsymbol{Q})^2=\boldsymbol{I}$,即 $\boldsymbol{Q}^{-1}\boldsymbol{A}^2\boldsymbol{Q}=\boldsymbol{I}$,故 $\boldsymbol{A}^2=\boldsymbol{Q}\boldsymbol{I}\boldsymbol{Q}^{-1}=\boldsymbol{I}$,得 $\boldsymbol{A}^{-1}=\boldsymbol{A}$. 又因 $\boldsymbol{A}$ 为实对

称阵，$\boldsymbol{A}^T=\boldsymbol{A}$，故 $\boldsymbol{A}^{-1}=\boldsymbol{A}^T$，即 $\boldsymbol{A}$ 为正交阵.

第五章 二 次 型

三、计算题

1. 写出下列二次型的矩阵，并写出二次型的矩阵形式：

(1) $f(x_1,x_2,x_3)=3x_1^2+4x_1x_2-x_2^2+8x_1x_3-6x_2x_3+x_3^2$；

(2) $f(x_1,x_2,x_3)=x_1^2+2x_3^2+4x_1x_2+6x_2x_3-4x_1x_3$；

(3) $f(x_1,x_2,x_3)=x_1x_2-x_2x_3-3x_1x_3$；

(4) $f(x_1,x_2,x_3,x_4)=x_1^2+x_3^2-x_2^2+2x_1x_2+4x_2x_3+2x_3x_4$.

解 (1) 由

$$f(x_1,x_2,x_3)=3x_1^2+2x_1x_2+4x_1x_3+2x_2x_1-x_2^2-3x_2x_3+4x_3x_1-3x_3x_2+x_3^2$$

故二次型的矩阵 $\boldsymbol{A}=\begin{bmatrix}3&2&4\\2&-1&-3\\4&-3&1\end{bmatrix}$.

二次型矩阵形式为 $\boldsymbol{x}^T\boldsymbol{A}\boldsymbol{x}(\boldsymbol{x}=(x_1,x_2,x_3)^T)$.

(2) 二次型的矩阵 $\boldsymbol{A}=\begin{bmatrix}1&2&-2\\2&0&3\\-2&3&2\end{bmatrix}$.

二次型的矩阵形式为 $\boldsymbol{x}^T\boldsymbol{A}\boldsymbol{x}(\boldsymbol{x}=(x_1,x_2,x_3)^T)$.

(3) 二次型的矩阵 $\boldsymbol{A}=\begin{bmatrix}0&\frac{1}{2}&-\frac{3}{2}\\\frac{1}{2}&0&-\frac{1}{2}\\-\frac{3}{2}&-\frac{1}{2}&0\end{bmatrix}$.

二次型的矩阵形式为 $\boldsymbol{x}^T\boldsymbol{A}\boldsymbol{x}(\boldsymbol{x}=(x_1,x_2,x_3)^T)$.

(4) 二次型的矩阵 $\boldsymbol{A}=\begin{bmatrix}1&1&0&0\\1&-1&2&0\\0&2&1&1\\0&0&1&0\end{bmatrix}$.

二次型的矩阵形式为 $\boldsymbol{x}^T\boldsymbol{A}\boldsymbol{x}(\boldsymbol{x}=(x_1,x_2,x_3,x_4)^T)$.

2. 写出下列对称矩阵确定的二次型：

(1) $\begin{bmatrix}1 & 2 & \frac{1}{2}\\ 2 & -1 & 0\\ \frac{1}{2} & 0 & 3\end{bmatrix}$;(2) $\begin{bmatrix}1 & 0 & \frac{1}{2}\\ 0 & 0 & -1\\ \frac{1}{2} & -1 & 0\end{bmatrix}$;(3) $\begin{bmatrix}0 & -1 & -1 & 1\\ -1 & 0 & 1 & -1\\ -1 & 1 & 1 & 0\\ 1 & -1 & 0 & -1\end{bmatrix}$.

解　(1) $f(x_1,x_2,x_3)=x_1^2-x_2^2+3x_3^2+4x_1x_2+x_1x_3$;

(2) $f(x_1,x_2,x_3)=x_1^2+x_1x_3-2x_2x_3$;

(3) $f(x_1,x_2,x_3,x_4)=x_3^2-x_4^2-2x_1x_2-2x_1x_3+2x_1x_4+2x_2x_3-2x_2x_4$.

3. 求化下列二次型为标准形的正交变换,并求二次型的秩:

(1) $f(x_1,x_2,x_3)=x_1^2+x_2^2+x_3^2+4x_1x_2+4x_1x_3+4x_2x_3$;

(2) $f(x_1,x_2,x_3)=2x_1x_2-2x_2x_3$;

(3) $f(x_1,x_2,x_3)=x_1^2+4x_2^2+x_3^2-4x_1x_2-8x_1x_3-4x_2x_3$.

解　(1) 二次型的矩阵 $\boldsymbol{A}=\begin{bmatrix}1 & 2 & 2\\ 2 & 1 & 2\\ 2 & 2 & 1\end{bmatrix}$. 由

$$|\lambda\boldsymbol{I}-\boldsymbol{A}|=\begin{vmatrix}\lambda-1 & -2 & -2\\ -2 & \lambda-1 & -2\\ -2 & -2 & \lambda-1\end{vmatrix}=(\lambda+1)^2(\lambda-5)$$

可知,$\boldsymbol{A}$ 的特征值为 $\lambda_1=\lambda_2=-1$, $\lambda_3=5$.

当 $\lambda=-1$ 时,由 $(\lambda\boldsymbol{I}-\boldsymbol{A})\boldsymbol{x}=\boldsymbol{0}$ 可得其对应的无关特征向量 $\boldsymbol{\alpha}_1=\begin{bmatrix}-1\\ 1\\ 0\end{bmatrix}$,

$\boldsymbol{\alpha}_2=\begin{bmatrix}-1\\ 0\\ 1\end{bmatrix}$. 将 $\boldsymbol{\alpha}_1,\boldsymbol{\alpha}_2$ 正交化,得

$$\boldsymbol{\beta}_1=\boldsymbol{\alpha}_1=\begin{bmatrix}-1\\ 1\\ 0\end{bmatrix},\boldsymbol{\beta}_2=\boldsymbol{\alpha}_2-\frac{(\boldsymbol{\alpha}_2,\boldsymbol{\beta}_1)}{(\boldsymbol{\beta}_1,\boldsymbol{\beta}_1)}\boldsymbol{\beta}_1=\begin{bmatrix}-1\\ 0\\ 1\end{bmatrix}-\frac{1}{2}\begin{bmatrix}-1\\ 1\\ 0\end{bmatrix}=\begin{bmatrix}-\frac{1}{2}\\ -\frac{1}{2}\\ 1\end{bmatrix}$$

当 $\lambda=5$ 时,由 $(\lambda\boldsymbol{I}-\boldsymbol{A})\boldsymbol{x}=\boldsymbol{0}$ 可得其对应的无关特征向量 $\boldsymbol{\alpha}_3=\begin{bmatrix}1\\ 1\\ 1\end{bmatrix}$.

将 $\boldsymbol{\beta}_1,\boldsymbol{\beta}_2,\boldsymbol{\alpha}_3$ 单位化,得

$$\boldsymbol{\gamma}_1=\frac{\boldsymbol{\beta}_1}{\|\boldsymbol{\beta}_1\|}=\begin{bmatrix}-\frac{1}{\sqrt{2}}\\ \frac{1}{\sqrt{2}}\\ 0\end{bmatrix},\boldsymbol{\gamma}_2=\frac{\boldsymbol{\beta}_2}{\|\boldsymbol{\beta}_2\|}=\begin{bmatrix}-\frac{1}{\sqrt{6}}\\ -\frac{1}{\sqrt{6}}\\ \frac{2}{\sqrt{6}}\end{bmatrix},\boldsymbol{\gamma}_3=\frac{\boldsymbol{\alpha}_3}{\|\boldsymbol{\alpha}_3\|}=\begin{bmatrix}\frac{1}{\sqrt{3}}\\ \frac{1}{\sqrt{3}}\\ \frac{1}{\sqrt{3}}\end{bmatrix}$$

由 $\boldsymbol{\gamma}_1,\boldsymbol{\gamma}_2,\boldsymbol{\gamma}_3$ 可得正交矩阵 $\boldsymbol{Q}=(\boldsymbol{\gamma}_1,\boldsymbol{\gamma}_2,\boldsymbol{\gamma}_3)=\begin{bmatrix}-\frac{1}{\sqrt{2}} & -\frac{1}{\sqrt{6}} & \frac{1}{\sqrt{3}}\\ \frac{1}{\sqrt{2}} & -\frac{1}{\sqrt{6}} & \frac{1}{\sqrt{3}}\\ 0 & \frac{2}{\sqrt{6}} & \frac{1}{\sqrt{3}}\end{bmatrix}$.

再令 $\boldsymbol{x}=\begin{bmatrix}x_1\\x_2\\x_3\end{bmatrix}=\boldsymbol{Qy}=\boldsymbol{Q}\begin{bmatrix}y_1\\y_2\\y_3\end{bmatrix}$,得所求的正交变换,即

$$\begin{cases}x_1=-\frac{1}{\sqrt{2}}y_1-\frac{1}{\sqrt{6}}y_2+\frac{1}{\sqrt{3}}y_3,\\ x_2=\frac{1}{\sqrt{2}}y_1-\frac{1}{\sqrt{6}}y_2+\frac{1}{\sqrt{3}}y_3,\\ x_3=\frac{2}{\sqrt{6}}y_2+\frac{1}{\sqrt{3}}y_3\end{cases}$$

在此变换下,原二次型化为标准形,即 $f(x_1,x_2,x_3)=-y_1^2-y_2^2+5y_3^2$.

原二次型的秩为 3.

(2) 二次型的矩阵 $\boldsymbol{A}=\begin{bmatrix}0 & 1 & 0\\ 1 & 0 & -1\\ 0 & -1 & 0\end{bmatrix}$. 由

$$|\lambda\boldsymbol{I}-\boldsymbol{A}|=\begin{vmatrix}\lambda & -1 & 0\\ -1 & \lambda & 1\\ 0 & 1 & \lambda\end{vmatrix}=\lambda^3-2\lambda=\lambda(\lambda+\sqrt{2})(\lambda-\sqrt{2})$$

可知,$\boldsymbol{A}$ 的特征值为 $\lambda_1=0,\lambda_2=\sqrt{2},\lambda_3=-\sqrt{2}$.

当 $\lambda=0$ 时,由 $(\lambda\boldsymbol{I}-\boldsymbol{A})\boldsymbol{x}=\boldsymbol{0}$ 可得其对应的无关特征向量 $\boldsymbol{\alpha}_1=\begin{bmatrix}1\\0\\1\end{bmatrix}$;当 $\lambda=$

$\sqrt{2}$ 时，由$(\lambda\boldsymbol{I}-\boldsymbol{A})\boldsymbol{x}=\boldsymbol{0}$可得其对应的无关特征向量$\boldsymbol{\alpha}_2=\begin{bmatrix}-1\\-\sqrt{2}\\1\end{bmatrix}$；当$\lambda=-\sqrt{2}$时，由$(\lambda\boldsymbol{I}-\boldsymbol{A})\boldsymbol{x}=\boldsymbol{0}$可得其对应的无关特征向量$\boldsymbol{\alpha}_3=\begin{bmatrix}-1\\\sqrt{2}\\1\end{bmatrix}$. 将$\boldsymbol{\alpha}_1,\boldsymbol{\alpha}_2,\boldsymbol{\alpha}_3$单位化，得

$$\boldsymbol{\beta}_1=\frac{\boldsymbol{\alpha}_1}{\|\boldsymbol{\alpha}_1\|}=\begin{bmatrix}\frac{1}{\sqrt{2}}\\0\\\frac{1}{\sqrt{2}}\end{bmatrix},\boldsymbol{\beta}_2=\frac{\boldsymbol{\alpha}_2}{\|\boldsymbol{\alpha}_2\|}=\begin{bmatrix}-\frac{1}{2}\\-\frac{1}{\sqrt{2}}\\\frac{1}{2}\end{bmatrix},\boldsymbol{\beta}_3=\frac{\boldsymbol{\alpha}_3}{\|\boldsymbol{\alpha}_3\|}=\begin{bmatrix}-\frac{1}{2}\\\frac{1}{\sqrt{2}}\\\frac{1}{2}\end{bmatrix}$$

由$\boldsymbol{\beta}_1,\boldsymbol{\beta}_2,\boldsymbol{\beta}_3$可得正交矩阵$\boldsymbol{Q}=(\boldsymbol{\beta}_1,\boldsymbol{\beta}_2,\boldsymbol{\beta}_3)=\begin{bmatrix}\frac{1}{\sqrt{2}}&-\frac{1}{2}&-\frac{1}{2}\\0&-\frac{1}{\sqrt{2}}&\frac{1}{\sqrt{2}}\\\frac{1}{\sqrt{2}}&\frac{1}{2}&\frac{1}{2}\end{bmatrix}$，则所求的正交变换为$\begin{cases}x_1=\frac{1}{\sqrt{2}}y_1-\frac{1}{2}y_2-\frac{1}{2}y_3,\\x_2=-\frac{\sqrt{2}}{2}y_2+\frac{\sqrt{2}}{2}y_3,\\x_3=\frac{1}{\sqrt{2}}y_1+\frac{1}{2}y_2+\frac{1}{2}y_3.\end{cases}$ 在此变换下，原二次型化为标准形，即$f(x_1,x_2,x_3)=\sqrt{2}y_2^2-\sqrt{2}y_3^2$.

原二次型的秩为 2.

(3) 二次型的矩阵$\boldsymbol{A}=\begin{bmatrix}1&-2&-4\\-2&4&-2\\-4&-2&1\end{bmatrix}$，由

$$\begin{vmatrix}\lambda-1&2&4\\2&\lambda-4&2\\4&2&\lambda-1\end{vmatrix}=(\lambda-5)^2(\lambda+4)$$

可知，$\boldsymbol{A}$的特征值为$\lambda_1=\lambda_2=5,\lambda_3=-4$.

当 $\lambda=5$ 时，由 $(\lambda\boldsymbol{I}-\boldsymbol{A})\boldsymbol{x}=\boldsymbol{0}$ 得对应的无关特征向量为 $\boldsymbol{\alpha}_1=\begin{bmatrix}-\frac{1}{2}\\1\\0\end{bmatrix}$，$\boldsymbol{\alpha}_2=\begin{bmatrix}-1\\0\\1\end{bmatrix}$. 将 $\boldsymbol{\alpha}_1,\boldsymbol{\alpha}_2$ 正交化，得

$$\boldsymbol{\beta}_1=\boldsymbol{\alpha}_1=\begin{bmatrix}-\frac{1}{2}\\1\\0\end{bmatrix},\boldsymbol{\beta}_2=\boldsymbol{\alpha}_2-\frac{(\boldsymbol{\alpha}_2,\boldsymbol{\beta}_1)}{(\boldsymbol{\beta}_1,\boldsymbol{\beta}_1)}\cdot\boldsymbol{\beta}_1=\begin{bmatrix}-\frac{4}{5}\\-\frac{2}{5}\\1\end{bmatrix}$$

当 $\lambda=-4$ 时，由 $(\lambda\boldsymbol{I}-\boldsymbol{A})\boldsymbol{x}=\boldsymbol{0}$ 得对应的无关特征向量 $\boldsymbol{\alpha}_3=\begin{bmatrix}1\\\frac{1}{2}\\1\end{bmatrix}$.

将 $\boldsymbol{\beta}_1,\boldsymbol{\beta}_2$ 和 $\boldsymbol{\alpha}_3$ 单位化，得 $\boldsymbol{\gamma}_1=\begin{bmatrix}-\frac{1}{\sqrt{5}}\\\frac{2}{\sqrt{5}}\\0\end{bmatrix}$，$\boldsymbol{\gamma}_2=\begin{bmatrix}-\frac{4}{3\sqrt{5}}\\-\frac{2}{3\sqrt{5}}\\\frac{5}{3\sqrt{5}}\end{bmatrix}$，$\boldsymbol{\gamma}_3=\begin{bmatrix}\frac{2}{3}\\\frac{1}{3}\\\frac{2}{3}\end{bmatrix}$. 由 $\boldsymbol{\gamma}_1,\boldsymbol{\gamma}_2,\boldsymbol{\gamma}_3$ 可得正交矩阵

$$\boldsymbol{Q}=(\boldsymbol{\gamma}_1,\boldsymbol{\gamma}_2,\boldsymbol{\gamma}_3)=\begin{bmatrix}-\frac{1}{\sqrt{5}} & -\frac{4}{3\sqrt{5}} & \frac{2}{3}\\\frac{2}{\sqrt{5}} & -\frac{2}{3\sqrt{5}} & \frac{1}{3}\\0 & \frac{5}{3\sqrt{5}} & \frac{2}{3}\end{bmatrix}$$

则所求的正交变换为 $\begin{cases}x_1=-\frac{1}{\sqrt{5}}y_1-\frac{4}{3\sqrt{5}}y_2+\frac{2}{3}y_3,\\x_2=\frac{2}{\sqrt{5}}y_1-\frac{2}{3\sqrt{5}}y_2+\frac{1}{3}y_3,\\x_3=\frac{5}{3\sqrt{5}}y_2+\frac{2}{3}y_3.\end{cases}$ 在此变换下，原二次型化为标准形，即 $f(x_1,x_2,x_3)=5y_1^2+5y_2^2-4y_3^2$.

原二次型的秩为 3.

4. 用配方法化下列二次型为标准形,并写出相应的可逆线性变换:

(1) $f(x_1,x_2,x_3)=x_1^2+2x_2^2+5x_3^2+2x_1x_2+2x_1x_3+8x_2x_3$;

(2) $f(x_1,x_2,x_3)=x_1x_2+x_1x_3+x_2x_3$;

(3) $f(x_1,x_2,x_3)=x_1^2-2x_2^2+x_3^2+2x_1x_2-4x_1x_3+2x_2x_3$.

解　(1) 将含有 x_1 的项集中后,关于变量 x_1 配方,有

$$\begin{aligned}f(x_1,x_2,x_3)&=(x_1^2+2x_1x_2+2x_1x_3)+2x_2^2+5x_3^2+8x_2x_3\\&=[x_1^2+2x_1(x_2+x_3)+(x_2+x_3)^2]-(x_2+x_3)^2+2x_2^2+5x_3^2\\&\quad+8x_2x_3\\&=(x_1+x_2+x_3)^2+x_2^2+4x_3^2+6x_2x_3\end{aligned}$$

对剩余的项,关于变量 x_2 配方,得

$$\begin{aligned}f(x_1,x_2,x_3)&=(x_1+x_2+x_3)^2+(x_2^2+6x_2x_3+9x_3^2)-9x_3^2+4x_3^2\\&=(x_1+x_2+x_3)^2+(x_2+3x_3)^2-5x_3^2\end{aligned}$$

令$\begin{cases}y_1=x_1+x_2+x_3,\\y_2=x_2+3x_3,\\y_3=x_3,\end{cases}$　即$\begin{cases}x_1=y_1-y_2+2y_3,\\x_2=y_2-3y_3,\\x_3=y_3,\end{cases}$　故所求的可逆线性变换为

$$\begin{bmatrix}x_1\\x_2\\x_3\end{bmatrix}=\begin{bmatrix}1&-1&2\\0&1&-3\\0&0&1\end{bmatrix}\begin{bmatrix}y_1\\y_2\\y_3\end{bmatrix}$$

在此变换下,二次型有标准形 $f(x_1,x_2,x_3)=y_1^2+y_2^2-5y_3^2$.

(2) 先用可逆线性变换产生平方项.

令$\begin{cases}x_1=y_1-y_2,\\x_2=y_1+y_2,\\x_3=y_3,\end{cases}$即

$$\begin{bmatrix}x_1\\x_2\\x_3\end{bmatrix}=\begin{bmatrix}1&-1&0\\1&1&0\\0&0&1\end{bmatrix}\begin{bmatrix}y_1\\y_2\\y_3\end{bmatrix}=\boldsymbol{Q}_1\begin{bmatrix}y_1\\y_2\\y_3\end{bmatrix}$$

代入原二次型,并配方得

$$\begin{aligned}f(x_1,x_2,x_3)&=(y_1-y_2)(y_1+y_2)+(y_1-y_2)y_3+(y_1+y_2)y_3\\&=y_1^2-y_2^2+2y_1y_3\\&=(y_1^2+2y_1y_3+y_3^2)-y_3^2-y_2^2\\&=(y_1+y_3)^2-y_2^2-y_3^2\end{aligned}$$

令$\begin{cases} z_1 = y_1 + y_3, \\ z_2 = y_2, \\ z_3 = y_3, \end{cases}$ 即

$$\begin{bmatrix} y_1 \\ y_2 \\ y_3 \end{bmatrix} = \begin{bmatrix} 1 & 0 & -1 \\ 0 & 1 & 0 \\ 0 & 0 & 1 \end{bmatrix} \begin{bmatrix} z_1 \\ z_2 \\ z_3 \end{bmatrix} = \boldsymbol{Q}_2 \begin{bmatrix} z_1 \\ z_2 \\ z_3 \end{bmatrix}$$

代入上式,得二次型的标准形 $f(x_1,x_2,x_3) = z_1^2 - z_2^2 - z_3^2$.

因 $f(x_1,x_2,x_3) = [z_1 \quad z_2 \quad z_3]\boldsymbol{C}\begin{bmatrix} z_1 \\ z_2 \\ z_3 \end{bmatrix}$,其中 $\boldsymbol{C} = \boldsymbol{Q}_2^T\boldsymbol{Q}_1^T\boldsymbol{A}\boldsymbol{Q}_1\boldsymbol{Q}_2$,故所用的可逆线性变换可如下求得:

$$\begin{bmatrix} x_1 \\ x_2 \\ x_3 \end{bmatrix} = \boldsymbol{Q}_1 \begin{bmatrix} y_1 \\ y_2 \\ y_3 \end{bmatrix} = \boldsymbol{Q}_1\boldsymbol{Q}_2 \begin{bmatrix} z_1 \\ z_2 \\ z_3 \end{bmatrix} = \begin{bmatrix} 1 & -1 & 0 \\ 1 & 1 & 0 \\ 0 & 0 & 1 \end{bmatrix} \begin{bmatrix} 1 & 0 & -1 \\ 0 & 1 & 0 \\ 0 & 0 & 1 \end{bmatrix} \begin{bmatrix} z_1 \\ z_2 \\ z_3 \end{bmatrix}$$
$$= \begin{bmatrix} 1 & -1 & -1 \\ 1 & 1 & -1 \\ 0 & 0 & 1 \end{bmatrix} \begin{bmatrix} z_1 \\ z_2 \\ z_3 \end{bmatrix}$$

(3) 将含有 x_1 的项集中后,关于变量 x_1 配方,有

$$\begin{aligned} f(x_1,x_2,x_3) &= x_1^2 + 2x_1x_2 - 4x_1x_3 - 2x_2^2 + x_3^2 + 2x_2x_3 \\ &= [x_1^2 + 2x_1(x_2 - 2x_3) + (x_2 - 2x_3)^2] - (x_2 - 2x_3)^2 - 2x_2^2 \\ &\quad + x_3^2 + 2x_2x_3 \\ &= (x_1 + x_2 - 2x_3)^2 - 3x_2^2 - 3x_3^2 + 6x_2x_3 \end{aligned}$$

对剩余的项,关于变量 x_2 配方,有

$$f(x_1,x_2,x_3) = (x_1 + x_2 - 2x_3)^2 - 3(x_2 - x_3)^2$$

令$\begin{cases} y_1 = x_1 + x_2 - 2x_3, \\ y_2 = x_2 - x_3, \\ y_3 = x_3, \end{cases}$ 即$\begin{cases} x_1 = y_1 - y_2 + y_3, \\ x_2 = y_2 + y_3, \\ x_3 = y_3, \end{cases}$ 故所求的可逆线性变换为

$$\begin{bmatrix} x_1 \\ x_2 \\ x_3 \end{bmatrix} = \begin{bmatrix} 1 & -1 & 1 \\ 0 & 1 & 1 \\ 0 & 0 & 1 \end{bmatrix} \begin{bmatrix} y_1 \\ y_2 \\ y_3 \end{bmatrix}$$

在此变换下,二次型有标准形 $f(x_1,x_2,x_3) = y_1^2 - 3y_2^2$.

5. 用初等变换化下列二次型为标准形,并写出相应的可逆线性变换:

(1) $f(x_1,x_2,x_3)=x_1^2+2x_2^2-x_3^2+4x_1x_2-4x_1x_3-4x_2x_3$;

(2) $f(x_1,x_2,x_3)=x_1^2-2x_2^2+x_3^2+2x_1x_2-4x_1x_3+2x_2x_3$;

(3) $f(x_1,x_2,x_3)=2x_1x_2+2x_1x_3-6x_2x_3$.

解 (1) 二次型的矩阵为 $\boldsymbol{A}=\begin{bmatrix}1&2&-2\\2&2&-2\\-2&-2&-1\end{bmatrix}$,有

$$\begin{bmatrix}\boldsymbol{A}\\ \boldsymbol{I}\end{bmatrix}=\begin{bmatrix}1&2&-2\\2&2&-2\\-2&-2&-1\\ \hdashline 1&0&0\\0&1&0\\0&0&1\end{bmatrix}\xrightarrow[r_3+2r_1]{r_2+(-2)r_1}\begin{bmatrix}1&2&-2\\0&-2&2\\0&2&-5\\ \hdashline 1&0&0\\0&1&0\\0&0&1\end{bmatrix}\xrightarrow[c_3+2c_1]{c_2+(-2)c_1}$$

$$\begin{bmatrix}1&0&0\\0&-2&2\\0&2&-5\\ \hdashline 1&-2&2\\0&1&0\\0&0&1\end{bmatrix}\xrightarrow{r_3+r_2}\begin{bmatrix}1&0&0\\0&-2&2\\0&0&-3\\ \hdashline 1&-2&2\\0&1&0\\0&0&1\end{bmatrix}\xrightarrow{c_3+c_2}\begin{bmatrix}1&0&0\\0&-2&0\\0&0&-3\\ \hdashline 1&-2&0\\0&1&1\\0&0&1\end{bmatrix}$$

令 $\boldsymbol{B}=\begin{bmatrix}1&&\\&-2&\\&&-3\end{bmatrix}$,$\boldsymbol{C}=\begin{bmatrix}1&-2&0\\0&1&1\\0&0&1\end{bmatrix}$,则可逆线性变换为 $\boldsymbol{x}=\boldsymbol{C}\boldsymbol{y}$,在此变换下,二次型化为标准形 $f(x_1,x_2,x_3)=\boldsymbol{y}^T\boldsymbol{B}\boldsymbol{y}=y_1^2-2y_2^2-3y_3^2$.

(2) 二次型的矩阵为 $\boldsymbol{A}=\begin{bmatrix}1&1&-2\\1&-2&1\\-2&1&1\end{bmatrix}$,有

$$\begin{bmatrix}\boldsymbol{A}\\ \boldsymbol{I}\end{bmatrix}=\begin{bmatrix}1&1&-2\\1&-2&1\\-2&1&1\\ \hdashline 1&0&0\\0&1&0\\0&0&1\end{bmatrix}\xrightarrow[r_3+2r_1]{r_2+(-1)r_1}\begin{bmatrix}1&1&-2\\0&-3&3\\0&3&-3\\ \hdashline 1&0&0\\0&1&0\\0&0&1\end{bmatrix}\xrightarrow[c_3+2c_1]{c_2+(-1)c_1}$$

$$\begin{bmatrix} 1 & 0 & 0 \\ 0 & -3 & 3 \\ 0 & 3 & -3 \\ \hline 1 & -1 & 2 \\ 0 & 1 & 0 \\ 0 & 0 & 1 \end{bmatrix} \xrightarrow{r_3+r_2} \begin{bmatrix} 1 & 0 & 0 \\ 0 & -3 & 3 \\ 0 & 0 & 0 \\ \hline 1 & -1 & 2 \\ 0 & 1 & 0 \\ 0 & 0 & 1 \end{bmatrix} \xrightarrow{c_3+c_2} \begin{bmatrix} 1 & 0 & 0 \\ 0 & -3 & 0 \\ 0 & 0 & 0 \\ \hline 1 & -1 & 1 \\ 0 & 1 & 1 \\ 0 & 0 & 1 \end{bmatrix}$$

令 $\boldsymbol{B}=\begin{bmatrix} 1 & 0 & 0 \\ 0 & -3 & 0 \\ 0 & 0 & 0 \end{bmatrix}$，$\boldsymbol{C}=\begin{bmatrix} 1 & -1 & 1 \\ 0 & 1 & 1 \\ 0 & 0 & 1 \end{bmatrix}$，则可逆线性变换为 $\boldsymbol{x}=\boldsymbol{C}\boldsymbol{y}$，在此变换下，二次型的标准形为 $f(x_1,x_2,x_3)=\boldsymbol{y}^T\boldsymbol{B}\boldsymbol{y}=y_1^2-3y_2^2$.

(3) 二次型的矩阵为 $\boldsymbol{A}=\begin{bmatrix} 0 & 1 & 1 \\ 1 & 0 & -3 \\ 1 & -3 & 0 \end{bmatrix}$，有

$$\begin{bmatrix} \boldsymbol{A} \\ \hline \boldsymbol{I} \end{bmatrix}=\begin{bmatrix} 0 & 1 & 1 \\ 1 & 0 & -3 \\ 1 & -3 & 0 \\ \hline 1 & 0 & 0 \\ 0 & 1 & 0 \\ 0 & 0 & 1 \end{bmatrix} \xrightarrow[c_1+c_2]{r_1+r_2} \begin{bmatrix} 2 & 1 & -2 \\ 1 & 0 & -3 \\ -2 & -3 & 0 \\ \hline 1 & 0 & 0 \\ 1 & 1 & 0 \\ 0 & 0 & 1 \end{bmatrix} \xrightarrow[\substack{c_2+\left(-\frac{1}{2}\right)c_1 \\ c_3+c_1}]{\substack{r_2+\left(-\frac{1}{2}\right)r_1 \\ r_3+r_1}}$$

$$\begin{bmatrix} 2 & 0 & 0 \\ 0 & -\frac{1}{2} & -2 \\ 0 & -2 & -2 \\ \hline 1 & -\frac{1}{2} & 1 \\ 1 & \frac{1}{2} & 1 \\ 0 & 0 & 1 \end{bmatrix} \xrightarrow[c_3+(-4)c_2]{r_3+(-4)r_2} \begin{bmatrix} 2 & 0 & 0 \\ 0 & -\frac{1}{2} & 0 \\ 0 & 0 & 6 \\ \hline 1 & -\frac{1}{2} & 3 \\ 1 & \frac{1}{2} & -1 \\ 0 & 0 & 1 \end{bmatrix}$$

令 $\boldsymbol{B}=\begin{bmatrix} 2 & & \\ & -\frac{1}{2} & \\ & & 6 \end{bmatrix}$，$\boldsymbol{C}=\begin{bmatrix} 1 & -\frac{1}{2} & 3 \\ 1 & \frac{1}{2} & -1 \\ 0 & 0 & 1 \end{bmatrix}$，则该可逆线性变换为 $\boldsymbol{x}=\boldsymbol{C}\boldsymbol{y}$，在此变换下，二次型化为标准形为 $f(x_1,x_2,x_3)=\boldsymbol{y}^T\boldsymbol{B}\boldsymbol{y}=2y_1^2-\frac{1}{2}y_2^2+6y_3^2$.

6. 判定下列二次型是否为正定二次型，并求其正惯性指数：

(1) $f(x_1,x_2,x_3)=x_1^2+x_2^2+7x_3^2-2x_1x_3+4x_2x_3$；

(2) $f(x_1,x_2,x_3)=x_1^2+x_2^2+x_3^2-2x_1x_2+4x_2x_3$；

(3) $f(x_1,x_2,x_3)=-x_1^2-6x_2^2-7x_3^2+4x_1x_2+4x_1x_3-4x_2x_3$.

解　(1) 二次型的矩阵为 $\boldsymbol{A}=\begin{bmatrix}1&0&-1\\0&1&2\\-1&2&7\end{bmatrix}$，有

$$D_1=1>0,D_2=\begin{vmatrix}1&0\\0&1\end{vmatrix}>0,D_3=\begin{vmatrix}1&0&-1\\0&1&2\\-1&2&7\end{vmatrix}>0$$

故 $f(x_1,x_2,x_3)$ 为正定二次型，其正惯性指数 $p=3$.

(2) 二次型的矩阵为 $\boldsymbol{A}=\begin{bmatrix}1&-1&0\\-1&1&2\\0&2&1\end{bmatrix}$，有

$$D_1=1>0,D_2=\begin{vmatrix}1&-1\\-1&1\end{vmatrix}=0,D_3=\begin{vmatrix}1&-1&0\\-1&1&2\\0&2&1\end{vmatrix}<0$$

故二次型是不定的.

由 $|\lambda\boldsymbol{I}-\boldsymbol{A}|=\begin{vmatrix}\lambda-1&1&0\\1&\lambda-1&-2\\0&-2&\lambda-1\end{vmatrix}=0$，得 $\lambda_1=1>0,\lambda_2=\dfrac{2+2\sqrt{5}}{2}>0,\lambda_3=\dfrac{2-2\sqrt{5}}{2}<0$，故其正惯性指数 $p=2$.

(3) 二次型的矩阵为 $\boldsymbol{A}=\begin{bmatrix}-1&2&2\\2&-6&-2\\2&-2&-7\end{bmatrix}$，有

$$D_1=-1<0,D_2=\begin{vmatrix}-1&2\\2&-6\end{vmatrix}>0,D_3=\begin{vmatrix}-1&2&2\\2&-6&-2\\2&-2&-7\end{vmatrix}<0$$

故 $f(x_1,x_2,x_3)$ 是负定二次型，其正惯性指数 $p=0$.

7. λ 为何值时，下列二次型为正定二次型？

(1) $f(x_1,x_2,x_3)=x_1^2+x_2^2+5x_3^2+2\lambda x_1x_2-2x_1x_3+4x_2x_3$；

(2) $f(x_1,x_2,x_3)=\lambda(x_1^2+x_2^2+x_3^2)+2x_1x_2+2x_1x_3-2x_2x_3$；

(3) $f(x_1,x_2,x_3)=2x_1^2+x_2^2+2x_3^2+2x_1x_2+\lambda x_2x_3$.

解　(1) $\boldsymbol{A}=\begin{bmatrix}1&\lambda&-1\\\lambda&1&2\\-1&2&5\end{bmatrix}$, $f(x_1,x_2,x_3)$ 正定的充要条件为

$$\begin{cases}D_1=1>0,\\D_2=\begin{vmatrix}1&\lambda\\\lambda&1\end{vmatrix}=1-\lambda^2>0,\\D_3=|\boldsymbol{A}|=-5\lambda^2-4\lambda>0\end{cases}$$

由此解得 $-\frac{4}{5}<\lambda<0$.

(2) $\boldsymbol{A}=\begin{bmatrix}\lambda&1&1\\1&\lambda&-1\\1&-1&\lambda\end{bmatrix}$, $f(x_1,x_2,x_3)$ 正定的充要条件为

$$\begin{cases}D_1=\lambda>0,\\D_2=\lambda^2-1>0,\\D_3=(\lambda-2)(\lambda+1)^2>0\end{cases}$$

由此解得 $\lambda>2$.

(3) $\boldsymbol{A}=\begin{bmatrix}2&1&0\\1&1&\frac{\lambda}{2}\\0&\frac{\lambda}{2}&2\end{bmatrix}$, $f(x_1,x_2,x_3)$ 正定的充要条件为

$$\begin{cases}D_1=2>0,\\D_2=1>0,\\D_3=|\boldsymbol{A}|=2\cdot\left(1-\frac{\lambda^2}{4}\right)>0\end{cases}$$

由此解得 $-2<\lambda<2$.

8. 若二次型 $f(x_1,x_2,x_3)=x_1^2+x_2^2+x_3^2+2\alpha x_1x_2+2x_1x_3+2\beta x_2x_3$ 经正交变换 $\boldsymbol{x}=\boldsymbol{P}\boldsymbol{y}$ 化为标准形 $f(x_1,x_2,x_3)=y_2^2+2y_3^2$, 求常数 α,β.

解　由原二次型经正交变换化为标准形 $f=y_2^2+2y_3^2$, 可知二次型矩阵 $\boldsymbol{A}$ 的特征值为 $\lambda_1=0,\lambda_2=1,\lambda_3=2$. 因此有 $|0\cdot\boldsymbol{E}-\boldsymbol{A}|=0$, $|1\cdot\boldsymbol{E}-\boldsymbol{A}|=0$, $|2\cdot\boldsymbol{E}-\boldsymbol{A}|=0$, 由此解得 $\alpha=0,\beta=0$.

四、证明题

1. 试证二次型 $f(x_1,x_2,\cdots,x_n)=2\sum\limits_{i=1}^{n}x_i^2+2\sum\limits_{1\leqslant i<j\leqslant n}x_ix_j$ 为正定的.

证　f 的矩阵为 $\boldsymbol{A}=\begin{vmatrix} 2 & 1 & 1 & \cdots & 1 \\ 1 & 2 & 1 & \cdots & 1 \\ \vdots & \vdots & \vdots & & \vdots \\ 1 & 1 & 1 & \cdots & 2 \end{vmatrix}$. 令 $\boldsymbol{A}_k$ 为 $\boldsymbol{A}$ 的任一 k 阶主子式,则由行列式的计算知

$$|\boldsymbol{A}_k|=\begin{vmatrix} 2 & 1 & 1 & \cdots & 1 \\ 1 & 2 & 1 & \cdots & 1 \\ \vdots & \vdots & \vdots & & \vdots \\ 1 & 1 & 1 & \cdots & 2 \end{vmatrix}=\begin{vmatrix} 2 & 1 & 1 & \cdots & 1 \\ -1 & 1 & 0 & \cdots & 0 \\ \vdots & \vdots & \vdots & & \vdots \\ -1 & 0 & 0 & \cdots & 1 \end{vmatrix}$$
$$=2+(k-1)>0$$

故 f 为正定二次型.

2. 设 $\boldsymbol{A}$ 为实 $m\times n$ 矩阵,$r(\boldsymbol{A})=n<m$. 证明:

(1) $\boldsymbol{A}^T\boldsymbol{A}$ 为 n 阶正定矩阵;

(2) $\boldsymbol{A}\boldsymbol{A}^T$ 为 m 阶半正定矩阵.

证　(1) 因为 $(\boldsymbol{A}^T\boldsymbol{A})^T=\boldsymbol{A}^T\boldsymbol{A}$,所以 $\boldsymbol{A}^T\boldsymbol{A}$ 为对称阵.

又因为 $r(\boldsymbol{A})=n$,所以对任给的 n 维向量 $\boldsymbol{x}\neq\boldsymbol{0}$,有 $\boldsymbol{A}\boldsymbol{x}\neq\boldsymbol{0}$,故二次型 $\boldsymbol{x}^T(\boldsymbol{A}^T\boldsymbol{A})\boldsymbol{x}=(\boldsymbol{A}\boldsymbol{x})^T(\boldsymbol{A}\boldsymbol{x})>0$,所以 $\boldsymbol{A}^T\boldsymbol{A}$ 为 n 阶正定矩阵.

(2) 因为 $(\boldsymbol{A}\boldsymbol{A}^T)^T=\boldsymbol{A}\boldsymbol{A}^T$,所以 $\boldsymbol{A}\boldsymbol{A}^T$ 为对称阵.

又因为 $r(\boldsymbol{A})=n<m$,所以存在 m 维向量 $\boldsymbol{x}\neq\boldsymbol{0}$,有 $\boldsymbol{A}^T\boldsymbol{x}=\boldsymbol{0}$,故二次型 $\boldsymbol{x}^T(\boldsymbol{A}\boldsymbol{A}^T)\boldsymbol{x}=(\boldsymbol{A}^T\boldsymbol{x})^T\cdot(\boldsymbol{A}^T\boldsymbol{x})\geqslant 0$,所以 $\boldsymbol{A}\boldsymbol{A}^T$ 为 m 阶半正定矩阵.

3. 若 $\boldsymbol{A}$ 为 n 阶可逆阵,则 $\boldsymbol{A}^T\boldsymbol{A}$, $\boldsymbol{A}\boldsymbol{A}^T$ 均为正定矩阵.

证　因 $(\boldsymbol{A}^T\boldsymbol{A})^T=\boldsymbol{A}^T\boldsymbol{A}$,故 $\boldsymbol{A}^T\boldsymbol{A}$ 为对称阵. 又因 $\boldsymbol{A}$ 可逆,故

$$(\boldsymbol{A}^{-1})^T\cdot(\boldsymbol{A}^T\boldsymbol{A})\cdot(\boldsymbol{A}^{-1})=\boldsymbol{I}$$

即 $\boldsymbol{A}^T\boldsymbol{A}$ 与 $\boldsymbol{I}$ 合同,所以 $\boldsymbol{A}^T\boldsymbol{A}$ 为正定矩阵.

同理可证 $\boldsymbol{A}\boldsymbol{A}^T$ 为正定矩阵.

4. 设 $\boldsymbol{A}^*$ 为 $\boldsymbol{A}$ 的伴随阵,若 $\boldsymbol{A}$ 为正定的,则 $\boldsymbol{A}^{-1}$ 及 $\boldsymbol{A}^*$ 均为正定的.

证　由 $\boldsymbol{A}$ 为对称阵,则

$$(\boldsymbol{A}^*)^T=(\boldsymbol{A}^T)^*=\boldsymbol{A}^*,(\boldsymbol{A}^{-1})^T=(\boldsymbol{A}^T)^{-1}=\boldsymbol{A}^{-1}$$

故 $\boldsymbol{A}^*$ 及 $\boldsymbol{A}^{-1}$ 均为对称阵.

又因 $\boldsymbol{A}$ 正定,$\boldsymbol{A}$ 的任一特征值 $\lambda_i>0$, $|\boldsymbol{A}|>0$,故 $\boldsymbol{A}^{-1}$ 的任一特征值 $\dfrac{1}{\lambda_i}>0$, $\boldsymbol{A}^*$ 的任一特征值 $\dfrac{|\boldsymbol{A}|}{\lambda_i}>0$.

所以 $\boldsymbol{A}^{-1}$ 及 $\boldsymbol{A}^*$ 均为正定矩阵.

5. 若 $\boldsymbol{A}$ 为实对称阵,则 t 充分大时,$t\boldsymbol{I}+\boldsymbol{A}$ 为正定阵.

证 设 $\boldsymbol{A}$ 的所有特征值为 $\lambda_1,\lambda_2,\cdots,\lambda_n$，则 $t\boldsymbol{I}+\boldsymbol{A}$ 的所有特征值为 $t+\lambda_1$，$t+\lambda_2,\cdots,t+\lambda_n$. 故当 $t>\max\limits_{1\leqslant i\leqslant n}\{|\lambda_i|\}$ 时，有 $t\boldsymbol{I}+\boldsymbol{A}$ 的所有特征值均为正，所以 t 充分大时，$t\boldsymbol{I}+\boldsymbol{A}$ 为正定矩阵.

6. 若 $\boldsymbol{A},\boldsymbol{B}$ 均为正定的，则 $\boldsymbol{A}+\boldsymbol{B}$ 及 $\boldsymbol{BAB}$ 均为正定的.

证 由 $\boldsymbol{A},\boldsymbol{B}$ 是正定矩阵，故 $\boldsymbol{A},\boldsymbol{B}$ 均为对称阵. 从而 $\boldsymbol{A}+\boldsymbol{B}$ 为对称阵且 $f=\boldsymbol{x}^T\boldsymbol{A}\boldsymbol{x}$，$g=\boldsymbol{x}^T\boldsymbol{B}\boldsymbol{x}$ 为正定二次型，故对于任意 $\boldsymbol{x}=(x_1,x_2,\cdots,x_n)^T\neq\boldsymbol{0}$，有 $\boldsymbol{x}^T\boldsymbol{A}\boldsymbol{x}>0$，$\boldsymbol{x}^T\boldsymbol{B}\boldsymbol{x}>0$，所以

$$\boldsymbol{x}^T(\boldsymbol{A}+\boldsymbol{B})\boldsymbol{x}=\boldsymbol{x}^T\boldsymbol{A}\boldsymbol{x}+\boldsymbol{x}^T\boldsymbol{B}\boldsymbol{x}>0$$

即 $\boldsymbol{A}+\boldsymbol{B}$ 为正定矩阵.

由 $\boldsymbol{A},\boldsymbol{B}$ 为对称阵，有

$$(\boldsymbol{BAB})^T=\boldsymbol{B}^T\boldsymbol{A}^T\boldsymbol{B}^T=\boldsymbol{BAB}$$

故 $\boldsymbol{BAB}$ 为对称阵.

由 $\boldsymbol{A},\boldsymbol{B}$ 正定，故存在可逆阵 $\boldsymbol{P},\boldsymbol{Q}$，使 $\boldsymbol{B}=\boldsymbol{P}^T\boldsymbol{P}$，$\boldsymbol{A}=\boldsymbol{Q}^T\boldsymbol{Q}$，从而

$$\boldsymbol{BAB}=(\boldsymbol{P}^T\boldsymbol{P})(\boldsymbol{Q}^T\boldsymbol{Q})(\boldsymbol{P}^T\boldsymbol{P})=(\boldsymbol{QP}^T\boldsymbol{P})^T\cdot(\boldsymbol{QP}^T\boldsymbol{P})$$

又因 $\boldsymbol{QP}^T\boldsymbol{P}$ 为可逆阵，所以 $\boldsymbol{BAB}$ 为正交矩阵.

7. 证明：(1) 若 $\boldsymbol{A}$ 为正定的，$\boldsymbol{B}$ 为半正定的，则 $\boldsymbol{A}+\boldsymbol{B}$ 为正定的；

(2) 设 $\boldsymbol{C}$ 为实 $m\times n$ 矩阵，$\lambda>0$，则 $\lambda\boldsymbol{I}+\boldsymbol{C}^T\boldsymbol{C}$ 为正定的.

证 (1) 由 $\boldsymbol{A}$ 为正定，$\boldsymbol{B}$ 为半正定，故 $\boldsymbol{A}+\boldsymbol{B}$ 为对称阵且对任意 $\boldsymbol{x}=(x_1,x_2,\cdots,x_n)^T\neq\boldsymbol{0}$，有 $\boldsymbol{x}^T\boldsymbol{A}\boldsymbol{x}>0$，$\boldsymbol{x}^T\boldsymbol{B}\boldsymbol{x}\geqslant 0$，从而

$$\boldsymbol{x}^T(\boldsymbol{A}+\boldsymbol{B})\boldsymbol{x}=\boldsymbol{x}^T\boldsymbol{A}\boldsymbol{x}+\boldsymbol{x}^T\boldsymbol{B}\boldsymbol{x}>0$$

即 $\boldsymbol{A}+\boldsymbol{B}$ 为正定的.

(2) 由 $(\lambda\boldsymbol{I}+\boldsymbol{C}^T\boldsymbol{C})^T=\lambda\boldsymbol{I}+\boldsymbol{C}^T\boldsymbol{C}$，故 $\lambda\boldsymbol{I}+\boldsymbol{C}^T\boldsymbol{C}$ 为对称阵.

对任意 $\boldsymbol{x}=(x_1,\cdots,x_n)^T\neq\boldsymbol{0}$，因

$$\boldsymbol{x}^T(\lambda\boldsymbol{I}+\boldsymbol{C}^T\boldsymbol{C})\boldsymbol{x}=\lambda\boldsymbol{x}^T\boldsymbol{x}+(\boldsymbol{C}\boldsymbol{x})^T(\boldsymbol{C}\boldsymbol{x})>0$$

故 $\lambda\boldsymbol{I}+\boldsymbol{C}^T\boldsymbol{C}$ 为正定的.

8. 若实对称阵 $\boldsymbol{A}$ 满足 $\boldsymbol{A}^3-6\boldsymbol{A}^2+11\boldsymbol{A}-6\boldsymbol{I}=\boldsymbol{0}$，则 $\boldsymbol{A}$ 为正定矩阵.

证 设 λ 为 $\boldsymbol{A}$ 的特征值，故 λ 满足 $\lambda^3-6\lambda^2+11\lambda-6=0$，即 $\lambda=1$ 或 $\lambda=2$ 或 $\lambda=3$，总之 $\boldsymbol{A}$ 的特征值大于 0.

故 $\boldsymbol{A}$ 是正定矩阵.

第六章 线性空间与线性变换

三、计算题

1. 设 $\{\boldsymbol{\alpha}_1,\boldsymbol{\alpha}_2,\boldsymbol{\alpha}_3,\boldsymbol{\alpha}_4\}$ 为向量空间 V 的一个基，且向量 $\boldsymbol{\alpha}$ 在该基下的坐标向量

$[\boldsymbol{\alpha}]=(a_1,a_2,a_3,a_4)^T$，求：

(1) $\boldsymbol{\alpha}$ 在基$\{\boldsymbol{\alpha}_1,k\boldsymbol{\alpha}_2,l\boldsymbol{\alpha}_3,3\boldsymbol{\alpha}_4\}(kl\neq 0)$ 下的坐标向量；

(2) $\boldsymbol{\alpha}$ 在基$\{\boldsymbol{\beta}_1=\boldsymbol{\alpha}_1,\boldsymbol{\beta}_2=\boldsymbol{\alpha}_1+\boldsymbol{\alpha}_2,\boldsymbol{\beta}_3=\boldsymbol{\alpha}_1+\boldsymbol{\alpha}_2+\boldsymbol{\alpha}_3,\boldsymbol{\beta}_4=\boldsymbol{\alpha}_1+\boldsymbol{\alpha}_2+\boldsymbol{\alpha}_3+\boldsymbol{\alpha}_4\}$ 下的坐标向量.

解　(1) 因 $\boldsymbol{\alpha}=a_1\boldsymbol{\alpha}_1+a_2\boldsymbol{\alpha}_2+a_3\boldsymbol{\alpha}_3+a_4\boldsymbol{\alpha}_4$，即

$$\boldsymbol{\alpha}=a_1\boldsymbol{\alpha}_1+\frac{a_2}{k}k\boldsymbol{\alpha}_2+\frac{a_3}{l}l\boldsymbol{\alpha}_3+\frac{a_4}{3}3\boldsymbol{\alpha}_4$$

故$[\boldsymbol{\alpha}]=(a_1,\frac{a_2}{k},\frac{a_3}{l},\frac{a_4}{3})^T$.

(2) 设 $\boldsymbol{\alpha}=k_1\boldsymbol{\beta}_1+k_2\boldsymbol{\beta}_2+k_3\boldsymbol{\beta}_3+k_4\boldsymbol{\beta}_4$，则有

$$\begin{aligned}&a_1\boldsymbol{\alpha}_1+a_2\boldsymbol{\alpha}_2+a_3\boldsymbol{\alpha}_3+a_4\boldsymbol{\alpha}_4\\=&k_1\boldsymbol{\alpha}_1+k_2(\boldsymbol{\alpha}_1+\boldsymbol{\alpha}_2)+k_3(\boldsymbol{\alpha}_1+\boldsymbol{\alpha}_2+\boldsymbol{\alpha}_3)+k_4(\boldsymbol{\alpha}_1+\boldsymbol{\alpha}_2+\boldsymbol{\alpha}_3+\boldsymbol{\alpha}_4)\\=&(k_1+k_2+k_3+k_4)\boldsymbol{\alpha}_1+(k_2+k_3+k_4)\boldsymbol{\alpha}_2+(k_3+k_4)\boldsymbol{\alpha}_3+k_4\boldsymbol{\alpha}_4\end{aligned}$$

故$\begin{cases}a_1=k_1+k_2+k_3+k_4,\\a_2=k_2+k_3+k_4,\\a_3=k_3+k_4,\\a_4=k_4,\end{cases}$ 因而有$\begin{cases}k_1=a_1-a_2,\\k_2=a_2-a_3,\\k_3=a_3-a_4,\\k_4=a_4,\end{cases}$即

$$[\boldsymbol{\alpha}]=(a_1-a_2,a_2-a_3,a_3-a_4,a_4)^T$$

2. 在 $\mathbf{R}^4$ 中，求 $\boldsymbol{\alpha}$ 在基$\{\boldsymbol{\alpha}_1,\boldsymbol{\alpha}_2,\boldsymbol{\alpha}_3,\boldsymbol{\alpha}_4\}$ 下的坐标向量.

(1) $\boldsymbol{\alpha}_1=(1,1,-1,1)^T,\boldsymbol{\alpha}_2=(-1,1,0,0)^T,\boldsymbol{\alpha}_3=(1,1,2,1)^T,\boldsymbol{\alpha}_4=(0,1,1,1)^T,\boldsymbol{\alpha}=(4,-3,2,1)^T$；

(2) $\boldsymbol{\alpha}_1=(1,1,0,1)^T,\boldsymbol{\alpha}_2=(2,1,3,1)^T,\boldsymbol{\alpha}_3=(1,1,0,0)^T,\boldsymbol{\alpha}_4=(0,1,-1,-1)^T,\boldsymbol{\alpha}=(0,0,0,1)^T$.

解　(1) 因 $\boldsymbol{\alpha}=k_1\boldsymbol{\alpha}_1+k_2\boldsymbol{\alpha}_2+k_3\boldsymbol{\alpha}_3+k_4\boldsymbol{\alpha}_4$，故

$$(\boldsymbol{\alpha}_1,\boldsymbol{\alpha}_2,\boldsymbol{\alpha}_3,\boldsymbol{\alpha}_4)\begin{bmatrix}k_1\\k_2\\k_3\\k_4\end{bmatrix}=\boldsymbol{\alpha}$$

则有

$$\left[\begin{array}{cccc:c}1&-1&1&0&4\\1&1&1&1&-3\\-1&0&2&1&2\\1&0&1&1&1\end{array}\right]\to\left[\begin{array}{cccc:c}1&-1&1&0&4\\0&2&0&1&-7\\0&0&3&\frac{3}{2}&\frac{5}{2}\\0&0&0&\frac{1}{2}&\frac{1}{2}\end{array}\right]$$

即$\begin{cases} k_1 - k_2 + k_3 = 4, \\ 2k_2 + k_4 = -7, \\ 3k_3 + \dfrac{3}{2}k_4 = \dfrac{5}{2}, \\ k_4 = 1, \end{cases}$ 解得$\begin{cases} k_1 = -\dfrac{1}{3}, \\ k_2 = -4, \\ k_3 = \dfrac{1}{3}, \\ k_4 = 1, \end{cases}$ 故

$$[\boldsymbol{\alpha}] = \left(-\frac{1}{3}, -4, \frac{1}{3}, 1\right)^T$$

(2) 由

$$\left[\begin{array}{cccc:c} 1 & 2 & 1 & 0 & 0 \\ 1 & 1 & 1 & 1 & 0 \\ 0 & 3 & 0 & -1 & 0 \\ 1 & 1 & 0 & -1 & 1 \end{array}\right] \rightarrow \left[\begin{array}{cccc:c} 1 & 2 & 1 & 0 & 0 \\ 0 & -1 & 0 & 1 & 0 \\ 0 & 0 & 0 & 2 & 0 \\ 0 & 0 & -1 & -2 & 1 \end{array}\right]$$

即$\begin{cases} k_1 + 2k_2 + k_3 = 0, \\ -k_2 + k_4 = 0, \\ 2k_4 = 0, \\ -k_3 - 2k_4 = 1, \end{cases}$ 解得$\begin{cases} k_1 = 1, \\ k_2 = 0, \\ k_3 = -1, \\ k_4 = 0, \end{cases}$ 故

$$[\boldsymbol{\alpha}] = (1, 0, -1, 0)^T$$

3. 在 $\mathbf{R}^4$ 中,求由基$\{\boldsymbol{\alpha}_1, \boldsymbol{\alpha}_2, \boldsymbol{\alpha}_3, \boldsymbol{\alpha}_4\}$到基$\{\boldsymbol{\beta}_1, \boldsymbol{\beta}_2, \boldsymbol{\beta}_3, \boldsymbol{\beta}_4\}$的转移矩阵.

(1) $\{\boldsymbol{\alpha}_1 = (1,0,0,0)^T, \boldsymbol{\alpha}_2 = (0,1,0,0)^T, \boldsymbol{\alpha}_3 = (0,0,1,0)^T, \boldsymbol{\alpha}_4 = (0,0,0,1)^T\}$; $\{\boldsymbol{\beta}_1 = (1,1,-1,1)^T, \boldsymbol{\beta}_2 = (-1,1,0,0)^T, \boldsymbol{\beta}_3 = (1,1,2,1)^T, \boldsymbol{\beta}_4 = (0,1,1,1)^T\}$.

(2) $\{\boldsymbol{\alpha}_1 = (1,1,1,1)^T, \boldsymbol{\alpha}_2 = (1,1,-1,-1)^T, \boldsymbol{\alpha}_3 = (1,-1,1,-1)^T, \boldsymbol{\alpha}_4 = (1,-1,-1,1)^T\}$; $\{\boldsymbol{\beta}_1 = (1,-1,1,1)^T, \boldsymbol{\beta}_2 = (1,2,-1,0)^T, \boldsymbol{\beta}_3 = (-1,2,1,1)^T, \boldsymbol{\beta}_4 = (-1,-1,0,1)^T\}$.

解 (1) 由$\begin{cases} \boldsymbol{\beta}_1 = \boldsymbol{\alpha}_1 + \boldsymbol{\alpha}_2 - \boldsymbol{\alpha}_3 + \boldsymbol{\alpha}_4, \\ \boldsymbol{\beta}_2 = -\boldsymbol{\alpha}_1 + \boldsymbol{\alpha}_2, \\ \boldsymbol{\beta}_3 = \boldsymbol{\alpha}_1 + \boldsymbol{\alpha}_2 + 2\boldsymbol{\alpha}_3 + \boldsymbol{\alpha}_4, \\ \boldsymbol{\beta}_4 = \boldsymbol{\alpha}_2 + \boldsymbol{\alpha}_3 + \boldsymbol{\alpha}_4, \end{cases}$ 故

$$(\boldsymbol{\beta}_1, \boldsymbol{\beta}_2, \boldsymbol{\beta}_3, \boldsymbol{\beta}_4) = (\boldsymbol{\alpha}_1, \boldsymbol{\alpha}_2, \boldsymbol{\alpha}_3, \boldsymbol{\alpha}_4)\begin{bmatrix} 1 & -1 & 1 & 0 \\ 1 & 1 & 1 & 1 \\ -1 & 0 & 2 & 1 \\ 1 & 0 & 1 & 1 \end{bmatrix}$$

因而 $\boldsymbol{A}=\begin{bmatrix}1 & -1 & 1 & 0\\ 1 & 1 & 1 & 1\\ -1 & 0 & 2 & 1\\ 1 & 0 & 1 & 1\end{bmatrix}$即为所求.

(2) 因$(\boldsymbol{\alpha}_1,\boldsymbol{\alpha}_2,\boldsymbol{\alpha}_3,\boldsymbol{\alpha}_4)\cdot\boldsymbol{A}=(\boldsymbol{\beta}_1,\boldsymbol{\beta}_2,\boldsymbol{\beta}_3,\boldsymbol{\beta}_4)$,故

$$\boldsymbol{A}=(\boldsymbol{\alpha}_1,\boldsymbol{\alpha}_2,\boldsymbol{\alpha}_3,\boldsymbol{\alpha}_4)^{-1}(\boldsymbol{\beta}_1,\boldsymbol{\beta}_2,\boldsymbol{\beta}_3,\boldsymbol{\beta}_4)$$

有

$$\left[\begin{array}{cccc:cccc}1 & 1 & 1 & 1 & 1 & 1 & -1 & -1\\ 1 & 1 & -1 & -1 & -1 & 2 & 2 & -1\\ 1 & -1 & 1 & -1 & 1 & -1 & 1 & 0\\ 1 & -1 & -1 & 1 & 1 & 0 & 1 & 1\end{array}\right]$$

$$\rightarrow\left[\begin{array}{cccc:cccc}1 & 0 & 0 & 0 & \frac{1}{2} & \frac{1}{2} & \frac{3}{4} & -\frac{1}{4}\\ 0 & 1 & 0 & 0 & -\frac{1}{2} & 1 & -\frac{1}{4} & -\frac{3}{4}\\ 0 & 0 & 1 & 0 & \frac{1}{2} & -\frac{1}{2} & -\frac{3}{4} & -\frac{1}{4}\\ 0 & 0 & 0 & 1 & \frac{1}{2} & 0 & -\frac{3}{4} & \frac{1}{4}\end{array}\right]$$

因而 $\boldsymbol{A}=\begin{bmatrix}\frac{1}{2} & \frac{1}{2} & \frac{3}{4} & -\frac{1}{4}\\ -\frac{1}{2} & 1 & -\frac{1}{4} & -\frac{3}{4}\\ \frac{1}{2} & -\frac{1}{2} & -\frac{3}{4} & -\frac{1}{4}\\ \frac{1}{2} & 0 & -\frac{3}{4} & \frac{1}{4}\end{bmatrix}$即为所有.

4. 设$\{\boldsymbol{\alpha}_1,\boldsymbol{\alpha}_2,\boldsymbol{\alpha}_3\}$及$\{\boldsymbol{\beta}_1,\boldsymbol{\beta}_2,\boldsymbol{\beta}_3\}$为 $\mathbf{R}^3$ 的两个基,且由$\{\boldsymbol{\alpha}_1,\boldsymbol{\alpha}_2,\boldsymbol{\alpha}_3\}$到$\{\boldsymbol{\beta}_1,\boldsymbol{\beta}_2,\boldsymbol{\beta}_3\}$的转移矩阵为 $\boldsymbol{A}=\begin{bmatrix}1 & 2 & 1\\ 0 & 1 & 2\\ 1 & -1 & 1\end{bmatrix}$.

(1) 求$\{\boldsymbol{\beta}_1,\boldsymbol{\beta}_2,\boldsymbol{\beta}_3\}$到$\{\boldsymbol{\alpha}_1,\boldsymbol{\alpha}_2,\boldsymbol{\alpha}_3\}$的转移矩阵 $\boldsymbol{B}$;

(2) 若 $\boldsymbol{\alpha}$ 在基$\{\boldsymbol{\beta}_1,\boldsymbol{\beta}_2,\boldsymbol{\beta}_3\}$下的坐标向量为$(2,3,1)^T$,求 $\boldsymbol{\alpha}$ 在基$\{\boldsymbol{\alpha}_1,\boldsymbol{\alpha}_2,\boldsymbol{\alpha}_3\}$下的坐标向量;

(3) 若 $\boldsymbol{\beta}_1=(1,1,1)^T$,$\boldsymbol{\beta}_2=(0,1,2)^T$,$\boldsymbol{\beta}_3=(0,0,1)^T$,求 $\boldsymbol{\alpha}_1$,$\boldsymbol{\alpha}_2$及 $\boldsymbol{\alpha}_3$.

解 (1) $\boldsymbol{B}=\boldsymbol{A}^{-1}=\begin{bmatrix}\frac{1}{2} & -\frac{1}{2} & \frac{1}{2}\\ \frac{1}{3} & 0 & -\frac{1}{3}\\ -\frac{1}{6} & \frac{1}{2} & \frac{1}{6}\end{bmatrix}$.

(2) $[\boldsymbol{\alpha}]=\begin{bmatrix}1 & 2 & 1\\ 0 & 1 & 2\\ 1 & -1 & 1\end{bmatrix}\cdot\begin{bmatrix}2\\3\\1\end{bmatrix}=\begin{bmatrix}9\\5\\0\end{bmatrix}$.

(3) 由

$$(\boldsymbol{\alpha}_1,\boldsymbol{\alpha}_2,\boldsymbol{\alpha}_3)=(\boldsymbol{\beta}_1,\boldsymbol{\beta}_2,\boldsymbol{\beta}_3)\cdot\boldsymbol{B}=\begin{bmatrix}1 & 0 & 0\\ 1 & 1 & 0\\ 1 & 2 & 1\end{bmatrix}\cdot\begin{bmatrix}\frac{1}{2} & -\frac{1}{2} & \frac{1}{2}\\ \frac{1}{3} & 0 & -\frac{1}{3}\\ -\frac{1}{6} & \frac{1}{2} & \frac{1}{6}\end{bmatrix}$$

$$=\frac{1}{6}\begin{bmatrix}3 & -3 & 3\\ 5 & -3 & 1\\ 6 & 0 & 0\end{bmatrix}$$

故 $\boldsymbol{\alpha}_1=\frac{1}{6}(3,5,6)^T$，$\boldsymbol{\alpha}_2=\frac{1}{6}(-3,-3,0)^T$，$\boldsymbol{\alpha}_3=\frac{1}{6}(3,1,0)^T$.

5. 已知 $\mathbf{R}^4$ 中向量 $\boldsymbol{\alpha}_1=(1,1,3,-2)^T$，$\boldsymbol{\alpha}_2=(-2,3,0,-1)^T$，$\boldsymbol{\alpha}_3=(1,-1,1,1)^T$，$\boldsymbol{\alpha}_4=(1,4,7,-4)^T$，求 $L(\boldsymbol{\alpha}_1,\boldsymbol{\alpha}_2,\boldsymbol{\alpha}_3,\boldsymbol{\alpha}_4)$ 的一个基及其维数.

解 由

$$\begin{bmatrix}1 & -2 & 1 & 1\\ 1 & 3 & -1 & 4\\ 3 & 0 & 1 & 7\\ -2 & -1 & 1 & -4\end{bmatrix}\to\begin{bmatrix}1 & -2 & 1 & 1\\ 0 & 5 & -2 & 3\\ 0 & 6 & -2 & 4\\ 0 & -5 & 3 & -2\end{bmatrix}\to\begin{bmatrix}1 & -2 & 1 & 1\\ 0 & 5 & -2 & 3\\ 0 & 0 & \frac{2}{5} & \frac{2}{5}\\ 0 & 0 & 1 & 1\end{bmatrix}\to\begin{bmatrix}1 & -2 & 1 & 1\\ 0 & 5 & -2 & 3\\ 0 & 0 & 1 & 1\\ 0 & 0 & 0 & 0\end{bmatrix}$$

得 $r=3$，故 $L(\boldsymbol{\alpha}_1,\boldsymbol{\alpha}_2,\boldsymbol{\alpha}_3,\boldsymbol{\alpha}_4)$ 的一个基为 $\{\boldsymbol{\alpha}_1,\boldsymbol{\alpha}_2,\boldsymbol{\alpha}_3\}$，$\dim V=3$.

6. 确定齐次线性方程组 $\begin{cases}x_1+2x_2+3x_3-x_4=0,\\ 2x_1+3x_2-x_3+2x_4-0,\\ 7x_1+12x_2+7x_3+x_4=0\end{cases}$ 解空间的一个基及维数.

解 由

$$\begin{bmatrix}1&2&3&-1\\2&3&-1&2\\7&12&7&1\end{bmatrix}\to\begin{bmatrix}1&2&3&-1\\0&-1&-7&4\\0&-2&-14&8\end{bmatrix}\to\begin{bmatrix}1&2&3&-1\\0&1&7&-4\\0&0&0&0\end{bmatrix}$$

$$\to\begin{bmatrix}1&0&-11&7\\0&1&7&-4\\0&0&0&0\end{bmatrix}$$

得基础解系为$\boldsymbol{\alpha}_1=\begin{bmatrix}11\\-7\\1\\0\end{bmatrix}$,$\boldsymbol{\alpha}_2=\begin{bmatrix}-7\\4\\0\\1\end{bmatrix}$,故解空间的一个基为$\{\boldsymbol{\alpha}_1,\boldsymbol{\alpha}_2\}$,维数为2.

7. 设$\mathbf{R}^3$的某线性变换τ定义如下:$\tau((x,y,z)^T)=(3x,4x-y,2x+3y-z)^T$.

(1) 求τ在基$\{\boldsymbol{\varepsilon}_1=(1,0,0)^T,\boldsymbol{\varepsilon}_2=(0,1,0)^T,\boldsymbol{\varepsilon}_3=(0,0,1)^T\}$下的矩阵;

(2) 求τ在$\mathbf{R}^3$中另一个基$\{\boldsymbol{\alpha}_1=(1,1,1)^T,\boldsymbol{\alpha}_2=(0,1,1)^T,\boldsymbol{\alpha}_3=(0,0,1)^T\}$下的矩阵,并求$\boldsymbol{\alpha}=(3,-1,2)^T$在$\tau$下的像$\tau(\boldsymbol{\alpha})$关于基$\{\boldsymbol{\alpha}_1,\boldsymbol{\alpha}_2,\boldsymbol{\alpha}_3\}$的坐标向量.

解　(1) 由

$$\tau(\boldsymbol{\varepsilon}_1)=(3,4,2)^T=3\boldsymbol{\varepsilon}_1+4\boldsymbol{\varepsilon}_2+2\boldsymbol{\varepsilon}_3$$
$$\tau(\boldsymbol{\varepsilon}_2)=(0,-1,3)^T=-\boldsymbol{\varepsilon}_2+3\boldsymbol{\varepsilon}_3$$
$$\tau(\boldsymbol{\varepsilon}_3)=(0,0,-1)^T=-\boldsymbol{\varepsilon}_3$$

得$\mathbf{A}=\begin{bmatrix}3&0&0\\4&-1&0\\2&3&-1\end{bmatrix}$.

(2) 由

$$\tau(\boldsymbol{\alpha}_1)=(3,3,4)^T=3\boldsymbol{\alpha}_1+\boldsymbol{\alpha}_3$$
$$\tau(\boldsymbol{\alpha}_2)=(0,-1,2)^T=-\boldsymbol{\alpha}_2+3\boldsymbol{\alpha}_3$$
$$\tau(\boldsymbol{\alpha}_3)=(0,0,-1)^T=-\boldsymbol{\alpha}_3$$

得$\mathbf{A}=\begin{bmatrix}3&0&0\\0&-1&0\\1&3&-1\end{bmatrix}$.

由

$$\boldsymbol{\alpha}=(3,-1,2)^T=3\boldsymbol{\alpha}_1-4\boldsymbol{\alpha}_2+3\boldsymbol{\alpha}_3$$

故$[\boldsymbol{\alpha}]=(3,-4,3)^T$.则

$$[\tau(\boldsymbol{\alpha})]=\mathbf{A}\cdot\begin{bmatrix}3\\-4\\3\end{bmatrix}=\begin{bmatrix}3&0&0\\0&-1&0\\1&3&-1\end{bmatrix}\begin{bmatrix}3\\-4\\3\end{bmatrix}=\begin{bmatrix}9\\4\\-12\end{bmatrix}$$

8. 设 $\mathbf{R}^3$ 的某线性变换 τ 在基$\{\boldsymbol{\alpha}_1=(1,0,-1)^T,\boldsymbol{\alpha}_2=(-1,2,1)^T,\boldsymbol{\alpha}_3=(0,1,1)^T\}$ 下的矩阵为$\boldsymbol{A}=\begin{bmatrix}1&2&3\\-2&1&0\\1&-1&2\end{bmatrix}$,求$\tau$在基$\{\boldsymbol{\varepsilon}_1,\boldsymbol{\varepsilon}_2,\boldsymbol{\varepsilon}_3\}$(见7(1))下的矩阵.

解　设τ在基$\{\boldsymbol{\varepsilon}_1,\boldsymbol{\varepsilon}_2,\boldsymbol{\varepsilon}_3\}$下的矩阵为$\boldsymbol{B}$,由$\{\boldsymbol{\varepsilon}_1,\boldsymbol{\varepsilon}_2,\boldsymbol{\varepsilon}_3\}$到$\{\boldsymbol{\alpha}_1,\boldsymbol{\alpha}_2,\boldsymbol{\alpha}_3\}$的转移矩阵为$\begin{bmatrix}1&-1&0\\0&2&1\\-1&1&1\end{bmatrix}$,故$\{\boldsymbol{\alpha}_1,\boldsymbol{\alpha}_2,\boldsymbol{\alpha}_3\}$到$\{\boldsymbol{\varepsilon}_1,\boldsymbol{\varepsilon}_2,\boldsymbol{\varepsilon}_3\}$的转移矩阵为

$$\boldsymbol{P}=\begin{bmatrix}1&-1&0\\0&2&1\\-1&1&1\end{bmatrix}^{-1}=\begin{bmatrix}\frac{1}{2}&\frac{1}{2}&-\frac{1}{2}\\-\frac{1}{2}&\frac{1}{2}&-\frac{1}{2}\\1&0&1\end{bmatrix}$$

所以

$$\boldsymbol{B}=\boldsymbol{P}^{-1}\boldsymbol{A}\boldsymbol{P}=\begin{bmatrix}1&-1&0\\0&2&1\\-1&1&1\end{bmatrix}\begin{bmatrix}1&2&3\\-2&1&0\\1&-1&2\end{bmatrix}\begin{bmatrix}\frac{1}{2}&\frac{1}{2}&-\frac{1}{2}\\-\frac{1}{2}&\frac{1}{2}&-\frac{1}{2}\\1&0&1\end{bmatrix}=\begin{bmatrix}4&2&1\\0&-1&3\\-1&-2&1\end{bmatrix}$$

9. 若四维线性空间V的线性变换τ在基$\{\boldsymbol{\alpha}_1,\boldsymbol{\alpha}_2,\boldsymbol{\alpha}_3,\boldsymbol{\alpha}_4\}$下的矩阵为

$$\boldsymbol{A}=\begin{bmatrix}a_{11}&a_{12}&a_{13}&a_{14}\\a_{21}&a_{22}&a_{23}&a_{24}\\a_{31}&a_{32}&a_{33}&a_{34}\\a_{41}&a_{42}&a_{43}&a_{44}\end{bmatrix}$$

(1) 求τ在基$\{\boldsymbol{\beta}_1=\boldsymbol{\alpha}_1+\boldsymbol{\alpha}_2+\boldsymbol{\alpha}_3+\boldsymbol{\alpha}_4,\boldsymbol{\beta}_2=\boldsymbol{\alpha}_2+\boldsymbol{\alpha}_3+\boldsymbol{\alpha}_4,\boldsymbol{\beta}_3=\boldsymbol{\alpha}_3+\boldsymbol{\alpha}_4,\boldsymbol{\beta}_4=\boldsymbol{\alpha}_4\}$下的矩阵;

(2) 若向量$\boldsymbol{\alpha}$关于基$\{\boldsymbol{\alpha}_1,\boldsymbol{\alpha}_2,\boldsymbol{\alpha}_3,\boldsymbol{\alpha}_4\}$的坐标向量为$[\boldsymbol{\alpha}]=(x_1,x_2,x_3,x_4)^T$,求$\tau(\boldsymbol{\alpha})$在基$\{\boldsymbol{\beta}_1,\boldsymbol{\beta}_2,\boldsymbol{\beta}_3,\boldsymbol{\beta}_4\}$下的坐标向量.

解　(1) $\begin{cases}\boldsymbol{\beta}_1=\boldsymbol{\alpha}_1+\boldsymbol{\alpha}_2+\boldsymbol{\alpha}_3+\boldsymbol{\alpha}_4,\\\boldsymbol{\beta}_2=\boldsymbol{\alpha}_2+\boldsymbol{\alpha}_3+\boldsymbol{\alpha}_4,\\\boldsymbol{\beta}_3=\boldsymbol{\alpha}_3+\boldsymbol{\alpha}_4,\\\boldsymbol{\beta}_4=\boldsymbol{\alpha}_4,\end{cases}$　故由基$\{\boldsymbol{\alpha}_1,\boldsymbol{\alpha}_2,\boldsymbol{\alpha}_3,\boldsymbol{\alpha}_4\}$到基$\{\boldsymbol{\beta}_1,\boldsymbol{\beta}_2,\boldsymbol{\beta}_3,\boldsymbol{\beta}_4\}$

的转移矩阵为 $\boldsymbol{P}=\begin{bmatrix}1&0&0&0\\1&1&0&0\\1&1&1&0\\1&1&1&1\end{bmatrix}$. 所以 τ 在基 $\{\boldsymbol{\beta}_1,\boldsymbol{\beta}_2,\boldsymbol{\beta}_3,\boldsymbol{\beta}_4\}$ 下的矩阵

$$\boldsymbol{B}=\boldsymbol{P}^{-1}\boldsymbol{AP}=\begin{bmatrix}1&0&0&0\\1&1&0&0\\1&1&1&0\\1&1&1&1\end{bmatrix}^{-1}\begin{bmatrix}a_{11}&a_{12}&a_{13}&a_{14}\\a_{21}&a_{22}&a_{23}&a_{24}\\a_{31}&a_{32}&a_{33}&a_{34}\\a_{41}&a_{42}&a_{43}&a_{44}\end{bmatrix}\begin{bmatrix}1&0&0&0\\1&1&0&0\\1&1&1&0\\1&1&1&1\end{bmatrix}$$

$$=\begin{bmatrix}\sum\limits_{j=1}^{4}a_{1j}&\sum\limits_{j=2}^{4}a_{1j}&\sum\limits_{j=3}^{4}a_{1j}&a_{14}\\\sum\limits_{j=1}^{4}(a_{2j}-a_{1j})&\sum\limits_{j=2}^{4}(a_{2j}-a_{1j})&\sum\limits_{j=3}^{4}(a_{2j}-a_{1j})&a_{24}-a_{14}\\\sum\limits_{j=1}^{4}(a_{3j}-a_{2j})&\sum\limits_{j=2}^{4}(a_{3j}-a_{2j})&\sum\limits_{j=3}^{4}(a_{3j}-a_{2j})&a_{34}-a_{24}\\\sum\limits_{j=1}^{4}(a_{4j}-a_{3j})&\sum\limits_{j=2}^{4}(a_{4j}-a_{3j})&\sum\limits_{j=3}^{4}(a_{4j}-a_{3j})&a_{44}-a_{34}\end{bmatrix}$$

(2) 因 $\boldsymbol{\alpha}$ 在基 $\{\boldsymbol{\alpha}_1,\boldsymbol{\alpha}_2,\boldsymbol{\alpha}_3,\boldsymbol{\alpha}_4\}$ 下坐标向量为 $(x_1,x_2,x_3,x_4)^T$, 故 $\tau(\boldsymbol{\alpha})$ 在基 $\{\boldsymbol{\alpha}_1,\boldsymbol{\alpha}_2,\boldsymbol{\alpha}_3,\boldsymbol{\alpha}_4\}$ 下坐标向量为 $\boldsymbol{A}(x_1,x_2,x_3,x_4)^T$. 所以 $\tau(\boldsymbol{\alpha})$ 在基 $\{\boldsymbol{\beta}_1,\boldsymbol{\beta}_2,\boldsymbol{\beta}_3,\boldsymbol{\beta}_4\}$ 下坐标向量为

$$\boldsymbol{P}^{-1}\cdot\boldsymbol{A}\cdot(x_1,x_2,x_3,x_4)^T$$

$$=\begin{bmatrix}1&0&0&0\\-1&1&0&0\\0&-1&1&0\\0&0&-1&1\end{bmatrix}\begin{bmatrix}a_{11}&a_{12}&a_{13}&a_{14}\\a_{21}&a_{22}&a_{23}&a_{24}\\a_{31}&a_{32}&a_{33}&a_{34}\\a_{41}&a_{42}&a_{43}&a_{44}\end{bmatrix}\begin{bmatrix}x_1\\x_2\\x_3\\x_4\end{bmatrix}$$

$$=\begin{bmatrix}a_{11}x_1+a_{12}x_2+a_{13}x_3+a_{14}x_4\\(a_{21}-a_{11})x_1+(a_{22}-a_{12})x_2+(a_{23}-a_{13})x_3+(a_{24}-a_{14})x_4\\(a_{31}-a_{21})x_1+(a_{32}-a_{22})x_2+(a_{33}-a_{23})x_3+(a_{34}-a_{24})x_4\\(a_{41}-a_{31})x_1+(a_{42}-a_{32})x_2+(a_{43}-a_{33})x_3+(a_{44}-a_{34})x_4\end{bmatrix}$$

10. 设 τ 为 $\mathbf{R}^3$ 的一个线性变换, 向量组 $\{\boldsymbol{\alpha}_1=(1,1,1)^T,\boldsymbol{\alpha}_2=(0,1,1)^T,\boldsymbol{\alpha}_3=(0,0,1)^T\}$ 为 $\mathbf{R}^3$ 的一个基. 已知 $\tau(\boldsymbol{\alpha}_1)=(1,3,-1)^T,\tau(\boldsymbol{\alpha}_2)=(4,2,1)^T,\tau(\boldsymbol{\alpha}_3)=(0,-2,1)^T$.

(1) 求 τ;

(2) 求 τ 在基 $\{\boldsymbol{\alpha}_1,\boldsymbol{\alpha}_2,\boldsymbol{\alpha}_3\}$ 及基 $\{\boldsymbol{\varepsilon}_1,\boldsymbol{\varepsilon}_2,\boldsymbol{\varepsilon}_3\}$ 下的矩阵.

解　先求 τ 在基 $\{\boldsymbol{\alpha}_1,\boldsymbol{\alpha}_2,\boldsymbol{\alpha}_3\}$ 下的矩阵 $\boldsymbol{A}$：由

$$\tau(\boldsymbol{\alpha}_1)=\begin{pmatrix}1\\3\\-1\end{pmatrix}=\boldsymbol{\alpha}_1+2\boldsymbol{\alpha}_2-4\boldsymbol{\alpha}_3$$

$$\tau(\boldsymbol{\alpha}_2)=\begin{pmatrix}4\\2\\1\end{pmatrix}=4\boldsymbol{\alpha}_1-2\boldsymbol{\alpha}_2-\boldsymbol{\alpha}_3$$

$$\tau(\boldsymbol{\alpha}_3)=\begin{pmatrix}0\\-2\\1\end{pmatrix}=0\boldsymbol{\alpha}_1-2\boldsymbol{\alpha}_2+3\boldsymbol{\alpha}_3$$

故 τ 在基 $\{\boldsymbol{\alpha}_1,\boldsymbol{\alpha}_2,\boldsymbol{\alpha}_3\}$ 下的矩阵 $\boldsymbol{A}=\begin{bmatrix}1&4&0\\2&-2&-2\\-4&-1&3\end{bmatrix}$.

再求 τ 在基 $\{\boldsymbol{\varepsilon}_1,\boldsymbol{\varepsilon}_2,\boldsymbol{\varepsilon}_3\}$ 下的矩阵 $\boldsymbol{B}$：由 $\{\boldsymbol{\alpha}_1,\boldsymbol{\alpha}_2,\boldsymbol{\alpha}_3\}$ 到 $\{\boldsymbol{\varepsilon}_1,\boldsymbol{\varepsilon}_2,\boldsymbol{\varepsilon}_3\}$ 的转移矩阵

$$\boldsymbol{P}=\begin{bmatrix}1&0&0\\1&1&0\\1&1&1\end{bmatrix}^{-1}=\begin{bmatrix}1&0&0\\-1&1&0\\0&-1&1\end{bmatrix}$$

故 τ 在基 $\{\boldsymbol{\varepsilon}_1,\boldsymbol{\varepsilon}_2,\boldsymbol{\varepsilon}_3\}$ 下的矩阵

$$\boldsymbol{B}=\boldsymbol{P}^{-1}\boldsymbol{A}\boldsymbol{P}=\begin{bmatrix}1&0&0\\1&1&0\\1&1&1\end{bmatrix}\begin{bmatrix}1&4&0\\2&-2&-2\\-4&-1&3\end{bmatrix}\begin{bmatrix}1&0&0\\-1&1&0\\0&-1&1\end{bmatrix}=\begin{bmatrix}-3&4&0\\1&4&-2\\-2&0&1\end{bmatrix}$$

设 $\boldsymbol{\alpha}=(x,y,z)^T$ 是 $\mathbf{R}^3$ 中任意向量，则 $\boldsymbol{\alpha}$ 在自然基 $\{\boldsymbol{\varepsilon}_1,\boldsymbol{\varepsilon}_2,\boldsymbol{\varepsilon}_3\}$ 下的坐标向量为 $(x,y,z)^T$，$\tau(\boldsymbol{\alpha})$ 在自然基 $\{\boldsymbol{\varepsilon}_1,\boldsymbol{\varepsilon}_2,\boldsymbol{\varepsilon}_3\}$ 下的坐标向量

$$[\tau(\boldsymbol{\alpha})]=\boldsymbol{B}(x,y,z)^T=\begin{bmatrix}-3&4&0\\1&4&-2\\-2&0&1\end{bmatrix}\begin{bmatrix}x\\y\\z\end{bmatrix}=\begin{bmatrix}-3x+4y\\x+4y-2z\\-2x+z\end{bmatrix}$$

故 $\tau((x,y,z)^T)=(-3x+4y,x+4y-2z,-2x+z)^T$.

11. 设 σ,τ 为 $\mathbf{R}^2$ 的两个线性变换，其定义如下：

$$\sigma((x,y)^T)=(0,x)^T,\tau((x,y)^T)=(x,0)^T,\quad \forall (x,y)^T\in\mathbf{R}^2$$

求它们的积 $\sigma\tau$ 及 $\tau\sigma$，并求 τ^2 及 σ^2.

解　根据题意，有

$$(\sigma\tau)((x,y)^T)=\sigma[\tau((x,y)^T)]=\sigma((x,0)^T)=(0,x)^T$$

$$(\tau\sigma)((x,y)^T)=\tau[\sigma((x,y)^T)]=\tau((0,x)^T)=(0,0)^T$$

$$\tau^2((x,y)^T)=\tau[\tau((x,y)^T)]=\tau((x,0)^T)=(x,0)^T$$

$$\sigma^2((x,y)^T)=\sigma[\sigma((x,y)^T)]=\sigma((0,x)^T)=(0,0)^T$$

12. 取 $\mathbf{R}^3$ 的一个基 $\{\boldsymbol{\alpha}_1,\boldsymbol{\alpha}_2,\boldsymbol{\alpha}_3\}$，设 $\mathbf{R}^3$ 的两个线性变换 σ,τ 在该基下的矩阵分别为 $\boldsymbol{A}=\begin{bmatrix}1&2&3\\-1&2&0\\2&3&4\end{bmatrix}$，$\boldsymbol{B}=\begin{bmatrix}-2&1&-3\\2&1&1\\-4&-1&2\end{bmatrix}$，求 $\sigma\tau,\tau\sigma,\sigma+\tau,5\sigma,-4\tau$ 以及 $5\sigma-4\tau$ 在该基下的矩阵.

解　$\sigma\tau$ 在该基下的矩阵为

$$\boldsymbol{AB}=\begin{bmatrix}1&2&3\\-1&2&0\\2&3&4\end{bmatrix}\cdot\begin{bmatrix}-2&1&-3\\2&1&1\\-4&-1&2\end{bmatrix}=\begin{bmatrix}-10&0&5\\6&1&5\\-14&1&5\end{bmatrix}$$

$\tau\sigma$ 在该基下的矩阵为 $\boldsymbol{BA}=\begin{bmatrix}-9&-11&-18\\3&9&10\\1&-4&-4\end{bmatrix}$；

$\sigma+\tau$ 在该基下的矩阵为 $\boldsymbol{A}+\boldsymbol{B}=\begin{bmatrix}-1&3&0\\1&3&1\\-2&2&6\end{bmatrix}$；

5σ 在该基下的矩阵为 $5\boldsymbol{A}=\begin{bmatrix}5&10&15\\-5&10&0\\10&15&20\end{bmatrix}$；

-4τ 在该基下的矩阵为 $-4\boldsymbol{B}=\begin{bmatrix}8&-4&12\\-8&-4&-4\\16&4&-8\end{bmatrix}$；

$5\sigma-4\tau$ 在该基下的矩阵为 $5\boldsymbol{A}-4\boldsymbol{B}=\begin{bmatrix}13&6&27\\-13&6&-4\\26&19&12\end{bmatrix}$.

四、证明题

1. 设 $\boldsymbol{K}=\mathbf{R}$，$V$ 为全部实函数构成的集合，验证 V 为关于通常的函数加法及数与函数的乘法运算构成 $\boldsymbol{K}$ 上的线性空间.

证　如果 $f,g\in V$，显然有 $f+g\in V$，且 $kf\in V(k\in\mathbf{R})$，因此对定义的加法与数乘是封闭的. 且满足

(1) 零向量存在，为常值函数 0，有 $0+f=f+0=f$；

(2) 对 V 中任意函数 f,g，有 $f+g=g+f$；

(3) 对 V 中任意函数 f,g,h，有 $(f+g)+h=f+(g+h)$；

(4) 对 V 中任意函数 f，存在其负元 $-f$，有 $f+(-f)=0$；

(5) 对 V 中任意函数 f,g,$\mathbf{K}$ 中任意数 k,有 $k(f+g)=kf+kg$;

(6) 对 V 中任意函数 f,$\mathbf{K}$ 中任意数 k,l,有 $(k+l)f=kf+lf$;

(7) 对 V 中任意函数 f,$\mathbf{K}$ 中任意数 k,l,有 $(kl)f=k(lf)$;

(8) 对 V 中任意函数 f,$\mathbf{K}$ 中的单位元 1,有 $1\cdot f=f$.

故 V 关于所定义的运算构成向量空间.

2. 在向量空间 V 中,证明: $\forall \boldsymbol{\alpha},\boldsymbol{\beta},\boldsymbol{\gamma}\in V,k\in\mathbf{K}$,下述成立:

(1) $k\cdot\mathbf{0}=\mathbf{0}$;

(2) $(-k)\boldsymbol{\alpha}=k(-\boldsymbol{\alpha})=-k\boldsymbol{\alpha}$;

(3) 若 $\boldsymbol{\alpha}+\boldsymbol{\beta}=\boldsymbol{\alpha}+\boldsymbol{\gamma}$,则 $\boldsymbol{\beta}=\boldsymbol{\gamma}$.

证　(1) 由 $k(\mathbf{0}+\boldsymbol{\alpha})=k\boldsymbol{\alpha}$,故 $k\mathbf{0}+k\boldsymbol{\alpha}=k\boldsymbol{\alpha}$. 从而 $k\cdot\mathbf{0}=\mathbf{0}$.

(2) 由 $k(-\boldsymbol{\alpha})+k\boldsymbol{\alpha}=k(-\boldsymbol{\alpha}+\boldsymbol{\alpha})=k\cdot\mathbf{0}=\mathbf{0}$,故 $k(-\boldsymbol{\alpha})=-k\boldsymbol{\alpha}$. 且

$$(-k)\boldsymbol{\alpha}=(-1)\cdot k\cdot\boldsymbol{\alpha}=-k\boldsymbol{\alpha}$$

从而 $(-k)\boldsymbol{\alpha}=k(-\boldsymbol{\alpha})=-k\boldsymbol{\alpha}$.

(3) 由 $\boldsymbol{\alpha}+\boldsymbol{\beta}=\boldsymbol{\alpha}+\boldsymbol{\gamma}$,故

$$-\boldsymbol{\alpha}+\boldsymbol{\alpha}+\boldsymbol{\beta}=-\boldsymbol{\alpha}+\boldsymbol{\alpha}+\boldsymbol{\gamma}$$

从而 $\boldsymbol{\beta}=\boldsymbol{\gamma}$.

3. 设 $\boldsymbol{K}=\mathbf{R}$,验证 n 元齐次线性方程组 $\boldsymbol{Ax}=\mathbf{0}$ 的解的集合 W 为 $\mathbf{R}^n$ 的子空间.

证　显然 W 为 $\mathbf{R}^n$ 的非空子集.

又因为如果 $\boldsymbol{x}\in W,\boldsymbol{y}\in W$,则有

$$\boldsymbol{A}(\boldsymbol{x}+\boldsymbol{y})=\boldsymbol{Ax}+\boldsymbol{Ay}=\mathbf{0},\boldsymbol{A}(k\boldsymbol{x})=k\boldsymbol{Ax}=\mathbf{0}$$

所以 W 关于 $\mathbf{R}^n$ 的加法和数乘封闭,从而 W 为 $\mathbf{R}^n$ 的子空间.

4. 设 τ 为 V 的一个线性变换,若有非零向量 $\boldsymbol{\alpha}\in V$,及 $\lambda\in\mathbf{K}$,使得 $\tau(\boldsymbol{\alpha})=\lambda\boldsymbol{\alpha}$,则称 $\boldsymbol{\alpha}$ 为 τ 的属于特征值 λ 的一个特征向量,证明:

(1) 属于 λ 的所有特征向量及零向量全体构成的集合 V_λ 为 V 的一个子空间,称为 V 的特征子空间;

(2) 若 V_λ,V_μ 分别为由 τ 的不同特征值 λ 和 μ 决定的两个特征子空间,则 $V_\lambda\cap V_\mu=\{\mathbf{0}\}$.

证　(1) 显然 V_λ 非空.

若 $\boldsymbol{\alpha},\boldsymbol{\beta}\in V_\lambda$,则 $\tau(\boldsymbol{\alpha})=\lambda\boldsymbol{\alpha},\tau(\boldsymbol{\beta})=\lambda\boldsymbol{\beta}$. 故

$$\tau(\boldsymbol{\alpha}+\boldsymbol{\beta})=\tau(\boldsymbol{\alpha})+\tau(\boldsymbol{\beta})=\lambda\boldsymbol{\alpha}+\lambda\boldsymbol{\beta}=\lambda(\boldsymbol{\alpha}+\boldsymbol{\beta})$$

于是 $\boldsymbol{\alpha}+\boldsymbol{\beta}\in V_\lambda$,即对加法封闭.

设 $k\in\boldsymbol{K}$,则

$$\tau(k\boldsymbol{\alpha})=k\tau(\boldsymbol{\alpha})=k(\lambda\boldsymbol{\alpha})=\lambda(k\boldsymbol{\alpha})$$

于是 $k\boldsymbol{\alpha} \in V_\lambda$，即对数乘封闭.

所以 V_λ 为 V 的子空间.

(2) 设 $\boldsymbol{\alpha} \in V_\lambda \cap V_\mu$，有

$$\tau(\boldsymbol{\alpha}) = \lambda\boldsymbol{\alpha}, \tau(\boldsymbol{\alpha}) = \mu\boldsymbol{\alpha}$$

则 $\lambda\boldsymbol{\alpha} = \mu\boldsymbol{\alpha}$，得 $(\lambda-\mu)\boldsymbol{\alpha} = \mathbf{0}$. 因 $\lambda \neq \mu$，故 $\boldsymbol{\alpha} = \mathbf{0}$.

第七章　线性规划

三、计算题

1. 将下列线性规划问题化成标准形式.

(1) $\max f = x_1 + x_2 - 2x_3$,

$$s.t.\begin{cases}2x_1 - x_2 + 3x_3 \leqslant 10,\\ x_1 + 2x_2 - 2x_3 \geqslant 6,\\ x_j \geqslant 0,\quad j = 1,2,3.\end{cases}$$

解　令 $f' = -f$，引进非负松弛变量 y_1, y_2，可将原线性规划问题化为如下标准形式:

$\min f' = -x_1 - x_2 + 2x_3$,

$$s.t.\begin{cases}2x_1 - x_2 + 3x_3 + y_1 = 10,\\ x_1 + 2x_2 - 2x_3 - y_2 = 6,\\ x_1 \geqslant 0, x_2 \geqslant 0, x_3 \geqslant 0, y_1 \geqslant 0, y_2 \geqslant 0.\end{cases}$$

(2) $\min f = -2x_1 + 3x_2$,

$$s.t.\begin{cases}x_1 + 2x_2 - x_3 \geqslant 5,\\ 2x_1 + x_3 \leqslant 8,\\ x_j \geqslant 0,\quad j = 1,2,3.\end{cases}$$

解　引进非负松弛变量 y_1, y_2，可将原线性规划问题化为如下标准形式:

$\min f = -2x_1 + 3x_2$,

$$s.t.\begin{cases}x_1 + 2x_2 - x_3 - y_1 = 5,\\ 2x_1 + x_3 + y_2 = 8,\\ x_1 \geqslant 0, x_2 \geqslant 0, x_3 \geqslant 0, y_1 \geqslant 0, y_2 \geqslant 0.\end{cases}$$

(3) $\max f = 3x_1 - x_2$,

$$s.t.\begin{cases}x_1-x_2\leqslant -2,\\ 2x_1+x_2\geqslant 4,\\ x_1\geqslant 0.\end{cases}$$

解 令 $f'=-f$,$x_2=y_1-y_2$,$y_1\geqslant 0$,$y_2\geqslant 0$,引进非负松弛变量 y_3,y_4,可将原线性规划问题化成如下标准形式:

$$\min f'=-3x_1+y_1-y_2,$$

$$s.t.\begin{cases}-x_1+y_1-y_2-y_3=2,\\ 2x_1+y_1-y_2-y_4=4,\\ x_1\geqslant 0,y_1\geqslant 0,y_2\geqslant 0,y_3\geqslant 0,y_4\geqslant 0.\end{cases}$$

(4) $\min f=c_1x_1+c_2x_2$,

$$s.t.\begin{cases}a_{11}x_1+a_{12}x_2\leqslant b_1,\\ a_{21}x_1+a_{22}x_2\leqslant b_2,\\ b_1>0,b_2<0.\end{cases}$$

解 令 $x_1=y_1-y_2$,$x_2=y_3-y_4$,$y_j\geqslant 0(j=1,2,3,4)$,引进 $y_5\geqslant 0$,$y_6\geqslant 0$,可将原线性规划问题化成如下标准形式:

$$\min f=c_1y_1-c_1y_2+c_2y_3-c_2y_4,$$

$$s.t.\begin{cases}a_{11}y_1-a_{11}y_2+a_{12}y_3-a_{12}y_4+y_5=b_1,\\ -a_{21}y_1+a_{21}y_2-a_{22}y_3+a_{22}y_4-y_6=-b_2,\\ y_j\geqslant 0(j=1,2,\cdots,6),b_1>0,b_2<0.\end{cases}$$

2. 用图解法求解下列线性规划问题.

(1) $\max f=2x_1+2x_2$,

$$s.t.\begin{cases}2x_1+3x_2\leqslant 30,\\ x_1+2x_2\geqslant 10,\\ x_1-x_2\geqslant 0,\\ x_j\geqslant 0,\quad j=1,2.\end{cases}$$

解 作可行解集如图阴影部分,再作直线 $2x_1+2x_2=0$,向目标函数值增大方向平移,平移至顶点(15,0) 处达最优值 $\max f=30$,此时 $x_1=15$,$x_2=0$ 为最优解.

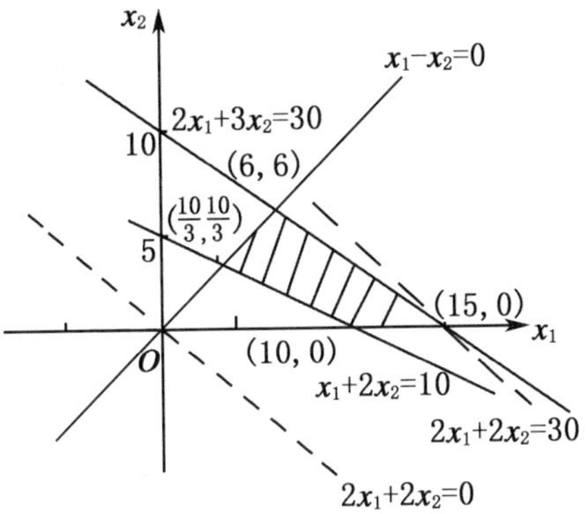

(2) $\min f = x_1 + 2x_2$,

$$s.t.\begin{cases} x_1 + x_2 \leqslant 10, \\ x_1 - x_2 \leqslant 0, \\ x_j \geqslant 0, \quad j = 1,2. \end{cases}$$

解　作可行解集如图 $\triangle OAB$ 阴影区域,作直线 $x_1 + 2x_2 = 0$,平移至(5,5),(0,10) 处 f 的值逐渐增大,故在顶点(0,0) 处取最优值,$\min f = 0$,此时 $x_1 = 0$,$x_2 = 0$ 为最优解.

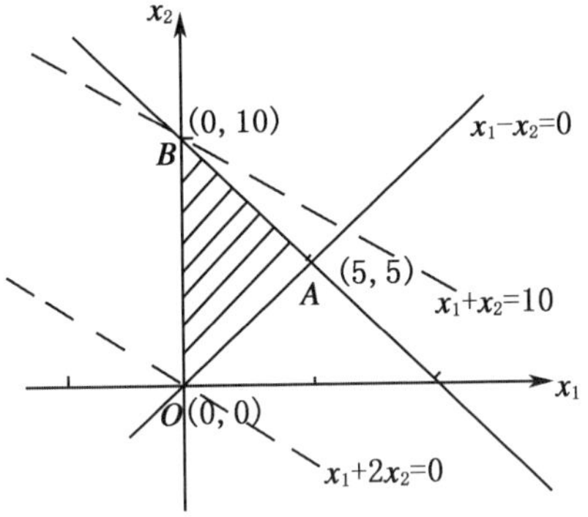

(3) $\max f = x_1 + x_2$,

$$s.t.\begin{cases} x_1 + x_2 \leqslant 10, \\ x_1 - x_2 \leqslant 0, \\ x_j \geqslant 0, \quad j = 1,2. \end{cases}$$

解　作可行解集如图 $\triangle OAB$ 阴影区域,作直线 $x_1 + x_2 = 0$,向右上平移 f 逐渐增大,至 $x_1 + x_2 = 10$ 处达最优值 $\max f = 10$,线段 AB 上任意一点均为最优解,$A(5,5)$,$B(0,10)$.

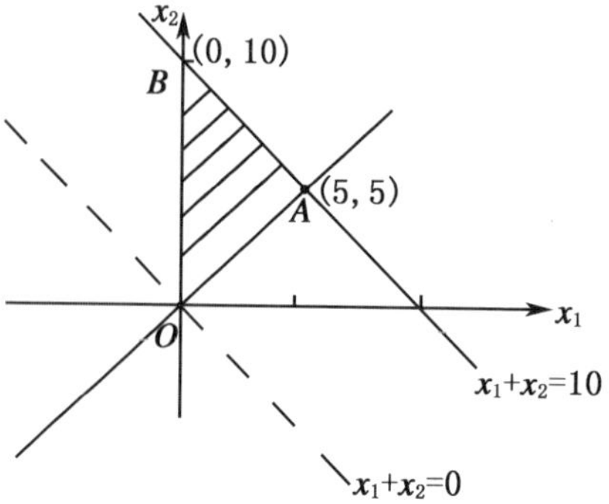

(4) $\min f = 2x_1 + x_2$,

$$s.t.\begin{cases}-2x_1 + x_2 \leqslant 5,\\ 3x_1 + 2x_2 \geqslant 30,\\ x_j \geqslant 0,\quad j = 1,2.\end{cases}$$

解 作可行解集如图右阴影区域(无界),作直线 $2x_1 + x_2 = 0$,平移至 $\left(\frac{20}{7},\frac{75}{7}\right)$处达最优值,$\min f = 2\times\frac{20}{7} + \frac{75}{7} = \frac{115}{7}$,此时 $x_1 = \frac{20}{7}$,$x_2 = \frac{75}{7}$ 为最优解.

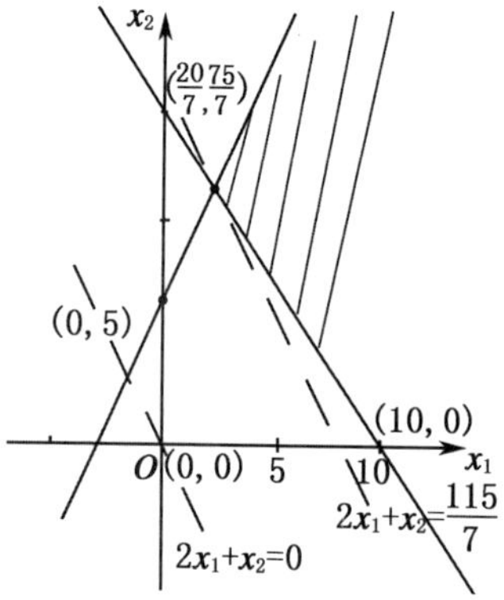

(5) $\min f =-2x_1 + x_2$,

$$s.t.\begin{cases}x_1 + x_2 \geqslant 1,\\ -x_1 + 3x_2 \leqslant 3,\\ x_j \geqslant 0,\quad j = 1,2.\end{cases}$$

解 作可行解集如图阴影区域,作直线$-2x_1 + x_2 = 0$,向右平移 f 的值逐渐减少,无最优解($x_1 \to +\infty$,$f \to -\infty$).

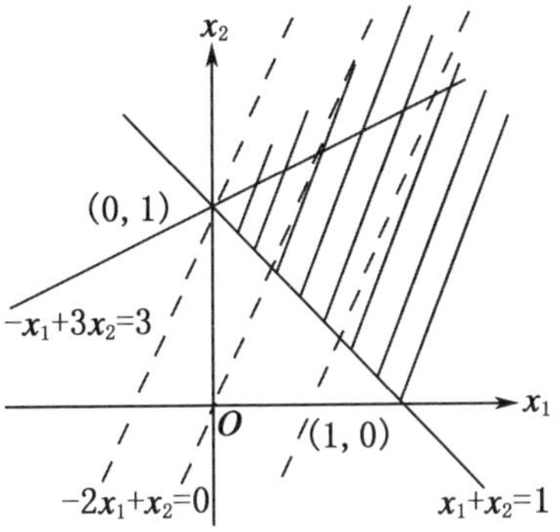

(6) $\min f = 4x_1 - 3x_2$,

$$s.t.\begin{cases} x_1 - 2x_2 \geqslant 5, \\ x_1 + 2x_2 \leqslant 10, \\ x_1 - x_2 \leqslant 0, \\ x_j \geqslant 0, \quad j = 1,2. \end{cases}$$

解　如图,作直线 $x_1 - 2x_2 = 5$,$x_1 + 2x_2 = 10$,$x_1 - x_2 = 0$,无可行域,也无最优解.

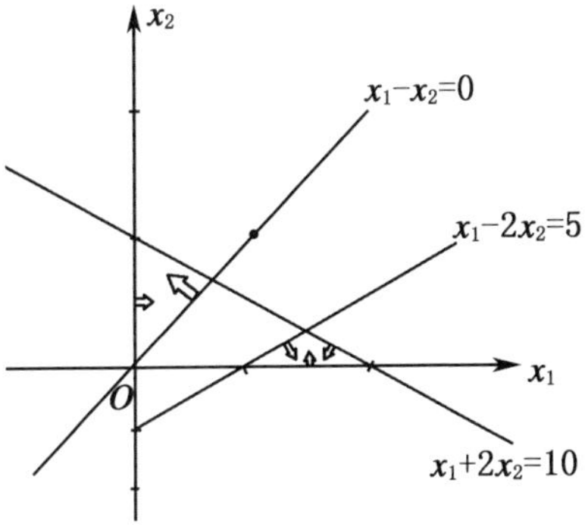

3. 已知线性规划问题:

$\min f = ax_1 - x_2$,

$$s.t.\begin{cases} -x_1 + x_2 \leqslant 1, \\ -x_1 + 2x_2 \leqslant 4, \\ x_j \geqslant 0, \quad j = 1,2. \end{cases}$$

用图解法讨论:当 a 为何值时,

(1) 在点(2,3) 取得唯一最优解?

(2) 有无穷多最优解?

(3) 无最优解?

解　作可行域如图无界阴影区域所示,作直线 $ax_1-x_2=0$,斜率为 a.

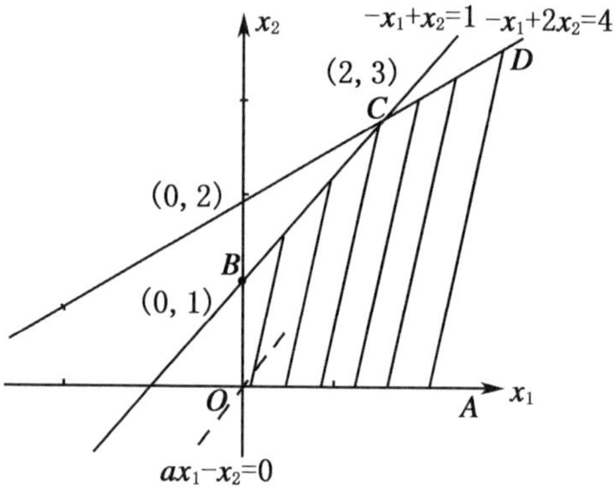

(1) $\frac{1}{2}<a<1$ 时平移 $ax_1-x_2=0$ 至(2,3)处取得最优值 $\min f=2a-3$,$x_1=2$,$x_2=3$ 为最优解.

(2) 在 $a=\frac{1}{2}$ 处取得最优值 $\min f=-2$,射线 $-x_1+2x_2=4(x_1\geqslant 2)$ 上的点均为最优解;$a=1$ 时 $B(0,1)$,$C(2,3)$ 连线上所有点都是最优解,$\min f=-1$.

(3) $a<\frac{1}{2}$ 时直线 $ax_1-x_2=0$ 平移,随着 x_2 增大,f 逐渐减小,无最优解.

4. 用单纯形法求解下列线性规划问题.

(1) $\min f=-4x_1-3x_2$,

$$s.t.\begin{cases}x_1+2x_2+x_3=40,\\2x_1+x_2+x_4=50,\\x_j\geqslant 0,\quad j=1,2,3,4.\end{cases}$$

解　构造单纯形表如下:

基变量 \ c_j / x_j	-4	-3	0	0	常数
	x_1	x_2	x_3	x_4	
x_3	1	2	1	0	40
x_4	②	1	0	1	50
检验数 λ_j	4	3	0	0	0

$\lambda_1=4>0$,取 x_1 为进基变量,$\min\left\{\frac{40}{1},\frac{50}{②}\right\}=25$,取 x_4 为离基变量,$a_{21}=2$ 为主元素,则可化单纯形表如下:

基变量 \ c_j / x_j	0	-1	0	2	常数
	x_1	x_2	x_3	x_4	
x_3	0	$\textcircled{\frac{3}{2}}$	1	$-\frac{1}{2}$	15
x_1	1	$\frac{1}{2}$	0	$\frac{1}{2}$	25
检验数 λ_j	0	1	0	-2	-100

$\lambda_2 = 1 > 0$,取 x_2 为进基变量,$\min\left\{\frac{15}{\textcircled{\frac{3}{2}}}, \frac{25}{\frac{1}{2}}\right\} = 10$,取 x_3 为离基变量,$a_{12} = \frac{3}{2}$ 为主元素,则可化单纯形表如下:

基变量 \ c_j / x_j	0	0	$\frac{2}{3}$	$\frac{5}{3}$	常数
	x_1	x_2	x_3	x_4	
x_2	0	1	$\frac{2}{3}$	$-\frac{1}{3}$	10
x_1	1	0	$-\frac{1}{3}$	$\frac{2}{3}$	20
检验数 λ_j	0	0	$-\frac{2}{3}$	$-\frac{5}{3}$	-110

所有检验数 $\lambda_j \leqslant 0$,此时达最优值,$\min f = -110$,$(20,10,0,0)^T$ 为最优解.

(2) $\min f = -x_1 + 2x_2 + x_3$,

$$s.t.\begin{cases} -2x_1 + x_2 - x_3 + x_4 = 4, \\ x_1 + 2x_2 + x_5 = 6, \\ x_j \geqslant 0, \quad j = 1,2,3,4,5. \end{cases}$$

解 建立单纯形表如下:

基变量 \ c_j / x_j	-1	2	1	0	0	常数
	x_1	x_2	x_3	x_4	x_5	
x_4	-2	1	-1	1	0	4
x_5	①	2	0	0	1	6
检验数 λ_j	1	-2	-1	0	0	0

$\lambda_1=1>0$,取 x_1 为进基变量,x_5 为离基变量,a_{21} 为主元素,可化单纯形表如下:

基变量 \ c_j / x_j	0	4	1	0	1	常　数
	x_1	x_2	x_3	x_4	x_5	
x_4	0	5	−1	1	2	16
x_1	1	2	0	0	1	6
检验数 λ_j	0	−4	−1	0	−1	−6

所有检验数 $\lambda_j\leqslant 0$,此时达最优值,$\min f=-6$,$(6,0,0,16,0)^T$ 为最优解.

(3) $\min f=-x_1-2x_2$,

$$s.t.\begin{cases}x_1+x_3=4,\\x_2+x_4=3,\\x_1+2x_2+x_5=8,\\x_j\geqslant 0,\quad j=1,2,3,4,5.\end{cases}$$

解　构造单纯形表如下:

基变量 \ c_j / x_j	−1	−2	0	0	0	常　数
	x_1	x_2	x_3	x_4	x_5	
x_3	①	0	1	0	0	4
x_4	0	1	0	1	0	3
x_5	1	2	0	0	1	8
检验数 λ_j	1	2	0	0	0	0

$\lambda_1=1>0$,取 x_1 为进基变量,$\min\left\{\frac{4}{①},\frac{8}{1}\right\}=4$,$a_{11}$ 为主元素,取 x_3 为离基变量,可转化为单纯形表如下:

基变量 \ c_j / x_j	0	−2	1	0	0	常　数
	x_1	x_2	x_3	x_4	x_5	
x_1	1	0	1	0	0	4
x_4	0	1	0	1	0	3
x_5	0	②	−1	0	1	4
检验数 λ_j	0	2	−1	0	0	−4

$\lambda_2 = 2 > 0$,取进基变量为 x_2,$\min\left\{\frac{3}{1}, \frac{4}{②}\right\} = 2$,$a_{32}$ 为主元素,取 x_5 为离基变量,可转化为单纯形表如下:

基变量 \ c_j / x_j	0	0	0	0	1	常　数
	x_1	x_2	x_3	x_4	x_5	
x_1	1	0	1	0	0	4
x_4	0	0	$\frac{1}{2}$	1	$-\frac{1}{2}$	1
x_2	0	1	$-\frac{1}{2}$	0	$\frac{1}{2}$	2
检验数 λ_j	0	0	0	0	-1	-8

所有检验数 $\lambda_j \leqslant 0$,$\lambda_3 = 0$,有正分量,有无穷多最优解,最优值为 $\min f = -8$,其中一个最优解为 $(4,2,0,1,0)^T$(答案不唯一).

(4) $\min f = -6x_1 + x_2$,

$$s.t.\begin{cases} x_1 - x_2 + x_3 = 0, \\ 3x_1 - x_2 + x_4 = 6, \\ x_j \geqslant 0, \quad j = 1,2,3,4. \end{cases}$$

解　构造单纯形表如下:

基变量 \ c_j / x_j	-6	1	0	0	常　数
	x_1	x_2	x_3	x_4	
x_3	①	-1	1	0	0
x_4	3	-1	0	1	6
检验数 λ_j	6	-1	0	0	0

$\lambda_1 = 6 > 0$,取 x_1 为进基变量,$\min\left\{\frac{0}{①}, \frac{6}{3}\right\} = 0$,$a_{11}$ 为主元素,取 x_3 为离基变量,可转化为单纯形表如下:

基变量 \ c_j / x_j	0	-5	6	0	常　数
	x_1	x_2	x_3	x_4	
x_1	1	-1	1	0	0
x_4	0	②	-3	1	6
检验数 λ_j	0	5	-6	0	0

$\lambda_2=5>0$,取 x_2 为进基变量,$a_{22}=2$ 为主元素,取 x_4 为离基变量,可转化为单纯形表如下:

基变量 \ c_j / x_j	0	0	$-\frac{3}{2}$	$\frac{5}{2}$	常　数
	x_1	x_2	x_3	x_4	
x_1	1	0	$-\frac{1}{2}$	$\frac{1}{2}$	3
x_2	0	1	$-\frac{3}{2}$	$\frac{1}{2}$	3
检验数 λ_j	0	0	$\frac{3}{2}$	$-\frac{5}{2}$	-15

$\lambda_3=\frac{3}{2}>0$,所在列分量全为负,无最优解.

(5) $\max f=3x_1+2x_2$,

$$s.t.\begin{cases}2x_1+4x_2-x_3\leqslant 5,\\x_1-x_2+x_3\leqslant 1,\\x_2-x_3\geqslant -1,\\x_j\geqslant 0,\quad j=1,2,3.\end{cases}$$

解　令 $f'=-f$,可将原线性规划问题化为如下标准形式:

$\min f'=-3x_1-2x_2$,

$$s.t.\begin{cases}2x_1+4x_2-x_3+y_1=5,\\x_1-x_2+x_3+y_2=1,\\-x_2+x_3+y_3=1,\\x_1\geqslant 0,x_2\geqslant 0,x_3\geqslant 0,y_1\geqslant 0,y_2\geqslant 0,y_3\geqslant 0.\end{cases}$$

构造单纯形表如下:

基变量 \ c_j / x_j,y_j	-3	-2	0	0	0	0	常　数
	x_1	x_2	x_3	y_1	y_2	y_3	
y_1	2	4	-1	1	0	0	5
y_2	①	-1	1	0	1	0	1
y_3	0	-1	1	0	0	1	1
检验数 λ_j	3	2	0	0	0	0	0

$\lambda_1 = 3 > 0$,取 x_1 为进基变量,$\min\left\{\frac{5}{2},\frac{1}{①}\right\} = 1$,$a_{21}$ 为主元素,取 y_2 为离基变量,可转化为单纯形表如下:

基变量 \ c_j / x_j, y_j	0	-5	3	0	3	0	常　数
	x_1	x_2	x_3	y_1	y_2	y_3	
y_1	0	⑥	-3	1	-2	0	3
x_1	1	-1	1	0	1	0	1
y_3	0	-1	1	0	0	1	1
检验数 λ_j	0	5	-3	0	-3	0	-3

$\lambda_2 = 5 > 0$,取 x_2 为进基变量,只有一个正分量,a_{12} 为主元素,取 y_1 为离基变量,可转化为单纯形表如下:

基变量 \ c_j / x_j, y_j	0	0	$\frac{1}{2}$	$\frac{5}{6}$	$\frac{4}{3}$	0	常　数
	x_1	x_2	x_3	y_1	y_2	y_3	
x_2	0	1	$-\frac{1}{2}$	$\frac{1}{6}$	$-\frac{1}{3}$	0	$\frac{1}{2}$
x_1	1	0	$\frac{1}{2}$	$\frac{1}{6}$	$\frac{2}{3}$	0	$\frac{3}{2}$
y_3	0	0	$\frac{1}{2}$	$\frac{1}{6}$	$-\frac{1}{3}$	1	$\frac{3}{2}$
检验数 λ_j	0	0	$-\frac{1}{2}$	$-\frac{5}{6}$	$-\frac{4}{3}$	0	$-\frac{11}{2}$

所有检验数 $\lambda_j \leqslant 0$, 此时取最优值 $\min f' = -\frac{11}{2}$,$\max f = \frac{11}{2}$, 最优解为$\left(\frac{3}{2},\frac{1}{2},0,0,0,\frac{3}{2}\right)^T$.

(6) $\max f = x_1 + 2x_2$,

$$s.t.\begin{cases}-2x_1 + x_2 + x_3 \leqslant 2,\\ -x_1 + x_2 - x_3 \leqslant 1,\\ x_j \geqslant 0, \quad j = 1,2,3.\end{cases}$$

解　令 $f' = -f$,可将原线性规划问题化为如下标准形式:

$\min f' = -x_1 - 2x_2$,

$$s.t.\begin{cases}-2x_1 + x_2 + x_3 + y_1 = 2,\\ -x_1 + x_2 - x_3 + y_2 = 1,\\ x_1 \geqslant 0, x_2 \geqslant 0, x_3 \geqslant 0, y_1 \geqslant 0, y_2 \geqslant 0.\end{cases}$$

构造单纯形表如下：

基变量 \ c_j / x_j, y_j	-1	-2	0	0	0	常　数
	x_1	x_2	x_3	y_1	y_2	
y_1	-2	1	1	1	0	2
y_2	-1	①	-1	0	1	1
检验数 λ_j	1	2	0	0	0	0

$\lambda_2 = 2 > 0$，取 x_2 为进基变量，$\min\left\{\frac{1}{①}, \frac{2}{1}\right\} = 1$，取 y_2 为离基变量，可转化为单纯形表如下：

基变量 \ c_j / x_j, y_j	-3	0	-2	0	2	常　数
	x_1	x_2	x_3	y_1	y_2	
y_1	-1	0	②	1	-1	1
x_2	-1	1	-1	0	1	1
检验数 λ_j	3	0	2	0	-2	-2

$\lambda_3 = 2 > 0$，取 x_3 为进基变量，a_{13} 为主元素，取 y_1 为离基变量，可转化为单纯形表如下：

基变量 \ c_j / x_j, y_j	0					常　数
	x_1	x_2	x_3	y_1	y_2	
x_3	$-\frac{1}{2}$	0	1	$\frac{1}{2}$	$-\frac{1}{2}$	$\frac{1}{2}$
x_2	$-\frac{3}{2}$	1	0	$\frac{1}{2}$	$\frac{1}{2}$	$\frac{3}{2}$
检验数 λ_j	4	0	0	-1	-1	-3

$\lambda_1 = 4 > 0$，所在列分量全为负，无最优解.

5. 求解下列线性规划问题.

(1) $\min f = -x_1 + 2x_2 + x_3$，

$$s.t.\begin{cases} 2x_1 - x_2 + x_3 \geqslant -4, \\ x_1 + 2x_2 = 6, \\ x_j \geqslant 0, \quad j = 1,2,3. \end{cases}$$

解　(二阶段法) 引进松弛变量 $y_1\geqslant 0$,人工变量 $y_2\geqslant 0$,则有

$$\min f' = y_2 = 6 - x_1 - 2x_2,$$

$$s.t.\begin{cases}-2x_1 + x_2 - x_3 + y_1 = 4,\\ x_1 + 2x_2 + y_2 = 6,\\ x_1\geqslant 0, x_2\geqslant 0, x_3\geqslant 0, y_1\geqslant 0, y_2\geqslant 0.\end{cases}$$

构造单纯形表如下:

基变量 \ c_j / x_j,y_j	-1	-2	0	0	0	常　数
	x_1	x_2	x_3	y_1	y_2	
y_1	-2	1	-1	1	0	4
y_2	①	2	0	0	1	6
检验数 λ_j	1	2	0	0	0	6

$\lambda_1 = 1 > 0$,取 x_1 为进基变量,$a_{21} = 1 > 0$,a_{21} 为主元素,取 y_2 为离基变量,可转化为单纯形表如下:

基变量 \ c_j / x_j,y_j	0	0	0	0	1	常　数
	x_1	x_2	x_3	y_1	y_2	
y_1	0	5	-1	1	2	16
x_1	1	2	0	0	1	6
检验数 λ_j	0	0	0	0	-1	0

人工变量 $y_2 = 0$,所有检验数 $\lambda_j\leqslant 0$,此时达最优值 $\min f' = 0$,最优解为 $(6,0,0,16,0)^T$,第一阶段结束. 原问题可行解为 $(6,0,0,16)^T$,可行基 $\boldsymbol{B}=\begin{bmatrix}0 & 1\\ 1 & 0\end{bmatrix}=(\boldsymbol{P}_1',\boldsymbol{P}_4')$.

原问题化为

$$\min f = -x_1 + 2x_2 + x_3 = -(6-2x_2) + 2x_2 + x_3 = -6 + 4x_2 + x_3,$$

$$s.t.\begin{cases}5x_2 - x_3 + y_1 = 16,\\ x_1 + 2x_2 = 6,\\ x_1\geqslant 0, x_2\geqslant 0, x_3\geqslant 0, y_1\geqslant 0.\end{cases}$$

构造第二阶段的初始单纯形表如下:

基变量 \ c_j / x_j,y_j	0	4	1	0	常数
	x_1	x_2	x_3	y_1	
y_1	0	5	-1	1	16
x_1	1	2	0	0	6
检验数 λ_j	0	-4	-1	0	-6

所有检验数 $\lambda_j \leqslant 0$,此时达最优值,$\min f = -6$,最优解为 $(6,0,0)^T$.

(2) $\min f = -3x_1 + x_2 + x_3$.

$$s.t.\begin{cases} x_1 - 2x_2 + x_3 + x_4 = 11, \\ -4x_1 + x_2 + 2x_3 - x_5 = 3, \\ -2x_1 + x_3 = 1, \\ x_j \geqslant 0, \quad j = 1,2,3,4,5. \end{cases}$$

解 引进人工变量 $y_1 \geqslant 0, y_2 \geqslant 0$,用二阶段法求解.

$\min f' = y_1 + y_2 = 4 + 6x_1 - x_2 - 3x_3 + x_5$,

$$s.t.\begin{cases} x_1 - 2x_2 + x_3 + x_4 = 11, \\ -4x_1 + x_2 + 2x_3 - x_5 + y_1 = 3, \\ -2x_1 + x_3 + y_2 = 1, \\ x_1 \geqslant 0, x_2 \geqslant 0, x_3 \geqslant 0, x_4 \geqslant 0, x_5 \geqslant 0, y_1 \geqslant 0, y_2 \geqslant 0. \end{cases}$$

构造单纯形表如下:

基变量 \ c_j / x_j,y_j	6	-1	-3	0	1	0	0	常数
	x_1	x_2	x_3	x_4	x_5	y_1	y_2	
x_4	1	-2	1	1	0	0	0	11
y_1	-4	①	2	0	-1	1	0	3
y_2	-2	0	1	0	0	0	1	1
检验数 λ_j	-6	1	3	0	-1	0	0	4

$\lambda_2 = 1 > 0$,取 x_2 为进基变量,a_{22} 为主元素,取 y_1 为离基变量,可转化为单纯形表如下:

基变量 \ c_j / x_j,y_j	2	0	-1	0	0	1	0	常数
	x_1	x_2	x_3	x_4	x_5	y_1	y_2	
x_4	-7	0	5	1	-2	2	0	17
x_2	-4	1	2	0	-1	1	0	3
y_2	-2	0	①	0	0	0	1	1
检验数 λ_j	-2	0	1	0	0	-1	0	1

$\lambda_3 = 1 > 0$,取 x_3 为进基变量,$\min\left\{\frac{17}{5},\frac{3}{2},\frac{1}{①}\right\} = 1$,$a_{33}$ 为主元素,取 y_2 为离基变量,可转化为单纯形表如下:

基变量 \ c_j / x_j,y_j	0	0	0	0	0	1	1	常　数
	x_1	x_2	x_3	x_4	x_5	y_1	y_2	
x_4	3	0	0	1	−2	2	−5	12
x_2	0	1	0	0	−1	1	−2	1
x_3	−2	0	1	0	0	0	1	1
检验数 λ_j	0	0	0	0	0	−1	−1	0

所有检验数 $\lambda_j \leqslant 0$,$\min f' = 0$,最优解为$(0,1,1,12,0,0,0)^T$.

第一阶段结束,原问题可行基 $\boldsymbol{B} = (\boldsymbol{R}_2',\boldsymbol{R}_3',\boldsymbol{R}_4')$,原问题化为

$$\min f = -3x_1 + x_2 + x_3 = -3x_1 + (1 + x_5) + (1 + 2x_1) = 2 - x_1 + x_5,$$

$$s.t.\begin{cases} 3x_1 + x_4 - 2x_5 = 12, \\ x_2 - x_5 = 1, \\ -2x_1 + x_3 = 1, \\ x_1 \geqslant 0, x_2 \geqslant 0, x_3 \geqslant 0, x_4 \geqslant 0, x_5 \geqslant 0. \end{cases}$$

构造第二阶段初始单纯形表如下:

基变量 \ c_j / x_j	−1	0	0	0	1	常　数
	x_1	x_2	x_3	x_4	x_5	
x_4	③	0	0	1	−2	12
x_2	0	1	0	0	−1	1
x_3	−2	0	1	0	0	1
检验数 λ_j	1	0	0	0	−1	2

$\lambda_1 = 1 > 0$,取 x_1 为进基变量,正分量 a_{11} 为主元素,取 x_4 为离基变量,可转化为单纯形表如下:

基变量 \ c_j / x_j	0	0	0	$\frac{1}{3}$	$\frac{1}{3}$	常　数
	x_1	x_2	x_3	x_4	x_5	
x_1	1	0	0	$\frac{1}{3}$	$-\frac{2}{3}$	4
x_2	0	1	0	0	-1	1
x_3	0	0	1	$\frac{2}{3}$	$-\frac{4}{3}$	9
检验数 λ_j	0	0	0	$-\frac{1}{3}$	$-\frac{1}{3}$	-2

所有检验数 $\lambda_j \leqslant 0$,此时达最优值,$\min f = -2$,最优解为$(4,1,9,0,0)^T$.

(3) $\min f = -x_1 - x_2$,

$$s.t.\begin{cases} x_1 - x_2 - x_3 = 1, \\ -x_1 + x_2 + 2x_3 - x_4 = 1, \\ x_j \geqslant 0, \quad j = 1,2,3,4. \end{cases}$$

解　(二阶段法)第一阶段　引进人工变量 $y_1 \geqslant 0, y_2 \geqslant 0$,则有

$\min f' = y_1 + y_2 = 2 - x_3 + x_4$,

$$s.t.\begin{cases} x_1 - x_2 - x_3 + y_1 = 1, \\ -x_1 + x_2 + 2x_3 - x_4 + y_2 = 1, \\ x_1 \geqslant 0, x_2 \geqslant 0, x_3 \geqslant 0, x_4 \geqslant 0, y_1 \geqslant 0, y_2 \geqslant 0. \end{cases}$$

构造单纯形表如下:

基变量 \ c_j / x_j, y_j	0	0	-1	1	0	0	常　数
	x_1	x_2	x_3	x_4	y_1	y_2	
y_1	1	-1	-1	0	1	0	1
y_2	-1	1	②	-1	0	1	1
检验数 λ_j	0	0	1	-1	0	0	2

$\lambda_3 = 1 > 0$,取 x_3 为进基变量,a_{23} 为主元素,取 y_2 为离基变量,可转化为单纯形表如下:

基变量 \ c_j	$-\frac{1}{2}$	$\frac{1}{2}$	0	$\frac{1}{2}$	0	$\frac{1}{2}$	常　数
基变量 \ x_j, y_j	x_1	x_2	x_3	x_4	y_1	y_2	
y_1	($\frac{1}{2}$)	$-\frac{1}{2}$	0	$-\frac{1}{2}$	1	$\frac{1}{2}$	$\frac{3}{2}$
x_3	$-\frac{1}{2}$	$\frac{1}{2}$	1	$-\frac{1}{2}$	0	$\frac{1}{2}$	$\frac{1}{2}$
检验数 λ_j	$\frac{1}{2}$	$-\frac{1}{2}$	0	$-\frac{1}{2}$	0	$-\frac{1}{2}$	$\frac{3}{2}$

$\lambda_1=\frac{1}{2}>0$,取 x_1 为进基变量,a_{11} 为主元素,取 y_1 为离基变量,可转化为单纯形表如下:

基变量 \ c_j	0	0	0	0	1	1	常　数
基变量 \ x_j, y_j	x_1	x_2	x_3	x_4	y_1	y_2	
x_1	1	-1	0	-1	2	1	3
x_3	0	0	1	-1	1	1	2
检验数 λ_j	0	0	0	0	-1	-1	0

所有检验数 $\lambda_1\leqslant 0$,此时达最优值,$\min f'=0$,最优解为$(3,0,2,0,0,0)^T$.

第二阶段　取基 $\boldsymbol{B}=(\boldsymbol{P}_1{}',\boldsymbol{P}_3{}')$,原问题化为

$\min f=-x_1-x_2=-(3+x_2+x_4)-x_2=-3-2x_2-x_4$,

$$s.t.\begin{cases}x_1-x_2-x_4=3,\\x_3-x_4=2,\\x_1\geqslant 0,x_2\geqslant 0,x_3\geqslant 0,x_4\geqslant 0.\end{cases}$$

构造单纯形表如下:

基变量 \ c_j	0	-2	0	-1	常　数
基变量 \ x_j	x_1	x_2	x_3	x_4	
x_1	1	-1	0	-1	3
x_3	0	0	1	-1	2
检验数 λ_j	0	2	0	1	-3

检验数 $\lambda_2>0,\lambda_4>0$,所在列向量全小于等于 0,无最优解.

(4) $\max f = 2x_1 + x_2 + x_3$,

$$s.t.\begin{cases}4x_1 + 2x_2 + 2x_3 \geqslant 4,\\ 2x_1 + 4x_2 \leqslant 20,\\ 4x_1 + 8x_2 + 2x_3 \leqslant 16,\\ x_j \geqslant 0,\quad j = 1,2,3.\end{cases}$$

解 （二阶段法）第一阶段

$\min f' = y_4 = 4 - 4x_1 - 2x_2 - 2x_3 + y_1$,

$$s.t.\begin{cases}4x_1 + 2x_2 + 2x_3 - y_1 + y_4 = 4,\\ 2x_1 + 4x_2 + y_2 = 20,\\ 4x_1 + 8x_2 + 2x_3 + y_3 = 16,\\ x_1 \geqslant 0, x_2 \geqslant 0, x_3 \geqslant 0, y_1 \geqslant 0, y_2 \geqslant 0, y_3 \geqslant 0, y_4 \geqslant 0.\end{cases}$$

构造单纯形表如下：

基变量 \ c_j / x_j, y_j	-4	-2	-2	1	0	0	0	常数
	x_1	x_2	x_3	y_1	y_2	y_3	y_4	
y_4	④	2	2	-1	0	0	1	4
y_2	2	4	0	0	1	0	0	20
y_3	4	8	2	0	0	1	0	16
检验数 λ_j	4	2	2	-1	0	0	0	4

$\lambda_1 = 4 > 0$，取 x_1 为进基变量，$\min\left\{\frac{4}{④}, \frac{20}{2}, \frac{16}{4}\right\} = 1$，取 y_4 为离基变量，可转化为单纯形表如下：

基变量 \ c_j / x_j, y_j	0	0	0	0	0	0	1	常数
	x_1	x_2	x_3	y_1	y_2	y_3	y_4	
x_1	1	$\frac{1}{2}$	$\frac{1}{2}$	$-\frac{1}{4}$	0	0	$\frac{1}{4}$	1
y_2	0	3	-1	$\frac{1}{2}$	1	0	$-\frac{1}{2}$	18
y_3	0	6	0	1	0	1	-1	12
检验数 λ_j	0	0	0	0	0	0	-1	0

所有检验数 $\lambda_j \leqslant 0$，最优值 $\min f' = 0$，最优解为 $(1,0,0,0,18,12,0)^T$.

第二阶段　取基 $\boldsymbol{B} = (\boldsymbol{P}_1', \boldsymbol{P}_5', \boldsymbol{P}_6')$，原问题化为

$$\min f'' = -2x_1 - x_2 - x_3$$
$$= -2\left(1 - \frac{1}{2}x_2 - \frac{1}{2}x_3 + \frac{1}{4}y_1\right) - x_2 - x_3$$
$$= -2 - \frac{1}{2}y_1,$$

$$s.t.\begin{cases} x_1 + \frac{1}{2}x_2 + \frac{1}{2}x_3 - \frac{1}{4}y_1 = 1, \\ 3x_2 - x_3 + \frac{1}{2}y_1 + y_2 = 18, \\ 6x_2 + y_1 + y_3 = 12, \\ x_1 \geqslant 0, x_2 \geqslant 0, x_3 \geqslant 0, y_1 \geqslant 0, y_2 \geqslant 0, y_3 \geqslant 0. \end{cases}$$

构造单纯形表如下：

基变量 \ c_j	0	0	0	$-\frac{1}{2}$	0	0	常数
基变量 \ x_j, y_j	x_1	x_2	x_3	y_1	y_2	y_3	
x_1	1	$\frac{1}{2}$	$\frac{1}{2}$	$-\frac{1}{4}$	0	0	1
y_2	0	3	-1	$\frac{1}{2}$	1	0	18
y_3	0	6	0	①	0	1	12
检验数 λ_j	0	0	0	$\frac{1}{2}$	0	0	-2

$\lambda_4 = \frac{1}{2} > 0$，取 y_1 为进基变量，$\min\left\{\frac{18}{\frac{1}{2}}, \frac{12}{①}\right\} = 12$，$a_{34}$ 为主元素，取 y_3 为离基变量，可转化为单纯形表如下：

基变量 \ c_j	0	3	0	0	0	$\frac{1}{2}$	常数
基变量 \ x_j, y_j	x_1	x_2	x_3	y_1	y_2	y_3	
x_1	1	2	$\frac{1}{2}$	0	0	$\frac{1}{4}$	4
y_2	0	0	-1	0	1	$-\frac{1}{2}$	12
y_1	0	6	0	1	0	1	12
检验数 λ_j	0	-3	0	0	0	$-\frac{1}{2}$	-8

所有检验数 $\lambda_j \leqslant 0$，此时达最优值，$\min f'' = -8$，$\max f = 8$，最优解为 $(x_1, x_2, x_3) = (4,0,0)$.

四、应用题

1. 某厂用甲、乙两种原料生产 A，B 两种产品，制造 A，B 一吨产品，分别需要的各种原料数、可得利润以及工厂现有的各种原料数见下表. 问：

(1) 在现有原料的条件下，如何组织生产，才能使利润最大？

(2) 如果原料甲增加到 42 吨，则原最优解是否改变？

(3) 如果每吨产品 B 的利润增加到 15 万元，则原最优解是否改变？

(4) 每吨产品 B 的利润限制在什么范围内变化，原最优解才不改变？

每吨产品所需原料(吨) \ 原料	产品		现有原料(吨)
	A	B	
甲	1	2	28
乙	4	1	42
每吨产品可得利润(万元)	7	5	

解 设生产 A，B 产品分别为 x_1 吨，x_2 吨，建立线性规划问题如下：

$\max f = 7x_1 + 5x_2$,

$$s.t.\begin{cases} x_1 + 2x_2 \leqslant 28, \\ 4x_1 + x_2 \leqslant 42, \\ x_1 \geqslant 0, x_2 \geqslant 0. \end{cases}$$

(1) 作可行解集如图四边形 $OABC$ 阴影区域，作直线 $7x_1 + 5x_2 = 0$，向右上平移至顶点 $(8,10)$ 处达最优值，$\max f = 7\times 8 + 5\times 10 = 106$，即生产 A 产品 8 吨，B 产品 10 吨时，利润达到最大值 106 万元.

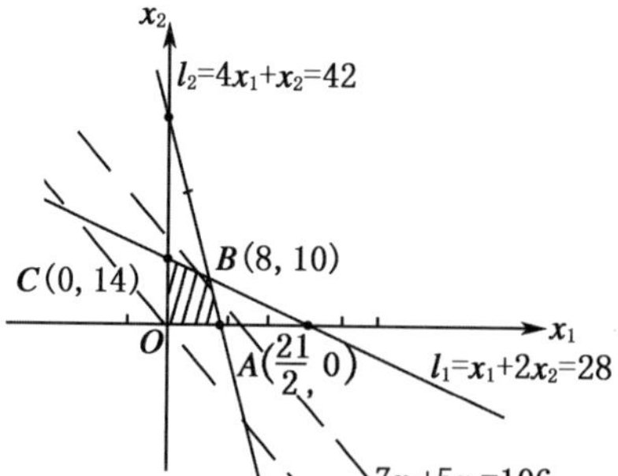

(2) 目标函数不变，第 1 个约束条件改为 $x_1 + 2x_2 \leqslant 42$，作可行解集如图四边形 $OABC$ 阴影区域，作直线 $7x_1 + 5x_2 = 0$，向右上平移至顶点 $(6,18)$ 处达最优

值，$\max f=7\times6+5\times18=132$，原最优解已改变，生产 A 产品 6 吨，B 产品 18 吨时利润达最大值 132 万元.

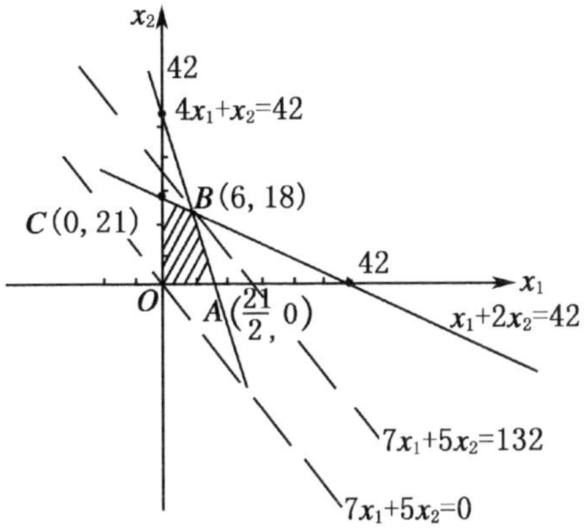

(3) 目标函数改为 $\max f=7x_1+15x_2$，约束条件不变，作可行解集如图四边形 $OABC$ 阴影部分，作直线 $7x_1+15x_2=0$，向右上平移至(0,14) 处达最优值，$\max f=7\times0+15\times14=210$，原最优解已改变，不生产 A 产品，生产 B 产品 14 吨时利润达最大值 210 万元.

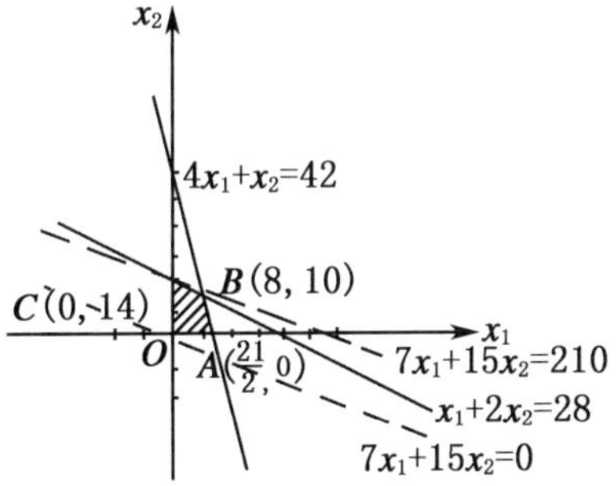

(4) (1) 中可行解集直线 l_1：$x_1+2x_2=28$ 的斜率为 $-\dfrac{1}{2}$，直线 l_2：$4x_1+x_2=42$ 的斜率为 -4，要使最优解为直线 l_1 与直线 l_2 的交点 $B(8,10)$ 不变，设目标函数为 $\max f=7x_1+mx_2$，其中 m 为每吨产品 B 的利润，直线 $7x_1+mx_2=0$ 的斜率介于 -4 与 $-\dfrac{1}{2}$ 之间，即 $-4\leqslant-\dfrac{7}{m}\leqslant-\dfrac{1}{2}$，得 $\dfrac{7}{4}\leqslant m\leqslant14$. 因此每吨产品 B 的利润在 $\dfrac{7}{4}$ 万元与 14 万元之间时原最优解才不改变.

2. 某车间有一批长度为 120 厘米的条材，要截长度分别为 35 厘米与 25 厘米的两种坯料，其中长 35 厘米的坯料需要 300 根，长 25 厘米的坯料需要 400 根. 问：

如何下料，才能使所用的原料数量最少？

解　由题意可得下表：

截法	数量(根数)	每根截得的 35 厘米根数	每根截得的 25 厘米根数
1	x_1	3	0
2	x_2	2	2
3	x_3	1	3
4	x_4	0	4
总数(根数)		300	400

建立如下的线性规划问题：

$$\min f = x_1 + x_2 + x_3 + x_4,$$

$$s.t.\begin{cases}3x_1 + 2x_2 + x_3 \geqslant 300,\\ 2x_2 + 3x_3 + 4x_4 \geqslant 400,\\ x_1 \geqslant 0, x_2 \geqslant 0, x_3 \geqslant 0, x_4 \geqslant 0,\\ x_1, x_2, x_3, x_4 \in \mathbf{Z}.\end{cases}$$

用二阶段法求解. 第一阶段

$$\min f' = y_3 + y_4 = 700 - 3x_1 - 4x_2 - 4x_3 - 4x_4 + y_1 + y_2,$$

$$s.t.\begin{cases}3x_1 + 2x_2 + x_3 - y_1 + y_3 = 300,\\ 2x_2 + 3x_3 + 4x_4 - y_2 + y_4 = 400,\\ x_j \geqslant 0, y_j \geqslant 0, \quad j = 1,2,3,4.\end{cases}$$

构造单纯形表如下：

基变量 \ c_j / x_j, y_j	-3	-4	-4	-4	1	1	0	0	常　数
	x_1	x_2	x_3	x_4	y_1	y_2	y_3	y_4	
y_3	3	②	1	0	-1	0	1	0	300
y_4	0	2	3	4	0	-1	0	1	400
检验数 λ_j	3	4	4	4	-1	-1	0	0	700

$\lambda_2 = 4 > 0$，取 x_2 为进基变量，$\min\left\{\frac{300}{②}, \frac{400}{2}\right\} = 150$，$a_{12}$ 为主元素，取 y_3 为离基变量，可转化为单纯形表如下：

基变量 \ c_j / x_j,y_j	3	0	−2	−4	−1	1	2	0	常　数
	x_1	x_2	x_3	x_4	y_1	y_2	y_3	y_4	
x_2	$\frac{3}{2}$	1	$\frac{1}{2}$	0	$-\frac{1}{2}$	0	$\frac{1}{2}$	0	150
y_4	−3	0	②	4	1	−1	−1	1	100
检验数 λ_j	−3	0	2	4	1	−1	−2	0	100

$\lambda_3=2>0$，取 x_3 为进基变量，$\min\left\{\frac{150}{0.5},\frac{100}{②}\right\}=50$，$a_{23}$ 为主元素，取 y_4 为离基变量，可转化为单纯形表如下：

基变量 \ c_j / x_j,y_j	0	0	0	0	0	0	1	1	常　数
	x_1	x_2	x_3	x_4	y_1	y_2	y_3	y_4	
x_2	$\frac{9}{4}$	1	0	−1	$-\frac{3}{4}$	$\frac{1}{4}$	$\frac{3}{4}$	$-\frac{1}{4}$	125
x_3	$-\frac{3}{2}$	0	1	2	$\frac{1}{2}$	$-\frac{1}{2}$	$-\frac{1}{2}$	$\frac{1}{2}$	50
检验数 λ_j	0	0	0	0	0	0	−1	−1	0

所有检验数 $\lambda_j\leqslant 0$，此时达最优值，$\min f'=0$，最优解为$(0,125,50,0,0,0,0,0)$.

第二阶段

$\min f=x_1+x_2+x_3+x_4$,

$$s.t.\begin{cases}\frac{9}{4}x_1+x_2-x_4-\frac{3}{4}y_1+\frac{1}{4}y_2=125,\\ -\frac{3}{2}x_1+x_3+2x_4+\frac{1}{2}y_1-\frac{1}{2}y_2=50,\\ x_1\geqslant 0,x_2\geqslant 0,x_3\geqslant 0,x_4\geqslant 0,y_1\geqslant 0,y_2\geqslant 0.\end{cases}$$

取基 $\boldsymbol{B}=(\boldsymbol{P}_2',\boldsymbol{P}_3')$，原问题化为

$$\begin{aligned}\min f&=x_1+\left(125-\frac{9}{4}x_1+x_4+\frac{3}{4}y_1-\frac{1}{4}y_2\right)+\left(50+\frac{3}{2}x_1-2x_4-\frac{1}{2}y_1+\right.\\&\left.\frac{1}{2}y_2\right)+x_4\\&=175+\frac{1}{4}x_1+\frac{1}{4}y_1+\frac{1}{4}y_2.\end{aligned}$$

构造单纯形表如下：

基变量 \ c_j	$\frac{1}{4}$	0	0	0	$\frac{1}{4}$	$\frac{1}{4}$	常数
x_j,y_j	x_1	x_2	x_3	x_4	y_1	y_2	
x_2	$\frac{9}{4}$	1	0	-1	$-\frac{3}{4}$	$\frac{1}{4}$	125
x_3	$-\frac{3}{2}$	0	1	2	$\frac{1}{2}$	$-\frac{1}{2}$	50
检验数 λ_j	$-\frac{1}{4}$	0	0	0	$-\frac{1}{4}$	$-\frac{1}{4}$	175

所有检验数 $\lambda_j \leqslant 0$,此时达最优值,$\min f = 175$,最优解为 $(x_1, x_2, x_3, x_4) = (0, 125, 50, 0)$. 即用 125 根去截,每根截成 2 根 35 cm,2 根 25 cm,用 50 根去截,每根截成 1 根 35 cm,3 根 25 cm,一共用 175 根长 120 cm 的条材,此时原料数量最少.

3. 设某产品有 3 个产地和 4 个销地,它们的平衡表与运价表如下表所示,问:应怎样运输才能使总运费最小?

平衡表(单位:吨) 单位运价表(单位:元/吨)

产地 \ 销地	B_1	B_2	B_3	B_4	产量 \ 运价	至 B_1	至 B_2	至 B_3	至 B_4
A_1					9	2	9	10	7
A_2					5	1	3	4	2
A_3					7	8	4	2	5
销量	3	8	4	6	21				

解 由西北角法可得下表:

产地 \ 销地	B_1	B_2	B_3	B_4	产量
A_1	3	6	×	×	~~6~~ ~~9~~
A_2	×	2	3	×	~~3~~ ~~5~~
A_3	×	×	1	6	~~6~~ ~~7~~
销量	~~3~~	~~8~~	~~4~~	~~6~~	

对应位势表如下:

销地 产地	B_1	B_2	B_3	B_4	
A_1	②	⑨	10	7	1
A_2	1	③	④	2	−5
A_3	8	4	②	⑤	−7
	1	8	9	12	

$\lambda_{14}=12+1-7>0$，x_{14} 为进基变量，

销地 产地	B_1	B_2	B_3	B_4	
A_1	3	6			9
A_2		2	3		5
			1	6	7
A_3	3	8	4	6	

$\min\{6,3,6\}=3$，x_{23} 为离基变量，

	B_1	B_2	B_3	B_4	
A_1	3	3		3	9
A_2		5			5
A_3			4	3	7
	3	8	4	6	

对应位势表如下：

	B_1	B_2	B_3	B_4	
A_1	②	⑨	10	⑦	1
A_2	1	③	4	2	−5
A_3	8	4	②	⑤	−1
	1	8	3	6	

$\lambda_{32}=8-1-4>0$，x_{32} 为进基变量，

	B_1	B_2	B_3	B_4	
A_1	3	3		3	9
A_2		5			5
A_3			4	3	7
	3	8	4	6	

$\min\{3,3\}=3$，x_{34} 为离基变量，

	B_1	B_2	B_3	B_4	
A_1	3	0		6	9
A_2		5			5
A_3		3	4		7
	3	8	4	6	

上表为最优运输方案(不唯一)，对应位势表如下：

	B_1	B_2	B_3	B_4	
A_1	②	⑨	10	⑦	1
A_2	1	③	4	2	-5
A_3	8	④	②	5	-4
	1	8	6	6	

所有检验数全小于等于 0，此时达最优值，为

$$\min f=3\times 2+0\times 9+6\times 7+5\times 3+3\times 4+4\times 2=83$$

即最小总运费为 83 元.

4. 已知某种物资有 3 个产地 A_1,A_2,A_3，产量分别为 30 吨，50 吨，60 吨，另有 4 个销地 B_1,B_2,B_3,B_4，销量分别为 15 吨，10 吨，40 吨，45 吨，各产地与各销地之间的单位运价(单位：元 / 吨) 如下表所示，试求总运费最小的调运方案.

销地 / 产地	B_1	B_2	B_3	B_4
A_1	3	5	8	4
A_2	7	4	8	6
A_3	10	3	5	2

解　由最小元素法得下表：

产地\销地	B_1	B_2	B_3	B_4	虚销地	
A_1	15	×	15	×	×	~~15~~ ~~30~~
A_2	×	10	×	10	30	~~10~~ ~~40~~ ~~50~~
A_3	×	×	25	35	×	~~35~~ ~~60~~
	~~15~~	~~10~~	~~40~~	~~45~~	~~30~~	

对应位势表如下：

产地\销地	B_1	B_2	B_3	B_4	虚销地	
A_1	③	5	⑧	4	0	1
A_2	7	④	8	⑥	⓪	2
A_3	10	3	⑤	②	0	-2
	2	2	7	4	-2	

$\lambda_{14}=4+1-4>0$，x_{14} 为进基变量，

产地\销地	B_1	B_2	B_3	B_4	虚销地	
A_1	15		15			30
A_2		10		10	30	50
A_3			25	35		60
	15	10	40	45	30	

$\min\{15,35\}=15$，x_{13} 为离基变量，

产地\销地	B_1	B_2	B_3	B_4	虚销地	
A_1	15			15		30
A_2		10		10	30	50
A_3			40	20		60
	15	10	40	45	30	

对应位势表如下：

销地 产地	B_1	B_2	B_3	B_4	虚销地	
A_1	③	5	8	④	0	1
A_2	7	④	8	⑥	⓪	3
A_3	10	3	⑤	②	0	-1
	2	1	6	3	-3	

$\lambda_{23} = 6 + 3 - 8 > 0, x_{13}$ 为进基变量，

销地 产地	B_1	B_2	B_3	B_4	虚销地	
A_1	15			15		30
A_2		10		10	30	50
A_3			40	20		60
	15	10	40	45	30	

$\min\{40, 10\} = 10, x_{24}$ 为离基变量，

	B_1	B_2	B_3	B_4	虚销地	
A_1	15			15		30
A_2		10	10		30	50
A_3			30	30		60
	15	10	40	45	30	

上表为最优调运方案，对应位势表如下：

	B_1	B_2	B_3	B_4	虚销地	
A_1	③	5	8	④	0	1
A_2	7	④	⑧	6	⓪	2
A_3	10	3	⑤	②	0	-1
	2	2	6	3	-2	

所有 $\lambda_j \leqslant 0$,此时达最优,最小总运费为 $15\times3+15\times4+10\times4+10\times8+30\times0+30\times5+30\times2=435$(元).

5. 某种物资由发点 A_1, A_2, A_3 运往收点 B_1, B_2 的交通图如图 1 所示,问如何调运,才能使运输量(吨 · 千米) 最小?

解　图 2 所示交通图中有圈 $A_1B_1A_2B_2A_3A_1$,总圈长为 23,内圈长 $2+5+3<\frac{23}{2}$,外圈长 $6<\frac{23}{2}$,圈 $A_1B_1A_2$,圈 $A_1A_2B_2A_3$ 类似满足条件,没有迂回,因此,该流向图是唯一的最优流向图,最小运输量为 $12\times2+6\times3+3\times6+5\times5=85$(吨 · 千米).

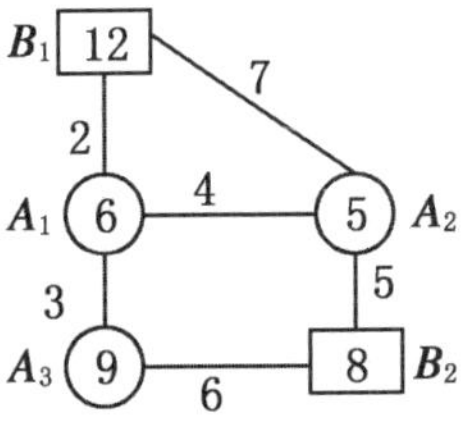

图 1

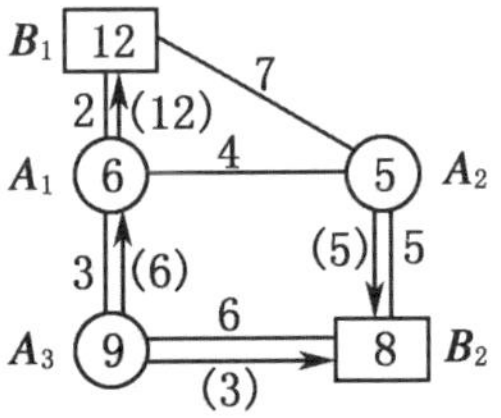

图 2

最优调运方案如下表(单位: 吨):

发点＼收点	B_1	B_2	发量
A_1	6		6
A_2		5	5
A_3	6	3	9
收量	12	8	20

6. 某种物资由发点 A_1, A_2, A_3, A_4 运往收点 B_1, B_2, B_3, B_4 的交通图如下图所示. 问应如何调运,才能使运输量(吨 · 千米) 最小?

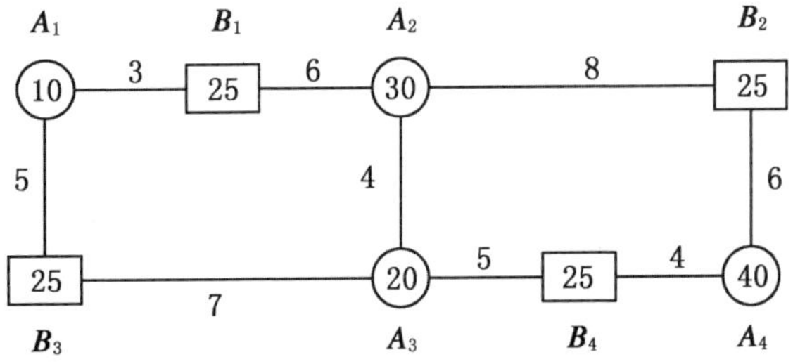

解 丢掉边 A_1B_1，A_3B_4，无圈，得下图：

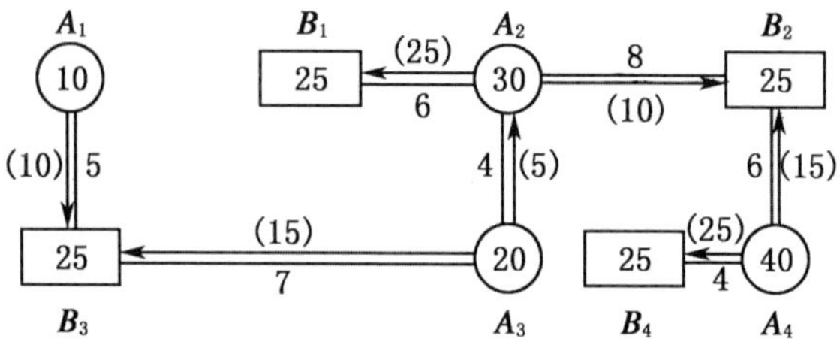

连 A_1B_1，A_3B_4，得下图：

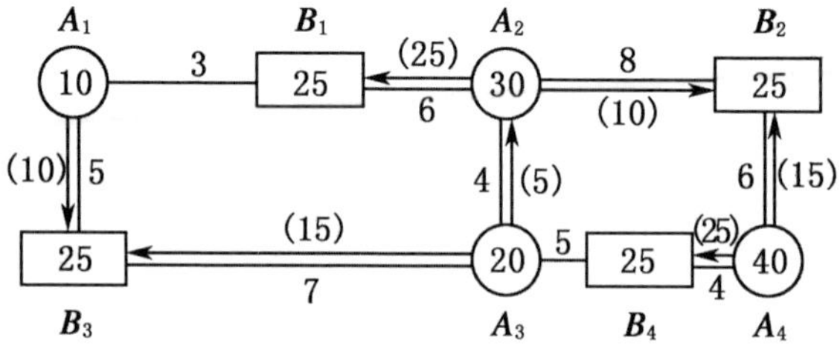

圈 $A_1B_1A_2A_3B_3A_1$：总圈长 $3+6+4+7+5=25$，外圈长 $5+4+6>\frac{25}{2}$，内圈长 $7<\frac{25}{2}$.

调整图，外圈最小流量为 $\min\{5,25,10\}=5$，外圈流量均减去 5，内圈流量均增加 5，可得下图：

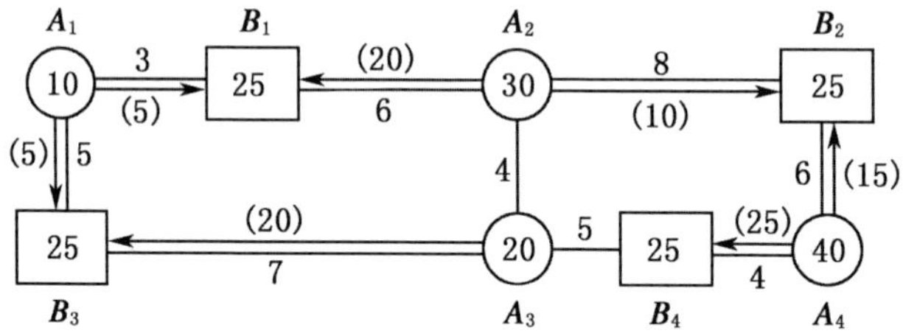

圈 $A_1B_1A_2A_3B_3A_1$：总圈长 $3+6+4+7+5=25$，外圈长 $5+6=11<\frac{25}{2}$，内圈长 $7+3=10<\frac{25}{2}$，无迂回；

圈 $A_2B_2A_4B_4A_3A_2$：总圈长 $8+6+4+5+4=27$，外圈长 $6<\frac{27}{2}$，内圈长 $8+4=12<\frac{27}{2}$，无迂回；

圈 $A_1B_1A_2B_2A_4B_4A_3B_3A_1$：总圈长 $3+6+8+6+4+5+7+5=44$，外圈长 $5+6+6=17<\frac{44}{2}$，内圈长 $8+4+7+3=22\leqslant\frac{44}{2}$，无迂回.

共三个圈，均无迂回，此时为最优，最小运输量为

$$5\times5+20\times7+25\times4+15\times6+10\times8+20\times6+5\times3=570(\text{吨}\cdot\text{千米})$$

最优调运方案如下表(不唯一)所示(单位：吨)：

收点 / 发点	B_1	B_2	B_3	B_4	发量
A_1	5		5		10
A_2	20	10			30
A_3			20		20
A_4		15		25	40
收量	25	25	25	25	100

第四篇　概率论与数理统计习题解答

第一章　随机事件与随机变量

三、计算题

1. 人身保险分为 3 类,即人寿保险、人身意外伤害保险和健康保险.某保险公司的客户中购买人寿保险的有 60%,购买人身意外伤害保险的有 50%,购买健康保险的有 40%,同时购买了人寿保险和人身意外伤害保险的有 30%,同时购买了人寿保险和健康保险的有 25%,同时购买了人身意外伤害保险和健康保险的有 20%,没有购买人身保险的有 10%,问客户:

(1) 至少购买一种人身保险的概率;

(2) 同时购买了 3 种人身保险的概率;

(3) 只购买了人寿保险和健康保险的概率;

(4) 只购买了健康保险的概率;

(5) 至多购买了一种人身保险的概率.

解　设 $A_1 =$"购买人寿保险的",$A_2 =$"购买人身意外伤害保险的",$A_3 =$"购买健康保险的".

由题意,$P(A_1) = 0.6$,$P(A_2) = 0.5$,$P(A_3) = 0.4$,$P(A_1A_2) = 0.3$,$P(A_1A_3) = 0.25$,$P(A_2A_3) = 0.2$,$P(\overline{A}_1\overline{A}_2\overline{A}_3) = 0.1$.

(1) 至少购买一种人身保险的概率

$$P(A_1 + A_2 + A_3) = P(\overline{\overline{A}_1\overline{A}_2\overline{A}_3}) = 1 - P(\overline{A}_1\overline{A}_2\overline{A}_3) = 1 - 0.1 = 0.9$$

(2) 同时购买了 3 种人身保险的概率

$$\begin{aligned}P(A_1A_2A_3) &= P(A_1 + A_2 + A_3) - [P(A_1) + P(A_2) + P(A_3) - P(A_1A_2) \\ &\quad - P(A_1A_3) - P(A_1A_3)] \\ &= 0.9 - (0.6 + 0.5 + 0.4 - 0.3 - 0.25 - 0.2) \\ &= 0.15\end{aligned}$$

(3) 只购买了人寿保险和健康保险的概率

$$P(A_1\overline{A}_2A_3)=P(A_1A_3-A_2)=P(A_1A_3)-P(A_1A_2A_3)=0.25-0.15=0.1$$

(4) 只购买了健康保险的概率

$$\begin{aligned}P(\overline{A}_1\overline{A}_2A_3)&=P[A_3-(A_1+A_2)]=P(A_3)-P(A_1A_3+A_2A_3)\\&=P(A_3)-[P(A_1A_3)+P(A_2A_3)-P(A_1A_2A_3)]\\&=0.4-(0.25+0.2-0.15)=0.4-0.3=0.1\end{aligned}$$

(5) 因为至少买两种保险的概率为

$$\begin{aligned}P(A_1A_2+A_1A_3+A_2A_3)&=P(A_1A_2)+P(A_1A_3)+P(A_2A_3)-3P(A_1A_2A_3)\\&\quad+P(A_1A_2A_3)\\&=0.3+0.25+0.2-2\times0.15\\&=0.45\end{aligned}$$

所以,至多购买一种人身保险的概率

$$P(\overline{A_1A_2+A_1A_3+A_2A_3})=1-P(A_1A_2+A_1A_3+A_2A_3)=1-0.45=0.55$$

2. 一部5册的历史书,按任意次序放到书架上去,试求下列概率:

(1) 第一册出现在旁边;

(2) 第一册及第五册出现在旁边;

(3) 第一册或第五册出现在旁边;

(4) 第一册及第五册都不出现在旁边;

(5) 第三册正好在正中.

解　设事件$A_1=$“第一册现出在旁边”,$A_2=$“第五册出现在旁边”,$A_3=$“第三册出现在正中”,则A_1,A_2包含的样本点数都为$2\times4!$,A_3的样本点数为$4!$.

事件A_1A_2表示的是第一册及第五册都出现在旁边,即第一册、第五册在左右两个位置任意排,其余的3册在中间3个位置任意排,所以A_1A_2包含的样本点数为$2!\cdot3!$.总的样本点数为$5!$.

(1) $P(A_1)=\dfrac{2\times4!}{5!}=\dfrac{2}{5}$;

(2) $P(A_1A_2)=\dfrac{2!\cdot3!}{5!}=\dfrac{1}{10}$;

(3) $P(A_1+A_2)=P(A_1)+P(A_2)-P(A_1A_2)=2\times\dfrac{2}{5}-\dfrac{1}{10}=\dfrac{7}{10}$;

(4) $P(\overline{A_1+A_2})=1-P(A_1+A_2)=1-\dfrac{7}{10}=\dfrac{3}{10}$;

(5) $P(A_3)=\dfrac{4!}{5!}=\dfrac{1}{5}$.

3. 从一副扑克牌(54 张)中任取 12 张,求下列事件的概率:

(1) 至少有 1 张 A;

(2) 至多有 2 张 A.

解　设 $A_i=$“取到 i 张 A”,其包含的样本点数为 $C_4^i\cdot C_{50}^{12-i}$,$i=0,1,2,3,4$. 由题意,样本点总数为 C_{54}^{12}.

(1) 至少有一张 A 的概率

$$P(\overline{A}_0)=1-P(A_0)=1-\frac{C_{50}^{12}}{C_{54}^{12}}=1-0.353\,9=0.646\,1$$

(2) 至多有 2 张 A 的概率

$$\begin{aligned}P(\overline{A_3+A_4})&=1-P(A_3)-P(A_4)=1-\frac{C_4^3\cdot C_{50}^9}{C_{54}^{12}}-\frac{C_4^4\cdot C_{50}^8}{C_{54}^{12}}\\&=1-0.029\,2-0.001\,6=0.969\,2\end{aligned}$$

4. 可重复地从 0,1,…,9 共 10 个数字中依次取出 5 个数字,求下列事件的概率:

(1) 5 个数字全不相同;

(2) 全是奇数;

(3) 1 恰好出现两次;

(4) 1 至少出现两次;

(5) 5 个数字的和是 12.

解　样本点总数为 10^5.

(1) 设 $A_1=$“5 个数字全不相同”,其包含的样本点数为 $C_{10}^1\cdot C_9^1\cdot C_8^1\cdot C_7^1\cdot C_6^1$,所以 $P(A_1)=\dfrac{C_{10}^1\cdot C_9^1\cdot C_8^1\cdot C_7^1\cdot C_6^1}{10^5}=0.302\,4$.

(2) 设 $A_2=$“5 个数字全是奇数”,其包含的样本点数为 5^5,所以 $P(A_2)=\dfrac{5^5}{10^5}=\dfrac{1}{32}$.

(3) 设 $A_3=$“1 恰好出现两次”,其包含的样本点数为 $C_5^2\cdot 9^3$,所以 $P(A_3)=\dfrac{C_5^2\cdot 9^3}{10^5}=0.072\,9$.

(4) 设 $A_4=$“1 至少出现两次”,则 $\overline{A}_4=$“1 出现 0 次”+“1 出现 1 次”,事件 $\overline{A}_4$ 的样本点数为 $\sum\limits_{k=0}^{1}C_5^k\cdot 9^{5-k}=9^5+C_5^1\cdot 9^4=9\,1854$,所以

$$P(A_4)=1-P(\overline{A}_4)=1-\frac{91\,854}{10^5}=1-0.918\,54=0.081\,46$$

(5) 设 $A_5=$“5 个数字总和是 12”,其样本点个数是多项式 $(1+x+x^2+\cdots+x^9)^5$ 中项 x^{12} 的系数. 由多次式的幂级数展开式,得

$$(1+x+x^2+\cdots+x^9)^5=(1-x^{10})^5\cdot(1-x)^{-5}$$
$$=(1-C_5^1\cdot x^{10}+\cdots)\cdot(1+5x+\cdots+C_6^2\cdot x^2+\cdots+C_{16}^{12}\cdot x^{12}+\cdots)$$

所以项 x^{12} 的系数为 $-C_5^1\cdot C_6^2+C_{16}^{12}=1\,745$,则

$$P(A_5)=\frac{1\,745}{10^5}=0.017\,45$$

5. 在 150 个产品中有 120 个一级品,30 个二级品,任意抽取 10 个,求其中:

(1) 恰有 2 个二级品的概率;

(2) 至少有 2 个二级品的概率.

解　样本点总数为 C_{150}^{10}.

(1) 设 $A_1=$"恰有 2 个二级品",其包含的样本点数为 $C_{30}^2\cdot C_{120}^8$,所以

$$P(A_1)=\frac{C_{30}^2\cdot C_{120}^8}{C_{150}^{10}}=0.312\,5$$

(2) 设 $A_2=$"至少有 2 个二级品",则 $\overline{A}_2=$"有 0 个二级品"+"有 1 个二级品",$\overline{A}_2$ 的样本点数为 $C_{120}^{10}+C_{30}^1\cdot C_{120}^9$,所以

$$P(A_2)=1-P(\overline{A}_2)=1-\frac{C_{120}^{10}+C_{30}^1\cdot C_{120}^9}{C_{150}^{10}}=1-0.367\,4=0.632\,6$$

6. 一幢 12 层的大楼,有 6 位乘客从底楼进入电梯,电梯可停于 2 层到 12 层的任一层,若每位乘客在任一层离开电梯的可能性相同,求下列事件的概率:

(1) 某指定的一层有 2 位乘客离开;

(2) 至少有 2 位乘客在同一层离开;

(3) 恰有 2 位乘客在同一层离开.

解　样本点总数为 11^6.

(1) 设 $A_1=$"指定的一层有 2 位乘客离开",则 A_1 表示的意思是任意的 2 位乘客都可在指定的一层离开,其他 4 位乘客可以在其余的各层离开,即 A_1 的样本点数为 $C_6^2\cdot 10^4$,所以 $P(A_1)=\dfrac{C_6^2\cdot 10^4}{11^6}=0.084\,7$.

(2) 设 $A_2=$"至少 2 位乘客在同一层离开",则 $\overline{A}_2=$"6 位乘客都在不同层离开",其样本点数为 $C_{11}^6\cdot 6!$,所以

$$P(A_2)=1-P(\overline{A}_2)=1-\frac{C_{11}^6\cdot 6!}{11^6}=1-0.187\,8=0.812\,2$$

(3) 设 $A_3=$"恰有 2 位乘客在同一层离开",则 A_3 表示的意思是其中任意 2 位在任一层离开,其他 4 位在其余 10 层中离开的情况有:或者 4 位都在同一层离开;或者有 3 位在同一层离开;或 4 位各在不同层离开. 所以 A_3 的样本点数为 $C_6^2\cdot C_{11}^1\cdot(C_{10}^1+C_4^3\cdot C_{10}^1\cdot C_9^1+C_{10}^4\cdot 4!)$,所以

$$P(A_3)=\frac{C_6^2\cdot C_{11}^1(C_{10}^1+C_4^3\cdot 10\cdot 9+C_{10}^4\cdot 4!)}{11^6}=\frac{15\times 11\times 5\,410}{11^6}$$
$$=0.503\,9$$

7. 袋中有 3 个黑球及 5 个白球,求下列事件的概率:

(1) 从袋中任取 4 个球,取得 2 个白球及 2 个黑球;

(2) 不放回地连取 4 个球,取得 2 个白球及 2 个黑球;

(3) 有放回地连取 4 个球,取得 2 个白球及 2 个黑球.

解 设 $A=$"取得 2 个白球及 2 个黑球".

(1) 样本点总数为 C_8^4,A 的样本点数为 $C_5^2\cdot C_3^2$,所以 $P(A)=\frac{C_5^2\cdot C_3^2}{C_8^4}=\frac{3}{7}$.

(2) 样本点总数为 $C_8^1\cdot C_7^1\cdot C_6^1\cdot C_5^1$,$A$ 的样本点数为 $C_4^2\cdot C_5^1\cdot C_4^1\cdot C_3^1\cdot C_2^1$,所以 $P(A)=\frac{C_4^2\cdot C_5^1\cdot C_4^1\cdot C_3^1\cdot C_2^1}{C_8^1\cdot C_7^1\cdot C_6^1\cdot C_5^1}=\frac{3}{7}$.

(3) 样本点总数为 8^4,A 的样本点数为 $C_4^2\cdot(C_5^1)^2\cdot(C_3^1)^2$,所以

$$P(A)=\frac{C_4^2\cdot(C_5^1)^2\cdot(C_3^1)^2}{8^4}=0.329\,6$$

8. 从 6 双不同的手套中任取 4 只,求恰有一双配对的概率.

解 设 $A=$"恰有一双配对",其表示的意思是任取一双,两只手套都取出,有 $C_6^1\cdot C_2^2$ 种取法,剩下的 2 只从其余的 5 双中的任两双中各取一只,有 $C_5^2\cdot C_2^1\cdot C_2^1$ 种取法,即 A 的样本点数为 $C_6^1\cdot C_2^2\cdot C_5^2\cdot C_2^1\cdot C_2^1$,又总的样本点数为 C_{12}^4,所以 $P(A)=\frac{C_6^1\cdot C_2^2\cdot C_5^2\cdot C_2^1\cdot C_2^1}{C_{12}^4}=\frac{16}{33}=0.484\,9$.

9. 某班有 23 名学生,求至少有 2 个人同一天过生日的概率.

解 设事件 $A=$"至少有 2 个人同一天过生日",则 $\bar{A}=$"每个人的生日各不相同",$\bar{A}$ 的样本点数为 $C_{356}^{23}\cdot 23!$,又样本点总数为 365^{23}.所以

$$P(A)=1-P(\bar{A})=1-\frac{C_{365}^{23}\cdot 23!}{365^{23}}=1-0.492\,7=0.507\,3$$

10. 甲袋中有 3 只白球,7 只红球,15 只黑球,乙袋中有 10 只白球,6 只红球,9 只黑球,现从袋中各取一球,求两球颜色相同的概率.

解 样本点总数为 $C_{25}^1\cdot C_{25}^1$.

设 $A=$"从甲乙两袋都取得白球",则 A 包含的样本点数为 $C_3^1\cdot C_{10}^1$;

$B=$"从甲乙两袋都取得红球",则 B 包含的样本点数为 $C_7^1\cdot C_6^1$;

$C=$"从甲乙两袋都取得黑球",则 C 包含的样本点数为 $C_{15}^1\cdot C_9^1$.

且事件 A,B,C 互不相容,所以两球颜色相同的概率

$$P(A+B+C)=P(A)+P(B)+P(C)=\frac{3\times10}{25^2}+\frac{7\times6}{25^2}+\frac{15\times9}{25^2}$$
$$=0.3312$$

11. 在1分钟内,一个正常信号与一个干扰信号均随机地各出现一次,设正常信号出现后持续10秒钟,干扰信号出现后持续5秒钟,若两个信号相遇,则系统就受到干扰,求系统受干扰的概率.

解　此题为几何概型,单位记为秒.

设正常信号到达的时刻为x,干扰信号到达的时刻为y,两个信号相遇有两种情况:(1) 正常信号先到达,即$x<y$时,$y-x\leqslant10$;(2) 干扰信号先到达,即$x>y$,$x-y\leqslant5$.则可表示样本空间$\Omega=\{(x,y)\mid 0\leqslant x\leqslant60,0\leqslant y\leqslant60\}$,两个信号相遇的区域$A=\{(x,y)\mid x<y,y-x\leqslant10$或$x>y,x-y\leqslant5\}$(如图所示,区域$A$为阴影部分).

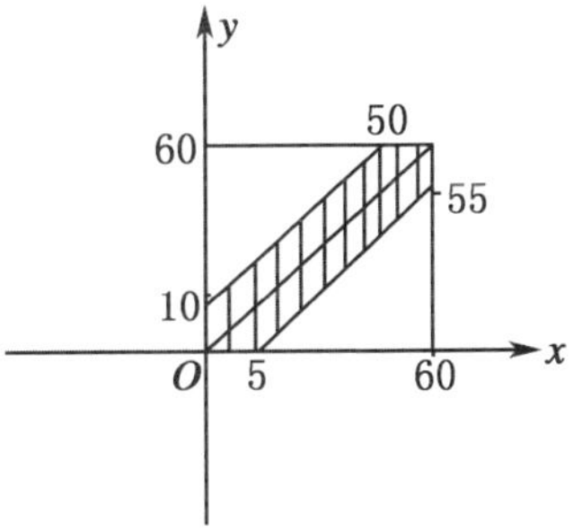

则样本空间的面积$S_\Omega=60^2$,相遇区域的面积

$$S_A=60^2-\frac{1}{2}\times55^2-\frac{1}{2}\times50^2=837.5$$

所以系统受干扰的概率

$$P(A)=\frac{S_A}{S_\Omega}=\frac{837.5}{60^2}=0.2326$$

12. 设二维随机点(b,c)等可能地落在区域Ω:$[-1,1]\times[-1,1]$中,试求方程$x^2+bx+c=0$的两个根:

(1) 都是实数的概率;

(2) 都是非负数的概率.

解　由题意得,样本空间$\Omega=\{(b,c)\mid-1\leqslant b\leqslant1,-1\leqslant c\leqslant1\}$,其面积$S_\Omega=4$.

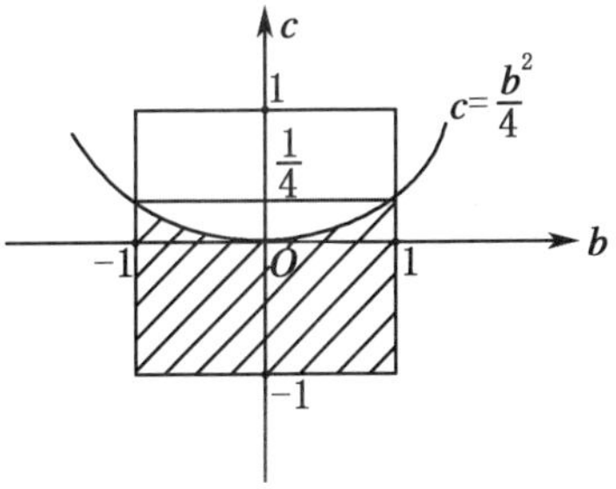

(1) 设$A=$“两根都为实数”,则事件A成立的条件是$b^2-4c\geqslant0$,则A可表示为$A=\left\{(b,c)\,\middle|\,-1\leqslant b\leqslant1,-1\leqslant c\leqslant\frac{b^2}{4}\right\}$,其区域如图阴影部分所示.则区域$A$的面积为

$$S_A=\int_{-1}^{1}\left(\frac{b^2}{4}+1\right)\mathrm{d}b=2\int_{0}^{1}\left(\frac{b^2}{4}+1\right)\mathrm{d}b=2\cdot\left(\frac{1}{12}+1\right)=\frac{13}{6}$$

所以两根都是实数的概率

$$P(A)=\frac{S_A}{S_\Omega}=\frac{13/6}{4}=\frac{13}{24}$$

(2) 设 $B=$“两根都为非负数”,则事件 B 成立的条件是$\begin{cases}b^2-4c\geqslant 0,\\ c\geqslant 0,\\ b\leqslant 0,\end{cases}$ 则 B 可表示为 $B=\left\{(b,c)\,\middle|\,-1\leqslant b\leqslant 0,0\leqslant c\leqslant \frac{b^2}{4}\right\}$,其区域如图阴影部分所示.

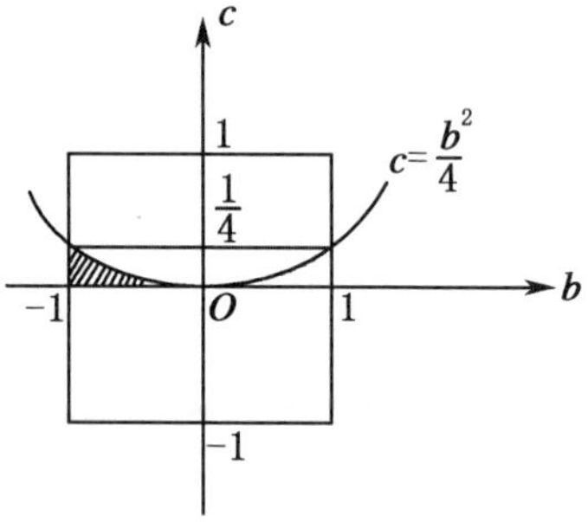

面积 $S_B=\int_{-1}^{0}\frac{b^2}{4}\mathrm{d}b=\frac{1}{12}$,所以两根都是非负数的概率 $P(B)=\frac{S_B}{S_\Omega}=\frac{1/12}{4}=\frac{1}{48}$.

13. 10 件产品中的有 3 件次品,从中任取 2 件,在已知其中 1 件是次品的条件下,求另 1 件也是次品的概率.

解 样本点总数为 C_{10}^2.

设事件 $A=$“2 件产品中 1 件是次品”,其包含的样本点数为 $C_3^1\cdot C_7^1+C_3^2$; $B=$“2 件产品都是次品”, 其包含的样本点数为 C_3^2. 所以条件概率

$$P(B\mid A)=\frac{P(AB)}{P(A)}=\frac{P(B)}{P(A)}=\frac{C_3^2/C_{10}^2}{(C_3^1\cdot C_7^1+C_3^2)/C_{10}^2}=\frac{1}{8}$$
$$=0.125$$

14. 小李忘了朋友家电话号码的最后一位数,他只能随意地拨最后一个号,他连拨了 3 次,求:

(1) 第三次才拨通的概率;

(2) 已知前两次都未拨通的条件下第三次拨通的概率.

解 设 $A_i=$“第 i 次拨通”,$i=1,2,3$.

由题意,若未拨通,则下次拨号从剩下的数中任拨一数.

(1) $P(\overline{A}_1\overline{A}_2A_3)=P(\overline{A}_1)\cdot P(\overline{A}_2\mid\overline{A}_1)\cdot P(A_3\mid\overline{A}_1\overline{A}_2)$

$$=\frac{9}{10}\cdot\frac{8}{9}\cdot\frac{1}{8}=\frac{1}{10}.$$

(2) 这里第三次才拨通的意思是在除去第一、二次拨的数后剩下的 8 个数中拨通,所以条件概率 $P(A_3\mid\overline{A}_1\overline{A}_2)=\frac{1}{8}$.

15. 在某工厂中有甲、乙、丙 3 台机器生产同样的产品,它们的产量各占 25%,35% 和 40%,并且废品率各占 5%,4%,2%,从产品中任取 1 件,求它是废

品的概率；若取出的是废品，分别求它是由甲、乙、丙机器生产的概率.

解　$B=$“取出的这件产品为废品”，$A_i=$“产品为 i 机器生产”，$i=1,2,3$，分别代表甲、乙、丙.

由题意，知 $P(A_1)=0.25$，$P(A_2)=0.35$，$P(A_3)=0.4$，$P(B\mid A_1)=0.05$，$P(B\mid A_2)=0.04$，$P(B\mid A_3)=0.02$，所以由全概率公式，得

$$
\begin{aligned}
P(B)&=P(A_1B+A_2B+A_3B)=\sum_{i=1}^{3}P(A_i)\cdot P(B\mid A_i)\\
&=0.25\times 0.05+0.35\times 0.04+0.4\times 0.02\\
&=0.0345
\end{aligned}
$$

由贝叶斯公式，得

$$
P(A_1\mid B)=\frac{P(A_1B)}{P(B)}=\frac{0.25\times 0.05}{0.0345}=\frac{25}{69}
$$

$$
P(A_2\mid B)=\frac{P(A_2B)}{P(B)}=\frac{0.35\times 0.04}{0.0345}=\frac{28}{69}
$$

$$
P(A_3\mid B)=\frac{P(A_3B)}{P(B)}=\frac{0.4\times 0.02}{0.0345}=\frac{16}{69}
$$

16. 设甲袋中有 4 个黑球和 6 个白球，乙袋中有 4 个黑球和 2 个白球，从甲袋中摸出 2 个球放入乙袋中，再从乙袋中摸出 2 个球，求这 2 个球恰有 1 个是黑球的概率.

解　设 $B=$“从乙袋中摸出 1 个黑球 1 个白球”，$A_i=$“从甲袋中摸出 2 个球中有 i 个黑球”，$i=0,1,2$.

由题意，知

$$
P(A_i)=\frac{C_4^i\cdot C_6^{2-i}}{C_{10}^2},\quad P(B\mid A_i)=\frac{C_{4+i}^1\cdot C_{2+2-i}^1}{C_{6+2}^2},\quad i=0,1,2
$$

所以由全概率公式，得

$$
\begin{aligned}
P(B)&=\sum_{i=0}^{2}P(A_iB)=\sum_{i=0}^{2}P(A_i)\cdot P(B\mid A_i)\\
&=\sum_{i=0}^{2}\frac{C_4^i\cdot C_6^{2-i}\cdot C_{4+i}^1\cdot C_{4-i}^1}{C_{10}^2\cdot C_8^2}\\
&=\frac{C_6^2\cdot C_4^1\cdot C_4^1}{C_{10}^2\cdot C_8^2}+\frac{C_4^1\cdot C_6^1\cdot C_5^1\cdot C_3^1}{C_{10}^2\cdot C_8^2}+\frac{C_4^2\cdot C_6^1\cdot C_2^1}{C_{10}^2\cdot C_8^2}\\
&=\frac{15\times 16+24\times 15+6\times 12}{45\times 28}=\frac{56}{105}
\end{aligned}
$$

17. 某电影院售票处有 20 人排队买票，其中 10 人仅持有一张拾元纸币，另 10 人仅持有伍元纸币，每人限购一张票，票价为伍元，假定刚开始售票时，无零钱

可找,求 20 人全不用因找不出钱而等待的概率.

解 设 $a_1, a_2, \cdots, a_n$ 为持拾元纸币的人,n 为持拾元纸币的人数;$b_1, b_2, \cdots, b_m$ 为持伍元纸币的人,m 为持伍元纸币的人数,$m \geqslant n$. 则 a_i 前持伍元纸币的人应多于 i 个(i 为持币人的排序),这是一个条件的概率问题.

设 $A_k =$ "a_k 不用等待找钱",$k = 1, 2, \cdots, n$,则 $P(A_1) = \dfrac{m}{m+1}$(m 个持伍元纸币的人加一个持拾元纸币的人 a_1,a_1 不能排第一位),且

$$P(A_2 \mid A_1) = \frac{m-1}{m}$$
$$\vdots$$
$$P(A_n \mid A_1A_2\cdots A_{n-1}) = \frac{m-n+1}{m-n+2}$$

所以没有人等待找钱的概率为

$$\begin{aligned} P(A_1A_2\cdots A_n) &= P(A_1)\cdot P(A_2 \mid A_1)\cdots P(A_n \mid A_1A_2\cdots A_{n-1}) \\ &= \frac{m}{m+1}\cdot\frac{m-1}{m}\cdots\frac{m-n+1}{m-n+2} \\ &= \frac{m-n+1}{m+1} \end{aligned}$$

故当 $m = n = 10$ 时,20 人全不用等待找钱的概率 $P(A_1A_2\cdots A_{10}) = \dfrac{10-10+1}{10+1} = \dfrac{1}{11}$.

18. 无线电通讯中,由于随机干扰,当发出信号为"·"时,收到信号为"·"、"不清"、"—"的概率分别为 0.7,0.2 和 0.1;当发出信号为"—"时,收到信号为"—","不清","·"的概率分别为 0.9,0.1 和 0. 如果整个发报过程中,"·"、"—"出现的概率分别为 0.6 和 0.4,当收到"不清"时,原发信号是"·"的概率是多少?

解 设 $B=$"收到信号为'不清'",$A_1 =$"原发信号为'·'",$A_2 =$"原发信号为'—'".

由题意,知 $P(A_1)=0.6, P(A_2)=0.4, P(B \mid A_1)=0.2, P(B \mid A_2)=0.1$,所以由全概率公式,得

$$\begin{aligned} P(B) &= P(A_1B+A_2B) = P(A_1)\cdot P(B \mid A_1) + P(A_2)\cdot P(B \mid A_2) \\ &= 0.6\times 0.2 + 0.4\times 0.1 = 0.16 \end{aligned}$$

所以由贝叶斯公式,得 $P(A_1 \mid B) = \dfrac{P(A_1B)}{P(B)} = \dfrac{0.6\times 0.2}{0.16} = 0.75$.

19. 一批产品共 10 件,这批产品中废品数从 0 到 2 都是等可能的. 现从中任取 1 件,发现它是废品,求此时这批产品中有 2 件废品的概率是多少?

解 设 $B =$"取出的为 1 件废品",$A_i =$"产品中有 i 个废品",$i = 0, 1, 2$.

由题意,知

$$P(A_i)=\frac{1}{3},P(B\mid A_i)=\frac{C_i^1}{C_{10}^1}=\frac{i}{10},\quad i=0,1,2$$

所以由全概率公式,得

$$P(B)=\sum_{i=0}^{2}P(A_iB)=\sum_{i=0}^{2}P(A_i)\cdot P(B\mid A_i)=\frac{1}{3}\times\left(\frac{0}{10}+\frac{1}{10}+\frac{2}{10}\right)=\frac{1}{10}$$

所以由贝叶斯公式,得

$$P(A_2\mid B)=\frac{P(A_2B)}{P(B)}=\frac{2/30}{1/10}=\frac{2}{3}$$

20. 一位工人看管 3 台机床,在 1 个小时内每台机床不需要照看的几率均为 0.8,若各机床需要照看与否是相互独立的,求下列事件的概率:

(1) 3 台机床都不需要工人照看;

(2) 至少有 1 台机床需要工人照看;

(3) 最多有 1 台机床需要工人照看.

解法一　设 $A_i=$"第 i 台机床需要工人照看",$i=1,2,3$,则 $P(A_i)=0.2$,且 A_1,A_2,A_3 相互独立.

(1) 3 台都不需要照看的概率

$$P(\overline{A}_1\overline{A}_2\overline{A}_3)=P(\overline{A}_1)\cdot P(\overline{A}_2)\cdot P(\overline{A}_3)=0.8^3=0.512$$

(2) 至少有 1 台需要照看的概率

$$\begin{aligned}P(A_1+A_2+A_3)&=3P(A_1)-3P(A_1)\cdot P(A_1)+P(A_1)\cdot P(A_1)\cdot P(A_1)\\&=0.6-3\times0.2^2+0.2^3=0.488\end{aligned}$$

(3) 最多有 1 台需要照看的概率

$$\begin{aligned}&P(\overline{A}_1\overline{A}_2\overline{A}_3+A_1\overline{A}_2\overline{A}_3+\overline{A}_1A_2\overline{A}_3+\overline{A}_1\overline{A}_2A_3)\\&=P(\overline{A}_1\overline{A}_2\overline{A}_3)+P(A_1\overline{A}_2\overline{A}_3)+P(\overline{A}_1A_2\overline{A}_3)+P(\overline{A}_1\overline{A}_2A_3)\\&=0.8^3+3\times0.2\times0.8^2=0.896\end{aligned}$$

解法二　设随机变量 X 为 3 台机床中需要工人照看的台数,则 $X\sim B(3,0.2)$,所以

(1) $P(X=0)=0.8^3=0.512$;

(2) $P(X\geqslant1)=1-P(X=0)=1-0.8^3=0.488$;

(3) $P(X\leqslant1)=P(X=0)+P(X=1)=0.8^3+C_3^1\cdot0.2\cdot0.8^2=0.896$.

21. 某企业聘请了 9 名专家对一投资项目的可行性进行决策,已知每位专家给出正确意见的百分比是 70%,企业个别征求各位专家的意见并按多数人意见做出决策,求做出正确决策的概率.

解　设 X 为 9 名专家中提出可行性意见的人数,则 $X\sim B(9,0.7)$. 由题意,

做出正确决策的概率为

$$P\{X \geqslant 5\} = 1 - P(X=0) - P(X=1) - P(X=2) - P(X=3) - P(X=4)$$
$$= 1 - 0.3^9 - C_9^1 \cdot 0.7 \cdot 0.3^8 - C_9^2 \cdot 0.7^2 \cdot 0.3^7 - C_9^3 \cdot 0.7^3 \cdot 0.3^6 - C_9^4 \cdot 0.7^4 \cdot 0.3^5$$
$$= 0.9012$$

或者查二项分布表计算 $P\{X \geqslant 5\}$. 不妨设 Y 为 9 名专家中提出错误意见的人数,则 $Y \sim B(9, 0.3)$,所以 $P\{X \geqslant 5\} = P\{Y \leqslant 4\}$. 查二项分布表(其中 $n = 9$, $c = 4$, $p = 0.3$),得 $P\{Y \leqslant 4\} = 0.9012$,所以 $P\{X \geqslant 5\} = 0.9012$.

22. 如图1所示,1,2,3,4,5 表示继电器接点. 假设每一继电器接点闭合的概率是 p,且设各继电器接点闭合与否相互独立,求 L 至 R 是通路的概率.

解 设 A_i = "第 i 个继电器接点闭合", B = "L 至 R 是通路". 则 $P(A_i) = p$,且 A_i 之间相互独立,$i = 1,2,3,4,5$.

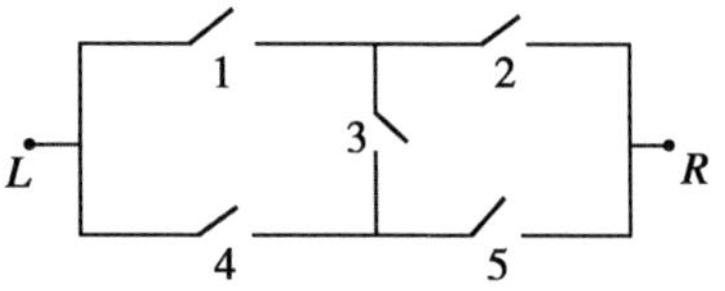

图 1

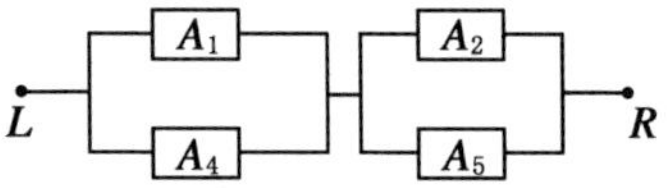

图 2

由图示,知第 3 个继电器的通与否是关键.

当 A_3 时,图示为图2所示,则 L-R 是通路的概率为

$$P(B \mid A_3) = P[(A_1 + A_4)(A_2 + A_5)] = P(A_1 + A_4) \cdot P(A_2 + A_5) = (2p - p^2)^2$$

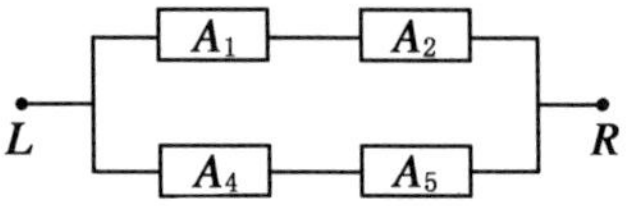

图 3

当 $\overline{A}_3$ 时,图示为图 3,则 L-R 是通路的概率为

$$P(B \mid \overline{A}_3) = P(A_1A_2 + A_4A_5) = P(A_1A_2) + P(A_4A_5) - P(A_1A_2A_4A_5) = 2p^2 - p^4$$

所以 L-R 是通路的概率

$$P(B) = P(A_3B + \overline{A}_3B) = P(A_3) \cdot P(B \mid A_3) + P(\overline{A}_3) \cdot P(B \mid \overline{A}_3)$$
$$= p \cdot (2p - p^2)^2 + (1 - p) \cdot (2p^2 - p^4)$$
$$= p^2 \cdot (2 + 2p - 5p^2 + 2p^3)$$

23. 假设两名篮球运动员甲和乙每次投篮投中的概率分别为 0.7 和 0.6. 现在每人各进行 3 次投篮,试求下列事件的概率:

(1) 两人的进球数相同;

(2) 甲进球数多于乙.

解 设 A_i = "甲进 i 个球",$i = 0,1,2,3$,B_i = "乙进 i 个球",$i = 0,1,2,3$; 同时设 C = "两人进球数相同",D = "甲进球数多于乙". 则 A_i,B_i 相互独立,且都为贝努利概型,$i = 0,1,2,3$.

$$(1)\ P(C)=P\Big(\sum_{i=0}^{3}A_iB_i\Big)=\sum_{i=0}^{3}P(A_iB_i)=\sum_{i=0}^{3}P(A_i)\cdot P(B_i)$$
$$=\sum_{i=0}^{3}(\mathrm{C}_3^i\cdot 0.7^i\cdot 0.3^{3-i}\cdot \mathrm{C}_3^i\cdot 0.6^i\cdot 0.4^{3-i})$$
$$=0.321.$$

$$(2)\ P(D)=P(A_1B_0+A_2(B_0+B_1)+A_3(B_0+B_1+B_2))$$
$$=P(A_1B_0)+P(A_2(B_0+B_1))+P(A_3(B_0+B_1+B_2))$$
$$=P(A_1)\cdot P(B_0)+P(A_2)\cdot P(B_0+B_1)+P(A_3)\cdot(1-P(B_3))$$
$$=\mathrm{C}_3^1\cdot 0.7\cdot 0.3^2\times 0.4^3+\mathrm{C}_3^2\cdot 0.7^2\cdot 0.3\times(0.4^3+\mathrm{C}_3^1\cdot 0.6\cdot 0.4^2)+0.7^3\times(1-0.6^3)$$
$$=0.436.$$

24. 某数学家随身带有两盒火柴，一个袋里放一盒，每盒有 N 根火柴，每次用时，随机地任取一盒，然后从中抽取一根，求发现一盒火柴已空，此时另一盒恰剩 r 根火柴的概率是多少？

解　设两盒火柴分别为甲盒和乙盒，同时设事件 $A=$“发现一盒火柴为空时，另一盒还剩 r 根火柴”；$A_1=$“发现甲盒已空，乙盒还剩 r 根火柴”；$A_2=$“发现乙盒已空，甲盒还剩 r 根火柴”.

由题意，其中任意一盒为“空”，另一盒为“r 根火柴”是等可能的，且取到任意一盒的概率都是 $\frac{1}{2}$，则 $A=A_1+A_2$，且 A_1,A_2 互不相容，$P(A_1)=P(A_2)$，故 A 的概率可表示为 $P(A)=P(A_1)+P(A_2)=2P(A_1)$. 以下求 $P(A_1)$.

由题意，知数学家一共取了 $N+(N-r)+1=2N-r+1$ 次火柴，且最后一次一定取到甲盒，所以

$$P(A_1)=\frac{1}{2}\cdot \mathrm{C}_{2N-r}^{N}\cdot\left(\frac{1}{2}\right)^{N}\cdot\left(\frac{1}{2}\right)^{N-r}=\mathrm{C}_{2N-r}^{N}\cdot\left(\frac{1}{2}\right)^{2N-r+1}$$

由此

$$P(A)=2P(A_1)=2\cdot \mathrm{C}_{2N-r}^{N}\cdot\left(\frac{1}{2}\right)^{2N-r+1}=\mathrm{C}_{2N-r}^{N}\cdot\left(\frac{1}{2}\right)^{2N-r}$$

25. 袋中有 10 个球，其中 2 个球上标有数字 1，3 个球上标有数字 2，4 个球上标有数字 3，1 个球上标有数字 4，从袋中任取一球，X 表示取出球的数字，求 X 的分布律和分布函数.

解　X 的所有可能取值为 1，2，3，4，其中

$$P\{X=1\}=\frac{\mathrm{C}_2^1}{\mathrm{C}_{10}^1}=0.2,\ P\{X=2\}=\frac{\mathrm{C}_3^1}{\mathrm{C}_{10}^1}=0.3$$

$$P\{X=3\}=\frac{\mathrm{C}_4^1}{\mathrm{C}_{10}^1}=0.4,\ P\{X=4\}=\frac{1}{\mathrm{C}_{10}^1}=0.1$$

所以 X 的分布律如下所示：

X	1	2	3	4
P	0.2	0.3	0.4	0.1

由分布函数的定义 $F(x)=P\{X\leqslant x\}$，得当 $x<1$ 时，$F(x)=0$；当 $1\leqslant x<2$ 时

$$F(x)=P\{X=1\}=0.2$$

当 $2\leqslant x<3$ 时

$$F(x)=P\{X=1\}+P\{X=2\}=0.2+0.3=0.5$$

当 $3\leqslant x<4$ 时

$$F(x)=P\{X=1\}+P\{X=2\}+P\{X=3\}=0.2+0.3+0.4=0.9$$

当 $x\geqslant 4$ 时，$F(x)=1$. 故所求分布函数为

$$F(x)=\begin{cases}0, & x<1,\\ 0.2, & 1\leqslant x<2,\\ 0.5, & 2\leqslant x<3,\\ 0.9, & 3\leqslant x<4,\\ 1, & x\geqslant 4\end{cases}$$

26. 袋中有5个球，分别标有号码1，2，3，4，5，现从这口袋中任取3个球，设 X 是取出的号码中的最大值，求 X 的概率分布律并求 $P\{X\leqslant 4\}$.

解 X 的所有可能取值为3，4，5，其中

$$P\{X=3\}=\frac{C_2^2\cdot 1}{C_5^3}=0.1, P\{X=4\}=\frac{C_3^2\cdot 1}{C_5^3}=0.3$$

$$P\{X=5\}=\frac{C_4^2\cdot 1}{C_5^3}=0.6$$

所以 X 的分布律如下所示：

X	3	4	5
P	0.1	0.3	0.6

故 $P\{X\leqslant 4\}=P\{X=3\}+P\{X=4\}=0.1+0.3=0.4$.

27. 离散型随机变量 X 的分布函数为

$$F(x)=\begin{cases}0, & x<2,\\ \dfrac{1}{8}, & 2\leqslant x<4,\\ \dfrac{3}{8}, & 4\leqslant x<6,\\ 1, & x\geqslant 6\end{cases}$$

求 X 的分布律,并求 $P\{X>2\}$,$P\{X<4\}$,$P\{2\leqslant X<6\}$.

解　X 的所有可能取值为 2,4,6,其中

$$P\{X=2\}=F(2)-F(2-0)=\frac{1}{8}-0=\frac{1}{8}$$

$$P\{X=4\}=F(4)-F(4-0)=\frac{3}{8}-\frac{1}{8}=\frac{2}{8}$$

$$P\{X=6\}=F(6)-F(6-0)=1-\frac{3}{8}=\frac{5}{8}$$

所以 X 的分布律如下所示:

X	2	4	6
P	$\frac{1}{8}$	$\frac{2}{8}$	$\frac{5}{8}$

故

$$P\{X>2\}=P\{X=4\}+P\{X=6\}=\frac{2}{8}+\frac{5}{8}=\frac{7}{8}$$

$$P\{X<4\}=P\{X=2\}=\frac{1}{8}$$

$$P\{2\leqslant X<6\}=P\{X=2\}+P\{X=4\}=\frac{1}{8}+\frac{2}{8}=\frac{3}{8}$$

28. 设连续型随机变量 X 的分布函数为

$$F(x)=\begin{cases}0, & x<0,\\ Ax^3, & 0\leqslant x<1,\\ 1, & x\geqslant 1\end{cases}$$

求:(1) 常数 A;

(2) $P\{0.2<X<0.5\}$;

(3) 密度函数 $f(x)$.

解　(1) 由分布函数的性质,得连续型随机变量 X 的分布函数 $F(x)$ 在 $x=1$ 处连续,所以 $\lim\limits_{x\to 1^-}F(x)=\lim\limits_{x\to 1^+}F(x)=1$,得 $A=1$.

(2) $P\{0.2<x<0.5\}=F(0.5)-F(0.2)=0.5^3-0.2^3=0.117$.

(3) 当 $0\leqslant x\leqslant 1$ 时,$f(x)=F'(x)=3x^2$,所以 X 的密度函数

$$f(x)=\begin{cases}3x^2, & 0\leqslant x\leqslant 1,\\ 0, & 其他\end{cases}$$

29. 已知随机变量 X 的概率密度函数为 $f(x)=\begin{cases}\dfrac{a}{x^2}, & x\geqslant 2,\\ 0, & x<2.\end{cases}$ 求:

(1) 常数 a;

(2) 分布函数 $F(x)$;

(3) $P\{0\leqslant X\leqslant 10\}$.

解 (1) 由随机变量 X 的密度函数的性质 $\int_2^{+\infty}f(x)\mathrm{d}x=1$,得 $a\int_2^{+\infty}\frac{1}{x^2}\mathrm{d}x=\frac{a}{2}=1$,所以 $a=2$.

(2) $x<2$ 时,$F(x)=P\{X\leqslant x\}=0$;$x\geqslant 2$ 时

$$\begin{aligned}F(x)&=P\{X\leqslant x\}=\int_{-\infty}^{2}0\mathrm{d}x+2\int_2^x\frac{1}{x^2}\mathrm{d}x\\&=1-\frac{2}{x}\end{aligned}$$

所以分布函数 $F(x)=\begin{cases}0, & x<2,\\ 1-\dfrac{2}{x}, & x\geqslant 2.\end{cases}$

(3) $P\{0\leqslant X\leqslant 10\}=F(10)-F(0)=1-\frac{2}{10}-0=0.8$.

30. 设连续型随机变量 X 的分布函数为 $F(x)=A+B\arctan x\ (-\infty<x<+\infty)$,求:

(1) 常数 A 和 B;

(2) $P\{0\leqslant X\leqslant 1\}$;

(3) X 的概率密度函数.

解 (1) 由分布函数 $P(x)$ 的性质 $F(-\infty)=0,F(+\infty)=1$,得 $\begin{cases}A-\frac{\pi}{2}B=0,\\ A+\frac{\pi}{2}B=1,\end{cases}$ 解得 $A=\frac{1}{2},B=\frac{1}{\pi}$.

(2) $P\{0\leqslant X\leqslant 1\}=F(1)-F(0)=\frac{1}{2}+\frac{1}{\pi}\times\frac{\pi}{4}-\frac{1}{2}=\frac{1}{4}$.

(3) X 的概率密度函数

$$f(x)=F'(x)=\frac{1}{\pi(1+x^2)},\quad -\infty<x<+\infty$$

31. 设连续型随机变量 X 的分布函数为

$$F(x)=\begin{cases}0, & x<-2,\\ A+B\arcsin\dfrac{x}{2}, & -2\leqslant x<2,\\ 1, & x\geqslant 2\end{cases}$$

求：(1) 常数 A 和 B；

(2) $P\{-\sqrt{3}<X<\sqrt{3}\}$；

(3) X 的概率密度函数.

解　(1) 由分布函数 $F(x)$ 的连续性的性质，得 $\begin{cases}F(-2-0)=F(-2),\\ F(2-0)=F(2),\end{cases}$ 即

$$\begin{cases}A-\dfrac{\pi}{2}B=0,\\ A+\dfrac{\pi}{2}B=1,\end{cases}\text{解得}\begin{cases}A=\dfrac{1}{2},\\ B=\dfrac{1}{\pi}.\end{cases}$$

(2) $$P\{-\sqrt{3}<X<\sqrt{3}\}=F(\sqrt{3})-F(-\sqrt{3})$$
$$=\frac{1}{2}+\frac{1}{\pi}\times\frac{\pi}{3}-\left(\frac{1}{2}-\frac{1}{\pi}\times\frac{\pi}{3}\right)=\frac{2}{3}.$$

(3) 当 $-2<x<2$ 时

$$f(x)=F'(x)=\frac{1}{\pi}\cdot\frac{1/2}{\sqrt{1-\left(\dfrac{x}{2}\right)^2}}=\frac{1}{\pi\sqrt{4-x^2}}$$

故 X 的概率密度函数为 $f(x)=\begin{cases}\dfrac{1}{\pi\sqrt{4-x^2}}, & -2<x<2,\\ 0, & \text{其他}.\end{cases}$

32. 设随机变量 X 的概率密度函数为

$$f(x)=\begin{cases}\dfrac{1}{2}x^2, & 0\leqslant x<1,\\ ax, & 1\leqslant x<3,\\ 0, & \text{其他}\end{cases}$$

求：(1) 常数 a；

(2) X 的分布函数 $F(x)$.

解　(1) 由密度函数 $f(x)$ 的性质 $\int_{-\infty}^{+\infty}f(x)\mathrm{d}x=1$，得 $\int_0^1\frac{1}{2}x^2\mathrm{d}x+\int_1^3 ax\mathrm{d}x=1$，解得 $a=\dfrac{5}{24}$.

(2) $x<0$ 时

$$F(x)=P\{X\leqslant x\}=0$$

$0\leqslant x<1$ 时

$$F(x)=P\{X\leqslant x\}=\int_0^x \frac{1}{2}x^2\mathrm{d}x=\frac{1}{6}x^3$$

$1\leqslant x<3$ 时，

$$F(x)=P\{X\leqslant x\}=\int_0^1 \frac{1}{2}x^2\mathrm{d}x+\int_1^x \frac{5}{24}x\mathrm{d}x$$

$$=\frac{1}{6}+\left(\frac{5}{48}x^2-\frac{5}{48}\right)=\frac{1}{16}+\frac{5}{48}x^2$$

$x\geqslant 3$ 时

$$F(x)=P\{X\leqslant x\}=\int_0^1 \frac{1}{2}x^2\mathrm{d}x+\int_1^3 \frac{5}{24}x\mathrm{d}x=1$$

故 X 的分布函数为 $F(x)=\begin{cases}0, & x<0,\\ \frac{1}{6}x^3, & 0\leqslant x<1,\\ \frac{1}{16}+\frac{5}{48}x^2, & 1\leqslant x<3,\\ 1, & x\geqslant 3.\end{cases}$

33. 已知离散型随机变量 X 的分布列如下所示：

X	-2	0	1	3	6
P	0.3	0.2	0.1	0.2	0.2

求：(1) $P\{-2\leqslant X\leqslant 2\}$；

(2) $P\{X<3\mid X=0\}$；

(3) $P\{X>1\mid X\neq 3\}$.

解　(1) $P\{-2\leqslant X\leqslant 2\}=P\{X=-2\}+P\{X=0\}+P\{X=1\}$

$=0.3+0.2+0.1=0.6.$

(2) $P\{X<3\mid X=0\}=\dfrac{P\{X<3,X=0\}}{P\{X=0\}}=\dfrac{P\{X=0\}}{P\{X=0\}}=1.$

(3) $P\{X>1\mid X\neq 3\}=\dfrac{P\{X>1,X\neq 3\}}{P\{X\neq 3\}}=\dfrac{P\{X=6\}}{1-P\{X=3\}}=\dfrac{0.2}{1-0.2}=0.25.$

34. 在某公共汽车站甲、乙、丙三人分别等 1,2,3 路公共汽车，设每个人等车时间(单位：分钟) 均服从[0,5] 上的均匀分布，求 3 人中至少有两人等车时间不超过 2 分钟的概率.

解　设 X 为每个人等车时间，Y 为 3 人中等车时间不超过 2 分钟的人数，则

$$f(x)=\begin{cases}\dfrac{1}{5}, & 0\leqslant x\leqslant 5,\\ 0, & \text{其他}\end{cases}$$

$$P\{X\leqslant 2\}=\int_0^2\frac{1}{5}\mathrm{d}x=\frac{2}{5}=0.4$$

所以 $Y\sim B(3,0.4)$. 故

$$P\{Y\geqslant 2\}=P\{Y=2\}+P\{Y=3\}=\mathrm{C}_3^2\cdot 0.4^2\cdot 0.6+0.4^3=0.352$$

35. 设某高速公路上每天发生交通事故的次数服从参数为 3 的泊松分布. 已知今天清晨该公路上发生了一起交通事故,求今天该公路上至少发生 2 起交通事故的概率.

解　该公路上发生的交通事故次数为 X,则 $X\sim P(3)$.

由题意,知所需求的概率为

$$\begin{aligned}P\{X\geqslant 2\mid X\geqslant 1\}&=\frac{P\{X\geqslant 2,X\geqslant 1\}}{P\{X\geqslant 1\}}=\frac{P\{X\geqslant 2\}}{P\{X\geqslant 1\}}\\&=\frac{1-P\{X=0\}-P\{X=1\}}{1-P\{X=0\}}\\&=\frac{1-\mathrm{e}^{-3}-3\mathrm{e}^{-3}}{1-\mathrm{e}^{-3}}=\frac{1-4\mathrm{e}^{-3}}{1-\mathrm{e}^{-3}}=0.842\,8\end{aligned}$$

36. 设一系统装有 4 个同类型的电子元件,其工作状态相互独立,且无故障工作时间服从参数为 5 的指数分布. 当 4 个元件无故障时系统才能正常工作,求系统能正常工作的时间 X 的分布函数.

解　设系统中每个元件的工作时间分别为 X_1,X_2,X_3,X_4,由题意知系统的工作时间 $X=\min(X_1,X_2,X_3,X_4)$. 又每个元件的分布函数为 $F(x)=\begin{cases}1-\mathrm{e}^{-5x}, & x\geqslant 0,\\ 0, & x<0,\end{cases}$ 所以系统的工作时间 X 的分布函数为

$$F_x(x)=1-(1-F(x))^4=\begin{cases}1-\mathrm{e}^{-20x}, & x\geqslant 0,\\ 0, & x<0\end{cases}$$

37. 假设随机测量误差 $X\sim N(0,10^2)$,试利用泊松定理,求在 100 次独立重复测量中至少 3 次测量的绝对误差大于 19.6 的概率的近似值.

解　设 Y 为 100 次测量中测量的绝对误差大于 19.6 的测量次数,则 $Y\sim B(100,p)$. 其中

$$\begin{aligned}p&=P\{|X|>19.6\}=P\{X>19.6\}+P\{X<-19.6\}\\&=2-2\Phi(1.96)=2-2\times 0.975=0.05\end{aligned}$$

即 $Y\sim B(100,0.05)$. 由泊松定理,得泊松分布的参数 $\lambda\approx 100\times 0.05=5$,所以

$$P\{Y \geqslant 3\} = 1 - P\{Y=0\} - P\{Y=1\} - P\{Y=2\}$$
$$= 1 - e^{-5} - 5e^{-5} - \frac{5^2}{2}e^{-5}$$
$$= 1 - \frac{37}{2}e^{-5} = 0.875\ 3$$

38. 袋中装有编号为 1,2,2,3,4,5 的 6 个形状相同的球,从袋中同时取出 3 个球,X 表示所取出的 3 个球中最小号码,求:

(1) X 的分布律;

(2) $Y = 3X - 1$ 的分布律;

(3) $Z = (X-2)^2$ 的分布律.

解 (1) X 的所有可能取值为 1,2,3.

"$X=1$"表示"编号为 1 的球取出,另两个在编号为 2,2,3,4,5 的球中任取 2 个",所以包含的样本点数为 $1 \cdot C_5^2$;

"$X=2$"表示"编号为 2 的球全被取出,另一个在 3,4,5 中任取"或者"编号为 2 的取出一个,另两个在编号为 3,4,5 中任取",样本点数为 $C_2^2 \cdot C_3^1 + C_2^1 \cdot C_3^2$;

"$X=3$"表示"编号为 3,4,5 的球全被取出",样本点数为 C_3^3.

即

$$P\{X=1\} = \frac{C_5^2}{C_6^3} = \frac{10}{20}$$
$$P\{X=2\} = \frac{C_2^2 \cdot C_3^1 + C_2^1 \cdot C_3^2}{C_6^3} = \frac{9}{20}$$
$$P\{X=3\} = \frac{C_3^3}{C_6^3} = \frac{1}{20}$$

故 X 的分布律如下所示:

X	1	2	3
P	$\frac{10}{20}$	$\frac{9}{20}$	$\frac{1}{20}$

(2) Y 的所有可能取值为 2,5,8,则有

$$P\{Y=2\} = P\{X=1\} = \frac{10}{20}, P\{Y=5\} = P\{X=2\} = \frac{9}{20}$$
$$P\{Y=8\} = P\{X=3\} = \frac{1}{20}$$

故 Y 的分布律如下所示:

Y	2	5	8
P	$\frac{10}{20}$	$\frac{9}{20}$	$\frac{1}{20}$

(3) Z 的所有可能取值为 0,1,则有

$$P\{Z=0\}=P\{(X-2)^2=0\}=P\{X=2\}=\frac{9}{20}$$

$$P\{Z=1\}=P\{(X-2)^2=1\}=P\{X=1\}+P\{X=3\}=\frac{10}{20}+\frac{1}{20}=\frac{11}{20}$$

故 Z 的分布律如下所示:

Z	0	1
P	$\frac{9}{20}$	$\frac{11}{20}$

39. 设随机变量 X 在区间[0,2]上服从均匀分布,求:

(1) 随机变量 $Y=X^2$ 的概率密度函数;

(2) $Z=\frac{1}{X}$ 的概率密度函数.

解　X 的概率密度函数 $f_X(x)=\begin{cases}\frac{1}{2}, & 0\leqslant x\leqslant 2,\\ 0, & \text{其他}.\end{cases}$

(1) $0\leqslant y\leqslant 4$ 时

$$F_Y(y)=P\{Y\leqslant y\}=P\{X^2\leqslant y\}=P\{0\leqslant X\leqslant\sqrt{y}\}=\int_0^{\sqrt{y}}\frac{1}{2}\mathrm{d}x$$

所以

$$f_Y(y)=F_Y{}'(y)=\left(\int_0^{\sqrt{y}}\frac{1}{2}\mathrm{d}x\right)'=\frac{1}{2}\cdot\frac{1}{2}\cdot y^{-\frac{1}{2}}=\frac{1}{4}y^{-\frac{1}{2}}$$

即 Y 的密度函数 $f_Y(y)=\begin{cases}\frac{1}{4}y^{-\frac{1}{2}}, & 0\leqslant y\leqslant 4,\\ 0, & \text{其他}.\end{cases}$

(2) $z\geqslant\frac{1}{2}$ 时

$$F_Z(z)=P\{Z\leqslant z\}=P\left\{\frac{1}{X}\leqslant z\right\}=P\left\{X\geqslant\frac{1}{z}\right\}=\int_{\frac{1}{z}}^{2}\frac{1}{2}\mathrm{d}x$$

所以

$$f_Z(z)=F_Z{}'(z)=\left(\int_{\frac{1}{z}}^{2}\frac{1}{2}\mathrm{d}x\right)'=\frac{1}{2}z^{-2}$$

即 Z 的密度函数 $f_Z(z)=\begin{cases}\frac{1}{2}z^{-2}, & z\geqslant\frac{1}{2},\\ 0, & z<\frac{1}{2}.\end{cases}$

40. 已知随机变量 X 的概率密度函数为 $f(x)=\begin{cases}\dfrac{2x}{\pi^2}, & 0\leqslant x\leqslant \pi,\\ 0, & \text{其他}.\end{cases}$ 求 $Y=\sin X$ 的概率密度函数 $f_Y(y)$.

解 $0\leqslant y\leqslant 1$ 时

$$F_Y(y)=P\{Y\leqslant y\}=P\{\sin X\leqslant y\}$$
$$=P\{0\leqslant X\leqslant \arcsin y\}+P\{\pi-\arcsin y\leqslant X\leqslant \pi\}$$
$$=\int_0^{\arcsin y}\frac{2x}{\pi^2}\mathrm{d}x+\int_{\pi-\arcsin y}^{\pi}\frac{2x}{\pi^2}\mathrm{d}x$$

所以

$$f_Y(y)=F_Y'(y)=\left(\int_0^{\arcsin y}\frac{2x}{\pi^2}\mathrm{d}x\right)'+\left(\int_{\pi-\arcsin y}^{\pi}\frac{2x}{\pi^2}\mathrm{d}x\right)'$$
$$=\frac{1}{\sqrt{1-y^2}}\cdot\frac{2}{\pi^2}\cdot\arcsin y+\frac{1}{\sqrt{1-y^2}}\cdot\frac{2}{\pi^2}\cdot(\pi-\arcsin y)$$
$$=\frac{2}{\pi\cdot\sqrt{1-y^2}}$$

即 $Y=\sin X$ 的概率密度函数 $f_Y(y)=\begin{cases}\dfrac{2}{\pi\cdot\sqrt{1-y^2}}, & 0\leqslant y<1,\\ 0, & \text{其他}.\end{cases}$

四、应用题

1. 某制药公司研发了一种检验某种疾病的新试剂，历史数据显示 20% 的普通民众犯有此疾病. 目前的临床试验是 95% 的病人检验为阳性，10% 的健康人检验为阳性，试求：

(1) 若检验为阳性时此人确实犯有此疾病的概率；

(2) 若检验为阴性时此人确实犯有此疾病的概率.

解 设 $A=$“此人检验为阳性”，$B=$“此人犯有此疾病”.

由题意，知 $P(B)=0.2, P(\bar{B})=0.8; P(A\mid B)=0.95, P(A\mid \bar{B})=0.1$.

(1) 由全概率公式得

$$P(A)=P(AB+A\bar{B})=P(B)\cdot P(A\mid B)+P(\bar{B})\cdot P(A\mid \bar{B})$$
$$=0.2\times 0.95+0.8\times 0.1=0.27$$

所以由贝叶斯公式得

$$P(B\mid A)=\frac{P(AB)}{P(A)}=\frac{0.2\times 0.95}{0.27}=\frac{19}{27}$$

(2) 检验为阴性的概率

$$P(\bar{A})=1-P(A)=1-0.27=0.73$$

且犯有此病的检验为阴性的概率

$$P(\overline{A} \mid B) = 1 - P(A \mid B) = 1 - 0.95 = 0.05$$

所以

$$P(B \mid \overline{A}) = \frac{P(\overline{A}B)}{P(\overline{A})} = \frac{P(B) \cdot P(\overline{A} \mid B)}{P(\overline{A})} = \frac{0.2 \times 0.05}{0.73} = \frac{1}{73}$$

2. 保险公司为某一年龄段的人设计并推出了一项人寿保险. 投保人在1月1日向保险公司交纳保险费10元,若投保人一年内死亡,其受益人获得5 000元的赔偿. 已知在一年内该年龄段的人的死亡率为0.001,求:

(1) 若有5 000人投保,保险公司获利不小于25 000元的概率;

(2) 若有5 000人投保,保险公司亏本的概率.

解　设 X 为5 000人中一年内死亡的人数,Y 为保险公司的获利,则 $X \sim B(5\,000, 0.001)$,$Y = 5\,000 \times 10 - 5\,000X$.

(1) $P\{Y \geqslant 25\,000\} = P\{50\,000 - 5\,000X \geqslant 25\,000\} = P\{X \leqslant 5\}$,由泊松定理计算,$\lambda = 5\,000 \times 0.001 = 5$,所以

$$\begin{aligned} P\{Y \geqslant 25\,000\} &= P\{X \leqslant 5\} = e^{-5} + 5e^{-5} + \frac{5^2}{2!}e^{-5} + \frac{5^3}{3!}e^{-5} + \frac{5^4}{4!}e^{-5} + \frac{5^5}{5!}e^{-5} \\ &= 0.615\,961 \end{aligned}$$

$$\begin{aligned} (2)\ P\{Y \leqslant 0\} &= P\{50\,000 - 5\,000X \leqslant 0\} = P\{X \geqslant 10\} \\ &= 1 - \sum_{k=0}^{9} \frac{5^k}{k!}e^{-5} = 1 - 0.986\,305 \\ &= 0.013\,695. \end{aligned}$$

3. 考虑某种一年期的寿险保单,若保单持有人在一年保险期内发生意外事故死亡,赔付额为100 000元;若属非意外死亡,赔付50 000;若不发生死亡则不赔. 根据历史数据记录,发生意外和非意外死亡的概率分别为0.000 5和0.002 0. 试求保单在赔付条件下赔付额的概率分布律.

解　设 X 为赔付额,则 X 取值为50 000,100 000.

设 $Y = \begin{cases} 1, & \text{保单持有人在一年内发生死亡,} \\ 0, & \text{保单持有人在一年内不发生死亡,} \end{cases}$ 则

$P\{X = 100\,000, Y = 1\} = 0.000\,5$,$P\{X = 50\,000, Y = 1\} = 0.002\,0$

所以保单需要赔付的概率

$$P\{Y = 1\} = 0.000\,5 + 0.002\,0 = 0.002\,5$$

故

$$P\{X = 100\,000 \mid Y = 1\} = \frac{P\{X = 100\,000, Y = 1\}}{P\{Y = 1\}} = \frac{0.000\,5}{0.002\,5} = 0.2$$

$$P\{X=50\,000 \mid Y=1\}=\frac{P\{X=50\,000,Y=1\}}{P\{Y=1\}}=\frac{0.0020}{0.0025}=0.8$$

即条件分布律如下所示：

$X\mid Y=1$	50 000	100 000
P	0.2	0.8

五、证明题

1. 证明：$P(A\bar{B}+\bar{A}B)=P(A)+P(B)-2P(AB)$.

证　由于 $A\bar{B}$ 与 $\bar{A}B$ 互不相容，所以

$$\begin{aligned}P(A\bar{B}+\bar{A}B)&=P(A\bar{B})+P(\bar{A}B)=P(A-B)+P(B-A)\\&=P(A)-P(AB)+P(B)-P(AB)\\&=P(A)+P(B)-2P(AB)\end{aligned}$$

2. 若 $P(A\mid B)=P(A\mid\bar{B})$，则 $P(B\mid A)=P(B\mid\bar{A})$.

证　由 $P(A\mid B)=P(A\mid\bar{B})$，得

$$\frac{P(AB)}{P(B)}=\frac{P(A\bar{B})}{P(\bar{B})}=\frac{P(A)-P(AB)}{1-P(B)}$$

整理，得 $P(AB)=P(A)\cdot P(B)$，即 A,B 相互独立，所以

$$P(B\mid A)=P(B),P(B\mid\bar{A})=P(B)$$

故 $P(B\mid A)=P(B\mid\bar{A})$.

3. 对于负二项分布 $P\{x=k\}=C_{k-1}^{r-1}p^rq^{k-r},k=r,r+1,r+2,\cdots,0<p<1,q=1-p$，利用幂级数展开式 $(1-x)^{-r}=\sum\limits_{n=0}^{\infty}\frac{(r+n-1)!}{(r-1)!n!}x^n(|x|<1)$ 验证 $\sum\limits_{k=r}^{\infty}P\{x=k\}=1$.

证　令 $n=k-r$，由幂级数展开式

$$(1-x)^{-r}=\sum_{n=0}^{\infty}\frac{(r+n-1)!}{(r-1)!n!}x^n=\sum_{n=0}^{\infty}C_{n+r-1}^{r-1}x^n$$

得

$$\begin{aligned}\sum_{k=r}^{\infty}P\{x=k\}&=\sum_{k-r=0}^{\infty}C_{k-1}^{r-1}p^r\cdot q^{k-r}=\sum_{n=0}^{\infty}C_{n+r-1}^{r-1}p^r\cdot q^n\\&=p^r\cdot\Big(\sum_{n=0}^{\infty}C_{n+r-1}^{r-1}q^n\Big)=p^r\cdot(1-q)^{-r}\\&=p^r\cdot p^{-r}=1\end{aligned}$$

4. 设事件 A,B 独立，事件 C 满足 $AB\subset C,\bar{A}\,\bar{B}\subset\bar{C}$.

证明：$P(A)P(C)\leqslant P(AC)$.

证　由$\overline{C}\supset\overline{A}\,\overline{B}$,得$C\subset(A\cup B)$. 又$AB\subset C$,有$AB\subset C\subset(A\cup B)$,得表达式

$$AC=AB+\overline{B}C$$
$$C=(B-B\overline{C})+\overline{B}C$$

且AB与$\overline{B}C$互不相容,$B-B\overline{C}$与$\overline{B}C$互不相容,$B\overline{C}\subset B$(如图所示),所以

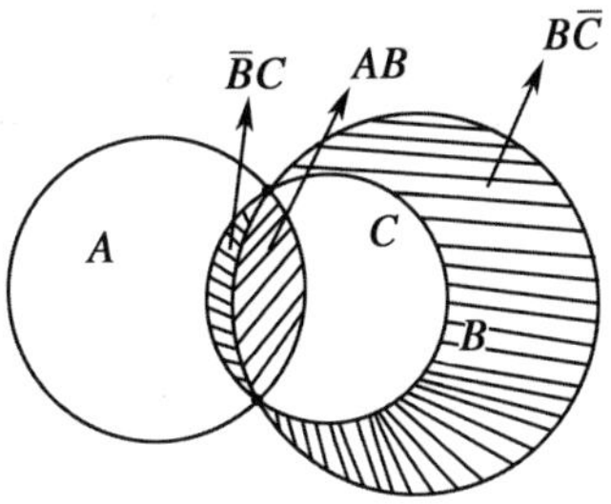

$$P(AC)=P(AB)+P(\overline{B}C)$$
$$P(C)=P(B-B\overline{C})+P(\overline{B}C)$$
$$=P(B)-P(B\overline{C})+P(\overline{B}C)$$

又因为A,B独立,所以$P(AB)=P(A)\cdot P(B)$, 且$P(A)\leqslant 1$,所以

$$P(AB)+P(\overline{B}C)\geqslant P(A)\cdot P(B)+P(A)[P(\overline{B}C)-P(B\overline{C})]$$
$$=P(A)\cdot[P(B)-P(B\overline{C})+P(\overline{B}C)]=P(A)\cdot P(C)$$

即$P(A)P(C)\leqslant P(AC)$.

5. 构造概率模型,证明:$1+\dfrac{b-a}{b-1}+\dfrac{(b-a)(b-a-1)}{(b-1)(b-2)}+\cdots+\dfrac{(b-a)(b-a-1)\cdots 2\cdot 1}{(b-1)(b-2)\cdots(a+1)a}=\dfrac{b}{a}$.

证　由证明等式可知$b>a$.

不妨设a,b均为正整数,构造概率模型如下:设袋中有b个球,其中a个白球,$b-a$个黑球,采取连续不放回随机取球,每次一球,求第k次首次取到白球的概率.

设$A=$"第k次首次取到白球",即前$k-1$次取得都是黑球,则由古典概型,得

$$p_k=P(A)=\frac{(b-a)(b-a-1)\cdots(b-a-(k-2))\cdot a}{b\cdot(b-1)\cdots(b-(k-2))\cdot(b-(k-1))}$$
$$=\frac{a(b-a)(b-a-1)\cdots(b-a-(k-3))(b-a-(k-2))}{b(b-1)(b-2)\cdots(b-(b-2))(b-(k-1))}$$

其中$k=1,2,3,\cdots,b-a+1$.

因为袋中有$b-a$个黑球,如果第k次总是取到黑球,直到把黑球取完为止,则总共取了$b-a$次,第$b-a+1$次一定取到白球.

也就是说,"第1次,或者第2次,…,或者第$b-a+1$次取到白球"必为必然事件. 即$p_1+p_2+\cdots+p_{b-a+1}=1$.

所以

$$\frac{a}{b}+\frac{a(b-a)}{b(b-1)}+\frac{a(b-a)(b-a-1)}{b(b-1)(b-2)}+\cdots+\frac{a(b-a)(b-a-1)\cdots 2\cdot 1}{b(b-1)(b-2)\cdots(a+1)\cdot a}=1$$

两边同乘$\dfrac{b}{a}$,即得

$$1+\frac{b-a}{b-1}+\frac{(b-a)(b-a-1)}{(b-1)(b-2)}+\cdots+\frac{(b-a)(b-a-1)\cdots2\cdot1}{(b-1)(b-2)\cdots(a+1)a}=\frac{b}{a}$$

第二章　二维随机变量及其联合概率分布

三、计算题

1. 已知随机变量 X 和 Y 的联合概率分布如下所示，求概率 $P\{X<Y\}$，$P\{X=Y\}$ 和 $P\{X+Y=1\}$.

X \ Y	0	1
0	0.12	0.28
1	0.18	0.42

解　根据题意，有

$$P\{X<Y\}=P\{X=0,Y=1\}=0.28$$

$$P\{X=Y\}=P\{X=0,Y=0\}+P\{X=1,Y=1\}=0.12+0.42=0.54$$

$$P\{X+Y=1\}=P\{X=0,Y=1\}+P\{X=1,Y=0\}$$
$$=0.28+0.18=0.46$$

2. 设口袋中有5个球，分别标有号码1,2,3,4,5，现从口袋中任取3个球，X，Y 分别表示取出球的最大和最小号码，求二维随机变量 (X,Y) 的联合概率分布.

解　X 的所有可能取值为3,4,5；Y 的所有可能取值为1,2,3. 由题意，有

$$P\{X=3,Y=1\}=\frac{1}{C_5^3}=0.1,P\{X=4,Y=1\}=\frac{C_2^1}{C_5^3}=0.2$$

$$P\{X=5,Y=1\}=\frac{C_3^1}{C_5^3}=0.3,P\{X=4,Y=2\}=\frac{1}{C_5^3}=0.1$$

$$P\{X=5,Y=2\}=\frac{C_2^1}{C_5^3}=0.2,P\{X=5,Y=3\}=\frac{1}{C_5^3}=0.1$$

其他的概率为零，故 (X,Y) 的联合概率分布如下所示：

X \ Y	1	2	3
3	0.1	0	0
4	0.2	0.1	0
5	0.3	0.2	0.1

3. 设随机变量(X,Y)的概率密度函数为

$$f(x,y)=\begin{cases}8x, & 0\leqslant x\leqslant \frac{1}{2},0<y<1,\\ 0, & \text{其他}\end{cases}$$

求(X,Y)的分布函数$F(x,y)$.

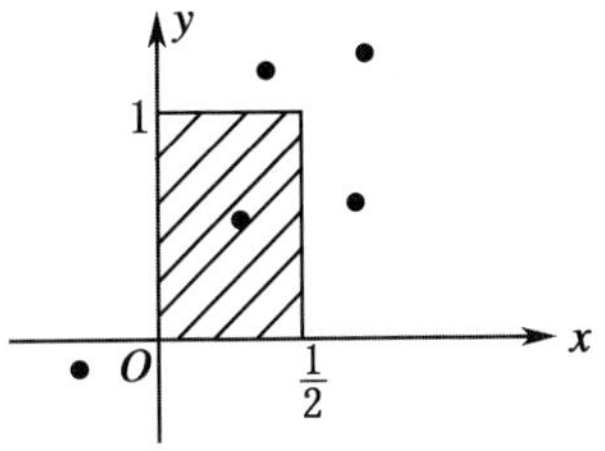

解　由$f(x,y)$的定义域,需对(X,Y)的取值(x,y)的位置分段讨论(如图所示).

当$x<0$或$y<0$时,$F(x,y)=0$;

当$0\leqslant x<\frac{1}{2},0\leqslant y<1$时

$$F(x,y)=P\{0\leqslant X\leqslant x,0\leqslant Y\leqslant y\}$$
$$=8\int_0^x x\mathrm{d}x\cdot\int_0^y\mathrm{d}y=4x^2y$$

当$0\leqslant x<\frac{1}{2},y\geqslant 1$时

$$F(x,y)=P\{0\leqslant X\leqslant x,0\leqslant Y\leqslant 1\}=8\int_0^x x\mathrm{d}x\cdot\int_0^1\mathrm{d}y=4x^2$$

当$x\geqslant\frac{1}{2},0\leqslant y<1$时

$$F(x,y)=P\left\{0\leqslant X\leqslant\frac{1}{2},0\leqslant Y\leqslant y\right\}=8\int_0^{\frac{1}{2}}x\mathrm{d}x\cdot\int_0^y\mathrm{d}y=y$$

当$x\geqslant\frac{1}{2},y\geqslant 1$时

$$F(x,y)=P\left\{0\leqslant X\leqslant\frac{1}{2},0\leqslant Y\leqslant 1\right\}=8\int_0^{\frac{1}{2}}x\mathrm{d}x\cdot\int_0^1\mathrm{d}y=1$$

故(X,Y)的分布函数为

$$F(x)=\begin{cases}0, & x<0\text{ 或 }y<0,\\ 4x^2y, & 0\leqslant x<\frac{1}{2},0\leqslant y<1,\\ 4x^2, & 0\leqslant x<\frac{1}{2},y\geqslant 1,\\ y, & x\geqslant\frac{1}{2},0\leqslant y\leqslant 1,\\ 1, & x\geqslant\frac{1}{2},y\geqslant 1\end{cases}$$

4. 设随机变量(X,Y)的概率密度函数为

$$f(x,y)=\begin{cases}C(6-x-y), & 0<x<2,2<y<4,\\ 0, & \text{其他}\end{cases}$$

试确定常数 C 的值,并求 $P\{X+Y\leqslant 4\}$.

解　由性质$\int_{-\infty}^{+\infty}\int_{-\infty}^{+\infty}f(x,y)\mathrm{d}x\mathrm{d}y=1$,得 $C\int_0^2\mathrm{d}x\cdot\int_2^4(6-x-y)\mathrm{d}y=C\int_0^2(6-2x)\mathrm{d}x=8C=1$,所以 $C=\dfrac{1}{8}$.

$P\{X+Y\leqslant 4\}$ 的非零积分区域如图阴影部分所示,则

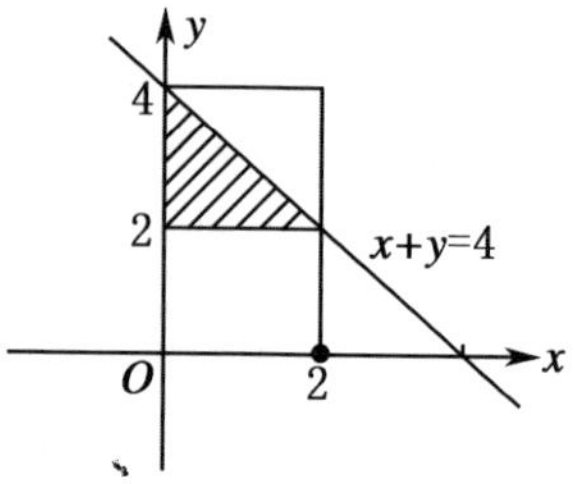

$$
\begin{aligned}
P\{X+Y\leqslant 4\}&=\frac{1}{8}\iint\limits_{x+y\leqslant 4}(6-x-y)\mathrm{d}x\mathrm{d}y\\
&=\frac{1}{8}\int_2^4\mathrm{d}y\int_0^{4-y}(6-x-y)\mathrm{d}x\\
&=\frac{1}{8}\int_2^4\left(\frac{1}{2}y^2-6y+16\right)\mathrm{d}y\\
&=\frac{2}{3}
\end{aligned}
$$

5. 设随机变量 X 和 Y 的联合概率分布是在直线 $y=x$ 和曲线 $y=x^2$ 所围成的封闭区域上的均匀分布,试求:

(1) $P\{X\leqslant 0.5,Y\leqslant 0.6\}$;

(2) 边缘概率密度函数 $f_X(x)$ 和 $f_Y(y)$.

解　随机变量(X,Y)的取值区域 D 如图 1 阴影部分所示.即

$$D=\{(x,y)\mid 0\leqslant x\leqslant 1,x^2\leqslant y\leqslant x\}$$

所以 $S_D=\int_0^1(x-x^2)\mathrm{d}x=\dfrac{1}{6}$.

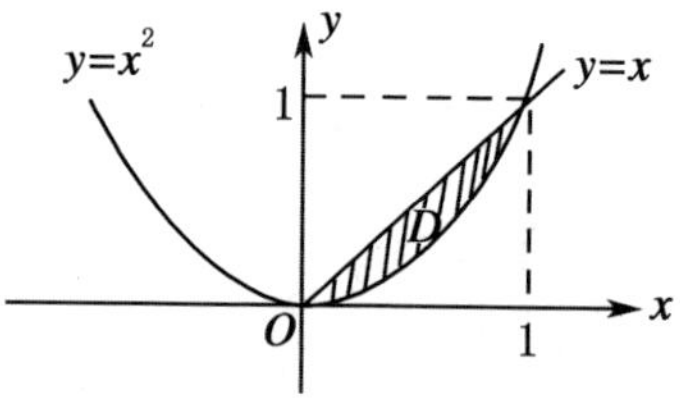

图 1

故(X,Y)的联合概率密度函数为

$$f(x,y)=\begin{cases}6, & 0\leqslant x\leqslant 1,x^2\leqslant y\leqslant x,\\0, & \text{其他}\end{cases}$$

(1) 区域$\{X\leqslant 0.5,Y\leqslant 0.6\}$与区域 D 的交集 G 如图 2 阴影部分所示.即

$$G=\{(x,y)\mid 0\leqslant x\leqslant 0.5,x^2\leqslant y\leqslant x\}$$

所以

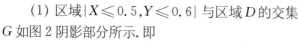

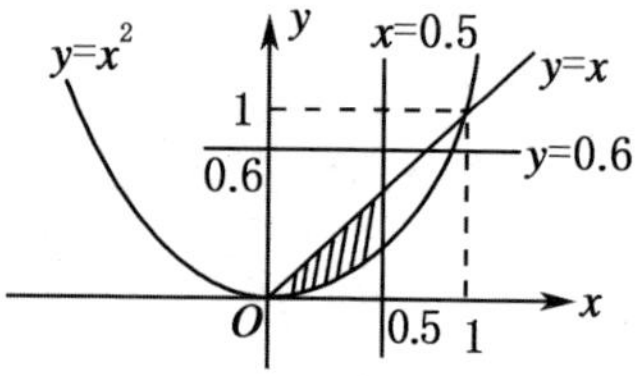

图 2

$$
\begin{aligned}
P\{X\leqslant 0.5,Y\leqslant 0.6\}&=\iint\limits_G 6\mathrm{d}x\mathrm{d}y\\
&=6\int_0^{0.5}\mathrm{d}x\int_{x^2}^{x}\mathrm{d}y=6\int_0^{0.5}(x-x^2)\mathrm{d}x=0.5
\end{aligned}
$$

(2) 由边缘密度函数的定义,得

$$f_X(x)=\int_{-\infty}^{+\infty}f(x,y)\mathrm{d}y=\begin{cases}\int_{x^2}^{x}6\mathrm{d}y, & 0\leqslant x\leqslant 1,\\ 0, & \text{其他}\end{cases}$$

$$=\begin{cases}6(x-x^2), & 0\leqslant x\leqslant 1,\\ 0, & \text{其他}\end{cases}$$

$$f_X(y)=\int_{-\infty}^{+\infty}f(x,y)\mathrm{d}x=\begin{cases}\int_{y}^{\sqrt{y}}6\mathrm{d}x, & 0\leqslant y\leqslant 1,\\ 0, & \text{其他}\end{cases}$$

$$=\begin{cases}6(\sqrt{y}-y), & 0\leqslant y\leqslant 1,\\ 0, & \text{其他}\end{cases}$$

6. 设随机变量X等可能地取1,2,3为值,而随机变量Y等可能地取0～X上的整数为值,求:

(1) (X,Y)的联合概率分布;

(2) 随机变量X和Y的边缘分布.

解　设随机变量$(X,Y)=(i,j)$,则$i=1,2,3,j=0,1,2,3$,且$j\leqslant i$.

由题意,得条件概率$P\{Y=j\mid X=i\}=\dfrac{1}{i+1}$.所以由乘法公式,得

$$P\{X=i,Y=j\}=\begin{cases}P\{X=i\}\cdot P\{Y=j\mid X=i\}=\dfrac{1}{3(i+1)}, & j\leqslant i,\\ 0, & j>i\end{cases}$$

(1) (X,Y)的联合概率分布如下所示:

X \ Y	0	1	2	3
1	$\frac{1}{6}$	$\frac{1}{6}$	0	0
2	$\frac{1}{9}$	$\frac{1}{9}$	$\frac{1}{9}$	0
3	$\frac{1}{12}$	$\frac{1}{12}$	$\frac{1}{12}$	$\frac{1}{12}$

(2) 由边缘概率计算公式

$$P\{X=i\}=\sum_{j=0}^{3}p_{ij},P\{Y=j\}=\sum_{i=1}^{3}p_{ij}$$

得X,Y的边缘分布列分别如下所示:

X	1	2	3
P	$\frac{1}{3}$	$\frac{1}{3}$	$\frac{1}{3}$

Y	0	1	2	3
P	$\frac{13}{36}$	$\frac{13}{36}$	$\frac{7}{36}$	$\frac{3}{36}$

7. 设随机变量(X,Y)的联合概率分布如下所示,求:

(1) 随机变量 X 和 Y 的边缘分布列;

(2) 在条件 $X=2$ 下 Y 的条件分布列;

(3) 判断 X 和 Y 是否相互独立.

$X\backslash Y$	1	2	3
1	0	$\frac{1}{6}$	$\frac{1}{12}$
2	$\frac{1}{6}$	$\frac{1}{6}$	$\frac{1}{6}$
3	$\frac{1}{12}$	$\frac{1}{6}$	0

解 (1) 由边缘概率计算公式

$$P\{X=i\}=\sum_{j=1}^{3}p_{ij},P\{Y=j\}=\sum_{i=1}^{3}p_{ij},\quad i,j=1,2,3$$

得 X,Y 的边缘分布列分别如下所示:

X	1	2	3
P	$\frac{1}{4}$	$\frac{1}{2}$	$\frac{1}{4}$

Y	1	2	3
P	$\frac{1}{4}$	$\frac{1}{2}$	$\frac{1}{4}$

(2) 由条件分布计算公式

$$P\{Y=j\mid X=2\}=\frac{P\{X=2,Y=j\}}{P\{X=2\}},\quad j=1,2,3$$

得

$$P\{Y=1\mid X=2\}=\frac{P\{X=2,Y=1\}}{P\{X=2\}}=\frac{1/6}{1/2}=\frac{1}{3}$$

$$P\{Y=2\mid X=2\}=\frac{P\{X=2,Y=2\}}{P\{X=2\}}=\frac{1/6}{1/2}=\frac{1}{3}$$

$$P\{Y=3\mid X=2\}=\frac{P\{X=2,Y=3\}}{P\{X=2\}}=\frac{1/6}{1/2}=\frac{1}{3}$$

所以,$X=2$ 条件下,Y 的条件分布列如下所示:

Y	1	2	3
$P\{Y=j\mid X=2\}$	$\frac{1}{3}$	$\frac{1}{3}$	$\frac{1}{3}$

(3) 已知 $P\{X=1,Y=1\}=0$，而 $P\{X=1\}\cdot P\{Y=1\}=\frac{1}{4}\times\frac{1}{4}=\frac{1}{16}$，即

$$P\{X=1,Y=1\}\neq P\{X=1\}\cdot P\{Y=1\}$$

所以 X 与 Y 不独立.

8. 设随机变量 (X,Y) 的联合概率密度函数为

$$f(x,y)=\begin{cases}ax^2y, & x^2\leqslant y<1,\\ 0, & \text{其他}\end{cases}$$

试求：(1) 系数 a；

(2) 关于 X 和 Y 的边缘概率密度函数 $f_X(x)$ 和 $f_Y(y)$；

(3) 条件概率密度函数 $f_{Y|X}(y\mid x)$.

解　$f(x,y)$ 的定义域如图所示.

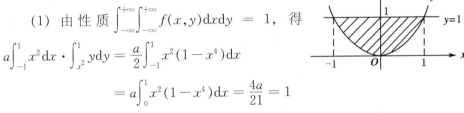

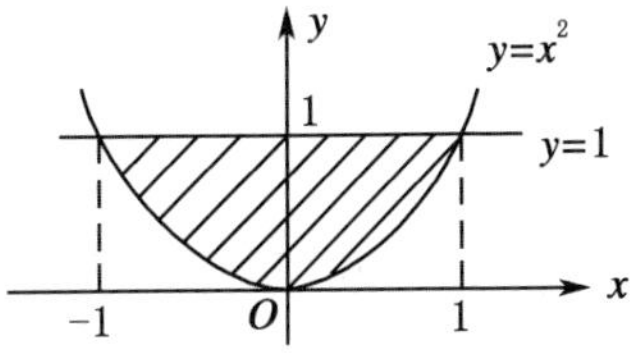

(1) 由性质 $\int_{-\infty}^{+\infty}\int_{-\infty}^{+\infty}f(x,y)\mathrm{d}x\mathrm{d}y=1$，得

$$a\int_{-1}^{1}x^2\mathrm{d}x\cdot\int_{x^2}^{1}y\mathrm{d}y=\frac{a}{2}\int_{-1}^{1}x^2(1-x^4)\mathrm{d}x$$

$$=a\int_0^1 x^2(1-x^4)\mathrm{d}x=\frac{4a}{21}=1$$

所以 $a=\frac{21}{4}$.

(2) 当 $-1<x<1$ 时

$$f_X(x)=\int_{-\infty}^{+\infty}f(x,y)\mathrm{d}y=\frac{21}{4}x^2\int_{x^2}^{1}y\mathrm{d}y=\frac{21}{8}x^2(1-x^4)$$

即 X 的边缘概率密度函数 $f_X(x)=\begin{cases}\frac{21}{8}x^2(1-x^4), & -1<x<1,\\ 0, & \text{其他}.\end{cases}$

当 $0\leqslant y<1$ 时

$$f_Y(y)=\int_{-\infty}^{+\infty}f(x,y)\mathrm{d}x=\frac{21}{4}y\int_{-\sqrt{y}}^{\sqrt{y}}x^2\mathrm{d}x=\frac{7}{2}y^{\frac{5}{2}}$$

即 Y 的边缘概率密度函数 $f_Y(y)=\begin{cases}\frac{7}{2}y^{\frac{5}{2}}, & 0\leqslant y<1,\\ 0, & \text{其他}.\end{cases}$

(3) 当 $-1<x<1,x^2\leqslant y<1$ 时

$$f_{Y|X}(y\mid x)=\frac{f(x,y)}{f_X(x)}=\frac{\frac{21}{4}x^2y}{\frac{21}{8}x^2(1-x^4)}=\frac{2y}{1-x^4}$$

即条件概率密度函数 $f_{Y|X}(y \mid x)=\begin{cases}\dfrac{2y}{1-x^4}, & -1<x<1, x^2 \leqslant y<1, \\ 0, & \text{其他}.\end{cases}$

9. 设随机变量 X 的概率密度函数为 $f_X(x)=\begin{cases}\lambda^2 x \mathrm{e}^{-\lambda x}, & x>0, \\ 0, & x \leqslant 0,\end{cases}$ 而随机变量 Y 在区间 $(0, X)$ 上服从均匀分布,求:

(1) Y 关于 $\{X=x\}$ 的条件密度函数;

(2) X 和 Y 的联合概率密度函数;

(3) Y 的概率密度函数.

解　(1) 由题意,得 $f_{Y|X}(y \mid x)=\begin{cases}\dfrac{1}{x}, & x>0,0<y<x, \\ 0, & \text{其他}.\end{cases}$

(2) 由条件密度函数公式 $f_{Y|X}(y \mid x)=\dfrac{f(x, y)}{f_X(x)}$,得当 $0<y<x$ 时

$$f(x, y)=f_X(x) \cdot f_{Y|X}(y \mid x)=\lambda^2 x \mathrm{e}^{-\lambda x} \cdot \frac{1}{x}=\lambda^2 \mathrm{e}^{-\lambda x}$$

即 X 和 Y 的联合概率密度函数 $f(x, y)=\begin{cases}\lambda^2 \mathrm{e}^{-\lambda x}, & 0<y<x, \\ 0, & \text{其他}.\end{cases}$

(3) $y>0$ 时

$$f_Y(y)=\int_{-\infty}^{+\infty} f(x, y) \mathrm{d} x=\int_y^{+\infty} \lambda^2 \mathrm{e}^{-\lambda x} \mathrm{~d} x=\lambda \mathrm{e}^{-\lambda y}$$

即 Y 的概率密度函数 $f_Y(y)=\begin{cases}\lambda \mathrm{e}^{-\lambda y}, & y>0, \\ 0, & y \leqslant 0.\end{cases}$

10. 已知 X 与 Y 独立,X 在 $(0,0.2)$ 上服从均匀分布,Y 服从参数为 $\lambda=5$ 的指数分布,求:

(1) (X, Y) 的联合概率密度函数;

(2) $P\{Y \leqslant X\}$.

解　(1) 由题意,知

$$f_X(x)=\begin{cases}5, & 0<x<0.2, \\ 0, & \text{其他},\end{cases} \quad f_Y(y)=\begin{cases}5 \mathrm{e}^{-5 y}, & y \geqslant 0, \\ 0, & y<0\end{cases}$$

由于 X 与 Y 独立,所以

$$f(x, y)=f_X(x) \cdot f_Y(y)=\begin{cases}25 \mathrm{e}^{-5 y}, & 0<x<0.2, y \geqslant 0, \\ 0, & \text{其他}\end{cases}$$

(2) $P\{Y \leqslant X\}$ 的非零积分区域如图所示,所以

$$P\{Y \leqslant X\}=\iint_{y \leqslant x} f(x, y) \mathrm{d} x \mathrm{d} y$$

$$= 25 \cdot \int_0^{0.2} \mathrm{d}x \int_0^x \mathrm{e}^{-5y} \mathrm{d}y$$

$$= 5\int_0^{0.2} (1 - \mathrm{e}^{-5x}) \mathrm{d}x = \mathrm{e}^{-1}$$

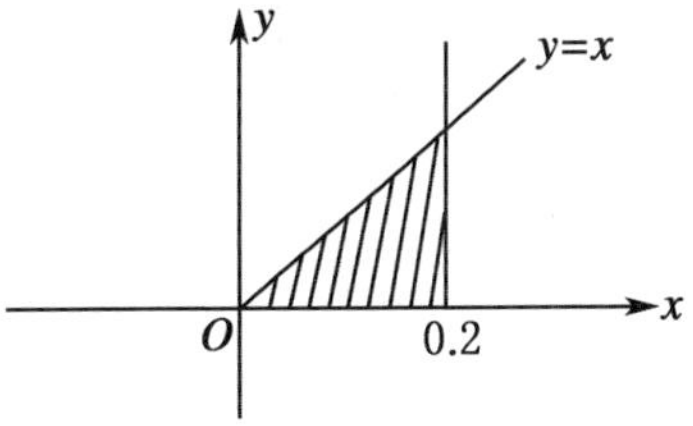

11. 设二维随机变量(X,Y)的联合概率密度为

$$f(x,y) = \begin{cases} x \cdot \mathrm{e}^{-(x+y)}, & x > 0, y > 0, \\ 0, & \text{其他} \end{cases}$$

求：X 和 Y 的边缘分布并判断 X 与 Y 是否独立.

解　$x > 0$ 时

$$f_X(x) = \int_{-\infty}^{+\infty} f(x,y) \mathrm{d}y = x\mathrm{e}^{-x} \int_0^{+\infty} \mathrm{e}^{-y} \mathrm{d}y = x\mathrm{e}^{-x}$$

即 X 的边缘概率密度函数 $f_X(x) = \begin{cases} x\mathrm{e}^{-x}, & x > 0, \\ 0, & x \leqslant 0. \end{cases}$

$y > 0$ 时

$$f_Y(y) = \int_{-\infty}^{+\infty} f(x,y) \mathrm{d}x = \mathrm{e}^{-y} \int_0^{+\infty} x\mathrm{e}^{-x} \mathrm{d}x = \mathrm{e}^{-y}$$

即 Y 的边缘概率密度函数 $f_Y(y) = \begin{cases} \mathrm{e}^{-y}, & y > 0, \\ 0, & y \leqslant 0. \end{cases}$

因为 $f(x,y) = f_X(x) \cdot f_Y(y) = x\mathrm{e}^{-(x+y)}$，所以 X 与 Y 独立.

12. 已知二维离散型随机变量的联合分布列如下所示，试求：

(1) $Z_1 = X + Y$ 的分布列；

(2) $Z_2 = \max\{X, Y\}$ 的分布列.

X \ Y	1	2	3
1	$\frac{1}{5}$	0	$\frac{1}{5}$
2	$\frac{1}{5}$	$\frac{1}{5}$	$\frac{1}{5}$

解　(1) Z_1 的所有可能取值为 2,3,4,5，则

$$P\{Z_1 = 2\} = P\{X + Y = 2\} = P\{X = 1, Y = 1\} = \frac{1}{5}$$

$$P\{Z_1 = 3\} = P\{X + Y = 3\} = P\{X = 1, Y = 2\} + P\{X = 2, Y = 1\} = \frac{1}{5}$$

$$P\{Z_1 = 4\} = P\{X + Y = 4\} = P\{X = 1, Y = 3\} + P\{X = 2, Y = 2\} = \frac{2}{5}$$

$$P\{Z_1 = 5\} = P\{X + Y = 5\} = P\{X = 2, Y = 3\} = \frac{1}{5}$$

故 $X+Y$ 的分布列如下所示：

Z_1	2	3	4	5
P	$\frac{1}{5}$	$\frac{1}{5}$	$\frac{2}{5}$	$\frac{1}{5}$

(2) Z_2 的所有可能取值为 1,2,3,则

$$P\{Z_2=1\}=P\{\max\{X,Y\}=1\}=P\{X=1,Y=1\}=\frac{1}{5}$$

$$\begin{aligned}P\{Z_2=2\}&=P\{\max\{X,Y\}=2\}\\&=P\{X=1,Y=2\}+P\{X=2,Y=1\}+P\{X=2,Y=2\}\\&=0+\frac{1}{5}+\frac{1}{5}=\frac{2}{5}\end{aligned}$$

$$\begin{aligned}P\{Z_2=3\}&=P\{\max\{X,Y\}=3\}=P\{X=1,Y=3\}+P\{X=2,Y=3\}\\&=\frac{1}{5}+\frac{1}{5}=\frac{2}{5}\end{aligned}$$

故 $\max\{X,Y\}$ 的分布列如下所示：

Z_2	1	2	3
P	$\frac{1}{5}$	$\frac{2}{5}$	$\frac{2}{5}$

13. 设二维连续型随机变量 (X,Y) 的概率密度函数为

$$f(x,y)=\begin{cases}Ax, & 0<x<1,0<y<x,\\ 0, & 其他\end{cases}$$

试求 $Z=X-Y$ 的概率密度函数.

解 由性质 $\int_{-\infty}^{+\infty}\int_{-\infty}^{+\infty}f(x,y)\mathrm{d}x\mathrm{d}y=1$,得

$$A\int_0^1 x\mathrm{d}x\int_0^x \mathrm{d}y=A\int_0^1 x^2\mathrm{d}x=\frac{A}{3}=1$$

所以 $A=3$,即

$$f(x,y)=\begin{cases}3x, & 0<x<1,0<y<x,\\ 0, & 其他\end{cases}$$

先求 Z 的分布函数 $F_Z(z)$,其非零积分区域(如图阴影所示)

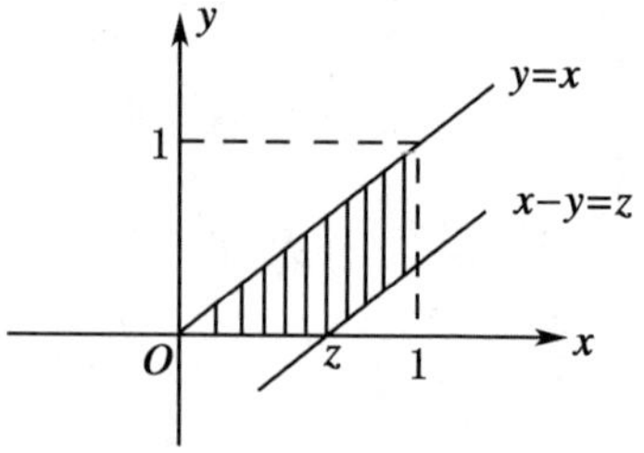

$$D=\{(x,y)\mid 0<x<1,0<y<x,x-y\leqslant z\}$$

所以当 $0\leqslant z<1$ 时

$$F_Z(z)=P\{Z\leqslant z\}=P\{X-Y\leqslant z\}$$

$$= \iint_{x-y\leqslant z} 3x\mathrm{d}x\mathrm{d}y = 1 - \iint_{x-y>z} 3x\mathrm{d}x\mathrm{d}y$$
$$= 1 - 3\int_z^1 x\mathrm{d}x\int_0^{x-z}\mathrm{d}y$$
$$= 1 - 3\int_z^1 (x^2 - zx)\mathrm{d}x = \frac{3}{2}z - \frac{z^3}{2}$$

所以 $X-Y$ 的概率密度函数为 $f_Z(z) = F_Z'(z) = \begin{cases} \frac{3}{2}(1-z^2), & 0\leqslant z<1, \\ 0, & 其他. \end{cases}$

14. 设二维随机变量 (X,Y) 的概率密度函数为

$$f(x,y) = \begin{cases} \frac{2}{\pi}[1-(x^2+y^2)], & x^2+y^2\leqslant 1, \\ 0, & 其他 \end{cases}$$

求 $Z=\sqrt{X^2+Y^2}$ 的概率密度函数.

解　设 $Z=\sqrt{X^2+Y^2}$ 的分布函数为 $F_Z(z)$.

由题意,当 $z\leqslant 0$ 时,$F_Z(z)=0$;当 $z\geqslant 1$ 时,$F_Z(z)=1$;当 $0\leqslant z<1$ 时

$$F_Z(z) = P\{Z\leqslant z\} = P\{\sqrt{X^2+Y^2}\leqslant z\}$$
$$= P\{X^2+Y^2\leqslant z^2\} = \iint_{x^2+y^2\leqslant z^2} \frac{2}{\pi}[1-(x^2+y^2)]\mathrm{d}x\mathrm{d}y$$
$$= \frac{2}{\pi}\int_0^{2\pi}\mathrm{d}\theta\int_0^z (1-r^2)r\mathrm{d}r$$
$$= 4\left(\frac{z^2}{2} - \frac{z^4}{4}\right)$$

其中 $\begin{cases} x = r\cos\theta, \\ y = r\sin\theta, \end{cases}$　$0\leqslant r\leqslant z, 0\leqslant\theta\leqslant 2\pi$.

所以 $Z=\sqrt{X^2+Y^2}$ 的概率密度函数为

$$f_Z(z) = F_Z'(z) = \begin{cases} 4(z-z^3), & 0\leqslant z\leqslant 1, \\ 0, & 其他 \end{cases}$$

15. 设二维随机变量 (X,Y) 的概率密度函数为

$$f(x,y) = \begin{cases} x+y, & 0\leqslant x\leqslant 1, 0\leqslant y\leqslant 1, \\ 0, & 其他 \end{cases}$$

求: (1) $Z_1=\max\{X,Y\}$ 的分布函数;

(2) $Z_2=\min\{X,Y\}$ 的分布函数.

解　(1) 设 Z_1 的分布函数为 $F_{Z_1}(z)$.

由题意,知当 $z<0$ 时,$F_{Z_1}(z)=0$;当 $z\geqslant 1$ 时,$F_{Z_1}(z)=1$;当 $0\leqslant z<1$ 时

$$F_{Z_1}(z)=P\{\max\{X,Y\}\leqslant z\}=P\{X\leqslant z,Y\leqslant z\}$$
$$=\int_0^z \mathrm{d}x\int_0^z (x+y)\mathrm{d}y=\int_0^z\left(xz+\frac{z^2}{2}\right)\mathrm{d}x=z^3$$

所以 $Z_1=\max\{X,Y\}$ 的分布函数为 $F_{Z_1}(z)=\begin{cases}0, & z<0,\\ z^3, & 0\leqslant z<1,\\ 1, & z\geqslant 1.\end{cases}$

(2) 设 Z_2 的分布函数为 $F_{Z_2}(z)$.

当 $z<0$ 时,$F_{Z_2}(z)=0$;当 $z\geqslant 1$ 时,$F_{Z_2}(z)=1$;当 $0\leqslant z<1$ 时

$$F_{Z_2}(z)=P\{Z_2\leqslant z\}=P\{\min\{x,y\}\leqslant z\}$$
$$=1-P\{\min\{X,Y\}>z\}=1-P\{X>z,Y>z\}$$
$$=1-\int_z^1 \mathrm{d}x\int_z^1 (x+y)\mathrm{d}y=1-\int_z^1\left[(1-z)x+\frac{1}{2}(1-z^2)\right]\mathrm{d}x$$
$$=1-(1-z^2)(1-z)=z+z^2-z^3$$

所以 $Z_2=\min\{X,Y\}$ 的分布函数为 $F_{Z_2}(z)=\begin{cases}0, & z<0,\\ z+z^2-z^3, & 0\leqslant z<1,\\ 1, & z\geqslant 1.\end{cases}$

四、应用题

1. 某种商品每周的需求量是随机变量,其密度函数为

$$f(x)=\begin{cases}x\mathrm{e}^{-x}, & x>0,\\ 0, & x\leqslant 0\end{cases}$$

设各周的需求量是相互独立的,求:

(1) 两周的需求量的密度函数;

(2) 三周的需求量的密度函数.

解　(1) 设第一周需求量为 X_1,第二周需求量为 X_2,两周的总需求量为 Z,则 X_1 与 X_2 相互独立,$Z=X_1+X_2$,且

$$f_{X_1}(x_1)=\begin{cases}x_1\mathrm{e}^{-x_1}, & x_1>0,\\ 0, & x_2\leqslant 0,\end{cases} f_{X_2}(x_2)=\begin{cases}x_2\mathrm{e}^{-x_2}, & x_2>0,\\ 0, & x_2\leqslant 0\end{cases}$$

由卷积公式,得两周需求量 Z 的密度函数 $f_Z(z)$ 为

$$f_Z(z)=\int_{-\infty}^{+\infty} f_{X_1}(x_1)\cdot f_{X_2}(z-x_1)\mathrm{d}x_1$$

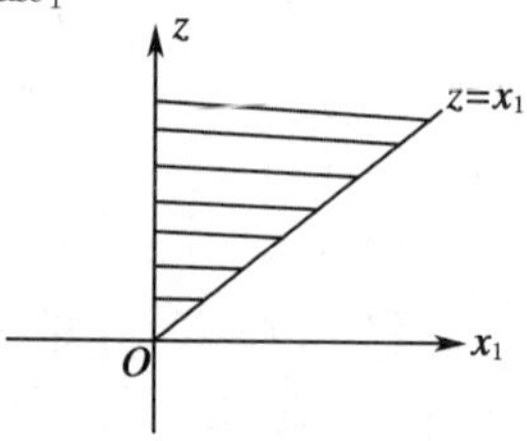

其非零积分区域(如图阴影部分所示)为 $\begin{cases}x_1>0,\\ z-x_1>0,\end{cases}$ 所以

$$f_Z(z)=\int_0^z x_1 e^{-x_1}\cdot(z-x_1)\cdot e^{-(z-x_1)}dx_1$$
$$=e^{-z}\cdot\int_0^z x_1(z-x_1)dx_1=\frac{1}{6}z^3e^{-z}$$

即两周需求量 Z 的密度函数为 $f_Z(z)=\begin{cases}\frac{1}{6}z^3e^{-z}, & z>0,\\ 0, & z\leqslant 0.\end{cases}$

(2) 设三周的需求量 $T=Z+X_3$，其中 X_3 为第三周的需求量，Z 与 X_3 相互独立，且

$$f_{X_3}(x_3)=\begin{cases}x_3e^{-x_3}, & x_3>0,\\ 0, & x_3\leqslant 0\end{cases}$$

则由卷积公式(同题(1))，三周的需求量 T 的密度函数为

$$f_T(t)=\int_{-\infty}^{+\infty}f_Z(z)\cdot f_{X_3}(t-z)dz$$
$$=\int_0^t\frac{1}{6}z^3e^{-z}\cdot(t-z)\cdot e^{-(t-z)}dz$$
$$=\frac{1}{6}e^{-t}\int_0^t z^3(t-z)dz$$
$$=\frac{1}{6}e^{-t}\cdot\frac{1}{20}t^5=\frac{1}{120}t^5\cdot e^{-t}$$

即三周需求量 T 的密度函数为 $f_T(t)=\begin{cases}\frac{1}{120}t^5\cdot e^{-t}, & t>0,\\ 0, & t\leqslant 0.\end{cases}$

2. 若理赔次数 N 服从泊松分布，则称聚合理赔量服从复合泊松分布. 设某保险人所面临的风险服从复合泊松分布，年平均理赔次数服从参数 $\lambda=0.2$ 的泊松分布. 在任何一次理赔中，有 80% 的概率会损失 10 000 元，20% 的概率会损失 20 000 元. 试分别计算一年中保险人面临 10 000 元和 30 000 元的赔偿额的概率.

解　设 X 为一次理赔中的理赔额，N 为年平均理赔次数，S 为一年中保险人面临的赔偿额. 则由题意得在 $N=1$ 时 X 的条件分布如下所示：

X	10 000	20 000
$P\{X=x_i\mid N=1\}$	0.8	0.2

且 $N\sim P(0.2)$，所以

$$P\{S=10\,000\}=P\{N=1\}\cdot P\{X=10\,000\mid N=1\}$$
$$=0.2\cdot e^{-0.2}\cdot 0.8=0.130\,997$$

$$\begin{aligned}P\{S=30\,000\}&=P\{N=2\}\cdot[P\{X=10\,000\mid N=1\}\cdot P\{X=20\,000\mid N=1\}\\&\quad+P\{X=20\,000\mid N=1\}\cdot P\{X=10\,000\mid N=1\}]+\\&\quad P\{N=3\}\cdot[P\{X=10\,000\mid N=1\}]^3\\&=\frac{0.2^2}{2}\cdot e^{-0.2}\cdot(2\times0.8\times0.2)+\frac{0.2^3}{3!}\cdot e^{-0.2}\cdot0.8^3\\&=0.005\,239\,9+0.000\,558\,9=0.005\,799\end{aligned}$$

五、证明题

1. 设(X,Y,Z)的联合密度函数为

$$f(x,y,z)=\begin{cases}\dfrac{1}{8\pi^3}(1-\sin x\sin y\sin z), & 0\leqslant x\leqslant 2\pi,\ 0\leqslant y\leqslant 2\pi,\ 0\leqslant z\leqslant 2\pi,\\0, & 其他\end{cases}$$

试证X,Y,Z两两独立,但不相互独立.

证　(X,Y)的联合密度函数为

$$\begin{aligned}f(x,y)&=\int_{-\infty}^{+\infty}f(x,y,z)\mathrm{d}z\\&=\begin{cases}\dfrac{1}{8\pi^3}\displaystyle\int_0^{2\pi}(1-\sin x\sin y\sin z)\mathrm{d}z=\dfrac{1}{4\pi^2}, & 0\leqslant x\leqslant 2\pi,0\leqslant y\leqslant 2\pi,\\0, & 其他\end{cases}\end{aligned}$$

同理,得(X,Z),(Y,Z)的联合密度函数分别为

$$f(x,z)=\begin{cases}\dfrac{1}{4\pi^2}, & 0\leqslant x\leqslant 2\pi,0\leqslant z\leqslant 2\pi,\\0, & 其他\end{cases}$$

$$f(y,z)=\begin{cases}\dfrac{1}{4\pi^2}, & 0\leqslant y\leqslant 2\pi,0\leqslant z\leqslant 2\pi,\\0, & 其他\end{cases}$$

X的边缘密度函数为

$$f_X(x)=\int_{-\infty}^{+\infty}f(x,y)\mathrm{d}y=\begin{cases}\displaystyle\int_0^{2\pi}\frac{1}{4\pi^2}\mathrm{d}y=\frac{1}{2\pi}, & 0\leqslant x\leqslant 2\pi,\\0, & 其他\end{cases}$$

同理,得Y,Z的边缘密度函数分别为

$$f_Y(y)=\begin{cases}\dfrac{1}{2\pi}, & 0\leqslant y\leqslant 2\pi,\\0, & 其他,\end{cases}\quad f_Z(z)=\begin{cases}\dfrac{1}{2\pi}, & 0\leqslant z\leqslant 2\pi,\\0, & 其他\end{cases}$$

所以$f(x,y)=f_X(x)\cdot f_Y(y)$,$f(x,z)=f_X(x)\cdot f_Z(z)$,$f(y,z)=f_Y(y)\cdot$

$f_Z(z)$，即 X,Y,Z 两两相互独立；但 $f(x,y,z)\neq f_X(x)\cdot f_Y(y)\cdot f_Z(z)$，即 X,Y，Z 不相互独立.

2. 若 X 与 Y 相互独立且均服从 $N(0,1)$ 分布，试证：$U=X^2+Y^2$ 与 $V=\dfrac{X}{Y}$ 是相互独立的.

附：求多维连续型随机变量函数的概率密度的特殊方法的推广.

设 n 维连续型随机变量 $X=(X_1,X_2,\cdots,X_n)$ 的联合密度为 $f_X(x_1,x_2,\cdots,x_n)$，n 元函数 $g_i(x_1,x_2,\cdots,x_n)$，$i=1,2,\cdots,n$ 满足条件：

(1) 存在唯一的反函数 $x_i=h_i(y_1,y_2,\cdots,y_n)$，$i=1,2,\cdots,n$，即方程组

$$y_i=g_i(x_1,x_2,\cdots,x_n),\quad i=1,2,\cdots,n \tag{$*$}$$

如果有解就只有唯一实数解 $x_i=h_i(y_1,y_2,\cdots,y_n)$，$i=1,2,\cdots,n$.

(2) $g_i(x_1,x_2,\cdots,x_n)$，$h_i(y_1,y_2,\cdots,y_n)(i=1,2,\cdots,n)$ 均连续.

(3) 存在连续偏导数 $\dfrac{\partial y_i}{\partial x_j}$，$\dfrac{\partial x_i}{\partial y_j}(i,j=1,2,\cdots,n)$. J 表示雅可比行列式，即

$$J=\begin{vmatrix}\dfrac{\partial x_1}{\partial y_1} & \cdots & \dfrac{\partial x_1}{\partial y_n}\\ \vdots & & \vdots\\ \dfrac{\partial x_n}{\partial y_1} & \cdots & \dfrac{\partial x_n}{\partial y_n}\end{vmatrix}$$

令 $Y_i=g_i(X_1,X_2,\cdots,X_n)(i=1,2,\cdots,n)$，则 $Y=(Y_1,Y_2,\cdots,Y_n)$ 的联合概率密度为

$$f_Y(y_1,y_2,\cdots,y_n)=\begin{cases}f_X(h_1(y_1,y_2,\cdots,y_n),\cdots,h_n(y_1,y_2,\cdots,y_n))\,|\,J\,|, & \text{若}(y_1,y_2,\cdots,y_n)\text{使}(*)\text{式有解},\\ 0, & \text{否则}\end{cases}$$

若 $(*)$ 式有多解，$x_i=h_i^{(l)}(y_1,y_2,\cdots,y_n)(i=1,2,\cdots,n;l=1,2,\cdots)$，则

$$f_Y(y_1,y_2,\cdots,y_n)=\begin{cases}\sum\limits_l f_X(h_1^{(l)}(y_1,y_2,\cdots,y_n),\cdots,h_n^{(l)}(y_1,y_2,\cdots,y_n))\,|\,J^{(l)}\,|, & \text{若}(y_1,y_2,\cdots,y_n)\text{使}(*)\text{式有解},\\ 0, & \text{否则}\end{cases}$$

其中 $J^{(l)}$，$l=1,2,\cdots$ 是第 l 组解对应的雅可比行列式.

证　由于 X 与 Y 独立，X,Y 的概率密度函数分别为

$$f_X(x)=\frac{1}{\sqrt{2\pi}}\mathrm{e}^{-\frac{x^2}{2}},\ f_Y(y)=\frac{1}{\sqrt{2\pi}}\mathrm{e}^{-\frac{y^2}{2}}$$

所以(X,Y)的联合密度函数为

$$f(x,y)=\frac{1}{2\pi}e^{-\frac{x^2+y^2}{2}},\quad -\infty<x<+\infty,\quad -\infty<y<+\infty$$

随机变量$\begin{cases}U=X^2+Y^2,\\ V=\dfrac{X}{Y}\end{cases}$对应的方程组为$\begin{cases}u=x^2+y^2,\\ v=\dfrac{x}{y},\end{cases}$当$u>0$时,有解$\begin{cases}x=\pm v\sqrt{\dfrac{u}{1+v^2}},\\ y=\pm\sqrt{\dfrac{u}{1+v^2}},\end{cases}$且雅可比行列式$J=-\dfrac{1}{2(1+v^2)}$.于是由多维连续型随机变量函数的概率密度,得$(U,V)$的联合概率密度为

$$f(u,v)=\begin{cases}\dfrac{1}{4\pi(1+v^2)}e^{-\frac{u}{2}}+\dfrac{1}{4\pi(1+v^2)}e^{-\frac{u}{2}}, & u>0,-\infty<v<+\infty,\\ 0, & \text{其他}\end{cases}$$

$$=\begin{cases}\dfrac{1}{2\pi(1+v^2)}e^{-\frac{u}{2}}, & u>0,-\infty<v<+\infty,\\ 0, & \text{其他}\end{cases}$$

从而U的边缘密度为

$$f_U(u)=\int_{-\infty}^{+\infty}f(u,v)dv=\begin{cases}\dfrac{1}{2\pi}e^{-\frac{u}{2}}\displaystyle\int_{-\infty}^{+\infty}\frac{1}{1+v^2}dv=\frac{1}{2}e^{-\frac{u}{2}}, & u>0,\\ 0, & u\leqslant 0\end{cases}$$

V的边缘密度为

$$f_V(v)=\int_{-\infty}^{+\infty}f(u,v)du=\frac{1}{2\pi}\cdot\frac{1}{1+v^2}\cdot\int_0^{+\infty}e^{-\frac{u}{2}}du$$

$$=\frac{1}{\pi(1+v^2)},\quad -\infty<v<+\infty$$

所以$f(u,v)=f_U(u)\cdot f_V(v)$,故$U=X^2+Y^2$与$V=\dfrac{X}{Y}$相互独立.

第三章　随机变量的数字特征

三、计算题

1. 设离散型随机变量X的分布列如下所示,试求$E(X)$,$E(3X+5)$.

X	-2	0	2
P	0.4	0.3	0.3

解
$$E(X)=(-2)\times 0.4+0\times 0.3+2\times 0.3=-0.2$$
$$E(3X+5)=3E(X)+5=4.4$$

2. 据资料统计,某地段一个月内发生交通事故的次数服从下表所示的分布,问该地段发生交通事故的月平均数是多少?

X	0	1	2	3	4	5
P	0.10	0.33	0.31	0.13	0.09	0.04

解
$$\begin{aligned}E(X)&=0\times 0.10+1\times 0.33+2\times 0.31+3\times 0.13+4\times 0.09\\&\quad+5\times 0.04\\&=1.9\end{aligned}$$

3. 已知在10只相同的零件中有两只是不合格品,现在从这批零件中任取一只装配仪器,如发现是不合格品,则扔掉重取一只,如仍是不合格品,再扔掉重取一只,试求在取到合格品之前,已取出的不合格品只数的数学期望.

解　在取到合格品之前,已取出的不合格品只数令为X,则

$$P(X=0)=\frac{8}{10},P(X=1)=\frac{2}{10}\times\frac{8}{9},P(X=2)=\frac{2}{10}\times\frac{1}{9}\times\frac{8}{8}$$

故

$$E(X)=0\times\frac{8}{10}+1\times\frac{2}{10}\times\frac{8}{9}+2\times\frac{2}{10}\times\frac{1}{9}\times\frac{8}{8}=\frac{2}{9}$$

4. 对一批产品进行检查,如查到第a件全为合格品,就认为这批产品合格;若在前a件中发现不合格品即停止检查,且认为这批产品不合格. 设产品的数量很大,可认为每次查到不合格品的概率都是p,问每批产品平均要查多少件?

解　停止检查前检查的产品个数令为随机变量X,则

$$P(X=k)=\begin{cases}q^{k-1}p, & k\leqslant a-1,\\ q^{a-1}, & k=a\end{cases}$$

其中$q=1-p$,则

$$\begin{aligned}E(X)&=\sum_{k=1}^{a}kP(X=k)=\sum_{k=1}^{a-1}kq^{k-1}p+aq^{a-1}=p\Big(\sum_{k=1}^{a-1}q^k\Big)'+aq^{a-1}\\&=\frac{1-(1-p)^a}{p}\end{aligned}$$

5. 已知一种电气设备每天处于最大负荷的时间X(单位: 秒)是一个随机变量,其概率密度函数为

$$f(x)=\begin{cases}\dfrac{x}{1\,500^2}, & 0\leqslant x\leqslant 1\,500,\\[2mm] \dfrac{3\,000-x}{1\,500^2}, & 1\,500<x\leqslant 3\,000,\\[2mm] 0, & \text{其他}\end{cases}$$

求该设备承受最大负荷的日平均时间是多少?

解　$E(X)=\int_{-\infty}^{+\infty}xf(x)\mathrm{d}x$

$$=\int_0^{1\,500}x\cdot\frac{x}{1\,500^2}\mathrm{d}x+\int_{1\,500}^{3\,000}x\cdot\frac{3\,000-x}{1\,500^2}\mathrm{d}x=1\,500$$

6. 某新产品在未来市场上的占有率 X 是在区间 $(0,1)$ 上取值的随机变量,其密度函数为 $f(x)=\begin{cases}4(1-x)^3, & 0<x<1,\\ 0, & \text{其他}.\end{cases}$ 求该产品的平均市场占有率.

解　$E(X)=\int_{-\infty}^{+\infty}xf(x)\mathrm{d}x=\int_0^1 x4(1-x)^3\mathrm{d}x$

$$=-\int_0^1(1-x)4(1-x)^3\mathrm{d}x+\int_0^1 4(1-x)^3\mathrm{d}x=0.2$$

7. 设随机变量 X 的概率密度函数为 $f(x)=\begin{cases}1-|1-x|, & 0<x<2,\\ 0, & \text{其他}.\end{cases}$ 求 $E(X)$,$D(X)$.

解

$$E(X)=\int_{-\infty}^{+\infty}xf(x)\mathrm{d}x=\int_0^2 x(1-|1-x|)\mathrm{d}x$$

$$=\int_0^1 x^2\mathrm{d}x+\int_1^2 x(2-x)\mathrm{d}x=1$$

$$E(X^2)=\int_{-\infty}^{+\infty}x^2f(x)\mathrm{d}x=\int_0^2 x^2(1-|1-x|)\mathrm{d}x=\frac{7}{6}$$

$$D(X)=E(X^2)-(E(X))^2=\frac{7}{6}-1^2=\frac{1}{6}$$

8. 已知连续型随机变量 X 的密度函数为

$$f(x)=\begin{cases}ax^2+bx+c, & 0<x<1,\\ 0, & \text{其他}\end{cases}$$

若 $E(X)=0.5$,$D(X)=0.15$,求 a,b,c 的值.

解　因为

$$\int_{-\infty}^{+\infty}f(x)\mathrm{d}x=\int_0^1(ax^2+bx+c)\mathrm{d}x=1 \qquad ①$$

$$E(X)=\int_{-\infty}^{+\infty}xf(x)\mathrm{d}x=\int_0^1 x(ax^2+bx+c)\mathrm{d}x=0.5 \qquad ②$$

$$D(X)=E(X^2)-(E(X))^2$$

$$=\int_0^1 x^2(ax^2+bx+c)\mathrm{d}x-0.5^2=0.15 \qquad ③$$

故由①,②,③可解出 $a=12,b=-12,c=3$.

9. 设随机变量 X 的分布函数为

$$F(x)=\begin{cases}0, & x<-1,\\ a+b\arcsin x, & -1\leqslant x<1,\\ 1, & x\geqslant 1\end{cases}$$

求常数 a,b,并求 $E(X),D(X)$.

解　易知 X 为连续型随机变量,故 $F(x)$ 为连续函数. 因而有 $\lim\limits_{x\to-1^-}F(x)=\lim\limits_{x\to-1^+}F(x)$,即

$$0=a+b\arcsin(-1) \qquad ①$$

又 $\lim\limits_{x\to1^-}F(x)=\lim\limits_{x\to1^+}F(x)$,即

$$a+b\arcsin 1=1 \qquad ②$$

由①,②解得 $a=\dfrac{1}{2},b=\dfrac{1}{\pi}$.

因为

$$f(x)=F'(x)=\begin{cases}\dfrac{1}{\pi}\cdot\dfrac{1}{\sqrt{1-x^2}}, & -1\leqslant x\leqslant 1,\\ 0, & \text{其他}\end{cases}$$

故

$$E(X)=\int_{-\infty}^{+\infty}xf(x)\mathrm{d}x=\int_{-1}^{1}x\cdot\frac{1}{\pi}\cdot\frac{1}{\sqrt{1-x^2}}\mathrm{d}x=0$$

$$E(X^2)=\int_{-1}^{1}x^2\cdot\frac{1}{\pi}\cdot\frac{1}{\sqrt{1-x^2}}\mathrm{d}x=\frac{1}{2}$$

$$D(X)=E(X^2)-(E(X))^2=\frac{1}{2}-0^2=\frac{1}{2}$$

10. 设随机变量 X 的概率密度分别为

(1) $f(x)=\begin{cases}\dfrac{2}{\pi}\cos^2 x, & |x|\leqslant\dfrac{\pi}{2},\\ 0, & \text{其他;}\end{cases}$

(2) $f(x)=\begin{cases}\dfrac{x}{\sigma^2}\exp\left(-\dfrac{x^2}{2\sigma^2}\right), & x>0,\\ 0, & \text{其他;}\end{cases}$

(3) $f(x)=\begin{cases}\dfrac{\beta}{\Gamma(\alpha)}(\beta x)^{\alpha-1}\mathrm{e}^{-\beta x}, & x>0,\\ 0, & \text{其他.}\end{cases}$

试求 X 的数学期望与方差.

解 (1) 根据题意,得

$$E(X)=\int_{-\frac{\pi}{2}}^{\frac{\pi}{2}} x\cdot\frac{2}{\pi}\cos^2 x\mathrm{d}x=0$$

$$E(X^2)=\int_{-\frac{\pi}{2}}^{\frac{\pi}{2}} x^2\cdot\frac{2}{\pi}\cos^2 x\mathrm{d}x=2\int_0^{\frac{\pi}{2}} x^2\cdot\frac{2}{\pi}\cos^2 x\mathrm{d}x$$

$$=\frac{2}{\pi}\int_0^{\frac{\pi}{2}} x^2(1+\cos 2x)\mathrm{d}x=\frac{\pi^2}{12}$$

$$D(X)=E(X^2)-(E(X))^2=\frac{\pi^2}{12}-0^2=\frac{\pi^2}{12}$$

(2) 根据题意,得

$$E(X)=\int_0^{+\infty} x\cdot\frac{x}{\sigma^2}\mathrm{e}^{-\frac{x^2}{2\sigma^2}}\mathrm{d}x=-\int_0^{+\infty} x\mathrm{d}\mathrm{e}^{-\frac{x^2}{2\sigma^2}}=\sqrt{\frac{\pi}{2}}\sigma$$

$$E(X^2)=\int_0^{+\infty} x^2\cdot\frac{x}{\sigma^2}\mathrm{e}^{-\frac{x^2}{2\sigma^2}}\mathrm{d}x=2\sigma^2$$

$$D(X)=E(X^2)-(E(X))^2=2\sigma^2-\frac{\pi}{2}\sigma^2=\frac{4-\pi}{2}\sigma^2$$

(3) 根据题意,得

$$E(X)=\int_0^{+\infty} x\cdot\frac{\beta}{\Gamma(\alpha)}(\beta x)^{\alpha-1}\mathrm{e}^{-\beta x}\mathrm{d}x=\int_0^{+\infty}\frac{1}{\beta\,\Gamma(\alpha)}(\beta x)^{\alpha}\mathrm{e}^{-\beta x}\mathrm{d}(\beta x)$$

$$=\frac{\Gamma(\alpha+1)}{\beta\,\Gamma(\alpha)}=\frac{\alpha\Gamma(\alpha)}{\beta\,\Gamma(\alpha)}=\frac{\alpha}{\beta}$$

$$E(X^2)=\int_0^{+\infty} x^2\frac{\beta}{\Gamma(\alpha)}(\beta x)^{\alpha-1}\mathrm{e}^{-\beta x}\mathrm{d}x=\frac{1}{\beta^2\Gamma(\alpha)}\int_0^{+\infty}(\beta x)^{\alpha+1}\mathrm{e}^{-\beta x}\mathrm{d}(\beta x)$$

$$=\frac{\Gamma(\alpha+2)}{\beta^2\Gamma(\alpha)}=\frac{\alpha(\alpha+1)}{\beta^2}$$

$$D(X)=E(X^2)-(E(X))^2=\frac{\alpha}{\beta^2}$$

11. 一民航机场的送客汽车每次载20位旅客自机场开出,沿途有10个车站,若到达车站时没有旅客下车,就不停车,设每位旅客在各车站下车是等可能的,求汽车每趟停车的平均次数.

解 令 X 为汽车每趟停车次数,$X_i=\begin{cases}1 & 第\ i\ 站有人下车,\\ 0 & 第\ i\ 站没人下车,\end{cases}$ $i=1,2,\cdots,10$,则 $X=\sum\limits_{i=1}^{10}X_i$ $E(X_i)=1-\left(\frac{9}{10}\right)^{20}$ $i=1,2,\cdots,10$, $EX=E(\sum\limits_{i=1}^{10}X_i)=10\left[1-\left(\frac{9}{10}\right)^{20}\right]$.

12. 现有 n 把形状类似的钥匙,其中只有一把能打开门,某人随机取一把试开,如打不开门就放置一边,再取另一把试开,设每把钥匙被取到的可能性相等,使用下面两种方法求试开次数 X 的数学期望：(1) 写出 X 的分布列；(2) 不写出 X 的分布列.

解　(1) 令 A_i 表示第 i 次打开门，则

$$P(X=1)=P(A_1)=\frac{1}{n}$$

$$P(X=2)=P(\overline{A}_1A_2)=P(\overline{A}_1)P(A_2\mid\overline{A}_1)=\frac{n-1}{n}\cdot\frac{1}{n-1}=\frac{1}{n}$$

$$\vdots$$

$$\begin{aligned}P(X=k)&=P(\overline{A}_1\overline{A}_2\cdots\overline{A}_{k-1}A_k)=P(\overline{A}_1)P(\overline{A}_2\mid\overline{A}_1)\cdots P(A_k\mid\overline{A}_1\cdots\overline{A}_{k-1})\\&=\frac{n-1}{n}\cdot\frac{n-2}{n-1}\cdots\frac{n-k+1}{n-k+2}\cdot\frac{1}{n-k+1}=\frac{1}{n},\quad 1\leqslant k\leqslant n\end{aligned}$$

因而

$$E(X)=\sum_{k=1}^{n}kP(X=k)=\sum_{k=1}^{n}k\cdot\frac{1}{n}=\frac{1}{n}\cdot\sum_{k=1}^{n}k=\frac{1}{n}\cdot\frac{n(n+1)}{2}=\frac{n+1}{2}$$

(2) 令 $X_i=\begin{cases}i, & 第\,i\,次打开,\\0, & 第\,i\,次打不开,\end{cases}$ 则 $X=\sum\limits_{i=1}^{n}X_i$，故

$$P(X_i=i)=\frac{n-1}{n}\cdot\frac{n-2}{n-1}\cdots\frac{n-i+1}{n-i+2}\cdot\frac{1}{n-i+1}=\frac{1}{n}$$

$$E(X)=E(\sum_{i=1}^{n}X_i)=\sum_{i=1}^{n}E(X_i)=\sum_{i=1}^{n}i\cdot\frac{1}{n}=\frac{n+1}{2}$$

13. 设随机变量 X 的密度函数为 $f(x)=\begin{cases}\dfrac{1}{2}\cos\dfrac{x}{2}, & 0\leqslant x\leqslant\pi,\\0, & 其他,\end{cases}$ 对 X 独立重复观察 4 次，Y 表示观察值大于 $\dfrac{\pi}{3}$ 的次数，求 Y^2 的数学期望.

解　依题意知 $Y\sim B(4,p)$，其中

$$p=P\left(X>\frac{\pi}{3}\right)=\int_{\frac{\pi}{3}}^{\pi}\frac{1}{2}\cos\frac{x}{2}\mathrm{d}x=\frac{1}{2}$$

因此 $E(Y)=4\times p=\dfrac{1}{2}\times 4=2$，$D(Y)=4\times p\times(1-p)=1$，故

$$E(Y^2)=D(Y)+(E(Y))^2=5$$

14. 设随机变量 X 的概率密度为 $f(x)=\begin{cases}\mathrm{e}^{-x}, & x>0,\\0, & x\leqslant 0,\end{cases}$ 求：(1) $Y=2X$ 的数学期望；(2) $Y=\mathrm{e}^{-2X}$ 的数学期望.

解　(1) $E(Y)=\displaystyle\int_{-\infty}^{+\infty}2xf(x)\mathrm{d}x=\int_{0}^{+\infty}2x\mathrm{e}^{-x}\mathrm{d}x=2$；

(2) $E(Y)=\displaystyle\int_{-\infty}^{+\infty}\mathrm{e}^{-2x}f(x)\mathrm{d}x=\int_{0}^{+\infty}\mathrm{e}^{-2x}\mathrm{e}^{-x}\mathrm{d}x=\frac{1}{3}$.

15. 设随机变量 X 服从参数为 λ 的泊松分布，求 $E\left(\dfrac{1}{X+1}\right)$.

解 $E\left(\frac{1}{X+1}\right)=\sum_{m=0}^{\infty}\frac{1}{m+1}\cdot\frac{\lambda^m}{m!}e^{-\lambda}=\frac{e^{-\lambda}}{\lambda}\sum_{m=0}^{\infty}\frac{\lambda^{m+1}}{(m+1)!}$

$$\overset{\text{令 } m'=m+1}{=\!=\!=}\frac{e^{-\lambda}}{\lambda}\sum_{m'=1}^{\infty}\frac{\lambda^{m'}}{m'!}=\frac{e^{-\lambda}}{\lambda}(e^{\lambda}-1)=\frac{1-e^{-\lambda}}{\lambda}$$

16. 设随机变量 X 服从参数为 1 的指数分布,求 $E(X+e^{-2X})$.

解 $E(X+e^{-2X})=E(X)+E(e^{-2X})=1+\int_0^{\infty}e^{-2x}e^{-x}dx=\frac{4}{3}$

17. 游客乘电梯从底层到电视塔顶层观光,电梯于每个整点的第 5 分钟,25 分钟,55 分钟从底层起行,假设一游客在早上 8 点的第 X 分钟到达底层的候梯处,且 X 服从(0,60) 上的均匀分布,求该名游客等候时间的数学期望.

解 令该游客等候时间为随机变量 Y,则

$$Y=\begin{cases}5-X, & 0\leqslant X<5,\\ 25-X, & 5\leqslant X<25,\\ 55-X, & 25\leqslant X<55,\\ 60-X+5, & 55\leqslant X<60\end{cases}$$

所以

$$E(Y)=\int_0^5(5-x)\cdot\frac{1}{60}dx+\int_5^{25}(25-x)\frac{1}{60}dx+\int_{25}^{55}(55-x)\frac{1}{60}dx$$
$$+\int_{55}^{60}(65-x)\frac{1}{60}dx$$
$$=11.67$$

18. 一商店经销某种商品,该商品每周的需求量是服从区间[10,30] 上均匀分布的随机变量,而经销商进货数量为[10,30] 中的某一整数,商店每销售一个单位商品可获利 500 元;若供大于求则削价处理,每处理一个单位商品亏损 100 元;若供不应求,则可从外部调剂供应,此时每单位仅获利 300 元. 为使商店所获利润的期望值不低于 9 280 元,试确定最小进货量.

解 设进货量为 a,则利润为

$$g(x)=\begin{cases}500X-100(a-X), & 10\leqslant X\leqslant a,\\ 500a+300(X-a), & a<X\leqslant 30,\end{cases}$$
$$=\begin{cases}600X-100a, & 10\leqslant X\leqslant a,\\ 300X+200a, & a<X\leqslant 30\end{cases}$$

所以平均利润为

$$E(g(x))=\int_{10}^{30}g(x)\frac{1}{20}dx=\frac{1}{20}\int_{10}^{a}(600x-100a)dx+\frac{1}{20}\int_{a}^{30}(300x+200a)dx$$
$$=-7.5a^2+350a+5\,250$$

由题意可知 $-7.5a^2+350a+5\,250\geqslant 9\,280$，解得 $20\frac{2}{3}\leqslant a\leqslant 26$，因此最小进货量为 21 单位.

19. 设随机向量 (X,Y) 的联合分布列如下所示，求 $E(X)$，$E(Y)$ 和 $E(XY)$.

X \ Y	-1	1
1	$\frac{1}{4}$	0
2	$\frac{1}{2}$	$\frac{1}{4}$

解　由联合分布列易得

X	1	2
P	$\frac{1}{4}$	$\frac{3}{4}$

Y	-1	1
P	$\frac{3}{4}$	$\frac{1}{4}$

故

$$E(X)=1\times\frac{1}{4}+2\times\frac{3}{4}=\frac{7}{4},E(Y)=(-1)\times\frac{3}{4}+1\times\frac{1}{4}=-\frac{1}{2}$$

$$E(XY)=1\times(-1)\times\frac{1}{4}+1\times1\times0+2\times(-1)\times\frac{1}{2}+2\times1\times\frac{1}{4}=-\frac{3}{4}$$

20. 设随机向量 (X,Y) 的联合分布列如下所示，试求 $Z=\sin\left[\frac{\pi}{2}(X+Y)\right]$ 的数学期望.

X \ Y	0	1
0	0.1	0.15
1	0.25	0.2
2	0.15	0.15

解　$$\begin{aligned}E(Z)=&\left[\sin\frac{\pi}{2}(0+0)\right]\times0.1+\left[\sin\frac{\pi}{2}(0+1)\right]\times0.15+\left[\sin\frac{\pi}{2}(1+0)\right]\\&\times0.25+\left[\sin\frac{\pi}{2}(1+1)\right]\times0.2+\left[\sin\frac{\pi}{2}(2+0)\right]\times0.15\\&+\left[\sin\frac{\pi}{2}(2+1)\right]\times0.15\\=&0.25\end{aligned}$$

21. 已知随机变量 $X\sim U[0,1]$，$Y\sim U[1,3]$，X 与 Y 相互独立，求 $E(XY)$，

$D(XY)$.

解　因为 X 与 Y 独立,所以

$$E(XY)=E(X)\cdot E(Y)=\frac{1}{2}\cdot 2=1$$

(X,Y) 的联合密度函数为 $f(x,y)=\begin{cases}\frac{1}{2}, & 0\leqslant x\leqslant 1,1\leqslant y\leqslant 3,\\ 0, & 其他,\end{cases}$ 则

$$E(XY)^2=\int_{-\infty}^{+\infty}\int_{-\infty}^{+\infty}(xy)^2 f(x,y)\mathrm{d}x\mathrm{d}y$$

$$=\int_0^1\int_1^3(xy)^2\,\frac{1}{2}\mathrm{d}y\mathrm{d}x=\frac{13}{9}$$

$$D(XY)=E(XY)^2-[E(XY)]^2=\frac{13}{9}-1^2=\frac{4}{9}$$

22. 随机变量 (X,Y) 服从以点 $(0,1)$,$(1,0)$,$(1,1)$ 为顶点的三角形区域上的均匀分布,试求 $E(X+Y)$,$D(X+Y)$.

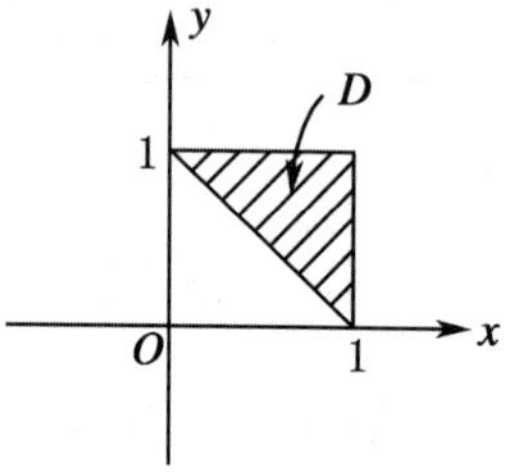

解　区域 D 如图所示,有 $f(x,y)=\begin{cases}2, & (x,y)\in D,\\ 0, & 其他,\end{cases}$ 则

$$E(X+Y)=\int_{-\infty}^{+\infty}\int_{-\infty}^{+\infty}(x+y)f(x,y)\mathrm{d}x\mathrm{d}y$$

$$=\int_0^1\int_{1-x}^1 2(x+y)\mathrm{d}y\mathrm{d}x=\frac{4}{3}$$

同理 $E(X+Y)^2=\dfrac{11}{6}$,所以

$$D(X+Y)=E(X+Y)^2-(E(X+Y))^2=\frac{11}{6}-\frac{16}{9}=\frac{1}{18}$$

23. 设 (X,Y) 的概率密度为

$$f(x,y)=\begin{cases}12y^2, & 0\leqslant y\leqslant x\leqslant 1,\\ 0, & 其他\end{cases}$$

求 $E(X)$,$E(Y)$,$E(XY)$,$E(X^2+Y^2)$.

解　根据题意,有

$$E(X)=\int_{-\infty}^{+\infty}\int_{-\infty}^{+\infty}xf(x,y)\mathrm{d}x\mathrm{d}y$$

$$=\int_0^1\int_0^x x\cdot 12y^2\mathrm{d}y\mathrm{d}x=\frac{4}{5}$$

同理 $E(Y)=\dfrac{3}{5}$,且

$$E(XY) = \int_{-\infty}^{+\infty}\int_{-\infty}^{+\infty} xyf(x,y)\mathrm{d}x\mathrm{d}y$$

$$= \int_0^1\int_0^x xy \cdot 12y^2 \mathrm{d}y\mathrm{d}x = \frac{1}{2}$$

$$E(X^2+Y^2) = \int_{-\infty}^{+\infty}\int_{-\infty}^{+\infty} (x^2+y^2)f(x,y)\mathrm{d}x\mathrm{d}y$$

$$= \int_0^1\int_0^x (x^2+y^2) \cdot 12y^2 \mathrm{d}y\mathrm{d}x = \frac{16}{15}$$

24. 设随机向量 (X,Y) 具有如下所示的分布列，求 $E[\min(X,Y)]$，$E\left(\frac{Y}{X+1}\right)$.

X \ Y	0	1	2
0	$\frac{3}{28}$	$\frac{9}{28}$	$\frac{3}{28}$
1	$\frac{3}{14}$	$\frac{3}{14}$	0
2	$\frac{1}{28}$	0	0

解　令 $Z=\min(X,Y)$，则

$$P(Z=0) = P(X=0,Y=0)+P(X=0,Y=1)+P(X=0,Y=2) + P(X=1,Y=0)+P(X=2,Y=0) = \frac{11}{14}$$

$$P(Z=1) = P(X=1,Y=1)+P(X=1,Y=2)+P(X=2,Y=1) = \frac{3}{14}$$

$$P(Z=2) = P(X=2,Y=2) = 0$$

所以 $E(Z) = 0\times\frac{11}{14}+1\times\frac{3}{14}+2\times 0 = \frac{3}{14}$.

令 $W=\frac{Y}{X+1}$，则

$$P(W=0) = P(X=0,Y=0)+P(X=1,Y=0)+P(X=2,Y=0) = \frac{5}{14}$$

$$P(W=1) = P(X=0,Y=1)+P(X=1,Y=2) = \frac{9}{28}$$

$$P(W=2) = P(X=0,Y=2) = \frac{3}{28}$$

$$P\left(W=\frac{1}{2}\right)=P(X=1,Y=1)=\frac{3}{14}$$

$$P\left(W=\frac{1}{3}\right)=P(X=2,Y=1)=0$$

$$P\left(W=\frac{2}{3}\right)=P(X=2,Y=2)=0$$

所以 $E(W)=0\times\frac{5}{14}+1\times\frac{9}{28}+2\times\frac{3}{28}+\frac{1}{2}\times\frac{3}{14}+\frac{1}{3}\times 0+\frac{2}{3}\times 0=\frac{9}{14}$.

25. 已知随机变量 $X\sim N(-3,1)$,$Y\sim N(2,1)$,且 X,Y 相互独立,设 $Z=X-2Y+7$,求 $E(Z)$,$D(Z)$ 及 Z 的分布.

解 根据题意,可得

$$E(Z)=E(X-2Y+7)=E(X)-2E(Y)+7=-3-2\cdot 2+7=0$$

$$D(Z)=D(X-2Y+7)=D(X)+4D(Y)=1+4\times 1=5$$

因为 X,Y 相互独立,且都服从正态分布,所以 $Z\sim N(0,5)$.

26. 甲、乙两人约定在下午 6 时到 7 时之间在某处会面,假定两人在 6 时至 7 时之间到达约会地点的时刻是等可能的,求先到者等候时间的数学期望与标准差.

解 设甲到达的时间为 X,乙到达的时间为 Y,先到者等待时间为 Z,则 $Z=|X-Y|$. 由题意可知 $X\sim U[0,1]$,$Y\sim U[0,1]$,X 与 Y 相互独立,所以

$$f(x,y)=\begin{cases}1, & 0\leqslant x\leqslant 1,0\leqslant y\leqslant 1,\\ 0, & \text{其他}\end{cases}$$

$$E(Z)=E|X-Y|=\int_{-\infty}^{+\infty}\int_{-\infty}^{+\infty}|x-y|f(x,y)\mathrm{d}x\mathrm{d}y$$

$$=\int_0^1\int_0^x(x-y)\mathrm{d}y\mathrm{d}x+\int_0^1\int_x^1(y-x)\mathrm{d}y\mathrm{d}x=\frac{1}{3}$$

同理 $E(Z^2)=\frac{1}{6}$,所以 $D(Z)=E(Z^2)-[E(Z)]^2=\frac{1}{18}$,$\sqrt{D(Z)}=\frac{1}{3\sqrt{2}}$.

27. 随机地投掷 6 粒骰子,利用 Chebyshev 不等式估计出现的点数之和在 15 点到 27 点之间的概率.

解 设 X_i 表示第 i 粒骰子的点数($i=1,2,\cdots,6$),Z 表示 6 粒骰子点数之和,则 $Z=X_1+X_2+\cdots+X_6$,且 X_i 之间相互独立. 有

$$E(X_i)=\frac{7}{2},E(X_i^2)=\frac{91}{6},D(X_i)=\frac{35}{12},\quad i=1,2,\cdots,6$$

$$E(Z)=6E(X_i)=21,D(Z)=6D(X_i)=\frac{35}{2}$$

所以

$$P(15 < Z < 27) = P(|Z-21| < 6) = P(|Z-E(Z)| < 6)$$
$$\geqslant 1 - \frac{D(Z)}{6^2} = 0.514$$

28. 一箱零件共有100件，其中一，二，三等品分别为80件、10件、10件，现从中随机地抽取一件，记 $X_i = \begin{cases} 1, & \text{抽到 } i \text{ 等品}, i=1,2,3, \\ 0, & \text{其他}. \end{cases}$

求：(1) (X_1, X_2) 的联合分布列；

(2) $\mathrm{Cov}(X_1, X_2)$.

解　(1) 根据题意可得

$$P(X_1=0, X_2=0) = P(\text{抽到三等品}) = 0.1$$
$$P(X_1=0, X_2=1) = P(\text{抽到二等品}) = 0.1$$
$$P(X_1=1, X_2=0) = P(\text{抽到一等品}) = 0.8$$
$$P(X_1=1, X_2=1) = 0$$

(2) $E(X_1)=0.8, E(X_2)=0.1, E(X_1X_2) = 0\times0\times0.1 + 0\times1\times0.1 + 1\times0\times0.8 + 1\times1\times0 = 0$，所以

$$\mathrm{Cov}(X_1,X_2) = E(X_1X_2) - E(X_1)E(X_2) = -0.08$$

29. 设二维随机向量 (X,Y) 的联合密度函数为

$$f(x,y) = \begin{cases} 3x, & 0<y<x<1, \\ 0, & \text{其他} \end{cases}$$

求 X 与 Y 的协方差.

解　根据题意可得

$$E(X) = \int_{-\infty}^{+\infty}\int_{-\infty}^{+\infty} xf(x,y)\mathrm{d}x\mathrm{d}y = \int_0^1\int_0^x x\cdot 3x\mathrm{d}y\mathrm{d}x = \frac{3}{4}$$

同理 $E(Y) = \frac{3}{8}$，且

$$E(XY) = \int_{-\infty}^{+\infty}\int_{-\infty}^{+\infty} xyf(x,y)\mathrm{d}x\mathrm{d}y = \int_0^1\int_0^x xy\cdot 3x\mathrm{d}y\mathrm{d}x = \frac{3}{10}$$

故

$$\mathrm{Cov}(X,Y) = E(XY) - E(X)E(Y) = \frac{3}{10} - \frac{3}{4}\cdot\frac{3}{8} = \frac{3}{160}$$

30. 将一枚硬币重复抛 n 次，以 X,Y 分别表示正面向上和反面向上的次数，试求 X 与 Y 的协方差及相关系数.

解　$X \sim B\left(n, \frac{1}{2}\right), Y \sim B\left(n, \frac{1}{2}\right)$，且 $X+Y=n$，则

$$E(XY) = E[X(n-X)] = nE(X) - E(X^2) = \frac{1}{4}n^2 - \frac{1}{4}n$$

$$\mathrm{Cov}(X,Y)=E(XY)-E(X)\cdot E(Y)=\frac{1}{4}n^2-\frac{1}{4}n-\frac{n^2}{4}=-\frac{1}{4}n$$

$$\rho_{XY}=\frac{\mathrm{Cov}(X,Y)}{\sqrt{D(X)}\sqrt{D(Y)}}=\frac{-\frac{1}{4}n}{\sqrt{\frac{1}{4}n}\sqrt{\frac{1}{4}n}}=-1$$

31. 设二维随机向量(X,Y)的联合密度函数为

$$f(x,y)=\begin{cases}\frac{1}{8}(x+y), & 0\leqslant x\leqslant 2,0\leqslant y\leqslant 2,\\ 0, & \text{其他}\end{cases}$$

求$\mathrm{Cov}(X,Y),\rho_{XY}$.

解　根据题意可得

$$E(X)=\int_{-\infty}^{+\infty}\int_{-\infty}^{+\infty}xf(x,y)\mathrm{d}x\mathrm{d}y=\int_0^2\int_0^2 x\cdot\frac{1}{8}(x+y)\mathrm{d}y\mathrm{d}x=\frac{7}{6}$$

同理$E(Y)=\frac{7}{6},E(XY)=\frac{4}{3},E(X^2)=\frac{5}{3},E(Y^2)=\frac{5}{3}$,故

$$D(X)=E(X^2)-(E(X))^2=\frac{11}{36},D(Y)=\frac{11}{36}$$

$$\mathrm{Cov}(X,Y)=E(XY)-E(X)E(Y)=-\frac{1}{36}$$

$$\rho_{XY}=\frac{\mathrm{Cov}(X,Y)}{\sqrt{D(X)}\sqrt{D(Y)}}=\frac{-\frac{1}{36}}{\sqrt{\frac{11}{36}}\sqrt{\frac{11}{36}}}=-\frac{1}{11}$$

*32. 已知随机向量(X,Y)服从二维正态分布,且$X\sim N(1,3^2),Y\sim N(0,4^2),\rho_{XY}=-\frac{1}{2}$,设$Z=\frac{X}{3}+\frac{Y}{2}$,求:

(1) $E(Z),D(Z)$;

(2) ρ_{XZ};

(3) X,Z是否独立?

解　(1) 根据题意可得

$$E(Z)=E\left(\frac{X}{3}+\frac{Y}{2}\right)=\frac{1}{3}E(X)+\frac{1}{2}E(Y)=\frac{1}{3}$$

$$\mathrm{Cov}(X,Y)=\sqrt{D(X)}\sqrt{D(Y)}\rho_{XY}=3\times 4\times\left(-\frac{1}{2}\right)=-6$$

$$D(Z)=D\left(\frac{X}{3}+\frac{Y}{2}\right)=\frac{1}{9}D(X)+\frac{1}{4}D(Y)+2\cdot\frac{1}{3}\cdot\frac{1}{2}\mathrm{Cov}(X,Y)=3$$

(2) 因为

$$E(XZ)=E\left(X\left(\frac{X}{3}+\frac{Y}{2}\right)\right)=\frac{1}{3}E(X^2)+\frac{1}{2}E(XY)=\frac{1}{3}$$

$$\mathrm{Cov}(X,Z)=E(XZ)-E(X)E(Z)=\frac{1}{3}-1\times\frac{1}{3}=0$$

故 $\rho_{XZ}=0$.

(3) 因为(X,Y)服从二维正态分布,而 $Z=\frac{X}{3}+\frac{Y}{2}$,所以$(X,Z)$也服从二维正态分布,又 $\rho_{XZ}=0$,因此 X,Z 独立.

*33. 设二维随机向量$(X,Y)\sim N(0,0,\sigma_1^2,\sigma_2^2,\rho)$,其中$\sigma_1^2\neq\sigma_2^2$,又 $X_1=X\cos\alpha+Y\sin\alpha,Y_1=-X\sin\alpha+Y\cos\alpha$,问如何确定$\alpha$,可使得$X_1$与$Y_1$不相关,$X_1$与$Y_1$独立?

解　因为

$$\begin{aligned}\mathrm{Cov}(X_1,Y_1)&=\mathrm{Cov}(X\cos\alpha+Y\sin\alpha,-X\sin\alpha+Y\cos\alpha)\\&=\mathrm{Cov}(X\cos\alpha,-X\sin\alpha)+\mathrm{Cov}(X\cos\alpha,Y\cos\alpha)\\&\quad+\mathrm{Cov}(Y\sin\alpha,-X\sin\alpha)+\mathrm{Cov}(Y\sin\alpha,Y\cos\alpha)\\&=-\sin\alpha\cos\alpha D(X)+(\cos^2\alpha-\sin^2\alpha)\mathrm{Cov}(X,Y)+\sin\alpha\cos\alpha D(Y)\\&=\sin\alpha\cos\alpha(D(Y)-D(X))+(\cos^2\alpha-\sin^2\alpha)\rho_{XY}\sqrt{D(X)}\sqrt{D(Y)}\\&=\sin\alpha\cos\alpha\cdot(\sigma_2^2-\sigma_1^2)+(\cos^2\alpha-\sin^2\alpha)\rho\sigma_1\sigma_2\end{aligned}$$

若使 X_1,Y_1 不相关,则 $\mathrm{Cov}(X_1,Y_1)=0$,即

$$\sin\alpha\cos\alpha(\sigma_2^2-\sigma_1^2)+(\cos^2\alpha-\sin^2\alpha)\rho\sigma_1\sigma_2=0$$

所以 $\tan 2\alpha=\frac{2\rho\sigma_1\sigma_2}{\sigma_1^2-\sigma_2^2}$.

又因为(X,Y)服从二维正态分布,$X_1=X\cos\alpha+Y\sin\alpha,Y_1=-X\sin\alpha+Y\cos\alpha$,所以$(X_1,Y_1)$服从二维正态分布,$X_1$与$Y_1$不相关,$X_1$与$Y_1$也就独立了.

34. 已知随机变量 X 与 Y 的相关系数为ρ,求 $X_1=aX+b,Y_1=cY+d$ 的相关系数,其中 a,b,c,d 均为非零常数.

解

$$\begin{aligned}\rho_{X_1Y_1}&=\frac{\mathrm{Cov}(X_1,Y_1)}{\sqrt{D(X_1)}\sqrt{D(Y_1)}}=\frac{\mathrm{Cov}(aX+b,cY+d)}{\sqrt{D(aX+b)}\sqrt{D(aY+d)}}\\&=\frac{ac\,\mathrm{Cov}(X,Y)}{|ac|\sqrt{D(X)}\sqrt{D(Y)}}=\frac{ac}{|ac|}\rho=\begin{cases}\rho, & a,c\text{ 同号},\\-\rho, & a,c\text{ 异号}\end{cases}\end{aligned}$$

*35. 设 X 和 Y 都是标准化随机变量,$\rho_{XY}=\frac{1}{2}$,令 $Z_1=aX,Z_2=bX+cY$,试确定 a,b,c 的值,使得 $D(Z_1)=D(Z_2)=1$,且 Z_1 与 Z_2 不相关.

解　根据题意可得

$$D(Z_1)=a^2D(X)=a^2=1 \qquad ①$$

$$D(Z_2)=D(bX+cY)=b^2D(X)+c^2D(Y)+2bc\mathrm{Cov}(X,Y)$$
$$=b^2+c^2+bc=1 \qquad ②$$
$$\mathrm{Cov}(Z_1,Z_2)=\mathrm{Cov}(aX,bX+cY)=abD(X)+ac\mathrm{Cov}(X,Y)$$
$$=ab+\frac{1}{2}ac=0 \qquad ③$$

由①,②,③解得 $a=\pm 1,b=\pm\frac{1}{\sqrt{3}},c=\mp\frac{2}{\sqrt{3}}$.

*36. 设随机变量 $X_1,X_2,\cdots,X_n(n\geqslant 1)$ 独立同分布,且其方差为 $\sigma^2>0$,令 $Y=\frac{1}{n}\sum_{i=1}^{n}X_i$,求 X_1 与 Y 的相关系数 ρ_{X_1Y} 及 $D(X_1-Y)$.

解 因为 $D(Y)=D\left(\frac{1}{n}\sum_{i=1}^{n}X_i\right)=\frac{1}{n^2}\sum_{i=1}^{n}D(X_i)=\frac{1}{n}\sigma^2$,故

$$\rho_{X_1Y}=\frac{\mathrm{Cov}(X_1,Y)}{\sqrt{D(X_1)}\sqrt{D(Y)}}=\frac{\frac{1}{n}\sum_{i=1}^{n}\mathrm{Cov}(X_1,X_i)}{\sigma\cdot\sqrt{\frac{1}{n}}\sigma}=\frac{\frac{1}{n}\sigma^2}{\sqrt{\frac{1}{n}}\sigma^2}=\sqrt{\frac{1}{n}}$$

$$D(X_1-Y)=D(X_1)+D(Y)-2\mathrm{Cov}(X_1,Y)=\sigma^2+\frac{1}{n}\sigma^2-2\rho_{X_1Y}\sqrt{D(X_1)}\sqrt{D(Y)}$$
$$=\sigma^2+\frac{1}{n}\sigma^2-2\cdot\sqrt{\frac{1}{n}}\cdot\sigma\cdot\sqrt{\frac{1}{n}}\sigma=\sigma^2-\frac{1}{n}\sigma^2$$

37. 某保险公司据多年的资料统计表明,在索赔户中被盗户占 20%,现随机抽取 100 个索赔户,求其中被盗户数不少于 14 户且不多于 30 户的概率.

解 设 100 个索赔户中被盗户数为 X,则 $X\sim B(100,0.2)$,$E(X)=100\times 0.2=20$,$D(X)=100\times 0.2\times 0.8=16$. 利用中心极限定理可知

$$P(14\leqslant X\leqslant 30)=P\left(-1.5<\frac{X-20}{4}<2.5\right)\approx\Phi(2.5)-\Phi(-1.5)$$
$$=0.927$$

38. 有一大批农作物种子,其中良种占 $\frac{1}{6}$,现从中任取 6 000 粒,试分别用 Chebyshev 不等式和中心极限定理计算这 6 000 粒种子中,良种所占的比例与 $\frac{1}{6}$ 之差的绝对值不超过 0.01 的概率 p.

解 设 X 表示 6 000 粒种子中的良种数,则 $X\sim B\left(6\,000,\frac{1}{6}\right)$,$E(X)=6\,000\times\frac{1}{6}=1\,000$,$D(X)=6\,000\times\frac{1}{6}\times\frac{5}{6}=\frac{5\,000}{6}$.

(1) 用 Chebyshev 不等式计算,有

$$P\left(\left|\frac{X}{6\,000}-\frac{1}{6}\right|\leqslant 0.01\right)=P(|X-1\,000|\leqslant 60)\geqslant 1-\frac{\frac{5\,000}{6}}{60^2}=0.768\,5$$

(2) 用中心极限定理计算,有

$$P\left(\left|\frac{X}{6\,000}-\frac{1}{6}\right|\leqslant 0.01\right)=P\left(\left|\frac{X-1\,000}{\sqrt{\frac{5\,000}{6}}}\right|\leqslant\frac{60}{\sqrt{\frac{5\,000}{6}}}\right)=2\Phi\left(\frac{60}{\sqrt{\frac{5\,000}{6}}}\right)-1$$

$$=0.962\,5$$

39. 某药厂声称其生产的某种药品对慢性胃炎的治愈率为 80%,为了验证,现随机选取 100 位慢性胃炎患者进行临床试验,若有多于 75 人治愈,则此药通过检验,试在以下两种情况下,分别计算此药通过检验的可能性:

(1) 此药的实际治愈率确为 80%.

(2) 此药实际治愈率仅为 70%.

解　令 X 表示 100 位患者中治愈的人数.

(1) $X\sim B(100,0.8)$,$E(X)=80$,$D(X)=16$,则由中心极限定理可知

$$P(X>75)=P\left(\frac{X-80}{4}>-\frac{5}{4}\right)=\Phi\left(\frac{5}{4}\right)=0.894\,4$$

(2) $X\sim B(100,0.7)$,$E(X)=70$,$D(X)=21$,则由中心极限定理可知

$$P(X>75)=P\left(\frac{X-70}{\sqrt{21}}>\frac{5}{\sqrt{21}}\right)=1-\Phi\left(\frac{5}{\sqrt{21}}\right)=0.137\,9$$

40. 已知笔记本电脑中的某种配件的合格率仅为 80%,某大型电脑厂商月生产笔记本电脑 10 000 台,为了以 99.7% 的把握保证出厂的电脑均能装上合格的配件,问:此生产厂商每月至少应购买该种配件多少件?

解　设为了达到 99.7% 的把握至少购买 n 件,这 n 件中合格品为 X,则 $X\sim B(n,0.8)$,$E(X)=0.8n$,$D(X)=0.16n$,由中心极限定理可知

$$P(X>10\,000)=P\left(\frac{X-0.8n}{0.4\sqrt{n}}>\frac{10\,000-0.8n}{0.4\sqrt{n}}\right)=1-\Phi\left(\frac{10\,000-0.8n}{0.4\sqrt{n}}\right)$$

$$=0.997$$

则 $\Phi\left(\frac{10\,000-0.8n}{0.4\sqrt{n}}\right)=0.003$,即 $\Phi\left(\frac{0.8n-10\,000}{0.4\sqrt{n}}\right)=0.997$,查表得 $\frac{0.8n-10\,000}{0.4\sqrt{n}}=2.75$,解得 $n=12\,655$.

41. 已知一本 300 页的书中,每页的印刷错误的个数服从参数为 0.2 的泊松分布,试求整书中的印刷错误总数不多于 70 个的概率.

解 设整书中的印刷错误总数为 X，第 i 页的错误个数为 $X_i(i=1,2,\cdots,300)$，则 $X=\sum_{i=1}^{300}X_i$，$X_1,\cdots,X_{300}$ 是独立同分布的. $E(X)=E(\sum_{i=1}^{300}X_i)=300E(X_i)=300\times 0.2=60$，$D(X)=D(\sum_{i=1}^{300}X_i)=300D(X_i)=60$. 由中心极限定理可知

$$P(X\leqslant 70)=P\left(\frac{X-60}{\sqrt{60}}\leqslant\frac{10}{\sqrt{60}}\right)=\Phi\left(\frac{10}{\sqrt{60}}\right)=0.901\,5$$

*42. 假设某大学中报名选修统计学的学生人数服从参数为 100 的泊松分布，负责开课的老师决定，如果报名人数少于 120 人，就集中在一个班上课，否则分成两个班讲授，求老师分成两个班授课的概率是多少？

解 设 X 表示报名选修统计学的学生人数，$X\sim P(100)$，由泊松分布可加性及中心极限定理可知

$$\begin{aligned}P(X<120)&=P\left(\frac{X-E(X)}{\sqrt{D(X)}}<\frac{120-E(X)}{\sqrt{D(X)}}\right)=P\left(\frac{X-100}{\sqrt{100}}<2\right)\\&=\Phi(2)=0.977\,2\end{aligned}$$

故

$$P(X\geqslant 120)=1-P(X<120)=0.022\,8$$

43. 一生产线生产的产品成箱包装，每箱的重量是随机的，若每箱平均重 50 千克，标准差等于 5 千克，现用最大载重量为 5 吨的汽车承运，问每辆车最多装多少箱，才能使不超载的概率大于 0.977？

解 设每辆车装 n 箱，第 i 箱的重量为 X_i，总重量为 X，则 $X=\sum_{i=1}^{n}X_i$. 依题可知 $E(X_i)=50$，$\sqrt{D(X_i)}=5$，且 X_i 之间是相互独立的$(i=1,2,\cdots,n)$，所以 $E(X)=50n$，$D(X)=25n$. 由中心极限定理得

$$P(X<5\,000)=P\left(\frac{X-50n}{\sqrt{25n}}<\frac{5\,000-50n}{\sqrt{25n}}\right)=\Phi\left(\frac{5\,000-50n}{\sqrt{25n}}\right)\geqslant 0.977$$

查表得 $\dfrac{5\,000-50n}{5\sqrt{n}}\geqslant 2$，解得 $n\leqslant 98$. 所以每辆车最多装 98 箱.

44. 某餐厅每天接待 400 名顾客，设每位顾客的消费额(单位：元)服从区间 $[20,100]$ 上的均匀分布，且顾客的消费额是相互独立的，求该餐厅的日营业额在其平均额 ± 760 元内的概率.

解 设第 i 个顾客的消费额为 $X_i(i=1,2,\cdots,400)$，总消费额为 X，则 $X=\sum_{i=1}^{400}X_i$. 由题意可知 $X_1,X_2,\cdots,X_{400}$ 是独立同分布的，且 $E(X_i)=60$，$D(X_i)=$

$\frac{80^2}{12}$，所以 $E(X)=24\,000, D(X)=\frac{400\times 80^2}{12}$. 由中心极限定理可得

$$P(|X-E(X)|<760)=P\left(\left|\frac{X-E(X)}{\sqrt{D(X)}}\right|<\frac{760}{\sqrt{D(X)}}\right)$$

$$=2\Phi\left(\frac{760\times\sqrt{12}}{1\,600}\right)-1=0.9$$

45. 设某型号电子元件的使用寿命(单位：小时)服从指数分布，其平均寿命为 20 小时，具体使用时当一元件损坏后立即更换另一新元件，已知每个元件进价为 110 元，试问在年计划中应为此元件作多少的预算，才可以有 95% 的把握保证一年的供应(假定一年工作时间为 2 000 小时)？

解　设要准备 n 个元件，才能有 95% 的把握保证一年的供应，第 i 个元件的使用寿命用 X_i 表示，总寿命用 X 表示，则 $X=\sum_{i=1}^{n}X_i$. 且由题意可知，$X_1, X_2, \cdots, X_n$ 是独立同指数分布的，$E(X_i)=20, \lambda=\frac{1}{20}, D(X_i)=400, E(X)=20n, D(X)=400n$. 由中心极限定理可知

$$P(X>2\,000)=P\left(\frac{X-20n}{\sqrt{400n}}>\frac{2\,000-20n}{\sqrt{400n}}\right)=1-\Phi\left(\frac{2\,000-20n}{\sqrt{400n}}\right)=0.95$$

查表得 $\frac{20n-2\,000}{20\sqrt{n}}=1.64$，解得 $n=118$.

因为每个元件价格为 110 元，所以预算为 $118\times 110=12\,980$(元).

46. 掷一粒骰子 100 次，试求平均点数在 3 点至 4 点之间的概率.

解　设第 i 次投掷的骰子点数为 X_i，100 次的总点数为 X，则 $X=\sum_{i=1}^{100}X_i$. $X_1, X_2, \cdots, X_{100}$ 是相互独立同分布的，且 $E(X_i)=\frac{7}{2}, D(X_i)=\frac{35}{12}$，所以 $E(X)=100\times\frac{7}{2}=350, D(X)=100\times\frac{35}{12}$. 平均点数为 $\frac{X}{100}$，由中心极限定理可知

$$P\left(3\leqslant\frac{X}{100}\leqslant 4\right)=P(300\leqslant X\leqslant 400)=P\left(-\frac{50}{\sqrt{\frac{3\,500}{12}}}\leqslant\frac{X-350}{\sqrt{\frac{3\,500}{12}}}\leqslant\frac{50}{\sqrt{\frac{3\,500}{12}}}\right)$$

$$=2\Phi\left(\frac{50}{\sqrt{\frac{3\,500}{12}}}\right)-1=0.996\,6$$

四、证明题

*1. 证明几何期望的性质：

(1) $E_g(mX^b)=m(E_g(X))^b$,m,b 为常数;

(2) $E_g(XY)=E_g(X)E_g(Y)$;

(3) $E_g(X^Y)=E_g(X)^{E_g(Y)}$,X,Y 相互独立.

证 (1) $E_g(mX^b)=\mathrm{e}^{E_g(\ln(mX^b))}=\mathrm{e}^{E_g(\ln m)+bE_g(\ln X)}=\mathrm{e}^{\ln m}\mathrm{e}^{bE_g(\ln X)}=m(\mathrm{e}^{E_g(\ln X)})^b$ $=m(E_g(X))^b$.

(2) $E_g(XY)=\mathrm{e}^{E_g(\ln(XY))}=\mathrm{e}^{E_g(\ln X)+E_g(\ln Y)}=E_g(X)E_g(Y)$.

(3)
$$E_g(X^Y)=\mathrm{e}^{E_g(\ln X^Y)}=\mathrm{e}^{E_g(Y\ln X)}=\mathrm{e}^{E_g(Y)E_g(\ln X)}$$
$$=[\mathrm{e}^{E_g(\ln X)}]^{E_g(Y)}=(E_g(X))^{E_g(Y)}.$$

2. 设取正整数值的随机变量 X 的期望存在,证明: $E(X)=\sum\limits_{k=1}^{\infty}P(X\geqslant k)$.

证
$$\begin{aligned}E(X)&=\sum_{n=1}^{\infty}nP(X=n)=P(X=1)+2P(X=2)+\cdots+nP(X=n)+\cdots\\&=P(X=1)+P(X=2)+\cdots+P(X=n)+\cdots\\&\quad+P(X=2)+\cdots+P(X=n)+\cdots+P(X=n)+\cdots\\&=P(X\geqslant 1)+P(X\geqslant 2)+\cdots+P(X\geqslant n)+\cdots\\&=\sum_{n=1}^{\infty}P(X\geqslant n)\end{aligned}$$

3. 设随机变量 X 的概率密度为
$$f(x)=\begin{cases}\dfrac{x^m}{m!}\mathrm{e}^{-x}, & x>0,\\ 0, & \text{其他}\end{cases}$$
证明: $P\{0<X<2(m+1)\}\geqslant\dfrac{m}{m+1}$.

证 因为
$$E(X)=\int_{-\infty}^{+\infty}xf(x)\mathrm{d}x=\int_0^{+\infty}x\cdot\frac{x^m}{m!}\mathrm{e}^{-x}\mathrm{d}x$$
$$=m+1\quad(\text{用 } m+1 \text{ 次分部积分})$$
同理 $E(X^2)=(m+2)(m+1)$,$D(X)=E(X^2)-(E(X))^2=m+1$,则
$$\begin{aligned}P\{0<X<2(m+1)\}&=P\{|X-(m+1)|<m+1\}\\&=P\{|X-E(X)|<m+1\}\\&\geqslant 1-\frac{D(X)}{(m+1)^2}=1-\frac{1}{m+1}=\frac{m}{m+1}\end{aligned}$$

4. 已知随机变量(X,Y)的分布列如下所示,证明 X 与 Y 不相关,但 X 与 Y 不独立.

$Y \backslash X$	-1	0	1
-1	$\frac{1}{8}$	$\frac{1}{8}$	$\frac{1}{8}$
0	$\frac{1}{8}$	0	$\frac{1}{8}$
1	$\frac{1}{8}$	$\frac{1}{8}$	$\frac{1}{8}$

证　由联合分布列可得

X	-1	0	1
P	$\frac{3}{8}$	$\frac{2}{8}$	$\frac{3}{8}$

Y	-1	0	1
P	$\frac{3}{8}$	$\frac{2}{8}$	$\frac{3}{8}$

故

$$E(X)=-1\times\frac{3}{8}+0\times\frac{2}{8}+1\times\frac{3}{8}=0,EY=-1\times\frac{3}{8}+0\times\frac{2}{8}+1\times\frac{3}{8}=0$$

$$\begin{aligned}E(XY)=&(-1)\times(-1)\times\frac{1}{8}+(-1)\times0\times\frac{1}{8}+(-1)\times1\times\frac{1}{8}+0\times(-1)\\&\times\frac{1}{8}+0\times0\times0+0\times1\times\frac{1}{8}+1\times(-1)\times\frac{1}{8}+1\times0\times\frac{1}{8}+1\\&\times1\times\frac{1}{8}\\=&0\end{aligned}$$

因为 $E(XY)=E(X)E(Y)$,所以 X 与 Y 不相关.

$P(X=-1)P(Y=-1)=\frac{3}{8}\times\frac{3}{8}$,而 $P(X=-1,Y=-1)=\frac{1}{8}$,所以 $P(X=-1,Y=-1)\neq P(X=-1)P(Y=-1)$,$X$ 与 Y 不独立.

*5. 设 A,B 是两随机事件,随机变量

$$X=\begin{cases}1, & 若 A 发生,\\-1, & 若 A 不发生,\end{cases}\quad Y=\begin{cases}1, & 若 B 发生,\\-1, & 若 B 不发生\end{cases}$$

试证明 X,Y 不相关的充要条件是 A,B 相互独立.

证　由题意可知

$$XY=\begin{cases}1, & 若 A,B 同时发生或 A,B 同时不发生,\\-1, & 若 A 发生 B 不发生或 A 不发生 B 发生\end{cases}$$

则

$$E(XY)=1\times[P(AB)+P(\bar{A}\,\bar{B})]+(-1)\times[P(A\bar{B})+P(\bar{A}B)]$$

$$= 1\times[P(AB)+P(\overline{A+B})]+(-1)\times[P(A-AB)+P(B-AB)]$$
$$= 4P(AB)+1-2[P(A)+P(B)]$$

$$E(X)=1\times P(A)+(-1)\times P(\bar{A})=2P(A)-1, E(Y)=2P(B)-1$$

$$E(X)E(Y)=(2P(A)-1)(2P(B)-1)=4P(A)P(B)-2(P(A)+P(B))+1$$

X 与 Y 不相关 $\Leftrightarrow E(XY)=EX\cdot EY\Leftrightarrow P(AB)=P(A)P(B)\Leftrightarrow A,B$ 独立.

6. 设 $\{X_n: n\geqslant 1\}$ 为独立同分布的随机变量序列,其共同的分布如下所示,证明 $\{X_n\}$ 服从大数定律.

X_n	$-\sqrt{2}$	0	$\sqrt{2}$
P	$\frac{1}{4}$	$\frac{1}{2}$	$\frac{1}{4}$

证 $E(X_n)=(-\sqrt{2})\times\frac{1}{4}+0\times\frac{1}{2}+\sqrt{2}\times\frac{1}{4}=0, E(X_n^2)=1, D(X_n)=1.$ 因为 $X_1,X_2,\cdots,X_n,\cdots$ 独立,且 $D(X_n)=1$ 有界,所以 $\{X_n\}$ 服从大数定律.

*7. 设随机变量序列 $\{X_n: n\geqslant 1\}$ 独立同分布,$E(X_n)=0, D(X_n)=\sigma^2(0<\sigma^2<+\infty)$,又 $E(X_n^4)$ 存在 $(n=1,2,\cdots)$,试证明:$\frac{1}{n}\sum\limits_{i=1}^{n}X_i^2\xrightarrow{P}\sigma^2$.

证 $\{X_n: n\geqslant 1\}$ 独立同分布,$\{X_n^2: n\geqslant 1\}$ 也独立分布. $E(X_n)=0, D(X_n)=\sigma^2$,则 $E(X_n^2)=\sigma^2$. 所以

$$E\left(\frac{1}{n}\sum_{i=1}^{n}X_i^2\right)=\frac{1}{n}\sum_{i=1}^{n}E(X_i^2)=\sigma^2, D\left(\frac{1}{n}\sum_{i=1}^{n}X_i^2\right)=\frac{1}{n^2}\sum_{i=1}^{n}D(X_i^2)=\frac{1}{n}[E(X_n^4)-\sigma^4)]$$

对 $\frac{1}{n}\sum\limits_{i=1}^{n}X_i^2$ 应用 Chebyshev 不等式,对任意的 $\varepsilon>0$,有

$$P\left(\left|\frac{1}{n}\sum_{i=1}^{n}X_i^2-\sigma^2\right|<\varepsilon\right)=P\left(\left|\frac{1}{n}\sum_{i=1}^{n}X_i^2-E\left(\frac{1}{n}\sum_{i-1}^{n}X_i^2\right)\right|<\varepsilon\right)$$
$$\geqslant 1-\frac{D\left(\frac{1}{n}\sum\limits_{i=1}^{n}X_i^2\right)}{\varepsilon^2}$$
$$=1-\frac{E(X_n^4)-\sigma^4}{n\varepsilon^2}$$

令 $n\to\infty$,有 $\lim\limits_{n\to\infty}P\left(\left|\frac{1}{n}\sum\limits_{i=1}^{n}X_i^2-\sigma^2\right|<\varepsilon\right)\geqslant 1.$

又因为概率不能大于 1,所以有 $\lim\limits_{n\to\infty}P\left(\left|\frac{1}{n}\sum\limits_{i=1}^{n}X_i^2-\sigma^2\right|<\varepsilon\right)=1.$

第四章　统计估计方法

三、计算题

1. 设总体 $X \sim N(\mu, 2^2)$，其中 μ 是未知参数，从总体中抽取容量 $n=16$ 的样本，求下列概率：

(1) $P(-0.5<\overline{X}-\mu<0.75)$；

(2) $P(S^2<6.67)$.

解　$\overline{X} \sim N\left(\mu, \frac{2^2}{16}\right), \frac{15S^2}{2^2} \sim \chi^2(15)$.

(1) $P(-0.5<\overline{X}-\mu<0.75)=P\left(-1<\frac{\overline{X}-\mu}{\frac{1}{2}}<1.5\right)$

$$=\Phi(1.5)-\Phi(-1)=0.7745.$$

(2) $P(S^2<6.67)=P\left(\frac{15S^2}{4}<\frac{15\times 6.67}{4}\right)=1-P\left(\frac{15S^2}{4}\geqslant 25\right)=0.95.$

2. 设 $X_1, X_2, \cdots, X_{25}$ 是来自总体 $N(3, 10^2)$ 的样本，$\overline{X}, S^2$ 分别为样本均值与样本方差，求 $P(0<\overline{X}<6, 57.7<S^2<151.73)$.

解　$\overline{X} \sim N\left(3, \frac{10^2}{25}\right), \frac{24S^2}{10^2} \sim \chi^2(24)$，且 $\overline{X}$ 与 S^2 相互独立. 则

$$P(0<\overline{X}<6, 57.7<S^2<151.73)$$
$$=P\left(-1.5<\frac{\overline{X}-3}{2}<1.5\right)P\left(\frac{24}{10^2}\times 57.7<\frac{24}{10^2}S^2<\frac{24}{10^2}\times 151.73\right)$$
$$=[2\Phi(1.5)-1](0.95-0.05)=0.7798$$

3. 设总体 $X \sim N(0, 0.09)$，从中任取 10 个样本，求 $P\left(\sum_{i=1}^{10} X_i^2>1.44\right)$.

解　$X_i \sim N(0, 0.09), \frac{X_i}{0.3} \sim N(0,1), \left(\frac{X_i}{0.3}\right)^2=\frac{X_i^2}{0.09} \sim \chi^2(1), \sum_{i=1}^{10} \frac{X_i^2}{0.09} \sim \chi^2(10)$，则

$$P\left(\sum_{i=1}^{10} X_i^2>1.44\right)=P\left(\sum_{i=1}^{10} \frac{X_i^2}{0.09}>\frac{1.44}{0.09}\right)=1-P\left(\sum_{i=1}^{10} \frac{X_i^2}{0.09}\leqslant 16\right)=0.1$$

4. 设总体 $X \sim N(\mu, 5^2)$.

(1) 从总体中抽取容量为 64 的样本，求样本均值 $\overline{X}$ 与总体均值之差的绝对值小于 1 的概率 $P(|\overline{X}-\mu|<1)$；

(2) 抽取样本容量 n 多大时，才能使概率 $P(|\overline{X}-\mu|<1)$ 达到 0.95?

解 (1) $\overline{X} \sim N\left(\mu, \frac{5^2}{64}\right)$,所以

$$P(|\overline{X}-\mu|<1)=P\left(\left|\frac{\overline{X}-\mu}{\frac{5}{8}}\right|<\frac{8}{5}\right)=2\Phi(1.6)-1=0.890\,4$$

(2) 由

$$P(|\overline{X}-\mu|<1)=P\left(\left|\frac{\overline{X}-\mu}{\frac{5}{\sqrt{n}}}\right|<\frac{\sqrt{n}}{5}\right)=2\Phi\left(\frac{\sqrt{n}}{5}\right)-1=0.95$$

得 $\Phi\left(\frac{\sqrt{n}}{5}\right)=0.975$,查表得$\frac{\sqrt{n}}{5}=1.96$,即 $n=96$.

5. 设总体 $X \sim N(50,6^2)$,总体 $Y \sim N(46,4^2)$,从总体 X 中抽取容量为10的样本,从总体 Y 中抽取容量为 8 的样本,求下列概率:

(1) $P(0<\overline{X}-\overline{Y}<8)$;

(2) $P(S_1^2/S_2^2<8.28)$.

解 根据题意,有

$$\frac{\overline{X}-\overline{Y}-(\mu_1-\mu_2)}{\sqrt{\frac{\sigma_1^2}{n_1}+\frac{\sigma_2^2}{n_2}}} \sim N(0,1), \frac{S_1^2/\sigma_1^2}{S_2^2/\sigma_2^2} \sim F(n_1-1,n_2-1)$$

即

$$\frac{\overline{X}-\overline{Y}-(50-46)}{\sqrt{\frac{6^2}{10}+\frac{4^2}{8}}} \sim N(0,1), \frac{S_1^2/36}{S_2^2/16} \sim F(9,7)$$

(1) $$P(0<\overline{X}-\overline{Y}<8)=P\left(\frac{0-4}{\sqrt{5.6}}<\frac{\overline{X}-\overline{Y}-(50-46)}{\sqrt{\frac{6^2}{10}+\frac{4^2}{8}}}<\frac{8-4}{\sqrt{5.6}}\right)$$

$$=2\Phi\left(\frac{4}{\sqrt{5.6}}\right)-1=0.909.$$

(2) $$P(S_1^2/S_2^2<8.28)=P\left(\frac{S_1^2/36}{S_2^2/16}<8.28\times\frac{16}{36}\right)=0.95.$$

6. 设总体 $X \sim N(8,2^2)$,抽取样本 $X_1,X_2,\cdots,X_{10}$,求下列概率:

(1) $P(\max(X_1,X_2,\cdots,X_{10})>10)$;

(2) $P(\min(X_1,X_2,\cdots,X_{10})\leqslant 5)$.

解 (1) $$P(\max(X_1,X_2,\cdots,X_{10})>10)=1-P(\max(X_1,X_2,\cdots,X_{10})\leqslant 10)$$
$$=1-P(X_1\leqslant 10,X_2\leqslant 10,\cdots,X_{10}\leqslant 10)=1-(P(X\leqslant 10))^{10}$$
$$=1-\left[P\left(\frac{X-8}{2}\leqslant\frac{10-8}{2}\right)\right]^{10}=1-\Phi^{10}(1)=0.822\,4.$$

(2) $P(\min(X_1,X_2,\cdots,X_{10})\leqslant 5)=1-P(\min(X_1,X_2,\cdots,X_{10})>5)$

$$=1-P(X_1>5,X_2>5,\cdots,X_{10}>5)=1-(P(X>5))^{10}$$

$$=1-\left[P\left(\frac{X-8}{2}>\frac{5-8}{2}\right)\right]^{10}=1-\Phi^{10}(1.5)=0.4991.$$

7. 设在总体 $N(\mu,\sigma^2)$ 中抽取容量为 16 的样本，μ,σ^2 均未知.

(1) 求 $P\left(\frac{S^2}{\sigma^2}\leqslant 2.041\right)$；

(2) 求 $D\left(\frac{S^2}{\sigma^2}\right)$.

解　(1) 因为$\frac{(16-1)S^2}{\sigma^2}\sim\chi^2(16-1)$，即$\frac{15S^2}{\sigma^2}\sim\chi^2(15)$，故

$$P\left(\frac{S^2}{\sigma^2}\leqslant 2.041\right)=P\left(\frac{15S^2}{\sigma^2}\leqslant 15\times 2.041\right)=0.99$$

(2) $D\left(\frac{S^2}{\sigma^2}\right)=\frac{1}{15^2}D\left(\frac{15S^2}{\sigma^2}\right)=\frac{1}{15^2}\cdot 2\cdot 15=\frac{2}{15}.$

8. 设总体 $X\sim N(\mu_1,\sigma^2)$. $Y\sim N(\mu_2,\sigma^2)$ 且相互独立，从 X,Y 中分别抽取 $n_1=10,n_2=14$ 的样本，求 $P(S_1^2-4S_2^2>0)$.

解　因为$\frac{S_1^2/\sigma^2}{S_2^2/\sigma^2}\sim F(n_1-1,n_2-1)$，即$\frac{S_1^2}{S_2^2}\sim F(9,13)$，故

$$P(S_1^2-4S_2^2>0)=P\left(\frac{S_1^2}{S_2^2}>4\right)=0.01$$

9. 设总体 $X\sim N(\mu,4^2)$，$X_1,X_2,\cdots,X_{10}$ 为来自 X 的样本，已知 $P(S^2>a)=0.1$，求 a.

解　因为$\frac{(n-1)S^2}{\sigma^2}\sim\chi^2(n-1)$，即$\frac{9S^2}{4^2}\sim\chi^2(9)$，故

$$P(S^2>a)=P\left(\frac{9S^2}{4^2}>\frac{9a}{4^2}\right)=0.1$$

查表得$\frac{9a}{16}=14.684$，$a=26.105$.

10. 设 $X_1,X_2,\cdots,X_n$ 为总体的一个样本，求下列各总体的密度函数或分布列中的未知参数的矩估计量.

(1) $f(x)=\begin{cases}\theta C^{\theta}x^{-(\theta+1)}, & x>C,\\ 0, & \text{其他},\end{cases}$ 其中 $C>0$ 为已知，$\theta>1$，θ 为未知参数；

(2) $f(x)=\begin{cases}\sqrt{\theta}x^{\sqrt{\theta}-1}, & 0\leqslant x\leqslant 1,\\ 0, & \text{其他},\end{cases}$ 其中 $\theta>0$，θ 为未知参数；

(3) $f(x)=\begin{cases}\dfrac{1}{\theta}\mathrm{e}^{-\frac{x-\mu}{\theta}}, & x\geqslant\mu,\\ 0, & \text{其他},\end{cases}$其中 $\theta>0$,θ,μ 是未知参数;

(4) $P(X=x)=\mathrm{C}_m^x p^x(1-p)^{m-x}$,$x=0,1,2,\cdots,m$,$0<p<1$,$p$ 为未知参数.

解　(1) 因为

$$E(X)=\int_{-\infty}^{+\infty}xf(x)\mathrm{d}x=\int_C^{+\infty}x\theta\, C^\theta x^{-(\theta+1)}\mathrm{d}x=\frac{\theta C}{\theta-1}$$

令$\dfrac{\theta C}{\theta-1}=\dfrac{1}{n}\sum\limits_{i=1}^n X_i$,解得 $\hat{\theta}=\dfrac{\overline{X}}{\overline{X}-C}$.

(2) 因为

$$E(X)=\int_0^1 x\sqrt{\theta}x^{\sqrt{\theta}-1}\mathrm{d}x=\frac{\sqrt{\theta}}{\sqrt{\theta}+1}$$

令$\dfrac{\sqrt{\theta}}{\sqrt{\theta}+1}=\dfrac{1}{n}\sum\limits_{i=1}^n X_i$,解得 $\hat{\theta}=\left(\dfrac{\overline{X}}{1-\overline{X}}\right)^2$.

(3) 因为

$$E(X)=\int_\mu^{+\infty}x\cdot\frac{1}{\theta}\mathrm{e}^{-\frac{x-\mu}{\theta}}\mathrm{d}x=\theta+\mu$$

$$E(X^2)=\int_\mu^{+\infty}x^2\cdot\frac{1}{\theta}\mathrm{e}^{-\frac{x-\mu}{\theta}}\mathrm{d}x=(\mu+\theta)^2+\theta^2$$

令$\begin{cases}\theta+\mu=\dfrac{1}{n}\sum\limits_{i=1}^n X_i,\\ (\mu+\theta)^2+\theta^2=\dfrac{1}{n}\sum\limits_{i=1}^n X_i^2,\end{cases}$解得$\begin{cases}\hat{\theta}=S_n,\\ \hat{\mu}=\overline{X}-S_n.\end{cases}$

(4) 因为 $E(X)=mp$,令 $mp=\overline{X}$,解得 $\hat{p}=\dfrac{\overline{X}}{m}$.

11. 求第 10 题中各未知参数的最大似然估计量.

解　(1) $L(\theta)=\theta^n C^{n\theta}\prod\limits_{i=1}^n x_i^{-(\theta+1)}$,$\ln L(\theta)=n\ln\theta+n\theta\ln C-(\theta+1)\sum\limits_{i=1}^n\ln x_i$,故

$$\frac{\mathrm{d}\ln L(\theta)}{\mathrm{d}\theta}=\frac{n}{\theta}+n\ln C-\sum_{i=1}^n\ln x_i$$

令$\dfrac{\mathrm{d}\ln L(\theta)}{\mathrm{d}\theta}=0$,解得 θ 的最大似然估计值为 $\hat{\theta}=\dfrac{n}{\sum\limits_{i=1}^n\ln x_i-n\ln C}$.

(2) $L(\theta)=\theta^{\frac{n}{2}}\prod\limits_{i=1}^n x_i^{\sqrt{\theta}-1}$,$\ln L(\theta)=\dfrac{n}{2}\ln\theta+(\sqrt{\theta}-1)\sum\limits_{i=1}^n\ln x_i$,故

$$\frac{\mathrm{d}\ln L(\theta)}{\mathrm{d}\theta}=\frac{n}{2\theta}+\frac{1}{2\sqrt{\theta}}\sum_{i=1}^{n}\ln x_i$$

令$\frac{\mathrm{d}\ln L(\theta)}{\mathrm{d}\theta}=0$,解得$\theta$的最大似然估计值为$\hat{\theta}=\frac{n^2}{(\sum\limits_{i=1}^{n}\ln x_i)^2}$.

(3) $L(\theta,\mu)=\frac{1}{\theta^n}\mathrm{e}^{-\frac{1}{\theta}\sum\limits_{i=1}^{n}(x_i-\mu)}$,$x_i\geqslant\mu,i=1,2,\cdots,n$,则

$$\ln L(\theta,\mu)=-n\ln\theta-\frac{\sum\limits_{i=1}^{n}(x_i-\mu)}{\theta}$$

由上式可看出,$\ln L(\theta,\mu)$是μ的单调增函数,要使其最大,μ的取值应该尽可能的大,由于$\mu\leqslant x_i(i=1,2,\cdots,n)$,所以$\mu$的最大似然估计为$\hat{\mu}=\min\limits_{1\leqslant i\leqslant n}x_i$.

$$\frac{\partial\ln L(\theta,\mu)}{\partial\theta}=-\frac{n}{\theta}+\frac{\sum\limits_{i=1}^{n}(x_i-\mu)}{\theta^2}$$

令$\frac{\partial\ln L(\theta,\mu)}{\partial\theta}=0$,解得$\theta$的最大似然估计量为$\hat{\theta}=\frac{\sum\limits_{i=1}^{n}(x_i-\hat{\mu})}{n}=\bar{x}-\min\limits_{1\leqslant i\leqslant n}x_i$.

(4) $L(p)=\prod\limits_{i=1}^{m}\mathrm{C}_m^{x_i}p^{x_i}(1-p)^{m-x_i}=(\prod\limits_{i=1}^{m}\mathrm{C}_m^{x_i})p^{\sum\limits_{i=1}^{m}x_i}(1-p)^{m^2-\sum\limits_{i=1}^{m}x_i}$,则

$$\ln L(p)=\ln(\prod_{i=1}^{m}\mathrm{C}_m^{x_i})+(\sum_{i=1}^{m}x_i)\ln p+(m^2-\sum_{i=1}^{m}x_i)\ln(1-p)$$

$$\frac{\mathrm{d}\ln L(p)}{\mathrm{d}p}=\frac{\sum\limits_{i=1}^{m}x_i}{p}+\frac{\sum\limits_{i=1}^{m}x_i-m^2}{1-p}$$

令$\frac{\mathrm{d}\ln L(p)}{\mathrm{d}p}=0$,解得$p$的最大似然值估计量为$\hat{p}=\frac{\bar{x}}{m}$.

12. 设总体X的概率分布如下所示,其中$\theta\left(0<\theta<\frac{1}{2}\right)$是未知参数,利用总体$X$的如下样本值:3,1,3,0,3,1,2,3,求$\theta$的矩估计值和最大似然估计值.

X	0	1	2	3
P	θ^2	$2\theta(1-\theta)$	θ^2	$1-2\theta$

解　(1) $E(X)=0\times\theta^2+1\times2\theta(1-\theta)+2\times\theta^2+3\times(1-2\theta)=3-4\theta$,令

$$3-4\theta=\frac{1}{n}\sum_{i=1}^{n}x_i=\frac{1}{8}(3+1+3+0+3+1+2+3)$$

解得的矩估计值为 $\hat{\theta}=\frac{1}{4}$.

(2) 因为

$$L(\theta)=\prod_{i=1}^{8}P(X=x_i)=[P(X=3)]^4P(X=2)[P(X=1)]^2P(X=0)$$

$$\begin{aligned}\ln L(\theta)&=4\ln P(X=3)+\ln P(X=2)+2\ln P(X=1)+\ln P(X=0)\\&=4\ln(1-2\theta)+\ln\theta^2+2\ln 2\theta(1-\theta)+\ln\theta^2\end{aligned}$$

$$\frac{\mathrm{d}\ln L(\theta)}{\mathrm{d}\theta}=\frac{8}{2\theta-1}+\frac{6}{\theta}+\frac{2}{\theta-1}$$

令 $\frac{\mathrm{d}\ln L(\theta)}{\mathrm{d}\theta}=0$,解得 θ 的最大似然估计量为 $\hat{\theta}=\frac{7-\sqrt{13}}{12}$.

13. 从总体 X 中抽取样本 $X_1,X_2,\cdots,X_n$,确定常数 C 的值,使得

$$\hat{\sigma}^2=C\sum_{i=1}^{n-1}(X_{i+1}-X_i)^2$$

是总体方差 σ^2 的无偏估计量.

解　因为

$$E(X_i^2)=\sigma^2+\mu^2,E(X_iX_{i-1})=E(X_i)E(X_{i-1})=\mu^2,\quad i=1,2,\cdots,n$$

于是

$$\begin{aligned}E\left(\sum_{i=1}^{n-1}(X_{i+1}-X_i)^2\right)&=E(X_1^2+2X_2^2+\cdots+2X_{n-1}^2+X_n^2-2X_1X_2-\cdots-2X_1X_n)\\&=[2(n-1)(\sigma^2+\mu^2)-2(n-1)\mu^2]=2(n-1)\sigma^2\end{aligned}$$

由题意可知 $C\cdot E\left(\sum_{i=1}^{n-1}(X_{i+1}-X_i)^2\right)=\sigma^2$,解得 $C=\frac{1}{2(n-1)}$.

14. 对方差 σ_0^2 已知的正态总体 X 需要抽取多少样本,才能使总体均值 μ 的置信水平为 0.9 的置信区间长度不大于 $2\sigma_0$?

解　$1-\alpha=0.9,\alpha=0.1$,查表可得 $Z_{\frac{\alpha}{2}}=Z_{0.05}=1.64$.

置信区间为 $\left(\overline{X}\pm\frac{\sigma_0}{\sqrt{n}}Z_{0.05}\right)$,区间长度为 $\frac{2\sigma_0}{\sqrt{n}}\times 1.64$,由题意知 $\frac{2\sigma_0}{\sqrt{n}}\times 1.64\leqslant 2\sigma_0$,解得 $n\geqslant 3$.

15. 设某种清漆的 9 个样品,其干燥时间(以小时计)分别为 6.0,5.7,5.8,6.5,7.0,6.3,5.6,6.1,5.0,设干燥时间服从正态分布 $N(\mu,\sigma^2)$,求 μ 的置信水平为 0.95 的置信区间.

(1) 若由以往经验知 $\sigma = 0.6$ 小时;

(2) σ 未知.

解　计算可得样本均值 $\bar{x} = 6.0$,因为 $1-\alpha = 0.95$,$\alpha = 0.05$,查表得 $Z_{0.025} = 1.96$.

(1) 当 $\sigma = 0.6$ 时置信区间为 $\left(6 \pm \frac{0.6}{\sqrt{9}} \times 1.96\right)$,即$(5.608, 6.392)$.

(2) 当 σ 未知时,$S = 0.574$,查表可得 $t_{0.025}(8) = 2.3060$,故所示置信区间为 $\left(6 \pm \frac{0.574}{\sqrt{9}} \times 2.3060\right)$,即$(5.558, 6.442)$.

16. 从一批火箭推动装置中抽取 10 个进行试验,测得燃烧时间(单位: 秒)如下: 50.7,54.9,54.3,44.8,42.2,69.8,53.4,66.1,48.1,34.5,设燃烧时间服从正态分布 $N(\mu, \sigma^2)$,求燃烧时间标准差 σ 的置信水平为 90% 的置信区间.

解　计算可得 $\bar{x} = 51.88$, $\sum_{i=1}^{10}(x_i - \bar{x})^2 = 1\,002.196$.

因为 $1-\alpha = 0.9$,即 $\alpha = 0.1$,自由度 $n-1 = 9$,查表可得 $\chi^2_{0.95}(9) = 3.325$, $\chi^2_{0.05}(9) = 16.919$,由此得到 σ^2 的置信水平为 90% 的置信区间为

$$\left(\frac{\sum_{i=1}^{10}(x_i - \bar{x})^2}{\chi^2_{0.05}(9)}, \frac{\sum_{i=1}^{10}(x_i - \bar{x})^2}{\chi^2_{0.95}(9)}\right)$$

即$(59.235, 301.412)$,所以 σ 的置信水平为 90% 的置信区间为$(7.70, 17.35)$.

17. 随机地从 A 批导线中抽取 4 根,又从 B 批导线中抽取 5 根,测得电阻(Ω) 如下:

A 批: 0.143,0.142,0.143,0.137;

B 批: 0.140,0.142,0.136,0.140,0.138.

设测定数据分别来自总体 $N(\mu_1, \sigma^2)$, $N(\mu_2, \sigma^2)$,且两样本独立,又 μ_1, μ_2, σ^2 均未知,试求 $\mu_1 - \mu_2$ 的置信水平为 0.95 的置信区间.

解　计算可得 $\bar{x}_A = 0.141\,25$, $\bar{y}_B = 0.139\,2$, $(n_A - 1)S_A^2 = 0.000\,024\,75$, $(n_B - 1)S_B^2 = 0.000\,020\,8$, $S_W = \sqrt{\frac{(n_A - 1)S_A^2 + (n_B - 1)S_B^2}{n_A + n_B - 2}} = 0.002\,550\,91$.

因为 $1 - \alpha = 0.95$,即 $\alpha = 0.05$,自由度为 $n_A + n_B - 2 = 7$,查表得 $t_{0.025}(7) = 2.364\,6$. 由此得到 $\mu_1 - \mu_2$ 的置信水平为 0.95 的置信区间为

$$\left((0.141\,25 - 0.139\,2) \pm 2.364\,6 \times 0.002\,55 \times \sqrt{\frac{1}{4} + \frac{1}{5}}\right)$$

即$(-0.002,0.006)$.

18. 设两检验员A,B独立地对某种物质用相同方法各作10次测定,其测定值的样本方差分别为$S_A^2=0.5419$,$S_B^2=0.6065$,设σ_A^2,σ_B^2分别为A,B的总体方差,且总体服从正态分布,求方差比σ_A^2/σ_B^2的置信水平为0.95的置信区间.

解　因为$1-\alpha=0.95$,即$\alpha=0.05$,自由度$n_1-1=9,n_2-1=9$,查表可得$F_{0.025}(9,9)=4.03$,$F_{0.975}(9,9)=\dfrac{1}{F_{0.025}(9,9)}=\dfrac{1}{4.03}$.由此得到$\dfrac{\sigma_A^2}{\sigma_B^2}$的置信水平为0.95的置信区间为

$$\left(\frac{0.5419}{4.03\times 0.6065},\frac{0.5419}{\frac{1}{4.03}\times 0.6065}\right)$$

即$(0.222,3.601)$.

19. 从汽车轮胎厂生产的某种轮胎中抽取10个样品进行磨损试验,直至轮胎行驶到磨坏为止,测得它们的行驶路程(千米)如下:41 250,41 010,42 650,38 970,40 200,42 550,43 500,40 400,41 870,39 800,设汽车轮胎行驶路程服从正态分布$N(\mu,\sigma^2)$,求:

(1) μ的置信水平为95%的单侧置信下限;

(2) σ的置信水平为95%的单侧置信上限.

解　计算可得$\bar{x}=41220$,$S^2=\dfrac{1}{n-1}\sum\limits_{i=1}^{10}(x_i-\bar{x})^2=2030155.556$.

因为$1-\alpha=0.95$,即$\alpha=0.05$.

(1) 查表可得$t_{0.05}(9)=1.8331$,故

$$\underline{\mu}=\bar{x}-\frac{S}{\sqrt{n}}t_\alpha(n-1)=41220-\frac{\sqrt{2030155.556}}{\sqrt{10}}\times 1.8331=40394$$

(2) 查表可得$\chi^2_{0.95}(9)=3.325$,故

$$\bar{\sigma}^2=\frac{(n-1)S^2}{\chi^2_{1-\alpha}(n-1)}=\frac{18271400}{3.325}=5495157.895$$

所以$\bar{\sigma}=2344$.

四、证明题

1. 设$X_1,X_2,\cdots,X_9$是来自正态总体$X\sim N(\mu,\sigma^2)$的样本,$Y_1=\dfrac{1}{6}(X_1+X_2+\cdots+X_6)$,$Y_2=\dfrac{1}{3}(X_7+X_8+X_9)$,$S^2=\dfrac{1}{2}\sum\limits_{i=7}^{9}(X_i-Y_2)^2$,$Z=\dfrac{\sqrt{2}(Y_1-Y_2)}{S}$,证明:$Z\sim t(2)$.

证　由于$X\sim N(\mu,\sigma^2)$,故$X_i\sim N(\mu,\sigma^2)(i=1,2,\cdots,9)$,从而

$$Y_1 = \frac{1}{6}(X_1 + X_2 + \cdots + X_6) \sim N\left(\mu, \frac{\sigma^2}{6}\right)$$

$$Y_2 = \frac{1}{3}(X_7 + X_8 + X_9) \sim N\left(\mu, \frac{\sigma^2}{3}\right)$$

$$\frac{Y_1 - \mu}{\sqrt{\sigma^2/6}} \sim N(0,1), \frac{Y_2 - \mu}{\sqrt{\sigma^2/3}} \sim N(0,1)$$

所以$\frac{Y_1 - \mu}{\sqrt{\sigma^2/6}} - \frac{Y_2 - \mu}{\sqrt{\sigma^2/3}} \sim N(0,1)$.

又因为 $S^2 = \frac{1}{2}\sum_{i=7}^{9}(X_i - Y_2)^2$,所以$\frac{2S^2}{\sigma^2} \sim \chi^2(2)$.

从而$\frac{\frac{Y_1 - \mu}{\sqrt{\sigma^2/6}} - \frac{Y_2 - \mu}{\sqrt{\sigma^2/3}}}{\sqrt{\frac{2S^2}{\sigma^2}}} \sim t(2)$,即$\frac{\sqrt{2}(Y_1 - Y_2)}{S} \sim t(2)$.

2. 设 $X_1, X_2, \cdots, X_n$ 是一组样本观测值,对任意常数 a, c,记 $Y_i = \frac{X_i - a}{c}$, $i = 1, 2, \cdots, n$. $\overline{X}, \overline{Y}, S_x^2, S_y^2$ 分别为对应的样本均值与样本方差.

(1) 证明: $\overline{X} = c\overline{Y} + a, S_x^2 = c^2 S_y^2$;

(2) 给定一组样本值: 2 550(2 个),2 850(3 个),3 150(8 个),3 450(5 个),3 750(2 个),利用(1) 的结论,先对数据进行变换,再求样本均值与样本方差(取 $a = 3\,150, c = 300$).

(1) **证**　由 $Y_i = \frac{X_i - a}{c}$ 得 $X_i = cY_i + a$,故

$$\overline{X} = \frac{X_1 + X_2 + \cdots + X_n}{n} = \frac{(cY_1 + a) + (cY_2 + a) + \cdots + (cY_n + a)}{n}$$

$$= \frac{c(Y_1 + Y_2 + \cdots + Y_n) + na}{n} = c\overline{Y} + a$$

$$S_x^2 = \frac{1}{n-1}\sum_{i=1}^{n}(X_i - \overline{X})^2 = \frac{1}{n-1}\sum_{i=1}^{n}[cY_i + a - (c\overline{Y} + a)]^2$$

$$= \frac{1}{n-1}\sum_{i=1}^{n}[c(Y_i - \overline{Y})]^2 = c^2 \cdot \frac{1}{n-1}\sum_{i=1}^{n}(Y_i - \overline{Y})^2 = c^2 \cdot S_y^2$$

(2) **解**　由 $Y_i = \frac{X_i - a}{c}$,取 $a = 3\,150, c = 300$,对所给数据经变换,得

$$\frac{2\,550 - 3\,150}{300} = -2(2\text{ 个}), \frac{3\,150 - 3\,150}{300} = 0(8\text{ 个})$$

$$\frac{2\,850 - 3\,150}{300} = -1(3\text{ 个}), \frac{3\,450 - 3\,150}{300} = 1(5\text{ 个})$$

$$\frac{3\,750-3\,150}{300}=2(2\text{ 个})$$

故

$$\overline{Y}=\frac{(-2)\times 2+0\times 8+(-1)\times 3+1\times 5+2\times 2}{2+8+3+5+2}=\frac{1}{10}$$

$$S_y^2=\frac{1}{20-1}\sum_{i=1}^{20}\left(Y_i-\frac{1}{10}\right)^2=\frac{23.8}{19}=1.252\,6$$

再利用(1) 的结论,得

$$\overline{X}=300\times\overline{Y}+3\,150=300\times\frac{1}{10}+3\,150=3\,180$$

$$S_x^2=c^2\cdot S_y^2=300^2\times\frac{23.8}{19}=112\,736.84$$

3. 设从均值为 μ,方差为 $\sigma^2>0$ 的总体中,分别抽取容量为 n_1,n_2 的两独立样本,$\overline{X}_1$ 与 $\overline{X}_2$ 分别为两样本的均值,试证:对于任意常数 $a,b,a+b=1,Y=a\overline{X}_1+b\overline{X}_2$ 都是 μ 的无偏估计,并确定常数 a,b,使 $D(Y)$ 达到最小.

证　设总体为 X,则 $E(X)=\mu,D(X)=\sigma^2$. 因为 $a+b=1$,故

$$E(Y)=E(a\overline{X}_1+b\overline{X}_2)=aE(\overline{X}_1)+bE(\overline{X}_2)=(a+b)\mu=\mu$$

即 $Y=a\overline{X}_1+b\overline{X}_2$ 为 μ 的无偏估计.

由于

$$\begin{aligned}D(Y)&=D(a\overline{X}_1+b\overline{X}_2)=a^2D(\overline{X}_1)+b^2D(\overline{X}_2)\\&=\frac{a^2}{n_1}\sigma^2+\frac{b^2}{n_2}\sigma^2=\left[\frac{a^2}{n_1}+\frac{(1-a)^2}{n_2}\right]\sigma^2\end{aligned}$$

令 $\dfrac{\mathrm{d}D(Y)}{\mathrm{d}a}=\left[\dfrac{2a}{n_1}+\dfrac{-2(1-a)}{n_2}\right]\sigma^2=0$,得 $a=\dfrac{n_1}{n_1+n_2}$. 又因为

$$\frac{\mathrm{d}^2D(Y)}{\mathrm{d}a^2}=\frac{2(n_1+n_2)\sigma^2}{n_1\cdot n_2}>0$$

所以在 $a=\dfrac{n_1}{n_1+n_2}$ 时达到最小值,此时 $b=1-a=1-\dfrac{n_1}{n_1+n_2}=\dfrac{n_2}{n_1+n_2}$.

4. 设总体 X 服从参数为 λ 的指数分布,$\lambda>0$ 未知,$X_1,X_2,X_3,\cdots,X_n$ 是来自总体 X 的样本.

(1) 证明:$2n\lambda\overline{X}\sim\chi^2(2n)$;

(2) 求 λ 的置信水平为 $1-\alpha$ 的单侧置信下限;

(3) 从上述总体抽取容量为 $n=16$ 的样本,其均值为 $\overline{X}=5\,010$(小时),试求 λ 的置信水平为 90% 的单侧区间下限.

(1) **证**　因 X 服从参数为 λ 的指数分布,也即服从 $\Gamma(1,\lambda)$,而参数为 r,λ 的 Γ 分布密度为

$$f(x)=\begin{cases}\dfrac{\lambda^r}{\Gamma(r)}x^{r-1}e^{-\lambda x}, & x>0,\\ 0, & x\leqslant 0\end{cases}$$

由 Γ 分布的可加性知 $Y=\sum_{i=1}^{n}X_i\sim\Gamma(n,\lambda)$，而

$$Z=2n\lambda\overline{X}=2n\lambda\cdot\frac{X_1+X_2+\cdots+X_n}{n}=2\lambda Y$$

由随机变量函数的分布定理知 $Z=2\lambda Y$ 的密度为

$$g(x)=\begin{cases}\dfrac{\lambda^n}{\Gamma(n)}\cdot\left(\dfrac{x}{2\lambda}\right)^{n-1}e^{-\lambda\cdot\frac{x}{2\lambda}}\cdot\dfrac{1}{2\lambda}, & x>0,\\ 0 & x\leqslant 0\end{cases}$$

$$=\begin{cases}\dfrac{x^{n-1}}{2^n\Gamma(n)}\cdot e^{-\frac{x}{2}}, & x>0,\\ 0, & x\leqslant 0\end{cases}$$

这正是 $\chi^2(2n)$ 的密度函数，即说明了随机变量 $2n\lambda\overline{X}\sim\chi^2(2n)$.

(2) **解**　由(1)证明知 $2n\lambda\overline{X}\sim\chi^2(2n)$，则有 $P(2n\lambda\overline{X}>\chi^2_{1-\alpha}(2n))=1-\alpha$，即 $P\left(\lambda>\dfrac{\chi^2_{1-\alpha}(2n)}{2n\overline{X}}\right)=1-\alpha$. 于是得到 λ 的一个置信水平为 $1-\alpha$ 的单侧置信区间 $\left(\dfrac{\chi^2_{1-\alpha}(2n)}{2n\overline{X}},+\infty\right)$，所以 λ 的置信水平为 $1-\alpha$ 的单侧置信下限为 $\underline{\lambda}=\dfrac{\chi^2_{1-\alpha}(2n)}{2n\overline{X}}$.

(3) **解**　由题设 $n=16$，$\overline{X}=5\,010$，$1-\alpha=0.9$，查表得 $\chi^2_{1-\alpha}(2n)=\chi^2_{0.9}(32)=22.271$，于是得到 λ 的置信水平为 90% 的单侧置信下限为

$$\underline{\lambda}=\frac{\chi^2_{1-\alpha}(2n)}{2n\overline{X}}=\frac{22.271}{32\times 5\,010}=1.389\times 10^{-4}$$

5. 设总体 X 在区间 $[\theta,\theta+1]$ 上服从均匀分布，其中 θ 为未知参数，抽取样本 $X_1,X_2,\cdots,X_n$，样本均值 $\overline{X}=\dfrac{1}{n}\sum_{i=1}^{n}X_i$，样本最小值 $X_{(1)}=\min(X_1,X_2,\cdots,X_n)$，样本最大值 $X_{(n)}=\max(X_1,X_2,\cdots,X_n)$，证明：

(1) $\hat{\theta}_1=\overline{X}-\dfrac{1}{2}$ 与 $\hat{\theta}_2=\dfrac{1}{2}(X_{(1)}+X_{(n)}-1)$ 都是参数 θ 的无偏估计；

(2) $\hat{\theta}_2$ 比 $\hat{\theta}_1$ 更有效.

证　由题意知 X 的密度函数为

$$f(x)=\begin{cases}1, & \theta\leqslant x\leqslant\theta+1,\\ 0, & \text{其他}\end{cases}$$

X 的分布函数为

$$F(x)=\begin{cases}0, & x<\theta,\\ x-\theta, & \theta\leqslant x\leqslant\theta+1,\\ 1, & x>\theta+1\end{cases}$$

又 $X_{(n)}=\max\{X_1,X_2,\cdots,X_n\}$，$X_{(1)}=\min(X_1,X_2,\cdots,X_n)$，故 $X_{(n)}$ 与 $X_{(1)}$ 的分布函数分别为

$$F_{X_{(n)}}(x)=F^n(x)=\begin{cases}0 & x<\theta,\\ (x-\theta)^n, & \theta\leqslant x\leqslant\theta+1,\\ 1, & x>\theta+1\end{cases}$$

$$F_{X_{(1)}}(x)=1-[1-F(x)]^n=\begin{cases}0, & x<\theta,\\ 1-[1-(x-\theta)]^n, & \theta\leqslant x\leqslant\theta+1,\\ 1, & x\geqslant\theta+1\end{cases}$$

其密度函数分别为

$$f_{X_{(n)}}(x)=\begin{cases}n(x-\theta)^{n-1}, & \theta\leqslant x\leqslant\theta+1,\\ 0, & \text{其他}\end{cases}$$

$$f_{X_{(1)}}(x)=\begin{cases}n[1-(x-\theta)]^{n-1}, & \theta\leqslant x\leqslant\theta+1,\\ 0, & \text{其他}\end{cases}$$

于是可得到

$$E(X)=\int_{-\infty}^{+\infty}xf(x)\mathrm{d}x=\frac{2\theta+1}{2}$$

$$D(X)=\int_{-\infty}^{+\infty}(x-E(X))^2\cdot f(x)\mathrm{d}x=\frac{1}{12}$$

$$E(\overline{X})=E\left(\frac{X_1+X_2+\cdots+X_n}{n}\right)=\frac{1}{n}\sum_{i=1}^{n}(E(X_i))=\frac{2\theta+1}{2}$$

$$D(\overline{X})=D\left(\frac{X_1+X_2+\cdots+X_n}{n}\right)=\frac{1}{n^2}\sum_{i=1}^{n}(D(X_i))=\frac{1}{12n}$$

$$E[X_{(n)}]=\int_{-\infty}^{+\infty}xf_{X_{(n)}}(x)\mathrm{d}x=\int_{\theta}^{\theta+1}x\cdot n(x-\theta)^{n-1}\mathrm{d}x=\theta+\frac{n}{n+1}$$

$$E[X_{(1)}]=\int_{-\infty}^{+\infty}xf_{X_{(1)}}(x)\mathrm{d}x=\theta+\frac{1}{n+1}$$

$$\begin{aligned}D[X_{(n)}]&=\int_{-\infty}^{+\infty}[x-E(X_{(n)})]^2f_{X_{(n)}}(x)\mathrm{d}x=\int_{\theta}^{\theta+1}\left(x-\theta-\frac{n}{n+1}\right)^2n(x-\theta)^{n-1}\mathrm{d}x\\&=\frac{n}{n+2}-\left(\frac{n}{n+1}\right)^2\end{aligned}$$

$$D[X_{(1)}]=\int_{-\infty}^{+\infty}[x-E(X_{(1)})]^2 f_{X_{(1)}}(x)\mathrm{d}x$$
$$=\int_{\theta}^{\theta+1}\left(x-\theta-\frac{1}{n+1}\right)^2\cdot n[1-(x-\theta)]^{n-1}\mathrm{d}x$$
$$=\frac{n}{n+2}-\left(\frac{n}{n+1}\right)^2$$

(1) 因为

$$E(\hat{\theta}_1)=E\left(\overline{X}-\frac{1}{2}\right)=E(\overline{X})-\frac{1}{2}=\frac{2\theta+1}{2}-\frac{1}{2}=\theta$$

$$E(\hat{\theta}_2)=E\left[\frac{1}{2}(X_{(1)}+X_{(n)}-1)\right]=\frac{1}{2}E(X_{(1)}+X_{(n)}-1)$$
$$=\frac{1}{2}[E(X_{(1)})+E(X_{(n)})-1]$$
$$=\frac{1}{2}\left(\theta+\frac{n}{n+1}+\theta+\frac{1}{n+1}-1\right)$$
$$=\theta$$

所以 $\hat{\theta}_1$ 与 $\hat{\theta}_2$ 都是 θ 的无偏估计.

(2) 因为

$$D(\hat{\theta}_1)=D\left(\overline{X}-\frac{1}{2}\right)=D(\overline{X})=\frac{1}{12n}$$

$$D(\hat{\theta}_2)=D\left[\frac{1}{2}(X_{(1)}+X_{(n)}-1)\right]$$
$$=\frac{1}{4}[D(X_{(1)})+D(X_{(n)})]$$
$$=\frac{1}{4}\left[\frac{n}{n+2}-\left(\frac{n}{n+1}\right)^2+\frac{n}{n+2}-\left(\frac{n}{n+1}\right)^2\right]$$
$$=\frac{n}{2}\left[\frac{1}{n+2}-\frac{n}{(n+1)^2}\right]$$

易证 $\dfrac{D(\hat{\theta}_2)}{D(\hat{\theta}_1)}<1$,即 $D(\hat{\theta}_2)<D(\hat{\theta}_1)$,故 $\hat{\theta}_2$ 比 $\hat{\theta}_1$ 更有效.

第五章　统计检验方法

三、应用题

1. 某切割机正常工作时,切割的金属长度服从正态分布 $N(100,2^2)$,从该切割机切割的一批金属棒中抽取 15 根,测得它们的长度(毫米) 分别为 99,101,96,

103,100,98,102,95,97,104,101,99,102,97,100.

(1) 若已知总体方差不变,检验该切割机工作是否正常,即总体均值是否等于100(毫米)(取显著性水平 $\alpha=0.05$);

(2) 若不能确定总体方差是否变化,检验总体均值是否等于100(毫米)(取 $\alpha=0.05$).

解 (1) 按题意需检验假设 $H_0: \mu=\mu_0=100, H_1: \mu\neq\mu_0=100$.

这是双侧假设检验问题,其拒绝域为 $Z=\left|\dfrac{\overline{X}-\mu_0}{\sigma/\sqrt{n}}\right|>Z_{\frac{\alpha}{2}}$.

取 $\alpha=0.05$,查表得 $Z_{\frac{\alpha}{2}}=Z_{0.025}=1.96$,由样本值计算得 $\overline{X}=99.6$,而观测值 $Z=\left|\dfrac{\overline{X}-\mu_0}{\sigma/\sqrt{n}}\right|=\left|\dfrac{99.6-100}{2/\sqrt{15}}\right|=0.77<1.96$,故不拒绝 H_0,可以认为切割机正常工作,即总体均值等于100(毫米).

(2) 检验假设为 $H_0: \mu=\mu_0=100, H_1: \mu\neq\mu_0=100$.

因方差是否改变不确定,此时拒绝域为 $|t|=\left|\dfrac{\overline{X}-\mu_0}{S/\sqrt{n}}\right|\geqslant t_{\frac{\alpha}{2}}(n-1)$.

取 $\alpha=0.05$,查表得 $t_{\frac{\alpha}{2}}(n-1)=t_{0.025}(15-1)=2.1448$,又 $\overline{X}=99.6, S=2.616$,从而观测值 $|t|=\left|\dfrac{99.6-100}{2.616/\sqrt{15}}\right|=0.592<2.1448$,故不拒绝 H_0,可以认为检验总体的均值为100(毫米).

2. 食品厂用自动装罐机装罐头食品,每罐标准重量为500克,每隔一定时间需要检查机器工作情况,现抽得10罐,测得其重量分别为495,510,505,498,503,492,502,512,497,506,假定重量服从正态分布,试问机器工作是否正常?($\alpha=0.01$)

解 按题意,检验假设为 $H_0: \mu=\mu_0=500, H_1: \mu\neq\mu_0=500$.

该问题为双边检测问题,其拒绝域为 $|t|=\left|\dfrac{\overline{X}-\mu_0}{S/\sqrt{n}}\right|\geqslant t_{\frac{\alpha}{2}}(n-1)$.

取 $\alpha=0.01$,查表得 $t_{\frac{\alpha}{2}}(n-1)=t_{0.005}(9)=3.2498$,由样本值计算得 $\overline{X}=502, S^2=42.2$,从而 $|t|=\left|\dfrac{\overline{X}-\mu_0}{S/\sqrt{n}}\right|=\left|\dfrac{502-500}{\sqrt{42.2}/\sqrt{10}}\right|=0.9736<3.2498$,故 t 未落入拒绝域内,从而接受 H_0,认为机器正常工作.

3. 有一种新安眠药,据说在一定剂量下能比某种旧安眠药平均增加睡眠时间3小时,已知用旧安眠药时,平均睡眠时间为20.8小时,标准差1.6小时,为了检验这个说法是否正确,收集了一组新安眠药的睡眠时间为26.7,22.0,24.1,21.0,27.2,25.0,23.4.试问:从这组数据能否说明新安眠药已达到了新的疗效

(假定睡眠时间服从正态分布).

解　由题意,检验假设为 $H_0: \mu = \mu_0 = 23.8, H_1: \mu < \mu_0 = 23.8$.

此为左侧检验问题,其拒绝域为 $Z = \dfrac{\overline{X} - \mu_0}{\sigma/\sqrt{n}} < -Z_\alpha$.

取 $\alpha = 0.05$,查表得 $Z_\alpha = Z_{0.05} = 1.645$,由样本值算得 $\overline{X} = 24.2$,从而观测值 $Z = \dfrac{\overline{X} - \mu_0}{\sigma/\sqrt{n}} = \dfrac{24.2 - 23.8}{1.6/\sqrt{7}} = 0.661 > -1.645$,故 Z 未落入拒绝域内,从而接受 H_0,认为新药已达到新的疗效.

4. 某种导线,要求其电阻的标准差不得超过 0.005(欧),今在生产的一批导线中取样品 9 根,测得 $S = 0.007$(欧),设总体为正态分布,问: 在显著性水平 $\alpha = 0.05$ 下能认为这批导线的电阻标准差显著地偏大吗?

解　由题意,需检验假设 $H_0: \sigma^2 \leqslant \sigma_0^2 = 0.005^2, H_1: \sigma^2 > \sigma_0^2 = 0.005^2$.

此问题的拒绝域为 $\chi^2 = \dfrac{(n-1)S^2}{\sigma_0^2} \geqslant \chi_\alpha^2(n-1)$. 又 $n = 9$,查表得 $\chi_{0.05}^2(9-1) = 15.507$,而观测值

$$\chi^2 = \frac{(n-1)S^2}{\sigma_0^2} = \frac{8 \times 0.007^2}{0.005^2} = 15.68 > 15.507$$

故 χ^2 落入拒绝域内,从而认为该导线电阻差显著地偏大.

5. 某钢厂生产的钢筋的抗拉强度服从正态分布,长期以来,其抗拉强度均值 $\mu = 10\,560$(牛/平方厘米). 现在革新工艺后生产了一批钢筋,抽取 10 根样品进行了抗拉强度试验,测得抗拉强度(牛/平方厘米)分别为 10 510,10 620,10 670,10 550,10 780,10 710,10 670,10 580,10 560,10 650. 检验这批钢筋的抗拉强度均值是否有所提高. ($\alpha = 0.05$)

解　由题意,检验假设为 $H_0: \mu = \mu_0 = 10\,560, H_1: \mu > \mu_0 = 10\,560$.

这是右侧检验问题,其拒绝域为 $t = \dfrac{\overline{X} - \mu_0}{S/\sqrt{n}} \geqslant t_\alpha(n-1)$.

由于 $\alpha = 0.05, n = 10, t_\alpha(n-1) = t_{0.05}(9) = 1.833$,由样本值算得 $\overline{X} = 10\,630, S = \sqrt{6\,733} = 82$,从而观测值 $t = \dfrac{10\,630 - 10\,560}{82/\sqrt{10}} = 2.700 > 1.833$,故 t 落入拒绝域内,从而认为抗拉强度均值有显著提高.

6. 无线电厂生产某种高频管,其中一项指标服从正态分部 $N(\mu, \sigma^2)$,从该厂生产的一批高频管中抽取 8 个,测得该项指标的数据分别为 68,43,70,65,55,56,60,72.

(1) 若已知 $\mu = 60$,检验假设 $H_0: \sigma^2 \leqslant 49, H_1: \sigma^2 > 49$($\alpha = 0.05$);

(2) 若未知 μ,检验假设 $H_0: \sigma^2 \leqslant 49, H_1: \sigma^2 > 49(\alpha = 0.05)$.

解 (1) 检验假设 $H_0: \sigma^2 \leqslant \sigma_0^2 = 49, H_1: \sigma^2 > \sigma_0^2 = 49$.

已知 $\mu = 60$,从而拒绝域为 $\chi^2 = \frac{1}{\sigma_0^2}\sum_{i=1}^{8}(X_i - \mu)^2 \geqslant \chi^2_{\frac{\alpha}{2}}(n)$.

现 $n = 8, \alpha = 0.05$,查表得 $\chi^2_{\frac{\alpha}{2}}(8) = \chi^2_{0.025}(8) = 17.535$,而 $\chi^2 = \frac{1}{\sigma_0^2}\sum_{i=1}^{8}(X_i - \mu)^2 = 13.531 < 17.535$,故接受 H_0.

(2) 检验假设 $H_0: \sigma^2 \leqslant \sigma_0^2 = 49, H_1: \sigma^2 > \sigma_0^2 = 49$.

由于未知 μ,从而拒绝域为 $\chi^2 = \frac{(n-1)S^2}{\sigma_0^2} \geqslant \chi^2_\alpha(n-1)$.

现 $n = 8, \alpha = 0.05$,查表得 $\chi^2_\alpha(n-1) = \chi^2_{0.05}(7) = 14.067$,由样本值算得

$$\overline{X} = 61.125, S^2 = \frac{1}{n-1}\sum_{i=1}^{n}(X_i - \overline{X})^2 = \frac{652.84}{7}$$

故观测值 $\chi^2 = \frac{(n-1)S^2}{\sigma_0^2} = \frac{652.84}{49} = 13.32 < 14.067$,从而接受 H_0.

7. 要求一种元件平均使用寿命不得低于 1 000 小时,生产者从一批这种元件中随机抽取 25 件,测得其寿命的平均值为 950 小时,已知该种元件寿命服从标准差 $\sigma = 100$ 小时的正态分布,试在显著性水平 $\alpha = 0.05$ 下判别这批元件是否合格.

解 由题意,检验假设为 $H_0: \mu \geqslant \mu_0 = 1\,000, H_1: \mu < \mu_0 = 1\,000$.

该问题在左侧检验问题,其拒绝域为 $Z = \frac{\overline{X} - \mu_0}{\sigma / \sqrt{n}} < -Z_\alpha$.

又 $\alpha = 0.05$,查表得 $Z_\alpha = Z_{0.05} = 1.645$,而 $\overline{X} = 950, \sigma = 100, n = 25$,故观测值

$$Z = \frac{\overline{X} - \mu_0}{\sigma / \sqrt{n}} = \frac{950 - 1\,000}{100 / \sqrt{25}} = -2.5 < -1.645$$

Z 位于拒绝域内,故拒绝 H_0,接受 H_1,认为元件不合格.

8. 为了提高振动板的硬度,热处理车间选择两种淬火温度 T_1 及 T_2 下进行试验,测得振动板的硬度数据如下:

T_1: 85.6, 85.9, 85.7, 85.8, 85.7, 86.0, 85.5, 85.4;

T_2: 86.2, 85.7, 86.5, 85.7, 85.8, 86.3, 86.0, 85.8.

设两种淬火温度下振动板的硬度都服从正态分布,检验:

(1) 两种淬火温度下振动板硬度方差是否有显著差异($\alpha = 0.05$);

(2) 淬火温度对振动板的硬度是否有显著影响($\alpha = 0.05$).

解　分别将在淬火温度 T_1 与 T_2 下的振动板硬度作为总体 X 与总体 Y，$X \sim N(\mu_1, \sigma_1^2)$，$Y \sim N(\mu_2, \sigma_2^2)$，$X$ 与 Y 相互独立.

(1) 该问题为在显著性水平 $\alpha = 0.05$ 下，检验假设 H_0：$\sigma_1^2 = \sigma_2^2$，H_1：$\sigma_1^2 \neq \sigma_2^2$.

利用 F 检验法，这里 $n_1 = 8, n_2 = 8$，由样本观测值得 $S_1^2 = 0.04, S_2^2 = 0.09$.

对于 $\alpha = 0.05$，查表得 $F_{\frac{\alpha}{2}}(n_1 - 1, n_2 - 1) = F_{0.025}(7,7) = 4.99$，故

$$F_{1-\frac{\alpha}{2}}(n_1 - 1, n_2 - 1) = F_{0.975}(7,7) = \frac{1}{4.99} = 0.2004$$

而观测值 $F = \dfrac{S_1^2}{S_2^2} = 0.444$，显然 $0.2004 < F = 0.444 < 4.99$，故接受 H_0，从而认为方差无显著差异.

(2) 检验假设为 H_0：$\mu_1 - \mu_2 = \mu_0 = 0$，$H_1$：$\mu_1 - \mu_2 \neq \mu_0 = 0$.

利用 Z 检验法，统计量为 $t = \dfrac{(\overline{X} - \overline{Y}) - \mu_0}{S_W \cdot \sqrt{\dfrac{1}{n_1} + \dfrac{1}{n_2}}}$，其中 $S_W = \sqrt{\dfrac{(n_1 - 1)S_1^2 + (n_2 - 1)S_2^2}{n_1 + n_2 - 2}}$，其拒绝域为 $|t| > t_{\frac{\alpha}{2}}(n_1 + n_2 - 2)$.

现 $n_1 = n_2 = 8, \alpha = 0.05$，查表得 $t_{\frac{\alpha}{2}}(n_1 + n_2 - 2) = t_{0.025}(14) = 2.1448$，由样本观测值算得 $\overline{X} = 85.7, \overline{Y} = 86, S_W = 0.255$，从而

$$|t| = \left| \frac{(\overline{X} - \overline{Y}) - \mu_0}{S_W \cdot \sqrt{\dfrac{1}{n_1} + \dfrac{1}{n_2}}} \right| = \left| \frac{85.7 - 86 - 0}{0.255 \cdot \sqrt{\dfrac{1}{8} + \dfrac{1}{8}}} \right| = 2.35 > 2.1448$$

所以拒绝 H_0，接受 H_1，认为淬火温度对硬度有显著影响.

9. 某种物品在处理前与处理后分别抽样分析其含脂率如下：

处理前：0.19，0.18，0.21，0.30，0.41，0.12，0.27；

处理后：0.15，0.13，0.07，0.24，0.19，0.06，0.08，0.12.

设处理前后的含脂率都服从正态分布，检验：

(1) 处理前后含脂率的方差是否有显著差异($\alpha = 0.05$)；

(2) 处理后含脂率的均值是否显著降低($\alpha = 0.05$).

解　设物品处理前后的含脂率的样本总体分别为 X 与 Y，且 $X \sim N(\mu_1, \sigma_1^2)$，$Y \sim N(\mu_2, \sigma_2^2)$，且 X 与 Y 互相独立.

(1) 问题为在 $\alpha = 0.05$ 显著水平下，检验假设 H_0：$\sigma_1^2 = \sigma_2^2$，H_1：$\sigma_1^2 \neq \sigma_2^2$.

利用 F 检验法，检测统计量为 $F = \dfrac{S_1^2}{S_2^2}$，其拒绝域为 $F \leqslant F_{1-\frac{\alpha}{2}}(n_1 - 1, n_2 - 1)$ 或 $F \geqslant F_{\frac{\alpha}{2}}(n_1 - 1, n_2 - 1)$.

这里 $n_1=7, n_2=8$，查表得

$$F_{\frac{\alpha}{2}}(n_1-1,n_2-1)=F_{0.025}(6,7)=5.12$$

$$F_{1-\frac{\alpha}{2}}(n_1-1,n_2-1)=F_{0.975}(6,7)=\frac{1}{F_{0.025}(7,6)}=\frac{1}{5.70}=0.175$$

由观测值算得 $S_1^2=0.0091, S_2^2=0.0039$. 因为 $F=\frac{S_1^2}{S_2^2}=\frac{0.0091}{0.0039}=2.35$，且 $0.175<2.35<5.12$，故接受 H_0，认为方差无显著差异.

(2) 问题化为在显著性水平 $\alpha=0.05$ 下检验假设 $H_0: \mu_1-\mu_2\leqslant 0, H: \mu_1-\mu_2>0$.

利用 t 检验，拒绝域为 $t=\dfrac{\overline{X}-\overline{Y}-\mu_0}{S_W\cdot\sqrt{\frac{1}{n_1}+\frac{1}{n_2}}}\geqslant t_\alpha(n_1+n_2-2)$.

由样本观测值算得 $\overline{X}=0.24, \overline{Y}=0.13, S_1^2=0.0091, S_2^2=0.0039$，且

$$S_W=\sqrt{\frac{(n_1-1)S_1^2+(n_2-1)S_2^2}{n_1+n_2-2}}=0.00745$$

现 $n_1=7, n_2=8, \alpha=0.05$，查表得 $t_\alpha(n_1+n_2-2)=t_{0.05}(13)=1.7709$，而观测值 $t=\dfrac{0.24-0.13-0}{0.00745\times\sqrt{\frac{1}{7}+\frac{1}{8}}}=28.51>1.7709$，故 t 落入拒绝域内，接受 H_1，认为经处理后含脂率均值显著降低.

10. 在20世纪70年代后期人们发现，在酿造啤酒时，在麦芽干燥过程中形成致癌物质亚硝基二甲胺(NDMA). 到了20世纪80年代初期开发了一种新的麦芽干燥过程，下面给出分别在新老两种过程中形成 NDMA 含量(以10亿份中的份数计)：

老过程：6,4,5,5,6,5,5,6,4,6,7,4;

新过程：2,1,2,2,1,0,3,2,1,0,1,3.

设两样本分别来自正态总体，且两总体方差相等，但参数均未知，两样本独立，分别以 μ_1, μ_2 记对应于老新过程的总体均值，试检验假设(取 $\alpha=0.05$)

$$H_0: \mu_1-\mu_2\leqslant 2, H_1: \mu_1-\mu_2>2$$

解 设老新过程形成 NDMA 含量的样本总体分别为 X 与 Y，$X\sim N(\mu_1, \sigma_1^2)$，$Y\sim N(\mu_2, \sigma_2^2)$ 且 X 与 Y 独立，检验假设为 $H_0: \mu_1-\mu_2\leqslant 2, H_1: \mu_1-\mu_2>2$.

利用 t 检验，拒绝域为 $t=\dfrac{\overline{X}-\overline{Y}-2}{S_W\cdot\sqrt{\frac{1}{n_1}+\frac{1}{n_2}}}\geqslant t_\alpha(n_1+n_2-2)$

由样本值算得 $\overline{X}=5.25, \overline{Y}=1.5, S_1^2=0.93, S_2^2=1, S_W=0.9659$. 现 $\alpha=$

$0.05, n_1 = n_2 = 12$，查表得 $t_{0.05}(n_1 + n_2 - 2) = t_{0.05}(22) = 1.7171$，而

$$t = \frac{5.25 - 1.5 - 2}{0.9659 \times \sqrt{\frac{1}{12} + \frac{1}{12}}} = 4.438 > 1.7171$$

故拒绝 H_0，接受 H_1.

11. 按两种不同的配方生产橡胶，测得橡胶伸长率(%)如下：

第一种配方：540,533,525,520,544,531,536,529,534；

第二种配方：565,577,580,575,556,542,560,532,570,561.

设橡胶伸长率服从正态分布，检验两种配方生产的橡胶伸长率的方差是否有显著差异.($\alpha = 0.05$)

解　把第一、二两种配方生产的橡胶测得的伸长率分别作为总体 X 与 Y，$X \sim N(\mu_1, \sigma_1^2)$，$Y \sim N(\mu_2, \sigma_2^2)$，且 X 与 Y 独立，该问题化为在显著性水平 $\alpha = 0.05$ 下，检验假设 $H_0: \sigma_1^2 = \sigma_2^2, H: \sigma_1^2 \neq \sigma_2^2$.

利用 F 检验法，这里 $n_1 = 9, n_2 = 10$，由样本观测值算得 $S_1^2 = 53.78, S_2^2 = 236.84$，对于 $\alpha = 0.05$，查表得

$$F_{\frac{\alpha}{2}}(n_1 - 1, n_2 - 1) = F_{0.025}(8,9) = 4.10$$

$$F_{1-\frac{\alpha}{2}}(n_1 - 1, n_2 - 1) = F_{0.975}(8,9) = \frac{1}{F_{0.025}(9,8)} = 0.229$$

观测值 $F = \frac{S_1^2}{S_2^2} = \frac{53.78}{236.84} = 0.227 < 0.229$，故拒绝 H_0，认为有显著性差异.

12. 一药厂生产一种新的止痛片，厂方希望验证服用新药片后至开始起作用的时间间隔较原有止痛片至少缩短一半，因此厂方提出需检验假设 $H_0: \mu_1 \leqslant 2\mu_2, H_1: \mu_1 > 2\mu_2$.

此处 μ_1, μ_2 分别是服用原有止痛片和服用新止痛片后至起作用的时间间隔的总体均值，设两总体均为正态且方差分别为已知值 σ_1^2, σ_2^2. 现分别在两总体中取一样本 $X_1, X_2, \cdots, X_{n_1}$ 和 $Y_1, Y_2, \cdots, Y_{n_2}$，设两样本独立. 试给出上述假设的拒绝域，取显著性水平为 α.

解　由于 σ_1^2, σ_2^2 已知，对于显著性水平 α，检验假设为 $H_0: \mu_1 - 2\mu_2 \leqslant \mu_0 = 0, H_1: \mu_1 - 2\mu_2 > \mu_0 = 0$.

选取 Z 统计量作为检验统计量，因 $X \sim N(\mu_1, \sigma_1^2)$，$Y \sim N(\mu_2, \sigma_2^2)$，故 $2Y \sim N(2\mu_2, 4\sigma_2^2)$，从而统计量为

$$Z = \frac{(\bar{X} - 2\bar{Y}) - \mu_0}{\sqrt{\frac{\sigma_1^2}{n_1} + \frac{4\sigma_2^2}{n_2}}} = \frac{\bar{X} - 2\bar{Y}}{\sqrt{\frac{\sigma_1^2}{n_1} + \frac{4\sigma_2^2}{n_2}}}$$

于是得到此检验假设的拒绝域为 $Z=\dfrac{\overline{X}-2\overline{Y}}{\sqrt{\dfrac{\sigma_1^2}{n_1}+\dfrac{4\sigma_2^2}{n_2}}}\geqslant Z_\alpha$.

13. 在数 $\pi=3.14159\cdots$ 的前800位小数中，数字 $0,1,2,\cdots,9$ 出现的频数记录如下：

数字 x_i	0	1	2	3	4	5	6	7	8	9
频数 n_i	74	92	83	79	80	73	77	75	76	91

检验这些数字服从等概率分布的假设(取 $\alpha=0.05$).

解　检验假设 H_0：这些数字服从等概率分布，即 $P_i=\dfrac{1}{10}(i=0,1,2,\cdots,9)$. 构造统计量

$$\chi^2=\sum_{i=1}^{10}\frac{(n_i-nP_i)^2}{nP_i}$$

取 $\alpha=0.05$，χ^2 的自由度为 $10-1=9$，查表得 $\chi^2_{0.05}(9)=16.919$. 而观测值

$$\chi^2=\sum_{i=1}^{10}\frac{\left(n_i-800\times\dfrac{1}{10}\right)^2}{800\times\dfrac{1}{10}}=5.125<16.919$$

故接受 H_0，认为这些数字服从等概率分布.

14. 在某段公路上，观测15秒内通过的汽车辆数，得到数据如下：

每15秒通过的汽车数 x_i	0	1	2	3	4	5	6	$\geqslant 7$
频数 n_i	24	67	58	35	10	4	2	0

检验该段公路上每15秒内通过的汽车辆数是否服从泊松分布(取 $\alpha=0.05$).

解　设汽车辆数总体为 X，检验假设为 H_0：总体服从泊松分布，即

$$P_i=\frac{\lambda^i}{i!}e^{-\lambda}\quad(i=0,1,2,\cdots,7)$$

由于 H_0 中参数 λ 未知，故先估计 λ. 由最大似然估计法，得

$$\hat{\lambda}=\overline{x}=\frac{\sum\limits_{i=0}^{7}(x_i\cdot n_i)}{\sum\limits_{i=0}^{7}n_i}=\frac{360}{200}=1.8$$

则在 H_0 假设下，有

$$\hat{P}_i=\frac{(1.8)^i}{i!}e^{-1.8}\quad(i=0,1,2,\cdots,7)$$

整个计算结果如下所示:

A_i	n_i	$\hat{P}_i$	$n\hat{P}_i$	$n_i^2/(n\hat{P}_i)$
A_0	24	0.165 3	33.06	17.42
A_1	67	0.297 5	59.51	75.44
A_2	58	0.267 8	53.56	62.81
A_3	35	0.160 7	32.13	38.12
A_4	10	0.072 3	14.46	6.92
A_5	4 } 6	0.026 0 } 0.035 8	5.20 } 6.98	3.07 } 5.63
A_6	2	0.007 8	1.56	2.56
A_7	0	0.002 0	0.40	0
$\sum$	200			206.34

对于表中有些 $n\hat{P}_i < 5$ 的组予以适当合并,使得每组均有 $n\hat{P}_i \geqslant 5$,此处,并组后 $k = 6$,但因在计算概率时估计了一个参数 λ,故 χ^2 的自由度为 $6-1-1=4$,$\chi^2_{0.05}(6-1-1) = \chi^2_{0.05}(4) = 9.488$,而 $\chi^2 = 206.34 - 200 = 6.34$,因为 $\chi^2 < \chi^2_{0.05}(4)$,故在显著性水平 $\alpha = 0.05$ 下接受 H_0,即认为样本来自泊松分布总体.

15. 在一批灯泡中抽取 300 只作寿命试验,其结果如下:

寿命 t(小时)	$0 \leqslant t \leqslant 100$	$100 < t \leqslant 200$	$200 < t \leqslant 300$	$t > 300$
灯泡数	121	78	43	58

检验灯泡寿命服从参数 $\lambda = \dfrac{1}{200}$ 的指数分布(取 $\alpha = 0.05$).

解　设 X 表示灯泡的寿命,利用 χ^2 拟合检验法来检验 H_0: X 服从 $\lambda = \dfrac{1}{200}$ 的指数分布,即检验 H_0: $F(x) = F_0\left(x, \dfrac{1}{200}\right)$.

其中 $F(x)$ 为 X 的分布,$F_0\left(x, \dfrac{1}{200}\right) = \begin{cases} 1 - e^{\frac{-1}{200}\cdot x} & x \geqslant 0, \\ 0, & x < 0 \end{cases}$ 为指数分布函数.

对于给定的数据,算得

$$\hat{P}_1 = F_0\left(100, \frac{1}{200}\right) - F_0\left(0, \frac{1}{200}\right) = 0.393\,5$$

$$\hat{P}_2 = F_0\left(200, \frac{1}{200}\right) - F_0\left(100, \frac{1}{200}\right) = 0.238\,6$$

$$\hat{P}_3 = F_0\left(300, \frac{1}{200}\right) - F_0\left(200, \frac{1}{200}\right) = 0.1448$$

$$\hat{P}_4 = 1 - F_0\left(300, \frac{1}{200}\right) = 0.2231$$

整个计算结果如下所示：

A_i	n_i	$\hat{P}_i$	$n\hat{P}_i$	$n_i^2/(n\hat{P}_i)$
$A_1: 0 \leqslant x \leqslant 100$	121	0.393 5	118.05	124.02
$A_2: 100 < x \leqslant 200$	78	0.238 6	71.60	84.97
$A_3: 200 < x \leqslant 300$	43	0.144 8	43.42	42.56
$A_4: x > 300$	58	0.223 1	66.94	50.25
$\sum$	300			301.8

现在 $\chi^2 = 301.8 - 300 = 1.8$，而

$$\chi_\alpha^2(k-m-1) = \chi_{0.05}^2(4-0-1) = \chi^2(3) = 7.815$$

因此 $\chi^2 < \chi_\alpha^2(k-m-1)$，故接受 H_0，认为灯泡寿命服从参数 $\lambda = \frac{1}{200}$ 的指数分布.

16. 下面给出了随机选取的某一大学一年级学生(200 名) 一次微积分考试的成绩.

(1) 画出数据的直方图；

(2) 试取 $\alpha = 0.05$ 检验数据来自正态总体 $N(60, 15^2)$.

分数 x_i	$20 \leqslant x \leqslant 30$	$30 < x \leqslant 40$	$40 < x \leqslant 50$	$50 < x \leqslant 60$
学生数	5	15	30	51
分数 x_i	$60 < x \leqslant 70$	$70 < x \leqslant 80$	$80 < x \leqslant 90$	$90 < x \leqslant 100$
学生数	60	23	10	6

解　(1) 直方图如下所示：

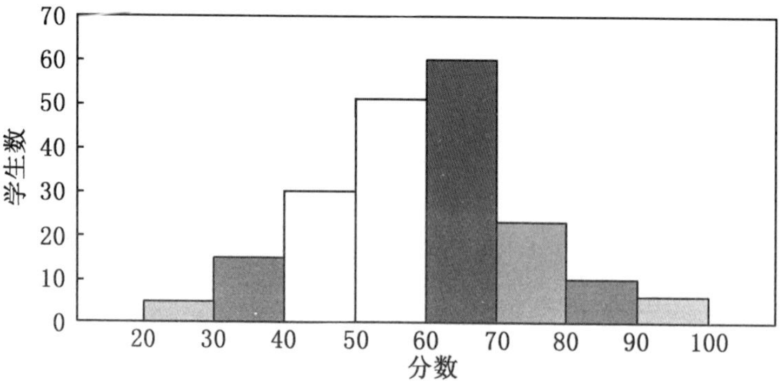

(2) 设 X 为学生的分数,其分布函数为 $F(x)$,要检验 $H_0: X \sim N(60,15^2)$.由所给数据计算得

$$\hat{P}_1 = F(30) - F(20) = \Phi\left(\frac{30-60}{15}\right) - \Phi\left(\frac{20-60}{15}\right) = 0.0189$$

$$\hat{P}_2 = F(40) - F(30) = \Phi\left(\frac{40-60}{15}\right) - \Phi\left(\frac{30-60}{15}\right) = 0.0685$$

类似地,计算出 $\hat{P}_3, \hat{P}_4, \cdots, \hat{P}_8$,计算过程如下所示:

A_i	n_i	$\hat{P}_i$	$n\hat{P}_i$	$n_i^2/(n\hat{P}_i)$
$A_1: 20 \leqslant x \leqslant 30$	5 }	0.018 9 }	3.78 }	6.607
$A_2: 30 < x \leqslant 40$	15 }	0.068 5 }	13.7 }	16.433
$A_3: 40 < x \leqslant 50$	30	0.161 3	32.26	27.898
$A_4: 50 < x \leqslant 60$	51	0.247 5	49.5	52.545
$A_5: 60 < x \leqslant 70$	60	0.247 5	49.5	72.727
$A_6: 70 < x \leqslant 80$	23	0.161 2	32.24	16.408
$A_7: 80 < x \leqslant 90$	10 }	0.068 5 }	13.7 }	7.299
$A_8: 90 < x \leqslant 100$	6 }	0.018 9 }	3.78 }	9.524
$\sum$	200			209.44

对于表中 $n\hat{P}_i < 5$ 的组予以适当合并,此时,$k = 8 - 2 = 6$,计算中未估计参数值,故 χ^2 的自由度为 $k - 0 - 1 = 6 - 1 = 5$,$\chi^2_{0.05}(5) = 11.07$,而 $\chi^2 = 209.44 - 200 = 9.44 < \chi^2_{0.05}(5)$,故接受 H_0,认为检验数据来自正态总体 $N(60,15^2)$.

17. 某医院研究抽烟与呼吸道疾病之间的关系,取得如下表所示的数据,用 $\alpha = 0.05$ 的显著性水平检验.

	有呼吸道疾病	无呼吸道疾病
抽烟	37	183
不抽烟	21	274

解　检验假设 H_0: 抽烟与呼吸道疾病无关(独立),H_1: 抽烟与呼吸道疾病有关.

该问题的联列表为

	有呼吸道疾病	无呼吸道疾病	合计
抽烟	37	183	220
不抽烟	21	274	295
合计	58	457	515

由联列表算得

$$\hat{E}_{11}=\frac{220\times 58}{515}=24.78,\hat{E}_{12}=\frac{220\times 457}{515}=195.22$$

$$\hat{E}_{21}=\frac{295\times 58}{515}=33.22,\hat{E}_{22}=\frac{295\times 457}{515}=261.78$$

$$\chi^2=\frac{(37-24.78)^2}{24.78}+\frac{(183-195.22)^2}{195.22}+\frac{(21-33.22)^2}{33.22}+\frac{(274-261.78)^2}{261.78}$$
$$=11.856$$

当 $\alpha=0.05$ 时

$$\chi_{\alpha}^2((r-1)\times(c-1))=\chi_{0.05}^2(1)=3.841$$

由于 $\chi^2=11.856>\chi_{\alpha}^2(1)=3.841$，所以拒绝 H_0，即认为抽烟与呼吸疾病有关.

18. 为研究英国社会的变动性，下表所示是20世纪40年代末的一份资料，请用显著性水平 $\alpha=0.05$ 检验父亲的地位对儿子的地位是否有影响.

		儿子的地位		
		上	中	下
父亲的地位	上	588	395	159
	中	349	714	447
	下	114	320	4 111

解 检测假设 H_0：父亲对儿子的地位无影响（独立），H_1：父亲对儿子的地位有影响.

建立联列表为

	B_1	B_2	B_3	总计
A_1	588	395	159	1 142
A_2	349	714	447	1 510
A_3	114	320	4 111	4 545
总计	1 051	1 429	4 717	7 197

由联列表中的数据计算得

$$E_{11}=\frac{1\,142\times1\,051}{7\,197}=166.77,E_{12}=\frac{1\,142\times1\,429}{7\,197}=226.75$$

同理可得 $E_{13}=748.48,E_{21}=220.51,E_{22}=299.82,E_{23}=989.67,E_{31}=663.72,E_{32}=902.43,E_{33}=2\,978.85$,故

$$\begin{aligned}\chi^2&=\frac{(166.77-588)^2}{166.77}+\frac{(395-226.75)^2}{226.75}+\frac{(159-748.48)^2}{748.48}\\&+\frac{(349-220.51)^2}{220.51}+\frac{(714-299.82)^2}{229.82}+\frac{(447-989.67)^2}{989.67}\\&+\frac{(114-663.72)^2}{663.72}+\frac{(320-902.43)^2}{902.43}+\frac{(4\,111-2\,978.85)^2}{2\,978.85}\\&>9.488=\chi^2_{0.05}(2\times2)=\chi^2_{0.05}(4)\end{aligned}$$

故拒绝 H_0,认为父亲的地位对儿子的地位有影响.

第六章　回归分析与方差分析

三、计算题

以下假定各个问题均满足涉及的回归分析模型或方差分析模型所要求的条件.

1. 以研究肉鸡的增重与某种饲料添加剂之间的关系,测得如下表所示的数据(单位: 克):

添加剂的水平 x	0	25	50	75	100	125	150	175	200	225
7 天后增重 y	206	222	225	296	324	375	363	408	407	434

(1) 画出散点图;

(2) 试确定 x 与 y 之间的回归方程.

解　(1) 散点图如下:

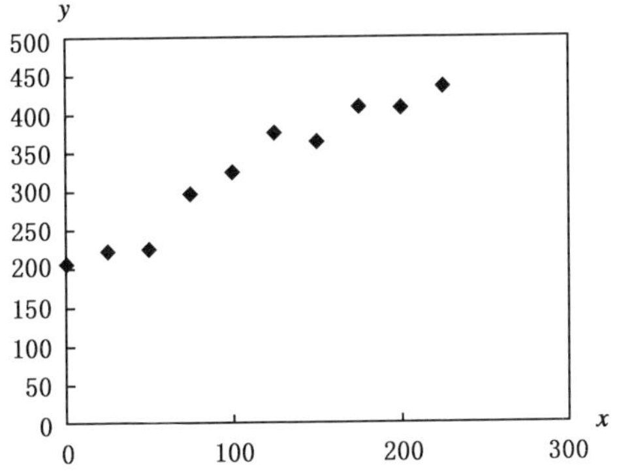

(2) 为确定 x 与 y 之间的回归方程,所需计算列表如下:

$\sum x_i = 1\,125$	$n = 10$	$\sum y_i = 3\,260$
$\bar{x} = 112.5$		$\bar{y} = 326$
$\sum x_i^2 = 178\,125$	$\sum x_i y_i = 423\,175$	$\sum y_i^2 = 1\,127\,800$
$l_{xx} = 51\,562.5$	$l_{xy} = 56\,425$	$l_{yy} = 65\,040$
$\hat{\beta}_1 = \frac{l_{xy}}{l_{xx}} = 1.09$	$\hat{\beta}_0 = \bar{y} - \beta_1 \bar{x} = 202.89$	

于是所求的回归方程为 $\hat{y} = 202.89 + 1.09x$.

2. 考察温度对某种产品的得率的影响,测得如下表所示的 10 组数据:

温度 x(℃)	20	25	30	35	40	45	50	55	60	65
得率 y(%)	13.2	15.1	16.4	17.1	17.9	18.7	19.6	21.2	22.5	24.3

试画出散点图,并根据散点图判别 x,y 的回归类型,确定回归方程.

解 散点图如下:

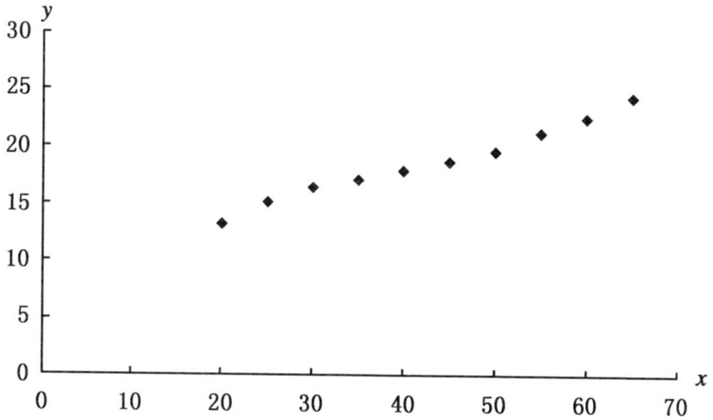

由散点图可以判定 x,y 的回归类型为线性回归,为确定 x,y 之间的回归方程,所需计算列表如下:

$\sum x_i = 425$	$n = 10$	$\sum y_i = 186$
$\bar{x} = 42.5$		$\bar{y} = 18.6$
$\sum x_i^2 = 20\,125$	$\sum x_i y_i = 8\,365$	$\sum y_i^2 = 3\,564.06$
$l_{xx} = 2\,062.5$	$l_{xy} = 460$	$l_{yy} = 104.46$
$\hat{\beta}_1 = \frac{l_{xy}}{l_{xx}} = 0.223$	$\hat{\beta}_0 = \bar{y} - \hat{\beta}_1 \bar{x} = 9.12$	

于是所求的回归方程为 $\hat{y} = 9.12 + 0.223x$.

3. 对上题所得的回归方程检验其显著性($\alpha = 0.05$),并计算当 $x = 42$℃ 时,得率 y 的预测值及置信度为 0.95 的预测区间.

解　待检验的假设 $H_0: \beta_1 = 0$. 利用上题结果,得

$$S_T = l_{yy} = 104.46, S_R = \hat{\beta}_1 l_{xy} = 102.58, S_E = S_T - S_R = 1.88$$

故统计量为 $F = \dfrac{S_R}{S_E/(n-2)} = \dfrac{102.58}{1.88/8} = 436.5$.

查自由度为(1,8)的 F 分布表,得 $F_{0.05}(1,8) = 5.32$,由于 $F > F_{0.05}(1,8)$,故回归方程显著.

当 $x_0 = 42$ 时,预测值 $\hat{y}_0 = 9.12 + 0.223 \times 42 = 18.49$.

若取 $\alpha = 0.05$,查表得 $t_{0.025}(10-2) = t_{0.025}(8) = 2.306$,且 $\hat{\sigma} = \sqrt{\dfrac{S_E}{n-2}} = 0.485$,故

$$\delta = t_{\frac{\alpha}{2}}(n-2) \times \hat{\sigma} \cdot \sqrt{1 + \frac{1}{n} + \frac{(x_0 - \bar{x})^2}{l_{xx}}} = 1.17$$

从而 y_0 的概率为 0.95 的预测区间为(17.32,19.66).

4. 为调查某地区社会商品零售总额 x 与营业税税收总额 y 之间的关系,现收集了如下表所示的 9 年间的数据(单位:亿元):

年份	社会商品零售额	营业税税收总额
1997	142.08	3.93
1998	177.30	5.96
1999	204.68	7.85
2000	242.68	9.82
2001	316.24	12.50
2002	341.99	15.55
2003	332.69	15.79
2004	389.29	16.39
2005	453.40	18.45

(1) 建立两者之间的线性回归方程,并作显著性检验($\alpha = 0.05$);

(2) 若已知某年的社会商品零售额为 300 亿元,确定营业税税收总额的置信度为 0.95 的预测区间.

解　(1) 根据表中数据,计算如下:

$$\bar{x}=288.9,\bar{y}=11.8,l_{xx}=86\,064.2,l_{xy}=4\,183.2,l_{yy}=211.3$$

故

$$\hat{\beta}_1=\frac{l_{xy}}{l_{xx}}=0.048\,7,\hat{\beta}_0=\bar{y}-\hat{\beta}_1\bar{x}=-2.26$$

于是所求的回归方程为 $\hat{y}=-2.26+0.048\,7x$.

取 $\alpha=0.05$,对上述所得回归方程作显著性检验,待检验假设 $H_0:\beta_1=0$. 因为

$$S_T=l_{yy}=211.3,S_R=\hat{\beta}_1 l_{xy}=203.7,S_E=S_T-S_R=7.6$$

故统计量 $F=\dfrac{S_R}{S_E/(n-2)}=\dfrac{203.7}{7.6/(9-2)}=187.6$.

查自由度为(1,7),$\alpha=0.05$ 的 F 分布表,得 $F_{0.05}(1,7)=5.59$. 由于 $F=187.6>5.59=F_{0.05}(1,7)$,故检验显著.

(2) 当 $x_0=300$ 时,预测值 $\hat{y}_0=-2.26+0.048\,7\times 300=12.35$.

若取 $\alpha=0.05$,查表得 $t_{\frac{\alpha}{2}}(n-2)=t_{0.025}(9-2)=2.364\,6$,又 $\hat{\sigma}^2=\dfrac{S_E}{n-2}=\dfrac{7.6}{7}=1.085\,7$,从而

$$\delta=t_{\frac{\alpha}{2}}(n-2)\cdot\hat{\sigma}\cdot\sqrt{1+\frac{1}{n}+\frac{(x_0-\bar{x})^2}{l_{xx}}}=2.60$$

故 y_0 的概率为 0.95 的预测区间为$(y_0-\delta,y_0+\delta)=(9.75,14.95)$.

5. 现收集了 16 组合金钢中的碳含量 x 及强度 y 的数据,经计算得 $\bar{x}=0.125,\bar{y}=45.788\,6,l_{xx}=0.302\,4,l_{xy}=25.521\,8,l_{yy}=2\,432.456\,6$.

(1) 试建立一元线性回归方程 $\hat{y}=\hat{\beta}_0+\hat{\beta}_1 x$;

(2) 写出 $\hat{\beta}_0,\hat{\beta}_1$ 的分布及相关系数;

(3) 列出方差分析表,对回归方程作显著性检验($\alpha=0.05$);

(4) 求 $\hat{\beta}_1$ 的 0.95 的置信区间;

(5) 在 $x=0.15$ 时求对应的 y 的 0.95 预测区间.

解 (1) $\hat{\beta}_1=\dfrac{l_{xy}}{l_{xx}}=\dfrac{25.512\,8}{0.302\,4}=84.40$,则

$$\hat{\beta}_0=\bar{y}-\hat{\beta}_1\bar{x}=45.788\,6-84.40\times 0.125=35.24$$

于是回归方程为 $\hat{y}=35.24+84.40x$.

(2) 一元线性回归模型 $y_i=\beta_0+\beta_1 x_i+\varepsilon_i$ 中回归系数β_0,β_1 的最小二乘估计服从正态分布,即

$$\hat{\beta}_0\sim N\left(\beta_0,\left(\frac{1}{n}+\frac{\bar{x}^2}{l_{xx}}\right)\sigma^2\right),\hat{\beta}_1\sim N\left(\beta_1,\frac{\sigma^2}{l_{xx}}\right)$$

这里$\frac{1}{n}+\frac{\bar{x}^2}{l_{xx}}=\frac{1}{16}+\frac{(0.125)^2}{0.3024}=0.114$，$\frac{1}{l_{xx}}=\frac{1}{0.3024}=3.31$，故

$$\hat{\beta}_0 \sim N(\beta_0, 0.114\sigma^2), \hat{\beta}_1 \sim N(\beta_1, 3.31\sigma^2)$$

故$\hat{\beta}_0$与$\hat{\beta}_1$的相关系数

$$\rho=\frac{\mathrm{Cov}(\hat{\beta}_0,\hat{\beta}_1)}{\sqrt{D(\hat{\beta}_0)}\cdot\sqrt{D(\hat{\beta}_1)}}=\frac{-\frac{\bar{x}}{l_{xx}}\sigma^2}{\sqrt{0.114\sigma^2}\cdot\sqrt{3.31\sigma^2}}$$

$$=-\frac{\bar{x}}{l_{xx}\sqrt{0.114}\cdot\sqrt{3.31}}=-0.67$$

(3) 因为

$$S_T=l_{yy}=2\,432.456\,6, S_R=\hat{\beta}_1\cdot l_{xy}=2\,154.04$$
$$S_E=S_T-S_R=278.42$$

故统计量$F=\frac{S_R}{S_E/(n-2)}=\frac{2\,154.04}{278.42/14}=108.3$.

将S_T,S_E,S_R填入方差分析表如下所示：

来　源	平方和	自由度	均方和	F比	显著性
波动R	2 154.04	1	2 154.04	108.3	* *
误差E	278.42	14	19.887		
总和T	2 432.456 6	15			

查表得$F_{0.05}(1,14)=4.60$，$F=108.3>F_{0.05}(1,14)$，故回归方程显著.

(4) 因为$\hat{\beta}_1\sim N\left(\beta_1,\frac{\sigma^2}{l_{xx}}\right)$，则$\frac{\hat{\beta}_1-\beta_1}{\hat{\sigma}_{\hat{\beta}_1}}\sim t_\alpha(n-2)$，其中$\hat{\sigma}_{\hat{\beta}_1}=\sqrt{\frac{S_E}{n-2}}\Big/\sqrt{l_{xx}}$.

故得预测区间为

$$\left(\hat{\beta}_1-t_{\frac{\alpha}{2}}(n-2)\cdot\sqrt{\frac{S_E}{n-2}}\cdot\frac{1}{\sqrt{l_{xx}}},\hat{\beta}_1+t_{\frac{\alpha}{2}}(n-2)\sqrt{\frac{S_E}{n-2}}\cdot\frac{1}{\sqrt{l_{xx}}}\right)$$

这里取$\alpha=0.05$，$n=16$，查表得$t_{0.025}(14)=2.144\,8$，而$\hat{\beta}_1=84.40$，$l_{xx}=0.302\,4$，$S_E=278.42$，故预测区间为(67.00,101.80).

(5) 当$x_0=0.15$时，$\hat{y}_0=35.24+84.40\times0.15=47.9$.

此时y_0的概率为$1-\alpha$的预测区间为$(y_0-\delta,y_0+\delta)$，其中

$$\delta=t_{\frac{\alpha}{2}}(n-2)\cdot\hat{\sigma}\cdot\sqrt{1+\frac{1}{n}+\frac{(x_0-\bar{x})^2}{l_{xx}}},\hat{\sigma}=\sqrt{\frac{S_E}{n-2}}$$

取$\alpha=0.05$，查表得$t_{0.025}(14)=2.144\,8$，将各数据代入算得预测区间为(38.03,57.77).

6. 某化工厂进行合成反应试验，欲考察某种触媒用量对合成物产出量的影响，现选取 3 种触媒用量 A_1, A_2, A_3 各做 4 次试验，试验数据如下表所示，试判别触媒对合成物产出量有无显著性影响. ($\alpha = 0.05$)

水平	合成物产出量(单位：千克)			
A_1	74	69	73	67
A_2	79	81	75	78
A_3	82	85	80	79

解 设在水平 A_i 下第 j 次试验测得数据为 y_{ij} $(i=1,2,3; j=1,2,3,4)$. 由表中提供的数据经计算得

$$S_T = \sum_{i=1}^{3}\sum_{j=1}^{4}(y_{ij} - \bar{y})^2 = 315.6667$$

$$S_E = \sum_{i=1}^{3}\sum_{j=1}^{4}(y_{ij} - \bar{y}_i)^2 = 72.5$$

$$S_A = S_T - S_E = 243.1667$$

将 S_A, S_E, S_T 填入方差分析表，如下所示：

来源	平方和	自由度	均方和	F 比	显著性
因素 A	243.166 7	2	121.58	15.09	* *
误差 E	72.5	9	8.056		
总和 T	315.666 7	11			

查表得 $F_{0.05}(2,9) = 4.256$, $F = 15.09 > F_{0.05}(2,9)$，因此触媒对合成物产量有显著影响.

7. 在入户推销上有 5 种方法，某大公司想比较这 5 种方法效果有无显著差异. 现设计了一项试验：从应聘的并无推销经验的人员中随机挑选了一部分人，将他们分为 5 组，每一组用一种推销方法进行培训，培训相同时间后观察他们在一个月内的推销额(单位：千元)，数据如下表所示：

级别	推 销 额						
1	20.0	16.8	17.9	21.2	23.9	26.8	22.4
2	24.9	21.3	22.6	30.2	29.9	22.5	20.7
3	16.0	20.1	17.3	20.9	22.0	26.8	20.8
4	17.5	18.2	20.2	17.7	19.1	18.4	16.5
5	25.2	26.2	26.9	29.3	30.4	29.7	28.2

(1) 写出对数据进行方差分析的统计模型；

(2) 在显著性水平 $\alpha = 0.05$ 下判别 5 种推销方法有无显著差异.

解　(1) 将 5 种不同的推销方法记为 A_1, A_2, A_3, A_4, A_5 5 个不同的水平，记 y_{ij} 为在水平 A_i 下第 j 个观察结果，$(i = 1, 2, \cdots, 5; j = 1, 2, \cdots, 7)$.

假定：① $y_i \sim N(\mu_i, \sigma_i^2)$；

② $\sigma_1^2 = \sigma_2^2 = \sigma_3^2 = \sigma_4^2 = \sigma_5^2 = \sigma^2$；

③ 各 y_{ij} 相互独立.

检验假设 $H_0: \mu_1 = \mu_2 = \mu_3 = \mu_4 = \mu_5$；$H_1: \mu_1, \mu_2, \mu_3, \mu_4, \mu_5$ 不全相等.

记 $\varepsilon_{ij} = y_{ij} - \mu_i$，则 $\varepsilon_{ij} \sim N(0, \sigma^2)$. 记

$$\mu = \frac{1}{5}\sum_{i=1}^{5}\mu_i, \alpha_i = \mu_i - \mu, \quad i = 1, 2, \cdots, 5$$

于是得到统计模型为

$$\begin{cases} y_{ij} = \mu + \alpha_i + \varepsilon_{ij} \quad (i = 1, 2, \cdots, 5; j = 1, 2, \cdots, 7), \\ \sum_{i=1}^{5}\alpha_i = 0, \\ \varepsilon_{ij} \text{ 互相独立且均服从 } N(0, \sigma^2). \end{cases}$$

(2) 由表中所提供的数据计算得

$$\bar{y}_{1\cdot} = 21.3, \bar{y}_{2\cdot} = 24.6, \bar{y}_{3\cdot} = 20.6, \bar{y}_{4\cdot} = 18.2, \bar{y}_{5\cdot} = 28.0$$

$$S_T = \sum_{i=1}^{5}\sum_{j=1}^{7}(y_{ij} - \bar{y})^2 = 675.27$$

$$S_E = \sum_{i=1}^{5}\sum_{j=1}^{7}(y_{ij} - \bar{y}_{i\cdot})^2 = 269.74$$

$$S_A = S_T - S_E = 405.5$$

将 S_A, S_E, S_T 填入方差分析表如下所示：

来　源	平方和	自由度	均方和	F 比	显著性
因素 A	405.5	4	101.38	11.3	* *
误差 E	269.74	30	8.99		
总和 T	675.27	34			

查表得 $F_{0.05}(4, 30) = 2.69$，$F = 11.3 > F_{0.05}(4, 30)$，因此有显著差异.

8. 一批由同一种原料纺成的布，用不同的印染工艺处理，然后进行缩水率试验. 现采用 5 种不同的工艺，每种工艺处理 4 块布样，测得缩水率如下表所示. 试考察不同工艺对布的缩水率有无显著性影响. $(\alpha = 0.05)$

工艺	缩水率			
A_1	4.3	7.8	3.2	6.5
A_2	6.1	7.3	4.2	4.1
A_3	4.3	8.7	7.2	10.1
A_4	6.5	8.3	8.6	8.2
A_5	9.5	8.8	11.4	7.8

解 设在第 A_i 种工艺下处理第 j 块布样测得的缩水率为 $y_{ij}\,(i=1,2,3,4,5;j=1,2,3,4)$. 由表中提供的数据,计算得

$$\bar{y}_{1\cdot}=5.45,\bar{y}_{2\cdot}=5.425,\bar{y}_{3\cdot}=7.575,\bar{y}_{4\cdot}=7.9,\bar{y}_{5\cdot}=9.375$$

$$S_T=\sum_{i=1}^{5}\sum_{j=1}^{4}(y_{ij}-\bar{y})=94.6095$$

$$S_E=\sum_{i=1}^{5}\sum_{j=1}^{4}(y_{ij}-\bar{y}_{i\cdot})=48.3725$$

$$S_A=S_T-S_E=46.237$$

将 S_T,S_E,S_A 填入方差分析表如下所示:

来　源	平方和	自由度	均方和	F 比	显著性
因素 A	46.237	4	11.559	3.58	* *
误差 E	48.3725	15	3.225		
总和 T	94.6095	19			

查表得 $F_{0.05}(4,15)=3.0556, F=3.58>F_{0.05}(4,15)$,故有显著性影响.

第五篇　经管应用案例

第一章　微积分中的经管问题及解答

1. 一商店按批发价 3 元买进一批商品零售,若零售价定为每件 5 元,估计可售出100件;若每件售价降低0.2元,则可多售出20件.假设销售量为价格的线性函数,该商店应进多少件商品,每件售价多少可获得最大利润?最大利润是多少?

2. 某酒厂有一批新酿的好酒,如果现在($t=0$)就售出,总收入为R_0元;如果窖藏起来待来日按陈酒价格出售,t年末总收入为$R=R_0e^{\frac{2}{5}\sqrt{t}}$.假定银行利率为$r$,并以连续复利计息.试求窖藏多少年售出可使总收入的现值最大,并求$r=0.06$时的t值.

3. 某厂家生产的一种产品同时在两个市场销售,售价分别为P_1和P_2;销售量分别为Q_1和Q_2;需求函数分别为$Q_1=24-0.2P_1$和$Q_2=10-0.05P_2$,总成本函数为$C=35+40(Q_1+Q_2)$.试问厂家如何确定两个市场的售价能使其获得的总利润最大?最大利润是多少?

4. 一家牧场出售牛排和牛皮,这两种产品假定是固定比例的关联产品,即每头牛可提供两片牛排和一张牛皮,牛排和牛皮的需求函数分别为

$$P_1=110-2Q_1,\quad P_2=140-Q_2$$

其中P_1,P_2分别为牛排和牛皮的价格,Q_1,Q_2分别为牛排和牛皮的需求量.联合总成本为

$$C(Q_1,Q_2)=Q_1^2+2Q_1Q_2+Q_2^2+200$$

问牛排和牛皮的价格各为多少时,总利润最大?此时屠宰量是多少?

5. 一房地产公司有50套公寓要出租,当租金定为180元时,公寓会全部租出去,租金每增加10元,就会有一套公寓租不出去,租出去的房子每月每套需花费20元的整修维护费.试问租金为多少时可获得最大收入?

6. 已知某商品的需求函数$Q=100-5P$,其中价格$P\in(0,20)$,Q为需

求量.

(1) 求需求量对价格的弹性 $E_d(E_d>0)$；

(2) 推导$\frac{\mathrm{d}R}{\mathrm{d}P}=Q(1-E_d)$(其中 R 为收益)，并用弹性 E_d 说明价格在何范围内变化时，降低价格反而使收益增加.

7. 已知某商品的需求量 x 对价格 P 的弹性 $\eta=-3P^3$，而市场对该商品的最大需求量为 1 万件，求需求函数.

8. 已知商品的需求量 D 和供给量 S 都是价格 P 的函数：

$$D=D(P)=\frac{a}{P^2},\ S=S(P)=bP$$

其中 $a>0$ 和 $b>0$ 为常数；价格 P 是时间 t 的函数且满足方程

$$\frac{\mathrm{d}P}{\mathrm{d}t}=k[D(P)-S(P)]\quad (k\text{ 为正的常数})$$

假设当 $t=0$ 时价格为 1，试求：

(1) 需求量等于供给量时的均衡价格 P_e；

(2) 价格函数 $P(t)$；

(3) 极限$\lim\limits_{t\to\infty}P(t)$.

9. 你买的彩票中奖 1 000 000 美元，你要在两种兑奖方式中进行选择：一种为分四年每年支付 250 000 美元的分期支付方式，从现在开始支付；另一种为一次支付总额 920 000 美元的一次付清支付方式，也是从现在开始支付. 假设银行利率为 6%，以连续复利方式计息，又假设不交税，那么，你选择哪种兑奖方式？

10. 设生产某种产品必须投入两种要素，x_1 和 x_2 分别为两要素的投入量，Q 为产出量. 若生产函数 $Q=2x_1^{\alpha}x_2^{\beta}$，其中 α,β 为正的常数，且 $\alpha+\beta=1$，假设两种要素的价格分别为 P_1 和 P_2，试问：当产出量为 12 时，两要素各投入多少可以使得投入总费用最小？

11. 积分在经济中的简单应用.

(1) 已知总产量的变化率求总产量.

已知某产品的总产量 Q 的变化率是时间 t 的连续函数 $f(t)$，即 $Q'(t)=f(t)$，则该产品的总产量为

$$Q(t)=Q(t_0)+\int_{t_0}^{t}f(x)\mathrm{d}x$$

(2) 已知边际函数求总量函数.

设 $f(x)$ 的边际函数为 $g(x)$，则总量函数为

$$f(x)=f(0)+\int_0^x g(x)\mathrm{d}x$$

设某产品的边际成本是产量 x 的函数,有

$$C'(x)=4+0.25x(\text{万元 / 百台})$$

边际收入也是产量 x 的函数,有

$$R'(x)=8-x(\text{万元 / 百台})$$

(1) 求产量由 100 台增加到 500 台时总成本与总收入各增加多少?

(2) 固定成本 $C(0)=1$ 万元,分别求总成本、总收入及总利润函数.

(3) 产量为多少时总利润最大?

(4) 求总利润最大时的总成本、总收入及总利润?

12. 若一设备全新时的价值为10 000元,其贬值率(即价值的降低率)与当时的价值 $P(t)$ 成正比,以 $-\alpha(\alpha>0)$ 表示比例系数,求设备在 t 年末的价值. 如果该设备在 5 年末价值为 6 000 元,求 20 年末的价值.

13. 我国城市人民对粮食的人均月需求量 D 是职工家庭人均收入 x 的函数 $D(x)$. 据调查知,人均月需求量对人均收入的弹性与人均收入及常数 a 之和成反比,比例常数恰好是 a,求需求函数 $D(x)$.

14. 具有价格预期的市场模型.

在市场动态均衡价格模型中,Q_d 和 Q_s 均只取为现期价格 P 的函数,但是有时买者和卖者不仅将其市场行为建立在现期价格的基础上,而且建立在当时价格趋势的基础上. 因为价格趋势可能使买者和卖者对未来价格做出某些预期,而这些价格预期又会影响其供求决策.

在连续时间情况下,价格趋势信息基本上可由两个导数 $\frac{\mathrm{d}P}{\mathrm{d}t}$(价格是否上升)和 $\frac{\mathrm{d}^2P}{\mathrm{d}t^2}$(价格是否以递增速率上升)得到.

我们仅限于讨论供求函数的线性形式,设需求函数和供给函数分别为

$$\begin{cases}Q_d=\alpha-\beta P+mP'+nP'' & (\alpha>0,\beta>0);\\ Q_s=\gamma+\delta P+\mu P'+\omega P'' & (\gamma>0,\delta>0)\end{cases}$$

其中参数 $\alpha,\beta,\gamma,\delta$ 是从原来的市场动态均衡价格模型中带来的,而 m,n,μ 和 ω 是新的参数. 它们体现了买者和卖者的价格预期.

假定在每一时刻,市场均是出清的,令 $Q_d=Q_s$,便得到具有价格预期的市场模型:

$$(n-\omega)P''+(m-\mu)P'-(\beta+\delta)P=-(\alpha-\gamma).$$

该模型是二阶常系数线性非齐次微分方程.

设需求和供给函数为

$$Q_d = 12 - 2P + P' + 3P''$$
$$Q_s = -4 + 6P - P' + 2P''$$

初始条件为 $P(0) = 10, P'(0) = 4$. 假设在每一时刻市场均是出清的,求 $P(t)$.

15. 蛛网模型.

设市场供给量对价格变动的反应是滞后的,市场需求量对价格变动的反应是瞬时的,市场均衡的条件是清销,则有蛛网模型:

$$\begin{cases} S_t = -a + bP_{t-1} & (a > 0,\ b > 0), \\ D_t = \alpha - \beta P_t & (\alpha > 0,\ \beta > 0), \\ S_t = D_t \end{cases}$$

其中 S_t 为 t 期供给量, D_t 为 t 期需求量; P_t, P_{t-1} 分别为 t 期, $t-1$ 期的价格. 试求满足初始条件 $P(0) = P_0$ 的价格函数.

第一章参考答案

1. 设利润函数为 $L(Q)$, Q 为销售量,每件 P 元,则 $L = (P-3)Q$. 设 $Q = a + bP$,则 $100 = a + b \times 5$, $120 = a + b \times 4.8$,解得 $a = 600, b = -100$. 则 $L(P) = (P-3)(600 - 100P) = -100P^2 + 900P - 1\,800$. 令 $L'(P) = -200P + 900 = 0$ 得 $P = 4.5$. 又 $L''(P) = -200 < 0$,则 $P = 4.5$ 元时利润最大,此时 $Q = 150$ 件, $L(4.5) = 225$ 元. **2.** 窖藏 t 年后出售,总收入的现值为 $R_t = R_0 e^{\frac{2}{5}\sqrt{t}} \cdot e^{-rt} = R_0 e^{\frac{2}{5}\sqrt{t} - rt}$. 由 $R_t' = R_0\left(\frac{1}{5\sqrt{t}} - r\right)e^{\frac{2}{5}\sqrt{t} - rt} = 0$,得 $t_0 = \frac{1}{25r^2}$. 当 $r = 0.06$ 时, $t_0 = \frac{1}{25 \times 0.06^2} = \frac{100}{9} \approx 11$(年). **3.** 总利润函数为 $L = P_1Q_1 + P_2Q_2 - C = P_1Q_1 + P_2Q_2 - [35 + 40(Q_1 + Q_2)] = P_1(24 - 0.2P_1) + P_2(10 - 0.05P_2) - [35 + 40(24 - 0.2P_1 + 10 - 0.05P_2)] = -0.2P_1^2 - 0.05P_2^2 + 32P_1 + 12P_2 - 1\,395$. 由 $L'_{P_1} = 32 - 0.4P_1 = 0$, $L'_{P_2} = 12 - 0.1P_2 = 0$ 得 $P_1 = 80, P_2 = 120$,即售价分别为 80 与 120 时总利润最大,最大利润为 $L(80, 120) = 605$. **4.** 由题意,约束条件为 $Q_1 = 2Q_2$,总利润函数为 $L(Q_1, Q_2) = P_1Q_1 + P_2Q_2 - C(Q_1, Q_2) = (110 - 2Q_1)Q_1 + (140 - Q_2)Q_2 - (Q_1^2 + 2Q_1Q_2 + Q_2^2 + 200) = 110Q_1 + 140Q_2 - 3Q_1^2 - 2Q_1Q_2 - 2Q_2^2 - 200$. 作 Lagrange 函数 $F(Q_1, Q_2, \lambda) = L(Q_1, Q_2) + \lambda(Q_1 - 2Q_2)$.

由 $\begin{cases} F'_{Q_1} = 110 - 6Q_1 - 2Q_2 + \lambda = 0, \\ F'_{Q_2} = 140 - 2Q_1 - 4Q_2 - 2\lambda = 0, \\ F'_\lambda = Q_1 - 2Q_2 = 0 \end{cases}$ 得 $Q_1 = 20, Q_2 = 10$. 由问题的实际意义知,此时总利润最大,则牛排和牛皮的价格应分别定为 $P_1 = 110 - 40 = 70, P_2 = 140 - 10 = 130$. **5.** 设租金为每月每套 x 元. 依题意,公寓的需求函数为线性函数,需求量为 $Q = 50 - \frac{x - 180}{10} = 68 -$

$\frac{x}{10}$,总收入为$R=(x-20)\left(68-\frac{x}{10}\right)$. 由$R'=68-\frac{x}{10}+(x-20)\cdot\left(-\frac{1}{10}\right)=70-\frac{x}{5}=0$得$x=350$,又$R''=-\frac{1}{5}<0$,则$x=350$是唯一的极大值点,即最大值点. 则租金为每月每套350元总收入最大,此时总收入为$R(350)=10\,890$元. **6.** (1) 由题设有$E_d=\left|\frac{P}{Q}\frac{\mathrm{d}Q}{\mathrm{d}P}\right|=\frac{P}{20-P}$. (2) 由$R=PQ$,则有$\frac{\mathrm{d}R}{\mathrm{d}P}=Q+P\frac{\mathrm{d}Q}{\mathrm{d}P}=Q\left(1+\frac{P}{Q}\frac{\mathrm{d}Q}{\mathrm{d}P}\right)=Q(1-E_d)$,又由$E_d=\frac{P}{20-P}=1$,解得$P=10$. 当$10<P<20$时,$E_d>1$,于是$\frac{\mathrm{d}R}{\mathrm{d}P}<0$. 故当$10<P<20$时,降低价格反而使收益增加. **7.** 需求量x对价格P的弹性$\eta=\frac{P}{x}\frac{\mathrm{d}x}{\mathrm{d}P}$. 依题意,$\frac{P}{x}\frac{\mathrm{d}x}{\mathrm{d}P}=-3P^3$,分离变量得$\frac{\mathrm{d}x}{x}=-3P^2\mathrm{d}P$,两边积分得$\ln x=-P^3+\ln C$,从而$x=C\mathrm{e}^{-P^3}$. 由题设知$P=0$时$x=1$,从而$C=1$,于是所求需求函数$x=\mathrm{e}^{-P^3}$. **8.** (1) 当$D(P)=S(P)$时有$\frac{a}{P^2}=bP$,得均衡价格$P_e=\sqrt[3]{\frac{a}{b}}$. (2) 把$D(P)=\frac{a}{P^2}$,$S(P)=bP$代入方程得$\frac{\mathrm{d}P}{\mathrm{d}t}=k\left(\frac{a}{P^2}-bP\right)$,故$\int\frac{P^2\mathrm{d}P}{a-bP^3}=\int k\mathrm{d}t$,即$-\frac{1}{3b}\ln(a-bP^3)=kt+C$,解得$P^3=\frac{a}{b}-\frac{C_1}{b}\mathrm{e}^{-3kbt}$(其中$C_1=\pm\mathrm{e}^{-3bC}$). 将初始条件$P(0)=1$代入得$C_1=a-b$. 因此价格函数$P(t)=\left[\frac{a}{b}-\left(\frac{a}{b}-1\right)\mathrm{e}^{-3kbt}\right]^{\frac{1}{3}}=[P_e^3+(1-P_e^3)\mathrm{e}^{-3kbt}]^{\frac{1}{3}}$. (3) $\lim\limits_{t\to\infty}P(t)=\lim\limits_{t\to\infty}[P_e^3+(1-P_e^3)\mathrm{e}^{-3kbt}]^{\frac{1}{3}}=P_e$. **9.** 若以四次每次250 000美元的支付方式支付,总现值$=250\,000+250\,000\mathrm{e}^{-0.06}+250\,000\mathrm{e}^{-0.06\times2}+250\,000\mathrm{e}^{-0.06\times3}\approx915\,989$(美元). 即四次付款的现值小于920 000美元,你最好选择现在一次付清920 000美元的支付方式. **10.** 由题设知问题的数学模型:目标:求最小,即$\min u=P_1x_1+P_2x_2$;约束:满足于$2x_1^\alpha x_2^\beta=12$或$6-x_1^\alpha x_2^\beta=0$. 构造拉格朗日函数$F(x_1,x_2,\lambda)=P_1x_1+P_2x_2+\lambda(6-x_1^\alpha x_2^\beta)$,令

$$\begin{cases}\frac{\partial F}{\partial x_1}=P_1-\lambda\alpha x_1^{\alpha-1}x_2^\beta=0,\\ \frac{\partial F}{\partial x_2}=P_2-\lambda\beta x_1^\alpha x_2^{\beta-1}=0\\ \frac{\partial F}{\partial \lambda}=6-x_1^\alpha x_2^\beta,\end{cases}$$

,解得唯一驻点$x_1=6\left(\frac{P_2\alpha}{P_1\beta}\right)^\beta$,$x_2=6\left(\frac{P_1\beta}{P_2\alpha}\right)^\alpha$,该驻点即为所求. **11.** (1) $\Delta C=\int_1^5(4+0.25x)\mathrm{d}x=\left(4x+\frac{1}{8}x^2\right)\Big|_1^5=19$(万元),$\Delta R=\int_1^5(8-x)\mathrm{d}x=\left(8x-\frac{1}{2}x^2\right)\Big|_1^5=20$(万元). (2) 总成本=固定成本+可变成本,即$C(x)=C(0)+\int_0^x C'(x)\mathrm{d}x=1+\int_0^x(4+0.25x)\mathrm{d}x=1+4x+\frac{1}{8}x^2$, 总收入$R(x)=\int_0^x R'(x)\mathrm{d}x=\int_0^x(8-x)\mathrm{d}x=8x-\frac{1}{2}x^2$, 总利润$L(x)=R(x)-C(x)=-\frac{5}{8}x^2+4x-1$. (3) $L'(x)=-\frac{5}{4}x+4$,令$L'(x)=0$得$x=3.2$(百台). $L''(3.2)=-\frac{5}{4}<0$,所以

$x=3.2$ 为极大值点,也是最大值点,故当 $x=3.2$ 百台时,总利润最大. (4) $C(3.2)=1+4\times3.2+\frac{1}{8}\times(3.2)^2=15.08$(万元), $R(3.2)=8\times3.2-\frac{1}{2}\times(3.2)^2=20.48$(万元), $L(3.2)=R(3.2)-C(3.2)=20.48-15.08=5.4$(万元). **12.** 据题意,$\frac{\mathrm{d}P}{\mathrm{d}t}=-\alpha P$,且 $P(0)=10\,000$ 分离变量得 $\frac{\mathrm{d}P}{P}=-\alpha\mathrm{d}t$. 积分得 $\ln P=-\alpha t+\ln C$, 即 $P=C\cdot\mathrm{e}^{-\alpha t}$. 由初值条件 $P(0)=10\,000$,得 $C=10\,000$. 所以设备在 t 年末的价值 $P=10\,000\cdot\mathrm{e}^{-\alpha t}$. 又因 5 年末的价值为 6 000,即 $6\,000=10\,000\cdot\mathrm{e}^{-5\alpha}$. 故 20 年末的价值为 $P=10\,000\mathrm{e}^{-20\alpha}=10\,000\cdot(\mathrm{e}^{-5\alpha})^4=10\,000\cdot\left(\frac{3}{5}\right)^4=1\,296$(元). **13.** 据题意,$\frac{ED}{Ex}=\frac{a}{x+a}$,由弹性公式知 $\frac{ED}{Ex}=x\cdot\frac{D'}{D}$, 所以 $x\cdot\frac{D'}{D}=\frac{a}{x+a}$,即 $D'=\frac{aD}{x(x+a)}$,分离变量得 $\frac{\mathrm{d}D}{D}=\frac{a}{x(x+a)}\mathrm{d}x$, 积分得 $\ln D=\ln x-\ln(x+a)+\ln C$,即 $D=\frac{Cx}{x+a}$. **14.** 由 $Q_d=Q_s$ 得 $P''+2P'-8P=-16$,方程的通解为 $P(t)=C_1\mathrm{e}^{2t}+C_2\mathrm{e}^{-4t}+2$. 由 $P(0)=10$, $P'(0)=4$ 得 $C_1=6$, $C_2=2$. 故 $P(t)=6\mathrm{e}^{2t}+2\mathrm{e}^{-4t}+2$. 因为 $\lim\limits_{t\to+\infty}P(t)=+\infty$,所以瞬时均衡 $P_e=2$ 是动态不稳定的. **15.** 由模型得出价格函数 P_t 满足的差分方程 $P_t+\frac{b}{\beta}P_{t-1}=\frac{\alpha+a}{\beta}$. 该方程的通解为 $P_t=C\cdot\left(-\frac{b}{\beta}\right)^t+\frac{\alpha+a}{\beta+b}=C\cdot\left(-\frac{b}{\beta}\right)^t+P_e$,其中 $P_e=\frac{\alpha+a}{\beta+b}$ 称为均衡价格,满足 $P(0)=P_0$ 的特解为 $P_t=(P_0-P_e)\left(-\frac{b}{\beta}\right)^t+P_e$. (1) 当 $\beta>b$ 时,即供给曲线斜率小于需求曲线斜率的绝对值时,$\lim\limits_{t\to+\infty}P_t=P_e$,$P_t$ 是收敛的;(2) 当 $\beta=b$ 时,$\lim\limits_{t\to+\infty}P_t$ 不存在,P_t 振荡;(3) 当 $\beta<b$ 时,$\lim\limits_{t\to+\infty}P_t=\infty$,$P_t$ 发散.

第二章 线性代数中的经管问题及解答

1. 矩阵混合运算的应用.

下表为某高校在 2003 年和 2004 年入学新生分布情况:

年 份	性 别	本 地	外 地
2003	男	2 000	500
2003	女	1 300	100
2004	男	2 500	300
2004	女	1 400	200

(1) 求 2004 年相对于 2003 年入学人数的增减情况;

(2) 如果 2005 年相对于 2004 年入学增长人数预计比 2004 年相对于 2003 年

入学增长的人数上再增加10%,求2005年入学新生的人数分布情况.

2. 矩阵乘法的应用1.

设某小航空公司在4个城市间的航行运行如图所示.某记者从城市 d 出发,(1) 有几条经三次航行到达城市 c 的线路?(2) 有几条经四次航行回到城市 d 的线路?

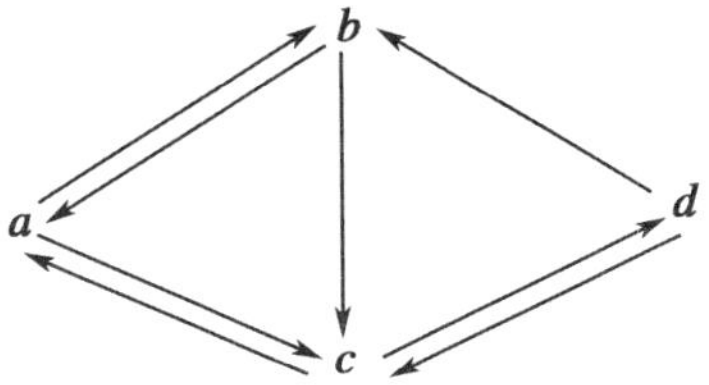

3. 矩阵的乘法的应用2.

设 $\boldsymbol{A}=\begin{bmatrix}-1 & 1 & 0\\ -4 & 3 & 0\\ 1 & 0 & 2\end{bmatrix}$,可验证 $\boldsymbol{P}^{-1}\boldsymbol{A}\boldsymbol{P}=\boldsymbol{J}$,其中

$$\boldsymbol{P}=\begin{bmatrix}0 & 1 & 0\\ 0 & 2 & 1\\ 1 & -1 & -1\end{bmatrix},\ \boldsymbol{J}=\begin{bmatrix}2 & 0 & 0\\ 0 & 1 & 1\\ 0 & 0 & 1\end{bmatrix}$$

(1) 求 $\boldsymbol{A}^m$;

(2) 求解 $\frac{\mathrm{d}\boldsymbol{X}}{\mathrm{d}t}=\boldsymbol{A}\boldsymbol{X}$,其中 $\boldsymbol{X}=(x_1,x_2,\cdots,x_n)^{\mathrm{T}}$,$\frac{\mathrm{d}\boldsymbol{X}}{\mathrm{d}t}=\left(\frac{\mathrm{d}x_1}{\mathrm{d}t},\frac{\mathrm{d}x_2}{\mathrm{d}t},\cdots,\frac{\mathrm{d}x_n}{\mathrm{d}t}\right)^{\mathrm{T}}$.

4. 线性方程组的应用.

在光合作用过程中,植物能利用太阳光照射将二氧化碳(CO_2)和水(H_2O)转化成葡萄糖($C_6H_{12}O_6$)和氧(O_2).该反应的化学反应式具有下列形式:

$$x_1CO_2+x_2H_2O\longrightarrow x_3O_2+x_4C_6H_{12}O_6$$

求解 x_1,x_2,x_3,x_4.

5. 逆矩阵和矩阵方程的应用.

某接收者收到信息

$$\boldsymbol{C}=\begin{bmatrix}22 & 47 & 33 & 40\\ -7 & 4 & -15 & 19\\ 15 & 33 & 13 & 39\end{bmatrix}$$

已知该公司的加密矩阵为

$$\boldsymbol{A}=\begin{bmatrix}1 & 1 & 1\\ -1 & 0 & 1\\ 0 & 1 & 1\end{bmatrix}$$

试破译此信息.(码字1,2,3,…,26分别代表字母 $a,b,c,\cdots,z$,0代表空格)

6. 基因转移模型.

一植物研究所研究的一种植物的基因型为AA，AB和BB. 现该所采用AA型的父本植物与各种基因型的母本植物相结合的方案培育后代植物，已知基因转移关系如下表所示：

后代＼父母		父本-母本基因型					
		AA - AA	AA - AB	AA - BB	AB - AB	AB - BB	BB - BB
后代基因型	AA	1	0.5	0	0.25	0	0
	AB	0	0.5	1	0.5	0.5	0
	BB	0	0	0	0.25	0.5	1

问：经过若干年后，这种植物的3种基因如何分布？

7. 人口迁移问题.

某地对城乡人口的年度调查结果是一个稳定的迁移趋势：每年有2.5%的农村居民迁往城镇，有1%的城镇居民迁往农村. 若人口流动趋势不变，并设总人口数不变，且总人口的60%住在城镇. 问：一年后住在城镇的人口所占比例是多少？两年后呢？最终比例是多少？

8. 斐波那契(Fibonacci)数列问题.

斐波那契数列是0，1，1，2，3，5，8，13，…，它满足下列递归公式：

$$a_{n+2}=a_{n+1}+a_n,\quad n=0,1,2,\cdots$$

及初始条件 $a_0=0$，$a_1=1$. 求斐波那契数列的通项公式，并求 $\lim\limits_{n\to\infty}\dfrac{a_n}{a_{n+1}}$.

9. 发展与环保问题.

为定量分析工业发展与环境污染问题，某地区提出如下增长模型：设 $x_0=11$ 是该地区目前的污染损耗，$y_0=19$ 是该地区目前的工业产值，以五年为一个发展周期，一个周期后的污染损耗和工业产值分别记为 x_1 和 y_1，它们之间关系如下：

$$\begin{cases} x_k=\dfrac{8}{3}x_{k-1}-\dfrac{1}{3}y_{k-1}, \\ y_k=-\dfrac{2}{3}x_{k-1}+\dfrac{7}{3}y_{k-1} \end{cases}$$

问今后各期的污染损耗和工业产值是多少？

10. 动物的繁殖问题.

某农场饲养的一种动物的最长寿命为6岁，将其分为3个年龄组：第一组

0～2岁，第二组3～4岁，第三组5～6岁. 动物从第二年龄组开始繁殖后代，经长期统计，第二年龄组的动物在其年龄段内平均繁殖5个后代，第三年龄组的动物在其年龄段内平均繁殖3个后代. 第一年龄组和第二年龄组能顺利进入下一年龄组的平均成活率为$\frac{2}{3}$和$\frac{1}{3}$. 现农场有3个年龄段的动物各90只，问饲养6年后，农场3个年龄段的动物各有多少只？

11. 有甲、乙、丙三种化肥，甲种化肥每千克含氮70克、磷8克、钾2克；乙种化肥每千克含氮64克、磷10克、钾0.6克；丙种化肥每千克含氮70克、磷5克、钾1.4克. 若把此三种化肥混合，要求总重量23千克且含磷149克、钾30克，问：三种化肥各需多少千克？

12. 某工厂有3个车间，各车间互相提供产品，现知某年各车间出厂产量及对其他车间的消耗如下表所示. 其中第一列消耗系数0.1，0.2，0.3表示第一车间生产1万元的产品需分别消耗第一、二、三车间0.1万元，0.2万元，0.3万元的产品，第二、三列类同. 求全年各车间的总产量.

车间 / 消耗系数	1	2	3	出厂产量（万元）	总产量（万元）
1	0.1	0.3	0.4	95	x_1
2	0.2	0	0.1	100	x_2
3	0.3	0.2	0.1	0	x_3

13. 甲、乙两厂在2005年和2006年所生产的3种产品A_1，A_2，A_3的数量如下表（单位：万吨）所示：

年份 / 产品 / 工厂	2005			2006		
	A_1	A_2	A_3	A_1	A_2	A_3
甲	45	36	28	47	37	28
乙	41	32	33	42	31	35

（1）作矩阵$\boldsymbol{A}$和$\boldsymbol{B}$分别表示2005和2006年甲、乙各生产产品的数量；

（2）计算矩阵$\boldsymbol{A}+\boldsymbol{B}$和$\boldsymbol{B}-\boldsymbol{A}$，并说明经济意义.

14. 3个工厂某年生产甲、乙、丙、丁4种产品，其单位成本如下表所示（单位：百元）. 现生产甲200件，乙300件，丙400件，丁500件，问由哪个工厂生产成本最低？

工厂＼产品	甲	乙	丙	丁
Ⅰ	3.5	4.2	2.9	3.3
Ⅱ	3.4	4.3	3.1	3.0
Ⅲ	3.6	4.1	3.0	3.2

15. 今有甲、乙两种产品销往A_1,A_2两地,已知销售量、总价值与总利润如下表所示(销售量单位: 吨,总价值与总利润单位: 万元),求甲、乙两产品的单位价格与单位利润.

产品＼销售地	A_1	A_2	总价值	总利润
甲	200	240	600	68
乙	350	300	870	95

第二章参考答案

1. 2003 年入学情况用矩阵 $\boldsymbol{A}=\begin{bmatrix}2\,000 & 500\\1\,300 & 100\end{bmatrix}$表示,2004 年入学情况用矩阵 $\boldsymbol{B}=\begin{bmatrix}2\,500 & 300\\1\,400 & 200\end{bmatrix}$表示. (1) 2004 年相对于 2003 年入学人数的增减情况为 $\boldsymbol{B}-\boldsymbol{A}=\begin{bmatrix}500 & -200\\100 & 100\end{bmatrix}$,即本地男生增加了 500 人,女生增加了 100 人;外地男生减少了 200 人,女生增加了 100 人. (2) 2005 年入学新生的人数分布情况用矩阵$\boldsymbol{C}$表示,则$\boldsymbol{C}=\boldsymbol{B}+1.1(\boldsymbol{B}-\boldsymbol{A})=\begin{bmatrix}3\,050 & 80\\1\,510 & 310\end{bmatrix}$,即2005年入学新生中本地男生3 050人,女生1 510人;外地男生80人,女生310人. **2.** 邻接矩阵为$\boldsymbol{A}=\begin{matrix} & a & b & c & d\\ a & 0 & 1 & 1 & 0\\ b & 1 & 0 & 1 & 0\\ c & 1 & 0 & 0 & 1\\ d & 0 & 1 & 1 & 0\end{matrix}$,则 $\boldsymbol{A}^2=\begin{bmatrix}2&0&1&1\\1&1&1&1\\0&2&2&0\\2&0&1&1\end{bmatrix}$, $\boldsymbol{A}^3=\begin{bmatrix}1&3&3&1\\2&2&3&1\\4&0&2&2\\1&3&3&1\end{bmatrix}$,

$\boldsymbol{A}^4=\begin{bmatrix}6&2&5&3\\5&3&5&3\\2&6&6&2\\6&2&5&3\end{bmatrix}$. (1) 于是从$d$出发经三次航行到达城市$c$的线路有$a_{43}^{(3)}=3$(条),具体

为 $d\to c\to d\to c$, $d\to b\to a\to c$, $d\to c\to a\to c$.　(2) 从 d 出发经四次航行回到城市 d 的线路也有 3 条,具体为 $d\to c\to d\to c\to d$, $d\to b\to a\to c\to d$, $d\to c\to a\to c\to d$.

3. (1) 由 $\boldsymbol{P}^{-1}\boldsymbol{AP}=\boldsymbol{J}$ 得 $\boldsymbol{A}=\boldsymbol{PJP}^{-1}$, $\boldsymbol{A}^m=\boldsymbol{PJ}^m\boldsymbol{P}^{-1}=\begin{bmatrix}0&1&0\\0&2&1\\1&-1&-1\end{bmatrix}\begin{bmatrix}2^m&0&0\\0&1&m\\0&0&1\end{bmatrix}\begin{bmatrix}-1&1&1\\1&0&0\\-2&1&0\end{bmatrix}=$

$\begin{bmatrix}1-2m&m&0\\-4m&1+2m&0\\1+2m-2^m&-1-m+2^m&2^m\end{bmatrix}$.　(2) 作可逆线性变换 $\boldsymbol{X}=\boldsymbol{PY}$,其中 $\boldsymbol{Y}=(y_1,y_2,y_3)^T$,

则方程组 $\dfrac{\mathrm{d}\boldsymbol{X}}{\mathrm{d}t}=\boldsymbol{AX}$ 变为 $\dfrac{\mathrm{d}\boldsymbol{Y}}{\mathrm{d}t}=\boldsymbol{P}^{-1}\boldsymbol{APY}=\boldsymbol{JY}=\begin{bmatrix}2&0&0\\0&1&1\\0&0&1\end{bmatrix}\begin{bmatrix}y_1\\y_2\\y_3\end{bmatrix}$, $\dfrac{\mathrm{d}y_1}{\mathrm{d}t}=2y_1$, $\dfrac{\mathrm{d}y_2}{\mathrm{d}t}=y_2+y_3$,

$\dfrac{\mathrm{d}y_3}{\mathrm{d}t}=y_3$,先解得 $y_1=C_1\mathrm{e}^{2t}$, $y_3=C_3\mathrm{e}^t$,代入第二个方程解得 $y_2=\mathrm{e}^t(C_3t+C_2)$,再由 $\boldsymbol{X}=\boldsymbol{PY}$ 得

原微分方程组的解为 $\begin{cases}x_1=y_2=\mathrm{e}^t(C_3t+C_2),\\x_2=2y_2+y_3=\mathrm{e}^t(2C_3t+2C_2+C_3),\\x_3=y_1-y_2-y_3=C_1\mathrm{e}^{2t}-\mathrm{e}^t(C_3t+C_2+C_3)\end{cases}$　(C_1,C_2,C_3 为任意常数).

4. 根据已知,为了使化学反应式两边的各原子数相等,得到 $x_1CO_2+x_2H_2O\longrightarrow x_3O_2+x_4C_6H_{12}O_6$,则 $\begin{cases}x_1=6x_4,\\2x_1+x_2=2x_3+6x_4,\\2x_2=12x_4,\end{cases}$ 解得 $\begin{cases}x_1=6x_4,\\x_2=6x_4,\\x_3=6x_4.\end{cases}$ 令 $x_4=1$,得 $x_1=x_2=x_3=6$,则

化学方程式为 $6CO_2+6H_2O=6O_2+C_6H_{12}O_6$.　**5.** $\boldsymbol{A}^{-1}=\begin{bmatrix}1&0&-1\\-1&-1&2\\1&1&-1\end{bmatrix}$, $\boldsymbol{A}^{-1}\boldsymbol{C}=$

$\begin{bmatrix}1&0&-1\\-1&-1&2\\1&1&-1\end{bmatrix}\begin{bmatrix}22&47&33&40\\-7&4&-15&19\\15&33&13&39\end{bmatrix}=\begin{bmatrix}7&14&20&1\\15&15&8&19\\0&18&5&20\end{bmatrix}$,破译为 GO NORTHEAST.

6. 设 $x_1^{(n)},x_2^{(n)},x_3^{(n)}$ 分别表示第 n 代植物中基因型 AA, AB 和 BB 的植物所占总数的百分比,则

有 $x_1^{(n)}+x_2^{(n)}+x_3^{(n)}=1$ $(n=1,2,\cdots)$. 依题意有 $\begin{cases}x_1^{(n)}=x_1^{(n-1)}+0.5x_2^{(n-1)},\\x_2^{(n)}=0.5x_2^{(n-1)}+x_3^{(n-1)},\\x_3^{(n)}=0\end{cases}$ $(n=1,2,\cdots)$,即

$\begin{bmatrix}x_1^{(n)}\\x_2^{(n)}\\x_3^{(n)}\end{bmatrix}=\begin{bmatrix}1&0.5&0\\0&0.5&1\\0&0&0\end{bmatrix}\begin{bmatrix}x_1^{(n-1)}\\x_2^{(n-1)}\\x_3^{(n-1)}\end{bmatrix}$ $(n=1,2,\cdots)$. 设 $\boldsymbol{X}^{(n)}=\begin{bmatrix}x_1^{(n)}\\x_2^{(n)}\\x_3^{(n)}\end{bmatrix}$, $\boldsymbol{A}=\begin{bmatrix}1&0.5&0\\0&0.5&1\\0&0&0\end{bmatrix}$,从而有

$\boldsymbol{X}^{(n)}=\boldsymbol{AX}^{(n-1)}=\boldsymbol{A}^2\boldsymbol{X}^{(n-2)}=\cdots=\boldsymbol{A}^n\boldsymbol{X}^{(0)}$ $(n=1,2,\cdots)$. 将 $\boldsymbol{A}$ 对角化,得 $\boldsymbol{P}=\boldsymbol{P}^{-1}=$

$\begin{bmatrix}1&1&1\\0&-1&-2\\0&0&1\end{bmatrix}$, $\boldsymbol{\Lambda}=\begin{bmatrix}1&&\\&0.5&\\&&0\end{bmatrix}$,使 $\boldsymbol{P}^{-1}\boldsymbol{AP}=\boldsymbol{\Lambda}$. 所以 $\boldsymbol{A}=\boldsymbol{P\Lambda P}^{-1}$. 因此 $\boldsymbol{A}^n=\boldsymbol{P\Lambda}^n\boldsymbol{P}^{-1}=$

$\boldsymbol{P}\begin{bmatrix}1 & & \\ & 0.5^n & \\ & & 0\end{bmatrix}\boldsymbol{P}^{-1}=\begin{bmatrix}1 & 1-0.5^n & 1-0.5^{n-1} \\ 0 & 0.5^n & 0.5^{n-1} \\ 0 & 0 & 0\end{bmatrix}$，$\boldsymbol{X}^{(n)}=\begin{bmatrix}1 & 1-0.5^n & 1-0.5^{n-1} \\ 0 & 0.5^n & 0.5^{n-1} \\ 0 & 0 & 0\end{bmatrix}\boldsymbol{X}^{(0)}=$ $\begin{bmatrix}x_1^{(0)}+(1-0.5^n)x_2^{(0)}+(1-0.5^{n-1})x_3^{(0)} \\ 0.5^n x_2^{(0)}+0.5^{n-1}x_3^{(0)} \\ 0\end{bmatrix}$，$\lim\limits_{n\to\infty}\boldsymbol{X}^{(n)}=\begin{bmatrix}x_1^{(0)}+x_2^{(0)}+x_3^{(0)} \\ 0 \\ 0\end{bmatrix}=\begin{bmatrix}1 \\ 0 \\ 0\end{bmatrix}$. 所以，经过若干年后，基因型为 AA 的植物所占比重不断增加，极限状态下所有植物的基因都是 AA 型.

7. 设$\begin{cases}x_1^{(0)}=0.6\text{——现城镇人口所占比例}, \\ x_2^{(0)}=0.4\text{——现农村人口所占比例},\end{cases}$ $\begin{cases}x_1^{(n)}\text{——}n\text{ 年后城镇人口所占比例}, \\ x_2^{(n)}\text{——}n\text{ 年后农村人口所占比例}.\end{cases}$ 设人口总数为 N，则$\begin{cases}x_1^{(1)}N=0.99x_1^{(0)}N+0.025x_2^{(0)}N, \\ x_2^{(1)}N=0.01x_1^{(0)}N+0.975x_2^{(0)}N,\end{cases}$ 则一年后城乡人口分别为 $x_1^{(1)}=0.604$，$x_2^{(1)}=0.396$，用矩阵表示为$\begin{bmatrix}0.99 & 0.025 \\ 0.01 & 0.975\end{bmatrix}\begin{bmatrix}x_1^{(0)} \\ x_2^{(0)}\end{bmatrix}=\begin{bmatrix}x_1^{(1)} \\ x_2^{(1)}\end{bmatrix}$. 因人口流动趋势不变，即系数阵 $\boldsymbol{A}$ 不变，记 $x^{(n)}=(x_1^{(n)},x_2^{(n)})^T$，$x^{(0)}=(x_1^{(0)},x_2^{(0)})^T=(0.6,0.4)^T$，则有 $\boldsymbol{A}^n x^{(0)}=x^{(n)}$，$\boldsymbol{A}^n$ 描述了从现在到 n 年后的变化. 易求 $\boldsymbol{A}$ 的特征值 $\lambda_1=1$，$\lambda_2=0.965$，对应的特征向量为 $\boldsymbol{\alpha}_1=\begin{bmatrix}\frac{5}{2} \\ 1\end{bmatrix}$，$\boldsymbol{\alpha}_2=\begin{bmatrix}-1 \\ 1\end{bmatrix}$，则有 $\boldsymbol{A}=\begin{bmatrix}\frac{5}{2} & -1 \\ 1 & 1\end{bmatrix}\begin{bmatrix}1 & 0 \\ 0 & 0.965\end{bmatrix}\frac{2}{7}\begin{bmatrix}1 & 1 \\ -1 & \frac{5}{2}\end{bmatrix}$. 故 $\boldsymbol{A}^n=\frac{2}{7}\begin{bmatrix}\frac{5}{2} & -1 \\ 1 & 1\end{bmatrix}\cdot\begin{bmatrix}1 & 0 \\ 0 & 0.965\end{bmatrix}^n\cdot\begin{bmatrix}1 & 1 \\ -1 & \frac{5}{2}\end{bmatrix}$. 当 $n=2$ 时 $\boldsymbol{A}^2=\frac{1}{7}\begin{bmatrix}6.86245 & 0.343875 \\ 0.13755 & 6.656125\end{bmatrix}$，$x^{(2)}=\boldsymbol{A}^2x^{(0)}$，$x_1^{(2)}=\frac{1}{7}(6.86245\times0.6+0.343875\times0.4)=0.60786$，即两年后总人口的 60.786% 住在城镇. $\lim\limits_{n\to\infty}x^{(n)}=\lim\limits_{n\to\infty}\boldsymbol{A}^n x^{(0)}=\frac{1}{7}\begin{bmatrix}5 & 5 \\ 2 & 2\end{bmatrix}\begin{bmatrix}0.6 \\ 0.4\end{bmatrix}=\begin{bmatrix}\frac{5}{7} \\ \frac{2}{7}\end{bmatrix}$，即最终人口的 $\frac{5}{7}$ 住在城镇，$\frac{2}{7}$ 住在农村.

8. 令 $\boldsymbol{\alpha}_n=\begin{bmatrix}a_{n+1} \\ a_n\end{bmatrix}$，$n=0,1,2,\cdots$. 因 $a_{n+2}=a_{n+1}+a_n$，所以$\begin{bmatrix}a_{n+2} \\ a_{n+1}\end{bmatrix}=\begin{bmatrix}1 & 1 \\ 1 & 0\end{bmatrix}\begin{bmatrix}a_{n+1} \\ a_n\end{bmatrix}$. 再令 $\boldsymbol{A}=\begin{bmatrix}1 & 1 \\ 1 & 0\end{bmatrix}$，则有 $\boldsymbol{\alpha}_{n+1}=\boldsymbol{A}\boldsymbol{\alpha}_n$，$\boldsymbol{\alpha}_n=\boldsymbol{A}^n\boldsymbol{\alpha}_0$. 由 $|\lambda\boldsymbol{I}-\boldsymbol{A}|=0$，得 $\lambda_1=\frac{1+\sqrt{5}}{2}$，$\lambda_2=\frac{1-\sqrt{5}}{2}$. 其对应的特征向量分别为 $\boldsymbol{\eta}_1=\begin{bmatrix}\lambda_1 \\ 1\end{bmatrix}$，$\boldsymbol{\eta}_2=\begin{bmatrix}\lambda_2 \\ 1\end{bmatrix}$. 令 $\boldsymbol{P}=\begin{bmatrix}\lambda_1 & \lambda_2 \\ 1 & 1\end{bmatrix}$，则 $\boldsymbol{P}^{-1}\boldsymbol{A}\boldsymbol{P}=\begin{bmatrix}\lambda_1 & 0 \\ 0 & \lambda_2\end{bmatrix}$，从而 $\boldsymbol{A}^n=\boldsymbol{P}\begin{bmatrix}\lambda_1 & 0 \\ 0 & \lambda_2\end{bmatrix}^n\boldsymbol{P}^{-1}=\frac{1}{\sqrt{5}}\begin{bmatrix}\lambda_1^{n+1} & \lambda_2^{n+1} \\ \lambda_1^n & \lambda_2^n\end{bmatrix}\begin{bmatrix}1 & -\lambda_2 \\ -1 & \lambda_1\end{bmatrix}$. 由初始条件，得$\begin{bmatrix}a_{n+1} \\ a_n\end{bmatrix}=\boldsymbol{A}^n\begin{bmatrix}1 \\ 0\end{bmatrix}$. 故有 $a_n=\frac{1}{\sqrt{5}}(\lambda_1^n-\lambda_2^n)=\frac{1}{\sqrt{5}}\left[\left(\frac{1+\sqrt{5}}{2}\right)^n-\left(\frac{1-\sqrt{5}}{2}\right)^n\right]$. 这便是 Fibonacci 数列的通项公式.

$\lim\limits_{n\to\infty}\dfrac{a_n}{a_{n+1}}=\lim\limits_{n\to\infty}\dfrac{\lambda_1^n-\lambda_2^n}{\lambda_1^{n+1}-\lambda_2^{n+1}}=\lim\limits_{n\to\infty}\dfrac{1-\left(\dfrac{\lambda_2}{\lambda_1}\right)^n}{\lambda_1-\left(\dfrac{\lambda_2}{\lambda_1}\right)^n\lambda_2}=\dfrac{1}{\lambda}=\dfrac{\sqrt{5}-1}{2}\approx 0.618$(这个极限值在最优化方法中有重要应用)． **9.** 由$\begin{cases}x_k=\dfrac{8}{3}x_{k-1}-\dfrac{1}{3}y_{k-1},\\ y_k=-\dfrac{2}{3}x_{k-1}+\dfrac{7}{3}y_{k-1}\end{cases}$得$\begin{bmatrix}x_k\\y_k\end{bmatrix}=\begin{bmatrix}\dfrac{8}{3}&-\dfrac{1}{3}\\-\dfrac{2}{3}&\dfrac{7}{3}\end{bmatrix}\begin{bmatrix}x_{k-1}\\y_{k-1}\end{bmatrix}$,记为$\boldsymbol{\alpha}_k=\boldsymbol{A}\boldsymbol{\alpha}_{k-1}$,则有$\boldsymbol{\alpha}_n=\boldsymbol{A}^n\boldsymbol{\alpha}_0$．因$|\lambda\boldsymbol{I}-\boldsymbol{A}|=\begin{vmatrix}\lambda-\dfrac{8}{3}&\dfrac{1}{3}\\\dfrac{2}{3}&\lambda-\dfrac{7}{3}\end{vmatrix}=(\lambda-2)(\lambda-3)$,故$\lambda=2$是$\boldsymbol{A}$的特征值,易得特征向量为$\boldsymbol{\alpha}_1=\begin{bmatrix}1\\2\end{bmatrix}$;$\lambda=3$是$\boldsymbol{A}$的特征值,易得特征向量为$\boldsymbol{\alpha}_2=\begin{bmatrix}1\\-1\end{bmatrix}$．令$\boldsymbol{P}=\begin{bmatrix}1&1\\2&-1\end{bmatrix}$,则有$\boldsymbol{P}^{-1}\boldsymbol{A}\boldsymbol{P}=\boldsymbol{\Lambda}$．故$\boldsymbol{A}=\boldsymbol{P}\boldsymbol{\Lambda}\boldsymbol{P}^{-1}$,有$\boldsymbol{A}^n=\boldsymbol{P}\boldsymbol{\Lambda}^n\boldsymbol{P}^{-1}$．因而$\boldsymbol{\alpha}_n=\boldsymbol{P}\boldsymbol{\Lambda}^n\boldsymbol{P}^{-1}\cdot\boldsymbol{\alpha}_0=\begin{bmatrix}1&1\\2&-1\end{bmatrix}\begin{bmatrix}2&0\\0&3\end{bmatrix}^n\begin{bmatrix}1&1\\2&-1\end{bmatrix}^{-1}\cdot\begin{bmatrix}11\\19\end{bmatrix}=\begin{bmatrix}10\cdot 2^n+3^n\\20\cdot 2^n-3^n\end{bmatrix}=\begin{bmatrix}x_n\\y_n\end{bmatrix}$．故当$n=4$时,$x_4=241$,$y_4=239$,损耗已超过产值,经济将出现负增长． **10.** 取2年为一个周期,设$x_1^{(k)},x_2^{(k)},x_3^{(k)}$分别表示第$k$期的第一、二、三组的动物数,则有$\begin{cases}x_1^{(k)}=5x_2^{(k-1)}+3x_3^{(k-1)},\\ x_2^{(k)}=\dfrac{2}{3}x_1^{(k-1)},\\ x_3^{(k)}=\dfrac{1}{3}x_2^{(k-1)}.\end{cases}$记$\boldsymbol{X}^{(k)}=\begin{bmatrix}x_1^{(k)}\\x_2^{(k)}\\x_3^{(k)}\end{bmatrix}(k=1,2,3)$,$\boldsymbol{A}=\begin{bmatrix}0&5&3\\\dfrac{2}{3}&0&0\\0&\dfrac{1}{3}&0\end{bmatrix}$,则有$\boldsymbol{X}^{(k)}=\boldsymbol{A}\boldsymbol{X}^{(k-1)}=\cdots=\boldsymbol{A}^k\boldsymbol{X}^{(0)}$．已知$\boldsymbol{X}^{(0)}=\begin{bmatrix}90\\90\\90\end{bmatrix}$,$k=3$,代入上式,得$\boldsymbol{X}^{(3)}=\boldsymbol{A}^3\boldsymbol{X}^{(0)}=\begin{bmatrix}0&5&3\\\dfrac{2}{3}&0&0\\0&\dfrac{1}{3}&0\end{bmatrix}^3\begin{bmatrix}90\\90\\90\end{bmatrix}=\begin{bmatrix}2\,460\\260\\160\end{bmatrix}$． **11.** 设甲、乙、丙三种化肥各需$x_1,x_2,x_3$千克,由题意可得$\begin{cases}x_1+x_2+x_3=23,\\8x_1+10x_2+5x_3=149,\\2x_1+0.6x_2+1.4x_3=30,\end{cases}$则$D=-\dfrac{27}{5}$, $D_1=-\dfrac{81}{5}$, $D_2=-27$, $D_3=-81$．由克莱姆法则得唯一解$x_1=3,x_2=5,x_3=15$．即甲、乙、丙三种化肥各需3,5,15千克． **12.** 依题意,得方程组$\begin{cases}0.1x_1+0.3x_2+0.4x_3=x_1-95,\\0.2x_1+0.1x_3=x_2-100,\\0.3x_1+0.2x_2+0.1x_1=x_3,\end{cases}$整理得

$\begin{cases}0.9x_1-0.3x_2-0.4x_3=95,\\-0.2x_1+x_2-0.1x_3=100,\\0.3x_1+0.2x_2-0.9x_3=0,\end{cases}$ 系数行列式 $D=\begin{vmatrix}0.9&-0.3&-0.4\\-0.2&1&-0.1\\0.3&0.2&-0.9\end{vmatrix}=-0.593.D\neq 0$，由克莱姆法则知方程组有唯一解，得 $x_1=\dfrac{D_1}{D}=200$，$x_2=\dfrac{D_2}{D}=150$，$x_3=\dfrac{D_3}{D}=100$.

13. (1) $\boldsymbol{A}=\begin{bmatrix}45&36&28\\41&32&33\end{bmatrix}$，$\boldsymbol{B}=\begin{bmatrix}47&37&28\\42&31&35\end{bmatrix}$；(2) $\boldsymbol{A}+\boldsymbol{B}=\begin{bmatrix}92&73&56\\83&63&68\end{bmatrix}$，$\boldsymbol{B}-\boldsymbol{A}=\begin{bmatrix}2&1&0\\1&-1&2\end{bmatrix}$. 矩阵 $\boldsymbol{A}+\boldsymbol{B}$ 说明这两年甲、乙两厂生产的产品数量，$\boldsymbol{B}-\boldsymbol{A}$ 说明甲、乙两厂 2006 年比 2005 年的 3 种产品的增量. **14.** 设矩阵 $\boldsymbol{A}$ 表示各厂生产 4 种产品的单位成本，设矩阵 $\boldsymbol{B}$ 表示生产 4 种产品的产量，则 $\boldsymbol{A}=\begin{bmatrix}3.5&4.2&2.9&3.3\\3.4&4.3&3.1&3.0\\3.6&4.1&3.0&3.2\end{bmatrix}$，$\boldsymbol{B}=\begin{bmatrix}200\\300\\400\\500\end{bmatrix}$，$\boldsymbol{AB}=[4\,770\quad 4\,710\quad 4\,750]$，即由工厂 Ⅱ 生产所需成本最低. **15.** 设矩阵 $\boldsymbol{A}$ 为产品的销售量，矩阵 $\boldsymbol{B}$ 为销往两地产品的总价值与总利润，矩阵 $\boldsymbol{C}$ 为销往两地产品的单位价值与单位利润，则有 $\boldsymbol{A}=\begin{bmatrix}200&240\\350&300\end{bmatrix}$，$\boldsymbol{B}=\begin{bmatrix}600&68\\870&95\end{bmatrix}$，而 $\boldsymbol{AC}=\boldsymbol{B}$，且 $\boldsymbol{A}^{-1}=\begin{bmatrix}-\frac{1}{80}&\frac{1}{100}\\\frac{7}{480}&-\frac{1}{120}\end{bmatrix}$，则 $\boldsymbol{C}=\boldsymbol{A}^{-1}\boldsymbol{B}=\begin{bmatrix}1.2&0.1\\1.5&0.2\end{bmatrix}$. 即甲、乙两种产品的单位价格分别是 1.2 与 1.5，甲、乙两种产品的单位利润分别是 0.1 和 0.2.

第三章　概率论与数理统计中的经管问题及解答

1. 人们为了解一支股票未来一定时期内价格的变化，往往会去分析影响股票价格的基本因素，比如利率的变化. 现假设人们经分析估计利率下调的概率为 60%，利率不变的概率为 40%. 根据经验，在利率下调的情况下，该支股票价格上涨的概率为 80%，而在利率不变的情况下，其价格上涨的概率为 40%，试求该支股票将上涨的概率.

2. 检查员逐个地检查某种商品，每次花 8 秒钟检查一个，但也可能有的产品需再花 10 秒钟复检一次. 假设每个产品需复检的概率为 0.4，试求 6 小时内检查员检查的产品个数多于 1 800 个的概率.

3. 某工厂生产的仪器使用寿命服从参数为 1 的指数分布. 当寿命大于 2 时，可直接出厂；否则需进一步加工，加工后以概率 0.8 可以出厂. 现该厂新生产出 n 台仪器，假设生产过程相互独立，试求：

(1) 都能出厂的概率 α;

(2) 恰有两件不能出厂的概率 β;

(3) 至少两件不能出厂的概率 γ.

4. 设有 80 台同类型设备,各台工作是相互独立的,发生故障的概率都是 0.01,且一台设备的故障能由一个人处理. 考虑两种配备维修工人的方法,其一是由 4 人维护,每人负责 20 台;其二是由 3 人共同维护 80 台. 试比较这两种方法在设备发生故障时不能及时维修的概率的大小,从而判别两种方法的优劣.

5. 某保险公司接受了 10 000 份电动自行车的保险,每辆车每年的保费为 12 元. 假设车的丢失率为 0.006,若车丢失,则车主可获赔偿 1 000 元. 对于此项业务,试求:

(1) 保险公司亏损的概率 α;

(2) 保险公司一年获利润不少于 40 000 元的概率 β;

(3) 为使保险公司一年获利润不少于 60 000 元的概率超过 0.97,赔偿金额至多设为多少元?

6. 某商品计价以元为单位,并将小数部分经四舍五入归为整数,所产生的误差 X 元是一个连续型随机变量,它服从区间$(-0.5,0.5]$上的均匀分布,求:

(1) 误差 X 的绝对值小于 0.2 的概率;

(2) 误差 X 的均值.

7. 某菜市场零售某种蔬菜,进货后第一天售出概率为 0.7,每 500 克售价为 10 元;进货后第二天售出概率为 0.2,每 500 克售价 8 元;进货第三天售出概率为 0.1,每 500 克售价 4 元. 求任取 500 克蔬菜售价 X 元的数学期望 $E(X)$ 与方差 $D(X)$.

8. 假定在国际市场上每年对我国某种出口商品的需求量是随机变量 x(单位: 吨),它服从$[2\,000,4\,000]$均匀分布,设每售出这种商品一吨,可为国家挣得外汇 3 万元,但若销售不出而囤积仓库,则每吨需浪费保养费 1 万元,问要确定组织多少货源,才能使国家的收益最大?

9. 以家庭为单位,某种商品年需求量与该商品价格之间的一组调查数据如下所示:

价格 x(元)	5	2	2.3	2.5	2.6	2.8	3	3.3	3.5	2
需求量(千克)	1	3.5	2.7	2.4	2.5	2	1.5	1.2	1.2	3

(1) 求经验回归方程$\hat{y}=\hat{a}+\hat{b}x$;

(2) 检验线性关系的显著性($\alpha=0.05$).

10. 已知某商品销售额 Y 万元与广告费 x 万元的一组统计资料如下所示：

广告费 x	30	25	20	30	40	40	15	20	50
销售额 Y	470	460	420	460	500	520	400	440	560

(1) 在检验水平 $\alpha = 0.05$ 下，该商品的销售额 Y 与广告费 x 之间是否具有显著线性相关关系？

(2) 若它们具有显著线性相关关系情况下，试求该商品的销售额 Y 对广告费 x 的回归直线方程 $\hat{y} = \hat{a} + \hat{b}x$.

(3) 广告费 x 每增加 1 万元，销售额 Y 平均增加多少？

(4) 当广告费 x 为 35 万元时，商品销售额 Y 估计为多少？

11. 据统计 65 岁的人在 10 年内正常死亡的概率为 0.98，因事故死亡的概率为 0.02，保险公司开办老人意外事故死亡保险，参保者仅需交纳保险费 1 000 元，若 10 年内因意外事故死亡，公司赔偿 a 元.

(1) 如何定 a，才能使保险公司期望获益？

(2) 若有 10 000 人投保，公司期望总收益是多少？

12. 一商店经销某种商品，每周进货量 X 与顾客对该种商品的需求量 Y 是相互独立的随机变量，且都服从区间(10,20) 上的均匀分布. 商店每售出一单位商品可得利润 1 000 元；若需求量超过了进货量，则可从其他商店调剂供应，这时每单位商品获利 500 元. 试求商店经销该种商品每周的平均利润.

13. 某电脑公司考虑一项增加产能的计划，必须对再引进一条还是两条自动生产流水线作出决策. 未确定的因素是未来产品的市场需求量，其预期可能是一般、较大和很大. 公司财务部门对两个方案的年底利润(单位：万元) 预测如下：

需求情况	一般	较大	很大
相应概率	0.15	0.60	0.25
方案 1 利润	50	250	300
方案 2 利润	−100	200	500

其中方案 i 为引进 i 条自动生产线($i = 1,2$)，问：

(1) 选择哪一个方案对实现期望利润最大化有利？

(2) 选择哪一个方案对实现风险或不确定性最小的目标更优？

14. 某汽车销售点每天出售的汽车数服从参数为 $\lambda = 2$ 的泊松分布. 若一年 365 天都经营汽车销售，且每天出售的汽车数相互独立，求一年中售出 700 辆以上汽车的概率.

15. 建设银行某支行为支付某日到期的国家建设债券需准备一笔现金. 已知该债券在支行所在地区发售了10 000张,每张需付本金与利息共1 500元. 设持券人(一人一券)到期日去支行兑换的概率为0.6,则支行于该日应准备多少现金才能以99.9%的把握满足客户的兑换?

16. 某种新大米要上市了,超市为了了解用户对该大米的需求量,调查了100个用户,得出每户每月均需要该大米10千克. 根据经验得知用户需求量方差 $\sigma_0^2 = 9$. 如果该超市供应一万户,就用户对这种大米的平均需求量 μ 进行区间估计($\alpha = 0.01$),并依此求至少要进货多少千克大米才能以0.99的概率满足用户需求?

第三章参考答案

1. 设 A = "利率下调",则 $\overline{A}$ = "利率不变",B = "股票价格上涨". 由题意,得 $P(A) = 0.6, P(\overline{A}) = 0.4; P(B \mid A) = 0.8, P(B \mid \overline{A}) = 0.4$,所以由全概率公式,得 $P(B) = P(AB + \overline{A}B) = P(A) \cdot P(B \mid A) + P(\overline{A}) \cdot P(B \mid \overline{A}) = 0.6 \times 0.8 + 0.4 \times 0.4 = 0.64$. **2.** 设 X 表示检查1 800个产品所花的总时间,X_i 表示检查第 i 个产品所花的时间,由题意,知 $X_1, X_2, \cdots, X_{1\,800}$ 相互独立,$X = \sum_{i=1}^{1\,800} X_i$,$X_i = \begin{cases} 8, & \text{第 } i \text{ 个产品不需复检}, \\ 18, & \text{第 } i \text{ 个产品需复检}. \end{cases}$ 且 X_i 的概率分布如下所示:

X_i	8	18
P	0.6	0.4

则 $E(X_i) = 8 \times 0.6 + 18 \times 0.4 = 12, D(X_i) = E(X_i^2) - (E(X_i))^2 = (8^2 \times 0.6 + 18^2 \times 0.4) - 12^2 = 24$. 所以 $E(X) = \sum_{i=1}^{1\,800} E(X_i) = 1\,800 \times 12 = 21\,600, D(X) = \sum_{i=1}^{1\,800} D(X_i) = 1\,800 \times 24 = 43\,200$. 由独立同分布的中心极限定理,得 X 近似服从正态分布 $N(21\,600, 43\,200)$. 所以 $P\{X \leqslant 6 \times 3\,600\} = P\left\{\frac{X - E(X)}{\sqrt{D(X)}} \leqslant \frac{6 \times 3\,600 - E(X)}{\sqrt{D(X)}}\right\} \approx \Phi\left(\frac{6 \times 3\,600 - 21\,600}{\sqrt{43\,200}}\right) = \Phi(0) = 0.5$. **3.** 设 A = "仪器可出厂",B = "仪器寿命大于2",X 为该厂生产的仪器的使用寿命,Y 为可以出厂的仪器台数. 由题意,X 的密度函数 $f(x) = \begin{cases} e^{-x}, & x \geqslant 0, \\ 0, & x < 0. \end{cases}$ 所以 $P(B) = P\{X > 2\} = \int_2^{+\infty} e^{-x} dx = e^{-2}$. 故仪器可出厂的概率由全概率公式,得 $P(A) = P(AB + A\overline{B}) = P(B) \cdot P(A \mid B) + P(\overline{B}) \cdot P(A \mid \overline{B}) = e^{-2} \times 1 + (1 - e^{-2}) \times 0.8 \approx 0.827$,则 $Y \sim B(n, 0.827)$. (1) $\alpha = P\{Y = n\} = 0.827^n$; (2) $\beta = P\{Y = n-2\} = C_n^{n-2} \cdot 0.827^{n-2} \cdot 0.173^2$; (3) $\gamma = P\{Y \leqslant n-2\} = 1 - P\{Y = n-1\} - P\{Y = n\} = 1 - C_n^{n-1} \cdot 0.827^{n-1} \cdot 0.173 - 0.827^n = 1 - 0.173 \cdot n \cdot 0.827^{n-1} - 0.827^n$. **4.** 第一种方法:设 X 为1人维护的20台中同一时刻发生

的故障的台数. $A_i=$“第 i 人维护的20台中发生故障不能及时维修”，$i=1,2,3,4$，则由题意知80台中发生故障而不能及时维修的概率为 $P(A_1+A_2+A_3+A_4)\geqslant P(A_1)=P\{X\geqslant 2\}$. 而 $X\sim B(20,0.01)$，故 $P\{X\geqslant 2\}=1-P(X=0)-P(X=1)=1-0.99^{20}-20\cdot 0.01\cdot 0.99^{19}=0.0169$. 即 $P(A_1+A_2+A_3+A_4)\geqslant 0.0169$. 第二种方法：设 Y 为80台中同一时刻发生故障的台数. 则 $Y\sim B(80,0.01)$，故80台中发生故障而不能及时维修的概率为 $P\{Y\geqslant 4\}=1-\sum\limits_{k=0}^{3}C_{80}^{k}\cdot 0.01^{k}\cdot 0.99^{80-k}=0.0087$. 实际认为，在设备发生故障时，不能及时维修的概率小的为优，所以第二种方法优于第一种方法. **5.** 设 X 为需要赔偿的车主人数，Y 为保险公司的利润，则 $X\sim B(10\,000,0.006)$，$Y=10\,000\times 12-1\,000X$. 故 $E(X)=60$，$D(X)=60\times 0.994=59.64$. 由中心极限定理，$X$ 近似服从正态分布 $N(60,59.64)$. (1) $\alpha=P\{Y\leqslant 0\}=P\{120\,000-1\,000X\leqslant 0\}=P\{X>120\}=P\left\{\dfrac{X-60}{\sqrt{59.64}}>\dfrac{120-60}{\sqrt{59.64}}\right\}\approx 1-\Phi\left(\dfrac{60}{\sqrt{59.64}}\right)=1-\Phi(7.77)=0$. (2) $\beta=P\{Y\geqslant 40\,000\}=P\{120\,000-1\,000X\geqslant 40\,000\}=P\{X\leqslant 80\}=P\left\{\dfrac{X-60}{\sqrt{59.64}}\leqslant\dfrac{80-60}{\sqrt{59.64}}\right\}\approx\Phi\left(\dfrac{20}{\sqrt{59.64}}\right)=\Phi(2.59)=0.9952$. (3) 设赔偿金额设为 a 元. 则由题意，得保险公司获利润 $Y=12\times 10\,000-aX$，$P\{Y\geqslant 60\,000\}\geqslant 0.97$，即 $P\{120\,000-aX\geqslant 60\,000\}\geqslant 0.97$，所以 $P\left\{X\leqslant\dfrac{60\,000}{a}\right\}=P\left\{\dfrac{X-60}{\sqrt{59.64}}\leqslant\dfrac{\frac{60\,000}{a}-60}{\sqrt{59.64}}\right\}\approx\Phi\left(\dfrac{\frac{60\,000}{a}-60}{\sqrt{59.64}}\right)\geqslant 0.97$，查表得 $\dfrac{\frac{60\,000}{a}-60}{\sqrt{59.64}}\geqslant 1.88$，整理得 $\dfrac{60\,000}{a}\geqslant 60+1.88\times\sqrt{59.64}$，$a\leqslant 805.17$，所以赔偿金额至多设为805元. **6.** (1) 由于误差 X 服从区间 $(-0.5,0.5]$ 上的均匀分布，因而它的概率密度为 $\varphi(x)=\begin{cases}1, & -0.5<x\leqslant 0.5,\\ 0, & \text{其他}.\end{cases}$ 事件 $|X|<0.2$ 表示误差 X 的绝对值小于0.2，其发生概率为 $P\{|X|<0.2\}=P\{-0.2<X<0.2\}=\int_{-0.2}^{0.2}\varphi(x)\mathrm{d}x=\int_{-0.2}^{0.2}\mathrm{d}x=0.4$. 所以误差 X 的绝对值小于0.2的概率为0.4. (2) $E(X)=\dfrac{1}{2}\times[0.5+(-0.5)]=0$，即误差 X 的均值为0. **7.** 离散型随机变量 X 的所有可能取值为4,8,10，取这些值的概率依次为0.1,0.2,0.7，因而任取500 g蔬菜售价 X 元的概率分布可用列表法表示为

X	4	8	10
P	0.1	0.2	0.7

所以数学期望 $E(X)=4\times 0.1+8\times 0.2+10\times 0.7=9$，说明每500 g蔬菜平均售价为9元；其次计算数学期望 $E(X^2)=4^2\times 0.1+8^2\times 0.2+10^2\times 0.7=84.4$，所以方差 $D(X)=E(X^2)-(E(X))^2=84.4-9^2=3.4$. **8.** 若以 y 记预备某年出口的此种商品量(显然可以只考虑 $2\,000\leqslant y\leqslant 4\,000$ 的情况)，则收益(单位：万元) $Y=H(x)=\begin{cases}3y, & \text{当 } x\geqslant y \text{ 时},\\ 3x-(y-x), & \text{当 } x<y \text{ 时}.\end{cases}$

为了求得 $E(Y)$，利用随机变量函数的数学期望定义，得 $E(Y)=\int_{-\infty}^{+\infty}H(x)f(x)\mathrm{d}x=\frac{1}{2\,000}\int_{2\,000}^{4\,000}H(x)\mathrm{d}x=\frac{1}{2\,000}\int_{2\,000}^{y}(4x-y)\mathrm{d}x+\frac{1}{2\,000}\int_{y}^{4\,000}3y\mathrm{d}x=\frac{1}{1\,000}[-y^2+7\,000y-4\times10^6]$. 此时当 $y=3\,500$ 时达到最大，因此组织 3 500 吨此商品为最好决策. **9.** (1) $\bar{x}=2.9,l_{xx}=7.18,\bar{y}=2.1,l_{yy}=6.58,l_{xy}=\sum_{i=1}^{n}x_iy_i-n\bar{x}\ \bar{y}=54.97-2.1\times2.9\times10=-5.93$，故$\hat{b}=\frac{l_{xy}}{l_{xx}}=-0.826,\hat{a}=\bar{y}-\hat{b}\bar{x}=4.495$. 经验回归方程$\hat{y}=4.495-0.826x$. (2) $S_R=\hat{b}l_{xy}=(-0.826)\times(-5.93)=4.898,S_E=l_{yy}-\hat{b}l_{xy}=1.682,F=\frac{S_R}{\frac{S_E}{n-2}}=\frac{8\times4.898}{1.682}=23.297$. 取 $\alpha=0.05$，查表得 $F_{0.05}(1,8)=5.32$. 因 $F>F_{0.05}(1,8)$，故回归是显著的. **10.** (1) $\bar{x}=30,\bar{y}=470,l_{xx}=1\,050,l_{yy}=20\,000,l_{xy}=4\,500$. 假设 y 与 x 之间的关系为线性关系，并试为 $y=a+bx$，则待检验假设为 $H_0:b=0$. 因为$\hat{b}=\frac{l_{xy}}{l_{xx}}=\frac{4\,500}{1\,050}=4.3,\hat{a}=\bar{y}-\hat{b}\bar{x}=341.4,S_R=\hat{b}\cdot l_{xy}=4\,500\times4.3=19\,350,S_E=l_{yy}-S_R=20\,000-19\,350=650$，故 $F=\frac{S_R}{\frac{S_E}{n-2}}=\frac{19\,350\times7}{650}=208.4$. 取 $\alpha=0.05$，查表得 $F_{0.05}(1,(9-2))=F_{0.05}(1,7)=5.59$. 又因为 $F>F_{0.05}(1,7)$，故检验显著，认为该商品的销售额 Y 万元与广告费 x 万元具有显著线性关系. (2) 由(1) 得$\hat{b}=4.3,\hat{a}=341.4$，于是 Y 对 x 的回归方程为$\hat{y}=341.4+4.3x$. (3) 由于回归系数$\hat{b}=4.3$，故广告费每增加1万元，商品销售额Y平均增加4.3万元. (4) 在回归方程中，变量 x 用35代入，得到$\hat{y}|_{x=35}=341.4+4.3\times35=491.9$，所以广告费 x 为35万元时，商品销售额估计为491.9万元. **11.** 设 X_i 表示公司从第 i 个投保人处获得的收益，则 X_i 的分布律为$\begin{bmatrix}1\,000 & 1\,000-a\\0.98 & 0.02\end{bmatrix}$. (1) 由于公司不能亏本，故应有 $E(X_i)=1\,000\times0.98+(1\,000-a)\times0.02=1\,000-0.02a>0$，从而 $1\,000<a<50\,000$(若 $a<1\,000$，则无人投保)，即公司每笔赔偿小于50 000元才能使公司获益. (2) 公司期望总收益为$E\left(\sum_{i=1}^{10\,000}X_i\right)=\sum_{i=1}^{10\,000}E(X_i)=10\,000\,000-200a$. **12.** 记 Z 为此商店经销该种商品每周所得的利润，由题设知$Z=g(X,Y)$，其中 $g(x,y)=\begin{cases}1\,000y\\1\,000x+500(y-x)\end{cases}=\begin{cases}1\,000y, & y\leqslant x,\\500(x+y), & y>x.\end{cases}$

由题设条件知 $f_{X,Y}(x,y)=\begin{cases}\frac{1}{100}, & 10\leqslant x\leqslant 20,10\leqslant y\leqslant 20,\\0, & \text{其他}.\end{cases}$于是$E(Z)=E[g(X,Y)]=\int_{-\infty}^{+\infty}\int_{-\infty}^{+\infty}g(x,y)f(x,y)\mathrm{d}x\mathrm{d}y=\iint\limits_{y\leqslant x}1\,000yf(x,y)\mathrm{d}x\mathrm{d}y+\iint\limits_{y>x}500(x+y)f(x,y)\mathrm{d}x\mathrm{d}y=$

$10\int_{10}^{20}dy\int_{y}^{20}y\,dx+5\int_{10}^{20}dy\int_{10}^{y}(x+y)dx=14\,166.67$.　**13.** 设方案 1 的年度利润为 X，方案 2 的年度利润为 Y. (1) $E(X)=50\times0.15+250\times0.60+300\times0.25=232.5$(万元)，$E(Y)=(-100)\times0.15+200\times0.60+500\times0.25=230$(万元)，$E(X)>E(Y)$，故选择方案 1 对实现期望利润最大化有利.　(2) $E(X^2)=60\,375$，$E(Y^2)=68\,000$，因为 $D(X)=E(X^2)-(E(X))^2=6\,318.5<15\,100=E(Y^2)-(E(Y))^2=D(Y)$，所以选择方案 1 对实现风险最小的目标更优.　**14.** 记 X_i 为第 i 天出售的汽车数，则 $Y=X_1+X_2+\cdots+X_{365}$ 为一年的总销售. 由 $E(X_i)=D(X_i)=2$，知 $E(Y)=D(Y)=365\times2=730$. 利用林德贝格-列维中心极限定理，可得 $P(Y>700)=1-P(Y\leqslant700)\approx1-\Phi\left(\frac{700-730}{\sqrt{730}}\right)=0.866\,5$.　**15.** 设 $X_i=\begin{cases}1(\text{第 } i \text{ 个持券人到期日去支行兑换}),\\0(\text{第 } i \text{ 个持券人到期日未去支行兑换}),\end{cases}$ 则 X_i 服从参数为 0.6 的 0－1 分布，$E(X_i)=0.6$，$D(X_i)=0.24(i=1,2,\cdots,10\,000)$，且 $X_1,X_2,\cdots,X_{10\,000}$ 相互独立. 该日去支行兑换的总人数 $X=\sum_{i=1}^{10\,000}X_i$. 由于 0－1 分布是二项分布的特例，在相互独立的条件下，二项分布具有可加性，故 $X\sim B(10\,000,0.6)$. $E(X)=np=6\,000$，$D(X)=2\,400$，由德莫弗-拉普拉斯中心极限定理可知 $X\approx N(6\,000,2\,400)$. 设该支行应准备 n 元，由题设应有 $P(1\,500X\leqslant n)=P\left(X\leqslant\frac{n}{1\,500}\right)\approx\Phi\left(\frac{\frac{n}{1\,500}-6\,000}{\sqrt{2\,400}}\right)$，查表得 $\frac{\frac{n}{1\,500}-6\,000}{\sqrt{2\,400}}\geqslant3.1$，$n\geqslant9\,227\,802.4$，取 $n=9\,227\,803$. 所以，该支行只需准备 9 227 803 元就能以 99.9% 的把握满足客户的兑换.

16. 本题第一问是对 μ 进行双侧区间估计. 设 X 为对该大米的需求量，显然，X 不服从正态分布. 由于 $n=100$ 较大，根据中心极限定理知，$\frac{\overline{X}-\mu}{\frac{3}{\sqrt{100}}}$ 近似服从 $N(0,1)$，于是 $P\left(-Z_{\frac{\alpha}{2}}<\frac{\overline{X}-\mu}{\frac{3}{\sqrt{100}}}<Z_{\frac{\alpha}{2}}\right)=1-\alpha$，得 μ 的置信度为 0.99 的置信区间是 $\left[10-2.58\times\frac{3}{10},10+2.58\times\frac{3}{10}\right]=[9.226,10.774]$. 由题意可知，一万户对该大米的平均需求量的 0.99 置信区间为[92 260,107 740]. 第二问是对 μ 作单侧区间估计，由题意可得 $P\left(\frac{\overline{X}-\mu}{\frac{3}{10}}\leqslant Z_{0.01}\right)=0.99$，即 μ 的 0.99 置信区间为 $\left[\overline{X}-Z_{0.01}\times\frac{3}{10},+\infty\right)=\left[10-2.33\times\frac{3}{10},+\infty\right)=[9.301,+\infty)$. 由此可知，对一万户最少需要准备 $10\,000\times9.301=93\,010$(千克) 的大米，才能以 0.99 的概率满足需求.

第四章　经管应用简单案例

1. 一元函数求导案例

设某品牌羽绒服的需求函数为 $Q=100-10P$，其中价格 $P\in(0,10)$.

(1) 求需求量对价格的弹性 $E_d(E_d>0)$；

(2) 推导$\frac{\mathrm{d}R}{\mathrm{d}P}=Q(1-E_d)$($R$ 为收益)，并用弹性 E_d 说明价格在何范围内变化时，降低价格反而使收益增加？

2. 一元可微案例

设某产品的需求函数为$Q=Q(p)$，其价格 p 的弹性$\varepsilon_p=0.4$，则当需求量为 20 000 件时价格增加一元会使产品收益增加多少元？

3. 一元函数极值案例

某厂家销售煤炭的价格满足关系 $P=8-0.2x$(单位:万元 / 吨)，其中 x 为销量，单位：吨，煤炭的成本函数为 $C=4x+1$(单位：万元).

(1) 若每销售一吨煤炭，政府收税 t 万元，求该厂家获得最大利润时的销售量；

(2) t 为何值时，政府税收最大.

4. 级数问题案例

设银行存款年利率为$r=0.06$，并依年复利计算，某公司希望通过存款A万元，实现第一年提取18万元，第二年提取26万元，…，第n年提取$(10+8n)$万元，并能 $A_1=\frac{18}{1+r}$ 按此规律一直提取下去，问 A 至少应为多少万元？

5. 一元函数微分案例

设某商品收益函数为$R(P)$，收益弹性为$1+P^3$，其中 P 为价格，$R(1)=1$，求 $R(P)$.

6. 定积分案例

当生产某商品到第Q件时，平均成本的边际值为$-\frac{1}{16}-\frac{20}{Q^3}$，又知每件商品的销售价为

$$P=\frac{247}{8}-\frac{11}{16}Q+\frac{10}{Q^2}(\text{万元}),$$

而每销售一件商品需纳税 2 万元. 已知生产 2 件商品时的平均成本为 6.25 万元，求生产水平为多少件时税后利润最大？并求此时的销售价格.

7. 二元极值案例

某公司可通过电台和报纸两种方式做销售某种商品广告，据统计资料，销售收入 R(万元) 与电台广告费用 x_1(万元) 及报纸广告费用 x_2(万元) 之间的关系如下经验公式：

$$R = 15 + 14x_1 + 32x_2 - 8x_1x_2 - 2x_1^2 - 10x_2^2.$$

(1) 在广告费用不限的情况下，求最有广告策略；

(2) 若提供的广告费用为 1.5 万元，求相应的最优广告策略.

8. 二元偏导数案例

某企业生产甲、乙两种型号的产品投入的固定成本为 10 000(万元)，设该企业生产甲、乙两种产品的产量分别为 x(件) 和 y(件)，且这两种产品的边际成本分别为 $20 + \frac{x}{2}$(万元 / 件) 与 $6 + y$(万元 / 件).

(1) 求生产甲、乙两种产品的总成本函数 $C(x,y)$(万元)；

(2) 当总产量为 50 件时，甲、乙两种产品的产量各为多少，可使总成本最小？求最小总成本；

(3) 求总产量为 50 件时，甲、乙两种产品的边际成本，并解释其经济意义.

9. 行列式案例

某市打算在第"十四五" 规划期间对三个垃圾处理厂进行技术改造，以达到国家标准要求. 该市让中标的三个公司对每个垃圾处理厂技术改造费用进行报价承包，见下列表格(以 1 万元人民币为单位)，在这期间每个公司只能对一个垃圾处理厂进行技术改造，因此该市必须把三个垃圾处理厂指派给不同公司，为了使报价的总和最小，应指定哪个公司承包哪一个垃圾处理厂？

	报价数目(万元)		
	垃圾处理厂 A	垃圾处理厂 B	垃圾处理厂 C
公司 Ⅰ	23	18	24
公司 Ⅱ	20	19	24
公司 Ⅲ	22	17	25

10. 齐次线性方程组案例(套利组合问题)

现有四只证券，其收益受 F_1、F_2 两个宏观风险因素的影响，它们的预期收益率以及敏感度见下表，问：这四只证券是否存在套利空间？如果存在，如何分配资金实现套利？

股票	预期收益率 $E(R_j)$	敏感度 β_{1j}	敏感度 β_{2j}
W	20%	4	3
X	20%	1.5	1
Y	30%	1	1.6
Z	25%	2.5	1.6

注：假设现有 i 只证券，它们受到 m 个风险因素的影响，第 j 只证券的预期收益率为 $E(R_j)$，其对第 i 个风险因素的敏感度记为 β_{ij}，投资者构建套利组合 $(\omega_1, \omega_2, \cdots \omega_n)$ 进行套利，其中 ω_i 表示在第 i 只证券上的投资比例，套利组合需要满足三个条件：

(1) 零投资：所有投资比例之和为零，即

$$\omega_1 + \omega_2 + \cdots + \omega_n = 0;$$

(2) 零风险：组合对每一个风险因素的敏感度为零，即

$$\beta_{i1}\omega_1 + \beta_{i2}\omega_2 + \cdots + \beta_{in}\omega_n = 0, i = 1, 2, \cdots, n;$$

(3) 正收益：投资组合具有正收益率，即

$$\omega_1 E(R_1) + \omega_2 E(R_2) + \cdots + \omega_n E(R_n) > 0.$$

11. 非齐次线性方程案例(投入产出问题)

某地区有三个重要产业，一个煤矿，一个发电厂和一条地方铁路. 开采一元钱的煤矿要支付 0.20 元的电费及 0.30 元的运输费. 生产一元钱的电力，发电厂要支付 0.60 的煤费，0.10 元的电费及 0.05 元的运输费. 创收一元钱的运输费，铁路要支付 0.50 元的煤费及 0.15 元的电费. 在某一周内，煤矿接到外地金额为 45 000 元的定货，发电厂接到外地金额为 20 000 元的定货，外界对地方铁路没有需求. 问三个企业在这一周内总产值多少才能满足自身及外界的需求?

12. 线性相关性案例

一家桌布工厂共有 3 个加工车间. 第一车间用一匹布能生产出 2 张花边桌布、9 张方形桌布和 2 张圆形桌布；第二车间用一匹布能生产出 2 件花边桌布、3 张方形桌布和 6 张圆形桌布；第三车间用一匹布能生产出 4 张花边桌布、6 张方形桌布和 2 张圆形桌布. 现该厂接到一张订单，要求供应 100 张花边桌布、210 张方形桌布和 160 张圆形桌布，问该厂如何向 3 个车间安排加工任务，以完成订单?

13. 矩阵对角化案例(人口迁移模型)

假设一个省的总人口是固定的，人口的分布因居民在城市和农村之间的迁徙而变化. 假设每年有 10% 的城市人口迁移到农村(90% 仍留在城市)，有 15% 的农村人口迁移到城市(85% 仍留在农村)，记 r_i, s_i 分别表示第 i 年的城市与农

村人口数，则

$$\begin{cases} r_{i+1} = 0.90r_i + 0.15s_i \\ s_{i+1} = 0.10r_i + 0.85s_i \end{cases}$$

将该方程组写成矩阵方程的形式：$\boldsymbol{x}_{i+1} = \boldsymbol{A}\boldsymbol{x}_i$，

其中迁移矩阵 $\boldsymbol{A} = \begin{bmatrix} 0.90 & 0.15 \\ 0.10 & 0.85 \end{bmatrix}$，$\boldsymbol{x}_i = \begin{bmatrix} r_i \\ s_i \end{bmatrix}$，设江苏省 2020 年人口分布为 $\boldsymbol{x}_0 = \begin{bmatrix} a_0 \\ b_0 \end{bmatrix}$，计算 k 年后江苏省的人口分布.

14. 线性相关性案例

某机械厂用 5 种零件(A—E)，根据不同的比例配制了 4 种产品，各用量成分见下表，问能否生产新产品？

（单位：件）

零件	1 号产品	2 号产品	3 号产品	4 号产品
A	1	1	1	1
B	1	2	3	4
C	2	3	4	5
D	5	7	9	11
E	7	10	13	16

15. 特征值、特征向量案例

设 x_0、y_0 分别为某地区目前的环境污染水平与经济发展水平，x_t、y_t 分别为该地区 t 年后的环境水平和经济发展水平，则有关系如下：

$$\begin{cases} x_t = 3x_{t-1} + y_{t-1} \\ y_t = 2x_{t-1} + 2y_{t-1} \end{cases}$$

试预测该地区 10 年后的环境污染水平和经济发展水平之间的关系.

16. 数学建模问题一

小王想要购买三室一厅商品房价值 1 000 000 元，小王自筹 400 000 元，要购房还需要贷款 600 000 元，小王准备办理公积金贷款，按照最新公积金贷款利率，贷款 30 年的年利率为 4.50%，小王需要具备什么偿还能力才能贷款？

17. 数学建模问题二

某航空公司为了发展新航线的航运业务，需要增加 5 架波音 747 客机. 如果购进一架客机需要一次支付 5 000 万美元现金，客机的使用寿命为 15 年，如果租用一架客机，每年需要支付 600 万美元的租金，租金以均均匀货币流的方式支付.若银行的年利率为 12%，请问购买客机与租用客机哪种方案最佳？如果银行的年利率为 6% 呢？

18. 数学建模问题三

某动物园饲养动物，设每头动物每天需要 300 克蛋白质，90 克矿物质，100 毫克维生素. 现有 4 种饲料可供使用，各种饲料每斤营养成分含量及单价如下表所示：

要求既满足动物生长的营养需要，又使费用最省的选用饲养方案.

饲料	蛋白质 （克）	矿物质 （克）	维生素 （毫克）	价格 （元/斤）
1	3	1	0.5	0.2
2	2	0.5	1	0.7
3	6	2	2	0.3
4	1	0.5	0.8	0.4

19. 数学建模问题四

要做 100 套钢架，每套由长为 2.9 米，2.1 米和 1.5 米的元钢各一根组成. 已知原材料长为 7.4 米，应如何下料，使用的原料最省？

20. 数学建模问题五

设某地区农业、工业、国防的生产和消耗关系如下表：

求各部分间的直接消耗系数和完全消耗系数.

消耗来源 部门间流量 分配去向		消耗部门			最终产品	总产值
		农业	工业	国防		
生产部门	农业	50	110	100	240	500
	工业	20	15	40	175	250
	国防	10	15	80	195	300
新创造价值		420	110	80		
总产值		500	250	300		

注：消耗平衡方程组：

$$\begin{cases} a_{11}x_1 + a_{12}x_2 + \cdots + a_{1n}x_n + y_1 = x_1 \\ a_{21}x_1 + a_{22}x_2 + \cdots + a_{2n}x_n + y_2 = x_2 \\ \cdots \\ a_{n1}x_1 + a_{n2}x_2 + \cdots + a_{nn}x_n + y_n = x_n \end{cases}$$

其矩阵形式为：

$$AX+Y=X$$

其中 $A=\begin{bmatrix}a_{11} & a_{12} & \cdots & a_{1n}\\ a_{21} & a_{22} & \cdots & a_{2n}\\ \vdots & \vdots & & \vdots\\ a_{n1} & a_{n2} & \cdots & a_{nn}\end{bmatrix}$称为直接消耗系数矩阵.

完全消耗系数 b_{ij} 表示第 j 部门生产单位产品完全消耗第 i 部门的产品量，于是

$$b_{ij}=a_{ij}+\sum_{k=1}^{n}a_{ik}a_{kj}+\sum_{l=1}^{n}\sum_{k=1}^{n}a_{ik}a_{kl}a_{lj}+\cdots(i,j=1,2,3\cdots n)$$

其中 a_{ij} 为生产单位产品的直接消耗，$\sum\limits_{k=1}^{n}a_{ik}a_{kj}$ 为生产单位产品的一级间接消耗，$\sum\limits_{l=1}^{n}\sum\limits_{k=1}^{n}a_{ik}a_{kl}a_{lj}$ 为生产单位产品的二级间接消耗.

设 $B=\begin{bmatrix}b_{11} & b_{12} & \cdots & b_{1n}\\ b_{21} & b_{22} & \cdots & b_{2n}\\ \vdots & \vdots & & \vdots\\ b_{n1} & b_{n2} & \cdots & b_{nn}\end{bmatrix}$为完全消耗系数矩阵，并且

$$\begin{aligned}B&=A+A^2+A^3+\cdots\\&=A+A(A+A^2+A^3+\cdots)\\&=A+AB\end{aligned}$$

$$\therefore\quad \begin{aligned}B&=(E-A)^{-1}A\\&=(E-A)^{-1}-E\end{aligned}$$

21. 数学建模问题六(莱斯利种群模型)

设某动物种群中雌性动物最大生存年龄为 15 年，且以 5 年为间隔将雌性动物分为 3 个年龄组[0,5]、[5,10]、[10,15]，由统计资料知，3 个年龄组的雌性动物的生育率分别为 0,4,3，存活率分别为 0.5,0.25,0，初始时刻 3 个年龄组的雌性数目分别为 500,1 000,500. 试利用莱斯利种群模型对该动物种群雌性动物的年龄分布和数量增长的规律进行分析.

注：假设某类生物能存活 m 年，设 b_i，d_i 分别为该类 i 岁生物的生育率和死亡率，x_n^i 为年龄 i 岁的个体存活数量，n 表示年份，则对该类生物的动态种群建立线

性模型$\begin{cases} x_{n+1}^1 = b_1x_n^1 + b_2x_n^2 + \cdots + b_mx_n^m \\ x_{n+1}^2 = (1-d_1)x_n^1 \\ x_{n+1}^3 = (1-d_2)x_n^2 \\ \vdots \\ x_{n+1}^m = (1-d_{m-1})x_n^m \end{cases}$，设向量 $\boldsymbol{X}_n = \begin{bmatrix} x_n^1 \\ x_n^2 \\ \vdots \\ x_n^m \end{bmatrix}$ 为第 n 年生物的年龄分布向量，$\boldsymbol{A} = \begin{bmatrix} b_1 & b_2 & \cdots & b_{m-1} & b_m \\ 1-d_1 & 0 & 0 & \cdots & 0 \\ 0 & 1-d_2 & 0 & \cdots & 0 \\ \vdots & \vdots & \vdots & \vdots & \vdots \\ 0 & 0 & \cdots & 1-d_{m-1} & 0 \end{bmatrix}$ 为莱斯利矩阵，则线性模型的矩阵形式为 $\boldsymbol{X}_{n+1} = \boldsymbol{A}\boldsymbol{X}_n$.

22. 数学建模问题七(支付资金流动问题)

为了保证经融机构的现金能够足额支付，经融机构在A市和B市的公司分别设立了基金，平时可以使用这笔基金，但是每个周末清算时必须保持总金额不变. 经过了长时间的现金流动，发现每周公司的大部分支付基金在流通过程中仍然留在本公司，然而每周A市公司有大约12%的支付资金最终流向B公司，B市公司则有大约15%的支付资金最终流向A市公司. 最初，A市公司的基金为106万元，B市公司的基金有212万元. 按照这样的规律持续下去，两家公司的支付基金数额变化趋势是怎样的?若要求每个公司的支付基金高于130万元，则需不需要在必要时调动资金?

第四章参考答案

1. (1) 需求价格弹性 $E_d = \left|-\dfrac{Q'(P)}{Q(P)} \cdot P\right| = \dfrac{P}{10-P}$. (2) 收益函数 $R(P) = P \cdot Q(P)$，对 P 求导，得 $\dfrac{dR(P)}{dP} = Q + P \cdot Q' = Q(1 + \dfrac{Q'}{Q} \cdot P) = Q(1-E_d)$. 当 $E_d = \dfrac{P}{10-P} = 1$ 时，可解得 $P = 5$. 当 $5 < P < 10$ 时，$E_d > 1$，则 $\dfrac{dR(P)}{d(P)} < 0$. 由此可推知：当 $5 < P < 10$ 时，降低价格反而使收益增加. **2.** 由题意知需求函数为 $\varepsilon_p = -\dfrac{p}{Q}\dfrac{dQ}{dP} = 0.2$. 收益函数为 $R = pQ(p)$. 收益微分为 $dR = pdQ + Qdp = Q\left(1 + \dfrac{p}{Q}\dfrac{dQ}{dp}\right)dp = Q(1-\varepsilon_p)dp$. 由微分的经济学意义知，当 $Q = 10\,000$，$dp = 1$ 时，产品的收益会增加 $dR = 20\,000 \times 0.6 \times 1 = 12\,000$(元). 故答案为 12 000. **3.** (1) 设 T 为总税额，则 $T = tx$. 商品销售总收益为 $R = Px = (8-0.2x)x = 8x - 0.2x^2$，利润函数为 $\pi = R - C - T = 8x - 0.2x^2 - 4x - 1 - tx = -0.2x^2 + (4-t)x - 1$，令 $\pi' = -0.4x + (4-t) = 0$，得 $x = \dfrac{5}{2}(4-t)$. 由 $\pi'' = -0.4 < 0$，得当 $x = \dfrac{5}{2}(4-t)$ 时利

润达到最大.　(2) 将 $x=\frac{5}{2}(4-t)$ 代入 $T=tx$ 得 $T=t\frac{5}{2}(4-t)=10t-\frac{5}{2}t^2$，$T'(t)=10-5t$，令 $T'(t)=0$，得 $t=2$，且 $T''(2)=-5<0$，$t=2$ 为唯一驻点，且为极大值点，所以 $t=2$ 时政府税收总额最大.　**4.** 令 $r=0.06$，设存 A_1 万元够第一年支取，则 $A_1(1+r)=18$，$A_1=\frac{18}{1+r}$，存够 A_2 万元够第二年支取，则 $A_2(1+r)^2=26$，$A_2=\frac{26}{(1+r)^2}$，以此类推. 设存 A_n 万元够第 n 年支取，则 $A_n(1+r)^n=10+8n$，$A_n=\frac{10+8n}{(1+r)^n}$，因此 $A=\sum\limits_{n=1}^{\infty}A_n=\sum\limits_{n=1}^{\infty}\frac{10+8n}{(1+r)^n}$. 由于 $S(x)=\sum\limits_{n=1}^{\infty}nx^n=x\left(\sum\limits_{n=1}^{\infty}x^n\right)'=x\left(\frac{1}{1-x}-1\right)'=\frac{x}{(1-x)^2}$，所以 $A=10\sum\limits_{n=1}^{\infty}\frac{1}{(1+r)^n}+8\sum\limits_{n=1}^{\infty}n\left(\frac{1}{1+r}\right)^n=10\frac{\frac{1}{1+r}}{1-\frac{1}{1+r}}+8\frac{\frac{1}{1+r}}{\left(1-\frac{1}{1+r}\right)^2}=\frac{10}{r}+\frac{8(1+r)}{r^2}\approx 2\,522.22$(万元).

5. 由弹性定义可得收益弹性为 $\frac{ER}{EP}=\frac{R'(P)}{R(P)}\cdot P=1+P^3$，即 $\frac{\mathrm{d}R}{\mathrm{d}P}=R\left(\frac{1}{P}+P^2\right)$，变形为 $\frac{1}{R}\cdot\mathrm{d}R=\frac{1}{P}\cdot\mathrm{d}P+P^2\cdot\mathrm{d}P$. 由微分运算法则有 $\mathrm{d}\ln R=\mathrm{d}\left(\ln P+\frac{1}{3}P^3\right)$. 故 $\ln R=\ln P+\frac{1}{3}P^3+C$，将 $R(1)=1$ 代入此式，得 $C=-\frac{1}{3}$，所以 $\ln R=\ln P+\frac{1}{3}P^3-\frac{1}{3}$，整理得 $R(P)=P\mathrm{e}^{\frac{P^3-1}{3}}$.　**6.** 由题意，$\frac{\mathrm{d}[\bar{C}(Q)]}{\mathrm{d}Q}=-\frac{1}{16}-\frac{20}{Q^3}$，故平均成本为 $\bar{C}(Q)=\bar{C}(2)+\int_2^Q\frac{\mathrm{d}[\bar{C}(t)]}{\mathrm{d}t}\mathrm{d}t=6.25-\int_2^Q\left(\frac{1}{16}+\frac{20}{t^3}\right)\mathrm{d}t=\frac{31}{8}-\frac{Q}{16}+\frac{10}{Q^2}$. 总成本 $C(Q)=Q\bar{C}(Q)=\frac{31}{8}Q-\frac{Q^2}{16}+\frac{10}{Q}$. 总收入 $R(Q)=PQ=\frac{247}{8}Q-\frac{11}{16}Q^2+\frac{10}{Q}$，又需纳税为 $T(Q)=2Q$，则税后利润为 $L=R(Q)-C(Q)-T(Q)=\frac{5}{8}(40Q-Q^2)$，$0<Q<40$，令 $\frac{\mathrm{d}L}{\mathrm{d}Q}=\frac{5}{4}(20-Q)=0$，得唯一驻点 $Q=20$，且 $\frac{\mathrm{d}^2L}{\mathrm{d}Q^2}=-\frac{5}{4}<0$，于是 $Q=20$ 是唯一的极大值点，即最大值点，即当生产水平为 20 件时，税后利润有最大值 $L_{\max}=250$(万元)，此时的销售价格为 17.15 万元 / 件.　**7.** (1) 利润函数为 $F(x_1,x_2)=15+14x_1+32x_2-8x_1x_2-2x_1^2-10x_2^2-(x_1+x_2)=15+13x_1+31x_2-8x_1x_2-2x_1^2-10x_2^2$ 由 $F'_{x_1}=-4x_1-8x_2+13=0$，$F'_{x_2}=-8x_1-20x_2+31=0$. 解得 $x_1=0.75$(万元)，$x_2=1.25$(万元). 因利润函数 $F(x_1,x_2)$ 在 $(0.75,1.25)$ 处的二阶偏导为 $A=\frac{\partial^2F}{\partial x_1^2}=-4$，$B=\frac{\partial^2F}{\partial x_1\partial x_2}=-8$，$C=\frac{\partial^2F}{\partial x_2^2}=-20$. 有 $AC-B^2=16>0$，$A=-4<0$，故 $F(0.75,1.25)$ 取极大值，亦即最大值. (2) 若广告费用为 1.5 万元，则只需求例利润函数 $F(x_1,x_2)$ 在 $x_1+x_2=1.5$ 时的条件极值. 拉格朗日函数为 $L(x_1,x_2,\lambda)=15+13x_1+31x_2-8x_1x_2-2x_1^2-10x_2^2+\lambda(x_1+x_2-1.5)$ 有 $\begin{cases}L'_{x_1}=-4x_1-8x_2+13+\lambda=0,\\L'_{x_2}=-8x_1-20x_2+31+\lambda=0,\\L'_{\lambda}=x_1+x_2-1.5=0,\end{cases}$ 由此可得 $x_1=0$，$x_2=$

1.5,广告费1.5万元全部用于报纸广告可使利润最大.　**8.** (1) 由题意知$\frac{\partial C}{\partial x}=20+\frac{x}{2}$,$\frac{\partial C}{\partial y}=6+y$,$C(0,0)=10\,000$,从而有$C(x,y)=10\,000+20x+\frac{x^2}{4}+6y+\frac{y^2}{2}$.　(2) 由题意知$x+y=50$,此时成本函数为$f(x)=C(x,50-x)=10\,000+20x+\frac{x^2}{4}+6(50-x)+\frac{(50-x^2)}{2}$,$0\leqslant x\leqslant 50$,求导得$f'(x)=\frac{3x}{2}-36$,令$f'(x)=0$解得唯一驻点$x=24$.又$f''(24)=\frac{3}{2}>0$,所以$x=24$是成本函数$c(x,50-x)$的最小值点.故当甲为24件,乙为26件时,总成本最小,最小成本为$C(24,26)=11\,118$万元.　(3) $\left.\frac{\partial C}{\partial x}\right|_{\substack{x=24\\y=26}}=20+\left.\frac{x}{2}\right|_{\substack{x=24\\y=26}}=32$,其经济意义为:当生产乙商品26件时,生产第25件甲产品需要32万元.　**9.** 设这个问题的效率矩阵为$\boldsymbol{D}=\begin{bmatrix}23&18&24\\20&19&24\\22&17&25\end{bmatrix}$,根据题目要求,相当于从效率矩阵中选取来自不同行不同列的三个元素之"和"中的最小者,从行列式定义可知,这样的三个元素之和共有$3!=6$(项),如下:

$$D_1=\begin{vmatrix}\boxed{23}&18&24\\20&\boxed{19}&24\\22&17&\boxed{25}\end{vmatrix}\qquad D_2=\begin{vmatrix}\boxed{23}&18&24\\20&19&\boxed{24}\\22&\boxed{17}&25\end{vmatrix}\qquad D_3=\begin{vmatrix}23&\boxed{18}&24\\\boxed{20}&19&24\\22&17&\boxed{25}\end{vmatrix}$$

① $23+19+25=67$　② $23+17+24=64$　③ $20+18+25=63$

$$D_4=\begin{vmatrix}23&18&\boxed{24}\\\boxed{20}&19&24\\22&\boxed{17}&25\end{vmatrix}\qquad D_5=\begin{vmatrix}23&\boxed{18}&24\\20&19&\boxed{24}\\\boxed{22}&17&25\end{vmatrix}\qquad D_6=\begin{vmatrix}23&18&\boxed{24}\\20&\boxed{19}&24\\\boxed{22}&17&25\end{vmatrix}$$

④ $20+17+24=61$　⑤ $22+18+24=64$　⑥ $22+19+24=65$

由上面分析可见报价数的范围是从最小值61万元到最大值67万元.由④得到最小报价总数为61万元,因此,该城市应选定④,即

公司Ⅰ	垃圾处理厂C
公司Ⅱ	垃圾处理厂A
公司Ⅲ	垃圾处理厂B

10. 设投资组合为$(\omega_1,\omega_2,\omega_3,\omega_4)$,则我们可以根据套利组合的要求列出方程组$\begin{cases}\omega_1+\omega_2+\omega_3+\omega_4=0\\4\omega_1+1.5\omega_2+\omega_3+2.5\omega_4=0\\3\omega_1+\omega_2+1.6\omega_3+1.6\omega_4=0\end{cases}$,且$20\%\omega_1+20\%\omega_2+30\%\omega_3+25\%\omega_4>0$.系数矩阵$\boldsymbol{A}=$

$\begin{bmatrix}1 & 1 & 1 & 1\\4 & 1.5 & 1 & 2.5\\3 & 1 & 1.6 & 1.6\end{bmatrix}\to\begin{bmatrix}1 & 0 & 0 & 0.36\\0 & 1 & 0 & 0.84\\0 & 0 & 1 & -0.2\end{bmatrix}$,存在非零解,取自由未知量为$\omega_4$,于是齐次线性方程组有通解$\begin{cases}\omega_1=-0.36\omega_4\\\omega_2=-0.84\omega_4\\\omega_3=0.2\omega_4\end{cases}$,此时有:$20\%\omega_1+20\%\omega_2+30\%\omega_3+25\%\omega_4=0.07\omega_4>0$于是只要投资在证券$Z$上的比例$\omega_4>0$,这四只证券就能构成套利组合.令$\omega_4=1$,则$\omega_1=-0.36,\omega_2=-0.84,\omega_3=0.2$,那么套利组合的构成方式为:分别按照比例0.36和0.84卖空证券W和X,所得资金按照0.2和1的比例买入证券Y和Z,从而获得无风险收益. **11.** 设x_1为煤矿本周内的总产值,x_2为发电厂本周的总产值,x_3为铁路本周的总产值,则$\begin{cases}x_1-(0\times x_1+0.60x_2+0.50x_3)=45\,000\\x_2-(0.20x_1+0.10x_2+0.15x_3)=20\,000\\x_3-(0.30x_1+0.05x_2+0\times x_3)=0\end{cases}$即$\begin{cases}x_1-0.60x_2-0.50x_3=45\,000\\-0.20x_1+0.90x_2-0.15x_3=20\,000\\-0.30x_1-0.05x_2+x_3=0\end{cases}$记$\boldsymbol{X}=\begin{bmatrix}x_1\\x_2\\x_3\end{bmatrix},\boldsymbol{Y}=\begin{bmatrix}45\,000\\20\,000\\0\end{bmatrix},\boldsymbol{A}=\begin{bmatrix}1 & -0.60 & -0.50\\-0.20 & 0.90 & -0.15\\-0.30 & -0.05 & 1\end{bmatrix}$　则方程组为$\boldsymbol{AX}=\boldsymbol{Y}$,求解矩阵方程,得$\boldsymbol{X}=\boldsymbol{A}^{-1}\boldsymbol{Y}=\begin{bmatrix}86\,974\\46\,284\\28\,406\end{bmatrix}$,即$x_1=86\,974,x_2=46\,284,x_3=28\,406$. **12.** 将三个加工车间生产的花边桌布、方形桌布、圆形桌布以及总加工量分别用向量表示为$\boldsymbol{\alpha}_1=\begin{bmatrix}2\\9\\2\end{bmatrix},\boldsymbol{\alpha}_2=\begin{bmatrix}2\\3\\6\end{bmatrix},\boldsymbol{\alpha}_3=\begin{bmatrix}4\\6\\2\end{bmatrix},\boldsymbol{\beta}=\begin{bmatrix}100\\210\\160\end{bmatrix}$　显然$\boldsymbol{\alpha}_1,\boldsymbol{\alpha}_2,\boldsymbol{\alpha}_3$,线性无关,可知$\boldsymbol{\beta}$可由$\boldsymbol{\alpha}_1,\boldsymbol{\alpha}_2,\boldsymbol{\alpha}_3$,线性表示,且$\boldsymbol{\beta}=10\boldsymbol{\alpha}_1+20\boldsymbol{\alpha}_2+10\boldsymbol{\alpha}_3$故分别分配给3个车间10,20,10匹布,可圆满完成生产任务.
13. $\boldsymbol{A}$的特征矩阵为$|\lambda\boldsymbol{E}-\boldsymbol{A}|=\begin{vmatrix}\lambda-0.9 & -0.15\\-0.1 & \lambda-0.85\end{vmatrix}=(\lambda-1)(\lambda-0.75)$所以,$\boldsymbol{A}$的特征值为$\lambda_1=1,\lambda_2=0.75$.(1) 当$\lambda_1=1$时,解方程$(\boldsymbol{E}-\boldsymbol{A})x=0$,解得$\lambda_1=1$对应的特征向量为$\boldsymbol{\eta}_1=\begin{bmatrix}3\\2\end{bmatrix}$.(2) 当$\lambda_2=0.75$时,解方程$(0.75\boldsymbol{E}-\boldsymbol{A})x=0$,解得$\lambda_2=0.75$对应的特征向量为$\boldsymbol{\eta}_2=\begin{bmatrix}1\\-1\end{bmatrix}$.令$\boldsymbol{P}=(\boldsymbol{\eta}_1,\ \boldsymbol{\eta}_2)=\begin{bmatrix}3 & 1\\2 & -1\end{bmatrix}$,则有$\boldsymbol{A}=\boldsymbol{P}^{-1}\begin{bmatrix}1 & 0\\0 & 0.75\end{bmatrix}\boldsymbol{P}$,记$\boldsymbol{D}=\begin{bmatrix}1 & 0\\0 & 0.75\end{bmatrix}$故$\boldsymbol{A}^k=(\boldsymbol{P}^{-1}\boldsymbol{AP})(\boldsymbol{P}^{-1}\boldsymbol{AP})\cdots(\boldsymbol{P}^{-1}\boldsymbol{AP})=\boldsymbol{P}^{-1}\boldsymbol{D}^k\boldsymbol{P}=\frac{1}{5}\begin{bmatrix}1 & 1\\2 & -3\end{bmatrix}\begin{bmatrix}1 & 0\\0 & 0.75^k\end{bmatrix}\begin{bmatrix}3 & 1\\2 & -1\end{bmatrix}=\frac{1}{5}\begin{bmatrix}3+2\times0.75^k & 1-0.75^k\\6-6\times0.75^k & 2+3\times0.75^k\end{bmatrix}$则江苏省$k$年后的人口分布为:$\boldsymbol{x}_k=\boldsymbol{A}^k\boldsymbol{x}_0=$

$\frac{1}{5}\begin{bmatrix}3+2\times0.75^k & 1-0.75^k\\6-6\times0.75^k & 2+3\times0.75^k\end{bmatrix}\begin{bmatrix}a_0\\b_0\end{bmatrix}$ **14.** 把每一种新产品看成一个五维列向量，则 $\boldsymbol{\alpha}_1=(1,1,2,5,7)$，$\boldsymbol{\alpha}_2=(1,2,3,7,10)$，$\boldsymbol{\alpha}_3=(1,3,4,9,10)$，$\boldsymbol{\alpha}_4=(1,4,5,11,16)$ 在此令矩阵 $\boldsymbol{A}=(\boldsymbol{\alpha}_1,\boldsymbol{\alpha}_2,\boldsymbol{\alpha}_3,\boldsymbol{\alpha}_4)$，因为 $R(A)=2$，故向量组线性相关，其中向量组 $(\boldsymbol{\alpha}_1,\boldsymbol{\alpha}_2)$ 为极大线性无关组，并且 $\boldsymbol{\alpha}_3=\boldsymbol{\alpha}_1+\boldsymbol{\alpha}_2$，$\boldsymbol{\alpha}_4=2\boldsymbol{\alpha}_1+\boldsymbol{\alpha}_2$，$\boldsymbol{\alpha}_5=4\boldsymbol{\alpha}_1+3\boldsymbol{\alpha}_2$ 因此，可以生产新产品3号、4号和5号.

15. 令 $\boldsymbol{a}_0=\begin{bmatrix}x_0\\y_0\end{bmatrix}$，$a_t=\begin{bmatrix}x_t\\y_t\end{bmatrix}$，$\boldsymbol{A}=\begin{bmatrix}3&1\\2&2\end{bmatrix}$，由矩阵 $\boldsymbol{A}$ 的特征多项式 $|\lambda\boldsymbol{E}-\boldsymbol{A}|=\begin{vmatrix}\lambda-3&-1\\-2&\lambda-2\end{vmatrix}=(\lambda-4)(\lambda-1)$ 得 $\boldsymbol{A}$ 的特征值为 $\lambda_1=4,\lambda_2=1$. 对 $\lambda_1=4$，解方程 $(4\boldsymbol{E}-\boldsymbol{A})\boldsymbol{X}=0$ 得特征向量 $\boldsymbol{\eta}_1=\begin{bmatrix}1\\1\end{bmatrix}$；对 $\lambda_2=1$，解方程 $(\boldsymbol{E}-\boldsymbol{A})\boldsymbol{X}=0$ 得特征向量 $\boldsymbol{\eta}_2=\begin{bmatrix}1\\-2\end{bmatrix}$. 显然，$\boldsymbol{\eta}_1,\boldsymbol{\eta}_2$ 线性无关. (1) 取 $\boldsymbol{a}_0=\boldsymbol{\eta}_1=\begin{bmatrix}1\\1\end{bmatrix}$，由 $\boldsymbol{a}_t=\boldsymbol{A}^t\boldsymbol{a}_0=\boldsymbol{A}^t\boldsymbol{\eta}_1=\lambda_1^t\boldsymbol{\eta}_1=4^t\begin{bmatrix}1\\1\end{bmatrix}$，即 $\begin{bmatrix}x^t\\y^t\end{bmatrix}=4^t\begin{bmatrix}1\\1\end{bmatrix}$ 或 $x_t=y_t=4$ 此式表明：在当前的环境污染水平和经济发展水平的前提下，年后水平达到较高程度时，环境污染也保持着同步恶化趋势. (2) $\boldsymbol{a}_0=\boldsymbol{\eta}_2=\begin{bmatrix}1\\-2\end{bmatrix}$，因为 $y_0=-2<0$，所以不能讨论这种情况. (3) $\boldsymbol{a}_0=\begin{bmatrix}1\\7\end{bmatrix}$，因为 $\boldsymbol{a}_0$ 不是特征值，所以不能类似分析. 但是 $\boldsymbol{a}_0$ 可以由 $\boldsymbol{\eta}_1,\boldsymbol{\eta}_2$ 唯一线性表示出来：$\boldsymbol{a}_0=3\boldsymbol{\eta}_1-2\boldsymbol{\eta}_2$. 因为 $\boldsymbol{a}_t=\boldsymbol{A}^t\boldsymbol{a}_0=\boldsymbol{A}^t(3\boldsymbol{\eta}_1-2\boldsymbol{\eta}_2)=3\boldsymbol{A}^t\boldsymbol{\eta}_1-2\boldsymbol{A}^t\boldsymbol{\eta}_2=3\lambda_1^t\boldsymbol{\eta}_1-2\lambda_2^t\boldsymbol{\eta}_2=3\cdot4^t\begin{bmatrix}1\\1\end{bmatrix}-2\cdot1^t\begin{bmatrix}1\\-2\end{bmatrix}=\begin{bmatrix}3\cdot4^t-2\\3\cdot4^t+4\end{bmatrix}$ 即 $\begin{bmatrix}x^t\\y^t\end{bmatrix}=\begin{bmatrix}3\cdot4^t-2\\3\cdot4^t+4\end{bmatrix}$ **16.** 建立模型　首先，月利率的计算，银行在计算利息时是按照复利计算的定义，我们用月利率计算每年复利12次，最后得到的本息总额应该等于用年利率计算的一年的本利总额. 设 r 为月利率，R 为年利率，则 $(1+r)^{12}=1+R$，$r=(1+R)^{\frac{1}{12}}-1$. 当 R 很小时，由二项式定理得 $(1+R)^{\frac{1}{12}}=1+\frac{R}{12}+\frac{\frac{1}{12}(\frac{1}{12}-1)}{2}R^2+\cdots$ 忽略 Rd 的高次项，得到以下的近似等式：$r\approx\frac{R}{12}$，因此月利率等于年利率的 $\frac{1}{12}$. 其次，月还款额的计算，按揭贷款的本息总额的计算是按复利计算的，因为一般情况下，你都不会一年就还清贷款，而一年中未还清的部分就要计算复利. 复利一般是按月计算，因为你每月都在还款中冲销本金，从而其复利计算也并不是利滚利的几何上升，我们先看看月还款额的计算. 设 p 为贷款金额，r 为复利，y 为月还款额，N 为月还款数，s_k 表示第 k 个月的本利和. $s_1=p(1+r)-y$，$s_2=s_1(1+r)-y=p(1+r)^2-y(1+r)-y=p(1+r)^2-y[1+(1+r)]$，$s_3=s_2(1+r)-y=p(1+r)^3-y[1+(1+r)+(1+r)^2]\cdots$ $s_N=p(1+r)^N-y[1+(1+r)+(1+r)^2+\cdots+(1+r)^{N-1}]=0$，解得 $y=pr\frac{(1+r)^N}{(1+r)^N-1}$ 这就是月还款额的计算公式，具体地说就是月还款额 $=$ 贷款总额 $\times$ 贷款月利率 $\times\frac{(1+\text{贷款月利率})^{\text{贷款总月数}}}{(1+\text{贷款月利率})^{\text{贷款总月数}}-1}$　模型求解　设贷款总额 $p=$

600 000(元),贷款月利率 $r=0.00375$,借期 $N=30(\text{年})\times 12(\text{月}/\text{年})=360(\text{月})$,每月还款额 y 的计算如下:$y=pr\dfrac{(1+r)^N}{(1+r)^N-1}=600\,000\times 0.003\,75\times\dfrac{(1+0.003\,75)^{360}}{(1+0.003\,75)^{360}-1}\approx$ 3 040(元),小王贷款30年的月还款额为3 040元,小王如果每月拿不出3 040元还款,就无法贷款. **17.** 问题分析:所谓租金以"均匀货币流"的方式支付,类似于以下方式存款:设从 $t=0$ 开始每年向银行固定存款,每年 A 元,年利率 r(连续复利计息结算). 本问题需要计算租金以均匀货币流的方式支付 15 年之后共支付多少美元? 15 年后支付的总款额相当于初始时的多少现金(贴现价值)?模型建立和求解:根据以上分析,购买架飞机可以使用 15 年,但需要马上支付5 000 万美元,而同样租一架飞机使用 15 年,则需要以均匀货币流方式支付 15 年租金,年流量为 600 万美元,两种方案所支付的价值无法直接比较,必须将它们都化为同一时刻的价值才能比较,以当前价值为准. 下面计算均匀货币流的当前价值. 首先介绍几个经济概念,若现有本金为 p_0 元,年利率为 r,按连续复利计算,t 年末的本利和为 $A(t)=p_0\mathrm{e}^{rt}$. 反之,若某项投资资金 t 年后的本利和 A 已知,则按连续复利计算,现在应有资金 $P_0=A\mathrm{e}^{-rt}$,称 p_0 为资本现值. 设在时间区间 $[0,T]$ 内,t 时刻的单位时间收入为 $A(t)$,称为资金流量,按年利率 r 的连续复利计算,则在时间区间 $[t,t+\mathrm{d}t]$ 内的收入现值为 $A(t)\mathrm{e}^{-rt}\mathrm{d}t$,由定积分得,在 $[0,T]$ 内的总收入现值为 $P=\int_0^T A(t)\mathrm{e}^{-rt}\mathrm{d}t$. 特别地,当资金流量为常数 A(称为均匀流量)时,有 $P=\int_0^T A(t)\mathrm{e}^{-rt}\mathrm{d}t=\dfrac{A}{r}(1-\mathrm{e}^{-rT})$,因此 15 年的租金在当前的价值为 $P=\dfrac{600}{r}(1-\mathrm{e}^{-15r})$(万美元),当 $r=12\%$ 时,有 $P=\dfrac{600}{0.12}(1-\mathrm{e}^{-0.12\times 15})\approx 4\,173.5$(万美元),而购买一架飞机的当前价值为5 000 万美元. 比较可知,此时租用客机比购买客机合算. 当 $r=16\%$ 时,有 $P=\dfrac{600}{0.06}(1-\mathrm{e}^{-0.06\times 15})\approx 5\,934.3$(万美元),此时购买客机比租用客机更合算. **18.** 设 4 种饲料分别需要 x_1,x_2,x_3,x_4 斤,则数学模型为 $\min S=0.2x_1+0.7x_2+0.3x_3+0.4x_4$ 满足:
$\begin{cases}3x_1+2x_2+6x_3+x_4=300\\ x_1+0.5x_2+2x_3+0.5x_4=90\\ 0.5x_1+x_2+2x_3+0.8x_4=100\\ x_1\geqslant 0,x_2\geqslant 0,x_3\geqslant 0,x_4\geqslant 0\end{cases}$ $\boldsymbol{A}=\begin{bmatrix}3.0&2.0&6.0&1.0\\1.0&0.5&2.0&0.5\\0.5&1.0&2.0&0.8\end{bmatrix}$,$\boldsymbol{b}=\begin{bmatrix}300\\90\\100\end{bmatrix}$,$\boldsymbol{P}_1=\begin{bmatrix}3.0\\1.0\\0.5\end{bmatrix}$,
$\boldsymbol{P}_2=\begin{bmatrix}2.0\\0.5\\1.0\end{bmatrix}$,$\boldsymbol{P}_3=\begin{bmatrix}6.0\\2.0\\2.0\end{bmatrix}$,$\boldsymbol{P}_4=\begin{bmatrix}1.0\\0.5\\0.8\end{bmatrix}$,$\boldsymbol{B}=\begin{bmatrix}3.0&2.0&6.0\\1.0&0.5&2.0\\0.5&1.0&2.0\end{bmatrix}$,$\boldsymbol{N}=\begin{bmatrix}1.0\\0.5\\0.8\end{bmatrix}$,$\boldsymbol{C}=(0.2,0.7,0.3,0.4)$,$\boldsymbol{C}_B=(0.2,0.7,0.3)$,$\boldsymbol{C}_N=0.4$ $\therefore$ $\boldsymbol{C}_B\boldsymbol{B}^{-1}\boldsymbol{N}-\boldsymbol{C}_N=(0.2,0.7,0.3)\begin{bmatrix}3.0&2.0&6.0\\1.0&0.5&2.0\\0.5&1.0&2.0\end{bmatrix}^{-1}\begin{bmatrix}1.0\\0.5\\0.8\end{bmatrix}-0.4=-1.03<0$ 于是 $x_1=40,x_2=60,x_3=10$ 即为最优解.

19. 一种简单的方法是:在每根原材料上截取 2.9 米,2.1 米和 1.5 米的棒料各一根. 这样每根原材料剩下的 0.9 米的料头,为了做 100 套钢架,要用原材料 100 根,料头总数为 90 米. 现在可以考虑合理套裁,这样可以节约原材料,下面有几种套裁方案,都可以考虑采用,如下表.

长度下料数方案	1	2	3	4	5
2.9	1	2		1	
2.1			2	2	1
1.5	3	1	2		3
合计	7.4	7.3	7.2	7.1	6.6
料头	0	0.1	0.2	0.3	0.8

为了得到 100 套钢架,需要混合使用各种下料方案.设按第 i 种方案下料的原材料根数为 $x_i(i=1,2,3,4,5)$.根据上表,列出以下数学模型 $\min=0.1x_2+0.2x_3+0.3x_4+0.8x_5$ 满足:$\begin{cases}x_1+2x_2+x_4=100\\2x_3+2x_4+x_5=100\\3x_1+x_2+2x_3+3x_5=100\\x_1,x_2,x_3,x_4,x_5\geqslant 0\end{cases}$ 即 $\min z=\boldsymbol{CX}$,使得 $\begin{cases}\boldsymbol{AX}=\boldsymbol{b}\\\boldsymbol{X}\geqslant\boldsymbol{0}\end{cases}$,其中 $\boldsymbol{A}=\begin{bmatrix}1&2&0&1&0\\0&0&2&2&1\\3&1&2&0&3\end{bmatrix}$ $\boldsymbol{C}=(0,0.1,0.2,0.3,0.8)$ $\boldsymbol{X}=(x_1,x_2,x_3,x_4,x_5)^{\mathrm{T}}$ $\boldsymbol{b}=(100,100,100)^{\mathrm{T}}$ 解此线性规划问题,得 $x_1=30,x_2=10,x_3=0,x_4=50,x_5=0$,即按方案 1 下料 30 根,方案 2 下料 10 根,方案 4 下料 50 根,也就是说只需要 90 根原材料就可以制造出 100 套钢架. **20.** 分别 1、2、3 表示农业部门、工业部门和国防部门,用 a_{ij} 表示第 j 部门对第 i 部门的直接消耗系数($i,j=1,2,3$)则 $a_{11}=\frac{50}{100}=0.10,a_{21}=\frac{20}{500}=0.04,a_{31}=\frac{10}{500}=0.02$ $a_{12}=\frac{110}{250}=0.44,a_{22}=\frac{15}{250}=0.06,a_{32}=\frac{15}{250}=0.06$ $a_{13}=\frac{100}{300}=0.33,a_{23}=\frac{40}{300}=0.13,a_{33}=\frac{80}{300}=0.27$ 所以,直接消耗系数矩阵 $\boldsymbol{A}=\begin{bmatrix}0.10&0.44&0.33\\0.04&0.06&0.13\\0.02&0.06&0.27\end{bmatrix}$ 又 $(\boldsymbol{E}-\boldsymbol{A})^{-1}=\begin{bmatrix}1.150&0.576&0.627\\0.054&1.102&0.220\\0.034&0.107&1.407\end{bmatrix}$ ∴完全消耗系数矩阵 $\boldsymbol{B}=(\boldsymbol{E}-\boldsymbol{A})^{-1}-\boldsymbol{E}=\begin{bmatrix}0.150&0.576&0.627\\0.054&0.102&0.220\\0.034&0.107&0.407\end{bmatrix}$ 矩阵 $\boldsymbol{B}$ 中的元素 b_{ij} 表示第 j 部门对第 i 部门的完全消耗指数($i,j=1,2,3$). **21.** 取动物的最大生存年龄 $L=15$,a_1 表示第 i 个年龄组的生育率,b_1 表示存活率(即第 i 个年龄组中可存活到第 $i+1$ 个年龄组的雌性动物的数目与第 i 个年龄组中的雌性动物的总数之比),$x_i^{(k)}$ 表示时刻 t_k 该动物种群的第 i 个年龄组中的雌性动物的数目.由题意,有 $a_1=0,a_2=4,a_3=3,b_1=0.5,b_2=0.25,b_3=0,n=3,\boldsymbol{X}^{(k)}=\begin{bmatrix}x_1^{(k)}\\x_2^{(k)}\\x_3^{(k)}\end{bmatrix}$,$k=0,1,2\cdots$,于是

莱斯利矩阵为：$L=\begin{bmatrix}0&4&3\\0.5&0&0\\0&0.25&0\end{bmatrix}$根据条件，有 $X^{(1)}=LX^{(0)}=\begin{bmatrix}0&4&3\\0.5&0&0\\0&0.25&0\end{bmatrix}\begin{bmatrix}500\\1\,000\\500\end{bmatrix}=\begin{bmatrix}5\,500\\250\\250\end{bmatrix}X^{(2)}=LX^{(1)}=\begin{bmatrix}0&4&3\\0.5&0&0\\0&0.25&0\end{bmatrix}\begin{bmatrix}5\,500\\250\\250\end{bmatrix}=\begin{bmatrix}1\,750\\2\,750\\62.5\end{bmatrix}\cdots\cdots X^{(k)}=LX^{(k-1)}=\cdots=L^kX^{(0)}$ 因为 L 的特征多项式为：$|\lambda E-L|=\begin{vmatrix}\lambda&-4&-3\\-0.5&\lambda&0\\0&-0.25&\lambda\end{vmatrix}=\left(\lambda-\frac{3}{2}\right)\left(\lambda^2+\frac{3}{2}\lambda+\frac{1}{4}\right)$所以 L 的特征值为：$\lambda_1=\frac{3}{2},\lambda_2=\frac{-3+\sqrt{5}}{4},\lambda_3=\frac{-3-\sqrt{5}}{4}$，三个特征值所对应的特征向量分别为：$a_1=\begin{bmatrix}1\\\frac{1}{3}\\\frac{1}{18}\end{bmatrix},a_2=\begin{bmatrix}36-16\sqrt{5}\\-14+6\sqrt{5}\\3-\sqrt{5}\end{bmatrix},a_3=\begin{bmatrix}-36-16\sqrt{5}\\14+6\sqrt{5}\\-3-\sqrt{5}\end{bmatrix}$ 令矩阵 $p=(a_1,a_2,a_3)=\begin{bmatrix}1&36-16\sqrt{5}&-36-16\sqrt{5}\\\frac{1}{3}&-14+6\sqrt{5}&14+16\sqrt{5}\\\frac{1}{18}&3-\sqrt{5}&-3-\sqrt{5}\end{bmatrix}$因为 p 可逆，且 $L=p\begin{bmatrix}\lambda_1&&\\&\lambda_2&\\&&\lambda_3\end{bmatrix}p^{-1}$，所以 $p^{-1}Lp=\begin{bmatrix}\lambda_1&&\\&\lambda_2&\\&&\lambda_3\end{bmatrix}$从而$X^{(k)}=L^{(k)}X^{(0)}=\left[p\begin{bmatrix}\lambda_1&&\\&\lambda_2&\\&&\lambda_3\end{bmatrix}p^{-1}\right]^kX^{(0)}=p\begin{bmatrix}\lambda_1&&\\&\lambda_2&\\&&\lambda_3\end{bmatrix}^kp^{-1}X^{(0)}=p\begin{bmatrix}\lambda_1^k&&\\&\lambda_2^k&\\&&\lambda_3^k\end{bmatrix}p^{-1}X^{(0)}=\lambda_1^kp\begin{bmatrix}1&&\\&\left(\frac{\lambda_2}{\lambda_1}\right)^k&\\&&\left(\frac{\lambda_3}{\lambda_1}\right)^k\end{bmatrix}\begin{bmatrix}1&36-16\sqrt{5}&-36-16\sqrt{5}\\\frac{1}{3}&-14+6\sqrt{5}&14+16\sqrt{5}\\\frac{1}{18}&3-\sqrt{5}&-3-\sqrt{5}\end{bmatrix}^{-1}\begin{bmatrix}500\\1\,000\\500\end{bmatrix}=\lambda_1^kp\begin{bmatrix}1&&\\&\left(\frac{\lambda_2}{\lambda_1}\right)^k&\\&&\left(\frac{\lambda_3}{\lambda_1}\right)^k\end{bmatrix}\begin{bmatrix}\frac{27\,500}{19}\\\frac{5\,875+2\,500\sqrt{5}}{19}\\\frac{6\,215-2\,900\sqrt{5}}{19}\end{bmatrix}$ 所以 $\frac{1}{\lambda_1^k}X^{(k)}=$

$$\boldsymbol{p}\begin{bmatrix}1 & & \\ & \left(\frac{\lambda_2}{\lambda_1}\right)^k & \\ & & \left(\frac{\lambda_3}{\lambda_1}\right)^k\end{bmatrix}\begin{bmatrix}\frac{27\,500}{19} \\ \frac{5\,875+2\,500\sqrt{5}}{19} \\ \frac{6\,215-2\,900\sqrt{5}}{19}\end{bmatrix}$$ 因为 $\left|\frac{\lambda_2}{\lambda_1}\right|<1$, $\left|\frac{\lambda_3}{\lambda_1}\right|<1$,所以右边取极限可得

$$\boldsymbol{p}\begin{bmatrix}1 & & \\ & 0 & \\ & & 0\end{bmatrix}\begin{bmatrix}\frac{27\,500}{19} \\ \frac{5\,875+2\,500\sqrt{5}}{19} \\ \frac{6\,215-2\,900\sqrt{5}}{19}\end{bmatrix}=\boldsymbol{p}\begin{bmatrix}\frac{27\,500}{19} \\ 0 \\ 0\end{bmatrix}=(\boldsymbol{a}_1,\boldsymbol{a}_2,\boldsymbol{a}_3)\begin{bmatrix}\frac{27\,500}{19} \\ 0 \\ 0\end{bmatrix}=\frac{27\,500}{19}\boldsymbol{a}_1$$ 所以当 k 充分大时,$\frac{1}{\lambda_1^k}\boldsymbol{X}^{(k)}=\frac{27\,500}{19}\boldsymbol{a}_1$,则 $\boldsymbol{X}^{(k)}\approx\frac{27\,500}{19}\lambda_1^k\boldsymbol{a}_1=\frac{27\,500}{19}\left(\frac{3}{2}\right)^k\begin{bmatrix}1 \\ \frac{1}{3} \\ \frac{1}{18}\end{bmatrix}$ 由此可知,在初始状态下,经过一定长时间,该种群中的雌性动物的年龄分布会趋于稳定,这 3 个年龄组中的雌性动物的数目之比为 $1:\frac{1}{3}:\frac{1}{18}$,且此时该种群的 3 个年龄组中雌性动物的数目分别为 $\frac{27\,500}{19}\left(\frac{3}{2}\right)^k$,$\frac{27\,500}{57}\left(\frac{3}{2}\right)^k$,$\frac{27\,500}{342}\left(\frac{3}{2}\right)^k$.

22. A 市公司与 B 市公司的初始基金分别为 $a_0=106$ 万元和 $b_0=212$ 万元. 假设当第 $k+1$ 周核算基金的时候,A 市公司和 B 市公司的支付基金分别为 a_{k+1} 和 b_{k+1}. 则由题可得 $\begin{cases}a_{k+1}=0.88a_k+0.15b_k \\ b_{k+1}=0.12a_k+0.85a_k\end{cases}$,用矩阵表示:$\begin{bmatrix}a_{k+1} \\ b_{k+1}\end{bmatrix}=\begin{bmatrix}0.88 & 0.15 \\ 0.12 & 0.85\end{bmatrix}\begin{bmatrix}a_k \\ b_k\end{bmatrix}=\begin{bmatrix}0.88 & 0.15 \\ 0.12 & 0.85\end{bmatrix}^2\begin{bmatrix}a_{k-1} \\ b_{k-1}\end{bmatrix}=\cdots\cdots=\begin{bmatrix}0.88 & 0.15 \\ 0.12 & 0.85\end{bmatrix}^{k+1}\begin{bmatrix}a_0 \\ b_0\end{bmatrix}$ 令 $\boldsymbol{A}=\begin{bmatrix}0.88 & 0.15 \\ 0.12 & 0.85\end{bmatrix}$,则 $\begin{bmatrix}a_{k+1} \\ b_{k+1}\end{bmatrix}=\boldsymbol{A}^{k+1}\begin{bmatrix}a_0 \\ b_0\end{bmatrix}=\boldsymbol{A}^{k+1}\begin{bmatrix}106 \\ 212\end{bmatrix}$ 在 MATLAB 中求解 $\boldsymbol{A}^{k+1}\begin{bmatrix}106 \\ 212\end{bmatrix}$,得到 $\boldsymbol{P}^{-1}\boldsymbol{A}\boldsymbol{P}=\boldsymbol{D}=\begin{bmatrix}1 & 0 \\ 0 & 0.73\end{bmatrix}$ 于是得到 $\boldsymbol{A}=\boldsymbol{P}\boldsymbol{D}\boldsymbol{P}^{-1}$,$\boldsymbol{A}^{k+1}=\boldsymbol{P}\boldsymbol{D}^{k+1}\boldsymbol{P}^{-1}=\boldsymbol{P}\begin{bmatrix}1 & 0 \\ 0 & 0.73^{k+1}\end{bmatrix}\boldsymbol{P}^{-1}$,即 $\begin{bmatrix}a_{k+1} \\ b_{k+1}\end{bmatrix}=\boldsymbol{A}^{k+1}\begin{bmatrix}106 \\ 212\end{bmatrix}=\boldsymbol{P}\begin{bmatrix}1 & 0 \\ 0 & 0.73^{k+1}\end{bmatrix}\boldsymbol{P}^{-1}\begin{bmatrix}106 \\ 212\end{bmatrix}$ 再用 MATLAB 求解,执行后得 $\begin{bmatrix}a_{k+1} \\ b_{k+1}\end{bmatrix}=\begin{bmatrix}\frac{530}{3}-\frac{212}{3}*\left(\frac{73}{100}\right)^{k+1} \\ \frac{424}{3}+\frac{212}{3}*\left(\frac{73}{100}\right)^{k+1}\end{bmatrix}$,其中 $\frac{73}{100}<1$. 所以,$\{a_k\}$ 单调递增,$\{b_k\}$ 单调递减. 且 $\lim\limits_{k\to+\infty}a_k=\frac{530}{3}$,$\lim\limits_{k\to+\infty}b_k=\frac{424}{3}$. 而且 $\frac{530}{3}\approx176.7$,$\frac{424}{3}\approx141.3$,两者都大于所要求的 130 万元,所以两个公司都不需要调动基金.

参考文献

[1] 西南财经大学高等数学教研室. 高等数学(经管类)学习指导[M]. 北京：科学出版社，2015：153.

[2] 张宇. 张宇考研数学题源探析经典 1000 题(习题分册数学三)[M]. 北京：北京理工大学出版社，2020：37.

[3] 薛威. 高等数学辅导精讲[M]. 北京：科学出版社，2019：405－408.

[4] 周为，刘玉菡，王栋. 高等数学：经管类[M]. 北京：北京理工大学出版社，2019：405－408.

[5] 王玲,王凡彬,兰静,李翱. 线性相关性的应用[J]. 教育教学论坛,2013(40):86－87.

[6] 梁循,夏绍玮. 用动态投入产出模型的系数矩阵分析经济系统的运动规律[J]. 系统工程,1992(05):5－11.

[7] 黄静静,刘文琰. 线性代数在经济领域的应用初步探讨[J]. 教育教学论坛,2020(11):268－271.

[8] 张从军,李辉,鲍远圣,刘玉华. 常见经济问题的数学解析[M]. 南京：东南大学出版社,2004.

第六篇 自 测 题

第一章 微积分自测题及解答

自 测 题 一

一、填空题(每小题 2 分,共 20 分)

1. 设 $f(x)$ 的定义域是[1,4],则 $f(x-1)+f(x)$ 的定义域是________.

2. $\lim\limits_{x \to \pi} \dfrac{\sin(\sin x)}{\pi - x} =$ ________.

3. 若 $x \to 1$ 时 $\dfrac{(x-1)^m}{x^2-1}$ 是比 $x-1$ 高阶的无穷小,则 m 的取值范围是________.

4. 若 $f(x)$ 在 x_0 点可导,则 $\lim\limits_{\Delta x \to 0} \dfrac{f^2(x_0+3\Delta x)-f^2(x_0)}{\Delta x} =$ ________.

5. 设 $f\left(\dfrac{1}{x}\right)=\dfrac{x}{1+x}$,则 $f'(x)=$ ________.

6. 若 $u=f(x-y,y-z,z-x)$,其中 f 可微,则 $\dfrac{\partial u}{\partial x}+\dfrac{\partial u}{\partial y}+\dfrac{\partial u}{\partial z}=$ ________.

7. 曲线 $y=\dfrac{1}{1-\mathrm{e}^x}$ 的铅垂渐近线是________.

8. 若 $\int f(x)\mathrm{d}x = x^2+C$,则 $\int \dfrac{1}{x^2} f\left(\dfrac{1}{x}\right)\mathrm{d}x =$ ________.

9. 设 $f(x)$,$g(x)$ 均可微,且同为某函数的原函数,$f(1)=1$,$g(1)=3$,则 $f(x)-g(x)=$ ________.

10. 用微分近似计算 $\sqrt[3]{8.02} \approx$ ________(精确到小数点后四位数字).

二、单项选择题(每小题 2 分,共 10 分)

1. 下列函数中,在 $x=0$ 处可导的是(　　).

A. $f(x)=x\,|x|$　　　　B. $f(x)=|\sin x|$

C. $f(x)=\begin{cases} x\sin\dfrac{1}{x}, & x\neq 0, \\ 0, & x=0 \end{cases}$　　　　D. $f(x)=\begin{cases} x^2+1, & x\leqslant 0, \\ x, & x>0 \end{cases}$

2. 设 $f(x-2)=\left(1-\frac{3}{x}\right)^x$，则 $\lim\limits_{x\to\infty}f(x)=(\quad)$.

A. e^{-1}　　B. e^{-2}　　C. e^{-3}　　D. e^3

3. 对二元函数，偏导数存在是连续的(　　)条件.

A. 充分非必要　　B. 必要非充分

C. 充要　　D. 既不充分也不必要

4. 函数 $y=f(x)$ 在点 $x=x_0$ 处取得极大值，则必有(　　).

A. $f'(x_0)=0$　　B. $f''(x_0)<0$

C. $f'(x_0)=0$ 且 $f''(x_0)<0$　　D. $f'(x_0)=0$ 或 $f'(x_0)$ 不存在

5. 若 $d[e^{-x}f(x)]=e^x dx$，且 $f(0)=0$，则 $f(x)=(\quad)$.

A. $e^{2x}+e^x$　　B. $e^{2x}-e^x$　　C. $e^{2x}+e^{-x}$　　D. $e^{2x}-e^{-x}$

三、计算题(每小题 6 分，共 48 分)

1. 设 $f(x)=\begin{cases}x^2+a, & x>0,\\ 0, & x=0,\\ bx+c, & x<0,\end{cases}$ 问：a,b,c 为何值时，$f(x)$ 在

(1) $(-\infty,+\infty)$ 内连续？

(2) $(-\infty,+\infty)$ 内可导？

2. 求 $\lim\limits_{x\to 0}\frac{\cos(\sin x)-1}{3x^2}$.

3. 求 $\lim\limits_{x\to 1}(1-x)\tan\frac{\pi x}{2}$.

4. $y=\sin\frac{1}{x}e^{\tan\frac{1}{x}}$，求 y'.

5. 已知 $xy^3-3x^2=(x-1)y+1$，求 $y'(0)$.

6. 求由方程 $x=z\ln\frac{z}{y}$ 所确定的隐函数 $z=f(x,y)$ 的全微分.

7. 设 $z=\frac{x}{y}\varphi(u)$，其中 $u=2y-3x$，且 φ 二阶可微，求 z''_{xx}，z''_{xy}.

8. 求 $\int x^2\ln(1+x^2)dx$.

四、应用题(每小题 9 分，共 18 分)

1. 求函数 $y=2e^x+e^{-x}$ 的单调区间、极值、凹凸区间和拐点.

2. 某厂生产两种可以相互替代的商品，其需求函数分别为 $Q_1=40-2P_1+P_2$，$Q_2=15+P_1-P_2$(其中 Q_1，Q_2 分别为两种商品的需求量，P_1，P_2 为相应的价格). 如果总成本为 $C(Q_1,Q_2)=Q_1^2+Q_1Q_2+Q_2^2$，求获得最大利润时的产量及相应的价格.

五、证明题(4 分)

若 $f(x)$ 在区间$[0,1]$上连续,在区间$(0,1)$内可导,且 $f(0)=1,f(1)=0$,试证:在$(0,1)$内至少有一点 ξ,使 $f(\xi)+\xi f'(\xi)=0$.

自 测 题 二

一、填空题(每小题 2 分,共 20 分)

1. 函数 $z=\dfrac{\sqrt{y-x}}{\ln(x^2+y^2-1)}$ 的定义域是__________.

2. $\lim\limits_{x\to 0}\left(x\sin\dfrac{1}{x}+\dfrac{1}{x}\sin x\right)=$ __________.

3. 若 $f(x)=\begin{cases}|x|^k\sin\dfrac{1}{x}, & x\neq 0,\\ 0, & x=0\end{cases}$ 的可导区间为$(-\infty,+\infty)$,则 k 的范围是__________.

4. 曲线 $y=\cos\sqrt{x}$ 在横坐标为 $x=\pi^2$ 处的切线方程为______________.

5. 已知$\lim\limits_{h\to 0}\dfrac{f(x+2h)-f(x)}{h}=\sqrt{x}$,则 $f(x)=$ __________.

6. 曲线 $y=\dfrac{1}{\sqrt{x-x^2}}$ 的铅垂渐近线是__________.

7. 若 $z=f(x,xy)$,其中 f 具有连续的二阶偏导数,则$\dfrac{\partial^2 z}{\partial x\partial y}$ __________.

8. 用全微分近似计算 $1.02^{4.05}\approx$ __________.

9. $\displaystyle\int\frac{f'(\ln x)}{x}\mathrm{d}x=x^2+C$,则 $f(x)=$ __________.

10. 函数 $f(x)=x^4$ 在区间$[1,2]$上满足拉格朗日中值定理中的 $\xi=$ ______.

二、选择题(每小题 2 分,共 10 分)

1. 函数 $y=\lg(x-1)$ 在区间(　　)有界.

A. $(1,+\infty)$　　B. $(2,+\infty)$　　C. $(1,2)$　　D. $(2,3)$

2. 若 $\alpha=$(　　),则当 $x\to 0$ 时,x^α 与 $\sin^3 x^2$ 为等价无穷小量.

A. 2　　B. 3　　C. 5　　D. 6

3. 函数 $z=f(x,y)$ 在点(x_0,y_0)的某邻域内有连续的二阶偏导数. 已知 $f_x'(x_0,y_0)=f_y'(x_0,y_0)=0,f_{xx}''(x_0,y_0)>0,f_{xy}''(x_0,y_0)=0,f_{yy}''(x_0,y_0)>0$,则点$(x_0,y_0)$(　　).

A. 是极小值点　　B. 是极大值点

C. 不是极值点　　D. 是否极值点需进一步确定

4. 若 $y_1(x)$ 与 $y_2(x)$ 的弹性分别为 $a,b(b\neq 0)$，则函数 $\dfrac{y_1(x)}{y_2(x)}$ 的弹性为(　　).

A. $a-b$　　B. $\dfrac{a}{b}$　　C. $\dfrac{ay_2-by_1}{y_1^2}$　　D. 以上都不是

5. 下列等式中，正确的是(　　).

A. $\int f'(x)\mathrm{d}x=f(x)$　　B. $\dfrac{\mathrm{d}}{\mathrm{d}x}\int f(x^2)\mathrm{d}x=f(x^2)$

C. $\int \mathrm{d}f(x)=f(x)$　　D. $\mathrm{d}\int f(x)\mathrm{d}x=f(x)$

三、计算题(每小题 6 分，共 48 分)

1. 讨论函数 $f(x)=\begin{cases}\dfrac{\tan(x-1)}{x-1}, & x\neq 1,\\ 1, & x=1\end{cases}$ 在 $x=1$ 处的连续性与可导性.

2. 求 $\lim\limits_{x\to 0}\dfrac{1-x^2-\mathrm{e}^{-x^2}}{\sin^4 x}$.

3. 求 $\lim\limits_{x\to 0^+}(\cos\sqrt{x})^{\frac{2}{x}}$.

4. 设 $y=x\arctan x-\ln\sqrt{1+x^2}$，求 y''.

5. 设 $y\mathrm{e}^{xy}-x+1=0$，求 $\left.\dfrac{\mathrm{d}y}{\mathrm{d}x}\right|_{x=0}$.

6. 设 $z=f(\sqrt{x^2+y^2})$，其中 f 可微，且 $x\dfrac{\partial z}{\partial x}+y\dfrac{\partial z}{\partial y}=1$，求 $f(\sqrt{x^2+y^2})$.

7. 求 $\int(\arcsin x)^2\mathrm{d}x$.

8. 求 $\int\dfrac{1}{(1+x^2)^2}\mathrm{d}x$.

四、应用题(每小题 9 分，共 18 分)

1. 讨论函数 $y=\dfrac{x^3}{(x-1)^2}$ 的凹凸区间和拐点.

2. 某商品的需求函数 $Q=400\mathrm{e}^{-\frac{P}{20}}$，求：

(1) $P=10$ 时总收益对价格的弹性；

(2) P 为多少时总收益最大？

五、证明题(4 分)

试证：$1+x\ln(x+\sqrt{1+x^2})\geqslant\sqrt{1+x^2}$.

自测题一参考答案

一、填空题

1. $[2,4]$ **2.** 1 **3.** $m>2$ **4.** $6f(x_0)f'(x_0)$ **5.** $-\dfrac{1}{(1+x)^2}$ **6.** 0 **7.** $x=0$

8. $-\dfrac{1}{x^2}+C$ **9.** -2 **10.** 2.001 7

二、单项选择题

1. A **2.** C **3.** D **4.** D **5.** B

三、计算题

1. (1) 显然 $f(x)$ 在 $(-\infty,0)$ 及 $(0,+\infty)$ 内连续，故 $f(x)$ 只需在 $x=0$ 处连续，就在 $(-\infty,+\infty)$ 内连续，$\lim\limits_{x\to0^-}f(x)=\lim\limits_{x\to0^+}(bx+c)=c$，$\lim\limits_{x\to0^+}f(x)=\lim\limits_{x\to0^+}(x^2+a)=a$，故当 $f(0)=\lim\limits_{x\to0^-}f(x)=\lim\limits_{x\to0^+}f(x)$ 即 $a=c=0$ 时，$f(x)$ 在 $x=0$ 处连续，此时 b 可为任意实数. (2) 显然 $f(x)$ 在 $(0,+\infty)$ 及 $(-\infty,0)$ 内均可导，故 $f(x)$ 只需在 $x=0$ 处可导，就在 $(-\infty,+\infty)$ 内可导，要使 $f(x)$ 在 $x=0$ 处可导，必须在 $x=0$ 处连续，且有 $f'_-(0)=f'_+(0)$，由 $f'_-(0)=\lim\limits_{x\to0^-}\dfrac{bx+c-0}{x}=b$，$f'_+(0)=\lim\limits_{x\to0^+}\dfrac{x^2+a-0}{x}=0$，可知 $a=b=c=0$ 时，$f(x)$ 在 $(-\infty,+\infty)$ 内可导. **2.** 当 $x\to0$ 时，$\cos(\sin x)-1\sim-\dfrac{1}{2}\sin^2x\sim-\dfrac{1}{2}x^2$，所以原式 $=\lim\limits_{x\to0}\dfrac{-\dfrac{1}{2}x^2}{3x^2}=-\dfrac{1}{6}$. **3.** 原式 $=\lim\limits_{x\to1}\dfrac{1-x}{\cot\dfrac{\pi x}{2}}=\lim\limits_{x\to1}\dfrac{-1}{-\csc^2\dfrac{\pi}{2}x\cdot\dfrac{\pi}{2}}=\lim\limits_{x\to1}\dfrac{2}{\pi}\sin^2\dfrac{\pi}{2}x=\dfrac{2}{\pi}$. **4.** $y'=\cos\dfrac{1}{x}\left(\dfrac{1}{x}\right)'\mathrm{e}^{\tan\frac{1}{x}}+\sin\dfrac{1}{x}\mathrm{e}^{\tan\frac{1}{x}}\sec^2\dfrac{1}{x}\left(\dfrac{1}{x}\right)'=-\dfrac{1}{x^2}\mathrm{e}^{\tan\frac{1}{x}}\left[\cos\dfrac{1}{x}+\sin\dfrac{1}{x}\sec^2\dfrac{1}{x}\right]$. **5.** 两边对 x 求导得 $y^3+3xy^2\cdot y'-6x=y+(x-1)y'$，整理得 $y'=\dfrac{y^3-y-6x}{x-1-3xy^2}$. 当 $x=0$ 时，$y=1$，所以 $y'(0)=0$. **6.** 设 $F(x,y,z)=x-z(\ln z-\ln y)$，$F_x{}'=1$，$F_y{}'=\dfrac{z}{y}$，$F_z{}'=\ln y-\ln z-1$，$\dfrac{\partial z}{\partial x}=-\dfrac{F_x{}'}{F_z{}'}=\dfrac{1}{1+\ln z-\ln y}=\dfrac{z}{x+z}$，$\dfrac{\partial z}{\partial y}=-\dfrac{F_y{}'}{F_z{}'}=\dfrac{z}{y(1+\ln z-\ln y)}=\dfrac{z^2}{y(z+x)}$，所以 $\mathrm{d}z=\dfrac{\mathrm{d}x}{1+\ln z-\ln y}+\dfrac{z}{y(1+\ln z-\ln y)}\mathrm{d}y=\dfrac{z}{y(x+z)}(y\mathrm{d}x+z\mathrm{d}y)$.

7. $z'_x=\dfrac{1}{y}\varphi(u)+\dfrac{x}{y}\varphi'(u)u'_x=\dfrac{1}{y}\varphi(u)-3\dfrac{x}{y}\varphi'(u)$，$z'_y=-\dfrac{x}{y^2}\varphi(u)+\dfrac{x}{y}\varphi'(u)u_y{}'=-\dfrac{x}{y^2}\varphi(u)+2\dfrac{x}{y}\varphi'(u)$，$z''_{xx}=\dfrac{1}{y}\varphi'(u)u'_x-3\dfrac{1}{y}\varphi'(u)-3\dfrac{x}{y}\varphi''(u)u'_x=-\dfrac{3}{y}\varphi'(u)-\dfrac{3}{y}\varphi'(u)+9\dfrac{x}{y}\varphi''(u)=-\dfrac{6}{y}\varphi'(2y-3x)+9\dfrac{x}{y}\varphi''(2y-3x)$，$z''_{xy}=-\dfrac{1}{y^2}\varphi(u)+\dfrac{1}{y}\varphi'(u)u'_y+\dfrac{3x}{y^2}\varphi'(u)-\dfrac{3x}{y}\varphi''(u)u'_y=$

$-\frac{1}{y^2}\varphi(u)+\frac{2}{y}\varphi'(u)+\frac{3x}{y^2}\varphi'(u)-\frac{6x}{y}\varphi''(u)=-\frac{1}{y^2}\varphi(2y-3x)+\frac{1}{y^2}(2y+3x)\varphi'(2y-3x)-\frac{6x}{y}\varphi''(2y-3x)$. **8.** 原式 $=\int\ln(1+x^2)\mathrm{d}\frac{x^3}{3}=\frac{x^3}{3}\ln(1+x^2)-\int\frac{x^3}{3}\mathrm{d}\ln(1+x^2)=\frac{x^3}{3}\ln(1+x^2)-\int\frac{x^3}{3}\frac{2x}{1+x^2}\mathrm{d}x=\frac{x^3}{3}\ln(1+x^2)-\frac{2}{3}\int\frac{x^4-1+1}{1+x^2}\mathrm{d}x=\frac{x^3}{3}\ln(1+x^2)-\frac{2}{3}\int(x^2-1)\mathrm{d}x-\frac{2}{3}\int\frac{1}{1+x^2}\mathrm{d}x=\frac{x^3}{3}\ln(1+x^2)-\frac{2}{9}x^3+\frac{2}{3}x-\frac{2}{3}\arctan x+C$.

四、应用题

1. $y'=2\mathrm{e}^x-\mathrm{e}^{-x}$. 令 $y'=0$,得 $x=-\frac{1}{2}\ln 2$. $y''=2\mathrm{e}^x+\mathrm{e}^{-x}>0$,

x	$(-\infty,-\frac{1}{2}\ln 2)$	$-\frac{1}{2}\ln 2$	$\left(-\frac{1}{2}\ln 2,+\infty\right)$
y'	$-$	0	$+$
y''	$+$	$+$	$+$
y	$\searrow\cup$	极小值 $2\sqrt{2}$	$\nearrow\cup$

所以单调增区间 $\left(-\frac{1}{2}\ln 2,+\infty\right)$,单调减区间 $\left(-\infty,-\frac{1}{2}\ln 2\right)$,凹区间 $(-\infty,+\infty)$,极小值点 $x=-\frac{1}{2}\ln 2$,极小值 $2\sqrt{2}$,无拐点. **2.** 由 $\begin{cases}Q_1=40-2P_1+P_2,\\Q_2=15+P_1-P_2,\end{cases}$ 可求得 $\begin{cases}P_1=55-Q_1-Q_2,\\P_2=70-Q_1-2Q_2,\end{cases}$ 故总利润 $L(Q_1,Q_2)=P_1Q_1+P_2Q_2-C(Q_1,Q_2)=55Q_1+70Q_2-3Q_1Q_2-2Q_1^2-3Q_2^2$,令 $\begin{cases}L'_{Q_1}=55-4Q_1-3Q_2=0,\\L'_{Q_2}=70-3Q_1-6Q_2=0,\end{cases}$ 得 $Q_1=8,Q_2=7\frac{2}{3}$. 又 $A=L''_{Q_1Q_1}=-4<0,B=L''_{Q_1Q_2}=-3,C=L''_{Q_2Q_2}=-6,AC-B^2=24-9=15>0$,故点 $\left(8,7\frac{2}{3}\right)$ 是极大值点也是最大值点. 即当 $Q_1=8,Q_2=7\frac{2}{3}$ 时可获得最大利润,此时 $P_1=39\frac{1}{3},P_2=46\frac{2}{3}$.

五、证明题

令 $F(x)=xf(x)$,则 $F(x)$ 在 $[0,1]$ 上连续,在 $(0,1)$ 内可导,且 $F(0)=F(1)=0$,故由罗尔定理知,在 $(0,1)$ 内至少有一点 ξ,使 $F'(\xi)=0$. 即 $f(\xi)+\xi f'(\xi)=0$.

自测题二参考答案

一、填空题

1. $\{(x,y)\mid y\geqslant x,x^2+y^2>1$ 且 $x^2+y^2\neq 2\}$　**2.** 1　**3.** $k>1$　**4.** $y=-1$　**5.** $\frac{1}{3}x^{\frac{3}{2}}+C$　**6.** $x=0,x=1$　**7.** $xf_{12}''+f_2'+xyf_{22}''$　**8.** 1.08　**9.** $\mathrm{e}^{2x}+C$　**10.** $\sqrt[3]{\frac{15}{4}}$

二、选择题

1. D　**2.** D　**3.** A　**4.** A　**5.** B

三、计算题

1. $\lim\limits_{x\to 1}f(x)=\lim\limits_{x\to 1}\dfrac{\tan(x-1)}{x-1}=1$，$\lim\limits_{x\to 1}f(x)=f(1)=1$，所以 $f(x)$ 在 $x=1$ 处连续.

$f'(1)=\lim\limits_{x\to 1}\dfrac{f(x)-f(1)}{x-1}=\lim\limits_{x\to 1}\dfrac{\dfrac{\tan(x-1)}{x-1}-1}{x-1}=\lim\limits_{x\to 1}\dfrac{\tan(x-1)-x+1}{(x-1)^2}=\lim\limits_{x\to 1}\dfrac{\sec^2(x-1)-1}{2(x-1)}=0$，所以 $f(x)$ 在 $x=1$ 处连续且可导，$f'(1)=0$.　**2.** 当 $x\to 0$ 时，$\sin^4 x\sim x^4$，$e^{-x^2}-1\sim -x^2$，原式 $=\lim\limits_{x\to 0}\dfrac{1-x^2-e^{-x^2}}{x^4}=\lim\limits_{x\to 0}\dfrac{-2x+2xe^{-x^2}}{4x^3}=\lim\limits_{x\to 0}\dfrac{2x(e^{-x^2}-1)}{4x^3}=\lim\limits_{x\to 0}\dfrac{-2x^3}{4x^3}=-\dfrac{1}{2}$.　**3.** 原式 $=\lim\limits_{x\to 0^+}(1+\cos\sqrt{x}-1)^{\frac{2}{x}}=\lim\limits_{x\to 0^+}(1+\cos\sqrt{x}-1)^{\frac{1}{\cos\sqrt{x}-1}\cdot\frac{2(\cos\sqrt{x}-1)}{x}}=e^{\lim\limits_{x\to 0^+}\frac{2(\cos\sqrt{x}-1)}{x}}=e^{\lim\limits_{x\to 0^+}\frac{-2\cdot\frac{1}{2}(\sqrt{x})^2}{x}}=e^{-1}$.　**4.** $y'=\arctan x+\dfrac{x}{1+x^2}-\dfrac{2x}{2(1+x^2)}=\arctan x$，$y''=\dfrac{1}{1+x^2}$.　**5.** 设 $F(x,y)=ye^{xy}-x+1$，$F_x'=y^2e^{xy}-1$，$F_y'=e^{xy}+xye^{xy}$，$\dfrac{dy}{dx}=-\dfrac{F_x'}{F_y'}=\dfrac{1-y^2e^{xy}}{e^{xy}+xye^{xy}}$，将 $x=0$ 代入方程得 $y=-1$，故 $\left.\dfrac{dy}{dx}\right|_{x=0}=0$.　**6.** $\dfrac{\partial z}{\partial x}=\dfrac{x}{\sqrt{x^2+y^2}}f'(\sqrt{x^2+y^2})$，$\dfrac{\partial z}{\partial y}=\dfrac{y}{\sqrt{x^2+y^2}}f'(\sqrt{x^2+y^2})$，因为 $x\dfrac{\partial z}{\partial x}+y\dfrac{\partial z}{\partial y}=\dfrac{x^2+y^2}{\sqrt{x^2+y^2}}f'(\sqrt{x^2+y^2})=\sqrt{x^2+y^2}f'(\sqrt{x^2+y^2})=1$，即 $f'(\sqrt{x^2+y^2})=\dfrac{1}{\sqrt{x^2+y^2}}$，$f'(x)=\dfrac{1}{x}$，$f(x)=\ln|x|+C$，所以 $f(\sqrt{x^2+y^2})=\ln\sqrt{x^2+y^2}+C$.　**7.** 原式 $=x(\arcsin x)^2-\int x\,d(\arcsin x)^2=x(\arcsin x)^2-2\int x\cdot\arcsin x\cdot\dfrac{1}{\sqrt{1-x^2}}dx=x(\arcsin x)^2+2\int\arcsin x\,d\sqrt{1-x^2}=x(\arcsin x)^2+2\sqrt{1-x^2}\arcsin x-2x+C$.　**8.** 令 $x=\tan t$，$dx=\sec^2 t\,dt$，原式 $=\int\dfrac{\sec^2 t}{\sec^4 t}dt=\int\cos^2 t\,dt=\dfrac{1}{2}\int(1+\cos 2t)dt=\dfrac{t}{2}+\dfrac{1}{4}\sin 2t+C=\dfrac{1}{2}\left(\arctan x+\dfrac{x}{1+x^2}\right)+C$.

四、应用题

1. $y'=\dfrac{x^3-3x^2}{(x-1)^3}$，$y''=\dfrac{6x}{(x-1)^4}$，令 $y''=0$，得 $x=0$. $x<0$ 时，$y''<0$；$x>0$ 时，$y''>0$，故函数在 $(-\infty,0)$ 上是凸的，在 $(0,1)$ 和 $(1,+\infty)$ 上是凹的，$(0,0)$ 是拐点.　**2.** 总收益 $R=$

$PQ=400Pe^{-\frac{P}{20}}$. (1) $\frac{ER}{EP}=\frac{P}{R}\frac{\mathrm{d}R}{\mathrm{d}P}=\frac{P}{400Pe^{-\frac{P}{20}}}400\left(e^{-\frac{P}{20}}-\frac{P}{20}e^{-\frac{P}{20}}\right)=1-\frac{P}{20}$,$\left.\frac{ER}{EP}\right|_{P=10}=0.5$. (2) $R'(P)=20e^{-\frac{P}{20}}(20-P)$,令 $R'(P)=0$,得唯一驻点 $P=20$. 当 $0<P<20$ 时 $R'(P)>0$,当 $P>20$ 时 $R'(P)<0$,故 $P=20$ 是极大值点也是最大值点,故 $P=20$ 时总收益最大.

五、证明题

设 $f(x)=1+x\ln(x+\sqrt{1+x^2})-\sqrt{1+x^2}$,则 $f'(x)=\ln(x+\sqrt{1+x^2})+\frac{x\left(1+\frac{x}{\sqrt{1+x^2}}\right)}{x+\sqrt{1+x^2}}-\frac{x}{\sqrt{1+x^2}}=\ln(x+\sqrt{1+x^2})$,令 $f'(x)=0$,得唯一驻点 $x=0$. 因 $f''(x)=\frac{1}{\sqrt{1+x^2}}>0$,故 $x=0$ 是极小值点也是最小值点. 所以对 $\forall x\in\mathbf{R}$,$f(x)\geqslant f(0)=0$,即 $1+x\ln(x+\sqrt{1+x^2})\geqslant\sqrt{1+x^2}$.

第二章 线性代数自测题及解答

自 测 题 一

一、填空题(每小题 2 分,共 20 分)

1. 方程 $\begin{vmatrix}1&2&3&4\\1&3-x^2&3&4\\3&4&1&2\\3&4&1&5-x^2\end{vmatrix}=0$ 的根为________.

2. 若 $\boldsymbol{A}$ 为 n 阶方阵,且 $\boldsymbol{A}^2+2\boldsymbol{A}-\boldsymbol{I}=\boldsymbol{O}$,则 $(\boldsymbol{A}+2\boldsymbol{I})^{-1}=$________.

3. 若向量 $\boldsymbol{\alpha}=(3,3,2,4)^T$ 与 $\boldsymbol{\beta}=(a,1,-3,2a)^T$ 正交,则 $a=$________.

4. 若向量组 $\boldsymbol{\alpha}_1,\boldsymbol{\alpha}_2,\cdots,\boldsymbol{\alpha}_s$ 与向量组 $\boldsymbol{\beta}_1,\boldsymbol{\beta}_2,\cdots,\boldsymbol{\beta}_t$ 等价,且 $s<t$,则向量组 $\boldsymbol{\beta}_1,\boldsymbol{\beta}_2,\cdots,\boldsymbol{\beta}_t$ 线性________.

5. 若 $\lambda=2$ 是非奇异阵 $\boldsymbol{A}$ 的一个特征值,则 $\left(\frac{1}{3}\boldsymbol{A}^2\right)^{-1}$ 有一个特征值为________.

6. 二次型 $f(x_1,x_2,x_3)=x_1^2+2x_2^2+x_3^2+2x_1x_2+2x_1x_3+2x_2x_3$ 的秩为________.

7. 若 $\boldsymbol{A}$ 为三阶方阵,交换 $\boldsymbol{A}$ 的第一行、第三行得矩阵 $\boldsymbol{B}$,则 $\boldsymbol{PA}=\boldsymbol{B}$,其中 $\boldsymbol{P}=$________.

8. 若 $\boldsymbol{\alpha}_1 = (1,2,3)^T, \boldsymbol{\alpha}_2 = (3,-1,2)^T, \boldsymbol{\alpha}_3 = (2,3,k)^T$ 线性相关，则 $k =$ ________.

9. 实对称阵 $\boldsymbol{A}$ 的所有特征值全大于 0，是 $\boldsymbol{A}$ 正定的________ 条件.

10. 若线性规划问题的标准型存在可行解，则一定存在________.

二、单项选择题(每小题 2 分，共 10 分)

1. $\boldsymbol{A},\boldsymbol{B}$ 都是 n 阶非零阵，且 $\boldsymbol{AB}=\boldsymbol{O}$，则 $|\boldsymbol{A}|$ 和 $|\boldsymbol{B}|$ (　　).

A. 至多一个等于 0　　B. 都不等于 0

C. 只有一个等于 0　　D. 都等于 0

2. 向量组 $\boldsymbol{\alpha}_1,\boldsymbol{\alpha}_2,\cdots,\boldsymbol{\alpha}_s$ 线性无关的充要条件是(　　).

A. $\boldsymbol{\alpha}_1,\boldsymbol{\alpha}_2,\cdots,\boldsymbol{\alpha}_s$ 均不是零向量

B. $\boldsymbol{\alpha}_1,\boldsymbol{\alpha}_2,\cdots,\boldsymbol{\alpha}_s$ 中任意两个向量都不成比例

C. 任意一个向量均不能由其余向量线性表出

D. 至少有一个向量不能由其余向量线性表出

3. 设 $\boldsymbol{A}$ 为 n 阶可逆矩阵，则下列选项中不正确的是(　　).

A. $(k\boldsymbol{A})^* = k\boldsymbol{A}^*$　　B. $(\boldsymbol{A}^*)^* = |\boldsymbol{A}|^{n-2}\boldsymbol{A}$

C. $(\boldsymbol{AB})^* = \boldsymbol{B}^*\boldsymbol{A}^*$　　D. $(\boldsymbol{A}^*)^{-1} = (\boldsymbol{A}^{-1})^*$

4. 与矩阵 $\begin{bmatrix} 2 & & \\ & 8 & \\ & & 5 \end{bmatrix}$ 合同的是(　　).

A. $\begin{bmatrix} 1 & & \\ & -2 & \\ & & -2 \end{bmatrix}$　　B. $\begin{bmatrix} 3 & & \\ & 2 & \\ & & -5 \end{bmatrix}$

C. $\begin{bmatrix} 1 & & \\ & -1 & \\ & & 1 \end{bmatrix}$　　D. $\begin{bmatrix} 2 & & \\ & 2 & \\ & & 4 \end{bmatrix}$

5. 已知 $\boldsymbol{\alpha} = (1,k,1)^T$ 是矩阵 $\boldsymbol{A} = \begin{bmatrix} 2 & 1 & 1 \\ 1 & 2 & 1 \\ 1 & 1 & 2 \end{bmatrix}$ 的逆矩阵 $\boldsymbol{A}^{-1}$ 的特征向量，则 $k =$ (　　).

A. 1 或 2　　B. -1 或 -2　　C. 1 或 -2　　D. -1 或 2

三、计算题(每小题 9 分，共 63 分)

1. 计算行列式

$$D_n=\begin{vmatrix} a_1+b & a_2 & \cdots & a_n \\ a_1 & a_2+b & \cdots & a_n \\ \vdots & \vdots & & \vdots \\ a_1 & a_2 & \cdots & a_n+b \end{vmatrix}$$

2. 设 $\boldsymbol{A}=\begin{bmatrix} 0 & 1 & 0 \\ -1 & 1 & 1 \\ -1 & 0 & -1 \end{bmatrix}$, $\boldsymbol{B}=\begin{bmatrix} 1 & -1 \\ 2 & 0 \\ 5 & 3 \end{bmatrix}$,且 $\boldsymbol{X}=\boldsymbol{AX}+\boldsymbol{B}$,求 $\boldsymbol{X}$.

3. 已知向量组 $\boldsymbol{\alpha}_1=(1,-1,-1,-3)^T$, $\boldsymbol{\alpha}_2=(-1,1,-3,-1)^T$, $\boldsymbol{\alpha}_3=(-1,-3,1,-1)^T$, $\boldsymbol{\alpha}_4=(-3,-1,-1,1)^T$. 求它的一个极大无关组,并把其余向量用所求极大无关组线性表出.

4. a 为何值时,线性方程组 $\begin{cases} x_1+x_2+2x_3+3x_4=1 \\ x_1+3x_2+6x_3+x_4=3 \\ x_1+5x_2+10x_3-x_4=5 \\ 3x_1+5x_2+10x_3+7x_4=a \end{cases}$ 有解?并表示出其通解.

5. 已知三阶方阵 $\boldsymbol{A}$ 的特征值为 $2,1,-1$,对应的特征向量分别为 $\boldsymbol{\alpha}_1=(1,0,-1)^T$, $\boldsymbol{\alpha}_2=(1,-1,0)^T$, $\boldsymbol{\alpha}_3=(1,0,1)^T$, $\boldsymbol{A}$ 能否与对角阵 $\boldsymbol{\Lambda}$ 相似?若能,求出 $\boldsymbol{P}$ 及 $\boldsymbol{\Lambda}$,使 $\boldsymbol{P}^{-1}\boldsymbol{AP}=\boldsymbol{\Lambda}$.

6. 化二次型 $f(x_1,x_2,x_3)=2x_1x_2+2x_1x_3+2x_2x_3$ 为标准形,并写出所对应的正交变换.

7. 求解线性规划问题:

$\min f=-x_1+2x_2$,

$$s.t.\begin{cases} -x_1+x_2+x_3=2, \\ x_1+2x_2+x_4=6, \\ x_j\geqslant 0,\quad j=1,2,3,4. \end{cases}$$

四、证明题(共 7 分)

设 $\boldsymbol{A}$ 是秩为 r 的 n 阶方阵. 证明:存在秩为 $n-r$ 的 n 阶方阵 $\boldsymbol{B}$ 与 $\boldsymbol{C}$,使 $\boldsymbol{AB}=\boldsymbol{CA}$.

自 测 题 二

一、填空题(每小题 2 分,共 20 分)

1. $\boldsymbol{A}$ 是三阶方阵, $|\boldsymbol{A}|=2$,按列分块 $\boldsymbol{A}=(\boldsymbol{A}_1,\boldsymbol{A}_2,\boldsymbol{A}_3)$,则 $|3\boldsymbol{A}_3-2\boldsymbol{A}_1,5\boldsymbol{A}_3,\boldsymbol{A}_2|=$ ________.

2. $\boldsymbol{A}$ 是三阶方阵, $|\boldsymbol{A}|=\dfrac{1}{2}$,则 $|\boldsymbol{A}^*-(3\boldsymbol{A})^{-1}|=$ ________.

3. $\boldsymbol{\alpha}=(1,k,2),\boldsymbol{\beta}=(0,2,1),\boldsymbol{\gamma}=(-1,3,k)$ 线性无关,则 $k=$ ________.

4. 向量 $\boldsymbol{\alpha}=(1,-1,1,0)^T$ 与 $\boldsymbol{\beta}=(0,1,-1,1)^T$ 的夹角 $\theta=$ ________.

5. 已知 n 阶方阵 $\boldsymbol{A},\boldsymbol{B}$ 满足 $\boldsymbol{AB}=\boldsymbol{A}+\boldsymbol{B}$,则 $(\boldsymbol{A}-\boldsymbol{I})^{-1}=$ ________.

6. 已知三阶方阵 $\boldsymbol{A}$ 的特征值为 $\lambda_1=2,\lambda_2=3,\lambda_3=5$,则 $|\boldsymbol{A}^*-\boldsymbol{I}|=$ ________.

7. 四阶方阵 $\boldsymbol{A}$ 的特征值为 λ_1(三重) 和 λ_2,则 $\boldsymbol{A}$ 可对角化的充要条件是 $r(\lambda_1\boldsymbol{I}-\boldsymbol{A})=$ ________.

8. 二次型 $f(x_1,x_2,x_3)=2x_1^2+x_2^2+2x_3^2+2x_1x_2+\lambda x_2x_3$ 为正定二次型,则 λ 的取值范围是________.

9. 若线性变换 τ,σ 在基 $\{\boldsymbol{\alpha}_1,\cdots,\boldsymbol{\alpha}_n\}$ 下的矩阵分别为 $\boldsymbol{B},\boldsymbol{A}$,则 $\sigma+\tau$ 及 $\sigma\tau$ 在该基下的矩阵分别为________ 和________.

10. 所有可行解组成的集合为________.

二、选择题(每小题 2 分,共 10 分)

1. $\boldsymbol{A}$ 为 n 阶可逆矩阵,$k\neq 0$ 为实数,则下列选项一定成立的是( ).

A. $(k\boldsymbol{A})^{-1}=k\boldsymbol{A}^{-1}$ B. $|k\boldsymbol{A}|=|k||\boldsymbol{A}|$

C. $(k\boldsymbol{A})^T=\dfrac{1}{k}\boldsymbol{A}^T$ D. $(k\boldsymbol{A})^*=k^{n-1}\boldsymbol{A}^*$

2. n 维向量 $\boldsymbol{\alpha}$ 与 $\boldsymbol{\beta}$ 满足 $(\boldsymbol{\alpha},\boldsymbol{\beta})=0$,则必有( ).

A. $\boldsymbol{\alpha}=\boldsymbol{0}$ 且 $\boldsymbol{\beta}=\boldsymbol{0}$ B. $\boldsymbol{\alpha}=\boldsymbol{0}$ 或 $\boldsymbol{\beta}=\boldsymbol{0}$

C. $\|\boldsymbol{\alpha}+\boldsymbol{\beta}\|^2=\|\boldsymbol{\alpha}\|^2+\|\boldsymbol{\beta}\|^2$ D. $\boldsymbol{\beta}=-\boldsymbol{\alpha}$

3. 下列矩阵中与 $\boldsymbol{A}=\begin{bmatrix}0&0\\0&4\end{bmatrix}$ 相似的是( ).

A. $\begin{bmatrix}2&2\\2&2\end{bmatrix}$ B. $\begin{bmatrix}4&0\\3&4\end{bmatrix}$ C. $\begin{bmatrix}3&4\\0&3\end{bmatrix}$ D. $\begin{bmatrix}1&-2\\2&0\end{bmatrix}$

4. $\boldsymbol{A}$ 与 $\boldsymbol{B}$ 均为 n 阶正定矩阵,则下列矩阵中不一定是正定矩阵的是( ).

A. $\boldsymbol{A}+\boldsymbol{B}$ B. $\boldsymbol{A}^{-1}+\boldsymbol{B}^{-1}$ C. $\boldsymbol{A}^*+\boldsymbol{B}^*$ D. $\boldsymbol{AB}$

5. 设 $\boldsymbol{A}=(a_{ij})_{m\times n},r(\boldsymbol{A})=r$,则齐次线性方程组 $\boldsymbol{A}^T\boldsymbol{x}=\boldsymbol{0}$ 解空间的维数是( ).

A. r B. $m-r$ C. $n-r$ D. $m+n-r$

三、计算题(每小题 8 分,共 64 分)

1. 已知 $D=\begin{vmatrix}4&1&3&-2\\3&3&3&-4\\-1&2&0&7\\9&5&-2&3\end{vmatrix}$,求 $-M_{41}+M_{42}-M_{43}-M_{44}$.

2. 已知 $\boldsymbol{A}=\begin{bmatrix}7&8&-2\\6&5&0\\4&0&1\end{bmatrix}$,解矩阵方程 $\boldsymbol{A}^3+\boldsymbol{X}=\boldsymbol{AX}+\boldsymbol{I}$.

3. 设 $\boldsymbol{A}$ 为 $m\times 4$ 矩阵，$r(\boldsymbol{A})=3$，$\boldsymbol{\alpha}_1,\boldsymbol{\alpha}_2,\boldsymbol{\alpha}_3$ 是非齐次线性方程组 $\boldsymbol{AX}=\boldsymbol{b}$ 的三个解向量，已知 $\boldsymbol{\alpha}_1+\boldsymbol{\alpha}_2=(1,4,0,2)^T$，$\boldsymbol{\alpha}_2+3\boldsymbol{\alpha}_3=(1,0,1,4)^T$，求 $\boldsymbol{AX}=\boldsymbol{b}$ 的全部解.

4. 已知向量组 $\boldsymbol{\alpha}_1=(1,4,-5,2)^T$，$\boldsymbol{\alpha}_2=(2,-1,1,0)^T$，$\boldsymbol{\alpha}_3=(5,2,-3,2)^T$，$\boldsymbol{\alpha}_4=(0,9,-11,4)^T$，求它的一个极大无关组，并把其余向量用此极大无关组线性表示.

5. 已知矩阵 $\boldsymbol{A}=\begin{bmatrix}1&1&-1\\0&a&-2\\0&0&1\end{bmatrix}$，$\boldsymbol{B}=\begin{bmatrix}b&1&0\\0&1&0\\0&0&2\end{bmatrix}$，$\boldsymbol{A}$ 与 $\boldsymbol{B}$ 相似，求：(1) a,b 的值；(2) $\boldsymbol{A}$ 的属于较小特征值的长度为 5 的特征向量.

6. 设 $\boldsymbol{A}=\begin{bmatrix}-2&-1\\5&4\end{bmatrix}$，求 $\boldsymbol{A}^n$（n 为自然数）.

7. 已知二次型 $f(x_1,x_2,x_3)=2x_1^2+2x_2^2+2x_3^2+2x_1x_2+2x_1x_3+2x_2x_3$，1 是该二次型矩阵 $\boldsymbol{A}$ 的二重特征值，向量 $\boldsymbol{\alpha}_1=(1,-1,0)^T$，$\boldsymbol{\alpha}_2=(1,0,-1)^T$ 是 $\boldsymbol{A}$ 的属于特征值 1 的线性无关的特征向量，用正交变换化该二次型为标准型，并求所做的正交变换.

8. 设 $\{\boldsymbol{\alpha}_1,\boldsymbol{\alpha}_2,\boldsymbol{\alpha}_3\}$ 及 $\{\boldsymbol{\beta}_1,\boldsymbol{\beta}_2,\boldsymbol{\beta}_3\}$ 为 $\mathbf{R}^3$ 的两个基，由 $\{\boldsymbol{\alpha}_1,\boldsymbol{\alpha}_3,\boldsymbol{\alpha}_3\}$ 到 $\{\boldsymbol{\beta}_1,\boldsymbol{\beta}_2,\boldsymbol{\beta}_3\}$ 的转移矩阵为 $\boldsymbol{A}=\begin{bmatrix}1&2&1\\0&1&2\\1&-1&1\end{bmatrix}$.

(1) 求 $\{\boldsymbol{\beta}_1,\boldsymbol{\beta}_2,\boldsymbol{\beta}_3\}$ 到 $\{\boldsymbol{\alpha}_1,\boldsymbol{\alpha}_2,\boldsymbol{\alpha}_3\}$ 的转移矩阵 $\boldsymbol{B}$；

(2) 若 $\boldsymbol{\alpha}$ 在基 $\{\boldsymbol{\beta}_1,\boldsymbol{\beta}_2,\boldsymbol{\beta}_3\}$ 下的坐标向量为 $(2,3,1)^T$，求 $\boldsymbol{\alpha}$ 在基 $\{\boldsymbol{\alpha}_1,\boldsymbol{\alpha}_2,\boldsymbol{\alpha}_3\}$ 下的坐标向量.

四、证明题（共 6 分）

设 $\boldsymbol{A}$ 为 n 阶实对称矩阵，证明 $\boldsymbol{A}$ 为正交矩阵的充分必要条件是 $\boldsymbol{A}$ 的特征值的绝对值为 1.

自测题一参考答案

一、填空题

1. $x=\pm 1, x=\pm\sqrt{3}$　**2.** $\boldsymbol{A}$　3. $\frac{3}{11}$　**4.** 相关　5. $\frac{3}{4}$　**6.** 2　**7.** $\begin{bmatrix}&&1\\&1&\\1&&\end{bmatrix}$　**8.** $k=5$

9. 充分必要　**10.** 基本可行解

二、单项选择题

1. D　2. C　3. A　4. D　5. C

三、计算题

1. 原式 $=\begin{vmatrix}\sum\limits_{i=1}^{n}a_i+b & a_2 & \cdots & a_n\\ \sum\limits_{i=1}^{n}a_i+b & a_2+b & \cdots & a_n\\ \vdots & \vdots & & \vdots\\ \sum\limits_{i=1}^{n}a_i+b & a_2 & \cdots & a_n+b\end{vmatrix}=\begin{vmatrix}\sum\limits_{i=1}^{n}a_i+b & a_2 & \cdots & a_n\\ 0 & b & \cdots & 0\\ \vdots & \vdots & & \vdots\\ 0 & 0 & \cdots & b\end{vmatrix}=(\sum\limits_{i=1}^{n}a_i+b)\cdot b^{n-1}.$

2. 原式变形为 $\boldsymbol{X}=(\boldsymbol{E}-\boldsymbol{A})^{-1}\boldsymbol{B}$, $\begin{bmatrix}1 & -1 & 0 & 1 & -1\\ 1 & 0 & -1 & 2 & 0\\ 1 & 0 & 2 & 5 & 3\end{bmatrix}\to\begin{bmatrix}1 & 0 & 0 & 3 & 1\\ 0 & 1 & 0 & 2 & 2\\ 0 & 0 & 1 & 1 & 1\end{bmatrix}$. 故 $\boldsymbol{X}=\begin{bmatrix}3 & 1\\ 2 & 2\\ 1 & 1\end{bmatrix}$　**3.** $\boldsymbol{A}=(\boldsymbol{\alpha}_1,\boldsymbol{\alpha}_2,\boldsymbol{\alpha}_3,\boldsymbol{\alpha}_4)=\begin{bmatrix}1 & -1 & -1 & 3\\ -1 & 1 & -3 & -1\\ -1 & -3 & 1 & -1\\ -3 & -1 & -1 & 1\end{bmatrix}\to\begin{bmatrix}1 & 0 & 0 & -1\\ 0 & 1 & 0 & 1\\ 0 & 0 & 1 & 1\\ 0 & 0 & 0 & 0\end{bmatrix}$,故 $r(\boldsymbol{A})=3$. 则有 $\boldsymbol{\alpha}_1,\boldsymbol{\alpha}_2,\boldsymbol{\alpha}_3,\boldsymbol{\alpha}_4$ 的一个极大无关组为 $\boldsymbol{\alpha}_1,\boldsymbol{\alpha}_2,\boldsymbol{\alpha}_3$,且 $\boldsymbol{\alpha}_4=-\boldsymbol{\alpha}_1+\boldsymbol{\alpha}_2+\boldsymbol{\alpha}_3$.　**4.** $\bar{\boldsymbol{A}}=\begin{bmatrix}1 & 1 & 2 & 3 & 1\\ 1 & 3 & 6 & 1 & 3\\ 1 & 5 & 10 & -1 & 5\\ 3 & 5 & 10 & 7 & a\end{bmatrix}\to\begin{bmatrix}1 & 1 & 2 & 3 & 1\\ 0 & 2 & 4 & -2 & 2\\ 0 & 0 & 0 & 0 & a-5\\ 0 & 0 & 0 & 0 & 0\end{bmatrix}\to\begin{bmatrix}1 & 0 & 0 & 4 & 0\\ 0 & 1 & 2 & -1 & 1\\ 0 & 0 & 0 & 0 & a-5\\ 0 & 0 & 0 & 0 & 0\end{bmatrix}$,故 $a=5$ 时,方程组有解. 特解 $\boldsymbol{\gamma}_0=(0,1,0,0)^T$,导出组基础解系为 $\boldsymbol{\eta}_1=(0,-2,1,0)^T$ 和 $\boldsymbol{\eta}_2=(-4,1,0,1)^T$,得通解 $\boldsymbol{\gamma}=\boldsymbol{\gamma}_0+k_1\boldsymbol{\eta}_1+k_2\boldsymbol{\eta}_2$($k_1,k_2$ 为任意常数).　**5.** 因 $\boldsymbol{A}$ 的 3 个特征值互异,从而对应的特征向量线性无关,故 $\boldsymbol{A}\sim\boldsymbol{\Lambda}$. $\boldsymbol{\Lambda}=\begin{bmatrix}2 & & \\ & 1 & \\ & & -1\end{bmatrix}$,$\boldsymbol{P}=\begin{bmatrix}1 & 1 & 1\\ 0 & -1 & 0\\ -1 & 0 & 1\end{bmatrix}$. 由 $\begin{bmatrix}1 & 1 & 1 & 1 & 0 & 0\\ 0 & -1 & 0 & 0 & 1 & 0\\ -1 & 0 & 1 & 0 & 0 & 1\end{bmatrix}\to\begin{bmatrix}1 & 0 & 0 & \frac{1}{2} & \frac{1}{2} & -\frac{1}{2}\\ 0 & 1 & 0 & 0 & -1 & 0\\ 0 & 0 & 1 & \frac{1}{2} & \frac{1}{2} & \frac{1}{2}\end{bmatrix}$,得 $\boldsymbol{P}^{-1}=\frac{1}{2}\begin{bmatrix}1 & 1 & -1\\ 0 & -2 & 0\\ 1 & 1 & 1\end{bmatrix}$. 故 $\boldsymbol{A}=\boldsymbol{P}\boldsymbol{\Lambda}\boldsymbol{P}^{-1}=\frac{1}{2}\begin{bmatrix}1 & -1 & -3\\ 0 & 2 & 0\\ -3 & -3 & 1\end{bmatrix}$　**6.** $\boldsymbol{A}=\begin{bmatrix}0 & 1 & 1\\ 1 & 0 & 1\\ 1 & 1 & 0\end{bmatrix}$,由 $\begin{vmatrix}\lambda & -1 & -1\\ -1 & \lambda & -1\\ -1 & -1 & \lambda\end{vmatrix}=(\lambda+1)^2(\lambda-2)$,故

$\boldsymbol{A}$ 有特征值 $\lambda_1=\lambda_2=-1,\lambda_3=2$. 当 $\lambda=2$ 时,对应的特征向量 $\boldsymbol{\alpha}_1=\begin{bmatrix}1\\1\\1\end{bmatrix}$;当 $\lambda=-1$ 时,对应的特征量 $\boldsymbol{\alpha}_2=\begin{bmatrix}1\\0\\-1\end{bmatrix}$,$\boldsymbol{\alpha}_3=\begin{bmatrix}0\\1\\-1\end{bmatrix}$. 将 $\boldsymbol{\alpha}_2,\boldsymbol{\alpha}_3$ 正交化,得 $\boldsymbol{\beta}_2=\begin{bmatrix}1\\0\\-1\end{bmatrix}$, $\boldsymbol{\beta}_3=\begin{bmatrix}-\frac{1}{2}\\1\\-\frac{1}{2}\end{bmatrix}$. 将 $\boldsymbol{\alpha}_1$, $\boldsymbol{\beta}_2,\boldsymbol{\beta}_3$ 单位化,得 $\boldsymbol{\gamma}_1=\begin{bmatrix}\frac{1}{\sqrt{3}}\\\frac{1}{\sqrt{3}}\\\frac{1}{\sqrt{3}}\end{bmatrix}$, $\boldsymbol{\gamma}_2=\begin{bmatrix}\frac{1}{\sqrt{2}}\\0\\-\frac{1}{\sqrt{2}}\end{bmatrix}$, $\boldsymbol{\gamma}_3=\begin{bmatrix}-\frac{1}{\sqrt{6}}\\\frac{2}{\sqrt{6}}\\-\frac{1}{\sqrt{6}}\end{bmatrix}$. 故得正交矩阵 $\boldsymbol{Q}=\begin{bmatrix}\frac{1}{\sqrt{3}}&\frac{1}{\sqrt{2}}&-\frac{1}{\sqrt{6}}\\\frac{1}{\sqrt{3}}&0&\frac{2}{\sqrt{6}}\\\frac{1}{\sqrt{3}}&-\frac{1}{\sqrt{2}}&-\frac{1}{\sqrt{6}}\end{bmatrix}$. 由 $\boldsymbol{x}=\boldsymbol{Q}\boldsymbol{y}$,得正交变换 $\begin{cases}x_1=\frac{1}{\sqrt{3}}y_1+\frac{1}{\sqrt{2}}y_2-\frac{1}{\sqrt{6}}y_3,\\x_2=\frac{1}{\sqrt{3}}y_1+\frac{2}{\sqrt{6}}y_3,\\x_3=\frac{1}{\sqrt{3}}y_1-\frac{1}{\sqrt{2}}y_2-\frac{1}{\sqrt{6}}y_3,\end{cases}$ 在此变换下,标准形为 $f(x_1,x_2,x_3)=2y_1^2-y_2^2-y_3^2$.

7. 用单纯形法解 LP 问题:

基变量 \ x_j	x_1	x_2	x_3	x_4	常　数
x_3	-1	1	1	0	2
x_4	1	2	0	1	6
检验数 $\lambda_j=-c_j$	1	-2	0	0	0
x_3	0	3	1	1	8
x_1	1	2	0	1	6
检验数 λ_j	0	-4	0	-1	-6

由于所有检验数 $\lambda_j\leqslant 0$,故最优解为 $(6,0,8,0)^T$,最优值 $\min f=-6$.

四、证明题

由于 $r(\boldsymbol{A})=r$,则以 $\boldsymbol{A}$ 为系数阵的齐次线性方程组 $\boldsymbol{Ax}=\boldsymbol{0}$ 的基础解系含 $n-r$ 个向量,故以这 $n-r$ 个解向量为列,再添上 r 个全为零的列,所得矩阵设为 $\boldsymbol{B}$,有 $r(\boldsymbol{B})=n-r$,且 $\boldsymbol{AB}=\boldsymbol{O}$. 同理,因 $r(\boldsymbol{A}^T)=r(\boldsymbol{A})=r$,故同样存在秩为 $n-r$ 的 n 阶方阵 $\boldsymbol{C}^T$,使 $\boldsymbol{A}^T\boldsymbol{C}^T=\boldsymbol{O}$,则

有 $\boldsymbol{CA}=\boldsymbol{O}$. 综上，有秩为 $n-r$ 的 n 阶方阵 $\boldsymbol{B},\boldsymbol{C}$ 存在，使 $\boldsymbol{AB}=\boldsymbol{CA}$.

自测题二参考答案

一、填空题

1. 20　**2.** $\frac{1}{108}$　**3.** $k=-1$　**4.** $\frac{\pi}{2}$　**5.** $\boldsymbol{B}-\boldsymbol{I}$　6. 630　**7.** 1　**8.** $-2<\lambda<2$　**9.** $\boldsymbol{A}+\boldsymbol{B},\boldsymbol{AB}$　10. 可行域

二、选择题

1. D　**2.** C　**3.** A　**4.** D　**5.** B

三、计算题

1. $-M_{41}+M_{42}-M_{43}-M_{44}=\boldsymbol{A}_{41}+\boldsymbol{A}_{42}+\boldsymbol{A}_{43}-\boldsymbol{A}_{44}=\begin{vmatrix}4&1&3&-2\\3&3&3&-4\\-1&2&0&7\\1&1&1&-1\end{vmatrix}=$ $\begin{vmatrix}1&-2&3&1\\0&0&3&-1\\-1&2&0&7\\0&0&1&0\end{vmatrix}=(-1)^{3+4}\begin{vmatrix}1&-2&1\\0&0&-1\\-1&2&7\end{vmatrix}=0$　**2.** 由 $\boldsymbol{A}^3+\boldsymbol{X}=\boldsymbol{AX}+\boldsymbol{I}$ 得 $(\boldsymbol{A}-\boldsymbol{I})\boldsymbol{X}=\boldsymbol{A}^3-\boldsymbol{I},(\boldsymbol{A}-\boldsymbol{I})\boldsymbol{X}=(\boldsymbol{A}-\boldsymbol{I})(\boldsymbol{A}^2+\boldsymbol{A}+\boldsymbol{I}),\boldsymbol{A}=\begin{bmatrix}7&8&-2\\6&5&0\\4&0&1\end{bmatrix}$，$|\boldsymbol{A}-\boldsymbol{I}|=\begin{vmatrix}6&8&-2\\6&4&0\\4&0&0\end{vmatrix}=$ $4\begin{vmatrix}8&-2\\4&0\end{vmatrix}\neq 0$，故 $\boldsymbol{A}-\boldsymbol{I}$ 可逆，等式两边同时左乘 $(\boldsymbol{A}-\boldsymbol{I})^{-1}$，得 $\boldsymbol{X}=\boldsymbol{A}^2+\boldsymbol{A}+\boldsymbol{I}=$ $\begin{bmatrix}97&104&-18\\78&79&-12\\36&32&-5\end{bmatrix}$.　**3.** $\boldsymbol{A}$ 为 $m\times 4$ 矩阵，$r(\boldsymbol{A})=3$，$\boldsymbol{Ax}=\boldsymbol{0}$ 的基础解系里有一个解向量. $\boldsymbol{\alpha}_1,\boldsymbol{\alpha}_2,\boldsymbol{\alpha}_3$ 为 $\boldsymbol{Ax}=\boldsymbol{b}$ 的解，则 $\boldsymbol{A}\frac{1}{2}(\boldsymbol{\alpha}_1+\boldsymbol{\alpha}_2)=\frac{1}{2}\boldsymbol{A\alpha}_1+\frac{1}{2}\boldsymbol{A\alpha}_2=\boldsymbol{b}$，则 $\boldsymbol{\gamma}_0=\frac{1}{2}(\boldsymbol{\alpha}_1+\boldsymbol{\alpha}_2)$ 是 $\boldsymbol{Ax}=\boldsymbol{b}$ 的一个特解. 令 $\boldsymbol{\eta}=2(\boldsymbol{\alpha}_1+\boldsymbol{\alpha}_2)-(\boldsymbol{\alpha}_2+3\boldsymbol{\alpha}_3)=(1,8,-1,0)^T$，则 $\boldsymbol{A\eta}=\boldsymbol{0}$，故 $\boldsymbol{\eta}$ 是 $\boldsymbol{Ax}=\boldsymbol{0}$ 的非零解向量. 方程组的全部解为 $\boldsymbol{\gamma}_0+C\boldsymbol{\eta}$，$C$ 为任意常数.　**4.** 令 $\boldsymbol{A}=(\boldsymbol{\alpha}_1,\boldsymbol{\alpha}_2,\boldsymbol{\alpha}_3,\boldsymbol{\alpha}_4)=$

$$\begin{bmatrix}1&2&5&0\\4&-1&2&9\\-5&1&-3&-11\\2&0&2&4\end{bmatrix}\to\begin{bmatrix}1&2&5&0\\4&-1&2&9\\-1&0&-1&-2\\2&0&2&4\end{bmatrix}\to\begin{bmatrix}-1&0&-1&-2\\4&-1&2&9\\1&2&5&0\\0&0&0&0\end{bmatrix}\to$$

$\begin{bmatrix}1&0&1&2\\0&-1&-2&1\\0&2&4&-2\\0&0&0&0\end{bmatrix}\to\begin{bmatrix}1&0&1&2\\0&1&2&-1\\0&0&0&0\\0&0&0&0\end{bmatrix}$，得 $r(\boldsymbol{A})=2$. 由最后一个阶梯形矩阵易得 $r(\boldsymbol{\alpha}_1,\boldsymbol{\alpha}_2,\boldsymbol{\alpha}_3,\boldsymbol{\alpha}_4)=2$，$\boldsymbol{\alpha}_1,\boldsymbol{\alpha}_2$ 为它的一个极大无关组，其中 $\boldsymbol{\alpha}_3=\boldsymbol{\alpha}_1+2\boldsymbol{\alpha}_2$，$\boldsymbol{\alpha}_4=2\boldsymbol{\alpha}_1-\boldsymbol{\alpha}_2$.　**5.** $\boldsymbol{A}$ 与 $\boldsymbol{B}$ 相似，则 $\begin{cases}\operatorname{tr}(\boldsymbol{A})=\operatorname{tr}(\boldsymbol{B}),\\|\boldsymbol{A}|=|\boldsymbol{B}|,\end{cases}$ 得 $\begin{cases}b=1,\\a=2.\end{cases}$ $\boldsymbol{A}$ 的较小特征值为 1，将 $\lambda=1$ 代入 $(\lambda\boldsymbol{I}-\boldsymbol{A})\boldsymbol{x}=\boldsymbol{0}$，得特征向量 $\boldsymbol{\alpha}=k(1,0,0)^T$，$k\neq0$. $\|\boldsymbol{\alpha}\|=5$，故得 $\boldsymbol{\alpha}=(5,0,0)^T$.　**6.** 由 $|\lambda\boldsymbol{I}-\boldsymbol{A}|=\begin{vmatrix}\lambda+2&1\\-5&\lambda-4\end{vmatrix}=(\lambda-3)(\lambda+1)=0$，得 $\lambda_1=-1$，$\lambda_2=3$. 将 $\lambda_1=-1$ 代入 $(\lambda\boldsymbol{I}-\boldsymbol{A})\boldsymbol{x}=\boldsymbol{0}$，得 $\begin{bmatrix}1&1\\-5&-5\end{bmatrix}\begin{bmatrix}x_1\\x_2\end{bmatrix}=\boldsymbol{0}$，特征向量取 $\boldsymbol{\alpha}_1=(1,-1)^T$；将 $\lambda_2=3$ 代入 $(\lambda\boldsymbol{I}-\boldsymbol{A})\boldsymbol{x}=\boldsymbol{0}$，得 $\begin{bmatrix}5&1\\-5&-1\end{bmatrix}\begin{bmatrix}x_1\\x_2\end{bmatrix}=\boldsymbol{0}$，特征向量取 $\boldsymbol{\alpha}_2=(1,-5)^T$. 令 $\boldsymbol{P}=\begin{bmatrix}1&1\\-1&-5\end{bmatrix}$，则有 $\boldsymbol{P}^{-1}\boldsymbol{AP}=\boldsymbol{\Lambda}=\begin{bmatrix}-1&0\\0&3\end{bmatrix}$，则 $\boldsymbol{A}^n=\boldsymbol{P\Lambda}^n\boldsymbol{P}^{-1}=\begin{bmatrix}1&1\\-1&-5\end{bmatrix}\begin{bmatrix}(-1)^n&0\\0&3^n\end{bmatrix}\frac{1}{4}\begin{bmatrix}5&1\\-1&-1\end{bmatrix}$ $=\frac{1}{4}\begin{bmatrix}5\cdot(-1)^n-3^n&(-1)^n-3^n\\5\cdot(-1)^{n+1}+5\cdot3^n&(-1)^{n+1}+5\cdot3^n\end{bmatrix}$.　**7.** 二次型矩阵为 $\boldsymbol{A}=\begin{bmatrix}2&1&1\\1&2&1\\1&1&2\end{bmatrix}$，设 $\boldsymbol{A}$ 的特征值为 $\lambda_1=1$(二重)，λ_2，则 $\sum\limits_{i=1}^{3}\lambda_i=\operatorname{tr}(\boldsymbol{A})=6$，故 $\lambda_2=4$，设 λ_2 的特征向量为 $\boldsymbol{\alpha}_3=(a_1,a_2,a_3)^T$，$\boldsymbol{A}$ 为实对称矩阵，则 $\begin{cases}\boldsymbol{\alpha}_3^T\boldsymbol{\alpha}_2=0,\\\boldsymbol{\alpha}_3^T\boldsymbol{\alpha}_1=0,\end{cases}$ 得 $\begin{cases}a_1-a_2=0,\\a_1-a_3=0.\end{cases}$ $\boldsymbol{\alpha}_3=(C,C,C)^T$，$C$ 为非零常数，取 $C=1$，则 $\boldsymbol{\alpha}_3=(1,1,1)^T$. 令 $\boldsymbol{\beta}_1=\boldsymbol{\alpha}_1=(1,-1,0)^T$，$\boldsymbol{\beta}_2=\boldsymbol{\alpha}_2-\frac{(\boldsymbol{\alpha}_2,\boldsymbol{\beta}_1)}{(\boldsymbol{\beta}_1,\boldsymbol{\beta}_1)}\boldsymbol{\beta}_1=\left(\frac{1}{2},\frac{1}{2},-1\right)^T$，则 $\boldsymbol{\gamma}_1=\frac{\boldsymbol{\beta}_1}{\|\boldsymbol{\beta}_1\|}=\frac{1}{\sqrt{2}}(1,-1,0)^T=\left(\frac{\sqrt{2}}{2},-\frac{\sqrt{2}}{2},0\right)^T$，$\boldsymbol{\gamma}_2=\frac{\boldsymbol{\beta}_2}{\|\boldsymbol{\beta}_2\|}=\frac{1}{\sqrt{\frac{3}{2}}}\left(\frac{1}{2},\frac{1}{2},-1\right)^T=\left(\frac{\sqrt{6}}{6},\frac{\sqrt{6}}{6},-\frac{\sqrt{6}}{3}\right)^T$，$\boldsymbol{\gamma}_3=\frac{\boldsymbol{\alpha}_3}{\|\boldsymbol{\alpha}_3\|}=\frac{1}{\sqrt{3}}(1,1,1)^T=\left(\frac{\sqrt{3}}{3},\frac{\sqrt{3}}{3},\frac{\sqrt{3}}{3}\right)^T$. 令 $\boldsymbol{Q}=[\boldsymbol{\gamma}_1\ \ \boldsymbol{\gamma}_2\ \ \boldsymbol{\gamma}_3]=\begin{bmatrix}\frac{\sqrt{2}}{2}&\frac{\sqrt{6}}{6}&\frac{\sqrt{3}}{3}\\-\frac{\sqrt{2}}{2}&\frac{\sqrt{6}}{6}&\frac{\sqrt{3}}{3}\\0&-\frac{\sqrt{6}}{3}&\frac{\sqrt{3}}{3}\end{bmatrix}$，则经过正交变换 $\boldsymbol{x}=\boldsymbol{Qy}$，可将二次型化为标准型，即 $f=y_1^2+y_2^2+4y_3^2$. $\boldsymbol{x}=\boldsymbol{Qy}$ 即为所求正交变换.　**8.** (1) $\boldsymbol{B}=\boldsymbol{A}^{-1}$，因 $(\boldsymbol{A}\mid\boldsymbol{I})=\left[\begin{array}{ccc:ccc}1&2&1&1&0&0\\0&1&2&0&1&0\\1&-1&1&0&0&1\end{array}\right]\to$

$$\left[\begin{array}{ccc:ccc}1&2&1&1&0&0\\0&1&2&0&1&0\\0&-3&0&-1&0&1\end{array}\right]\to\left[\begin{array}{ccc:ccc}1&2&1&1&0&0\\0&1&2&0&1&0\\0&1&0&\frac{1}{3}&0&-\frac{1}{3}\end{array}\right]\to\left[\begin{array}{ccc:ccc}1&0&1&\frac{1}{3}&0&\frac{2}{3}\\0&0&2&-\frac{1}{3}&1&\frac{1}{3}\\0&1&0&\frac{1}{3}&0&-\frac{1}{3}\end{array}\right]\to$$

$$\left[\begin{array}{ccc:ccc}1&0&1&\frac{1}{3}&0&\frac{2}{3}\\0&0&1&-\frac{1}{6}&\frac{1}{2}&\frac{1}{6}\\0&1&0&\frac{1}{3}&0&-\frac{1}{3}\end{array}\right]\to\left[\begin{array}{ccc:ccc}1&0&0&\frac{1}{2}&-\frac{1}{2}&\frac{1}{2}\\0&0&1&-\frac{1}{6}&\frac{1}{2}&\frac{1}{6}\\0&1&0&\frac{1}{3}&0&-\frac{1}{3}\end{array}\right]\to\left[\begin{array}{ccc:ccc}1&0&0&\frac{1}{2}&-\frac{1}{2}&\frac{1}{2}\\0&1&0&\frac{1}{3}&0&-\frac{1}{3}\\0&0&1&-\frac{1}{6}&\frac{1}{2}&\frac{1}{6}\end{array}\right],$$

故 $\boldsymbol{B}=\begin{bmatrix}\frac{1}{2}&-\frac{1}{2}&\frac{1}{2}\\\frac{1}{3}&0&-\frac{1}{3}\\-\frac{1}{6}&\frac{1}{2}&\frac{1}{6}\end{bmatrix}$ 为 $\{\boldsymbol{\beta}_1,\boldsymbol{\beta}_2,\boldsymbol{\beta}_3\}$ 到 $\{\boldsymbol{\alpha}_1,\boldsymbol{\alpha}_2,\boldsymbol{\alpha}_3\}$ 的转移矩阵. (2) 设 $\boldsymbol{\alpha}$ 在基 $\{\boldsymbol{\alpha}_1,\boldsymbol{\alpha}_2,\boldsymbol{\alpha}_3\}$ 下的坐标向量为 $(x_1,x_2,x_3)^T$, 则 $\begin{bmatrix}x_1\\x_2\\x_3\end{bmatrix}=\boldsymbol{A}\cdot\begin{bmatrix}2\\3\\1\end{bmatrix}=\begin{bmatrix}1&2&1\\0&1&2\\1&-1&1\end{bmatrix}\cdot\begin{bmatrix}2\\3\\1\end{bmatrix}=$ $\begin{bmatrix}9\\5\\0\end{bmatrix}$, 即 $\boldsymbol{\alpha}$ 在基 $\{\boldsymbol{\alpha}_1,\boldsymbol{\alpha}_2,\boldsymbol{\alpha}_3\}$ 下的坐标向量为 $(9,5,0)^T$.

四、证明题

$\boldsymbol{A}$ 是实对称矩阵, 则 $\boldsymbol{A}^T=\boldsymbol{A}$, $\boldsymbol{A}^T$, $\boldsymbol{A}$ 的特征值相同. 必要性: 若 $\boldsymbol{A}$ 为正交矩阵, 则 $\boldsymbol{A}^T\boldsymbol{A}=\boldsymbol{I}$, 即 $\boldsymbol{A}^2=\boldsymbol{I}$. 设存在非零向量 $\boldsymbol{\alpha}$, 使 $\boldsymbol{A\alpha}=\lambda\boldsymbol{\alpha}$, λ 是 $\boldsymbol{A}$ 的特征值, 则 $\boldsymbol{A}^T\boldsymbol{A\alpha}=\boldsymbol{A}^T\lambda\boldsymbol{\alpha}=\lambda\boldsymbol{A}^T\boldsymbol{\alpha}=\lambda\boldsymbol{A\alpha}=\lambda^2\boldsymbol{\alpha}$, 由 $\boldsymbol{A}^T\boldsymbol{A\alpha}=\boldsymbol{I\alpha}=\boldsymbol{\alpha}$ 得 $\lambda^2\boldsymbol{\alpha}=\boldsymbol{\alpha}$, 即 $(\lambda^2-1)\boldsymbol{\alpha}=\boldsymbol{0}$, $\boldsymbol{\alpha}$ 为非零向量, 得 $\lambda^2-1=0$, 即 $|\lambda|=1$. 充分性: 若 $\boldsymbol{A}$ 的特征值的绝对值为 1, 则 $\lambda_i^2=1$, $i=1,2,\cdots,n$. $\boldsymbol{A}$ 为实对称阵, 则存在正交矩阵 $\boldsymbol{Q}$, 使 $\boldsymbol{A}$ 可对角化, 即 $\boldsymbol{Q}^{-1}\boldsymbol{AQ}=\boldsymbol{\Lambda}=\begin{bmatrix}\lambda_1&&&\\&\lambda_2&&\\&&\ddots&\\&&&\lambda_n\end{bmatrix}$, 故 $\boldsymbol{A}=\boldsymbol{Q\Lambda Q}^{-1}$, $\boldsymbol{A}^T=(\boldsymbol{Q}^{-1})^T\boldsymbol{\Lambda}\boldsymbol{Q}^T=\boldsymbol{Q\Lambda Q}^{-1}$, $\boldsymbol{A}^T\boldsymbol{A}=(\boldsymbol{Q\Lambda Q}^{-1})(\boldsymbol{Q\Lambda Q}^{-1})=\boldsymbol{Q}\begin{bmatrix}\lambda_1^2&&\\&\ddots&\\&&\lambda_n^2\end{bmatrix}\boldsymbol{Q}^{-1}=\boldsymbol{I}$. 即 $\boldsymbol{A}$ 为正交矩阵.

第三章 概率论与数理统计自测题及解答

自 测 题 一

一、填空题(每小题 2 分,共 20 分)

1. 事件 A 与 B 满足 $P(A)=0.5, P(B)=0.6, P(B|A)=0.8$,则 $P(A\cup B)=$__________.

2. 四个人独立地译一份密码,已知各人能译出的概率分别为 $\frac{1}{5},\frac{1}{4},\frac{1}{3},\frac{1}{6}$,则密码能被译出的概率是__________.

3. 设在一次试验中,事件 A 发生的概率为 $p(0<p<1)$,现进行 n 次独立试验,则事件 A 至少发生二次的概率为__________.

4. 设随机变量 X 在 $[1,4]$ 上服从均匀分布,现在对 X 进行 3 次独立试验,则至少有 2 次观察值大于 2 的概率为__________.

5. 设随机变量 $X\sim P(\lambda)$,且已知 $E[(X-1)(X-2)]=1$,则 $\lambda=$__________.

6. (X,Y) 是二维随机向量,且 $D(X)=25, D(Y)=36, \rho_{XY}=0.6$,则 $D(X-2Y)=$__________.

7. $X_1,X_2,\cdots,X_n$ 是来自总体 X 的样本,若统计量 $\hat{\mu}=\alpha_1X_1+\alpha_2X_2+\cdots+\alpha_nX_n$ 是总体均值 EX 的无偏估计量,则 $\sum\limits_{i=1}^{n}\alpha_i=$__________.

8. X_1,X_2,X_3,X_4 是来自总体 X 的一个样本,$X\sim N(0,4)$,令 $Y=a(X_1-2X_2)^2+b(3X_3-4X_4)^2$,则 $a=$__________,$b=$__________时,Y 服从 χ^2-分布,自由度为 2.

9. 设 T 服从自由度为 n 的 t 分布,若 $P\{|T|>\lambda\}=\alpha$,则 $p\{T<\lambda\}=$__________.

10. 设随机变量 X 的期望 $E(X)=10$,方差 $D(X)=16$,用切比雪夫不等式估计 $P(5<X<15)\leqslant$__________.

二、单项选择题(每小题 2 分,共 10 分)

1. 若两个事件 A 与 B 同时出现的概率 $P(AB)=0$,则(　　).

A. AB 是不可能事件　　B. A 与 B 为互斥事件

C. A 与 B 为对立事件　　D. AB 不一定是不可能事件

2. 随机变量 X 的概率分布为 $P(X=k)=\dfrac{A\lambda^k}{k!}$, $k=1,2,\cdots$, 其中 $\lambda>0$, 则 $A=(\quad)$.

A. $1-\dfrac{1}{e^{\lambda}}$　　B. $\dfrac{1}{e^{\lambda}-1}$　　C. $\dfrac{1}{e^{\lambda}}$　　D. $e^{\lambda}-1$

3. 设 $X\sim N(0,1)$,其密度函数为 $\varphi(x)$,则 $\varphi(0)=(\quad)$.

A. 0　　B. $\dfrac{1}{2}$　　C. 1　　D. $\dfrac{1}{\sqrt{2\pi}}$

4. 如果随机变量 X 和 Y 满足 $D(X+Y)=D(X-Y)$,则下列各结论正确的是(　　).

A. $DY=0$　　B. $DX\cdot DY=0$

C. X 和 Y 相互独立　　D. X 与 Y 不相关

5. 设随机变量 X 和 Y 都服从标准正态分布,则(　　).

A. $X+Y$ 服从正态分布　　B. X^2+Y^2 服从 χ^2-分布

C. X^2 和 Y^2 都服从 χ^2-分布　　D. X^2/Y^2 服从 F-分布

三、计算题(每小题 8 分,共 40 分)

1. 对以往数据分析结果表明,当机器调整得良好时,产品的合格率为 98%,而当机器发生某种故障时,其合格率为 55%,每天早上机器开动时,机器调整良好的概率为 95%,试求已知某日早上第一件产品是合格品时,机器调整得良好的概率是多少?

2. 设随机变量 X 的密度函数为

$$f(x)=\begin{cases}Axe^{-x}, & x>0;\\ 0, & x\leqslant 0\end{cases}$$

(1) 确定常数 A;

(2) 求分布函数 $F(x)$;

(3) 求 $P(X>1)$.

3. 一个袋中有10个球,其中有红球4个,白球5个和黑球1个,不放回地抽取两次,每次一球,记

$$X_i=\begin{cases}0, & \text{若第 } i \text{ 次取到红球},\\ 1, & \text{若第 } i \text{ 次取到白球}, \quad i=1,2\\ 2, & \text{若第 } i \text{ 次取到黑球},\end{cases}$$

求随机向量 (X_1,X_2) 的联合概率分布,并且计算两次取到的球颜色相同的概率 p.

4. 设二维随机向量(X,Y)的联合密度函数为

$$f(x,y)=\begin{cases}3x, & 0<y<x<1,\\ 0, & \text{其他}\end{cases}$$

求X与Y的相关系数.

5. 设总体X服从均匀分布$U\left[\theta-\frac{1}{2},\theta+\frac{1}{2}\right]$,其中$\theta$为未知参数,$(X_1, X_2,\cdots,X_n)$为抽自$X$的样本,求$\theta$的最大似然估计.

四、应用题(每小题8分,共24分)

1. 某汽车销售点每天出售的汽车数服从参数为$\lambda=2$的泊松分布,若一年365天都经营汽车销售,且每天出售的汽车数是相互独立的,求一年中售出700辆以上汽车的概率.[$\Phi(1.11)=0.8665$]

2. 甲、乙两台车床生产同一种滚珠,滚珠直径服从正态分布,从中分别取8个和9个产品,测得其直径为

甲车床:	15.0	14.5	15.2	15.5	14.8	15.1	15.2	14.8	
乙车床:	15.2	15.0	14.8	15.2	15.0	15.0	14.8	15.1	14.8

试比较两台车床生产的滚珠直径的方差是否有明显差异.[取$\alpha=0.05$,$F_{0.975}(8,7)=4.9$,$F_{0.975}(7,8)=4.53$]

3. 为考察某种维尼纶纤维的耐水性能,安排了一组试验,测得其甲醇浓度x及相应的"缩醇化度"y数据如下:

x	18	20	22	24	26	28	30
y	26.86	28.35	28.75	28.87	29.75	30.00	30.36

(1) 建立一元线性回归方程;

(2) 对建立的回归方程作显著性检验.[$\alpha=0.01$,$F_{0.99}(1,5)=16.26$]

五、证明题(共6分)

设随机变量X和Y相互独立,且方差$D(XY)$,$D(X)$,$D(Y)$存在,证明:$D(XY)\geqslant D(X)\cdot D(Y)$.

自 测 题 二

一、填空题(每小题2分,共20分)

1. 设事件$A\subset B$,且$P(\overline{A})=0.5$,$P(A\overline{B})=0.2$,则$P(\overline{A}\,\overline{B})=$________.

2. 袋中有5个球,其中3个红球,2个白球,现从袋中不放回连取两球,则取到颜色不同的2个球的概率________.

3. 从数1,2,3,4中任取一个数,记为X,再从1,…,X中任取一个数,记为Y,则$P\{Y=2\}=$__________.

4. 设随机变量X的概率分布为

X	-1	2	3
P	$\frac{1}{4}$	$\frac{1}{2}$	$\frac{1}{4}$

,则$P\{2\leqslant X\leqslant 3\}=$__________.

5. 设随机变量$X\sim N(1,4)$,则$P\{|X-1|\leqslant 2\}=$__________.

6. 设随机变量X,Y的数学期望分别为$E(X)=E(Y)=2$,方差分别为$D(X)=1,D(Y)=4$,相关系数$\rho_{XY}=-0.5$,则由切比雪夫不等式,得$P\{|X-Y|\geqslant 6\}\leqslant$__________.

7. 随机变量X,Y相互独立,且都服从正态分布$N\left(0,\frac{1}{2}\right)$,则$D(|X-Y|)=$__________.

8. 设总体X和Y都服从正态分布$N(0,3^2)$,而$X_1,X_2,\cdots,X_n$和$Y_1,Y_2,\cdots,Y_n$分别是来自总体X和Y的简单随机样本且独立,则统计量$U=\dfrac{\sum\limits_{i=1}^{9}X_i}{\sqrt{\sum\limits_{i=1}^{9}Y_i^2}}\sim$__________.

9. 进行30次独立测试,测得零件加工时间的样本均值$\bar{x}=5.5(\mathrm{s})$,样本标准差$S=1.7(\mathrm{s})$. 设零件加工时间服从正态分布$N(\mu,\sigma^2)$,则μ的置信水平为0.95的置信区间为__________.

10. 设$X_1,X_2,\cdots,X_n$是来自正态总体$N(\mu,\sigma^2)$的简单随机样本,其中参数μ和σ^2均未知. 记$\overline{X}=\frac{1}{n}\sum\limits_{i=1}^{n}X_i,Q^2=\sum\limits_{i=1}^{n}(X_i-\overline{X})^2$,则假设$H_0:\mu=0$的$t$检验用统计量$t=$__________.

二、单项选择题(每小题2分,共10分)

1. 对任意两事件A和B,与$A\cup B=B$不等价的是(　　).

A. $A\subset B$　　B. $\overline{B}\subset\overline{A}$　　C. $A\overline{B}=\varnothing$　　D. $\overline{A}B=\varnothing$

2. 设随机变量X,Y相互独立,且都服从$p=\frac{1}{3}$的0-1分布,则下列式子正确的是(　　).

A. $X=Y$　　B. $P\{X=Y\}=0$

C. $P\{X=Y\}=\frac{5}{9}$　　D. $P\{X=Y\}=\frac{1}{2}$

3. 设随机变量 X,Y 独立同分布，记 $U=X-Y$，$V=X+Y$，则随机变量 U 和 V 必然(　　).

A. 不独立　　B. 独立　　C. $\rho_{XY}\neq 0$　　D. $\rho_{XY}=0$

4. 设随机变量 $X_1,X_2,\cdots,X_n(n>1)$ 独立同分布，且其方差 $\sigma^2>0$，令 $Y=\frac{1}{n}\sum_{i=1}^{n}X_i$，则(　　).

A. $\mathrm{Cov}(X_1,Y)=\frac{\sigma^2}{n}$　　B. $\mathrm{Cov}(X_1,Y)=\sigma^2$

C. $D(X_1+Y)=\frac{n+2}{n}\sigma^2$　　D. $D(X_1-Y)=\frac{n+1}{n}\sigma^2$

5. 设 $X_1,X_2,\cdots,X_n$ 是来自正态总体 $X\sim N(0,1)$ 的简单随机样本，$\overline{X},S^2$ 分别为样本均值和样本方差，则下列式子中正确的是(　　).

A. $\overline{X}\sim N(0,1)$　　B. $n\overline{X}\sim N(0,1)$

C. $\sum_{i=1}^{n}X_i^2\sim\chi^2(n)$　　D. $\frac{\overline{X}}{S}\sim t(n-1)$

三、计算题(每小题 8 分，共 40 分)

1. 观察某地区未来 5 天的天气情况，记 A_i 为事件“有 i 天不下雨”，已知 $P(A_i)=i\cdot P(A_0)$，$i=1,2,3,4,5$，试求：至多两天不下雨的概率.

2. 某元件的寿命 X 服从指数分布，已知其参数 $\lambda=\frac{1}{1\,000}$，试求：3 个这样的元件使用 1 000 小时，至少已有一个损坏的概率.

3. 把一枚均匀硬币抛掷三次，设 X 为三次抛掷中正面出现的次数，而 Y 为正面出现次数与反面出现次数之差的绝对值，试求：

(1) (X,Y) 的联合概率分布及边缘概率分布；

(2) $\mathrm{Cov}(X,Y)$.

4. 设随机变量 (X,Y) 在区域 R：$0<x<1$，$|y|<x$ 内服从均匀分布，试求：

(1) X,Y 的边缘概率密度函数；

(2) $Z=2X+Y$ 的方差；

(3) X,Y 的相关系数 ρ_{XY}.

5. 设总体 X 的概率密度为

$$f(x)=\begin{cases}(\theta+1)x^{\theta}, & 0<x<1,\\ 0, & \text{其他}\end{cases}$$

其中 $\theta>-1$ 是未知参数，$x_1,x_2,\cdots,x_n$ 为一个样本，试求 θ 的最大似然估计量.

四、应用题(每小题 8 分，共 24 分)

1. 将 $n=1\,500$ 个观测数据相加时，首先对小数部分按“四舍五入”舍去小数位后化为整数.

(1) 试求舍位误差之和的绝对值大于 15 的概率;

(2) 问数据个数 n 满足何条件时,才能使舍位误差之和的绝对值小于10的概率不小于 90%?

2. 某特殊润滑油容器的容量为正态分布,其方差为 0.03,在 $\alpha = 0.01$ 的显著性水平下,抽取样本10个,测得样本标准差 $S = 0.246$,是否可以认为该润滑油容器的容量的方差也是 0.03? [$\chi^2_{0.005}(10) = 25.188, \chi^2_{0.005}(9) = 23.589$; $\chi^2_{0.995}(10) = 2.156, \chi^2_{0.995}(9) = 1.735$]

3. 以家庭为单位,某种商品年需求量与该商品价格之间的一组调查数据如下表所示:

价格 x(元)	5	2	2	2.3	2.5	2.6	2.8	3	3.3	3.5
需求量 y(千克)	1	3.5	3	2.7	2.4	2.5	2	1.5	1.2	1.2

(1) 求经验回归方程: $\hat{y} = \hat{\beta}_0 + \hat{\beta}_1 x$;

(2) 检验线性关系的显著性($\alpha = 0.05$,采用 F 检验法).

五、证明题(共 6 分)

设随机变量 X 在任意一区间 $[a,b]$ 上的概率均大于0,其分布函数为 $F_X(x)$,又 Y 在 $[0,1]$ 上服从均匀分布,证明: $Z = F_X^{-1}(Y)$ 的分布函数与 X 的分布函数相同.

(附: $\Phi(1) = 0.8413, \Phi(1.34) = 0.9099, \Phi(1.645) = 0.95, \Phi(1.96) = 0.975$; $t_{0.025}(30) = 2.0423, t_{0.05}(30) = 1.6973, t_{0.025}(29) = 2.0452, t_{0.05}(29) = 1.6991$; $F_{0.05}(1,10) = 4.96, F_{0.05}(1,8) = 5.32, F_{0.025}(1,8) = 7.57$)

自测题一参考答案

一、填空题

1. 0.7　**2.** $\frac{2}{3}$　**3.** $1-(1-p)^n - np(1-p)^{n-1}$　**4.** $\frac{20}{27}$　**5.** 1　**6.** 97　**7.** 1　**8.** $\frac{1}{20}$, $\frac{1}{100}$　**9.** $1-\frac{\alpha}{2}$　**10.** $\frac{9}{25}$

二、选择题

1. D　**2.** B　**3.** D　**4.** D　**5.** C

三、计算题

1. 设 A 为事件"产品合格",B 为事件"机器调整良好". 已知 $P(A|B) = 0.98, P(A|\bar{B}) =$

$0.55, P(B)=0.95, P(\bar{B})=0.05$，所求的概率为 $P(B \mid A)$，由贝叶斯公式 $P(B \mid A)=\dfrac{P(A \mid B)P(B)}{P(A \mid B)P(B)+P(A \mid \bar{B})P(\bar{B})}=\dfrac{0.98\times 0.95}{0.98\times 0.95+0.55\times 0.05}=0.97$. **2.** (1) 由 $\int_{-\infty}^{+\infty} f(x)\mathrm{d}x=1$ 得 $A=1$. (2) 当 $x<0$ 时，$F(x)=0$；当 $x\geqslant 0$ 时 $F(x)=\int_0^x t\mathrm{e}^{-t}\mathrm{d}t=1-(x+1)\mathrm{e}^{-x}$，所以 $F(x)=\begin{cases}0, & x<0,\\ 1-(x+1)\mathrm{e}^{-x}, & x\geqslant 0.\end{cases}$ (3) $P(X>1)=1-P(X\leqslant 1)=1-F(1)=2\mathrm{e}^{-1}$（或 $P(X>1)=\int_1^{+\infty} x\mathrm{e}^{-x}\mathrm{d}x=2\mathrm{e}^{-1}$）.

3.

X_1 \ X_2	0	1	2
0	$\frac{2}{15}$	$\frac{2}{9}$	$\frac{2}{45}$
1	$\frac{2}{9}$	$\frac{2}{9}$	$\frac{1}{18}$
2	$\frac{2}{45}$	$\frac{1}{18}$	0

其中 $P(X_1=0,X_2=1)=P(X_1=0)P(X_2=1 \mid X_1=0)=\frac{4}{10}\cdot\frac{5}{9}=\frac{2}{9}$. 其余类似计算. $p=P(X_1=X_2)=\frac{2}{15}+\frac{2}{9}+0=\frac{16}{45}$. **4.** $E(X)=\int_0^1\int_0^x 3x^2\mathrm{d}y\mathrm{d}x=\frac{3}{4}$，$E(X^2)=\int_0^1\int_0^x 3x^3\mathrm{d}y\mathrm{d}x=\frac{3}{5}$，同理 $E(Y)=\frac{3}{8}$，$E(Y^2)=\frac{1}{5}$，$D(X)=E(X^2)-(E(X))^2=\frac{3}{5}-\frac{9}{16}=\frac{3}{80}$，$D(Y)=E(Y^2)-(E(Y))^2=\frac{19}{320}$. $E(XY)=\int_0^1\int_0^x 3x^2 y\mathrm{d}y\mathrm{d}x=\frac{3}{10}$，$\mathrm{Cov}(X,Y)=E(XY)-E(X)\cdot E(Y)=\frac{3}{160}$，所以 X 与 Y 的相关系数为 $\rho_{XY}=\dfrac{\mathrm{Cov}(X,Y)}{\sqrt{D(X)}\sqrt{D(Y)}}=\dfrac{3}{\sqrt{57}}=0.397$.

5. 总体 X 的密度函数为 $f(x,\theta)=\begin{cases}1, & \theta-\frac{1}{2}\leqslant x\leqslant\theta+\frac{1}{2},\\ 0, & \text{其他}.\end{cases}$ 设 $(x_1,x_2,\cdots,x_n)$ 为 $(X_1,X_2,\cdots,X_n)$ 的观察值，似然函数为 $L(\theta)=\begin{cases}1, & \theta-\frac{1}{2}\leqslant x_i\leqslant\theta+\frac{1}{2}, i=1,2,\cdots,n,\\ 0, & \text{其他}.\end{cases}$ 由于 $L(\theta)$ 只取 0 和 1，因此只要 θ 满足 $\theta-\frac{1}{2}\leqslant x_i\leqslant\theta+\frac{1}{2}$，$i=1,2,\cdots,n$，总能使 L 达到最大值 1，从而 θ 的范围为 $\max\limits_{1\leqslant i\leqslant n}x_i-\frac{1}{2}\leqslant\theta\leqslant\min\limits_{1\leqslant i\leqslant n}x_i+\frac{1}{2}$，因此任何介于 $\max\limits_{1\leqslant i\leqslant n}x_i-\frac{1}{2}$ 和 $\min\limits_{1\leqslant i\leqslant n}x_i+\frac{1}{2}$ 的统计量都可作为 θ 的最大似然估计.

四、应用题

1. 记 X_i 为第 i 天出售的汽车辆数，则 $Y=X_1+X_2+\cdots+X_{365}$ 为一年的总销量. 由 $E(X_i)$

$=D(X_i)=2$,知 $E(Y)=D(Y)=365\times 2=730$. 利用中心极限定理可得 $P(Y>700)=1-P(Y\leqslant 700)\doteq 1-\Phi\left(\frac{700-730}{\sqrt{730}}\right)=0.8665$. **2.** 设 X 为甲车床生产的滚珠直径,Y 为乙车床生产的滚珠直径,原假设为 $\sigma_1^2=\sigma_2^2$,此处 $m=8,n=9$,由样本数据计算得到 $S_x^2=0.0955$, $S_y^2=0.0261$,于是 $F=\frac{S_x^2}{S_y^2}=3.6590$. 若取显著性水平 $\alpha=0.05$,查表有 $F_{0.025}(7,8)=\frac{1}{F_{0.975}(8,7)}=\frac{1}{4.9}=0.2041$, $F_{0.975}(7,8)=4.53$,从而拒绝域为 $W=\{F\geqslant 4.53$ 或 $F\leqslant 0.2041\}$,由于检验统计量的值不在拒绝域内,因此认为两台车床生产的滚珠直径的方差没有明显差异. **3.** 由样本数据可以算得 $\sum_{i=1}^{n}x_i=168$, $l_{xx}=\sum_{i=1}^{n}(x_i-\bar{x})^2=112$, $\sum_{i=1}^{n}y_i=202.94$, $l_{yy}=\sum_{i=1}^{n}(y_i-\bar{y})^2=8.4931$, $l_{xy}=\sum_{i=1}^{n}(x_i-\bar{x})(y_i-\bar{y})=29.6$. $\hat{\beta}_1=\frac{l_{xy}}{l_{xx}}=\frac{29.6}{112}=0.2643$, $\hat{\beta}_0=\bar{y}-\hat{\beta}_1\bar{x}=22.6486$,于是一元线性回归方程为 $\hat{y}=22.6486+0.2643x$.

(2) $S_T=l_{yy}=8.4931$, $S_R=\hat{\beta}_1^2 l_{xx}=7.8229$, $S_E=S_T-S_R=0.6702$, $F=\frac{S_R}{\frac{S_E}{n-2}}=58.36$.

若取 $\alpha=0.01$,查表知 $F_{0.99}(1,5)=16.26<58.36$,故在 $\alpha=0.01$ 水平下回归方程是显著的.

五、证明题

$D(XY)=E[XY-E(XY)]^2=E[XY-E(X)\cdot E(Y)]^2=E[Y(X-E(X))+E(X)(Y-E(Y))]^2=D(X)E(Y^2)+D(Y)(E(X))^2=D(X)[D(Y)+(E(Y))^2]+D(Y)(E(X))^2=D(X)D(Y)+D(X)(E(Y))^2+D(Y)(E(X))^2\geqslant D(X)\cdot D(Y)$

自测题二参考答案

一、填空题

1. 0.3 **2.** 0.6 **3.** $\frac{13}{48}$ $P\{X=i\}=\frac{1}{4}$, $i=1,2,3,4$, $P\{Y=j\mid X=i\}=\frac{1}{i}$, $j=1,2,3,4$, $j\leqslant i$. 所以 $P\{Y=2\}=P\{X=2\}\cdot P\{Y=2\mid X=2\}+P\{X=3\}\cdot P\{Y=2\mid X=3\}+P\{X=4\}\cdot P\{Y=2\mid X=4\}=\frac{1}{4}\left(\frac{1}{2}+\frac{1}{3}+\frac{1}{4}\right)=\frac{13}{48}$. **4.** $\frac{3}{4}$ **5.** 0.6826

6. $\frac{7}{36}$ **7.** $1-\frac{2}{\pi}$ 设 $Z=X-Y$,则由正态随机变量的线性性质得 $Z=X-Y\sim N(0,1)$. 所以 $f_Z(z)=\frac{1}{\sqrt{2\pi}}e^{-\frac{z^2}{2}}$, $-\infty<z<+\infty$,故 $E(|Z|)=\int_{-\infty}^{+\infty}|z|\cdot f_Z(z)dz=\frac{2}{\sqrt{2\pi}}\int_0^{+\infty}z\cdot e^{-\frac{z^2}{2}}dz=\sqrt{\frac{2}{\pi}}$, $E(|Z|^2)=\int_{-\infty}^{+\infty}z^2\cdot f_Z(z)dz=\frac{2}{\sqrt{2\pi}}\int_0^{+\infty}z^2\cdot e^{-\frac{z^2}{2}}dz=\frac{2}{\sqrt{2\pi}}\int_0^{+\infty}e^{-\frac{z^2}{2}}dz=2\int_0^{+\infty}\frac{1}{\sqrt{2\pi}}e^{-\frac{z^2}{2}}dz=2\int_0^{+\infty}f_Z(z)dz=2\cdot\Phi(0)=1$. 从而 $D(|X-Y|)=E(|X-Y|^2)-$

$[E(|X-Y|)]^2=1-\frac{2}{\pi}$.　**8.** $t(9)$　**9.** $(4.87,6.13)$　**10.** $\frac{\sqrt{n(n-1)}\cdot\overline{X}}{Q}$　σ^2 未知，对 $\mu=0$ 的检验选用统计量 $t=\frac{\overline{X}-0}{\frac{S}{\sqrt{n}}}$. 由题意，样本方差 $S^2=\frac{Q^2}{n-1}$，所以 $t=\frac{\overline{X}}{\frac{S}{\sqrt{n}}}=\frac{\overline{X}}{\frac{Q}{\sqrt{n(n-1)}}}=\frac{\sqrt{n(n-1)}\cdot\overline{X}}{Q}$.

二、单项选择题

1. D　**2.** C　由题意知

X	0	1
P	$\frac{2}{3}$	$\frac{1}{3}$

，

Y	0	1
P	$\frac{2}{3}$	$\frac{1}{3}$

，由于 X,Y 独立，所以

X \ Y	0	1
0	$\frac{4}{9}$	$\frac{2}{9}$
1	$\frac{2}{9}$	$\frac{1}{9}$

，故 $P\{X=Y\}=\frac{4}{9}+\frac{1}{9}=\frac{5}{9}$，故选 C.　**3.** D　**4.** A　$\mathrm{Cov}(X_1,Y)=\mathrm{Cov}\left(X_1,\frac{1}{n}(X_1+\cdots+X_n)\right)=\frac{1}{n}\left[\mathrm{Cov}(X_1,X_1)+\sum_{i=2}^{n}\mathrm{Cov}(X_1,X_i)\right]$. 因为 $X_1,\cdots,X_n$ 相互独立，所以 $E(X_iX_j)=E(X_i)\cdot E(X_j)$，即 $\mathrm{Cov}(X_i,X_j)=0,i\neq j,i,j=1,2,\cdots,n$. 所以 $\mathrm{Cov}(X_1,Y)=\frac{1}{n}\mathrm{Cov}(X_1,X_1)=\frac{D(X_1)}{n}=\frac{\sigma^2}{n}$，故选 A.　**5.** C

三、计算题

1. 由题意，$A_0,A_1,\cdots,A_5$ 是两两不相容事件，且 $S=\sum_{i=0}^{5}A_i$. 所以 $1=P(S)=P\left(\sum_{i=0}^{5}A_i\right)=P(A_0)+\sum_{i=1}^{5}P(A_i)=P(A_0)+P(A_0)\cdot\sum_{i=1}^{5}i=16\cdot P(A_0)$，得 $P(A_0)=\frac{1}{16}$. 从而至多两天不下雨的概率 $P\left(\sum_{i=0}^{2}A_i\right)=P(A_0)+1\cdot P(A_0)+2\cdot P(A_0)=4\cdot P(A_0)=\frac{4}{16}=\frac{1}{4}$.　**2.** 由题意，$X$ 的分布函数为 $F(x)=\begin{cases}1-e^{-\frac{x}{1\,000}}, & x\geqslant 0,\\ 0, & x<0.\end{cases}$ 所以元件在 1 000 小时内损坏的概率 $p=P\{X\leqslant 1\,000\}=F(1\,000)=1-e^{-1}$. 设 Y 为 3 个元件中使用 1 000 小时损坏的元件数，因为元件是否损坏是独立的，则 $Y\sim B(3,1-e^{-1})$，所以 $P\{Y\geqslant 1\}=1-P\{Y=0\}=1-e^{-3}$.　**3.** (1) X 的所有可能取值为 0,1,2,3；Y 的所有可能取值为 1,3. 由题意，(X,Y) 中概率不为零的点有 $(0,3),(1,1),(2,1),(3,3)$，$P\{X=0,Y=3\}=\left(\frac{1}{2}\right)^3=\frac{1}{8}$，$P\{X=1,Y=$

$1\} = C_3^1 \cdot \left(\frac{1}{2}\right)^3 = \frac{3}{8}, P\{X=2, Y=1\} = C_3^1 \cdot \left(\frac{1}{2}\right)^3 = \frac{3}{8}, P\{X=3, Y=3\} = \left(\frac{1}{2}\right)^3 = \frac{1}{8}$. 所以$(X,Y)$的联合概率分布为

X \ Y	1	3
0	0	$\frac{1}{8}$
1	$\frac{3}{8}$	0
2	$\frac{3}{8}$	0
3	0	$\frac{1}{8}$

故 X,Y 的边缘概率分布为

X	0	1	2	3
P	$\frac{1}{8}$	$\frac{3}{8}$	$\frac{3}{8}$	$\frac{1}{8}$

，

Y	1	3
P	$\frac{6}{8}$	$\frac{2}{8}$

(2) 由联合概率分布，得 $E(XY) = 1\times1\times\frac{3}{8} + 2\times1\times\frac{3}{8} + 3\times3\times\frac{1}{8} = \frac{9}{4}$，由边缘概率分布，得 $E(X) = 1\times\frac{3}{8} + 2\times\frac{3}{8} + 3\times\frac{1}{8} = \frac{3}{2}$，$E(Y) = 1\times\frac{6}{8} + 3\times\frac{2}{8} = \frac{3}{2}$. 所以 $\mathrm{Cov}(X,Y) = E(XY) - E(X)\cdot E(Y) = \frac{9}{4} - \frac{3}{2}\times\frac{3}{2} = 0$.　**4.** 区域 R 如图所示，则 R 的面积 $S_R = \int_0^1 2x\mathrm{d}x = 1$，所以$(X,Y)$的联合密度为 $f(x,y) = \begin{cases} 1, & 0<x<1, |y|<x, \\ 0, & \text{其他}. \end{cases}$ (1) $f_X(x) = \int_{-\infty}^{+\infty} f(x,y)\mathrm{d}y = \begin{cases} \int_{-x}^{x} 1\mathrm{d}y = 2x, & 0<x<1, \\ 0, & \text{其他}. \end{cases}$ $f_Y(y) = \int_{-\infty}^{+\infty} f(x,y)\mathrm{d}x = \begin{cases} \int_y^1 1\mathrm{d}x + \int_{-y}^1 1\mathrm{d}x = 2, & |y|<1, \\ 0, & \text{其他}. \end{cases}$ (2) $E(X) = \int_{-\infty}^{+\infty} x f_X(x)\mathrm{d}x = \int_0^1 x \cdot 2x\mathrm{d}x = \frac{2}{3}$，$E(Y) = \int_{-\infty}^{+\infty} y f_Y(y)\mathrm{d}y = \int_{-1}^{1} 2y\mathrm{d}y = 0$，$E(X^2) = \int_{-\infty}^{+\infty} x^2 f_X(x)\mathrm{d}x = \int_0^1 2x^3\mathrm{d}x = \frac{1}{2}$，$E(Y^2) = \int_{-\infty}^{+\infty} y^2 f_Y(y)\mathrm{d}y = \int_{-1}^{1} 2y^2\mathrm{d}y = \frac{4}{3}$，$E(XY) = \int_{-\infty}^{+\infty}\int_{-\infty}^{+\infty} xy f(x,y)\mathrm{d}x\mathrm{d}y = \int_0^1 x\mathrm{d}x \cdot$

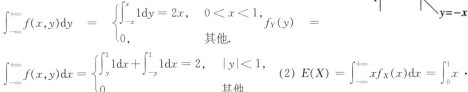

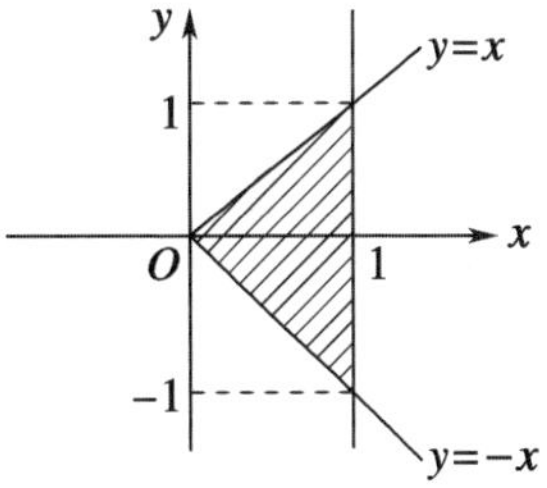

$\int_{-x}^{x} y\mathrm{d}y = 0$,所以 $D(X) = E(X^2) - (E(X))^2 = \frac{1}{2} - \left(\frac{2}{3}\right)^2 = \frac{1}{18}$,$D(Y) = E(Y^2) - (E(Y))^2 = \frac{4}{3} - 0 = \frac{4}{3}$,$\mathrm{Cov}(X,Y) = E(XY) - E(X) \cdot E(Y) = 0$. 故 $D(Z) = D(2X+Y) = 4D(X) + D(Y) + 4\mathrm{Cov}(X,Y) = 4 \times \frac{1}{18} + \frac{4}{3} = \frac{14}{9}$. (3) $\rho_{XY} = \frac{\mathrm{Cov}(X,Y)}{\sqrt{D(X)} \cdot \sqrt{D(Y)}} = 0$. **5.** 似然函数 $L(x_1, \cdots, x_n; \theta) = \prod_{i=1}^{n} [(\theta+1) \cdot x_i^{\theta}] = (\theta+1)^n \cdot (x_1 \cdots x_n)^{\theta}$,$\ln L = n \cdot \ln(\theta+1) + \theta \cdot \sum_{i=1}^{n} \ln x_i$,$\frac{\mathrm{d} \ln L}{\mathrm{d}\theta} = \frac{n}{\theta+1} + \sum_{i=1}^{n} \ln x_i = 0$,解得 $\theta = -1 - \frac{n}{\sum_{i=1}^{n} \ln x_i}$.

四、应用题

1. 设 X_i 为第 i 个数据的舍位误差,$i = 1,2,\cdots,1\,500$,设 X 为舍位误差之和,则 $X = \sum_{i=1}^{1\,500} X_i$. 由条件"四舍五入"可知,$X_i$ 独立且都服从$(-0.5,0.5)$上的均匀分布. 所以 $E(X_i) = 0$,$D(X_i) = \frac{1}{12}$,$i = 1,2,3,\cdots,1\,500$. $E(X) = E\left(\sum_{i=1}^{1\,500} X_i\right) = 0$,$D(X) = D\left(\sum_{i=1}^{1\,500} X_i\right) = \sum_{i=1}^{1\,500} D(X_i) = \frac{1\,500}{12} = 125$. 即由中心极限定理,得 X 近似服从正态分布 $N(0,125)$. (1) $P\{|X| > 15\} = 1 - P\left\{\left|\frac{X-0}{\sqrt{125}}\right| \leqslant \frac{15}{\sqrt{125}}\right\} \approx 1 - \left(2\Phi\left(\frac{15}{\sqrt{125}}\right) - 1\right) = 2(1 - \Phi(1.34)) = 0.180\,2$. (2) 同上,$E\left(\sum_{i=1}^{n} X_i\right) = \sum_{i=1}^{n} E(X_i) = 0$,$D\left(\sum_{i=1}^{n} X_i\right) = \sum_{i=1}^{n} D(X_i) = \frac{n}{12}$. 所以 $\sum_{i=1}^{n} X_i$ 近似服从正态分布 $N\left(0,\frac{n}{12}\right)$. 故 $P\left\{\left|\sum_{i=1}^{n} X_i\right| < 10\right\} = P\left\{\left|\frac{\sum_{i=1}^{n} X_i - 0}{\sqrt{\frac{n}{12}}}\right| < \frac{10}{\sqrt{\frac{n}{12}}}\right\} \approx 2\Phi\left(\frac{10}{\sqrt{\frac{n}{12}}}\right) - 1 \geqslant 0.9$,即 $\Phi\left(\frac{10}{\sqrt{\frac{n}{12}}}\right) \geqslant 0.95$,查表 $\frac{10}{\sqrt{\frac{n}{12}}} \approx 1.645$,解得 $n > 443$. **2.** 假设 $H_0: \sigma^2 = 0.03$;$H_1: \sigma^2 \neq 0.03$,取统计量 $\chi^2 = \frac{(n-1)S^2}{0.03} \sim \chi^2(n-1)$($H_0$ 成立时). 由 $\alpha = 0.01$,查临界点 $\chi^2_{1-\frac{\alpha}{2}}(n-1) = \chi^2_{0.995}(9) = 1.735$,$\chi^2_{\frac{\alpha}{2}}(n-1) = \chi^2_{0.005}(9) = 23.589$,得拒绝域 $\chi^2 < 1.735$ 或 $\chi^2 > 23.589$,由样本值计算 $\chi^2 = \frac{9 \times 0.246^2}{0.03} = 18.15$,得 $1.735 < 18.15 < 23.589$,所以接受 H_0,即认为该容器的容量的误差也是 0.03. **3.** (1) $\bar{x} = \frac{1}{10}\sum_{i=1}^{10} x_i = 2.9$,$\bar{y} = \frac{1}{10}\sum_{i=1}^{10} y_i = 2.1$,$\sum_{i=1}^{10} x_i^2 = 91.28$,$\sum_{i=1}^{10} x_i y_i = 54.97$,$\sum_{i=1}^{10} y_i^2 = 50.68$. 所以 $l_{xx} = \sum_{i=1}^{10} x_i^2 - 10\,\bar{x}^2 = 7.18$,$l_{xy} = \sum_{i=1}^{10} x_i y_i -$

$10\bar{x}\,\bar{y}=-5.93$, $l_{yy}=\sum_{i=1}^{10}y_i^2-10\bar{y}^2=6.58$,故$\hat{\beta}_1=\frac{l_{xy}}{l_{xx}}=\frac{-5.93}{7.18}=-0.826$,$\hat{\beta}_0=\bar{y}-\hat{\beta}_1\bar{x}$ $=2.1+0.826\times2.9=4.495$,所以经验回归方程$\hat{y}=4.495-0.826x$. (2) 检验假设 $H_0:\beta_1=0$,总偏差平方和$S_T=l_{yy}=6.58$,回归平方和$S_R=\hat{\beta}_1\cdot l_{xy}=(-0.826)\times(-5.93)$ $=4.898$,残差平方和$S_E=S_T-S_R=6.58-4.898=1.682$,取统计量$F_0=\frac{S_R(n-2)}{S_E}=$ $\frac{4.898\times8}{1.682}=23.297$,由$\alpha=0.05$,查临界点$F_{0.05}(1,8)=5.32$,所以$F_0>F_{0.05}(1,8)$,故回归是显著的.

五、证明题

因为 X 在任意一区间$[a,b]$上的概率均大于 0,故 $F_X(x)$ 是单调增加函数,其反函数 $F_X^{-1}(y)$ 存在. Y 的分布函数 $F_Y(y)=\begin{cases}0, & y<0,\\ y, & 0\leqslant y<1,\\ 1, & y\geqslant1;\end{cases}$ Z 的分布函数 $F_Z(z)=P\{Z\leqslant z\}=$ $P\{F_X^{-1}(Y)\leqslant z\}=P\{Y\leqslant F_X(z)\}=\begin{cases}0, & F_X(z)<0,\\ F_X(z), & 0\leqslant F_X(z)<1,\\ 1, & F_X(z)\geqslant1.\end{cases}$ $F_X(z)$ 为 X 的分布函数,故 $0\leqslant F_X(z)\leqslant1$,所以 $F_X(z)<0$ 和 $F_X(z)>1$ 均不可能,故仅有 $F_Z(z)=F_X(z)$. 即 $Z=F_X^{-1}(Y)$ 的分布函数与 X 的分布函数相同.

附录　近三年研究生入学试题及参考解答

2022 年全国硕士研究生入学统一考试数学(三)试题

一、选择题(1 ～ 10 题,每小题 5 分,共 50 分)

1. 当 $x \to 0$ 时,$\alpha(x)$、$\beta(x)$ 是非零无穷小量,给出以下四个命题

① 若 $\alpha(x) \sim \beta(x)$,则 $\alpha^2(x) \sim \beta^2(x)$;

② 若 $\alpha^2(x) \sim \beta^2(x)$,则 $\alpha(x) \sim \beta(x)$;

③ 若 $\alpha(x) \sim \beta(x)$,则 $\alpha(x) - \beta(x) = o(\alpha(x))$;

④ 若 $\alpha(x) - \beta(x) = o(\alpha(x))$,则 $\alpha(x) \sim \beta(x)$.

其中正确的序号是(　　).

A. ①②　　B. ①④　　C. ①③④　　D. ②③④

2. 已知 $a_n = \sqrt[n]{n} - \dfrac{(-1)^n}{n}(n = 1,2,\cdots)$,则$\{a_n\}$(　　).

A. 有最大值,有最小值　　B. 有最大值,没有最小值

C. 没有最大值,有最小值　　D. 没有最大值,没有最小值.

3. 设函数 $f(t)$ 连续,令 $F(x,y) = \int_0^{x-y}(x-y-t)f(t)\mathrm{d}t$,则(　　).

A. $\dfrac{\partial F}{\partial x} = \dfrac{\partial F}{\partial y},\dfrac{\partial^2 F}{\partial x^2} = \dfrac{\partial^2 F}{\partial y^2}$　　B. $\dfrac{\partial F}{\partial x} = \dfrac{\partial F}{\partial y},\dfrac{\partial^2 F}{\partial x^2} = -\dfrac{\partial^2 F}{\partial y^2}$

C. $\dfrac{\partial F}{\partial x} = -\dfrac{\partial F}{\partial y},\dfrac{\partial^2 F}{\partial x^2} = \dfrac{\partial^2 F}{\partial y^2}$　　D. $\dfrac{\partial F}{\partial x} = -\dfrac{\partial F}{\partial y},\dfrac{\partial^2 F}{\partial x^2} = -\dfrac{\partial^2 F}{\partial y^2}$

4. 已知 $I_1 = \int_0^1 \dfrac{x}{2(1+\cos x)}\mathrm{d}x, I_2 = \int_0^1 \dfrac{\ln(1+x)}{1+\cos x}\mathrm{d}x, I_3 = \int_0^1 \dfrac{2x}{1+\sin x}\mathrm{d}x$,则(　　).

A. $I_1 < I_2 < I_3$　　B. $I_2 < I_1 < I_3$

C. $I_1 < I_3 < I_2$　　D. $I_3 < I_2 < I_1$

5. 设 $\boldsymbol{A}$ 为 3 阶矩阵，$\boldsymbol{\Lambda}=\begin{pmatrix}1&0&0\\0&-1&0\\0&0&0\end{pmatrix}$，则 $\boldsymbol{A}$ 的特征值为 $-1,1,0$ 的充分必要条件是(　　).

A. 存在可逆矩阵 $\boldsymbol{P},\boldsymbol{Q}$，使得 $\boldsymbol{A}=\boldsymbol{P\Lambda Q}$

B. 存在可逆矩阵 $\boldsymbol{P}$，使得 $\boldsymbol{A}=\boldsymbol{P\Lambda P}^{-1}$

C. 存在正交矩阵 $\boldsymbol{Q}$，使得 $\boldsymbol{A}=\boldsymbol{Q\Lambda Q}^{-1}$

D. 存在可逆矩阵 $\boldsymbol{P}$，使得 $\boldsymbol{A}=\boldsymbol{P\Lambda P}^{T}$

6. 设矩阵 $\boldsymbol{A}=\begin{pmatrix}1&1&1\\1&a&a^2\\1&b&b^2\end{pmatrix}$，$\boldsymbol{b}=\begin{pmatrix}1\\2\\4\end{pmatrix}$，则线性方程组 $\boldsymbol{Ax}=\boldsymbol{b}$ 解的情况为(　　).

A. 无解

B. 有解

C. 有无穷多解或无解

D. 有唯一解或无解

7. 设 $\boldsymbol{\alpha}_1=\begin{pmatrix}\lambda\\1\\1\end{pmatrix}$，$\boldsymbol{\alpha}_2=\begin{pmatrix}1\\\lambda\\1\end{pmatrix}$，$\boldsymbol{\alpha}_3=\begin{pmatrix}1\\1\\\lambda\end{pmatrix}$，$\boldsymbol{\alpha}_4=\begin{pmatrix}1\\\lambda\\\lambda^2\end{pmatrix}$，若向量组 $\boldsymbol{\alpha}_1,\boldsymbol{\alpha}_2,\boldsymbol{\alpha}_3$ 与 $\boldsymbol{\alpha}_1,\boldsymbol{\alpha}_2,\boldsymbol{\alpha}_4$ 等价，则 λ 的取值范围(　　).

A. $\{0,1\}$

B. $\{\lambda\mid\lambda\in\mathbf{R},\lambda\neq-2\}$

C. $\{\lambda\mid\lambda\in\mathbf{R},\lambda\neq-1,\lambda\neq-2\}$

D. $\{\lambda\mid\lambda\in\mathbf{R},\lambda\neq-1\}$

8. 随机变量 $X\sim N(0,4)$，随机变量 $Y\sim B\left(3,\frac{1}{3}\right)$，且 X 与 Y 不相关，则 $D(X-3Y+1)=$(　　).

A. 2　　　B. 4　　　C. 6　　　D. 10

9. 设随机变量序列 $X_1,X_2,\cdots X_n,\cdots$ 独立同分布，且 X_i 的概率密度为 $f(x)=\begin{cases}1-|x| & |x|<1\\ 0 & \text{其他}\end{cases}$，则当 $n\to\infty$ 时，$\frac{1}{n}\sum_{i=1}^{n}X_i^2$ 依概率收敛于(　　).

A. $\frac{1}{8}$　　　B. $\frac{1}{6}$

C. $\frac{1}{3}$　　　D. $\frac{1}{2}$

10. 设二维随机变量(X,Y)的概率分布

Y \ X	0	1	2
-1	0.1	0.1	b
1	a	0.1	0.1

若事件$A=\{\max\{X,Y\}=2\}$与事件$B=\{\min\{X,Y\}=1\}$相互独立，则$\mathrm{Cov}(X,Y)=(\quad)$.

A. -0.6　　B. -0.36　　C. 0　　D. 0.48

二、填空题(11～16题，每题5分，共30分)

11. 若$\lim\limits_{x\to0}\left(\dfrac{1+e^x}{2}\right)^{\cot x}=$________.

12. $\displaystyle\int_0^2\frac{2x-4}{x^2+2x+4}dx=$________.

13. 已知函数$f(x)=e^{\sin x}+e^{-\sin x}$，则$f'''(2\pi)=$________.

14. 已知$f(x)=\begin{cases}e^x, & 0\leqslant x\leqslant1\\ 0, & 其他\end{cases}$，则$\displaystyle\int_{-\infty}^{+\infty}dx\int_{-\infty}^{+\infty}f(x)f(y-x)dy=$________.

15. 设$\boldsymbol{A}$为3阶矩阵，交换$\boldsymbol{A}$的第2行和第3行，再将第2列的-1倍加到第1列，得到矩阵$\boldsymbol{B}=\begin{pmatrix}-2&1&-1\\1&-1&0\\-1&0&0\end{pmatrix}$，则$\boldsymbol{A}^{-1}$的迹$\mathrm{tr}(\boldsymbol{A}^{-1})=$________.

16. 设A,B,C为随机事件，且A与B互不相容，A与C互不相容，B与C相互独立，$P(A)=P(B)=P(C)=\dfrac{1}{3}$，则$P(B\cup C\mid A\cup B\cup C)=$________.

三、解答题(17～22小题，共94分，解答应写出文字说明，证明过程或演算步骤)

17. (本题满分10分)

设函数$y(x)$是微分方程$y'+\dfrac{1}{2\sqrt{x}}y=2+\sqrt{x}$满足条件$y(1)=3$的解，求曲线$y=y(x)$的渐近线.

18.（本题满分 12 分）

设某产品的产量 Q 由资本投入量 x 和劳动投入量 y 决定，生产函数为 $Q=12x^{\frac{1}{2}}y^{\frac{1}{6}}$，该产品的销售单价 P 与 Q 的关系为 $P=1\,160-1.5Q$，若单位资本投入量和单位蓝洞投入量的价格分别为 6 和 8，求利润最大时的产量.

19.（本题满分 12 分）

已知平面区域 $D=\{(x,y)\mid y-2\leqslant x\leqslant\sqrt{4-y^2},0\leqslant y\leqslant 2\}$，计算 $I=\iint\limits_D\frac{(x-y)^2}{x^2+y^2}\mathrm{d}x\mathrm{d}y$.

20.（本题满分 12 分）

求幂级数 $\sum\limits_{n=0}^{\infty}\frac{(-4)^n+1}{4^n(2n+1)}x^{2n}$ 的收敛域及和函数 $S(x)$.

21.（本题满分 12 分）

已知二次型 $f(x_1,x_2,x_3)=3x_1^2+4x_2^2+3x_3^2+2x_1x_3$，

(1) 求正交变换 $x=Qy$ 将 $f(x_1,x_2,x_3)$ 化为标准形；

(2) 证明：$\min\limits_{x\neq 0}\frac{f(x)}{x^Tx}=2$.

22.（本题 12 分）

设 $X_1,X_2,\cdots,X_n$ 为来自均值为 θ 的指数分布总体 X 的简单随机样本，$Y_1,Y_2,\cdots,Y_m$ 为来自均值为 2θ 的指数分布总体 Y 的简单随机样本，且两样本相互独立，其中 $\theta(\theta>0)$ 是未知参数，利用样本 $X_1,X_2,\cdots,X_n,Y_1,Y_2,\cdots,Y_m$，求 θ 的最大似然估计量 $\hat{\theta}$，并求 $D(\hat{\theta})$.

2021年全国硕士研究生入学统一考试数学(三)试题

一、**选择题**(本题共10小题,每小题5分,共50分. 下列每题给出的四个选项中,只有一个是符合题目要求的,请将所选项前的字母填在答题纸指定的位置上)

1. 当 $x \to 0$,$\int_0^{x^2}(e^{t^3}-1)dt$ 是 x^7 的( ).

A. 低阶无穷小　　B. 等价无穷小

C. 高阶无穷小　　D. 同阶但非等价无穷小

2. 函数 $f(x)=\begin{cases}\dfrac{e^x-1}{x}, & x\neq 0\\ 1, & x=0\end{cases}$,在 $x=0$ 处( ).

A. 连续且取得极大值　　B. 连续且取得极小值

C. 可导且导数等于零　　D. 可导且导数不为零

3. 设函数 $f(x)=ax-b\ln x(a>0)$ 有2个零点,则 $\dfrac{b}{a}$ 的取值范围( ).

A. $(e,+\infty)$　　B. $(0,e)$

C. $\left(0,\dfrac{1}{e}\right)$　　D. $\left(\dfrac{1}{e},+\infty\right)$

4. 设函数 $f(x,y)$ 可微,且 $f(x+1,e^x)=x(x+1)^2$,$f(x,x^2)=2x^2\ln x$,则 $df(1,1)=$( ).

A. $dx+dy$　　B. $dx-dy$

C. dy　　D. $-dy$

5. 二次型 $f(x_1,x_2,x_3)=(x_1+x_2)^2+(x_2+x_3)^2-(x_3-x_1)^2$ 的正惯性指数与负惯性指数依次为( ).

A. 2,0　　B. 1,1　　C. 2,1　　D. 1,2

6. 设 $\boldsymbol{A}=(\boldsymbol{\alpha}_1,\boldsymbol{\alpha}_2,\boldsymbol{\alpha}_3,\boldsymbol{\alpha}_4)$ 的4阶正交矩阵,若矩阵 $\boldsymbol{B}=\begin{pmatrix}\boldsymbol{\alpha}_1^T\\ \boldsymbol{\alpha}_2^T\\ \boldsymbol{\alpha}_3^T\end{pmatrix}$,$\boldsymbol{\beta}=\begin{pmatrix}1\\1\\1\end{pmatrix}$,$k$ 表示任意常数,则线性方程组 $\boldsymbol{Bx}=\boldsymbol{\beta}$ 的通解 $\boldsymbol{x}=$( ).

A. $\boldsymbol{\alpha}_2+\boldsymbol{\alpha}_3+\boldsymbol{\alpha}_4+k\boldsymbol{\alpha}_1$　　B. $\boldsymbol{\alpha}_1+\boldsymbol{\alpha}_3+\boldsymbol{\alpha}_4+k\boldsymbol{\alpha}_2$

C. $\boldsymbol{\alpha}_1+\boldsymbol{\alpha}_2+\boldsymbol{\alpha}_4+k\boldsymbol{\alpha}_3$　　D. $\boldsymbol{\alpha}_1+\boldsymbol{\alpha}_2+\boldsymbol{\alpha}_3+k\boldsymbol{\alpha}_4$

7. 已知矩阵 $\boldsymbol{A}=\begin{pmatrix}1&0&1\\2&-1&1\\-1&2&-5\end{pmatrix}$,若下三角可逆矩阵 $\boldsymbol{P}$ 和上三角可逆矩阵 $\boldsymbol{Q}$,使得 $\boldsymbol{PAQ}$ 为对角矩阵,则 $\boldsymbol{P},\boldsymbol{Q}$ 分别取(　　).

A. $\begin{pmatrix}1&0&0\\0&1&0\\0&0&1\end{pmatrix},\begin{pmatrix}1&0&1\\0&1&3\\0&0&1\end{pmatrix}$　　B. $\begin{pmatrix}1&0&0\\2&-1&0\\-3&2&1\end{pmatrix},\begin{pmatrix}1&0&0\\0&1&0\\0&0&1\end{pmatrix}$

C. $\begin{pmatrix}1&0&0\\2&-1&0\\-3&2&1\end{pmatrix},\begin{pmatrix}1&0&1\\0&1&3\\0&0&1\end{pmatrix}$　　D. $\begin{pmatrix}1&0&0\\0&1&0\\1&3&1\end{pmatrix},\begin{pmatrix}1&2&-3\\0&-1&2\\0&0&1\end{pmatrix}$

8. 设 A,B 为随机事件,且 $0<P(B)<1$,下列为假命题的是(　　).

A. 若 $P(A\mid B)=P(A)$,则 $P(A\mid \bar{B})=P(A)$

B. 若 $P(A\mid B)>P(A)$,则 $P(\bar{A}\mid \bar{B})>P(\bar{A})$

C. 若 $P(A\mid B)>P(A\mid \bar{B})$,则 $P(A\mid B)>P(A)$

D. 若 $P(A\mid A\cup B)>P(\bar{A}\mid A\cup B)$,则 $P(A)>P(B)$

9. 设 $(X_1,Y_1),(X_2,Y_2),\cdots,(X_n,Y_n)$ 为来自总体 $N(\mu_1,\mu_2;\sigma_1^2,\sigma_2^2;\rho)$ 的简单随机样本,令 $\theta=\mu_1-\mu_2$,$\bar{X}=\frac{1}{n}\sum\limits_{i=1}^{n}X_i$,$\bar{Y}=\frac{1}{n}\sum\limits_{i=1}^{n}Y_i$,$\hat{\theta}=\bar{X}-\bar{Y}$,则(　　).

A. $\hat{\theta}$ 是 θ 的无偏估计,$D(\hat{\theta})=\frac{\sigma_1^2+\sigma_2^2}{n}$

B. $\hat{\theta}$ 不是 θ 的无偏估计,$D(\hat{\theta})=\frac{\sigma_1^2+\sigma_2^2}{n}$

C. $\hat{\theta}$ 是 θ 的无偏估计,$D(\hat{\theta})=\frac{\sigma_1^2+\sigma_2^2-2\rho\sigma_1\sigma_2}{n}$

D. $\hat{\theta}$ 不是 θ 的无偏估计,$D(\hat{\theta})=\frac{\sigma_1^2+\sigma_2^2-2\rho\sigma_1\sigma_2}{n}$

10. 设总体 X 的概率分布 $P\{X=1\}=\frac{1-\theta}{2}$,$P\{X=2\}=P\{X=3\}=\frac{1+\theta}{4}$,利用来自总体 X 的样本值 1,3,2,2,1,3,1,2 可得 θ 的最大似然估计值为(　　).

A. $\frac{1}{4}$　　B. $\frac{3}{8}$

C. $\frac{1}{2}$　　D. $\frac{5}{8}$

二、填空题(本题共 6 小题,每小题 5 分,共 30 分. 请将答案写在答题纸指定位置上)

11. 若 $y=\cos \mathrm{e}^{-\sqrt{x}}$,则 $\left.\dfrac{\mathrm{d}y}{\mathrm{d}x}\right|_{x=1}=$ ________.

12. $\displaystyle\int_{\sqrt{5}}^{5}\frac{x}{\sqrt{|x^2-9|}}\mathrm{d}x=$ ________.

13. 设平面区域 D 由曲线 $y=\sqrt{x}\sin \pi x(0\leqslant x\leqslant 1)$ 与轴 x 围成,则 D 绕 x 轴旋转所成旋转体的体积________.

14. 差分方程 $\Delta y_t=t$ 的通解 $y_t=$ ________.

15. 多项式 $f(x)=\begin{vmatrix} x & x & 1 & 2x \\ 1 & x & 2 & -1 \\ 2 & 1 & x & 1 \\ 2 & -1 & 1 & x \end{vmatrix}$ 中 x^3 项的系数为________.

16. 甲、乙两个盒子中有 2 个红球和 2 个白球,先从甲盒中任一球,观察颜色后放入乙盒,再从乙盒中任取一球,令 X,Y 分别表示从甲盒和乙盒中取到的红球的个数,则 X 与 Y 的相关系数为________.

三、解答题(本题共 6 题,共 70 分)

17. (本题满分 10 分)

已知 $\lim\limits_{x\to 0}\left[a\arctan\dfrac{1}{x}+(1+|x|)^{\frac{1}{x}}\right]$ 存在,求 a 的值.

18. (本题满分 10 分)

求函数 $f(x,y)=2\ln|x|+\dfrac{(x-1)^2+y^2}{2x^2}$ 的极值.

19. (本题满分 10 分)

设有界区域 D 是圆 $x^2+y^2=1$ 和直线 $y=x$ 以及 x 轴在第一象限围成的部分,计算二重积分 $\displaystyle\iint_D \mathrm{e}^{(x+y)^2}(x^2-y^2)\mathrm{d}x\mathrm{d}y$.

20. (本题满分 12 分)

设 n 为正整数,$y=y_n(x)$ 是微分方程 $xy'-(n+1)y=0$ 满足条件 $y_n(1)=\dfrac{1}{n(n+1)}$ 的解.

(1) 求 $y_n(x)$;

(2) 求级数 $\sum\limits_{n=1}^{\infty}y_n(x)$ 的收敛域及和函数.

21.（本题满分 12 分）

设矩阵 $\boldsymbol{A}=\begin{pmatrix}2 & 1 & 0\\1 & 2 & 0\\1 & a & b\end{pmatrix}$ 仅有两个不同的特征值，若 $\boldsymbol{A}$ 相似于对角矩阵，求 a，b 的值，并求可逆矩阵 $\boldsymbol{P}$，使 $\boldsymbol{P}^{-1}\boldsymbol{AP}$ 为对角矩阵.

22.（本题满分 12 分）

在区间(0,2) 上随机取一点，将该区间分成两段，较短一段长度记为 X，较长一段的长度记为 Y，令 $Z=\dfrac{Y}{X}$

(1) 求 X 的概率密度；

(2) 求 Z 的概率密度；

(3) 求 $E\left(\dfrac{X}{Y}\right)$.

2020年全国硕士研究生入学统一考试数学(三)试题

一、**选择题**(本题共8小题,每小题4分,共32分)

1. 设$\lim\limits_{x\to a}\dfrac{f(x)-a}{x-a}=b$,则$\lim\limits_{x\to a}\dfrac{\sin f(x)-\sin a}{x-a}=$(　　).

A. $b\sin a$　　B. $b\cos a$

C. $b\sin f(a)$　　D. $b\cos f(a)$

2. $f(x)=\dfrac{e^{\frac{1}{x-1}}\ln|1+x|}{(e^x-1)(x-2)}$的第二类间断点的个数为(　　).

A. 1　　B. 2　　C. 3　　D. 4

3. 设奇函数$f(x)$在$(-\infty,+\infty)$上具有连续导数,则(　　).

A. $\int_0^x[\cos f(t)+f'(t)]\mathrm{d}t$是奇函数

B. $\int_0^x[\cos f(t)+f'(t)]\mathrm{d}t$是偶函数

C. $\int_0^x[\cos f'(t)+f(t)]\mathrm{d}t$是奇函数

D. $\int_0^x[\cos f'(t)+f(t)]\mathrm{d}t$是偶函数

4. 设幂级数$\sum\limits_{n=1}^{\infty}na_n(x-2)^n$的收敛区间为$(-2,6)$,则$\sum\limits_{n=1}^{\infty}a_n(x+1)^{2n}$的收敛区间为(　　).

A. $(-2,6)$　　B. $(-3,1)$

C. $(-5,3)$　　D. $(-17,15)$

5. 设四阶矩阵$\boldsymbol{A}=(a_{ij})_{4\times4}$不可逆,$a_{12}$的代数余子式$A_{12}\neq0$,$\boldsymbol{\alpha}_1,\boldsymbol{\alpha}_2,\boldsymbol{\alpha}_3,\boldsymbol{\alpha}_4$为矩阵$\boldsymbol{A}$的列向量组,$\boldsymbol{A}^*$为$\boldsymbol{A}$的伴随矩阵.则方程组$\boldsymbol{A}^*\boldsymbol{X}=\boldsymbol{0}$的通解为(　　).

A. $X=k_1\alpha_1+k_2\alpha_2+k_3\alpha_3$

B. $X=k_1\alpha_1+k_2\alpha_2+k_3\alpha_4$

C. $X=k_1\alpha_1+k_2\alpha_2+k_3\alpha_4$

D. $X=k_1\alpha_2+k_2\alpha_3+k_3\alpha_4$

6. 设$\boldsymbol{A}$为3阶矩阵,$\boldsymbol{\alpha}_1,\boldsymbol{\alpha}_2$为$\boldsymbol{A}$属于特征值1的线性无关的特征向量,$\boldsymbol{\alpha}_3$为$\boldsymbol{A}$的属于特征值$-1$的特征向量,则满足$\boldsymbol{P}^{-1}\boldsymbol{AP}=\begin{pmatrix}1&0&0\\0&-1&0\\0&0&1\end{pmatrix}$的可逆矩阵$\boldsymbol{P}$可

为(　　).

A. $(\alpha_1+\alpha_3,\alpha_2,-\alpha_3)$.　　B. $(\alpha_1+\alpha_2,\alpha_2,-\alpha_3)$.

C. $(\alpha_1+\alpha_3,-\alpha_3,\alpha_2)$.　　D. $(\alpha_1+\alpha_2,-\alpha_3,\alpha_2)$.

7. 设A,B,C为三个随机事件,且$P(A)=P(B)=P(C)=\frac{1}{4}$,$P(AB)=0$,$P(AC)=P(BC)=\frac{1}{12}$则$A,B,C$中恰有一个事件发生的概率为(　　).

A. $\frac{3}{4}$　　B. $\frac{2}{3}$

C. $\frac{1}{2}$　　D. $\frac{5}{12}$

8. 设随机变量(X,Y)服从二维正态分布$N\left(0,0;1,4;-\frac{1}{2}\right)$,随机变量中服从标准正态分布且为$X$相互独立的是(　　).

A. $\frac{\sqrt{5}}{5}(X+Y)$　　B. $\frac{\sqrt{5}}{5}(X-Y)$

C. $\frac{\sqrt{3}}{3}(X+Y)$　　D. $\frac{\sqrt{3}}{3}(X-Y)$

二、填空题(本题共6小题,每小题4分,共24分)

9. 设$z=\arctan[xy+\sin(x+y)]$,则$\mathrm{d}z\big|_{(0,\pi)}=$__________.

10. 曲线$x+y+\mathrm{e}^{2xy}=0$在点$(0,-1)$处的切线方程为__________________.

11. Q表示产量,成本$C(Q)=100+13Q$,单价为p,需求量$Q(p)=\frac{800}{p+3}-2$.则工厂取得最大利润时的产量为________.

12. 设平面区域$D=\left\{(x,y)\,\middle|\,\frac{x}{2}\leqslant y\leqslant\frac{1}{1+x^2},0\leqslant x\leqslant 1\right\}$,则$D$绕$y$轴旋转一周所成旋转体体积为______________.

13. 行列式$\begin{vmatrix} a & 0 & -1 & 1 \\ 0 & a & 1 & -1 \\ -1 & 1 & a & 0 \\ 1 & -1 & 0 & a \end{vmatrix}=$____________.

14. 随机变量X的概率分布$P\{x=k\}=2^{\frac{1}{k}}(k=1,2,3\cdots)$,$Y$表示$X$被3整除的余数,则$E(Y)=$________.

三、解答题(15 ～ 23 小题,共 94 分)

15.(本题满分 10 分)

已知 a,b 常数,当 $n\to\infty$ 时 $\left(1+\dfrac{1}{n}\right)^{n}-\mathrm{e}$ 与 $\dfrac{b}{n^{a}}$ 为等价无穷小,求 a,b.

16.(本题满分 10 分)

求函数 $f(x,y)=x^{3}+8y^{3}-xy$ 的极值.

17.(本题满分 10 分)

设 $y=f(x)$ 且 $y''+2y'+5y=0,f(0)=1,f'(0)=-1$.

(Ⅰ)求 $f(x)$;

(Ⅱ)设 $a_{n}=\int_{n\pi}^{+\infty}f(x)\mathrm{d}x$,求 $\sum\limits_{i=1}^{n}a_{i}$.

18.(本题满分 10 分)

设 $f(x,y)=y\sqrt{1-x^{2}}+x\iint\limits_{D}f(x,y)\mathrm{d}x\mathrm{d}y$,其中 $D=\{(x,y)\mid x^{2}+y^{2}\leqslant 1,y\geqslant 0\}$,求 $\iint\limits_{D}xf(x,y)\mathrm{d}\sigma$.

19.(本题满分 10 分)

设函数 $f(x)$ 在区间 $[0,2]$ 上具有连续导数,$f(0)=f(2)=0$,$M=\max\limits_{x\in(0,2)}\{\mid f(x)\mid\}$,证明:

(Ⅰ)存在号 $\xi\in(0,2)$,使得 $\mid f'(\xi)\mid\geqslant M$;

(Ⅱ)若对任意的 $x\in(0,2)$,$\mid f'(x)\mid\leqslant M$ 则 $M=0$.

20.(本题满分 11 分)

设二次型 $f(x_{1},x_{2})=x_{1}^{2}+4x_{1}x_{2}+4x_{2}^{2}$ 经正交变换 $\begin{pmatrix}x_{1}\\x_{2}\end{pmatrix}=\boldsymbol{Q}\begin{pmatrix}y_{1}\\y_{2}\end{pmatrix}$ 化为二次型 $g(y_{1},y_{2})=ay_{1}^{2}+4y_{1}y_{2}+by_{2}^{2}$,其中 $a\geqslant b$.

(Ⅰ)求 a,b 的值;

(Ⅱ)求正交矩阵 $\boldsymbol{Q}$.

21.(本题满分 11 分)

设 $\boldsymbol{A}$ 为 2 阶矩阵,$\boldsymbol{P}=(\boldsymbol{\alpha},\boldsymbol{A\alpha})$,其中 $\boldsymbol{\alpha}$ 是非零向量且是不是 $\boldsymbol{A}$ 的特征向量.

(Ⅰ)证明 $\boldsymbol{P}$ 为可逆矩阵.

(Ⅱ)若 $\boldsymbol{A}^{2}\boldsymbol{\alpha}+\boldsymbol{A\alpha}-6\boldsymbol{\alpha}=\boldsymbol{0}$,求 $\boldsymbol{P}^{-1}\boldsymbol{AP}$,并判断 $\boldsymbol{A}$ 是否相似于对角矩阵.

22.(本题满分 11 分)

设二维随机变量 (X,Y) 在区域 $0<y<\sqrt{1-x^{2}}$ 上服从均匀分布,

$$Z_1=\begin{cases}1 & X+Y>0\\0 & X+Y\leqslant 0\end{cases},Z_2=\begin{cases}1 & X+Y>0\\0 & X-Y\leqslant 0\end{cases}$$

(Ⅰ) 求(Z_1,Z_2)联合分布律;

(Ⅱ) $\rho_{Z_1Z_2}$.

23. (本题满分 11 分)

设某种元件的使用寿命 T 的分布函数为

$$F(t)=\begin{cases}1-\mathrm{e}^{-\left(\frac{t}{\theta}\right)^m}, & t\geqslant 0,\\0, & \text{其他}.\end{cases}$$

其中 θ,m 为参数且大于零.

(Ⅰ) 求概率 $P\{T>t\}$ 与 $P\{T>S+t\mid T>S\}$,其中 $S>0,t>0$.

(Ⅱ) 任取n个这种元件做寿命试验,测得它们的寿命分别为$t_1,t_2\cdots,t_n$,若m已知,求 θ 的最大似然估计量$\hat{\theta}$.

2022 年全国硕士研究生入学统一考试 数学(三)试题解答

一、选择题

1. C 当 $x\to 0$ 时,若 $\alpha(x)\sim\beta(x)$,则 $\lim\limits_{x\to 0}\dfrac{\alpha(x)}{\beta(x)}=1$,故 $\lim\limits_{x\to 0}\dfrac{\alpha^2(x)}{\beta^2(x)}=\lim\limits_{x\to 0}\left(\dfrac{\alpha(x)}{\beta(x)}\right)^2=1$,即 $\alpha^2(x)\sim\beta^2(x)$,且 $\lim\limits_{x\to 0}\dfrac{\alpha(x)-\beta(x)}{\alpha(x)}=1-1=0$,故 $\alpha(x)-\beta(x)=o(\alpha(x))$. 所以 ①③ 正确.

当 $x\to 0$ 时,$\alpha^2(x)\sim\beta^2(x)$,则 $\lim\limits_{x\to 0}\dfrac{\alpha^2(x)}{\beta^2(x)}=1$,此时 $\lim\limits_{x\to 0}\dfrac{\alpha(x)}{\beta(x)}=\pm 1$,而 $\lim\limits_{x\to 0}\dfrac{\alpha(x)}{\beta(x)}=-1$ 时,$\alpha(x)$ 与 $\beta(x)$ 不是等价无穷小,故 ② 不正确.

当 $x\to 0$ 时,若 $\alpha(x)-\beta(x)=o(\alpha(x))$,$\lim\limits_{x\to 0}\dfrac{\alpha(x)}{\beta(x)}=\lim\limits_{x\to 0}\dfrac{\alpha(x)}{\alpha(x)-o(\alpha(x))}=\lim\limits_{x\to 0}\dfrac{\alpha(x)}{\alpha(x)}=1$,所以 $\alpha(x)\sim\beta(x)$,④ 正确.

综上,C 为选项.

2. A $a_1=2>1$,$a_2=\sqrt{2}-\dfrac{1}{2}<1$,又 $\lim\limits_{n\to\infty}a_n=1$,故存在 $N>0$,当 $n>N$ 时,$a_2<a_n<a_1$,所以 $\{a_n\}$ 有最大值和最小值,选项 A 正确.

3. C $F(x,y)=\int_0^{x-y}(x-y-t)f(t)\mathrm{d}t=(x-y)\int_0^{x-y}f(t)\mathrm{d}t-\int_0^{x-y}tf(t)\mathrm{d}t$,

$\dfrac{\partial F}{\partial x}=\int_0^{x-y}f(t)\mathrm{d}t+(x-y)f(x-y)-(x-y)f(x-y)=\int_0^{x-y}f(t)\mathrm{d}t$,$\dfrac{\partial^2 F}{\partial x^2}=f(x-y)$,

同理 $\dfrac{\partial F}{\partial y}=-\int_0^{x-y}f(t)\mathrm{d}t-(x-y)f(x-y)+(x-y)f(x-y)=-\int_0^{x-y}f(t)\mathrm{d}t$,$\dfrac{\partial^2 F}{\partial y^2}=f(x-y)$,

综上 $\dfrac{\partial F}{\partial x}=-\dfrac{\partial F}{\partial y}$,$\dfrac{\partial^2 F}{\partial x^2}=\dfrac{\partial^2 F}{\partial y^2}$,选项 C 正确.

4. A $I_1=\int_0^1\dfrac{\frac{x}{2}}{(1+\cos x)}\mathrm{d}x$,$I_2=\int_0^1\dfrac{\ln(1+x)}{1+\cos x}\mathrm{d}x$,$I_3=\int_0^1\dfrac{x}{\frac{1+\sin x}{2}}\mathrm{d}x$,先比较 I_1,I_2 的大小,令 $f(x)=\dfrac{x}{2}-\ln(1+x)x\in(0,1)$,此时 $f(0)=0$,此时 $f'(x)=\dfrac{1}{2}-\dfrac{1}{1+x}=\dfrac{x-1}{2(1+x)}<0$,即 $f(x)$ 单调递减,从而 $f(x)<f(0)=0$,可得 $\dfrac{x}{2}<\ln(1+x)x\in(0,1)$,从而 $I_1<I_2$.

再比较 I_3,I_2 的大小,因 $\ln(1+x)<x$,$\dfrac{1+\sin x}{2}<1+\cos x$,$x\in(0,1)$,则 $\dfrac{\ln(1+x)}{1+\cos x}<$

$\dfrac{x}{\dfrac{1+\sin x}{2}}$,从而 $I_3 > I_2$. 综上,可得 A 正确.

5. B 3 阶 $\boldsymbol{A}$ 有 $-1,1,0$ 三个不同的特征值,所以 $\boldsymbol{A}$ 可以相似对角化,故存在可逆矩阵 $\boldsymbol{P}$,使得 $\boldsymbol{A}=\boldsymbol{P\Lambda P}^{-1}$;若存在可逆矩阵 $\boldsymbol{P}$,使得 $\boldsymbol{A}=\boldsymbol{P\Lambda P}^{-1}$,即 $\boldsymbol{A}$ 相似于 $\boldsymbol{\Lambda}$,而相似矩阵具有相同的特征值,而 $\boldsymbol{A}$ 的特征值为 $1,-1,0$,故 $\boldsymbol{A}$ 的特征值为 $-1,1,0$. 因此选 B.

6. D $(\boldsymbol{A}\mid\boldsymbol{b})\to\begin{pmatrix}1&1&1&1\\1&a&a^2&2\\1&b&b^2&4\end{pmatrix}\to\begin{pmatrix}1&1&1&1\\0&a-1&a^2-1&1\\0&b-1&b^2-1&3\end{pmatrix}$

(1) 当 $a=1$ 或 $b=1$ 时,$r(\boldsymbol{A})\neq r(\boldsymbol{A}\mid\boldsymbol{b})$,方程无解

(2) 当 $a\neq1$ 且 $b\neq1$ 时,$(\boldsymbol{A}\mid\boldsymbol{b})\to\begin{pmatrix}1&1&1&1\\0&1&a+1&\dfrac{1}{a-1}\\0&1&b+1&\dfrac{3}{b-1}\end{pmatrix}\to\begin{pmatrix}1&1&1&1\\0&1&a+1&\dfrac{1}{a-1}\\0&0&b-a&\dfrac{3}{b-1}-\dfrac{1}{a-1}\end{pmatrix}$

(ⅰ) 当 $a\neq b$ 时,$r(\boldsymbol{A})=r(\boldsymbol{A}\mid\boldsymbol{b})=3$,方程有唯一解;

(ⅱ) 当 $a=b$ 时,$r(\boldsymbol{A})=2$,$r(\boldsymbol{A}\mid\boldsymbol{b})=3$,方程无解;

综述:方程有唯一解或无解,选 D.

7. C 向量组 $\boldsymbol{\alpha}_1,\boldsymbol{\alpha}_2,\boldsymbol{\alpha}_3$ 与 $\boldsymbol{\alpha}_1,\boldsymbol{\alpha}_2,\boldsymbol{\alpha}_4$ 等价的充要条件是 $r(\boldsymbol{\alpha}_1,\boldsymbol{\alpha}_2,\boldsymbol{\alpha}_3)=r(\boldsymbol{\alpha}_1,\boldsymbol{\alpha}_2,\boldsymbol{\alpha}_4)=r(\boldsymbol{\alpha}_1,\boldsymbol{\alpha}_2,\boldsymbol{\alpha}_3.\boldsymbol{\alpha}_1,\boldsymbol{\alpha}_2,\boldsymbol{\alpha}_4)$,而 $r(\boldsymbol{\alpha}_1,\boldsymbol{\alpha}_2,\boldsymbol{\alpha}_3.\boldsymbol{\alpha}_1,\boldsymbol{\alpha}_2,\boldsymbol{\alpha}_4)=r(\boldsymbol{\alpha}_1,\boldsymbol{\alpha}_2,\boldsymbol{\alpha}_3,\boldsymbol{\alpha}_4)$,

$$(\boldsymbol{\alpha}_2,\boldsymbol{\alpha}_1,\boldsymbol{\alpha}_3,\boldsymbol{\alpha}_4)\to\begin{pmatrix}1&\lambda&1&1\\\lambda&1&1&\lambda\\1&1&\lambda&\lambda^2\end{pmatrix}\to\begin{pmatrix}1&\lambda&1&1\\0&1-\lambda^2&1-\lambda&0\\1-\lambda&1-\lambda^2&0&\lambda^2-\lambda\end{pmatrix}.$$

(1) 当 $\lambda=1$ 时,$r(\boldsymbol{\alpha}_1,\boldsymbol{\alpha}_2,\boldsymbol{\alpha}_3)=r(\boldsymbol{\alpha}_1,\boldsymbol{\alpha}_2,\boldsymbol{\alpha}_4)=r(\boldsymbol{\alpha}_1,\boldsymbol{\alpha}_2,\boldsymbol{\alpha}_3,\boldsymbol{\alpha}_4)=1$,此时向量组等价;

(2) 当 $\lambda\neq1$ 时

$$(\boldsymbol{\alpha}_2,\boldsymbol{\alpha}_1,\boldsymbol{\alpha}_3,\boldsymbol{\alpha}_4)\to\begin{pmatrix}1&\lambda&1&1\\0&1+\lambda&1&0\\1&1+\lambda&0&-\lambda\end{pmatrix}\to\begin{pmatrix}1&\lambda&1&1\\0&1+\lambda&1&0\\0&1&-1&-\lambda-1\end{pmatrix}\to\begin{pmatrix}1&\lambda&1&1\\0&1&-1&-\lambda-1\\0&0&2+\lambda&(1+\lambda)^2\end{pmatrix},$$

(ⅰ) 当 $\lambda=-2$ 时,$r(\boldsymbol{\alpha}_1,\boldsymbol{\alpha}_2,\boldsymbol{\alpha}_3)=2$,$r(\boldsymbol{\alpha}_1,\boldsymbol{\alpha}_2,\boldsymbol{\alpha}_4)=r(\boldsymbol{\alpha}_1,\boldsymbol{\alpha}_2,\boldsymbol{\alpha}_3,\boldsymbol{\alpha}_4)=3$,此时向量组不等价,

(ⅱ) 当 $\lambda\neq-2$,$\lambda=-1$ 时,$r(\boldsymbol{\alpha}_1,\boldsymbol{\alpha}_2,\boldsymbol{\alpha}_3)=3$,$r(\boldsymbol{\alpha}_1,\boldsymbol{\alpha}_2,\boldsymbol{\alpha}_4)=2$,$r(\boldsymbol{\alpha}_1,\boldsymbol{\alpha}_2,\boldsymbol{\alpha}_3,\boldsymbol{\alpha}_4)=3$,此时向量组不等价,

(ⅲ) 当 $\lambda\neq-2$,$\lambda\neq-1$ 时,$r(\boldsymbol{\alpha}_1,\boldsymbol{\alpha}_2,\boldsymbol{\alpha}_3)=r(\boldsymbol{\alpha}_1,\boldsymbol{\alpha}_2,\boldsymbol{\alpha}_4)=r(\boldsymbol{\alpha}_1,\boldsymbol{\alpha}_2,\boldsymbol{\alpha}_3,\boldsymbol{\alpha}_4)=3$,此时向量组等价,

综上,当 $\lambda\neq-2$,$\lambda\neq-1$ 时,向量组 $\boldsymbol{\alpha}_1,\boldsymbol{\alpha}_2,\boldsymbol{\alpha}_3$ 与 $\boldsymbol{\alpha}_1,\boldsymbol{\alpha}_2,\boldsymbol{\alpha}_4$ 等价,选 C.

8. D 由题意知,$D(X)=4$,$D(Y)=\dfrac{2}{3}$,$\mathrm{Cov}(X,Y)=0$,

$D(X-3Y+1)=D(X-3Y)=D(X)+9D(Y)=10$,故选 D.

9. B　$E(X_i^2)=\int_{-\infty}^{+\infty}x^2f(x)dx=\int_{-1}^{1}x^2(1-|x|)\mathrm{d}x=2\int_0^1x^2(1-x)\mathrm{d}x=\frac{1}{6}$，从而 $E\left(\frac{1}{n}\sum_{i=1}^{n}X_i^2\right)=\frac{1}{n}\sum_{i=1}^{n}E(X_i^2)=\frac{1}{6}$，由辛钦大数定律可得，$\frac{1}{n}\sum_{i=1}^{n}X_i^2$ 依概率收敛于 $E\left(\frac{1}{n}\sum_{i=1}^{n}X_i^2\right)$，从而选 B.

10. B　$P(A)=0.1+b, P(B)=0.2, P(AB)=P\{X=1,Y=2\}=0.1$，由 A,B 相互独立，故 $P(AB)=P(A)P(B)$，解得 $b=0.4$，由分布律的性质得 $a=0.2, E(X)=-0.2$，$E(Y)=1.2, E(XY)=-0.6$，

从而 $\mathrm{Cov}(X,Y)=E(XY)-E(X)E(Y)=-0.36$，故选 B.

二、填空题

11. $\mathrm{e}^{\frac{1}{2}}$　$\lim\limits_{x\to0}\left(\frac{1+\mathrm{e}^x}{2}\right)^{\cot x}=\mathrm{e}^{\lim\limits_{x\to0}\cot x\ln\left(\frac{1+\mathrm{e}^x}{2}\right)}=\mathrm{e}^{\lim\limits_{x\to0}\frac{\mathrm{e}^x-1}{2\tan x}}=\mathrm{e}^{\frac{1}{2}}$.

12. $\ln 3-\frac{\sqrt{3}\pi}{3}$　原式 $=\int_0^2\frac{2x+2}{x^2+2x+4}\mathrm{d}x-6\int_0^2\frac{1}{x^2+2x+4}\mathrm{d}x=\int_0^2\frac{\mathrm{d}(x^2+2x+4)}{x^2+2x+4}-6\int_0^2\frac{1}{(x+1)^2+(\sqrt{3})^2}\mathrm{d}x=\ln(x^2+2x+4)\Big|_0^2-\frac{6}{\sqrt{3}}\arctan\frac{x+1}{\sqrt{3}}\Big|_0^2=\ln 3-\frac{\sqrt{3}\pi}{3}$.

13. 0　*方法一*：$f'(x)=\cos xe^{\sin x}-\cos xe^{-\sin x}$，$f''(x)=(\cos^2x-\sin x)e^{\sin x}+(\cos^2x+\sin x)\mathrm{e}^{-\sin x}$，

$f'''(x)=(-2\cos x\sin x-\cos x)\mathrm{e}^{\sin x}+\cos x(\cos^2x-\sin x)\mathrm{e}^{\sin x}-\cos x(\cos^2x+\sin x)\mathrm{e}^{-\sin x}+\mathrm{e}^{-\sin x}(-2\cos x\sin x+\cos x)$，

从而 $f'''(2\pi)=1-1-1+1=0$.

方法二：$f(x)=\mathrm{e}^{\sin x}+\mathrm{e}^{-\sin x}$，显然 $f(-x)=\mathrm{e}^{-\sin x}+\mathrm{e}^{\sin x}=f(x)$，故 $f(x)$ 为偶函数，且周期 $T=2\pi$，于是 $f'(x)$ 为奇函数，$f''(x)$ 为偶函数，$f'''(x)$ 为奇函数，从而 $f'''(0)=0$，而 $f'''(2\pi)=f'''(0)=0$.

14. $(\mathrm{e}-1)^2$　记 $D=\{(x,y)\mid 0\leqslant x\leqslant1, 0\leqslant y-x\leqslant1\}$，原式 $=\iint\limits_D f(x)f(y-x)\mathrm{d}x\mathrm{d}y=\iint\limits_D\mathrm{e}^x\mathrm{e}^{y-x}\mathrm{d}x\mathrm{d}y$，$=\int_0^1\mathrm{e}^x\mathrm{d}x\int_x^{x+1}\mathrm{e}^{y-x}\mathrm{d}y=\int_0^1\mathrm{e}^x(\mathrm{e}-1)\mathrm{d}y=(\mathrm{e}-1)^2$.

15. -1　令 $\boldsymbol{P}_1=\begin{pmatrix}1&0&0\\0&0&1\\0&1&0\end{pmatrix}$，$\boldsymbol{P}_2=\begin{pmatrix}1&0&0\\-1&1&0\\0&0&1\end{pmatrix}$，则 $\boldsymbol{P}_1\boldsymbol{A}\boldsymbol{P}_2=\boldsymbol{B}$，

$$\boldsymbol{A}=\boldsymbol{P}_1^{-1}\boldsymbol{B}\boldsymbol{P}_2^{-1}=\begin{pmatrix}1&0&0\\0&0&1\\0&1&0\end{pmatrix}\begin{pmatrix}-2&1&-1\\1&-1&0\\-1&0&0\end{pmatrix}\begin{pmatrix}1&0&0\\1&1&0\\0&0&1\end{pmatrix}=\begin{pmatrix}-1&1&-1\\-1&0&0\\0&-1&0\end{pmatrix},$$

$|\boldsymbol{A}-\lambda\boldsymbol{E}|=\begin{vmatrix}-1-\lambda&1&-1\\-1&-\lambda&0\\0&-1&-\lambda\end{vmatrix}=-(\lambda+1)(\lambda^2+1)=0$，解得 $\lambda_1=-1, \lambda_2=\mathrm{i}, \lambda_3=-\mathrm{i}$，

故 $\boldsymbol{A}^{-1}$ 的特征值为 $\lambda_1=-1,\lambda_2=-\mathrm{i},\lambda_3=\mathrm{i}$，从而 $\mathrm{tr}(\boldsymbol{A}^{-1})=-1$.

16. $\frac{5}{8}$　$P(B\cup C\mid A\cup B\cup C)=\dfrac{P(B\cup C)}{P(A\cup B\cup C)}$,

$$P(B\cup C)=P(B)+P(C)-P(BC)=P(B)+P(C)-P(B)P(C)=\frac{5}{9},$$

$$P(A\cup B\cup C)=P(A)+P(B\cup C)-P(A(B\cup C))=P(A)+P(B\cup C)=\frac{8}{9},$$

从而 $P(B\cup C\mid A\cup B\cup C)=\dfrac{5}{8}$.

三、解答题

17. $y(x)=\mathrm{e}^{-\int\frac{1}{2\sqrt{x}}\mathrm{d}x}\left[\int(2+\sqrt{x})\mathrm{e}^{\int\frac{1}{2\sqrt{x}}\mathrm{d}x}\mathrm{d}x+C\right]=\mathrm{e}^{-\sqrt{x}}\left[\int(2+\sqrt{x})\mathrm{e}^{\sqrt{x}}\mathrm{d}x+C\right]=\mathrm{e}^{-\sqrt{x}}[2x\mathrm{e}^{\sqrt{x}}+C]=2x+C\mathrm{e}^{-\sqrt{x}}$,

其中 C 为任意常数，又 $y(1)=3$，得 $C=\mathrm{e}$，即 $y(x)=2x+\mathrm{e}^{1-\sqrt{x}}$.

$a=\lim\limits_{x\to+\infty}\dfrac{y}{x}=\lim\limits_{x\to+\infty}\dfrac{2x+\mathrm{e}^{1-\sqrt{x}}}{x}=2,b=\lim\limits_{x\to+\infty}(y-2x)=\lim\limits_{x\to+\infty}\mathrm{e}^{1-\sqrt{x}}=0$，故 $y=2x$ 为曲线 $y=y(x)$ 的斜渐近线.

18. 利润 $L=PQ-6x-8y=(1\,160-1.6Q)Q-6x-8y=13\,920x^{\frac{1}{2}}y^{\frac{1}{6}}-216xy^{\frac{1}{3}}-6x-8y$.

令 $\begin{cases}L'_x=6\,960x^{-\frac{1}{2}}y^{\frac{1}{6}}-216y^{\frac{1}{3}}-6=3y^{\frac{1}{3}}(2\,320x^{-\frac{1}{2}}y^{-\frac{1}{6}}-72)-6=0\\L'_y=2\,320x^{\frac{1}{2}}y^{-\frac{5}{6}}-72xy^{-\frac{2}{3}}-8=xy^{-\frac{2}{3}}(2\,320x^{-\frac{1}{2}}y^{-\frac{1}{6}}-72)-8=0\end{cases}$，得驻点 $(256,64)$，

此时 $Q=12\times\sqrt{256}\times\sqrt[6]{64}=384$，在实际问题中由于驻点唯一，故利润 L 在 $Q=384$ 处取到最大值.

19. $I=\iint\limits_D\dfrac{(x-y)^2}{x^2+y^2}\mathrm{d}x\mathrm{d}y=\int_0^{\frac{\pi}{2}}(\cos\varphi-\sin\varphi)^2\mathrm{d}\varphi\int_0^2\rho\mathrm{d}\rho+\int_{\frac{\pi}{2}}^{\pi}(\cos\varphi-\sin\varphi)^2\mathrm{d}\varphi\int_0^{\frac{2}{\sin\varphi-\cos\varphi}}\rho\mathrm{d}\rho=2\int_0^{\frac{\pi}{2}}(1-2\sin\varphi\cos\varphi)\mathrm{d}\varphi+2\int_{\frac{\pi}{2}}^{\pi}\mathrm{d}\varphi=2(\varphi-\sin^2\varphi)\Big|_0^{\frac{\pi}{2}}+\pi=2\left(\dfrac{\pi}{2}-1\right)+\pi=2\pi-2$.

20. $\lim\limits_{n\to\infty}\left|\dfrac{\dfrac{(-4)^{n+1}+1}{4^{n+1}(2n+3)}x^{2n+2}}{\dfrac{(-4)^n+1}{4^n(2n+1)}x^{2n}}\right|<1$，解得 $|x|<1$，从而 $R=1$，收敛区间 $(-1,1)$，当 $x=\pm1$ 时，$\sum\limits_{n=0}^{\infty}\dfrac{(-4)^n+1}{4^n(2n+1)}$ 收敛，故收敛域为 $[-1,1]$.

当 $x\in[-1,1]$，令 $S(x)=\sum\limits_{n=0}^{\infty}\dfrac{(-1)^n}{2n+1}x^{2n}+\sum\limits_{n=1}^{\infty}\dfrac{x^n}{4^n(2n+1)}$,

令 $S_1(x)=\sum\limits_{n=0}^{\infty}\dfrac{(-1)^nx^{2n}}{2n+1}=\dfrac{1}{x}\sum\limits_{n=0}^{\infty}\dfrac{(-1)^nx^{2n+1}}{2n+1},x\neq0$,

此时$\left(\sum\limits_{n=0}^{\infty}\dfrac{(-1)^n x^{2n+1}}{2n+1}\right)'=\sum\limits_{n=0}^{\infty}(-1)^n x^{2n}=\dfrac{1}{1+x^2}$，$\sum\limits_{n=0}^{\infty}\dfrac{(-1)^n x^{2n}}{2n+1}=\int_0^x\dfrac{1}{1+x^2}\mathrm{d}x=\arctan x$，故$S_1(x)=\dfrac{1}{x}\arctan x, x\neq 0$.

$S_2(x)=\sum\limits_{n=0}^{\infty}\dfrac{x^{2n}}{4^n(2n+1)}=\dfrac{1}{x}\sum\limits_{n=0}^{\infty}\dfrac{x^{2n+1}}{4^n(2n+1)}, x\neq 0$，此时

$\left(\sum\limits_{n=0}^{\infty}\dfrac{x^{2n+1}}{4^n(2n+1)}\right)'=\sum\limits_{n=0}^{\infty}\dfrac{x^{2n}}{4^n}=\dfrac{1}{1-\dfrac{x^2}{4}}=\dfrac{4}{4-x^2}$，$\sum\limits_{n=0}^{\infty}\dfrac{x^{2n+1}}{4^n(2n+1)}=\int_0^x\dfrac{4}{4-x^2}\mathrm{d}x=\ln\dfrac{2+x}{2-x}, x\neq 0$，故$S_2(x)=\dfrac{1}{x}\ln\dfrac{2+x}{2-x}, x\neq 0$.

$x=0$时，$S(0)=2$.

综上当$x\in[-1,1]$，$S(x)=\begin{cases}\dfrac{1}{x}\arctan x+\dfrac{1}{x}\ln\dfrac{2+x}{2-x}, & x\in[-1,0)\cup(0,1]\\ 2, & x=0\end{cases}$.

21. (1) 二次型对应矩阵$\boldsymbol{A}=\begin{pmatrix}3&0&1\\0&4&0\\1&0&3\end{pmatrix}$，则

$$|\boldsymbol{A}-\lambda\boldsymbol{E}|=\begin{vmatrix}3-\lambda&0&1\\0&4-\lambda&0\\1&0&3-\lambda\end{vmatrix}=-(\lambda-4)^2(\lambda-2)=0,$$

解得$\lambda_1=2, \lambda_2=\lambda_3=4$.

$\lambda_1=2$对应特征向量满足$(\boldsymbol{A}-2\boldsymbol{E})\boldsymbol{x}=\boldsymbol{0}$，解得$\boldsymbol{\xi}_1=\begin{pmatrix}-1\\0\\1\end{pmatrix}$.

$\lambda_2=\lambda_3=4$对应特征向量满足$(\boldsymbol{A}-4\boldsymbol{E})\boldsymbol{x}=\boldsymbol{0}$，解得$\boldsymbol{\xi}_2=\begin{pmatrix}0\\1\\0\end{pmatrix}$，$\boldsymbol{\xi}_3=\begin{pmatrix}1\\0\\1\end{pmatrix}$.

$\boldsymbol{\xi}_1,\boldsymbol{\xi}_2,\boldsymbol{\xi}_3$已经两两正交，单位化得$\boldsymbol{\eta}_1=\begin{pmatrix}-\frac{\sqrt{2}}{2}\\0\\\frac{\sqrt{2}}{2}\end{pmatrix}$，$\boldsymbol{\eta}_2=\begin{pmatrix}0\\1\\0\end{pmatrix}$，$\boldsymbol{\eta}_3=\begin{pmatrix}\frac{\sqrt{2}}{2}\\0\\\frac{\sqrt{2}}{2}\end{pmatrix}$，故存在正交矩阵$\boldsymbol{Q}=(\boldsymbol{\eta}_1,\boldsymbol{\eta}_2,\boldsymbol{\eta}_3)$，当$\boldsymbol{x}=\boldsymbol{Q}\boldsymbol{y}$时$f(y_1,y_2,y_3)=2y_1^2+4y_2^2+4y_3^2$.

(2) $\dfrac{f(x)}{x^Tx}\overset{x=Qy}{=}\dfrac{f(y)}{y^TQ^TQy}=\dfrac{f(y)}{y^Ty}=\dfrac{2y_1^2+4y_2^2+4y_3^2}{y_1^2+y_2^2+y_3^2}=2+\dfrac{2y_2^2+2y_3^2}{y_1^2+y_2^2+y_3^2}$.

当$x\neq 0$时，由$\boldsymbol{x}=\boldsymbol{Q}\boldsymbol{y}$得$y\neq 0$，当$y_2=y_3=0, y_1\neq 0$时，$2+\dfrac{2y_2^2+2y_3^2}{y_1^2+y_2^2+y_3^2}$的最小值为2，故$\min\limits_{x\neq 0}\dfrac{f(x)}{x^Tx}=2$.

22. 由题知：总体 X,Y 的概率密度为 $f_X(x)=\begin{cases}\dfrac{1}{\theta}e^{-\frac{x}{\theta}} & x>0\\ 0 & x\leqslant 0\end{cases}$，

$$f_Y(y)=\begin{cases}\dfrac{1}{2\theta}e^{-\frac{y}{2\theta}} & y>0\\ 0 & y\leqslant 0\end{cases},$$

令 $L=\prod_{i=1}^{n}f_X(x_i,\theta)\cdot\prod_{j=1}^{m}f_Y(y_j,\theta)=\prod_{i=1}^{n}\dfrac{1}{\theta}e^{-\frac{x_i}{\theta}}\cdot\prod_{j=1}^{m}\dfrac{1}{2\theta}e^{-\frac{y_j}{2\theta}}=\dfrac{1}{2^m}\dfrac{1}{\theta^{m+n}}e^{-\frac{\sum_{i=1}^{n}x_i}{\theta}}e^{-\frac{\sum_{j=1}^{m}y_j}{2\theta}}$，

$$\ln L=-m\ln 2-(m+n)\ln\theta-\frac{\sum_{i=1}^{n}x_i}{\theta}-\frac{\sum_{j=1}^{m}y_j}{2\theta},$$

$$\frac{\mathrm{d}\ln L}{\mathrm{d}\theta}=-\frac{m+n}{\theta}+\frac{\sum_{i=1}^{n}x_i}{\theta^2}+\frac{\sum_{j=1}^{m}y_j}{2\theta^2}=0,$$

解得 $\hat{\theta}=\dfrac{1}{m+n}\left(\sum_{i=1}^{n}x_i+\dfrac{1}{2}\sum_{j=1}^{m}y_j\right)$，

故 θ 的最大似然估计量 $\hat{\theta}=\dfrac{1}{m+n}\left(\sum_{i=1}^{n}X_i+\dfrac{1}{2}\sum_{j=1}^{m}Y_j\right)$.

$D(\hat{\theta})=D\left(\dfrac{1}{m+n}\left(\sum_{i=1}^{n}X_i+\dfrac{1}{2}\sum_{j=1}^{m}Y_j\right)\right)=\dfrac{1}{(m+n)^2}\left(\sum_{i=1}^{n}D(X_i)+\dfrac{1}{4}\sum_{j=1}^{m}D(Y_j)\right)=\dfrac{1}{(m+n)^2}\left(nD(X_i)+\dfrac{m}{4}D(Y_j)\right)$，

而 $D(X_i)=\theta^2$，$D(Y_j)=4\theta^2$，从而 $D(\hat{\theta})=\dfrac{1}{(m+n)^2}\left(n\theta^2+\dfrac{m}{4}\cdot 4\theta^2\right)=\dfrac{\theta^2}{m+n}$.

2021 年全国硕士研究生入学统一考试
数学(三)试题解答

一、选择题

1. C **2.** D **3.** A **4.** C **5.** B **6.** D **7.** C **8.** D **9.** B **10.** A

二、填空题

11. $\dfrac{\sin\left(\dfrac{1}{e}\right)}{2e}$.

12. 6.

13. $\dfrac{\pi}{4}$.

14. $y=y^{*}+\bar{y}=\dfrac{1}{2}t^{2}-\dfrac{1}{2}t+C$,$C$ 为任意常数.

15. -5.

16. $\dfrac{1}{5}$.

三、解答题

17. 左极限 $\lim\limits_{x\to 0^{-}}\left[a\arctan\dfrac{1}{x}+(1+|x|)^{\frac{1}{x}}\right]=-\dfrac{\pi}{2}a+\dfrac{1}{e}$,

右极限 $\lim\limits_{x\to 0^{+}}\left[a\arctan\dfrac{1}{x}+(1+|x|)^{\frac{1}{x}}\right]=\dfrac{\pi}{2}a+\mathrm{e}$.

若要极限存在,必须左右极限相等,即 $\dfrac{\pi}{2}a+\mathrm{e}=-\dfrac{\pi}{2}a+\dfrac{1}{\mathrm{e}}$.

解得 $\alpha=\dfrac{1}{\pi}\left(\dfrac{1}{\mathrm{e}}-\mathrm{e}\right)$.

18. $f(x,y)$ 关于 x,y 求偏导数,得 $f(x,y)'_{x}=\dfrac{2x^{2}+x-1-y^{2}}{x^{3}}=0$,$f(x,y)'_{y}=\dfrac{y}{x^{2}}=0$.

解得 $x=-1$ 或 $\dfrac{1}{2}$,$y=0$. 即在 $(-1,0)$,$\left(\dfrac{1}{2},0\right)$ 处取极小值 2 和 $\dfrac{1}{2}-\ln 2$.

19. $\iint\limits_{D}\mathrm{e}^{(x+y)^{2}}(x^{2}-y^{2})\mathrm{d}\sigma=\dfrac{1}{2}\int_{0}^{\frac{\pi}{4}}\cos 2\theta\mathrm{d}\theta\int_{0}^{1}\mathrm{e}^{r^{2}}(\cos\theta+\sin\theta)^{2}r^{2}\mathrm{d}r^{2}=\int_{0}^{\frac{\pi}{4}}\cos 2\theta\mathrm{d}\theta\int_{0}^{1}\mathrm{e}^{u(\cos\theta+\sin\theta)^{2}}u\mathrm{d}u$,

而$\int_0^1 u e^{u(\cos\theta+\sin\theta)^2}du=\dfrac{1}{(\cos\theta+\sin\theta)^4}\int_0^1(\cos\theta+\sin\theta)^2 e^{u(\cos\theta+\sin\theta)^2}du(\cos\theta+\sin\theta)^2=$
$\dfrac{1}{(\cos\theta+\sin\theta)^4}\int_0^{(\cos\theta+\sin\theta)^2} t e^t dt=\dfrac{1}{(\cos\theta+\sin\theta)^2}e^{(\cos\theta+\sin\theta)^2}-\dfrac{1}{(\cos\theta+\sin\theta)^4}(e^{(\cos\theta+\sin\theta)^2}-1)$，

所以上式$=\dfrac{1}{2}\int_0^{\frac{\pi}{4}}\dfrac{\cos\theta-\sin\theta}{\cos\theta+\sin\theta}e^{(\cos\theta+\sin\theta)^2}d\theta-\dfrac{1}{2}\int_0^{\frac{\pi}{4}}\dfrac{\cos\theta-\sin\theta}{(\cos\theta+\sin\theta)^3}(e^{(\cos\theta+\sin\theta)^2}-1)d\theta=$
$\dfrac{1}{2}\int_1^{\sqrt{2}}\dfrac{1}{u}e^{u^2}du-\dfrac{1}{2}\int_1^{\sqrt{2}}\dfrac{e^{u^2}-1}{u^3}du$，

其中$\int_1^{\sqrt{2}}\dfrac{1}{u}e^{u^2}du=\int_1^{\sqrt{2}}u^{-2}d\left(\dfrac{1}{2}e^{u^2}\right)=\dfrac{1}{2u^2}e^{u^2}\Big|_1^{\sqrt{2}}-\int_1^{\sqrt{2}}\left(\dfrac{1}{2}e^{u^2}\right)(-2u^{-3})du=\dfrac{1}{4}e^2-\dfrac{1}{2}e+$
$\int_1^{\sqrt{2}}\dfrac{e^{u^2}}{u^3}du.$

所以原式$=\dfrac{1}{8}e^2-\dfrac{1}{4}e+\dfrac{1}{8}.$

20. (1) $y'-\dfrac{(n+1)y}{x}=0$ 得 $\dfrac{y'}{y}=\dfrac{(n+1)}{x}$，即 $\ln y=\int\dfrac{(n+1)}{x}dx+\bar{C}$，得 $y=$
$Ce^{\int\frac{(n+1)}{x}dx}=Cx^{n+1}$，将 $y_n(1)=\dfrac{1}{n(n+1)}$ 代入，得$C=\dfrac{1}{n(n+1)}$，所以$y_n(x)=\dfrac{1}{n(n+1)}x^{n+1}$.

(2) 设 $S(x)=\sum\limits_{n=1}^{\infty}\dfrac{1}{n(n+1)}x^{n+1}=\sum\limits_{n=1}^{\infty}\dfrac{1}{n}x^{n+1}-\sum\limits_{n=1}^{\infty}\dfrac{1}{(n+1)}x^{n+1}=(1-x)\ln(1-x)+x$，
$x\in(-1,1)$，又因为 $S(x)$ 在$[-1,1]$连续，所以 $S(1)=\lim\limits_{x\to 0^-}S(x)=1$，

因此 $S(x)=\begin{cases}(1-x)\ln(1-x)+x, & x\in[-1,1),\\ 1, & x=1.\end{cases}$

21. 由 $|\lambda\boldsymbol{E}-\boldsymbol{A}|=\begin{vmatrix}\lambda-2 & -1 & 0\\ -1 & \lambda-2 & 0\\ -1 & -a & \lambda-b\end{vmatrix}=(\lambda-b)(\lambda-3)(\lambda-1)=0$，分两种情况考虑.

当$b=3$时，由A相似对角化可知，二重根所对应特征值至少存在两个线性无关的特征向量，则 $|3\boldsymbol{E}-\boldsymbol{A}|=\begin{vmatrix}1 & -1 & 0\\ -1 & 1 & 0\\ -1 & -a & 0\end{vmatrix}$知，$a=-1$.

此时，$\lambda_1=\lambda_2=3$ 所对应特征向量为 $\boldsymbol{\alpha}_1=(1\ \ 1\ \ 0)^T$，$\boldsymbol{\alpha}_2=(0\ \ 0\ \ 1)^T$.

$\lambda_3=1$ 所对应的特征向量为 $\boldsymbol{\alpha}_3=(-1\ \ 1\ \ 1)^T$，则 $\boldsymbol{P}^{-1}\boldsymbol{A}\boldsymbol{P}=\begin{pmatrix}3 & 0 & 0\\ 0 & 3 & 0\\ 0 & 0 & 1\end{pmatrix}$.

当$b=1$时，由$\boldsymbol{A}$相似对角化可知，二重根所对应特征值至少存在两个线性无关的特征向量，则 $|\boldsymbol{E}-\boldsymbol{A}|=\begin{vmatrix}-1 & -1 & 0\\ -1 & -1 & 0\\ -1 & -a & 0\end{vmatrix}$，知$a=1$.

此时$\lambda_1=\lambda_2=1$ 所对应特征向量为 $\boldsymbol{\beta}_1=(-1\ \ 1\ \ 0)^T$，$\boldsymbol{\beta}_2=(0\ \ 0\ \ 1)^T$.

$\lambda_3=3$ 所对应的特征向量为 $\boldsymbol{\alpha}_3=(1\quad 1\quad 1)^T$，则 $\boldsymbol{P}^{-1}\boldsymbol{AP}=\begin{pmatrix}1&0&0\\0&1&0\\0&0&3\end{pmatrix}$.

22. (1) 由题知，$x\sim f(x)=\begin{cases}1, & 0<x<1\\ 0, & \text{其他}.\end{cases}$

(2) 由 $y=2-x$，即 $Z=\dfrac{2-X}{X}$，先求 Z 的分布函数，

$F_Z(z)=P\{Z\leqslant z\}=P\left\{\dfrac{2-X}{X}\leqslant z\right\}=P\left\{\dfrac{2}{X}-1\leqslant z\right\}$.

当 $z<1$ 时，$F_Z(z)=0$.

当 $z\geqslant 1$ 时，

$F_Z(z)=P\left\{\dfrac{2}{X}-1\leqslant z\right\}=1-P\left\{X\leqslant\dfrac{2}{z+1}\right\}=1-\int_0^{\frac{2}{z+1}}1\mathrm{d}x=1-\dfrac{2}{z+1}$.

因此 $f_Z(z)=(F_Z(z))'=\begin{cases}\dfrac{2}{(z+1)^2}, & z\geqslant 1\\ 0, & \text{其他}\end{cases}$.

(3) $E\left(\dfrac{X}{Y}\right)=E\left(\dfrac{X}{2-X}\right)=\int_0^1\dfrac{x}{2-x}1\mathrm{d}x=-1+2\ln 2$.

2020 年全国硕士研究生入学统一考试
数学(三)试题解答

一、选择题

1. B　由$\lim\limits_{x\to a}\dfrac{f(x)-a}{x-a}=b$得$\lim\limits_{x\to a}f(x)=a$，$\sin f(x)-\sin a=\cos\xi\cdot[f(x)-a]$，其中$\xi$介于$f(x)$与$a$之间，则$\lim\limits_{x\to a}\dfrac{\sin f(x)-\sin a}{x-a}=\lim\limits_{x\to a}\cos\xi\dfrac{f(x)-a}{x-a}=b\cos a$，应选 B.

2. C　显然$x=-1,x=0,x=1,x=2$为$f(x)$的间断点，由$\lim\limits_{x\to -1}f(x)=-\infty$得$x=-1$为第二类间断点；

由$\lim\limits_{x\to 0}f(x)=\lim\limits_{x\to 0}\dfrac{e^{\frac{1}{x-1}}}{x-2}\cdot\dfrac{\ln(1+x)}{e^x-1}=-\dfrac{1}{2e}$得$x=0$为第一类间断点中的可去间断点；

由$f(1+0)=-\infty$得$x=1$为第二类间断点；

由$\lim\limits_{x\to 2}f(x)=\infty$得$x=2$为第二类间断点，应选 C.

3. A　因为$f(x)$为奇函数，所以$f'(x)$为偶函数，又因为$\cos f(t)+f'(t)$为偶函数，所以$\int_0^x[\cos f(t)+f'(t)]dt$为奇函数，应选 A.

4. B　由于$\lim\limits_{n\to\infty}\dfrac{(n+1)a_{n+1}}{na_n}=\lim\limits_{n\to\infty}\dfrac{a_{n+1}}{a_n}=\rho_1=\dfrac{1}{R_1}=\dfrac{1}{4}$，$\lim\limits_{n\to\infty}\dfrac{a_{n+1}}{a_n}=\rho_2=\rho_1=\dfrac{1}{4}$，故$R_2=4$. 则$R'_2=\sqrt{R_2}=2$，故所求收敛域为$(-3,1)$，故选 B.

5. C　令$A=\begin{pmatrix}a_{11}&a_{12}&a_{13}&a_{14}\\a_{21}&a_{22}&a_{23}&a_{24}\\a_{31}&a_{32}&a_{33}&a_{34}\\a_{41}&a_{42}&a_{43}&a_{44}\end{pmatrix}$，因为$A_{12}\neq 0$，所以$\begin{pmatrix}a_{21}&a_{23}&a_{24}\\a_{31}&a_{33}&a_{34}\\a_{41}&a_{43}&a_{44}\end{pmatrix}$可逆，从而$\begin{pmatrix}a_{11}&a_{12}&a_{13}&a_{14}\\a_{21}&a_{22}&a_{23}&a_{24}\\a_{31}&a_{32}&a_{33}&a_{34}\\a_{41}&a_{42}&a_{43}&a_{44}\end{pmatrix}$的秩为 3，即$\boldsymbol{\alpha}_1,\boldsymbol{\alpha}_3,\boldsymbol{\alpha}_4$线性无关，应选 C.

6. D　由$\boldsymbol{A\alpha}_1=\boldsymbol{\alpha}_1,\boldsymbol{A\alpha}_2=\boldsymbol{\alpha}_2,\boldsymbol{A\alpha}_3=-\boldsymbol{\alpha}_3$得

$\boldsymbol{A}(\boldsymbol{\alpha}_1+\boldsymbol{\alpha}_2)=\boldsymbol{\alpha}_1+\boldsymbol{\alpha}_2,\boldsymbol{A}(-\boldsymbol{\alpha}_3)=-(-\boldsymbol{\alpha}_3),\boldsymbol{A\alpha}_2=\boldsymbol{\alpha}_2$.

令$\boldsymbol{P}=(\boldsymbol{\alpha}_1+\boldsymbol{\alpha}_2,-\boldsymbol{\alpha}_3,\boldsymbol{\alpha}_2)$，则$\boldsymbol{AP}=\boldsymbol{P}\begin{pmatrix}1&0&0\\0&-1&0\\0&0&1\end{pmatrix}$，即$\boldsymbol{P}^{-1}\boldsymbol{AP}=\begin{pmatrix}1&0&0\\0&-1&0\\0&0&1\end{pmatrix}$，应选 D.

7. D　A,B,C中恰有一个事件发生即$(A\cup B\cup C)-(AB\cup BC\cup AC)$，因为$P(AB)=0$，故$P(ABC)=0$，所以恰有一个事件发生可以只考虑$(A\cup B\cup C)-(BC\cup AC)$的概率.

$P((A\cup B\cup C)-(BC\cup AC))=P(A)+P(B)-P(C)-P(BC)-P(AC)-P(BC)-P(AC)=\frac{1}{4}+\frac{1}{4}+\frac{1}{4}-\frac{1}{12}-\frac{1}{12}-\frac{1}{12}=\frac{5}{12}$.

故选 D.

8. C　$D\left[\frac{\sqrt{3}}{3}(X+Y)\right]=\frac{1}{3}[DX+DY]+\frac{2}{3}\mathrm{Cov}(X,Y)=\frac{1}{3}[DX+DY]+\frac{2}{3}\rho\sqrt{DX}\cdot\sqrt{DY}=\frac{5}{3}-\frac{2}{3}=1$，$E\left[\frac{\sqrt{3}}{3}(X+Y)\right]=0$，故$\frac{\sqrt{3}}{3}(X+Y)\sim N(0,1)$.

二、填空题

9. $(\pi-1)\mathrm{d}x-\mathrm{d}y$　$\frac{\partial z}{\partial x}=\frac{y+\cos(x+y)}{1+[xy+\sin(x+y)]^2}$，$\frac{\partial z}{\partial y}=\frac{x+\cos(x+y)}{1+[xy+\sin(x+y)]^2}$，则 $\left.\frac{\partial z}{\partial x}\right|_{(0,\pi)}=\pi-1$，$\left.\frac{\partial z}{\partial y}\right|_{(0,\pi)}=-1$，故 $\mathrm{d}z\,|_{(0,\pi)}=(\pi-1)\mathrm{d}x-\mathrm{d}y$.

10. $y=x-1$　$1+y'+\mathrm{e}^{2xy}(2y+2xy')=0$，

将 $x=0$，$y=-1$ 代入得 $y'=1=k$.

则 $y+1=1(x-0)$，

即 $y=x-1$.

11. $Q=8$　$L=QP-C(Q)=Q\left(\frac{800}{Q+2}-3\right)-100-13Q=\frac{800}{Q+2}-16Q-100$，则 $L'(Q)=\frac{1600-16\,(Q+2)^2}{(Q+2)^2}=0$，得 $Q=8$.

12. $\pi\left(\ln 2-\frac{1}{3}\right)$　$\pi\int_0^{\frac{1}{2}}x^2\mathrm{d}y+\pi\int_{\frac{1}{2}}^1 x^2\mathrm{d}y=\pi\int_0^{\frac{1}{2}}4y^2\mathrm{d}y+\pi\int_{\frac{1}{2}}^1\left(\frac{1}{y}-1\right)\mathrm{d}y=\left.\frac{4}{3}\pi y^3\right|_0^{\frac{1}{2}}+\pi\left[\left.\ln y\right|_{\frac{1}{2}}^1-\frac{1}{2}\right]=\frac{4}{3}\pi\cdot\frac{1}{8}+\pi\left(\ln 2-\frac{1}{2}\right)=\pi\left(\ln 2-\frac{1}{3}\right)$.

13. a^4-4a^2　$\begin{vmatrix}a&0&-1&1\\0&a&1&-1\\-1&1&a&0\\1&-1&0&a\end{vmatrix}=\begin{vmatrix}a&0&-1&1\\0&a&1&-1\\-1&1&a&0\\0&0&a&a\end{vmatrix}=\begin{vmatrix}0&a&-1+a^2&1\\0&a&1&-1\\-1&1&a&0\\0&0&a&a\end{vmatrix}=-\begin{vmatrix}a&-1+a^2&1\\a&1&-1\\0&a&a\end{vmatrix}=-\begin{vmatrix}a&a^2-2&1\\a&2&-1\\0&0&a\end{vmatrix}=a^4-4a^2$.

14. $\frac{8}{7}$　$P(Y=0)=P\{X=3k,k=1,2,\cdots\}$，

$P(Y=1)=P\{X=3k+1,k=0,1,2,\cdots\}=\sum_{k=0}^{\infty}\frac{1}{2^{3k+1}}$，

$P(Y=2)=P\{X=3k+2,k=0,1,2,\cdots\}=\sum_{k=0}^{\infty}\frac{1}{2^{3k+2}}$，

$$E(Y)=1\cdot\sum_{k=0}^{\infty}\frac{1}{2^{3k+1}}+2\cdot\sum_{k=0}^{\infty}\frac{1}{2^{3k+2}}=\frac{1}{2}\frac{1}{1-\frac{1}{8}}+\frac{1}{2}\frac{1}{1-\frac{1}{8}}=\frac{8}{7}.$$

三、解答题

15. $1=\lim\limits_{n\to\infty}\dfrac{\left(1+\frac{1}{n}\right)^n-\mathrm{e}}{\frac{b}{n^a}}=\dfrac{1}{b}\lim\limits_{n\to\infty}n^a\left[\mathrm{e}^{n\ln\left(1+\frac{1}{n}\right)}-\mathrm{e}\right]=\dfrac{1}{b}\cdot\lim\limits_{n\to\infty}n^a\mathrm{e}\left[\mathrm{e}^{n\ln\left(1+\frac{1}{n}\right)-1}-1\right]$

$=\dfrac{1}{b}\cdot\lim\limits_{n\to\infty}n^a\mathrm{e}\left[n\ln\left(1+\dfrac{1}{n}\right)-1\right]=\dfrac{1}{b}\cdot\lim\limits_{n\to\infty}n^a\mathrm{e}\left[n\left(\dfrac{1}{n}-\dfrac{1}{2n^2}\right)-1\right]=\dfrac{1}{b}\cdot\lim\limits_{n\to\infty}n^{\mathrm{e}-1}\left(-\dfrac{1}{2}\right)\mathrm{e}$,

故$a-1=0,a=1,\dfrac{1}{b}\cdot\left(-\dfrac{\mathrm{e}}{2}\right)=1,b=-\dfrac{\mathrm{e}}{2}$.

16. 求一阶导可得$\dfrac{\partial f}{\partial x}=3x^2-y,\dfrac{\partial f}{\partial y}=24y^2-x$,

令$\begin{cases}\dfrac{\partial f}{\partial x}=0\\ \dfrac{\partial f}{\partial y}=0\end{cases}$可得$\begin{cases}x=0\\y=0\end{cases}$,$\begin{cases}x=\dfrac{1}{6}\\ y=\dfrac{1}{12}\end{cases}$,

求二阶导可得$\dfrac{\partial^2 f}{\partial x^2}=6x,\dfrac{\partial^2 f}{\partial x\partial y}=-1,\dfrac{\partial^2 f}{\partial y^2}=48y$,

当$x=0,y=0$时,$A=0,B=-1,C=0$.

$AC-B^2<0$故不是极值.

当$x=\dfrac{1}{6},y=\dfrac{1}{12}$时,

$A=1,B=-1,C=4$.

$AC-B^2>0,A=1>0$故$\left(\dfrac{1}{6},\dfrac{1}{12}\right)$为极小值.

极小值$f\left(\dfrac{1}{6},\dfrac{1}{12}\right)=\left(\dfrac{1}{6}\right)^2+8\left(\dfrac{1}{12}\right)^3-6\times\dfrac{1}{12}=-\dfrac{1}{216}$.

17. (1) $y''+2y'+5y=0$的特征方程为$\lambda^2+2\lambda+5=0$,得$\lambda_{1,2}=-1\pm2\mathrm{i}$,故通解为$y(x)=\mathrm{e}^{-x}(C_1\cos 2x+C_2\sin 2x)$,$y'(x)=-\mathrm{e}^{-x}(C_1\cos 2x+C_2\sin 2x)+\mathrm{e}^{-x}(-2C_1\sin 2x+2C_2\cos 2x)$,又$y(0)=1,y'(0)=-1,y'(0)=-1$,代入得$C_1=1,C_2=0$,故$y(x)=\mathrm{e}^{-x}\cos 2x$.

(2) $a_n=\displaystyle\int_{n\pi}^{+\infty}f(x)\mathrm{d}x=\int_{n\pi}^{+\infty}\mathrm{e}^{-x}\cos 2x\mathrm{d}x=-\int_{n\pi}^{+\infty}\cos 2x\mathrm{d}\mathrm{e}^{-x}=-\cos 2x\cdot\mathrm{e}^{-x}\Big|_{n\pi}^{+\infty}+\int_{n\pi}^{+\infty}\mathrm{e}^{-x}\mathrm{d}\cos 2x=-\mathrm{e}^{-n\pi}-2\int_{n\pi}^{+\infty}\mathrm{e}^{-x}\sin 2x\mathrm{d}x=-\mathrm{e}^{-n\pi}+2\int_{n\pi}^{+\infty}\sin 2x\mathrm{d}\mathrm{e}^{-x}=-\mathrm{e}^{-n\pi}+2\sin 2x\,\mathrm{e}^{-x}\Big|_{n\pi}^{+\infty}-2+\int_{n\pi}^{+\infty}\mathrm{e}^{-x}\cos 2x\mathrm{d}x$,

则$5a_n=-\mathrm{e}^{-n\pi}$,则$a_n=-\dfrac{1}{5}\mathrm{e}^{-n\pi}$,

则$\sum\limits_{n=1}^{n}a_n=-\frac{1}{5}[e^{-\pi}+e^{-2\pi}+\cdots+e^{-n\pi}]=-\frac{1}{5}\cdot\frac{e^{-\pi}[1-e^{-n\pi}]}{1-e^{-\pi}},=-\frac{1}{5}\cdot\frac{1-e^{-n\pi}}{e^{\pi}-1}.$

18. 积分区域如图：两边积分得

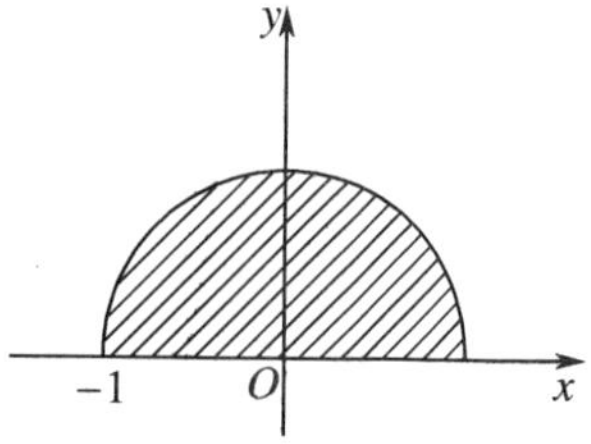

$\iint\limits_D f(x,y)dxdy=\iint\limits_D y\sqrt{1-x^2}dxdy+\iint\limits_D f(x,y)dxdy\cdot\iint\limits_D xdxdy,$

$\iint\limits_D y\sqrt{1-x^2}dxdy=2\int_0^1dx\int_0^{\sqrt{1-x^2}}y\sqrt{1-x^2}dy=2\int_0^1\sqrt{1-x^2}\cdot\frac{1}{2}(1-x^2)dx=\int_0^1(1-x^2)^{\frac{3}{2}}dx\xlongequal{x=\sin t}\int_0^{\frac{\pi}{2}}\cos^4 tdx=\frac{3}{4}\cdot\frac{1}{2}\cdot\frac{\pi}{2}=\frac{3\pi}{16}.$

由对称性可知$\iint\limits_D xdxdy=0.$

所以$\iint\limits_D f(x,y)dxdy=\frac{3\pi}{16},f(x,y)=y\sqrt{1-x^2}+\frac{3\pi}{16}x$,从而

$\iint\limits_D xf(x,y)dxdy=\iint\limits_D xy\sqrt{1-x^2}dxdy+\iint\limits_D\frac{3\pi}{16}x^2dxdy=\frac{3}{16}\pi\int_0^1dx\int_0^{\sqrt{1-x^2}}x^2dy=\frac{3}{16}\pi\int_0^1x^2\sqrt{1-x^2}dx$

$\xlongequal{x=\sin t}\frac{3}{16}\pi\int_0^{\frac{\pi}{2}}\sin^2t\cos^2tdt=\frac{3\pi}{16}\int_0^{\frac{\pi}{2}}\sin^2t(1-\sin^2t)dt=\frac{3\pi}{16}\left(\frac{1}{2}\cdot\frac{\pi}{2}-\frac{3}{4}\cdot\frac{1}{2}\cdot\frac{\pi}{2}\right)=\frac{3\pi}{256}.$

19. (1) 由$M=\max\{|f(x)|\},x\in[0,2]$知存在$c\in[0,2]$,使$|f(c)|=M$,若$c\in[0,1]$由拉格朗日中值定理得至少存在一点$\xi\in[0,c]$,使$f'(\xi)=\frac{f(c)-f(0)}{c}=\frac{f(c)}{c}$,从而$|f'(\xi)|=\frac{|f(c)|}{2-c}=\frac{M}{2-c}\geqslant M$,若$c\in(1,2]$,同理存在$\xi\in(c,2)$使$f'(\xi)=\frac{f(2)-f(c)}{2-c}=\frac{-f(c)}{2-c}$,从而$|f'(\xi)|=\frac{|f(c)|}{2-c}=\frac{M}{2-c}\geqslant M$.综上,存在$\xi\in(0,2)$,使$|f'(\xi)|\geqslant M$.

(2) 若$M>0$,则$c\neq0,2$. 由$f(0)=f(2)=0$及罗尔定理知,存在$\eta\in(0,2)$,使$f'(\eta)=0$,当$\eta\in(0,c)$时,$f(c)-f(0)=\int_0^t f'(x)dx,M=|f(c)|=|f(c)-f(0)|\leqslant\int_0^c|f'(x)|dx<Mc$,又$f(2)-f(c)=\int_c^2f'(x)dx,M=|f(c)|=|f(2)-f(c)|\leqslant\int_c^2|f'(x)|dx\leqslant M(2-c)$,于是$2M<Mc+M(2-c)=2M$矛盾,故$M=0$.

20. (Ⅰ) 设$\boldsymbol{A}=\begin{pmatrix}1&-2\\-2&4\end{pmatrix},\boldsymbol{B}=\begin{pmatrix}a&2\\2&b\end{pmatrix}$,由题意可知$\boldsymbol{Q}^T\boldsymbol{A}\boldsymbol{Q}=\boldsymbol{Q}^{-1}\boldsymbol{A}\boldsymbol{Q}=\boldsymbol{B}$. $\boldsymbol{A}$合同相似于$\boldsymbol{B}$,

则$\begin{cases}1+4=a+b\\ab=4\end{cases}$,又$a\geqslant b$,所以$a=4,b=1$.

（Ⅱ）$|\lambda\boldsymbol{E}-\boldsymbol{A}|=\begin{vmatrix}\lambda-1 & 2\\ 2 & \lambda-4\end{vmatrix}=|\lambda^2-5\lambda|$，

得 $\boldsymbol{A}$ 的特征值为 0 和 5.

当 $\lambda=0$ 时，解 $(0\boldsymbol{E}-\boldsymbol{A})x=0$ 得特征向量为 $\alpha_1=\begin{pmatrix}2\\1\end{pmatrix}$；

当 $\lambda=5$ 时，解 $(5\boldsymbol{E}-\boldsymbol{A})x=0$ 得特征向量为 $\alpha_2=\begin{pmatrix}1\\-2\end{pmatrix}$；

又 $\boldsymbol{B}$ 的特征值也是 0 和 5，

当 $\lambda=0$ 时，解 $(0\boldsymbol{E}-\boldsymbol{B})x=0$ 得特征向量为 $\boldsymbol{\beta}_1=\begin{pmatrix}2\\1\end{pmatrix}=\boldsymbol{\alpha}_2$；

当 $\lambda=5$ 时，解 $(5\boldsymbol{E}-\boldsymbol{B})x=0$ 得特征向量为 $\boldsymbol{\beta}_2=\begin{pmatrix}2\\1\end{pmatrix}=\boldsymbol{\alpha}_1$.

对 $\boldsymbol{\alpha}_1,\boldsymbol{\alpha}_2$ 进行单位化，得 $\boldsymbol{\gamma}_1=\dfrac{\boldsymbol{\alpha}_1}{|\boldsymbol{\alpha}_1|}=\begin{pmatrix}\dfrac{2}{\sqrt5}\\ \dfrac{1}{\sqrt5}\end{pmatrix}$，$\boldsymbol{\gamma}_2=\dfrac{\boldsymbol{\alpha}_2}{|\boldsymbol{\alpha}_2|}=\begin{pmatrix}\dfrac{1}{\sqrt5}\\ \dfrac{-2}{\sqrt5}\end{pmatrix}$，

令 $\boldsymbol{Q}_1=(\boldsymbol{\gamma}_1,\boldsymbol{\gamma}_2)$，$\boldsymbol{Q}_2=(\boldsymbol{\gamma}_2,\boldsymbol{\gamma}_1)$，则 $\boldsymbol{Q}_1{}^T\boldsymbol{A}\boldsymbol{Q}_1=\begin{pmatrix}0&0\\0&5\end{pmatrix}=\boldsymbol{Q}_2{}^T\boldsymbol{B}\boldsymbol{Q}_2$，

故 $\boldsymbol{Q}_2\boldsymbol{Q}_1^T\boldsymbol{A}\boldsymbol{Q}_1\boldsymbol{Q}_2^T=B$，可令

$$\boldsymbol{Q}=\boldsymbol{Q}_1\boldsymbol{Q}_2^T=\begin{pmatrix}\dfrac{2}{\sqrt5}&\dfrac{1}{\sqrt5}\\ \dfrac{1}{\sqrt5}&-\dfrac{2}{\sqrt5}\end{pmatrix}\begin{pmatrix}\dfrac{1}{\sqrt5}&-\dfrac{2}{\sqrt5}\\ \dfrac{2}{\sqrt5}&\dfrac{1}{\sqrt5}\end{pmatrix}=\begin{pmatrix}\dfrac45&-\dfrac35\\ -\dfrac35&-\dfrac45\end{pmatrix}，即得 \boldsymbol{Q}=\begin{pmatrix}\dfrac45&-\dfrac35\\ -\dfrac35&-\dfrac45\end{pmatrix}.$$

21.（Ⅰ）$\boldsymbol{\alpha}\neq0$ 且 $\boldsymbol{A}\boldsymbol{\alpha}\neq\lambda\boldsymbol{\alpha}$. 故 $\boldsymbol{\alpha}$ 与 $\boldsymbol{A}\boldsymbol{\alpha}$ 线性无关. 则 $r(\boldsymbol{\alpha},\boldsymbol{A}\boldsymbol{\alpha})=2$，则 $\boldsymbol{P}$ 可逆.

$\boldsymbol{A}\boldsymbol{P}=\boldsymbol{A}(\boldsymbol{\alpha},\boldsymbol{A}\boldsymbol{\alpha})=(\boldsymbol{A}\boldsymbol{\alpha},\boldsymbol{A}^2\boldsymbol{\alpha})=(\boldsymbol{A}\boldsymbol{\alpha},\boldsymbol{A}^2\boldsymbol{\alpha})=(\boldsymbol{\alpha},\boldsymbol{A}\boldsymbol{\alpha})\begin{pmatrix}0&6\\1&-1\end{pmatrix}$，

故 $\boldsymbol{P}^{-1}\boldsymbol{A}\boldsymbol{P}=\begin{pmatrix}0&6\\1&-1\end{pmatrix}$.

（Ⅱ）由 $\boldsymbol{A}^2\boldsymbol{\alpha}+\boldsymbol{A}\boldsymbol{\alpha}-6\boldsymbol{\alpha}=0$，

设 $\begin{cases}(\boldsymbol{A}^2+\boldsymbol{A}-6\boldsymbol{E})\boldsymbol{\alpha}=\boldsymbol{0}\\(\boldsymbol{A}+3\boldsymbol{E})(\boldsymbol{A}-2\boldsymbol{E})\boldsymbol{\alpha}=\boldsymbol{0},\end{cases}$

由 $\boldsymbol{\alpha}\neq0$ 得 $(\boldsymbol{A}^2+\boldsymbol{A}-6\boldsymbol{E})\boldsymbol{x}=\boldsymbol{0}$ 有非零解，故 $|(\boldsymbol{A}+3\boldsymbol{E})(\boldsymbol{A}-2\boldsymbol{E})|=0$，得 $|(\boldsymbol{A}+3\boldsymbol{E})|=0$ 或 $|(\boldsymbol{A}-2\boldsymbol{E})|=0$.

若 $|(\boldsymbol{A}+3\boldsymbol{E})|\neq0$ 则有 $(\boldsymbol{A}-2\boldsymbol{E})\boldsymbol{\alpha}=\boldsymbol{0}$，故 $\boldsymbol{A}\boldsymbol{\alpha}=2\boldsymbol{\alpha}$ 与题意矛盾.

故 $|(\boldsymbol{A}+3\boldsymbol{E})|=0$，同理可得 $|(\boldsymbol{A}-2\boldsymbol{E})|=0$，

于是 $\boldsymbol{A}$ 的特征值为 $\lambda_1=-3$，$\lambda_2=2$.

$\boldsymbol{A}$ 有两个不同的特征值，故 $\boldsymbol{A}\boldsymbol{\alpha}$ 可相似对角化.

22. (X,Y) 服从均匀分布则 $f(x,y)=\begin{cases}\dfrac{2}{\pi}, & 0<y<\sqrt{1-x^2}\\ 0, & 其他\end{cases}$，

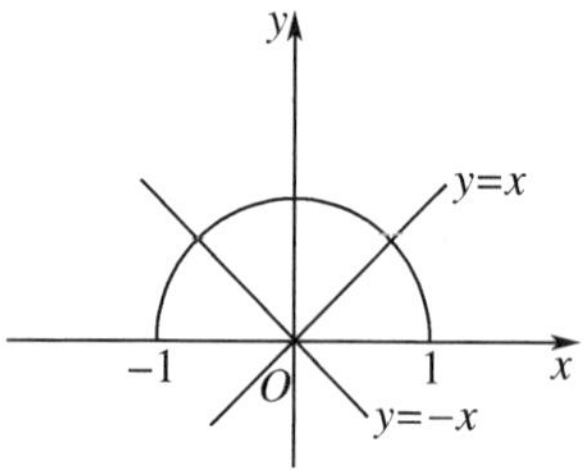

则 $P\{Z_1=0,Z_2=0\}=P\{X\leqslant Y,X\leqslant -Y\}=\dfrac{1}{4}$，

$P\{Z_1=0,Z_2-1\}=P\{X\leqslant Y,Y>-X\}=\dfrac{1}{2}$，

$P\{Z_1=1,Z_2=0\}=P\{X>Y,X\leqslant -Y\}=0$，

$P\{Z_1=1,Z_2=1\}=P\{X>Y,X>-Y\}=\dfrac{1}{4}$.

（Ⅱ）Z_1,Z_2 的相关系数 $\rho_{Z_1Z_2}=\dfrac{\mathrm{Cov}(Z_1,Z_2)}{\sqrt{DZ_1}\sqrt{DZ_2}}=\dfrac{EZ_1Z_2-EZ_1EZ_2}{\sqrt{EZ_1{}^2-(EZ_1)^2}\sqrt{EZ_2^2-(EZ_2)^2}}=$

$$\frac{\frac{1}{4}-\frac{1}{4}\cdot\frac{3}{4}}{\sqrt{\frac{1}{4}-\left(\frac{1}{4}\right)^2}\sqrt{\frac{3}{4}-\left(\frac{3}{4}\right)^2}}=\frac{\frac{1}{16}}{\frac{3}{16}}=\frac{1}{3}.$$

23. $F(t)=\begin{cases}1-\mathrm{e}^{-\left(\frac{t}{\theta}\right)^m}, & t\leqslant 0,\\ 0, & t<0,\end{cases}$ $f(t)=F'(t)=\begin{cases}m\left(\dfrac{t}{\theta}\right)^{m-1}\cdot\dfrac{1}{\theta}\mathrm{e}^{-\left(\frac{t}{\theta}\right)^m}, & t\geqslant 0,\\ 0, & t<0.\end{cases}$

（Ⅰ）$P\{T>t\}=\int_0^{+\infty}f(t)\mathrm{d}t=F(t)\Big|_t^{+\infty}=F(+\infty)-F(t)=\mathrm{e}^{-\left(\frac{t}{\theta}\right)^m},t>0.$

$P\{T>s+t\mid T>s\}=\dfrac{P\{T>s+t,T>s\}}{P\{T>s\}}=\dfrac{P\{T>s+t\}}{P\{T>s\}}=\dfrac{\mathrm{e}^{-\left(\frac{s+t}{\theta}\right)^m}}{\mathrm{e}^{-\left(\frac{s}{\theta}\right)^m}}=$

$\mathrm{e}^{-\left(\frac{s+t}{\theta}\right)^m+\left(\frac{s}{\theta}\right)^m}$.

（Ⅱ）给定 $t_1,t_2\cdots,t_n$，似然函数为

$L(\theta)=\prod\limits_{i=1}^n f(t_i)=\prod\limits_{i=1}^n m\left(\dfrac{t_i}{\theta}\right)^{m-1}\dfrac{1}{\theta}\mathrm{e}^{-\left(\frac{t_i}{\theta}\right)^m}=m^n\prod\limits_{i=1}^n\dfrac{t_i{}^{m-1}}{\theta^m}\mathrm{e}^{-\left(\frac{t_i}{\theta}\right)^m}$，

$\ln L(\theta)=n\ln m+\sum\limits_{i=1}^n(m-1)\ln t_i-mn\ln\theta-\sum\limits_{i=1}^n\dfrac{t_i^m}{\theta^m}$，

令 $\dfrac{\mathrm{d}\ln L(\theta)}{\mathrm{d}\theta}=-mn\dfrac{1}{\theta}-\sum\limits_{i=1}^n\dfrac{(-m)t_i{}^m}{\theta^{m+1}}=0,-\dfrac{n}{\theta}+\sum\limits_{i=1}^n\dfrac{t_i^m}{\theta^{m+1}}=0$，

解得 $\theta^m=\dfrac{1}{n}\sum\limits_{i=1}^n t_i^m$，不难验证为最大值.

最大似然估计值 $\hat{\theta}=\sqrt[m]{\dfrac{1}{n}\sum\limits_{i=1}^n t_i^m}$.